微课视频
全彩版

设计必修课：中文版After Effects CC动画制作+视频剪辑+特效包装设计教程

李晓斌　编著

電子工業出版社
Publishing House of Electronics Industry
北京·BEIJING

内容简介

After Effects 是Adobe公司推出的视频剪辑及后期处理软件。经过不断发展，在众多行业中已经得到了广泛应用。本书以After Effects CC 2020为例，通过由浅入深的讲解方法，以知识点和功能讲解为主，配合大量实战练习，全面、系统地介绍了After Effects CC 的各种功能和具体使用方法。全书共分为12章，包括After Effects的基本操作、时间轴的应用、制作关键帧动画、创建路径与蒙版、制作文字动画、跟踪与表达式、应用After Effects特效、渲染输出、UI交互动画制作和短视频特效制作等内容。

本书配套资源中不但提供了所有实例的源文件和素材，还提供了实例配套多媒体教学视频，以帮助读者熟练掌握使用After Effects进行视频/动画编辑与特效制作的精髓，让新手从零起步，进而跨入高手行列。

本书案例丰富、讲解细致，注重激发读者的学习兴趣，培养实际动手能力，适合作为想要从事视频/动画制作与后期处理人员的参考手册，也可以作为社会培训机构、大中专院校相关专业的教材。

图书在版编目（CIP）数据

设计必修课. 中文版After Effects CC动画制作+视频剪辑+特效包装设计教程：微课视频全彩版 / 李晓斌编著. -- 北京：电子工业出版社, 2022.1

ISBN 978-7-121-42309-3

Ⅰ. ①设… Ⅱ. ①李… Ⅲ. ①图像处理软件 Ⅳ. ①TP391.413

中国版本图书馆CIP数据核字(2021)第226723号

责任编辑：陈晓婕

印　　刷：中国电影出版社印刷厂

装　　订：中国电影出版社印刷厂

出版发行：电子工业出版社

北京市海淀区万寿路173信箱　邮编：100036

开　　本：720×1000　1/16　印张：20.25　字数：583.2千字

版　　次：2022年1月第1版

印　　次：2022年1月第1次印刷

定　　价：89.80元

凡所购买电子工业出版社图书有缺损问题，请向购买书店调换。若书店售缺，请与本社发行部联系，联系及邮购电话：（010）88254888，88258888。

质量投诉请发邮件至zlts@phei.com.cn，盗版侵权举报请发邮件至dbqq@phei.com.cn。

本书咨询联系方式：（010）88254161~88254167转1897。

前 言

随着计算机和各种技术的普及，人们接触动态媒体的机会大大增加，电子出版物、电子商务、网络游戏、个人媒体终端设备等不断发展，促进了视频与动画设计应用领域的扩张。

After Effects 是Adobe公司推出的视频动画编辑及特效制作软件，其功能非常强大，应用范围也非常广泛。使用After Effects可以合成和制作电影片断、视频广告、栏目片头、UI动效等。After Effects保留了Adobe系列软件优秀的兼容性，在其中可以便捷地导入在Photoshop、Illustrator等软件中制作的图像，并保留图层，还可以从3ds Max或者Maya中导入3D对象。After Effects中内置了上百种不同功能的特效，这些都能够帮助用户高效、精确地创建精彩的视频和动画。

本书章节及内容安排

本书从实用的角度出发，全面、系统地讲解了After Effects CC 2020的各项功能和使用方法，书中内容基本上涵盖了After Effects CC 2020的全部工具和重要功能。为了避免纯理论知识介绍的枯燥无味，书中还加入了多个精彩实例，将理论与实践相结合，使读者更加直观地理解所学知识，让学习更加轻松。

本书共分为12章，各章的主要内容如下：

第1章　After Effects基础：介绍After Effects CC 2020的相关知识，包括After Effects的应用领域、After Effects的常用术语、After Effects CC 2020的安装与启动，以及After Effects CC 2020的工作界面等内容。

第2章　After Effects的基本操作：介绍After Effects的相关基本操作，包括Affter Effects的基本工作流程、项目文件的创建与合成、不同格式素材的导入与管理，以及After Effects的辅助功能等内容。

第3章　时间轴的应用：介绍After Effects中“时间轴”面板的相关操作，使读者掌握在“时间轴”面板中对图层进行管理操作的方法和技巧，并介绍了时间轴处理技巧等知识。

第4章　制作关键帧动画：介绍在After Effects中创建和编辑关键帧的方法和技巧，以及图表编辑器的相关知识等内容，使读者能够掌握关键帧动画的制作方法。

第5章　创建路径与蒙版：介绍After Effects中的形状路径，以及蒙版的创建方法和使用技巧等知识。

第6章　制作文字动画：介绍After Effects中文字的输入与设置方法，并通过动画的制作案例使读者掌握文字动画的制作方法和表现技巧。

第7章　跟踪与表达式：介绍After Effects中“跟踪器”面板的使用方法和技巧，并且介绍了表达式的输入与基本操作方法，通过案例讲解使用表达式来提高动画制作的效率。

第8章　应用After Effects特效1：对After Effects中内置的效果组进行简单介绍，并通过多个视频/动画效果的制作，使读者掌握After Effects中部分内置效果的使用方法和技巧。

第9章　应用After Effects特效2：继续对After Effects中内置的效果组进行介绍，使读者能够了解并掌握部分内置效果的基本使用方法和技巧。

第10章　渲染输出：介绍在After Effects中渲染输出视频和动画的方法和技巧等知识，使读者掌握将视频或动画输出为不同格式文件的方法。

第11章　UI交互动画制作：介绍UI中常见的交互动画类型，并通过案例的讲解使读者掌握在After Effects中制作各种UI交互动画的方法和技巧。

第12章　短视频特效制作：通过多个短视频特效案例的讲解，向读者介绍如何综合运用After Effects中的效果与关键帧动画，实现个性化的短视频特效。

本书特点

全书内容丰富、条理清晰，通过12章的内容向读者全面介绍了After Effects CC 2020的主要功能和知识点，采用理论知识与实战案例相结合的方法帮助读者融会贯通。

- 语言通俗易懂、内容丰富、版式精美，涵盖了After Effects的众多知识点。
- 实用性强，采用理论知识与实战操作相结合的方式，使读者更好地理解并掌握在After Effects中制作视频和动画的方法和技巧。
- 知识点和案例的讲解过程中穿插了专家提示和操作技巧等，使读者更好地对知识点进行归纳、吸收。
- 每一个案例的制作过程都配有相关视频教程和素材，步骤详细，使读者轻松掌握要领。

关于本书读者

本书适合将要学习或者正在学习After Effects的初、中级读者。本书充分考虑了初学者可能遇到的困难，内容讲解全面深入，结构安排循序渐进，使读者在掌握了知识要点后能够有效总结，并通过案例的制作巩固所学知识，提高学习效率。

编　者

目录

第1章 After Effects基础

第2章 After Effects的基本操作

第3章 时间轴的应用

第4章 制作关键帧动画

第5章 创建路径与蒙版

第6章 制作文字动画

第7章 跟踪与表达式

第8章 应用After Effects特效1

第9章 应用After Effects特效2

第10章 渲染输出

第11章 UI交互动画制作

第12章 短视频特效制作

读 者 服 务

读者在阅读本书的过程中如果遇到问题，可以关注“有艺”微信公众号，通过公众号与我们取得联系。此外，通过关注“有艺”公众号，还可以获取更多的新书资讯、书单推荐、优惠活动等相关信息。

扫一扫关注“有艺”

资源下载方法：关注“有艺”公众号，在“有艺学堂”的“资源下载”中获取下载链接。如果遇到无法下载的情况，可以通过以下 3 种方式与我们取得联系。

1. 关注“有艺”公众号，通过“读者反馈”功能提交相关信息。
2. 请发送邮件至 art@phei.com.cn，邮件标题命名方式为：资源下载 + 书名。
3. 读者服务热线：（010）88254161~88254167 转 1897。

投稿、团购合作：请发送邮件至 art@phei.com.cn。

Point

Learning Objectives
学习重点

第1章 After Effects基础

After Effects简称AE，是Adobe公司开发的一款视频剪辑及后期处理软件，目前的最新版本是After Effects CC 2020。After Effects是制作动态影像设计不可或缺的辅助工具，是视频后期合成处理的专业非线性编辑软件，同时也能够制作出色的UI动效。本章将介绍After Effects CC 2020的相关知识，包括After Effects的应用领域、After Effects的常用术语、After Effects CC 2020的安装与启动，以及After Effects CC 2020工作界面等内容。

1.1 初识After Effects

After Effects可以帮助用户高效、精确地创建精彩的动态图形和视觉效果。After Effects在各个方面都具有优秀的性能，不仅能够广泛支持各种动画的文件格式，还具有优秀的跨平台能力。

1.1.1 After Effects简介

Adobe公司最新推出的After Effects CC 2020后期特效制作软件，很快受到视频影像爱好者、广播电视从业人员及UI动效设计人员的青睐和欢迎。After Effects CC 2020软件使用行业标准工具创建动态图形和视觉效果，无论用户身处广播电视、电影行业，还是为在线移动设备处理作品，After Effects CC 2020都可以帮助设计者创建出震撼的动态图形和出众的视觉效果。图1-1所示为After Effects CC 2020的启动界面。

图1-1 After Effects CC 2020启动界面

版本升级后的After Effects软件，不仅与Adobe公司的其他设计软件配合得更加紧密，同时也增添了很多更加有利于用户创作的功能，其高度灵活的2D与3D合成技术，以及数百种预设的影视动画特效，为其增添了丰富多彩的效果。

1.1.2 After Effects的应用领域

随着社会的进步、科技的发展，在人们的日常生活中，电视、计算机、网络、移动多媒体等设备的应用越来越广泛，人们每天都通过不同的媒体观看、了解多彩的新闻时事、生活资讯和趣味视频。正是因为有了这些载体，影视后期处理的发展越来越快，影视后期处理软件的应用领域也越来越广泛。

电影特效

自20世纪60年代以来，随着电影中逐渐运用计算机技术，一个全新的电影世界开始展现在人们面前，这也是一次电影的革命。越来越多用计算机制作的图像被运用到电影作品中，其视觉效果的魅力有时甚至大大超过了电影故事本身。电影的另一特性便是作为一种视觉传媒而存在的。

在最初由部分使用计算机特效的电影作品向全部由计算机特效制作的电影作品转变的过程中，人们已经看到了其在视觉冲击力上的不同与震撼。如今，已经很难发现在一部电影中没有任何计算机特效元素。图1-2所示为After Effects在电影特效方面的应用。

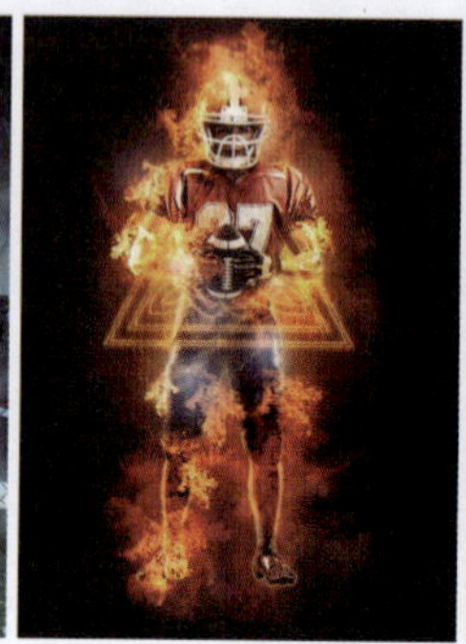

图1-2 After Effects在电影特效方面的应用

影视动画

影视后期特效在影视动画中的应用是有目共睹的，没有后期特效的支持，就没有影视动画的存在。在如今靠视听特效来吸引观众眼球的动画片中，影视后期特效的身影无处不在。可以说，每部影视动画都是一次后期特效视听盛宴。图1-3所示为After Effects在影视动画方面的应用。

图1-3 After Effects在影视动画方面的应用

电视栏目及频道片头

在信息化时代，影视广告是传播产品信息的首选，同时也是企业树立形象的重要手段。用数十秒的时间将企业、产品、创意、艺术有机地结合在一起，可以达到图、文、声并茂的效果，传播范围广，容易被大众接受，这是平面媒体所无法取代的。涵盖电视栏目包装、频道包装和企业形象包装等功能的后期特效已经越来越多地为市场所接受。图1-4所示为After Effects在电视栏目及频道片头方面的应用。

图1-4 After Effects在电视栏目及频道片头方面的应用

城市形象宣传片

城市形象就是一座城市的无形资产，是一个城市综合竞争力不可或缺的要素。影视后期特效合成在城市形象宣传片中的应用，在树立良好的城市形象、提升城市品位、激发城市可持续发展的能力等方面发挥了重要作用。图1-5所示为After Effects在城市形象宣传片方面的应用。

图1-5 After Effects在城市形象宣传片方面的应用

产品宣传广告

产品宣传广告是主要针对产品而制作的动态影视特效，一般用在公众电视媒体、电视传媒、网络媒体等方面。产品宣传广告如同一张产品名片，但其图、文、声并茂，使人一目了然，无须向客户展示大段的文字说明，也避免了反复、枯燥、无味的介绍。图1-6所示为After Effects在产品宣传广告方面的应用。

图1-6 After Effects在产品宣传广告方面的应用

企业宣传片

相对于静止的画面来说，人们更喜欢动态的影像作品，因而现在越来越多的企业希望自己的企业或者产品宣传动起来。首先用数码摄像机拍摄，然后使用后期软件合成，制作成光盘，或者借助网络将动态视频影像通过各种渠道传播出去，效果好，成本低。

将实拍视频、解说、字幕、动画等技术结合起来，具有强大的表现力和感染力。从前期策划、脚本创作、拍摄、剪辑、配音、配乐，到后期光盘压制等全方位的影像动画制作服务，是大多数影视广告公司的制胜法宝。此类专题片制作有企业形象介绍、公司品牌推广、产品品牌宣传、纪录片等。图1-7所示为After Effects在企业宣传片方面的应用。

图1-7 After Effects在企业宣传片方面的应用

UI动效设计

随着交互设计的发展，交互设计的制作要求变得更高，交互效果也不再只是简单的图片切换。交互设计师为了满足广大用户群体的需求，逐渐由原本简单的图片切换转向使用After Effects制作UI交互动效。使用After Effects制作出的UI动效表现更加完美，更能表现出设计师的设计理念。与此同时，还可以实现许多普通动画无法实现的效果，使UI界面的视觉表现效果更加出色，有效提升产品UI的用户体验。图1-8所示为After Effects在UI动效设计方面的应用。

图1-8 After Effects在UI动效设计方面的应用

1.1.3 After Effects与其他软件的结合应用

在After Effects中可以导入多种不同格式的素材文件，如位图（如从Photoshop中导入的）、矢量图（如从Illustrator中导入的）或者3D内容（如从3ds Max或Maya中导入的）。虽然用户可能并不需要使用其他的应用程序，但是如果知道如何在这些程序中创建图形，就可以更容易地在After Effects中使用不同格式的素材文件。

如果在After Effects中处理的项目需要使用高质量的静态平面图像，可以先在Photoshop中处理好以后再导入到After Effects中使用。Photoshop是目前处理静态平面图像最好的工具，在After Effects项目中使用Photoshop图像可以得到很好的效果。区别这两个工具的一个原则是，Photoshop最适合编辑处理静态平面图像，而After Effects最适合编辑处理动态的图像或者视频，After Effects中使用的一些静态图像可以先在Photoshop中进行编辑和处理。

在After Effects中进行合成处理的素材除了可以使用平面素材，还可以使用一些三维或者动态素材文件。在3ds Max和Maya软件中制作的三维动态素材可以直接导入After Effects中进行编辑，一些常见的电视片头等大多是借助这几款软件的综合应用制作的。

1.2 After Effects的常用术语

After Effects作为一款影视后期处理软件，最终生成的视频文件需要放在指定的设备中进行播放。在学习After Effects之前，还需要了解After Effects中的常用术语。

位图

位图也称为点阵图，它是由像素组成的。位图图像可以表现丰富的色彩变化并产生逼真的效果，很容易在不同软件之间交换使用，但因为它在保存图像时需要记录每一个像素的色彩信息，所以占用的存储空间较大，而且在进行旋转或者缩放时会产生锯齿。图1-9所示为位图图像及其放大效果。

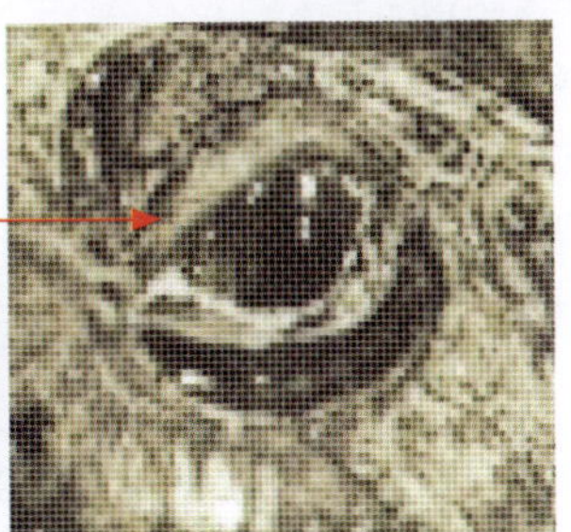

图1-9 位图图像及其放大效果

矢量图

矢量又称为向量，是一种基于数学方法的绘图方式。采用矢量图形这种方式记录的文件所占用的存储空间很小，所以在进行旋转、缩放等操作时，可以保持对象光滑无锯齿。图1-10所示为矢量图形及其放大效果。但矢量图不易制作色彩变化丰富的图像，并且绘制出来的图像也不是很逼真，同时也不易在不同的软件中进行交换使用。

图1-10 矢量图形及其放大效果

素材

素材是指一个视频项目或者电影中的原始素材，它们可以是一幅静止的图像、一段音乐或者一段影片或剪辑。

帧

帧也可以称为画面，是视频、影像和数字电影中的基本信息单元。在北美，标准视频剪辑以30帧/秒的速度进行播放。

关键帧

关键帧是指视频中的关键画面或者主要画面。关键帧之间的部分称为中间帧或者过渡帧，中间帧或者过渡帧是软件根据两个关键帧的不同属性设置自动计算出来的。

动画

动画是指把静止的图像按照特定的顺序排列，然后使用非常快的连续镜头依次变换静态图像，就可以让静态图像看起来是运动的，也可以将动画称为运动图像。

位深

在计算机中，位是信息存储的最基本单位。用于描述物体的位使用得越多，其要描述的细节就越多。位深表示设置的位的数值，其作用是介绍一个像素的色彩。位深越高，图像包括的色彩越多，就可以产生更精确的色彩和质量较高的图像。例如，一幅8位色的图像可以显示256色，一幅24位色的图像可以显示大约1600万色。

编辑数字视频的过程中要存储、移动和计算大量的数据。许多个人计算机，特别是运算速度慢的计算机，往往不能处理大视频文件或者没有经过压缩的数字视频文件。这就需要使用压缩方式来降低数字视频的数据速率到一个用户的计算机系统可以处理的范围。当捕捉源视频、预览编辑、播放和输出时，压缩设置非常有用。

镜头

在实际的电影拍摄中，镜头是用于拍摄电影片段的摄像机的一个视点。在After Effects中，可以对镜头做同样的理解，用户可以创建同一镜头的多个不同版本，并把所有的镜头保存在一个项目文件中，也可以称为分镜头。

压缩

压缩是指用于重组或者删除数据以减小剪辑文件尺寸的特殊方法。如果需要压缩影像，可以在第一次获取影像到计算机时进行压缩，或者在After Effects中进行编辑时再压缩。压缩分为暂时压缩、无损压缩和有损压缩3种。

项目

After Effects中的项目就是一个作品文件，它包含作品中所需要的全部图像、视频和音频文件的引用。After Effects使用引用而不把图像、视频和音频文件复制到项目文件中。项目知道在哪里找到需要的文件，因为After Effects会自动创建每个文件的引用作为项目设置过程的一部分，这样可以节省大量的磁盘空间。

合成

合成是一个把图像、视频、动画、文本或者声音等多种原始素材合并在一起的过程。与Photoshop类似，After Effects使用图层来创建合成，合成可以简单到只使用两个图层，也可以复杂到使用上百个图层。After Effects具有很多合成功能，可以使用Alpha通道创建复杂的遮罩。

1.3 After Effects CC 2020的安装与启动

After Effects CC 2020作为一款非常优秀的跨平台后期视频处理软件，很好地兼容了Windows和Mac OS两种操作系统，从而便于不同系统用户的协作。在讲解After Effects CC 2020软件的操作之前，首先需要在计算机中正确安装该软件。

1.3.1 系统要求

随着计算机硬件的发展与升级，为了提升软件的运行效率，After Effects CC 2020软件对系统的要求有了很大提高。下面分别介绍After Effects CC 2020软件对Windows系统和Mac OS系统的安装及运行要求。

After Effects CC 2020软件对Windows系统的安装和运行要求如表1-1所示。

表1-1 Windows操作系统要求

处理器	支持64位的多核Intel处理器
操作系统	Microsoft Windows 10（64位）1803版本及更高版本
内存	16GB内存（推荐32GB）
显卡	2GB显存。Adobe建议，在使用After Effects CC 2020时，将NVIDIA驱动程序更新到430.86或者更高版本，早期版本的驱动程序可能会导致软件崩溃
硬盘空间	5GB的可用硬盘空间；安装过程中另需额外空间（无法安装在可移动闪存设备上），10GB以上用于缓存的硬盘空间
显示分辨率	建议1280×1080像素或者更高的显示分辨率
软件激活	需要宽带连接并且注册认证，才能激活软件、验证订阅和访问在线服务

After Effects CC 2020软件对Mac OS系统的安装和运行要求如表1-2所示。

表1-2 Mac OS操作系统要求

处理器	支持64位的多核Intel处理器
操作系统	Mac OS 10.13及以上版本。注意，不支持Mac OS 10.12版本
内存	16GB内存（推荐32GB）
显卡	2GB显存。Adobe建议，在使用After Effects CC 2020时，将NVIDIA驱动程序更新到430.86或者更高版本，早期版本的驱动程序可能会导致软件崩溃
硬盘空间	6GB的可用硬盘空间；安装过程中另需额外空间（无法安装在可移动闪存设备上），10GB以上用于缓存的硬盘空间
显示分辨率	建议1440 × 900像素或者更高的显示分辨率
软件激活	需要宽带连接并且注册认证，才能激活软件、验证订阅和访问在线服务

了解了安装After Effects CC 2020的系统要求后，接下来开始安装软件。After Effects CC 2020的安装界面很直观，用户可以轻松地按照界面的提示一步步进行操作。

1.3.2 应用案例——安装After Effects CC 2020

素　材：无
源文件：无
技术要点：掌握After Effects CC 2020的安装

扫描观看视频

STEP 01 首先下载并安装 Adobe 公司的桌面程序管理软件 Adobe Creative Cloud，注册 Adobe ID 并成功登录，在 Creative Cloud 中可以看到 Adobe 公司的一系列软件，如图 1-11 所示。

STEP 02 在左侧的“类别”列表中选择“视频和动态”选项，切换到“视频和动态”相关软件列表，找到 After Effects 软件，如图 1-12 所示。

图1-11 打开Adobe Creative Cloud　　图1-12 找到After Effects软件

STEP 03 单击“试用”按钮，Creative Cloud会自动在线安装最新版的After Effects软件，并显示安装进度，如图1-13所示。

STEP 04 完成After Effects的安装后，显示“开始试用”按钮，如图1-14所示，单击该按钮即可启动After Effects软件。关闭Adobe Creative Cloud，完成最新版After Effects CC 2020的安装。

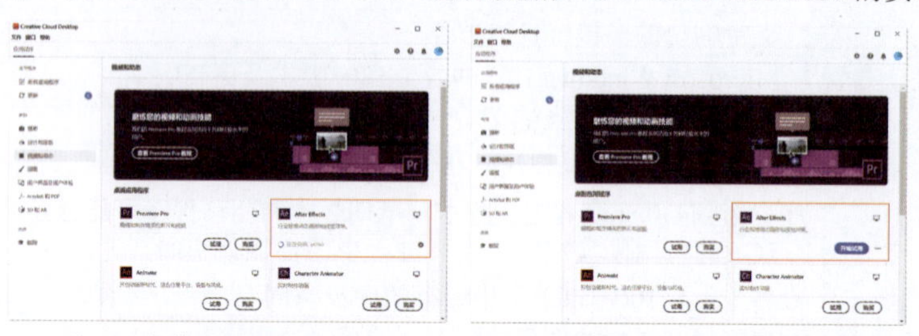

图1-13 安装After Effects软件　　图1-14 完成After Effects软件的安装

1.3.3 启动After Effects CC 2020

完成After Effects CC 2020软件的安装后，在“开始”菜单中会自动添加After Effects 2020启动选项，通过该选项就可以启动After Effects 2020。

在“开始”菜单中选择“Adobe After Effects 2020”命令，如图1-15所示，显示After Effects CC 2020软件启动界面，如图1-16所示。

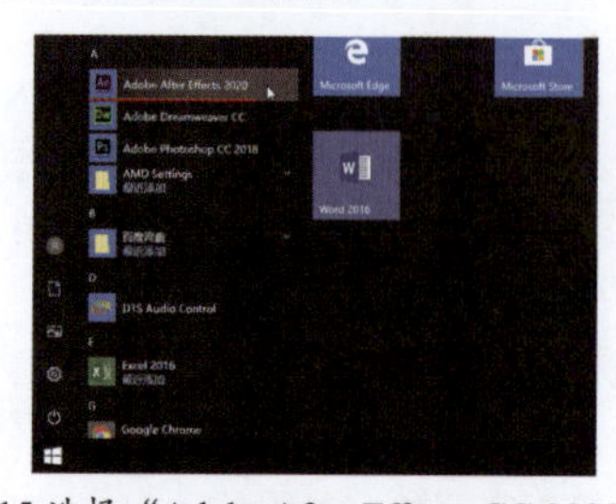

图1-15 选择“Adobe After Effects CC 2020”命令　图1-16 After Effects CC 2020启动界面

After Effects CC 2020软件启动完成后，将显示“主页”窗口，在其中为用户提供了创建和打开项目文件的快捷操作选项，如图1-17所示。关闭“主页”窗口，即可进入After Effects CC 2020软件的工作界面，如图1-18所示。

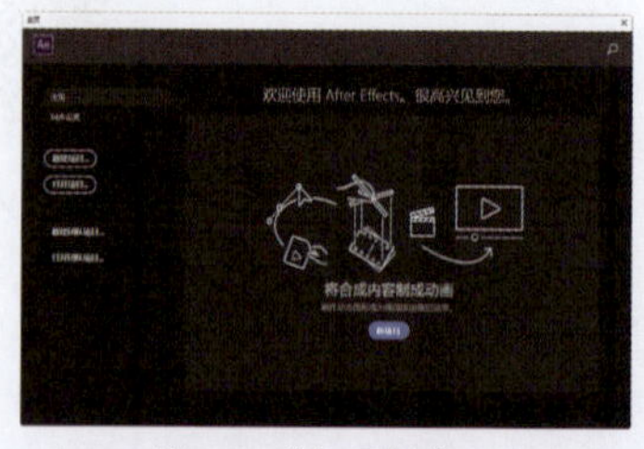

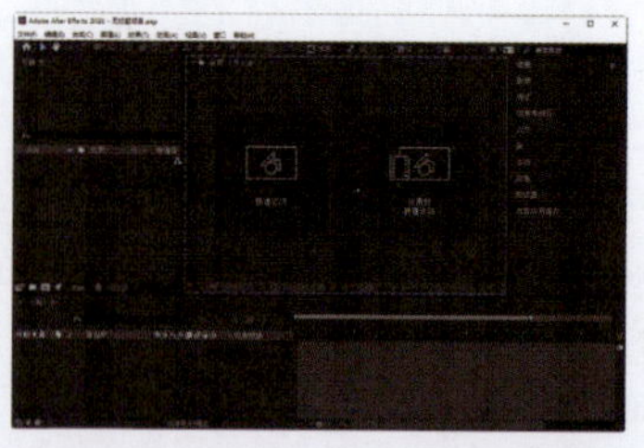

图1-17 “主页”窗口　　图1-18 After Effects CC 2020工作界面

如果需要退出After Effects CC 2020，可以直接单击After Effects CC 2020工作界面右上角的“关闭”按钮，或者执行“文件>退出”命令，即可退出并关闭After Effects CC 2020。在退出软件时，如果当前界面中有未保存的文件，则会弹出文件保存提示，用户进行文件保存操作或者放弃保存之后，才能够退出After Effects CC 2020。

1.4 After Effects CC 2020工作界面

After Effects CC 2020是Adobe大家庭中的一员，所以其工作界面与Adobe公司旗下的其他软件如Photoshop相似，是一个集成、高效的工作界面，并且用户可以根据自己的喜好，自定义After Effects CC 2020的工作界面。本节将详细介绍After Effects CC 2020工作界面。

1.4.1 认识After Effects CC 2020工作界面

After Effects的工作界面越来越人性化，将界面中的各个窗口和面板集合在一起，而不是单独的浮动状态，这样在操作过程中可免去拖来拖去的麻烦。启动After Effects CC 2020软件，可以看到全新的After Effects CC 2020工作界面，如图1-19所示。

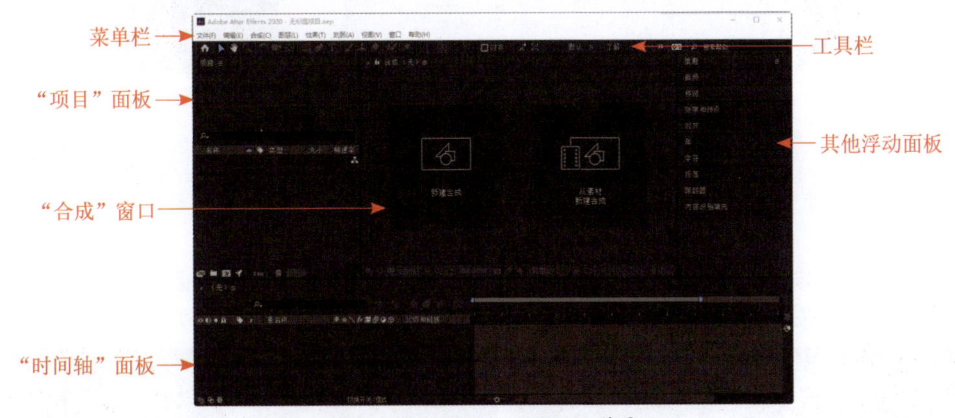

图1-19 After Effects CC 2020工作界面

After Effects CC 2020工作界面中各部分说明如表1-3所示。

表1-3 After Effects CC 2020工作界面说明

功能部分	说 明
菜单栏	在After Effects中，根据功能和使用目的将菜单命令分为9类，每个菜单项中包含多个子菜单命令
工具栏	包含了After Effects中的各种常用工具，所有工具均是针对“合成”窗口进行操作的
“项目”面板	用来管理项目中的所有素材和合成，在“项目”面板中可以很方便地进行导入、删除和编辑素材等相关操作
“合成”窗口	动画效果的预览区，能够直观地观察要处理的素材文件的显示效果。如果要在该窗口中显示画面，首先需要将素材添加到“时间轴”面板中，并将时间滑块移动到当前素材的有效帧内
“时间轴”面板	是进行素材组织的主要操作区域，用于管理图层的顺序和编辑动画关键帧
其他浮动面板	显示了After Effects CC 2020中常用的面板，用于配合动画效果的处理制作。可以通过在“窗口”菜单中执行相应的命令，在工作界面中显示或者隐藏相应的面板

1.4.2 工作界面的切换与调整

After Effects中有多种工作界面，其中包括标准、小屏幕、库、所有面板、动画、基本图形、颜色、效果、简约等工作界面。不同的工作界面适合不同的工作需求，使用起来更加方便快捷。

如果需要切换After Effects的工作界面，可以执行“窗口>工作区”命令，在打开的子菜单中选择相应的命令，如图1-20所示，即可切换到对应的工作区。或者在工具栏中的“工作区”下拉列表框中选择相应的选项，同样可以切换到对应的工作区，如图1-21所示。

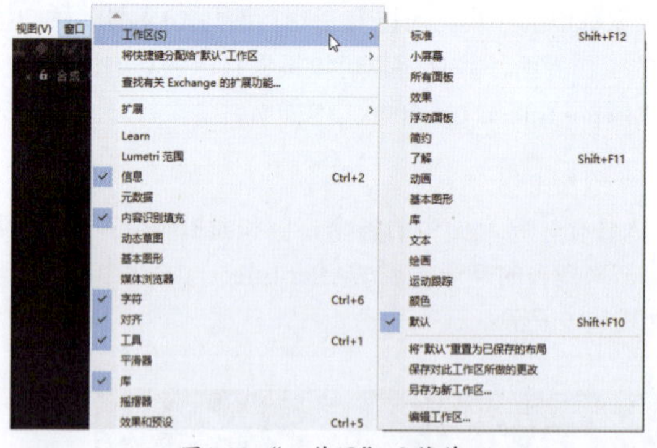

图1-20 “工作区”子菜单

图1-21 “工作区”下拉列表框

在实际操作时，经常需要调整某些窗口或者面板的大小，例如，要想仔细查看“合成”窗口中的效果，就需要将“合成”窗口放大；而当“时间轴”面板中的图层较多时，将“时间轴”面板拉高放大，操作起来会更方便。在After Effects CC 2020中，还可以通过鼠标拖动的方式改变工作界面中各区域的大小。

将光标移至工作界面中的“项目”面板与“合成”窗口之间时，光标指针会变为双向箭头，此时按住鼠标左键左右拖动，可以横向改变“项目”面板与“合成”窗口的宽度，如图1-22所示。

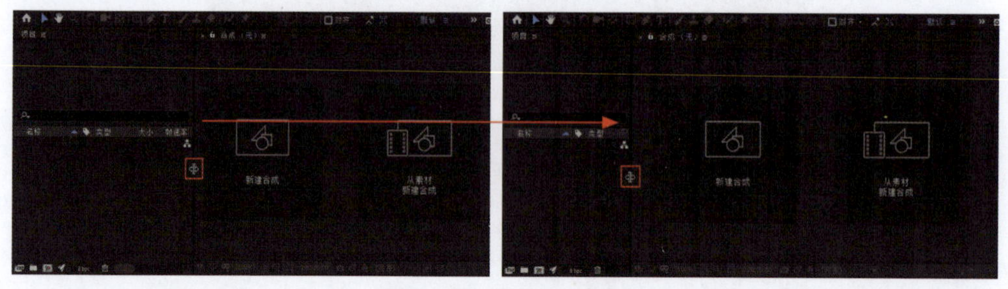

图1-22 拖动调整面板宽度

将光标移至工作界面中“合成”窗口与“时间轴”面板之间时，光标指针会变为上下双向箭头，此时按住鼠标左键上下拖动，可以纵向改变“合成”窗口与“时间轴”面板的高度，如图1-23所示。

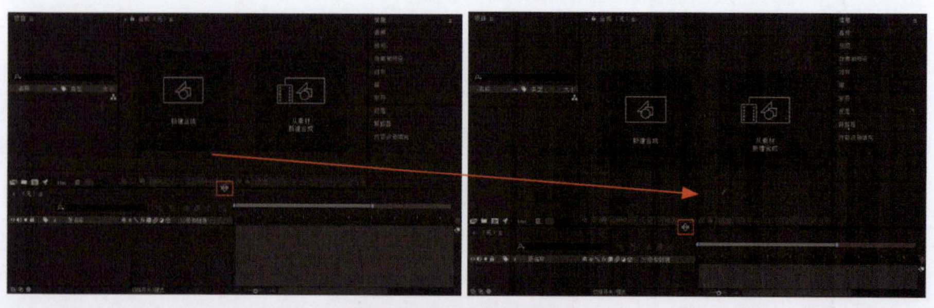

图1-23 拖动调整面板高度

将光标移至“项目”面板、“合成”窗口和“时间轴”面板三者之间时，光标指针会变成四向箭头，此时按住鼠标左键上下左右拖动，可以同时调整这3个面板的宽度和高度。

1.4.3 工具栏

执行“窗口>工具”命令，或者按【Ctrl+1】组合键，可以在工作界面中显示或者隐藏工具栏。工具栏中包含了常用的编辑工具，使用这些工具可以在“合成”窗口中对素材进行编辑操作，如移动、缩放、旋转、绘制图形和输入文字等。After Effects中的工具栏如图1-24所示。

图1-24 工具栏

- “主页”：单击该图标，可以打开“主页”窗口，在其中可以执行创建项目、打开项目等常用快捷操作。
- “选取工具”：使用该工具，可以在“合成”窗口中选择和移动对象。
- “手形工具”：当素材或者对象被放大至超过“合成”窗口的显示范围时，可以使用该工具在“合成”窗口中拖动，以查看超出部分。
- “缩放工具”：使用该工具，在“合成”窗口中单击可以放大显示比例；按住【Alt】键不放，在“合成”窗口中单击可以缩小显示比例。
- “旋转工具”：使用该工具，可以在“合成”窗口中对素材进行旋转操作。
- “统一摄像机工具”：创建摄像机后，该按钮被激活，可以使用该工具操作摄像机。单击该工具按钮不放，显示出其他3个工具，分别是“轨道摄像机工具”、“跟踪XY摄像机工具”和“跟踪Z摄像机工具”，如图1-25所示。
- “向后平移（锚点）工具”：使用该工具，可以调整对象的中心点位置。
- “矩形工具”：使用该工具，可以绘制矩形或者为当前所选择的对象添加矩形蒙版。单击该工具按钮不放，显示出其他4个工具，分别是“圆角矩形工具”、“椭圆工具”、“多边形工具”和“星形工具”，如图1-26所示。
- “钢笔工具”：使用该工具，可以绘制不规则形状图形或者为当前所选择的对象添加不规则蒙版图形。单击该工具按钮不放，显示出其他4个工具，分别是“添加‘顶点’工具”、“删除‘顶点’工具”、“转换‘顶点’工具”和“蒙版羽化工具”，如图1-27所示。

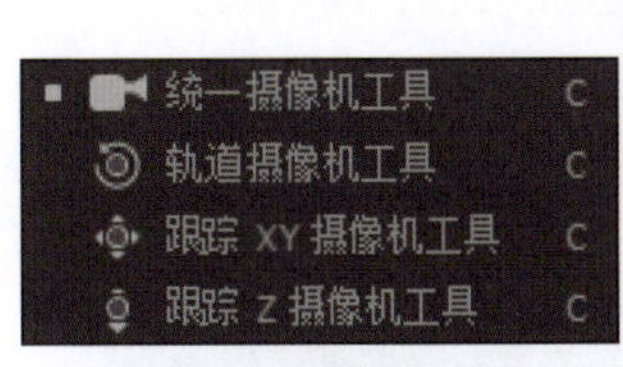

图1-25 摄像机工具组

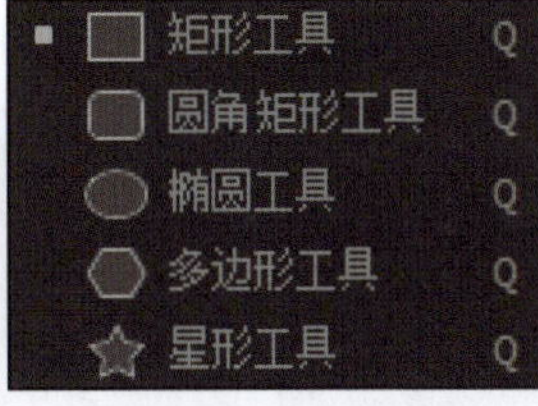

图1-26 几何形状工具组

图1-27 钢笔工具组

- “横排文字工具”：使用该工具，可以为合成图像添加文字，支持文字的特效制作，功能强大。单击该工具按钮不放，显示出“直排文字工具”，如图1-28所示。
- “画笔工具”：使用该工具，可以对合成图像中的素材进行编辑绘制。
- “仿制图章工具”：使用该工具，可以复制素材中的像素。
- “橡皮擦工具”：使用该工具，可以擦除多余的像素。
- “Roto笔刷工具”：使用该工具，可以帮助用户在正常时间片段中隔离移动的前景元素。单击该工具按钮不放，显示出“调整边缘工具”，如图1-29所示。
- “人偶位置控点工具”：使用该工具，可以用来确定人偶动画的关节点位置。单击该工具按钮不放，显示出其他4个工具，分别是“人偶固化控点工具”、“人偶弯曲控点工具”、“人偶高级控点工具”和“人偶重叠控点工具”，如图1-30所示。

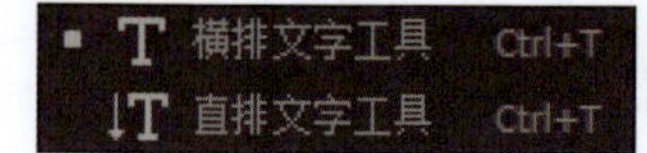

图1-28 文字工具组

图1-29 笔刷工具组

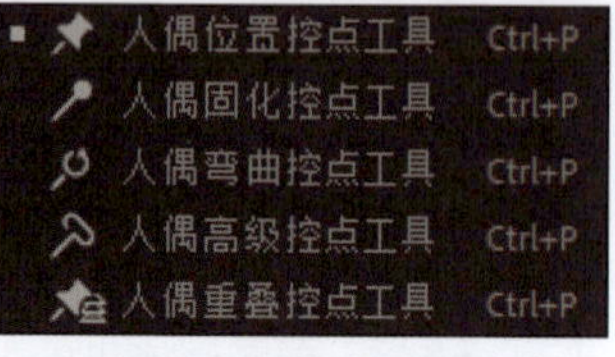

图1-30 人偶控点工具组

1.4.4 “项目”面板

“项目”面板主要用于组织、管理当前制作的项目文件中所使用的素材。项目文件中使用的所有素材都要先导入“项目”面板中，在该面板中可以对素材进行预览。“项目”面板如图1-31所示。

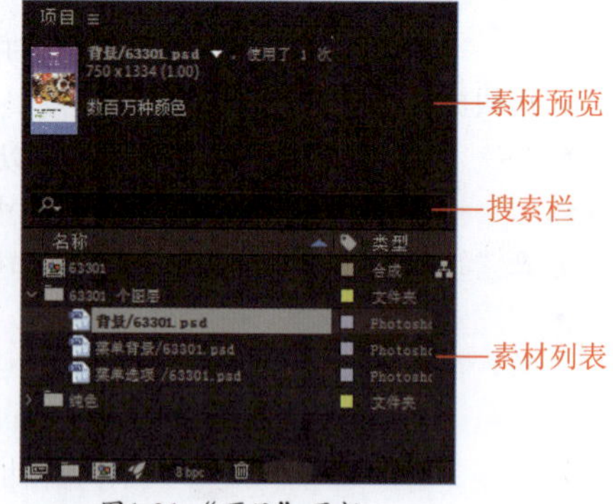

图1-31 “项目”面板

- 素材预览：此处显示的是当前所选中素材的缩略图，以及尺寸、颜色等基本信息。
- 搜索栏：当“项目”面板中包含较多素材、合成或者文件夹时，可以通过搜索栏快速查找所需要的素材。
- 素材列表：该列表中显示了当前项目文件中的所有素材。
- “解释素材”按钮：单击该按钮，可以设置所选择素材的透明通道、帧速率、上下场、像素及循环次数。
- “新建文件夹”按钮：单击该按钮，可以在“项目”面板中新建一个文件夹。
- “新建合成”按钮：单击该按钮，弹出“合成设置”对话框，对相关选项进行设置并单击“确定”按钮，即可在“项目”面板中新建一个合成。
- “项目设置”按钮：单击该按钮，弹出“项目设置”对话框，可以对项目的渲染选项进行设置，如图1-32所示。
- “项目颜色深度”选项 8 bpc ：单击该选项，同样可以弹出“项目设置”对话框，并自动切换到“颜色”选项卡，可以对项目文件的颜色深度进行设置，如图1-33所示。

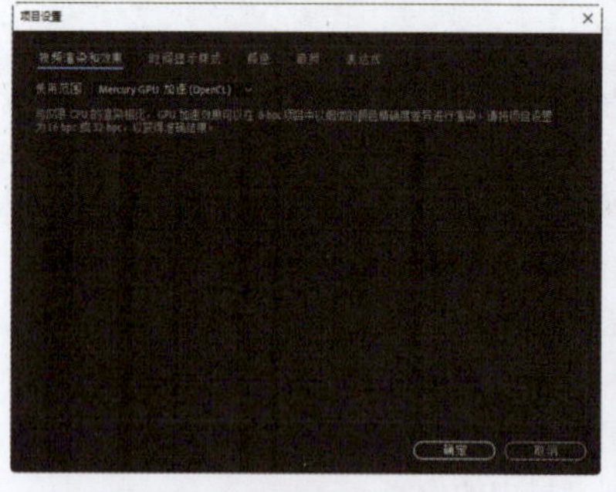

图1-32 “项目设置”对话框

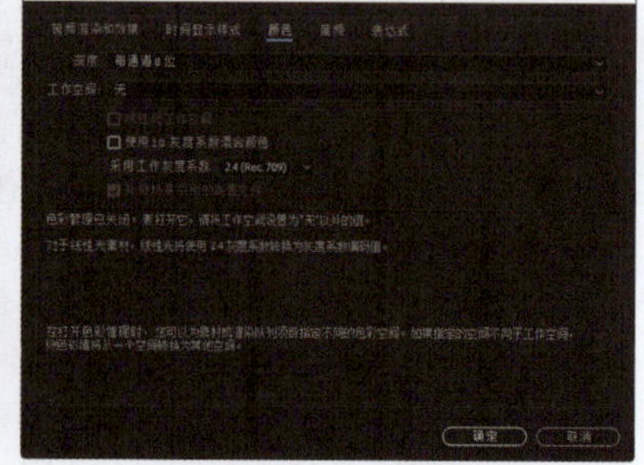

图1-33 “颜色”选项卡

- “删除所选项目”按钮：单击该按钮，可以在“项目”面板中将当前选中的素材删除。

1.4.5 “合成”窗口

“合成”窗口是视频效果的预览区域，在进行视频后期处理时，它是最重要的一个窗口，在该窗口中可以预览编辑过程中每一帧的效果。如果要在“合成”窗口中显示画面，首先需要将素材添加到“时间轴”面板中，并将时间滑块移动到当前素材的有效帧内才可以显示。“合成”窗口如图1-34所示。

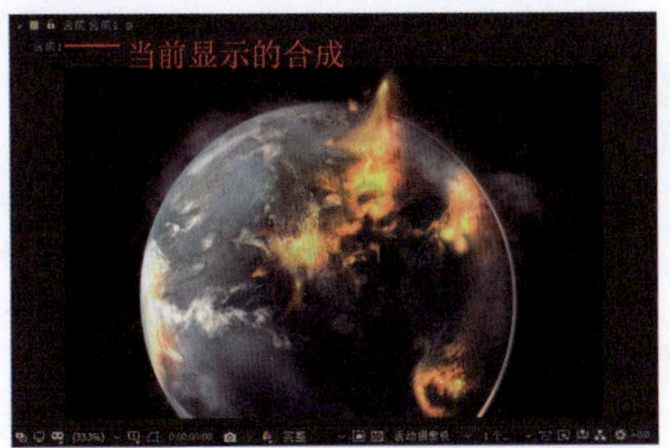

图1-34 “合成”窗口

- 当前显示的合成：如果当前项目文件中包含多个合成，可以在该选项的下拉列表框中选择需要在“合成”窗口中显示的合成，或者对合成进行关闭、锁定等操作。
- “始终预览此视图”按钮：当该按钮呈按下状态时，将会始终预览当前视图的效果。
- “主查看器”按钮：当该按钮呈按下状态时，将在“合成”窗口中预览项目中的音频和外部视频效果。
- “Adobe沉浸式环境”按钮：单击该按钮，可以在打开的菜单中选择一种预设的Adobe沉浸式环境，如图1-35所示，可以预览所创建的360° 沉浸式视频效果。
- “放大率”选项 50%：在该选项的下拉列表框中可以选择“合成”窗口的视图显示比例，如图1-36所示。

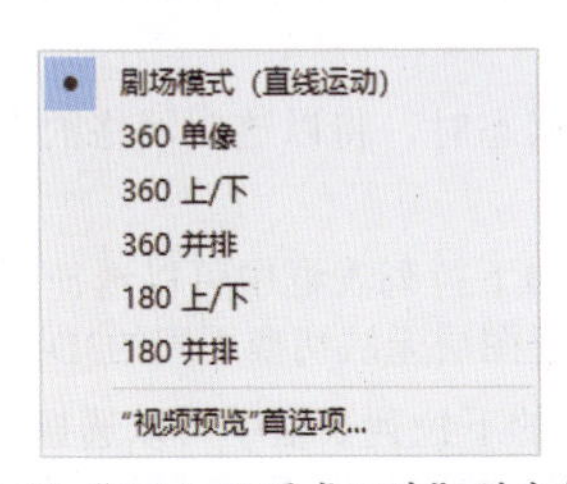

图1-35 “Adobe沉浸式环境”弹出菜单

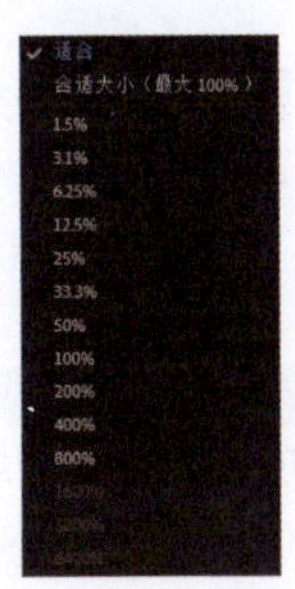

图1-36 “放大率”下拉列表框

双击工具栏中的“手形工具”，可以将“合成”窗口中的视图缩放至能够在其中完全显示的比例大小。双击工具栏中的“缩放工具”，则可以将“合成”窗口的缩放比例调整至100%。

- “选择网格和参考线选项”按钮：单击该按钮，在打开的菜单中选择相应的命令，如图1-37所示，即可在“合成”窗口中显示所选择的辅助选项。例如，选择“对称网格”命令，则在“合成”窗口中将显示辅助对称网格，如图1-38所示，辅助用户在“合成”窗口中进行操作。

图1-37 “网格和参考线”弹出菜单

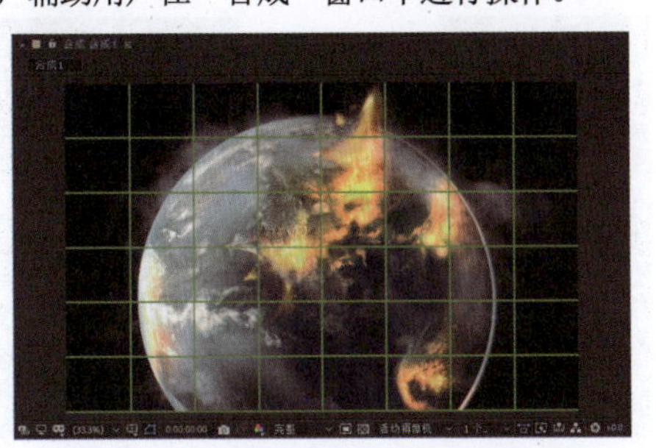

图1-38 在“合成”窗口中显示对称网格

- “切换蒙版和形状路径可视性”按钮：单击该按钮，可以切换视图中蒙版和形状路径的可视性。默认情况下，该按钮为按下状态，即在“合成”窗口中显示蒙版和形状路径。
- “预览时间”选项 0;00;00;00：显示当前预览时间，单击该选项，弹出“转到时间”对话框，如图1-39所示，可以设置当前时间指针的位置。
- “创建快照”按钮：单击该按钮，可以捕捉当前“合成”窗口中的视图并创建快照。
- “显示快照”按钮：单击该按钮，可以在“合成”窗口中显示最后创建的快照。
- “显示通道及色彩管理设置”按钮：单击该按钮，可以在打开的菜单中选择需要查看的通道，或者进行色彩管理设置，如图1-40所示。
- “分辨率/向下采样系数”选项 (二分之一)：在该选项的下拉列表框中可以选择“合成”窗口中所显示内容的分辨率，如图1-41所示。

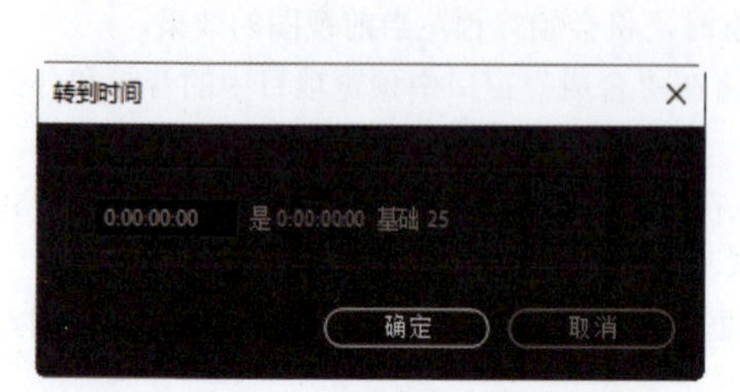

图1-39 “转到时间”对话框

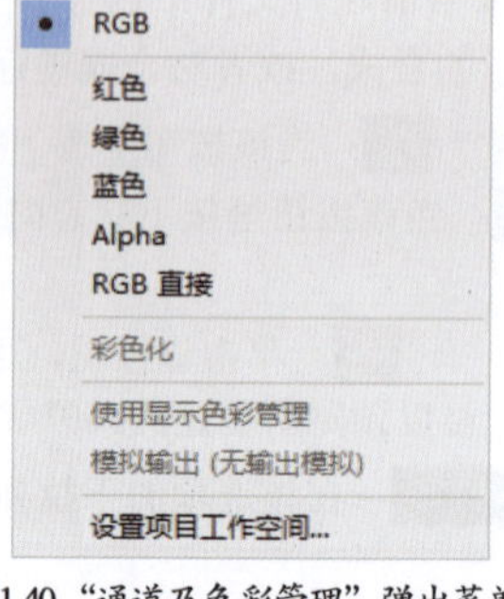

图1-40 “通道及色彩管理”弹出菜单

图1-41 “分辨率”下拉列表框

- “目标区域”按钮：单击该按钮，可以在“合成”窗口中拖曳出一个矩形框，可以将该矩形区域作为“合成”窗口的目标显示区域。
- “切换透明网格”按钮：当该按钮呈按下状态时，将以透明网格的形式显示视图中的透明背景。
- “3D视图”选项 活动摄像机：在该选项的下拉列表框中可以选择一种3D视图的视角，如图1-42所示。该选项只针对3D图层起作用，普通图层无法切换不同的3D视图视角。
- “选择视图布局”选项 1 个...：在该选项的下拉列表框中可以选择一种“合成”窗口的视图布局方式，如图1-43所示。该选项主要针对3D图层起作用，可以在“合成”窗口中同时查看不同的视图效果。
- “切换像素长宽比校正”按钮：不同的素材可能具有不同的像素长宽比，为了使添加到“合成”窗口中的素材保持统一的像素长宽比，应该激活该功能，这样“合成”窗口中的素材都会自动调整像素的长宽比。默认情况下，该按钮为按下激活状态。
- “快速预览”按钮：单击该按钮，可以在打开的菜单中选择一种在“合成”窗口中进行快速预览的方式，如图1-44所示。

图1-42 “3D视图”下拉列表框

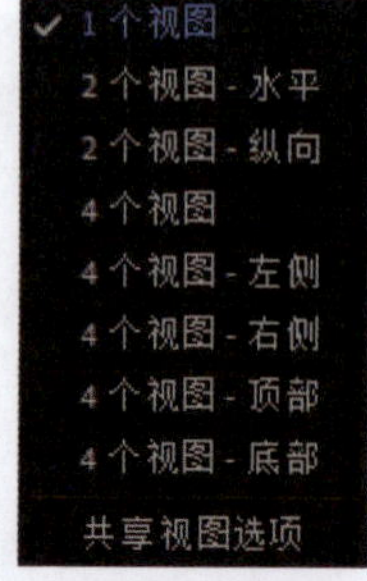

图1-43 “视图布局”下拉列表框

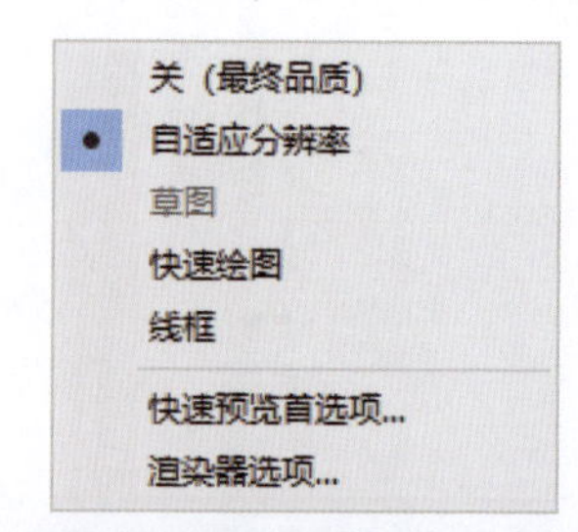

图1-44 “快速预览”弹出菜单

- “时间轴”按钮：单击该按钮，自动选中当前工作界面中的“时间轴”面板。
- “合成流程视图”按钮：单击该按钮，可以打开“流程图”窗口，显示当前所编辑的合成的流程图。
- “调整曝光度”选项与“重置曝光度”按钮 +0.0：在曝光度数值上单击并左右拖动鼠标可以调整“合成”窗口中的曝光度效果；单击“重置曝光度”按钮，可以将“合成”窗口的曝光度重置为默认值。

1.4.6 “时间轴”面板

“时间轴”面板是After Effects工作界面的核心组成部分，制作动画与编辑视频的大部分操作都是在该面板中进行的，它是进行素材组织和主要操作的区域。当添加不同的素材后，将产生多个图层叠加的效果，然后通过控制图层来完成动画与视频的编辑制作，如图1-45所示。

图1-45 “时间轴”面板

- “当前时间”选项 0:00:00:00：显示“时间轴”面板中当前播放指示器所处的时间位置。
- “合成微型流程图”按钮：单击该按钮可以合成微型流程图。
- “草图3D”按钮：当该按钮呈按下状态时，3D图层中的内容将以3D草稿的方式显示，从而加快显示的时间。
- “隐藏为其设置了‘消隐’开关的所有图层”按钮：单击该按钮，可以同时隐藏“时间轴”面板中设置了“消隐”开关的所有图层。
- “为设置了‘帧混合’开关的所有图层启用帧混合”按钮：单击该按钮，可以同时为“时间轴”面板中设置了“帧混合”开关的所有图层启用帧混合。
- “为设置了‘运动模糊’开关的所有图层启用运动模糊”按钮：单击该按钮，可以同时为“时间轴”面板中设置了“运动模糊”开关的所有图层启用运动模糊。
- “图表编辑器”按钮：单击该按钮，可以将“时间轴”面板切换到图层编辑器状态，可以通过图表编辑器的方式来设置时间轴动画效果。

“时间轴”面板是 After Effects 软件的核心功能，其中还包含了有关时间轴的操作，以及图层的操作和设置，在后面的章节中将会详细介绍“时间轴”面板中的各部分功能。

1.4.7 其他常用面板

在After Effects CC 2020中，除了“项目”面板、“合成”窗口和“时间轴”面板这3个非常重要的面板，还提供了许多其他功能面板。本节将简单介绍After Effects CC 2020中其他一些常用的面板。

“信息”面板

“信息”面板主要用来显示合成的相关信息。在“信息”面板的上部分，主要显示鼠标在“合成”窗口中所在位置的RGB值、Alpha通道值和坐标位置；在“信息”面板的下部分，根据所选素材的不同，主要显示素材的名称、位置、持续时间、出点和入点等信息，如图1-46所示。执行“窗口>信息”命令，或者按【Ctrl+2】组合键，可以打开或者关闭“信息”面板。

“音频”面板

在“音频”面板中可以对项目中的音频素材进行控制，实现对音频素材的编辑。执行“窗口>音频”命令，或者按【Ctrl+4】组合键，可以打开或者关闭“音频”面板，如图1-47所示。

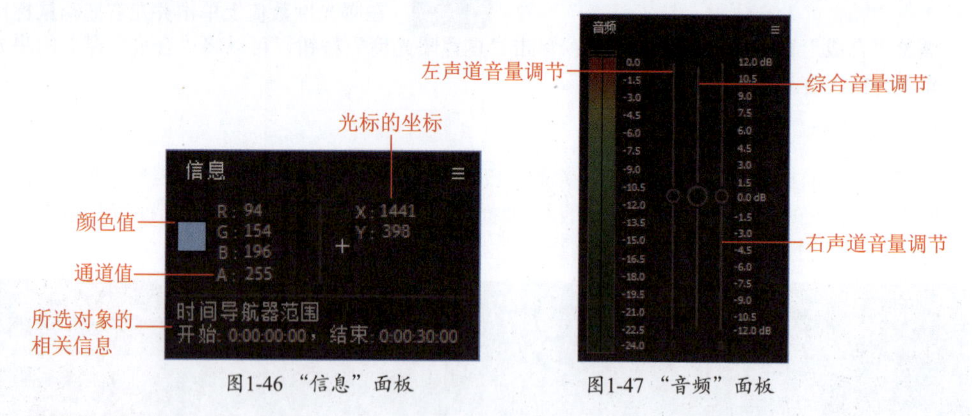

图1-46 “信息”面板

图1-47 “音频”面板

“预览”面板

“预览”面板主要用于对合成内容进行预览操作，并且可以控制素材的播放与停止，还可以进行预览的相关设置，如图1-48所示。执行“窗口>预览”命令，或者按【Ctrl+3】组合键，可以打开或者关闭“预览”面板。

“效果和预设”面板

“效果和预设”面板中包含“动画预设”“抠像”“模糊和锐化”“声道”“颜色校正”等多种特效，是进行视频编辑处理的重要部分，主要针对时间轴中的素材进行特效处理。常见的特效都可以使用“效果和预设”面板中的特效来完成，如图1-49所示。执行“窗口>效果和预设”命令，或者按【Ctrl+5】组合键，可以打开或者关闭“效果和预设”面板。

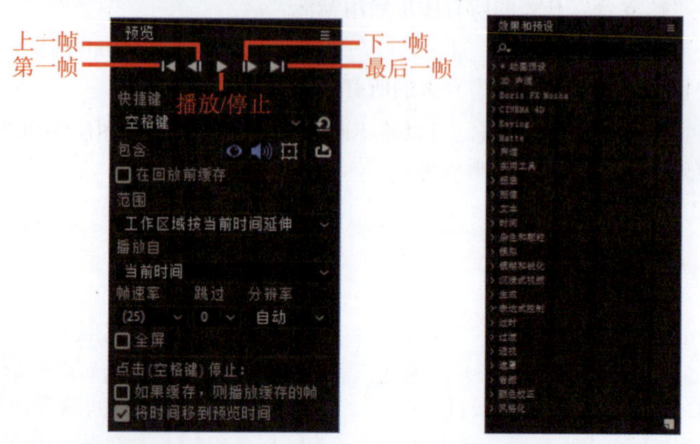

图1-48 “预览”面板

图1-49 “效果和预设”面板

“对齐”面板

“对齐”面板主要用于对在“合成”窗口中所选中的单个或者多个对象进行对齐或者分布设置，如图1-50所示。执行“窗口>对齐”命令，可以打开或者关闭“对齐”面板。

“库”面板

用户可以在Adobe系列的其他软件中将所创建的设计元素添加到Creative Cloud Libraries中，这样就可以在多个不同的软件之间通过“库”面板来共享这些设计元素。“库”面板如图1-51所示，执行“窗口>库”命令，可以打开或者关闭“库”面板。

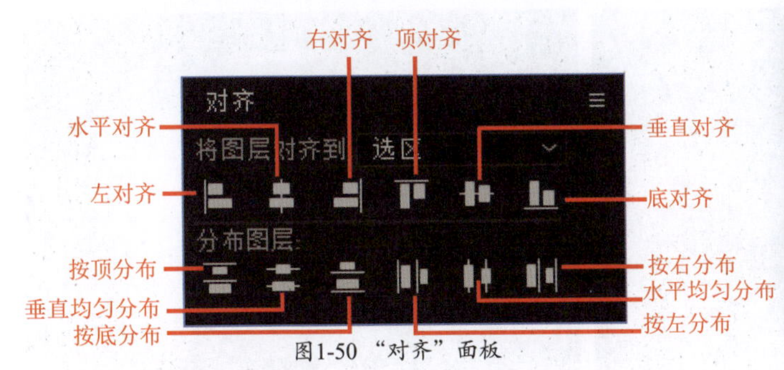

图1-50 “对齐”面板

图1-51 “库”面板

“字符”面板和“段落”面板

“字符”面板主要用来对在“合成”窗口中输入的文字进行相关属性设置，包括字体、字号、颜色、描边和行距等。“字符”面板中的设置选项与Photoshop中的“字符”面板相同，如图1-52所示。执行“窗口>字符”命令，或者按【Ctrl+6】组合键，可以打开或者关闭“字符”面板。

“段落”面板主要用来对在“合成”窗口中输入的段落文字进行相关属性设置，包括段落对齐方式、首行缩进、段前空格和段后空格等。“段落”面板中的设置选项与Photoshop中的“段落”面板相同，如图1-53所示。执行“窗口>段落”命令，或者按【Ctrl+7】组合键，可以打开或者关闭“段落”面板。

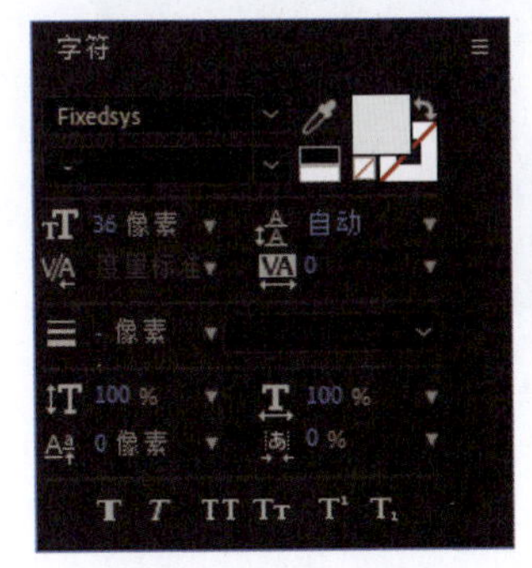

图1-52 “字符”面板

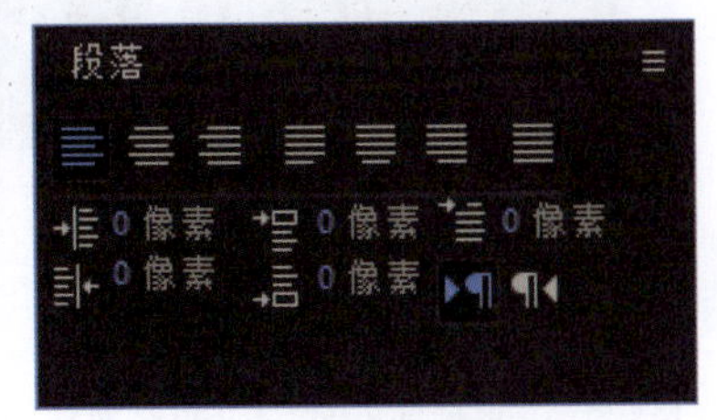

图1-53 “段落”面板

1.5 解惑答疑

在开始学习After Effects的各种功能之前，首先需要在计算机中正确安装After Effects软件，并能够对After Effects的工作界面和应用范围有一个基本的认识和了解，这样才能够为后面的学习打下基础。

1.5.1 Adobe Creative Cloud的作用是什么

Creative Cloud是Adobe的创意应用软件，可以自行决定其内部软件的部署方式和时间。用户不仅可以对其进行外围补充，也可以在云端存储文件，并可以从任何终端位置访问文件，应用设置也能够存储到云端并在多设备间同步。Creative Cloud中几乎包含了Adobe公司的所有软件，可以方便地对Adobe系列软件进行安装、卸载、更新等操作。

1.5.2 如何快速调整“合成”窗口的预览效果

可以通过快捷键对“合成”窗口进行快速调整。

按【<】键，可以缩小“合成”窗口视图，如图1-54所示。按【>】键，可以放大“合成”窗口视图，如图1-55所示。

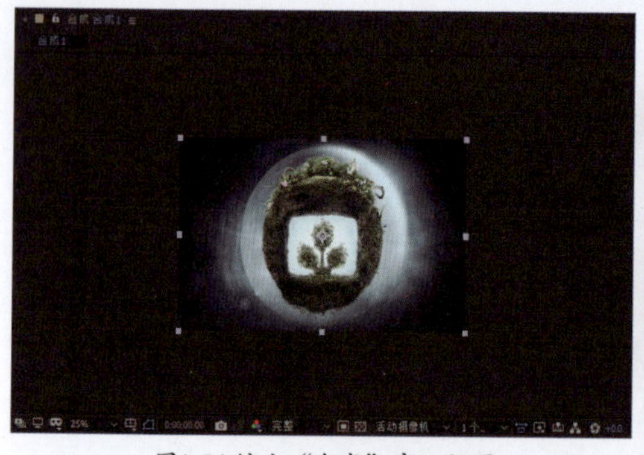
图1-54 缩小“合成”窗口视图

图1-55 放大“合成”窗口视图

将光标移至“合成”窗口中，按【`】键，可以将“合成”窗口放大至After Effects工作界面中的最大尺寸，隐藏工作界面中的其他面板，如图1-56所示。再次按【`】键，可以将“合成”窗口恢复到原来的尺寸大小，并显示出其他面板。

图1-56 将“合成”窗口放大至最大尺寸

1.6 总结扩展

After Effects是一款功能全面的视频后期处理和UI动效设计制作软件，经过多年的不断发展，在众多行业中已经得到了广泛应用。

1.6.1 本章小结

本章带领读者快速认识了全新的After Effects CC 2020软件，对于刚刚接触After Effects软件的读者而言，本章内容非常重要。本章重点讲解了After Effects CC 2020的工作界面，使读者能够熟悉After Effects CC 2020的工作环境，了解软件中各部分的功能和作用，从而为后面的学习打下坚实的基础。

1.6.2 扩展练习——卸载After Effects CC 2020

素　材：无

源文件：无

技术要点：掌握After Effects CC 2020的卸载

扫描观看视频

STEP 01 如果After Effects CC 2020软件出现问题，则需要将其卸载。打开Adobe Creative Cloud，在“所有应用程序”界面中单击After Effects软件右侧的“更多操作”图标，在打开的菜单中选择“卸载”命令，如图1-57所示。

STEP 02 开始卸载 After Effects 软件，并显示卸载进度，如图 1-58 所示。卸载完成后，关闭 Adobe Creative Cloud。

图1-57 选择“卸载”命令

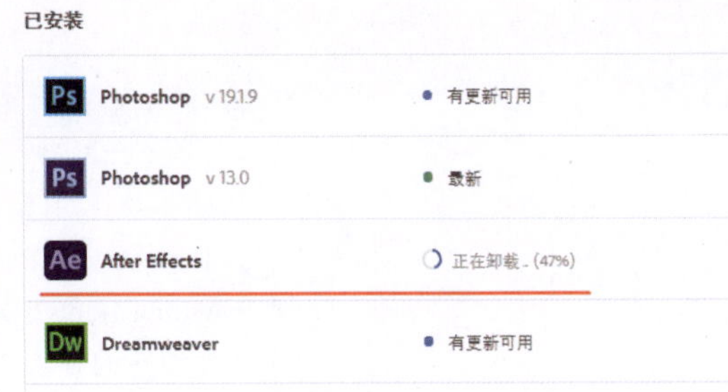

图1-58 显示软件卸载进度

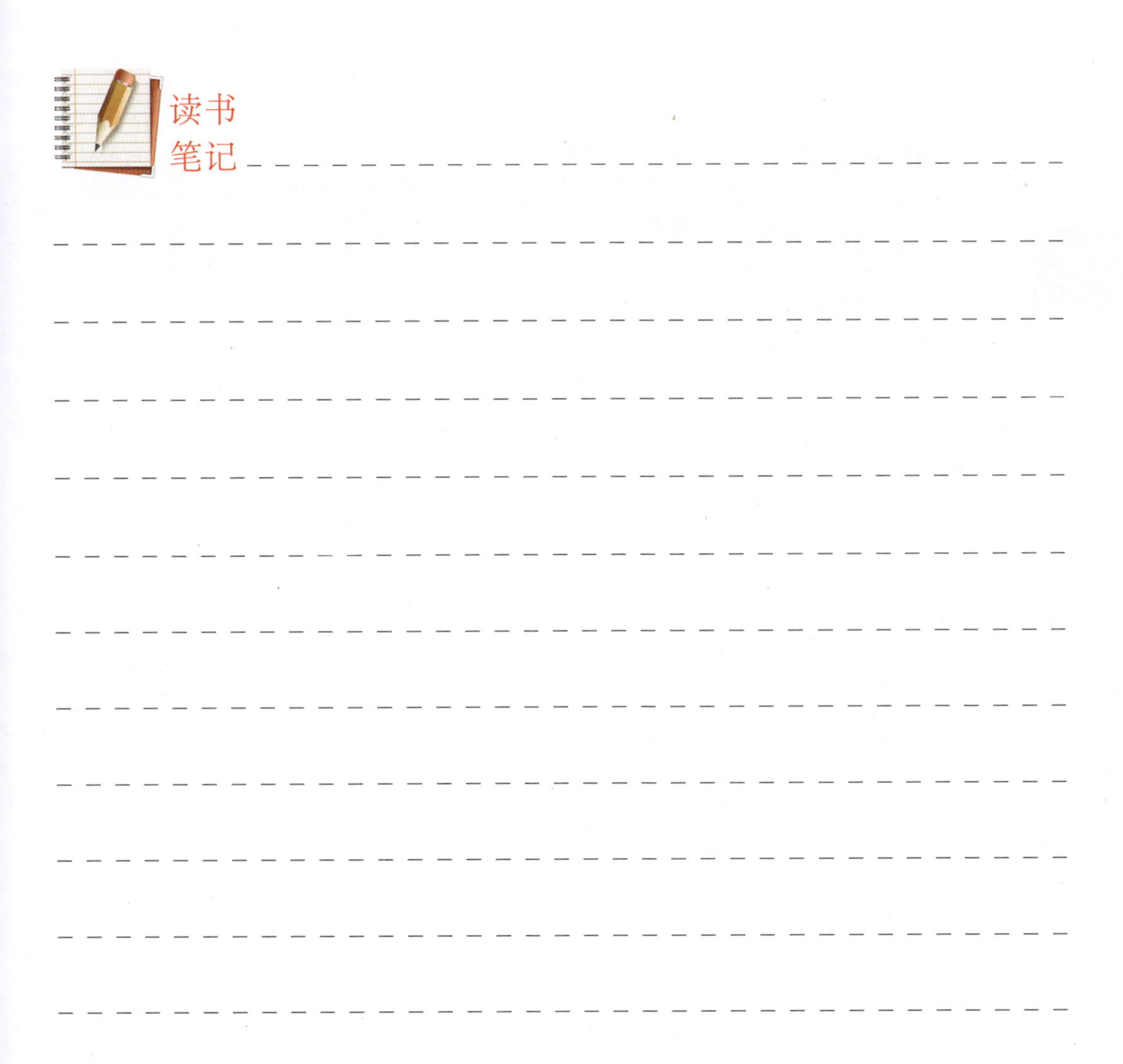

第2章 After Effects的基本操作

启动After Effects软件后，如果想要继续进行编辑工作，首先需要在After Effects中新建一个项目文件并在其中创建合成，这样才能够进行素材的导入及视频或者动画的编辑处理等其他操作。本章将介绍After Effects的基本操作，包括After Effects的基本工作流程、项目文件的创建与合成、不同格式素材的导入与管理，以及辅助功能等内容。

Learning Objectives

学习重点

2.1 After Effects操作简介

启动After Effects软件后，需要新建项目文件和合成，这是After Effects最基本的操作之一。当用户完成项目文件的制作后，需要对项目进行保存和关闭。本节将详细介绍After Effects中项目文件的基本操作方法。

2.1.1 After Effects的基本工作流程

在学习如何在After Effects中制作视频动画之前，本节将向读者介绍在After Effects中制作视频动画的一般工作流程，旨在建立一个学习的整体概念。

新建合成：在After Effects中进行视频动画编辑制作时，需要新建项目文件和合成。启动After Effects后，会自动创建一个空白的项目文件，而此时并没有合成存在，所以在开始操作之前必须先新建合成。

▼

导入素材：完成了项目文件和合成的创建后，接下来可以将相关的素材导入所创建的项目中，以便在After Effects中进行合成处理。

▼

添加素材：在项目中导入相应的素材后，可以将素材添加到合成的“时间轴”面板中，这样就可以制作该素材的视频动画效果了。

▼

添加文字：根据视频动画效果的需要，如果视频动画中包含文字，可以在合成中添加文字，并制作文字的动画效果。

▼

渲染输出：在After Effects中完成视频动画的编辑处理后，可以将项目文件保存，并将所制作的视频动画渲染输出为所需要的格式文件。

2.1.2 创建项目文件

创建新项目文件时，After Effects软件与其他软件有一个明显的区别，就是在使用After Effects创建新项目文件后，并不可以在项目中直接进行编辑操作，还需要在该项目文件中创建合成，才能够进行视频与动画的制作和编辑操作。

刚启动After Effects软件时，会在显示软件工作界面之前先显示“主页”窗口，在该窗口中为用户提供了软件操作的一些快捷功能，如图2-1所示。单击“新建项目”按钮，或者关闭该“主页”窗口，即可进入After Effects工作界面，如图2-2所示。默认情况下，After Effects会自动新建一个空白的项目文件。

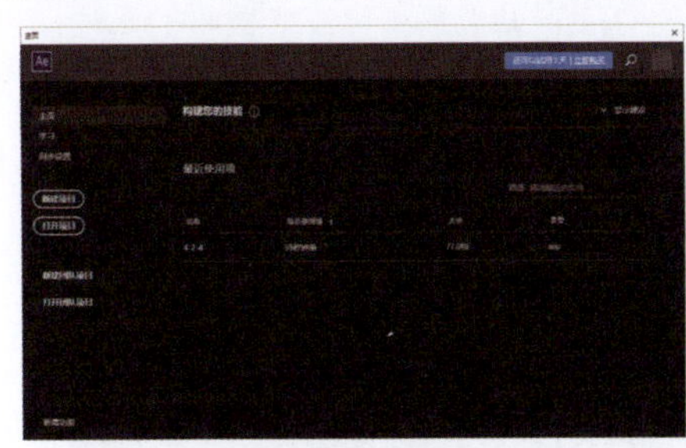

图2-1 “主页”窗口

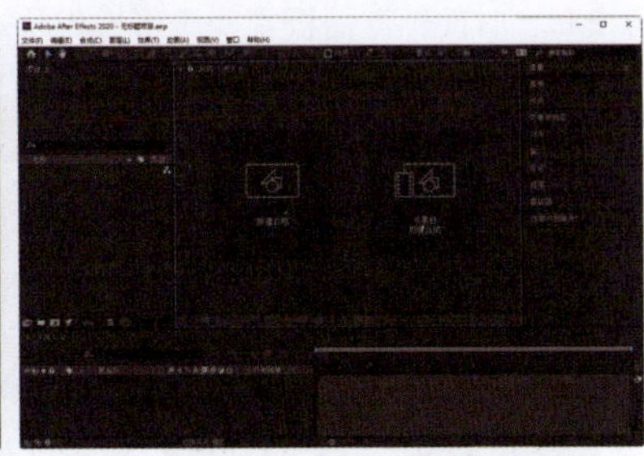

图2-2 After Effects工作界面

- 新建项目：在“主页”窗口左侧单击“新建项目”按钮，可以在After Effects中新建一个空白的项目文件，并进入该项目文件的编辑状态。
- 打开项目：在“主页”窗口左侧单击“打开项目”按钮，弹出“打开”对话框，可以选择本地计算机中已保存的After Effects项目文件打开，继续进行编辑操作。
- 新建团队项目和打开团队项目：这两个快捷操作选项都是针对团队协作的，使用这两个选项功能之后必须登录Adobe Creative Cloud，否则无法使用团队项目。
- 最近使用项：在“主页”窗口的“最近使用项”列表框中显示了最近在After Effects软件中编辑使用过的项目文件，选择项目文件名称，可以快速在After Effects软件中打开该项目文件。

如果用户当前正在After Effects软件中编辑一个项目文件，需要新建一个项目文件，可以执行“文件 > 新建 > 新建项目”命令，或者按【Ctrl+Alt+N】组合键，即可新建一个项目文件。

2.1.3 创建合成

完成项目文件的创建后，接下来就需要在该项目文件中创建合成了。在“合成”窗口中为用户提供了两种创建合成的方法，如图2-3所示。一种是新建一个空白的合成，另一种是通过导入的素材文件来创建合成。

如果在“合成”窗口中单击“新建合成”按钮，则会弹出“合成设置”对话框，在该对话框中可以对合成的相关选项进行设置，如图2-4所示。

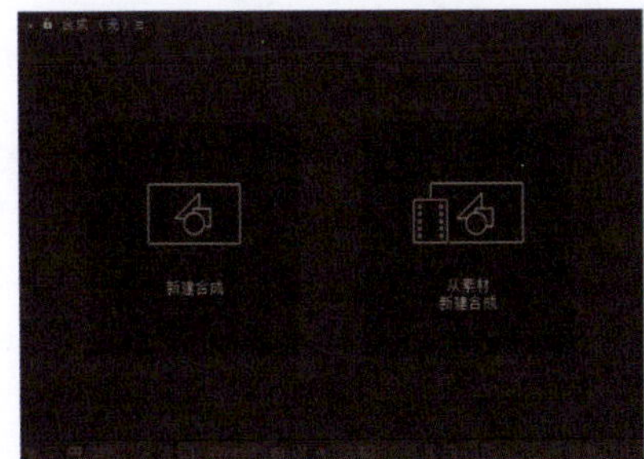

图2-3 “合成”窗口

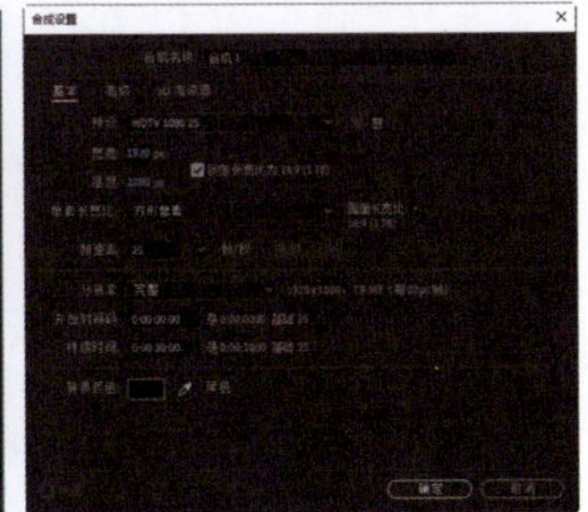

图2-4 “合成设置”对话框

在After Effects中，也可以执行“合成>新建合成”命令，或者按【Ctrl+N】组合键，弹出“合成设置”对话框。

如果在“合成”窗口中单击“从素材新建合成”按钮，则会弹出“导入文件”对话框，可以选择需要导入的素材文件，After Effects会根据用户所选择导入的素材文件自动创建相应的合成。

在“合成设置”对话框中设置好合成的名称、尺寸大小、帧速率、持续时间等选项，单击“确定”按钮，即可创建一个合成。在“项目”面板中可以看到刚才创建的合成，如图2-5所示。此时，“合成”窗口和“时间轴”面板都变为可操作状态，如图2-6所示。

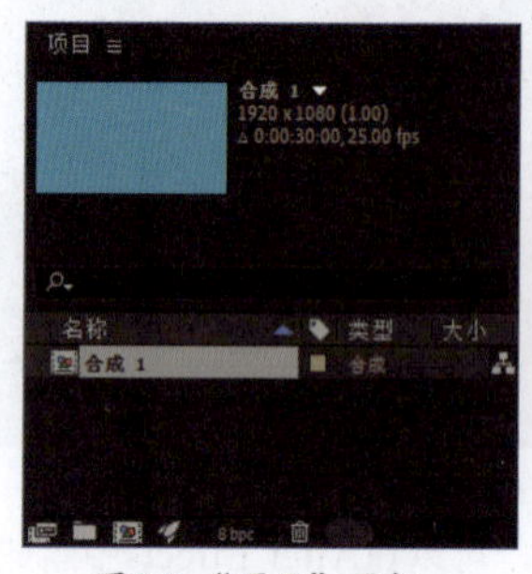

图2-5 “项目”面板

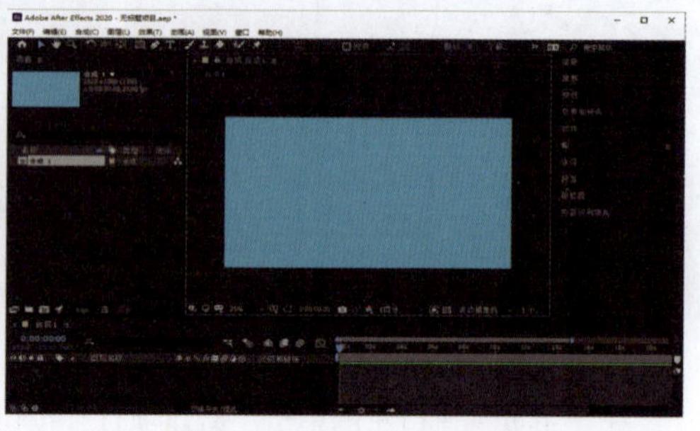

图2-6 进入“合成”编辑状态

完成项目中合成的创建后，在编辑制作过程中如果需要对合成的相关设置选项进行修改，可以执行“合成>合成设置”命令，或者按【Ctrl+K】组合键，可以在弹出的“合成设置”对话框中对相关选项进行修改。

2.1.4 保存和关闭项目文件

用户在对项目文件进行操作的过程中，需要随时保存项目文件，防止程序出错或者发生其他意外情况而带来不必要的麻烦。

在After Effects的“文件”菜单中提供了多个用于保存项目文件的命令，如图2-7所示。

如果是新创建的项目文件，执行“文件>保存”命令，或者按【Ctrl+S】组合键，在弹出的“另存为”对话框中进行设置，如图2-8所示，单击“保存”按钮，即可将文件保存。如果该项目文件已经被保存过一次，那么执行“保存”命令时则不会弹出“另存为”对话框，而是直接将原来的文件覆盖。

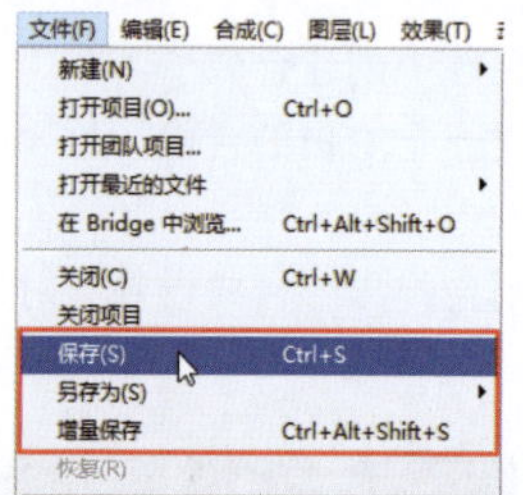

图2-7 保存文件的相关命令

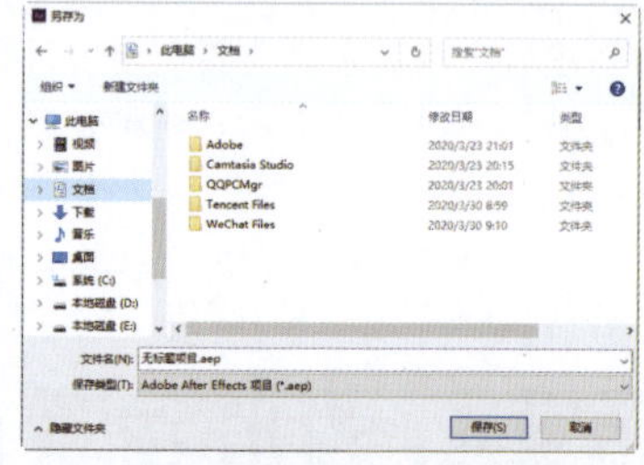

图2-8 “另存为”对话框

如果当前“合成”窗口中有正在编辑的合成，执行“文件>关闭”命令，或者按【Ctrl+W】组合键，可以关闭当前正在编辑的合成；如果当前“合成”窗口中没有打开的合成，则执行“文件>关闭”命令后，可以直接关闭项目文件。

执行“文件>关闭项目”命令，无论当前“合成”窗口中是否包含正在编辑的合成，都会直接关闭项目文件。如果当前项目是已经保存过的文件，则可以直接关闭该项目文件；如果当前项目未保存或者做了某些修改还未保存，则系统将会弹出提示窗口，提示用户是否需要保存当前项目或者已做修改的项目，如图2-9所示。

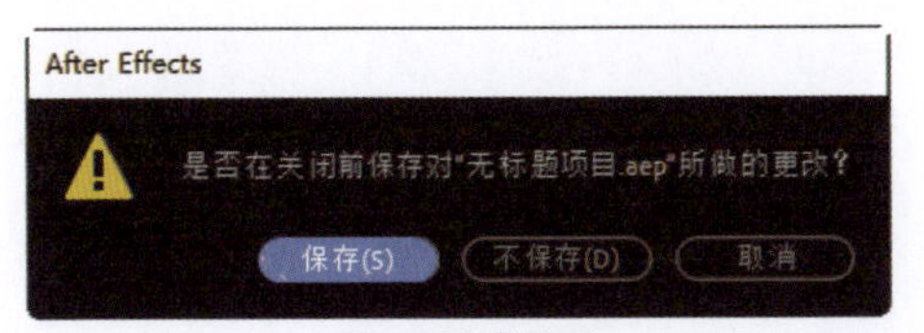

图2-9 保存提示

2.2 素材导入操作

在After Effects中创建了新的项目文件和合成后，需要将相关的素材导入“项目”面板中。对于不同类型的素材，After Effects有着不同的导入设置，根据选项设置的不同，所导入的图片也不同；根据格式的不同，其导入的方法也不相同。

2.2.1 导入素材

通过执行“文件>导入”命令，可以将素材文件导入After Effects中。执行“导入”命令，不仅可以导入单个素材文件，还可以同时导入多个素材文件。

导入单个素材

执行“文件>导入>文件”命令，或者按【Ctrl+I】组合键，在弹出的“导入文件”对话框中选择需要导入的素材，如图2-10所示。单击“导入”按钮，即可将该素材导入“项目”面板中，如图2-11所示。

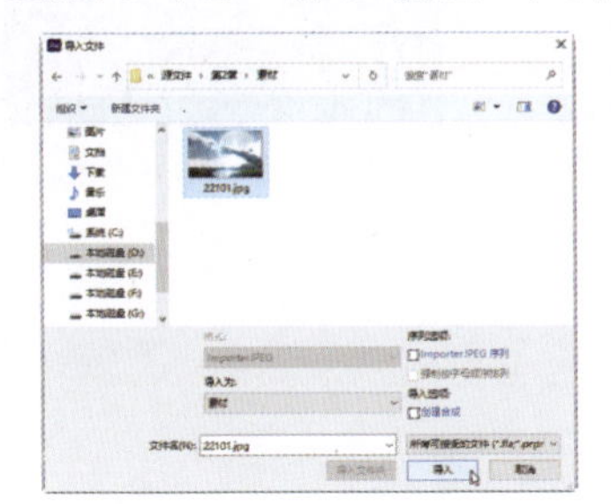

图2-10 选择需要导入的素材文件

图2-11 将素材导入“项目”面板中

视频和音频素材文件的导入方法与不分层静态图片素材的导入方法完全相同，导入后同样显示在“项目”面板中。

导入多个素材

执行“文件>导入>文件”命令，在弹出的“导入文件”对话框中按住【Ctrl】键的同时逐个单击需要导入的素材文件，如图2-12所示，单击“导入”按钮，即可同时导入多个素材文件。在“项目”面板中可以看到导入的多个素材文件，如图2-13所示。

图2-12 选择多个需要导入的素材文件

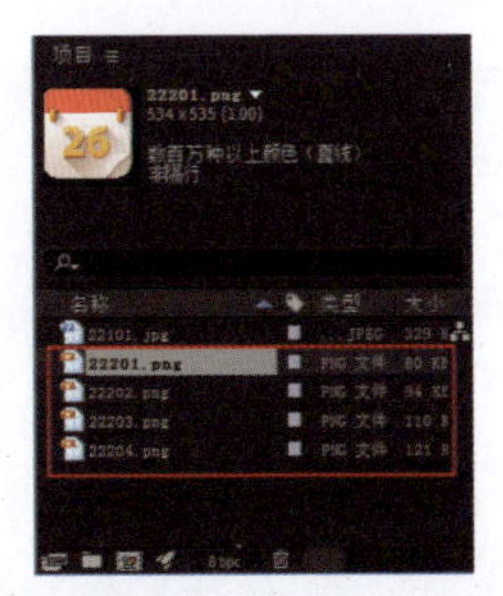

图2-13 同时导入多个素材文件

如果执行“文件＞导入＞多个文件”命令，或者按【Ctrl+Alt+I】组合键，弹出“导入多个文件”对话框，选择一个或者多个需要导入的素材文件，单击“导入”按钮，可以将选中的一个或者多个素材文件导入“项目”面板中，并再次弹出“导入多个文件”对话框，便于用户再次选择需要导入的素材文件。

2.2.2 导入素材序列

序列文件是指由若干张按顺序排列的图片组成的一个图片序列，每张图片代表一个帧，用来记录运动的影像。

执行“文件>导入>文件”命令，在弹出的“导入文件”对话框中选择依序命名的一系列素材中的第1个素材，并且选择对话框下方的“PNG序列”复选框，如图2-14所示。单击“打开”按钮，即可将图像以序列的形式导入。一般导入后的序列图像为动态文件，如图2-15所示。

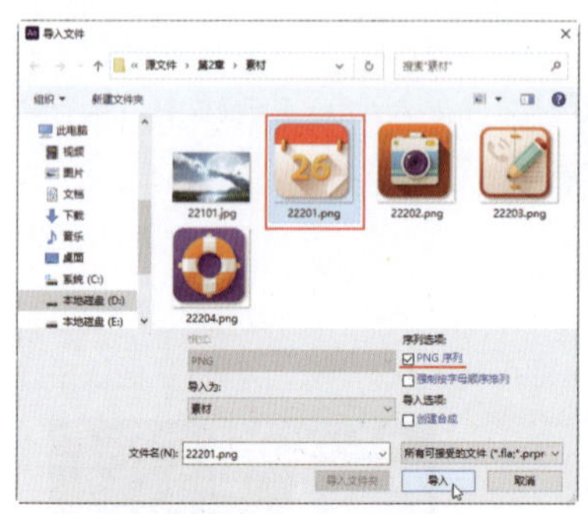

图2-14 选择素材序列中的第1个素材

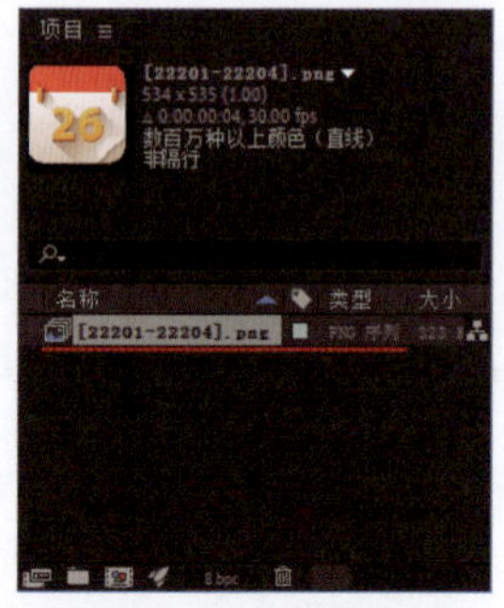

图2-15 导入素材序列

在After Effects中导入图片序列时，会自动生成一个序列素材。如果将该序列素材添加到“时间轴”面板中，可以看到该序列中的每一张图片占据一帧的位置，如果该序列图片中共有4张图片，则该序列素材中共有4帧。

2.2.3 导入分层素材

在After Effects中，不分层的静态素材的导入方法基本相同。但是想要制作出丰富多彩的视觉效果，仅有不分层的静态素材是不够的，通常需要先在专业的图像设计软件中设计效果图，再导入After Effects中制作视频动画效果。

在After Effects中可以直接导入PSD或者AI格式的分层文件，在导入过程中可以设置如何对文件中的图层进行处理，是将图层合并为单一的素材，还是保留文件中的图层。

执行“文件>导入>文件”命令，在弹出的“导入文件”对话框中选择一个需要导入的PSD格式素材文件，单击“导入”按钮，弹出导入设置对话框，如图2-16所示。在“导入种类”下拉列表框中可以选择将PSD文件导入为哪种类型的素材，如图2-17所示。

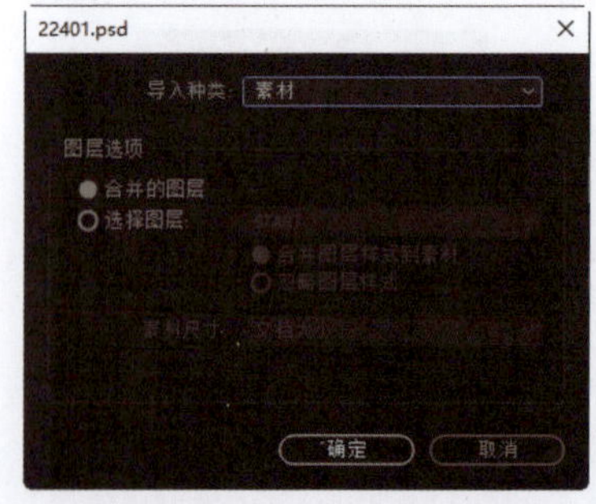

图2-16 导入设置对话框

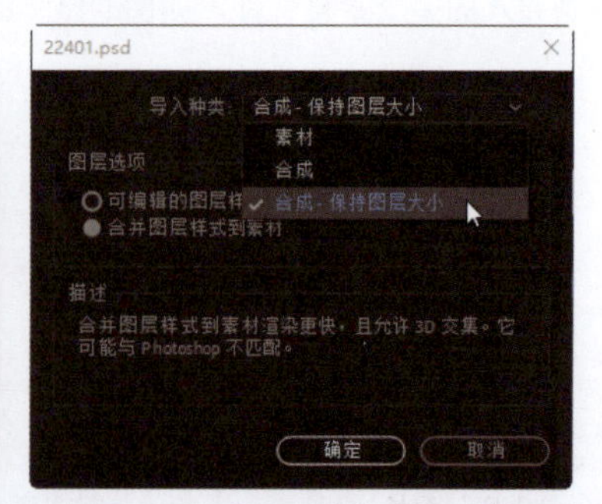

图2-17 “导入种类”下拉列表框

- 素材：如果选择“素材”选项，在该对话框中可以选择将PSD素材文件中的图层合并后再导入为静态素材，或者选择PSD素材文件中某个指定的图层，将其导入为静态素材。
- 合成：如果选择“合成”选项，则可以将所选择的PSD素材文件导入为一个合成，PSD素材文件中的每个图层在合成中都是一个独立的图层，并且会将PSD素材文件中所有图层的尺寸大小统一为合成的尺寸大小。
- 合成-保持图层大小：如果选择“合成-保持图层大小”选项，则可以将所选择的PSD素材文件导入为一个合成，PSD文件中的每个图层都作为合成的一个单独图层，并保持它们原始的尺寸不变。

2.2.4 应用案例——导入PSD格式分层素材

素　材：第2章\素材\22401.psd
源文件：第2章\2-2-4.aep
技术要点：导入PSD分层素材并自动创建合成

扫描观看视频

扫描下载素材

STEP 01 在 Photoshop 中打开需要导入的 PSD 分层素材文件“22401.psd”，打开“图层”面板，可以看到该 PSD 文件中的相关图层，如图 2-18 所示。

STEP 02 启动 After Effects，执行“文件 > 导入 > 文件”命令，在弹出的“导入文件”对话框中选择该 PSD 素材文件，单击“导入”按钮，弹出导入设置对话框，在“导入种类”下拉列表框中选择“合成 - 保持图层大小”选项，如图 2-19 所示。

图2-18 PSD素材文件效果及相关图层

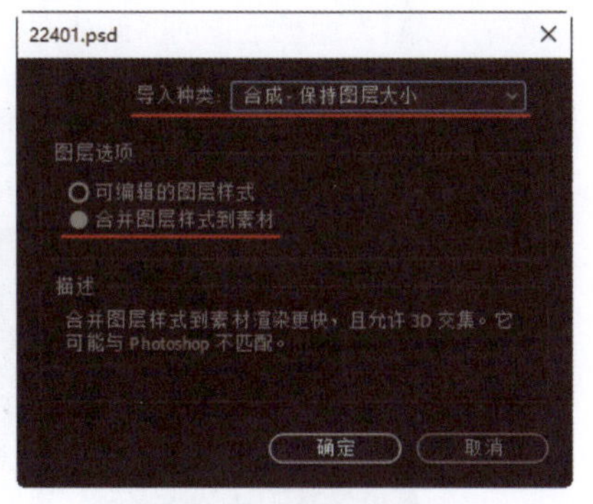

图2-19 导入设置对话框

STEP 03 单击“确定”按钮，即可将该 PSD 素材文件导入为合成，在“项目”面板中可以看到自动创建的合成，如图 2-20 所示。

STEP 04 在“项目”面板中双击自动创建的合成，可以在“合成”窗口中看到该合成的效果与 PSD 素材的效果完全一致。并且在“时间轴”面板中可以看到图层与 PSD 文件中的图层是相对应的，如图 2-21 所示。

图2-20 “项目”面板

图2-21 “合成”窗口和“时间轴”面板中的图层

将 PSD 素材文件导入为合成时，After Effects 会自动创建一个与 PSD 素材文件名称相同的合成和一个素材文件夹，该文件夹中包含所导入的 PSD 素材文件每个图层中的图像素材。

2.3 使用和管理素材

完成导入素材的操作后，这些素材只是出现在“项目”面板中，如果想要进一步对项目进行编辑，就需要对这些素材进行一些基本操作。本节将介绍如何将导入的素材添加到“时间轴”面板或者“合成”窗口中，以及在“项目”面板中对素材进行管理的方法与技巧。

2.3.1 管理素材

在使用After Effects制作项目时，通常需要大量不同类型的素材，在“项目”面板中可以很好地对导入的素材文件进行分类和管理，从而提高项目文件的制作效率。

使用文件夹对素材进行分类

在使用After Effects编辑处理视频动画时，往往需要大量的素材。素材又可以分为很多种类，包括静态图像素材、声音素材、合成素材等，可以在“项目”面板中分别创建相应的文件夹来放置不同类型的素材，从而方便使用时快速查找，提高工作效率。

单击“项目”面板下方的“新建文件夹”按钮，或者执行“文件>新建>新建文件夹”命令，即可在“项目”面板中新建一个文件夹，所新建的文件夹自动进入重命名状态，可以直接输入文件夹的名称，如图2-22所示。完成文件夹的创建后，可以在“项目”面板中选中一个或者多个素材，将其拖入文件夹中，即可移动素材，如图2-23所示。

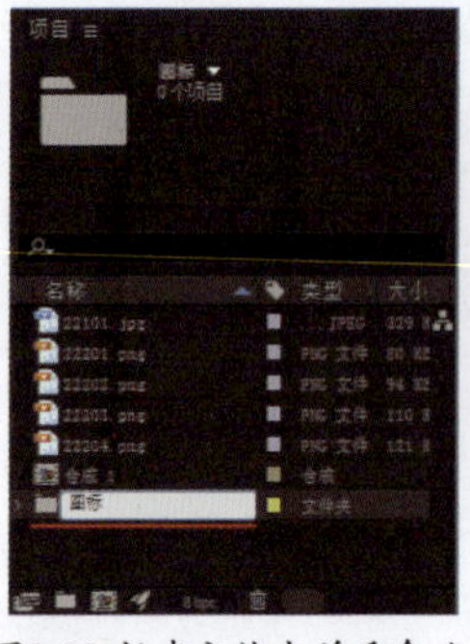

图2-22 新建文件夹并重命名

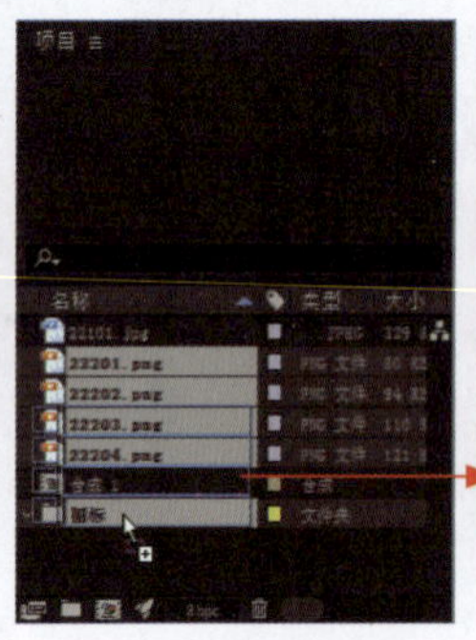

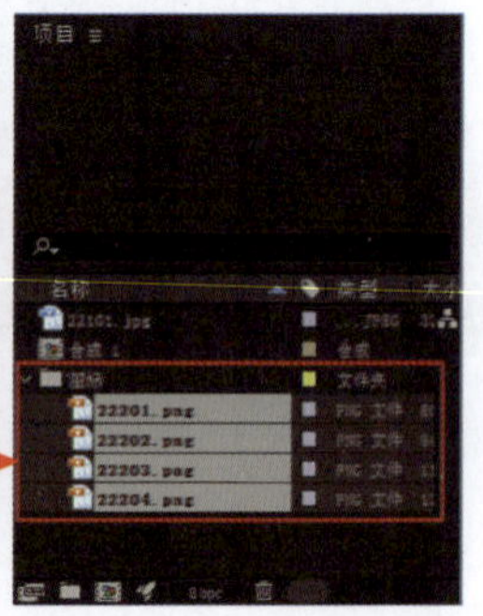

图2-23 将多个素材拖入文件夹中

如果需要对“项目”面板中的素材或者文件夹名称进行重命名，可以在需要重命名的素材或者文件夹名称上单击鼠标右键，在弹出的快捷菜单中选择“重命名”命令，即可对素材或者文件夹名称进行重命名操作。

删除素材

对于多余的素材或者文件夹，应该及时删除。删除素材或者文件夹的方法很简单，在“项目”面板中选择需要删除的素材或者文件夹，按【Delete】键即可将其删除；也可以选择需要删除的素材或者文件夹，单击“项目”面板下方的“删除所选项目”按钮。

在“项目”面板中选择素材时，按住【Ctrl】键不放，分别单击需要选择的素材，可以同时选择多个不连续的素材，如图2-24所示；按住【Shift】键不放，分别单击需要选择的多个素材中的第一个素材和最后一个素材，可以同时选择多个连续的素材，如图2-25所示；按【Delete】键删除素材时，会弹出提示框，询问是否确定删除所选择的素材，如图2-26所示。

图2-24 选择不连续的多个素材

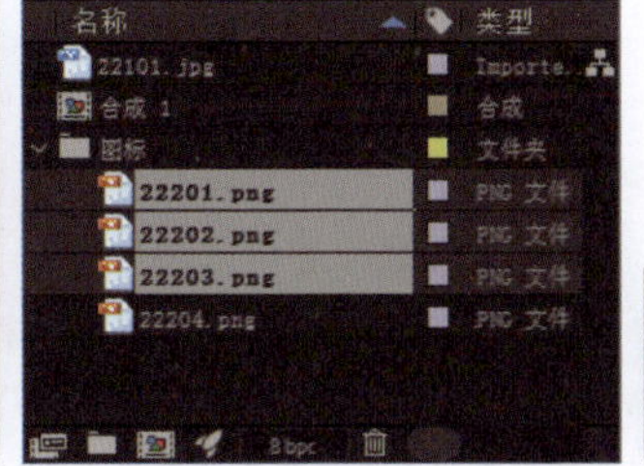

图2-25 选择连续的多个素材

图2-26 删除提示框

替换素材

在After Effects中编辑处理视频动画的过程中，如果发现导入的素材不够精美或者效果不满意，可以通过替换素材的方式来修改。

在“项目”面板中选择需要替换的素材，执行“文件>替换素材>文件”命令，或者在当前素材上单击鼠标右键，在弹出的快捷菜单中选择“替换素材>文件”命令，如图2-27所示，弹出“替换素材文件”对话框，选择要替换的素材，如图2-28所示，单击“导入”按钮，即可完成替换素材的操作。

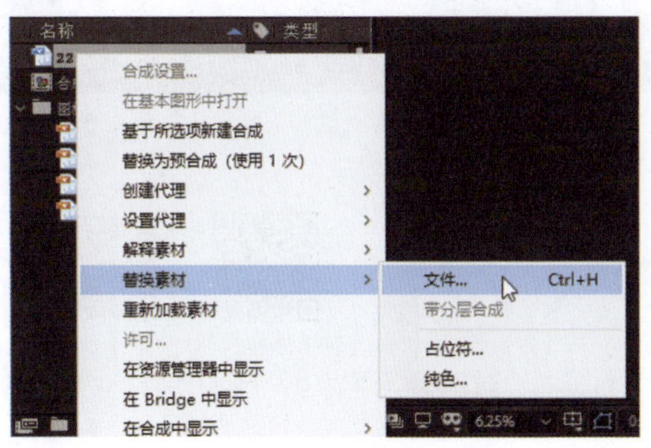

图2-27 执行“替换素材”命令

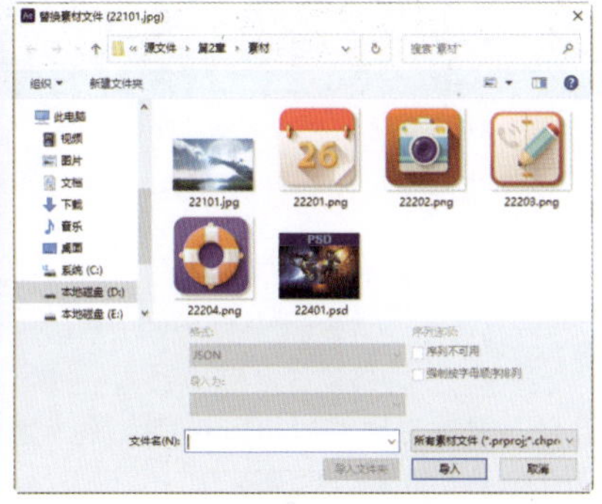

图2-28 “替换素材文件”对话框

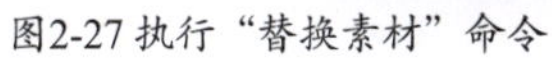

查看素材

在After Effects中，导入的素材文件都被放置在“项目”面板中，在“项目”面板的素材列表框中选中某个素材，即可在该面板的预览区域中看到该素材的缩览图和相关信息，如图2-29所示。如果想要查看素材的大图效果，可以直接双击“项目”面板中的素材，系统将根据不同类型的素材打开不同的浏览模式。双击静态素材将打开“素材”窗口，如图2-30所示；双击动态素材将打开对应的视频播放软件来预览。

图2-29 查看素材缩览图

图2-30 在“素材”窗口中查看素材

2.3.2 将素材添加到合成

除了在导入PSD格式或者AI格式的分层素材文件时选择“合成”选项，将其导入为合成，其他导入的素材都只会出现在“项目”面板中，而不会应用到合成中。在制作视频动画的过程中，可以将“项目”面板中的素材添加到合成中，从而制作视频动画效果。

在项目文件中新建合成后，如果需要在该合成中使用相应的素材，可以在“项目”面板中将该素材拖入“合成”窗口中，如图2-31所示。或者在“项目”面板中将该素材拖入“时间轴”面板中的图层位置，如图2-32所示。释放鼠标即可在“合成”窗口中添加相应的素材，在“时间轴”面板中可以制作该素材的视频动画效果。

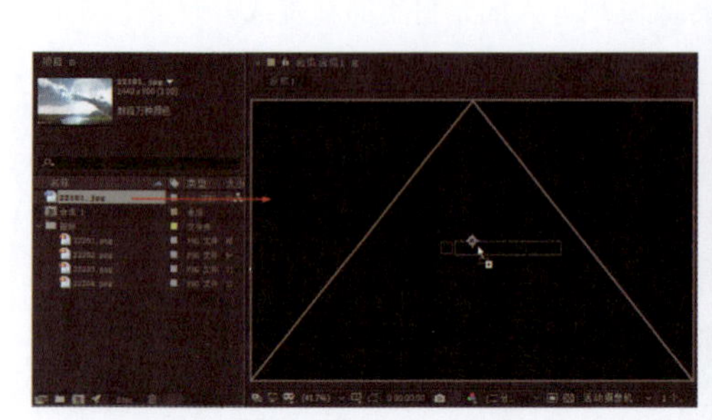

图2-31 将素材拖入“合成”窗口中

图2-32 将素材拖入“时间轴”面板中

2.3.3 应用案例——素材入点与出点的设置方法

素　材：第2章\素材\23301.mp4

源文件：第2章\2-3-3.aep

技术要点：掌握素材入点与出点的设置方法

扫描观看视频

扫描下载素材

STEP 01 导入视频素材“23301.mp4”，将视频素材拖入“时间轴”面板中，自动创建一个与该视频尺寸相同的合成，如图 2-33 所示。

STEP 02 在“时间轴”面板中双击刚拖入的素材图层名称，可以在“图层”窗口中单独显示该图层中的素材。执行“视图 > 转到时间”命令，或者按【Alt+Shift+J】组合键，弹出“转到时间”对话框，设置时间指示器跳转到的时间位置，如图 2-34 所示。

图2-33 拖入视频素材

图2-34 设置“转到时间”对话框

STEP 03 单击“确定”按钮，时间指示器将自动跳转到所设置的时间位置。单击“图层”窗口下方的“将入点设置为当前时间”按钮 { ，即可完成素材入点的设置，如图 2-35 所示。

STEP 04 使用相同的方法，设置时间指示器的位置。单击“图层”窗口下方的“将出点设置为当前时间”按钮 } ，即可完成素材出点的设置，如图 2-36 所示。

图2-35 设置入点位置

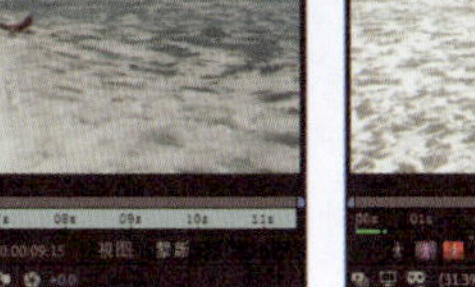

图2-36 设置出点位置

提示 素材的入点是指该素材开始显示的时间位置，素材的出点是指该素材结束显示的时间位置。完成素材入点和出点的设置后，当播放“时间轴”面板中的素材时，该图层素材只有入点与出点之间的内容才会播放，其他内容会被隐藏。

2.3.4 合成的嵌套

合成嵌套操作用于素材繁多的视频动画项目。例如，可以通过一个合成制作背景的动画效果，再使用另一个合成制作元素的动画效果，最终将元素的合成添加到背景的合成中，通过合成的嵌套，便于对不同的素材进行管理与操作。

创建合成嵌套有两种方法。

第1种方法：在“项目”面板中将某个合成拖曳至“时间轴”面板的图层中，将其作为素材添加到当前所制作的合成中，从而实现合成的嵌套，如图2-37所示。

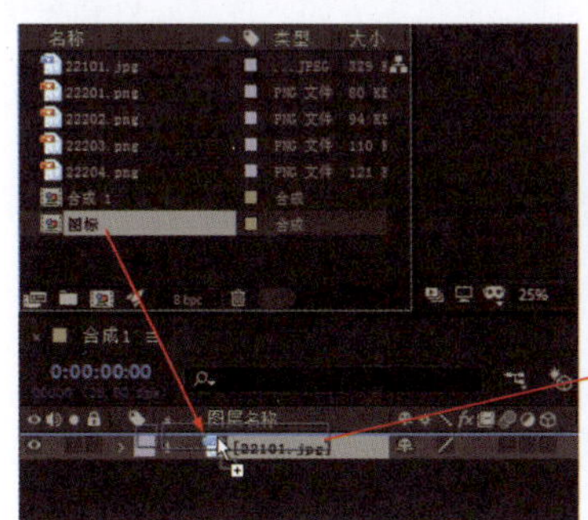

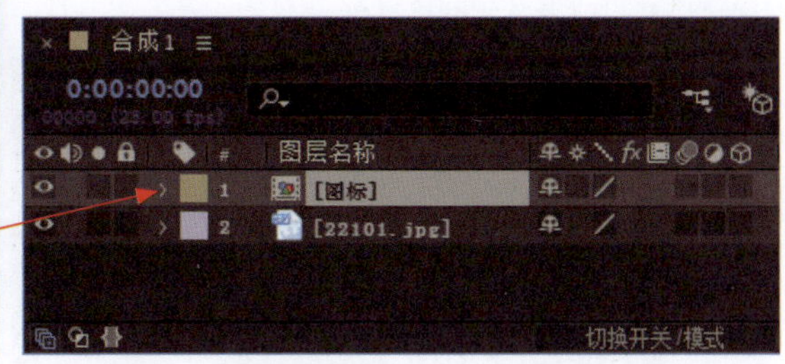

图2-37 将合成拖入“时间轴”面板中

第2种方法：在“时间轴”面板中选择一个或者多个图层，执行“图层>预合成”命令，弹出“预合成”对话框，对相关选项进行设置，如图2-38所示。单击“确定”按钮，即可将所选择的一个或者多个图层创建为嵌套的合成，如图2-39所示。

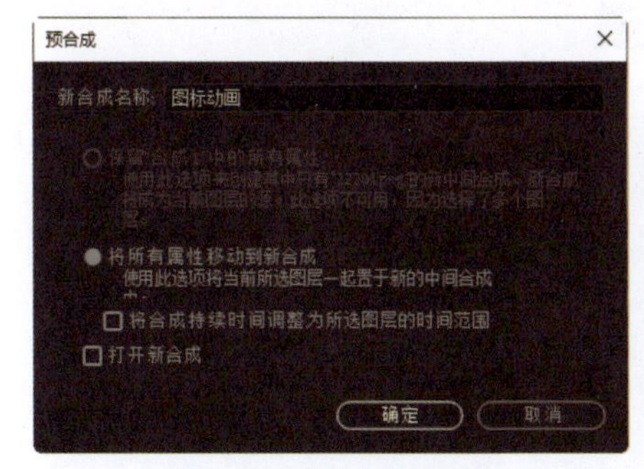

图2-38 “预合成”对话框

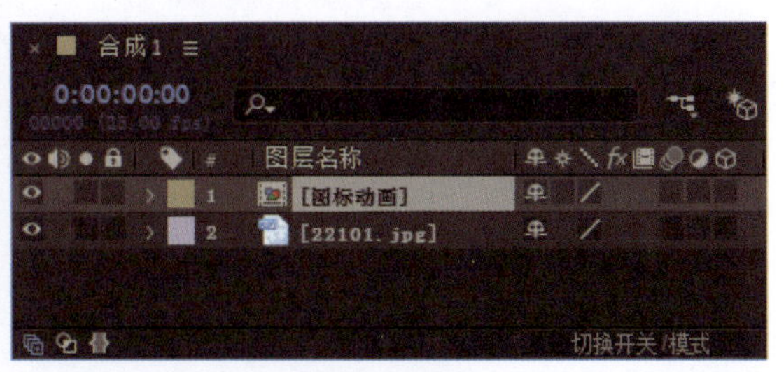

图2-39 创建嵌套的合成

“预合成”对话框中各选项的说明如下。

- 新合成名称：该选项用于设置所创建的新合成的名称。
- 保留“合成”中的所有属性：将所有的属性、动画信息及效果保留在当前的合成中，将所选择的图层进行简单的嵌套合成处理，也就是说所创建的合成不会应用当前合成中的所有属性设置（“合成”为当前合成的名称）。
- 将所有属性移动到新合成：将当前合成的所有属性、动画信息及效果都应用到新建的合成中。
- 将合成持续时间调整为所选图层的时间范围：选择该复选框，则当创建新合成时，会自动根据所选择的图层的时间范围来设置合成的持续时间。
- 打开新合成：选择该复选框，则当创建新合成时将自动打开所创建的新合成，进入该新合成的编辑状态。

2.4 使用辅助功能

在After Effects中对导入的素材进行编辑处理时，可以使用After Effects中的辅助功能，包括网格、标尺、参考线、安全框、通道和预览区域等，使用户更方便地对素材进行编辑处理。

2.4.1 网格和标尺

在编辑素材的过程中，可以借助网格功能对素材进行更精确的定位和对齐。After Effects中的网格默认显示为绿色。

执行“视图>显示网格”命令，即可在“合成”窗口中显示网格，启用网格后的效果如图2-40所示。

除了可以通过执行菜单命令显示网格，还可以单击“合成”窗口下方的“选择网格和参考线选项”按钮，在打开的下拉列表框中选择“网格”选项，如图2-41所示。或者按【Ctrl+’】组合键，同样可以开启或者关闭网格功能。

图2-40 显示网格效果

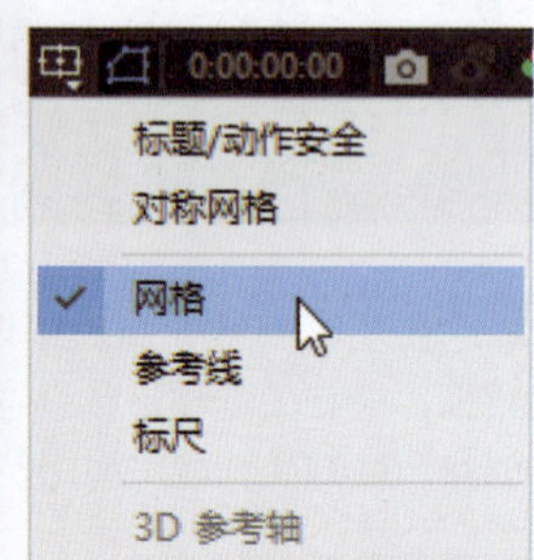

图2-41 选择“网格”选项

执行“视图>对齐到网格”命令，开启对齐网格功能，在“合成”窗口中拖动对象时，在一定距离内能够自动对齐到网格。

执行“视图>显示标尺”命令，或者按【Ctrl+R】组合键，即可在“合成”窗口中显示水平和垂直标尺，如图2-42所示。默认情况下，标尺的原点位于“合成”窗口的左上角，将光标移动到左上角标尺原点的位置，然后按住鼠标左键将其拖动到适当的位置后释放鼠标，即可改变标尺原点的位置，如图2-43所示。

图2-42 显示标尺

图2-43 改变标尺原点位置

将光标移至标尺左上角的原点位置，双击即可将标尺的原点恢复到默认位置。如果想要隐藏标尺，可以再次执行“视图>显示标尺”命令，或者按【Ctrl+R】组合键，即可在“合成”窗口中隐藏标尺。

2.4.2 参考线

参考线的作用和网格一样，也是主要应用在素材的精确定位和对齐操作中。但是参考线相对网格来说，操作更灵活，设置更随意，使用起来更加便捷。

添加参考线

执行“视图>显示标尺”命令，在“合成”窗口中显示标尺。将光标移至水平标尺或者垂直标尺的位置，当光标变成双向箭头时，向下或者向右拖动鼠标，即可拖出水平或者垂直的参考线；重复拖动，可以添加多条参考线，如图2-44所示。

图2-44 从标尺中拖动鼠标添加参考线

显示与隐藏参考线

在对素材进行编辑的过程中，有时会感觉参考线妨碍操作，但是又不希望删除参考线，此时可以执行“视图>显示参考线”命令，将参考线暂时隐藏。如果需要再次显示参考线，再次执行“视图>显示参考线”命令即可。按【Ctrl+;】组合键，同样可以切换参考线的显示与隐藏状态。

对齐到参考线

执行“视图>对齐到参考线”命令，可以开启或者关闭对齐到参考线功能。开启对齐到参考线功能后，在“合成”窗口中拖动对象时，在一定距离内能够自动对齐到参考线，方便对对象进行移动与对齐操作。

锁定参考线

在操作过程中，如果不想改变参考线的位置，可以将参考线锁定。执行“视图>锁定参考线”命令，即可锁定参考线，锁定后的参考线不能够被再次拖动改变位置；如果想修改参考线的位置，可以再次执行“视图>锁定参考线”命令，取消参考线的锁定状态，然后就可以修改参考线的位置了。

清除参考线

如果希望删除“合成”窗口中的所有参考线，可以执行“视图>清除参考线”命令，即可将“合成”窗口中添加的所有参考线全部删除；如果只想删除其中一条或者多条参考线，则可以将光标移至该条参考线上，当光标变成双箭头时，按住鼠标左键将其拖出“合成”窗口即可。

2.4.3 安全框

制作出来的视频动画往往需要在屏幕上进行播放，但是由于显像管的不同，造成显示范围也不同，这时就需要注意视频图像及字幕的位置。因为在不同的屏幕上播放时，经常会出现少许的边缘丢失现象，这种现象称为“溢出扫描”。

在After Effects软件中，提供了防止视频信息丢失的功能，即安全框。通过安全框来设置素材，可以避免重要视频信息的丢失。安全框是指能够被大多数用户看到的画面范围，安全框以外的部分在电视设备中将不被显示，安全框以内的部分可以保证被完全显示出来。

单击“合成”窗口下方的“选择网格和参考线选项”按钮，在打开的下拉列表框中选择“标题/动作安全”选项，如图2-45所示，即可在“合成”窗口中显示安全框，如图2-46所示。

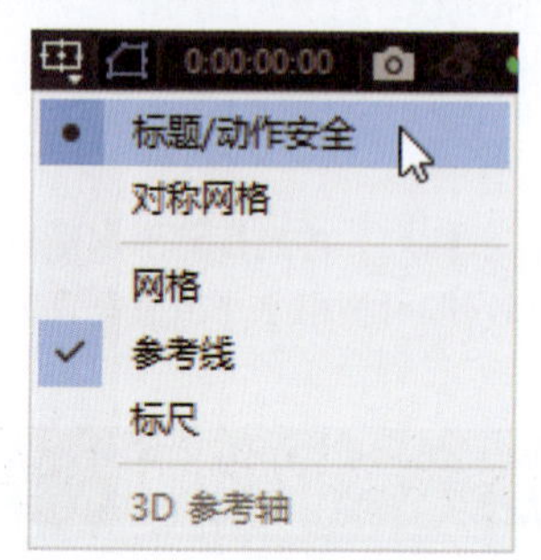

图2-45 选择“标题/动作安全”选项

图2-46 在“合成”窗口中显示安全框

从显示的安全框中可以看出，有两个安全区域：动作安全框和标题安全框，外侧为动作安全框，内侧为标题安全框。通常来说，重要的图像应该保持在动作安全框以内，而动态的字幕及标题文字应该保持在标题安全框以内。

如果不需要在“合成”窗口中显示安全框，可以再次单击“选择网格和参考线选项”按钮，取消“标题/动作安全”选项的选择即可。

2.4.4 通道

如果需要查看当前“合成”窗口在不同颜色通道中的显示效果，可以单击“合成”窗口下方的“显示通道及色彩管理设置”按钮，在打开的下拉列表框中可以选择“红色”、“绿色”、“蓝色”和“Alpha”等选项，如图2-47所示。选择不同的通道选项，将在“合成”窗口中显示不同的通道模式效果。图2-48所示为选择“蓝色”通道的显示效果。

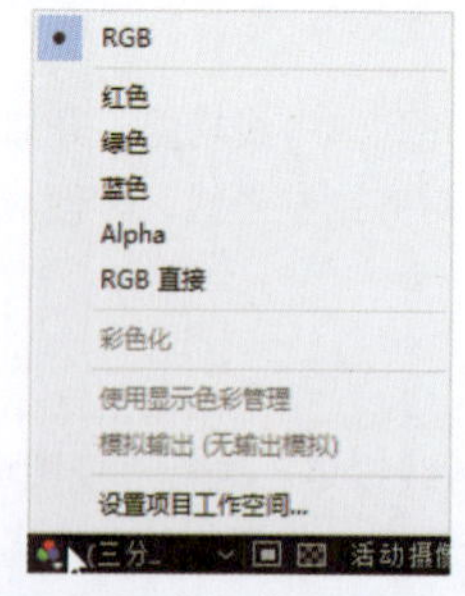

图2-47 “显示通道及色彩管理设置”下拉列表框

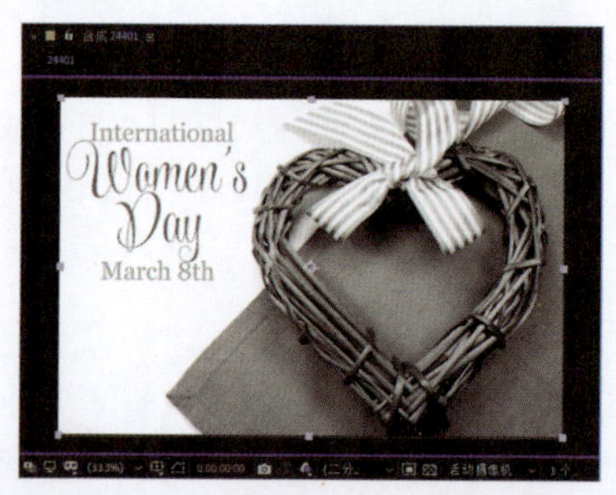

图2-48 “蓝色”通道显示效果

选择不同的通道模式，观察通道颜色的比例，有利于后期图像色彩的处理，在抠取图像时也更容易掌握。选择不同的通道后，“合成”窗口边缘将显示不同通道颜色的标识框，以区分通道显示。

选择“红色”、“绿色”或者“蓝色”通道时，在“合成”窗口中默认显示的是灰色图像效果，如果想要显示出通道的颜色效果，可以在该下拉列表框中选择“彩色化”选项。图2-49所示为“绿色”通道的显示效果。图2-50所示为选择“彩色化”选项后的效果。

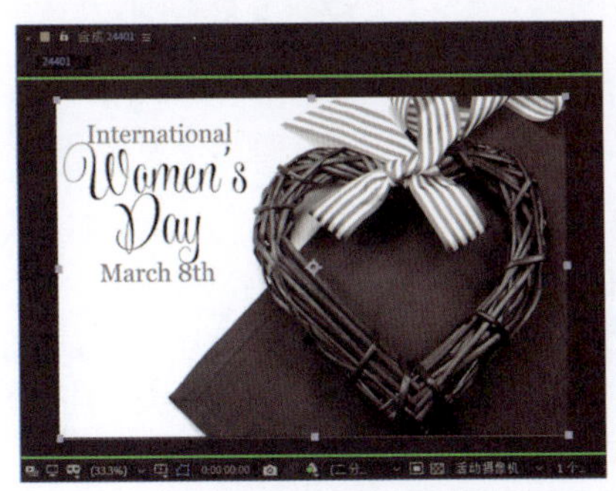

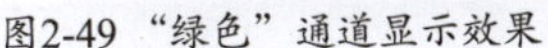
图2-49 “绿色”通道显示效果

图2-50 选择“彩色化”选项后的效果

2.4.5 分辨率

在对项目进行编辑的过程中，有时只想查看一下视频动画的大概效果，而并不是最终的输出效果，此时，就需要应用低分辨率来提高渲染速度，避免不必要的时间浪费，从而提高工作效率。单击“合成”窗口下方的“分辨率/向下采样系数”按钮，可以在打开的下拉列表框中选择不同的分辨率选项，如图2-51所示。

- 自动：默认选择该选项，After Effects会根据当前合成的大小和复杂程度自动调整“合成”窗口中的视图显示分辨率，从而达到显示速度与显示效果之间的平衡。
- 完整：选择该选项，表示在“合成”窗口中显示时将以最佳的分辨率效果来渲染，从而获得最佳的显示效果。
- 二分之一：选择该选项，表示在“合成”窗口中显示时只渲染视图中二分之一的像素。
- 三分之一：选择该选项，表示在“合成”窗口中显示时只渲染视图中三分之一的像素。
- 四分之一：选择该选项，表示在“合成”窗口中显示时只渲染视图中四分之一的像素。
- 自定义：选择该选项，弹出“自定义分辨率”对话框，如图2-52所示，可以设置水平和垂直每隔多少像素渲染“合成”窗口中的视图效果。

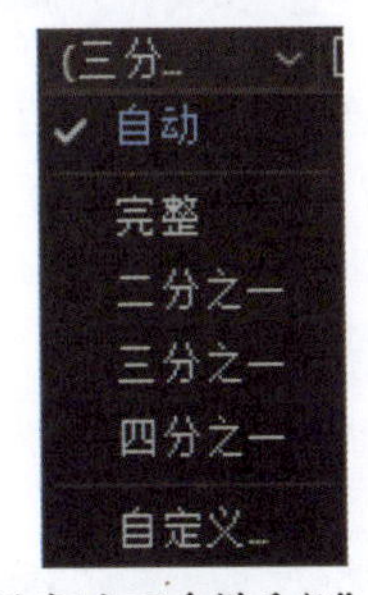

图2-51 “分辨率/向下采样系数”下拉列表框

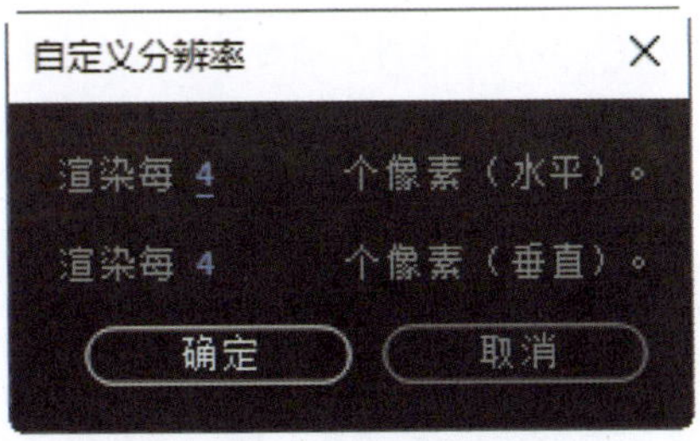

自定义分辨率

渲染每 4 个像素（水平）。

渲染每 4 个像素（垂直）。

确定 取消

图2-52 “自定义分辨率”对话框

分辨率的大小直接影响“合成”窗口中视图的显示效果，设置的分辨率越高，“合成”窗口中视图的显示质量越好，如图2-53所示，但渲染的时间也会越长；相反，设置的分辨率越低，则“合成”窗口中视图的显示质量也会较差，如图2-54所示，但渲染时间会缩短。

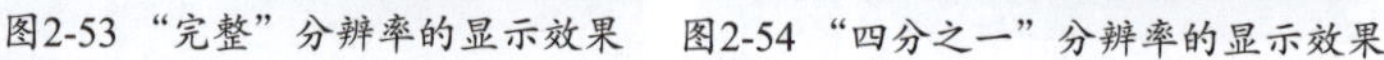

图2-53 “完整”分辨率的显示效果　　图2-54 “四分之一”分辨率的显示效果

2.4.6 设置目标区域

在“合成”窗口中预览视频动画效果时，除了可以使用降低分辨率的方法来提高渲染速度，还可以通过设置目标区域的方法，只查看某一区域的视频动画效果，从而提高渲染速度。

单击“合成”窗口下方的“目标区域”按钮▣，在“合成”窗口中拖动绘制需要查看的区域，即可在“合成”窗口中只查看该区域中的视频动画效果，如图2-55所示。再次单击“目标区域”按钮▣，可以恢复在“合成”窗口中显示所有视图内容。

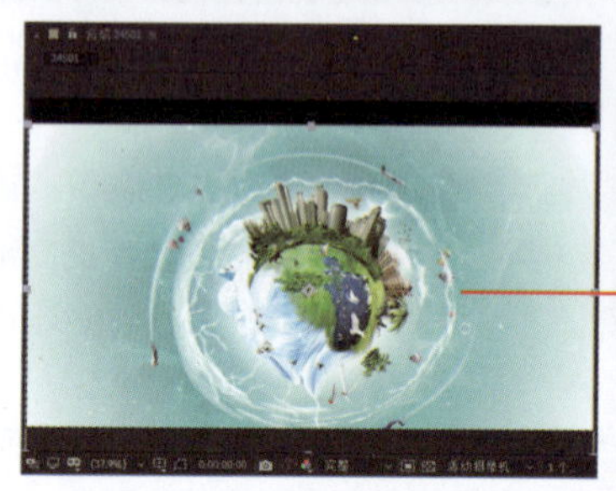

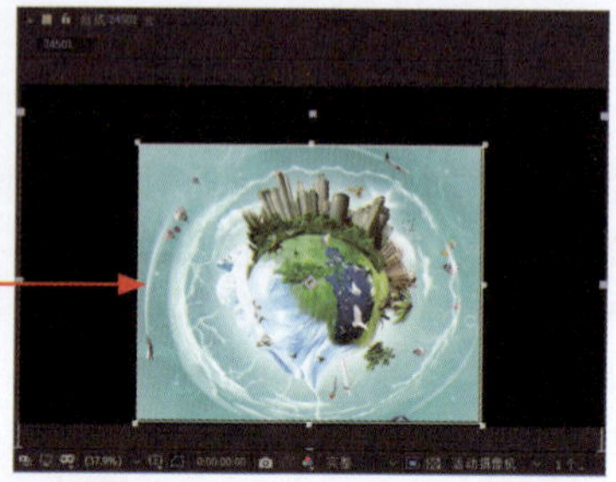

图2-55 在“合成”窗口中绘制需要查看的目标区域

提示

通过降低分辨率和设置目标区域都能够起到提高“合成”窗口渲染速度的作用，不同之处在于，目标区域可以通过调整绘制区域的大小来预览某个局部范围，而降低分辨率则不可以。

2.4.7 应用案例——制作图片淡入淡出效果

素　材：第2章\素材\24701.jpg ～ 24703.jpg

源文件：第2章\2-4-7.aep

技术要点：掌握“序列图层”功能的使用

扫描观看视频　扫描下载素材

STEP 01 执行“文件 > 导入 > 文件”命令，导入 3 张素材图像。新建一个空白的项目，执行“合成 > 新建合成”命令，弹出“合成设置”对话框，对相关选项进行设置，如图 2-56 所示。

STEP 02 将导入“项目”面板中的素材图像依次拖入“时间轴”面板中，如图 2-57 所示。

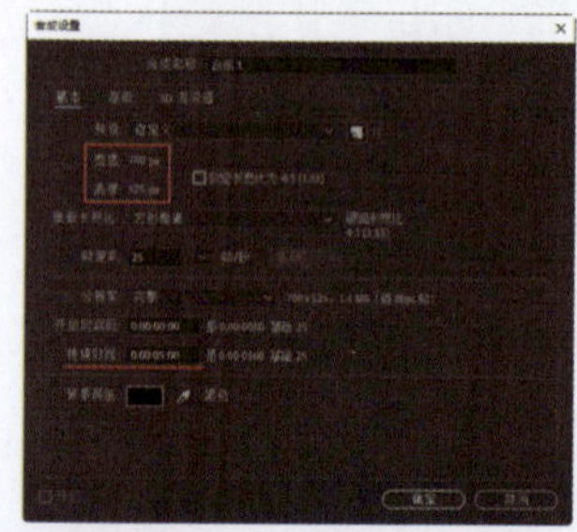

图2-56 设置“合成设置”对话框

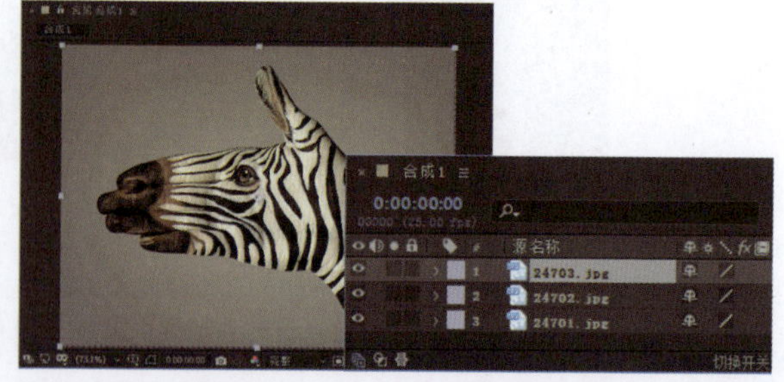

图2-57 将素材依次拖入“时间轴”面板中

STEP 03 按住【Ctrl】键，在“时间轴”面板中分别单击“24703.jpg”、“24702.jpg”和“24701.jpg”这 3 个图层，同时选中这 3 个图层。执行“动画 > 关键帧辅助 > 序列图层”命令，弹出“序列图层”对话框，参数设置如图 2-58 所示。

STEP 04 单击“确定”按钮，完成“序列图层”对话框的设置。在“项目”面板的合成名称上单击鼠标右键，在弹出的快捷菜单中选择“合成设置”命令，弹出“合成设置”对话框，修改“持续时间”为 9 秒，“时间轴”面板如图 2-59 所示。

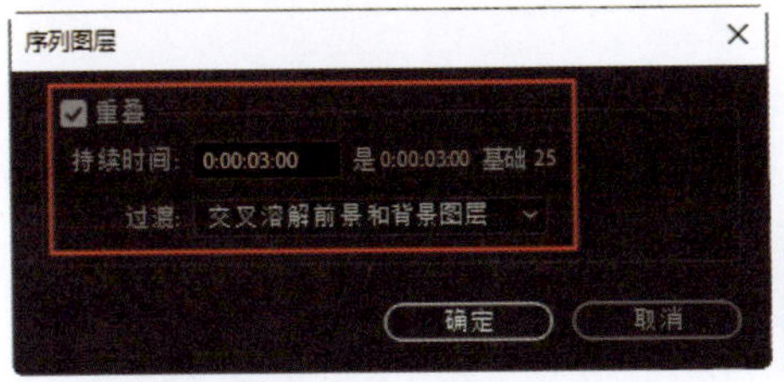

图2-58 设置“序列图层”对话框

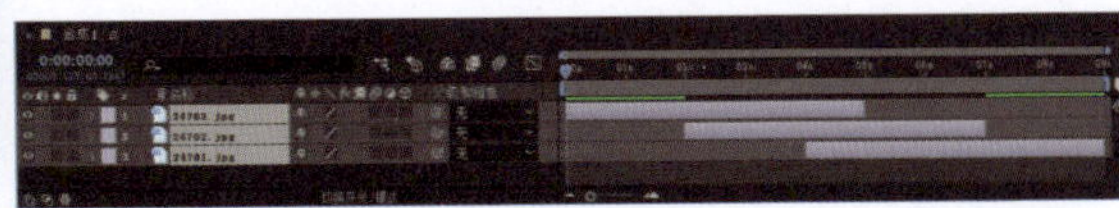
图2-59 “时间轴”面板

STEP 05 单击“预览”面板中的“播放 /停止”按钮，可以在“合成”窗口中预览动画效果，如图 2-60 所示。

图2-60 预览图片淡入淡出效果

2.5 解惑答疑

在使用After Effects制作视频动画时，导入素材和对素材的相关操作都是必不可少的，而且是非常重要的一个环节，合理地对素材进行处理，才能够在视频动画制作过程中做到事半功倍。

2.5.1 如何快速导入素材

导入素材文件的方法除了本章前面小节中所介绍的执行菜单命令，还有以下3种更加快捷的操作方法。

方法1：在“项目”面板中的列表空白处单击鼠标右键，在弹出的快捷菜单中选择“导入>文件”命令，弹出“导入文件”对话框，选择需要导入的素材文件即可。

方法2：在“项目”面板中的列表空白处双击，弹出“导入文件”对话框，选择需要导入的素材文件即可。

方法3：在Windows文件夹中，选择需要导入After Effects中的素材，直接将其拖入After Effects的“项目”面板中，同样可以实现素材的导入操作。

2.5.2 设置素材入点和出点的快捷方法

设置素材的入点和出点除了可以使用前文所介绍的方法，还可以在“时间轴”面板中进行设置。将素材添加到“时间轴”面板后，将光标放置在素材时间起始或者结束位置，当光标变成双箭头时，向左或者向右拖动鼠标，即可修改该图层素材的入点或者出点位置，如图2-61所示。但是这种拖动调整的方式并不是特别精确。

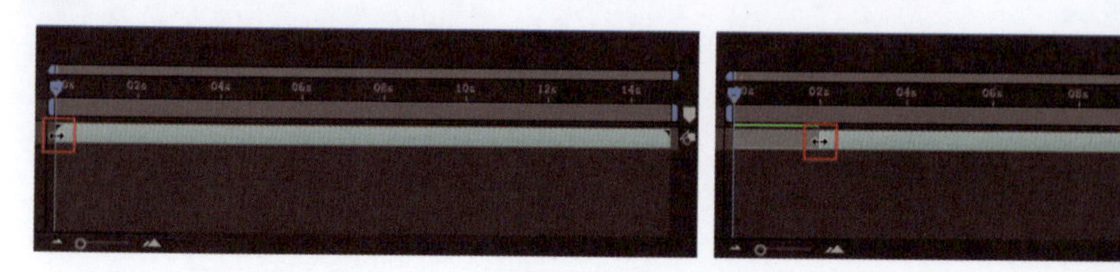

图2-61 拖动调整素材的入点和出点

2.6 总结扩展

在After Effects中进行视频动画的编辑处理，必须熟练掌握新建项目文件与合成、素材的导入与管理等基本操作方法和技巧。

2.6.1 本章小结

本章详细介绍了在After Effects中导入和管理素材的相关操作方法，并且为了提高工作效率，还介绍了After Effects中各种辅助功能的使用方法，熟练掌握这些知识能够为后期的视频动画制作奠定坚实的基础。

2.6.2 扩展练习——导入AI格式分层素材

素　材：第2章\素材\26201.ai

源文件：第2章\2-6-2.aep

技术要点：导入AI格式分层素材自动创建合成

扫描观看视频　扫描下载素材

STEP 01 在 Illustrator 中打开需要导入的 AI 格式素材文件“26201.ai”，打开“图层”面板，可以看到该 AI 文件中的相关图层，如图 2-62 所示。

STEP 02 启动 After Effects，执行“文件 > 导入 > 文件”命令，在弹出的“导入文件”对话框中选择该 AI 素材文件，单击“导入”按钮，弹出导入设置对话框，在“导入种类”下拉列表中选择“合成”选项，在“素材尺寸”下拉列表中选择“图层大小”选项，如图 2-63 所示。

图2-62 AI素材文件效果及相关图层

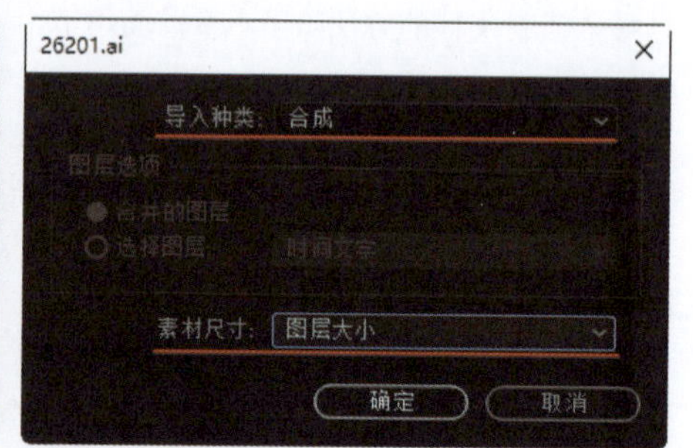

图2-63 导入设置对话框

STEP 03 单击“确定”按钮，即可将该 AI 素材文件导入为合成，在“项目”面板中可以看到自动创建的合成，如图 2-64 所示。

STEP 04 在“项目”面板中双击自动创建的合成，可以在“合成”窗口中看到该合成的效果与 AI 素材的效果完全一致。并且在“时间轴”面板中可以看到图层与 AI 文件中的图层是相对应的，如图 2-65 所示。

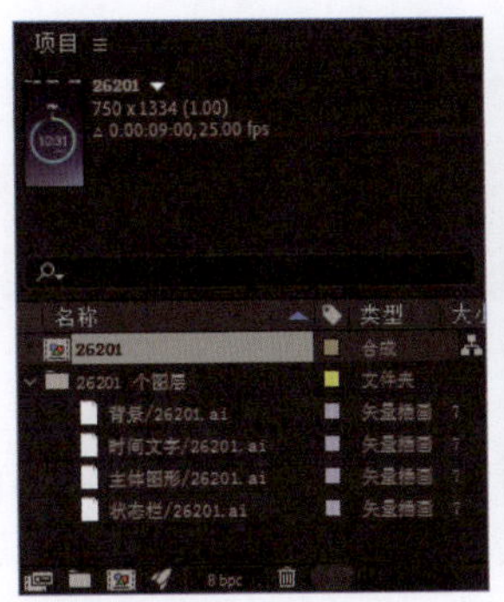

图2-64 导入AI素材文件

图2-65 “合成”窗口和“时间轴”面板中的图层

提示

导入 PSD 或者 AI 格式的分层素材文件最大的优势就在于能够自动创建合成，并且能够保留 PSD 或者 AI 格式素材文件中的图层，这样就可以直接在“时间轴”面板中分别制作各个图层中元素的视频动画效果，非常方便。

第3章 时间轴的应用

在After Effects中，图层是“时间轴”面板中的一部分，几乎所有的属性设置和动画效果都是通过“时间轴”面板来完成的。本章将详细介绍After Effects中“时间轴”面板的相关操作，使读者掌握在“时间轴”面板中对图层进行管理的方法和技巧，并介绍了时间轴处理技巧等知识。

Learning Objectives
学习重点

3.1 “时间轴”面板介绍

After Effects的“时间轴”面板中包含图层，图层只是“时间轴”面板中的一部分。“时间轴”面板是进行视频动画制作的主要操作面板，在其中通过对各种控制选项进行设置，可以制作出不同的视频动画效果。图3-1所示为After Effects中的“时间轴”面板。

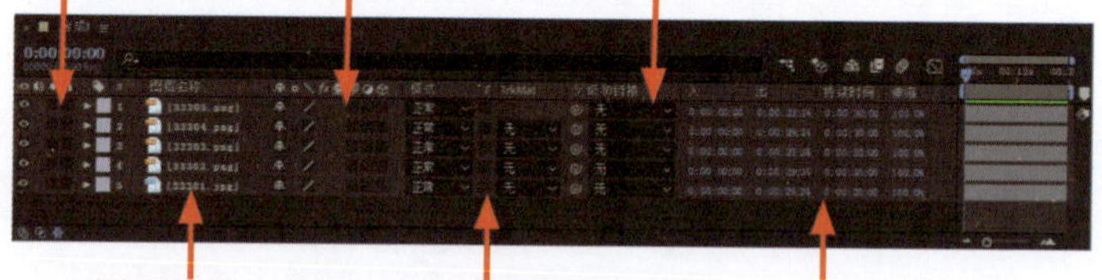

图3-1 “时间轴”面板

3.1.1 “音频/视频”选项

通过“时间轴”面板中的“音频/视频”选项，可以对合成中的每个图层进行一些基础控制，如图3-2所示。

图3-2 “音频/视频”选项

- “视频”按钮：单击该按钮，可以在“合成”窗口中显示或者隐藏该图层上的内容。
- “音频”按钮：如果在某个图层上添加了音频素材，则该图层上会自动添加音频按钮，可以通过单击“音频”按钮，显示或者隐藏该图层上的音频。

- “独奏”按钮：单击某个图层上的该按钮，可以在“合成”窗口中只显示该图层中的内容，而隐藏其他所有图层中的内容。
- “锁定”按钮：单击某个图层上的该按钮，可以锁定或者取消锁定该图层内容，被锁定的图层将不能够操作。

3.1.2 “图层基础”选项

在“时间轴”面板的“图层基础”选项组中包含“标签”、“编号”和“图层名称”3个选项，如图3-3所示。

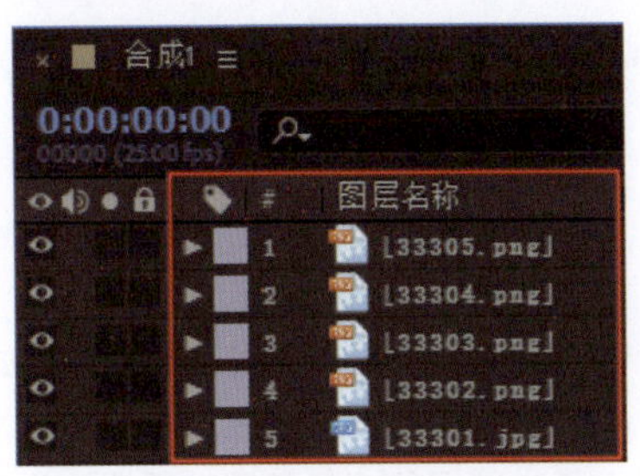

图3-3 “图层基础”选项

- 标签：在每个图层的该位置单击，可以在打开的下拉列表框中选择该图层的标签颜色，通过为不同的图层设置不同的标签颜色，可以有效区分不同的图层。
- 编号：从上至下顺序显示图层的编号，不可以修改。
- 图层名称：在该位置显示的是图层名称。图层名称默认为在该图层上所添加的素材的名称或者是自动命名的名称。在图层名称上单击鼠标右键，在弹出的快捷菜单中选择“重命名”命令，可以对图层名称进行重命名。

3.1.3 “图层开关”选项

单击“时间轴”面板左下角的“展开或折叠‘图层开关’窗格”按钮，可以在“时间轴”面板中的每个图层名称右侧显示相应的“图层开关”控制选项，如图3-4所示。

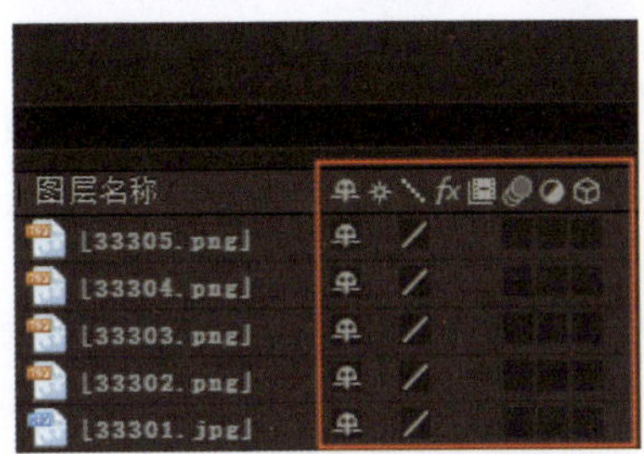

图3-4 “图层开关”控制选项

- “消隐”按钮：单击某个图层的“消隐”按钮，即可将该图层设置为“消隐”状态。再单击“时间轴”面板中的“隐藏为其设置了‘消隐’开关的所有图层”按钮，可以将设置为“消隐”状态的图层隐藏。
- “折叠变换/连续栅格化”按钮：仅当图层中的内容为嵌套合成或者矢量素材时，该按钮才可用。当图层内容为嵌套合成时，单击该按钮可以把嵌套合成看作一个平面素材进行处理，忽略嵌套合成中的效果；当图层内容为矢量素材时，单击该按钮可以栅格化该图层，栅格化后的图层质量会提高，渲染速度也会加快。
- “质量和采样”按钮：单击某个图层的“质量和采样”按钮，可以将该图层中的内容在“低质量”和“高质量”这两种显示方式之间进行切换。

- "效果"按钮：如果为图层内容应用了效果，则该图层将显示"效果"按钮。单击该按钮，可以显示或者隐藏为该图层所应用的效果。
- "帧混合"按钮：如果为图层内容应用了帧混合效果，则该图层将显示"帧混合"按钮。单击该按钮，可以显示或者隐藏为该图层所应用的帧混合效果。
- "运动模糊"按钮：用于设置是否开启图层的运动模糊功能，默认情况下没有开启图层的运动模糊功能。
- "调整图层"按钮：单击该按钮，仅显示"调整图层"上所添加的效果，从而起到调整下方图层的作用。
- "3D图层"按钮：单击该按钮，可以将普通的2D图层转换为 3D图层。

3.1.4 "转换控制"选项

单击"时间轴"面板左下角的"展开或折叠'转换控制'窗格"按钮，可以在"时间轴"面板中显示出每个图层的"转换控制"选项，如图3-5所示。

- 模式：在该下拉列表框中可以设置图层的混合模式，其混合模式设置选项与Photoshop中的图层混合模式设置选项类似。
- 保留基础透明度：该选项用于开启图层的"保留基础透明度"功能。"保留基础透明度"功能只有当图层为遮罩图层时才会起作用，而普通图层对于该选项并没有作用。
- TrkMat（轨道遮罩）：在该下拉列表框中可以设置当前图层与其上方图层的轨道遮罩方式，共包含5个选项，如图3-6所示。

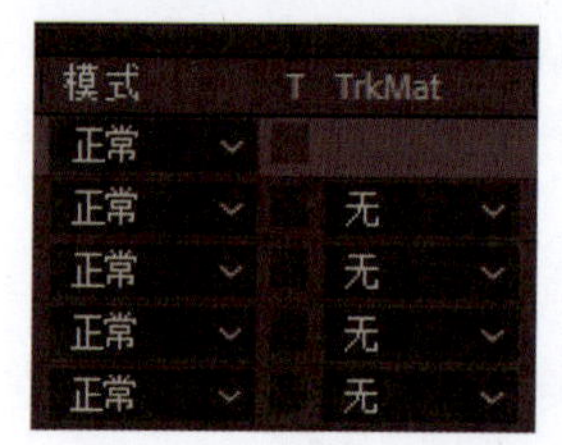

图3-5 "转换控制"选项

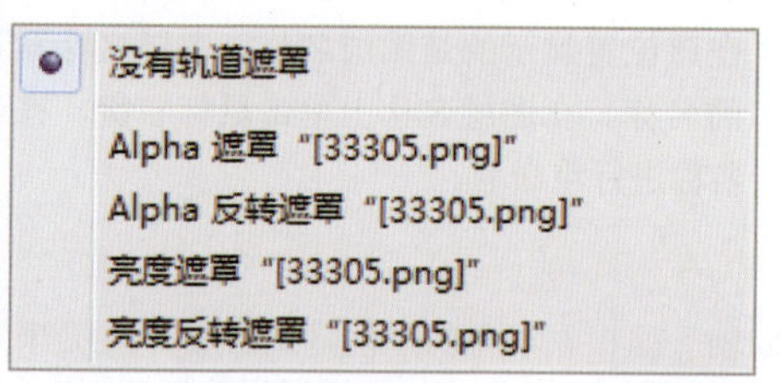

图3-6 "TrkMat（轨道遮罩）"下拉列表框

3.1.5 "父级和链接"选项

父级和链接是让图层与图层之间建立从属关系的一种功能，当对父对象进行操作时，子对象也会执行相应的操作；但对子对象执行操作时，父对象不会发生变化。

在"时间轴"面板中有两种设置父级和链接的方式。一种是拖动图层的按钮到目标图层，这样目标图层为该图层的父级图层，而该图层为子图层；另一种方法是在图层的该选项下拉列表框中选择一个图层作为该图层的父级图层，如图3-7所示。

图3-7 "父级和链接"选项

3.1.6 "时间控制"选项

单击"时间轴"面板左下角的"展开或折叠'入点'/'出点'/'持续时间'/'伸缩'窗格"按钮，可以在"时间轴"面板中显示出每个图层的"时间控制"选项，如图3-8所示。

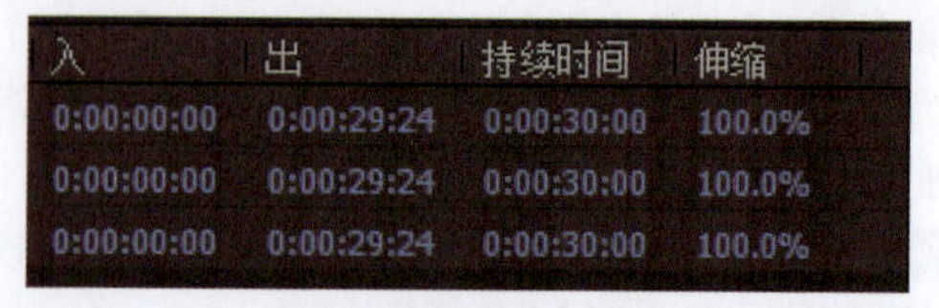

图3-8 "时间控制"选项

- 入：显示当前图层的入点时间。单击此选项，可以弹出“图层入点时间”对话框，如图3-9所示。输入要设置为入点的时间，单击“确定”按钮，即可完成该图层入点时间的设置。
- 出：显示当前图层的出点时间。单击此选项，可以弹出“图层出点时间”对话框，如图3-10所示。输入要设置为出点的时间，单击“确定”按钮，即可完成该图层出点时间的设置。

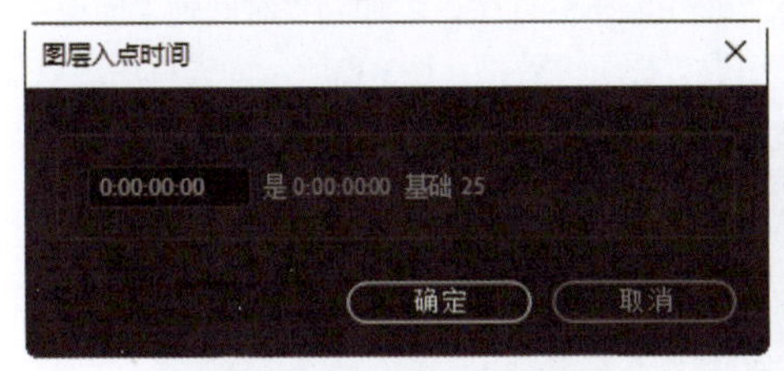

图3-9 “图层入点时间”对话框

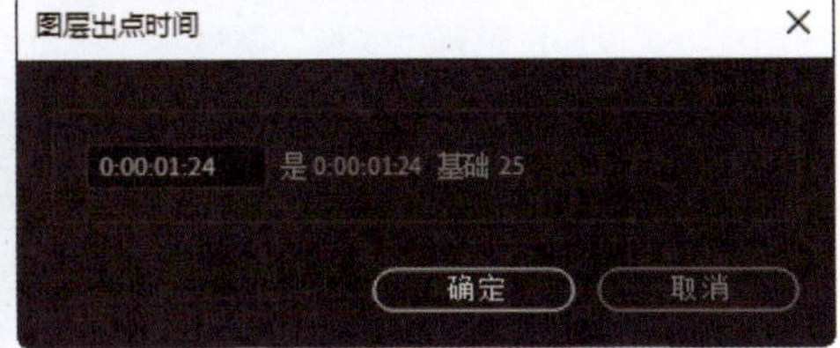

图3-10 “图层出点时间”对话框

默认情况下，添加到“时间轴”面板中的素材都会与当前合成保持相同的时间长度，如果需要在某个时间点显示该图层中的内容，而在另一个时间点隐藏该图层中的内容，则可以为该图层设置“入”和“出”选项。简单理解，“入”和“出”选项就相当于设置该图层内容在什么时间出现在合成中，在什么时间隐藏该图层内容。

- 持续时间：显示当前图层上从入点到出点的时间范围，也就是起点到终点之间的持续时间。如果在此处单击，将弹出“时间伸缩”对话框，可以修改该图层中内容的持续时间，如图3-11所示。
- 伸缩：用于调整图层内容的长度，控制其播放速度以达到快放或者慢放的效果。如果在此处单击，将弹出“时间伸缩”对话框，可以修改该图层的“拉伸因数”选项，如图3-12所示。该选项的默认值为100%，如果大于100%，则图层内容就会在长度不变的情况下播放速度变慢；如果小于100%，则播放速度变快。

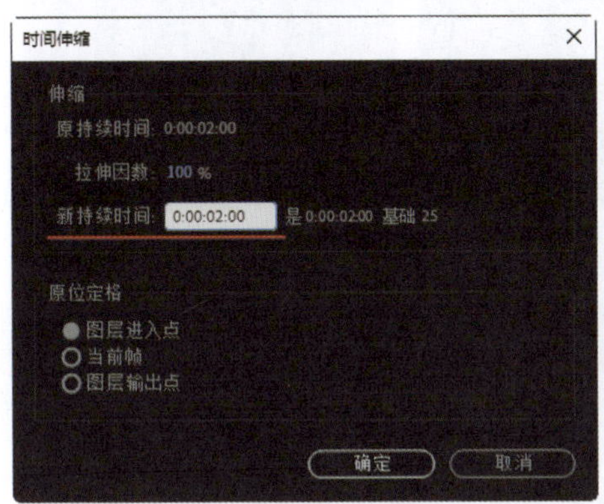

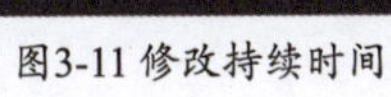
图3-11 修改持续时间

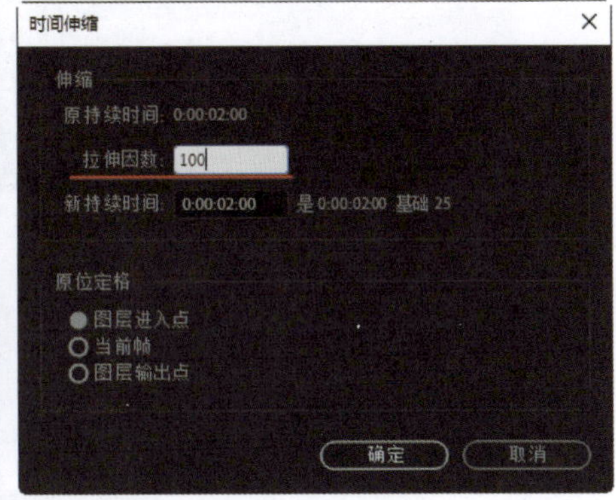

图3-12 修改拉伸因数

3.2 图层的类型与操作

After Effects中提供了多种类型的图层，通过不同类型的图层可以有效地组织和管理合成中的素材。通过对图层内容进行操作，能够完成视频动画的处理和制作。

3.2.1 认识不同类型的图层

在After Effects中共有11种图层类型，分别为素材图层、文字图层、纯色图层、灯光图层、摄像机图层、空对象图层、形状图层、调整图层、内容识别填充图层、Adobe Photoshop文件和MAXON CINEMA 4D文件。下面分别对不同类型的图层进行简单介绍。

素材图层

素材图层是通过将外部的图像、音频、视频导入After Effects软件中，添加到“时间轴”面板中自动生成的图层，可以通过设置“变换”属性实现移动、缩放、透明等效果。图3-13所示为素材图层效果。

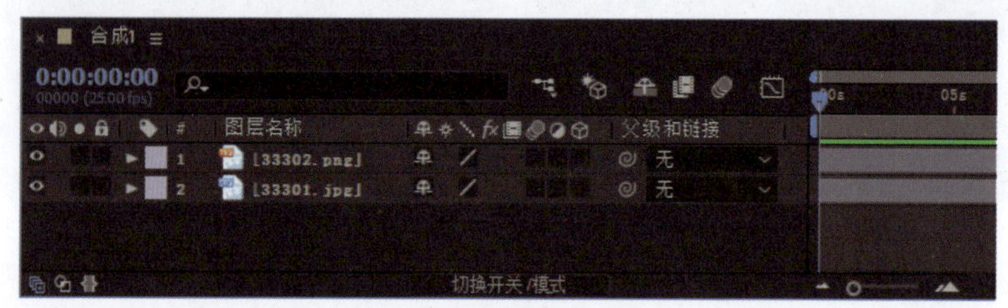

图3-13 素材图层效果

文字图层

使用After Effects中的文字图层能够在“合成”窗口中添加相应的文字，并且可以在“时间轴”面板中制作文字动画。单击工具栏中的“横排文字工具”或者“直排文字工具”按钮，在“合成”窗口中单击并输入文字，即可在“时间轴”面板中自动创建文字图层，如图3-14所示。创建文字图层后，可以在“字符”面板中对文字的大小、颜色、字体等进行设置，如图3-15所示，设置方法与Photoshop中的“字符”面板相似。

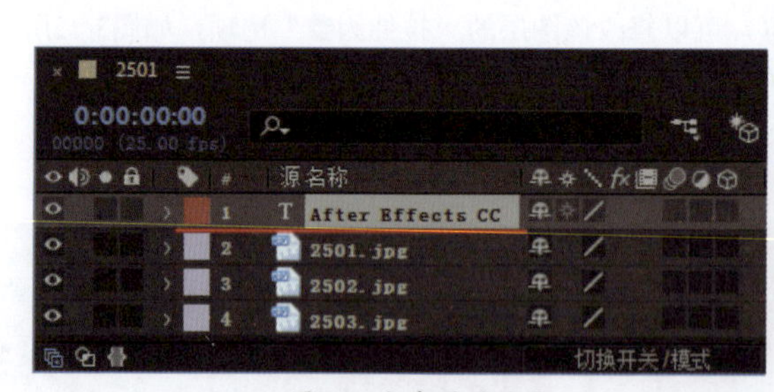

图3-14 文字图层效果

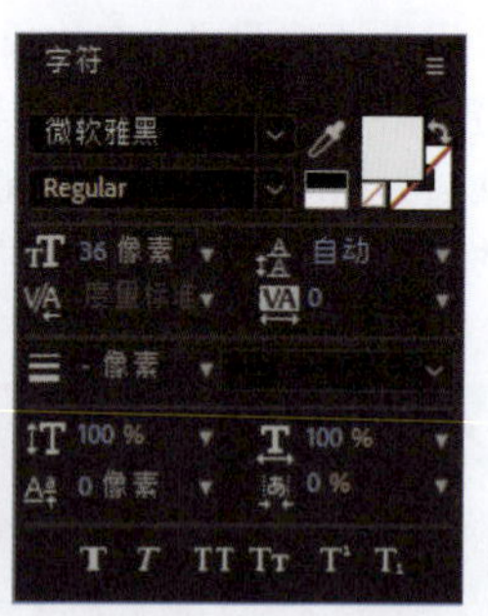

图3-15 “字符”面板

纯色图层

纯色图层在视频动画中主要用来制作蒙版效果，同时也可以作为承载编辑的图层，在纯色图层上制作各种效果。执行“图层>新建>纯色”命令，弹出“纯色设置”对话框，如图3-16所示。在对话框中对相关选项进行设置，单击“确定”按钮，即可创建一个纯色图层，如图3-17所示。

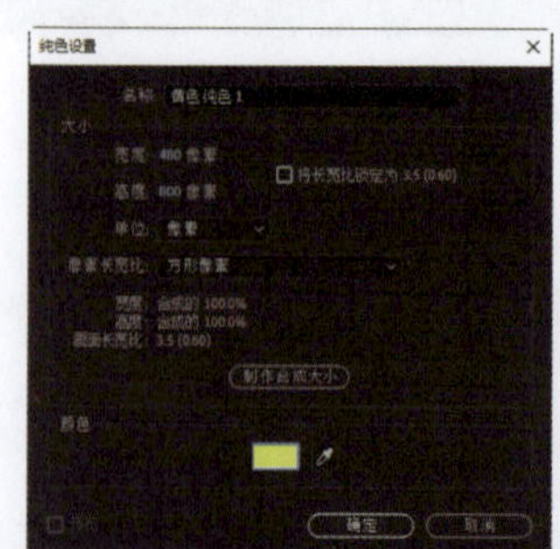

图3-16 “纯色设置”对话框

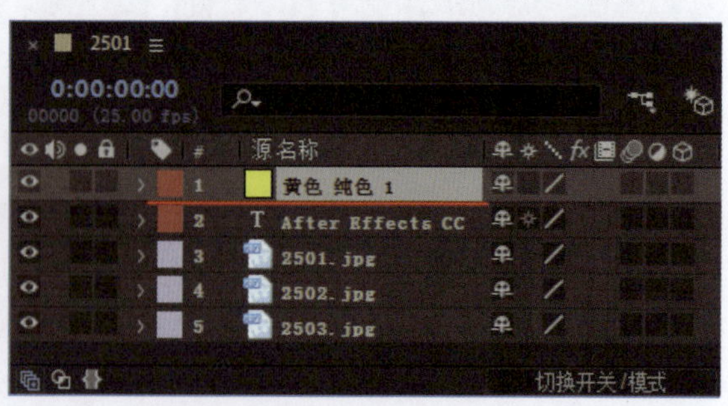

图3-17 创建纯色图层

“纯色设置”对话框中各设置选项的说明如下。

- 名称：该选项用于设置纯色图层的名称。默认名称为所选择的颜色名称。
- 宽度和高度：用于设置所创建的纯色图层的宽度和高度。默认情况下，所创建的纯色图层的宽度和高度与合成的宽度和高度相同。
- 将长宽比锁定为：选择该复选框，则在设置纯度图层的“宽度”或者“高度”选项时，将保持与合成大小相同的长宽比例不变。
- 单位：用于设置所创建的纯色图层宽度和高度的单位，默认为像素。在该下拉列表框中提供了“像素”、“英寸”、“毫米”和“合成的%”4个选项。
- 像素长宽比：用于设置纯色图层像素长宽比的类型，从而适应不同的媒体播放需求。
- “制作合成大小”按钮：如果设置了“宽度”和“高度”选项，单击该按钮，可以快速将“宽度”和“高度”设置为合成的尺寸大小。
- 颜色：用于设置纯色图层的填充颜色。

灯光图层

灯光图层用来模拟不同种类的真实光源，如家用电灯、舞台灯等。灯光图层中包含4种灯光类型，分别为平行光、聚光、点光和环境光，不同的灯光类型可以营造出不同的灯光效果。

执行“图层>新建>灯光”命令，弹出“灯光设置”对话框，如图3-18所示。在“灯光设置”对话框中对相关选项进行设置，单击“确定”按钮，即可创建一个灯光图层，如图3-19所示。

图3-18 “灯光设置”对话框

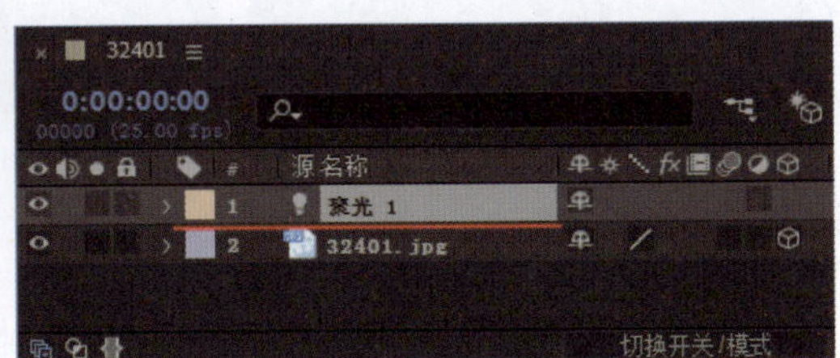

图3-19 创建灯光图层

提示：需要注意的是，灯光图层只对其下方的3D图层产生效果，因此需要添加光照效果的图层必须开启3D图层开关。

“灯光设置”对话框中各设置选项的说明如下。

- 名称：用于设置所创建的灯光图层的名称。
- 灯光类型：用于选择所创建的灯光图层的灯光类型，在该下拉列表框中包含4种灯光类型，分别为“平行”、“聚光”、“点”和“环境”。
  - 平行：选择该选项，创建平行光。平行光主要用于模拟太阳光，当太阳在地球表面投射时，以一个方向投射平行光，光线亮度均匀，没有明显的明暗交界线。平行光具有一定的方向性，还具有投射阴影的效果。设置“灯光类型”为“平行”，可以看到一条连接灯光和目标点的直线，通过移动目标点来改变灯光照射的方向，如图3-20所示。
  - 聚光：选择该选项，创建聚光。聚光也称为目标聚光灯，像探照灯一样可以投射聚焦的光束。可以在“合成”窗口中通过拖动聚光灯和目标点来改变聚光的位置和照射效果，如图3-21所示。

图3-20 添加平行光效果

图3-21 添加聚光效果

- 点：选择该选项，创建点光。点光是以单个光源向各个方向投射的光线。点光没有方向性，但具有投射阴影的能力，光线的强弱与物体距离远近有关，如图3-22所示。
- 环境：选择该选项，创建环境光。环境光与平行光非常相似，但环境光没有光源可以调节，它直接照亮所有对象，不具有方向性，也不能投影，一般只用来加亮场景，可与其他灯光混合使用，如图3-23所示。

图3-22 添加点光效果

图3-23 添加环境光效果

- 颜色：用于设置灯光的颜色。
- 强度：用于设置灯光的强度，默认的灯光强度为100%。
- 锥形角度：只有当“灯光类型”选择“聚光”时，该选项才可用，用于设置聚光灯的锥形角度，默认为90°。
- 锥形羽化：只有当“灯光类型”选择“聚光”时，该选项才可用，用于设置聚光灯的边缘柔和度，默认为50%。
- 衰减：用于设置灯光的衰减程度，在该下拉列表框中包含“无”、“平滑”和“反向平方限制”3个选项。当设置“衰减”选项为“平滑”时，可以对下方的“半径”和“衰减距离”选项进行设置；当设置“衰减”选项为“反向平方限制”时，只可对下方的“半径”选项进行设置。
- 投影：除设置“灯光类型”为“环境”，其他灯光类型都可以添加灯光投影效果。选择“投影”复选框，可以对下方的“阴影深度”和“阴影扩散”选项进行设置，从而得到灯光投影效果。

摄像机图层

摄像机图层用于控制合成最后的显示角度，也可以通过对摄像机图层创建动画来完成一些特殊的效果。想要通过摄像机图层制作特殊效果，就需要3D图层的配合，因此必须开启3D图层开关。

执行“图层>新建>摄像机”命令，弹出“摄像机设置”对话框，如图3-24所示。对“摄像机设置”对话框中相关选项进行设置，单击“确定”按钮，即可创建一个摄像机图层，如图3-25所示。

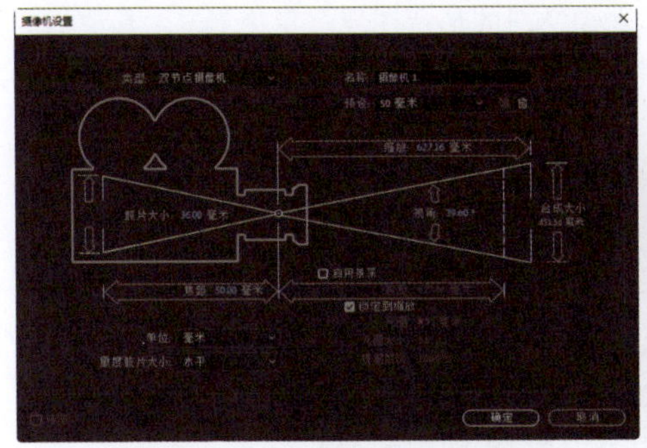

图3-24 “摄像机设置”对话框

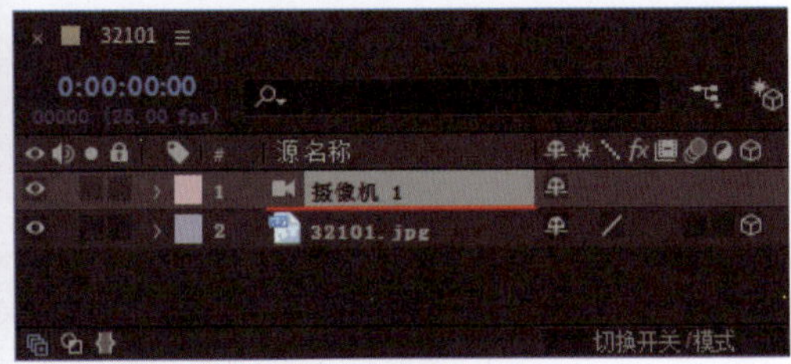

图3-25 创建摄像机图层

“摄像机设置”对话框中各设置选项的说明如下。

- 类型：在该下拉列表框中可以选择所添加的摄像机类型，包含“单节点摄像机”和“双节点摄像机”两个选项，默认为“双节点摄像机”。
- 名称：用于设置所创建的摄像机图层的名称。
- 预设：可以在该下拉列表框中选择摄像机的镜头焦距类型。
- 缩放：用于对摄像机的可视范围进行设置。
- 胶片大小：用于设置摄像机镜头所能看到的胶片大小。
- 视角：用于设置摄像机的视角范围。
- 焦距：用于设置摄像机的焦距长度。

空对象图层

空对象图层是没有任何特殊效果的图层，主要用于辅助视频动画的制作。通过新建空对象图层并以该图层建立父子对象，从而控制多个图层的运动或者移动；也可以通过修改空对象图层上的参数，从而同时修改多个子对象参数，控制子对象的合成效果。

执行“图层>新建>空对象”命令，即可新建空对象图层，如图3-26所示。空对象图层在“合成”窗口中显示为一个与该图层标签颜色相同的透明边框，如图3-27所示，但在输出空对象图层时是没有任何内容的。

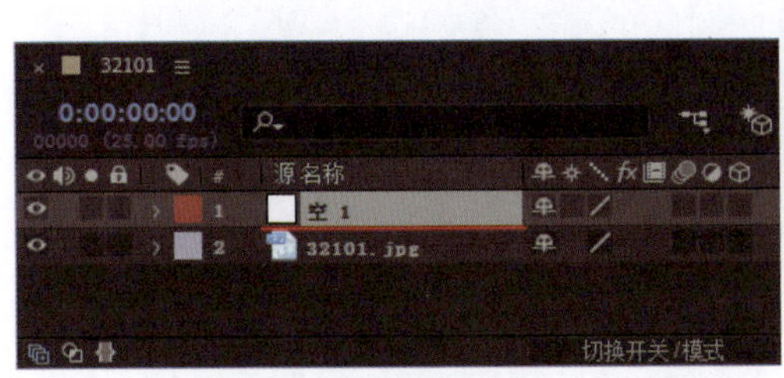

图3-26 创建空对象图层

空对象图层在“合成”窗口中的显示效果

图3-27 空对象图层显示效果

如果需要在图层中创建父子元素链接，可以通过单击父层上的“父子链接”按钮 并将链接线指向父对象，或者在子对象的链接按钮 后的下拉列表框中选择父层的图层名称。

形状图层

形状图层是指使用After Effects中的各种矢量绘图工具绘制图形所得到的图层。想要创建形状图层，可以执行“图层>新建>形状”命令，创建一个空白的形状图层。直接单击工具栏中的矩形、圆形、钢笔等绘图工具，在“合成”窗口中绘制形状图形，同样可以得到形状图层，如图3-28所示。

图3-28 创建形状图层

调整图层

调整图层用于调节下方图层中的色彩或者特效。在该图层上制作效果可对该图层下方的所有图层应用该效果，因此调整图层对控制视频动画的整体色调具有很重要的作用。

执行“图层>新建>调整图层”命令，即可新建一个调整图层，如图3-29所示。例如，执行“效果>颜色校正>色相/饱和度”命令，为该调整图层添加“色相/饱和度”效果，并对色相进行相应的设置，如图3-30所示。

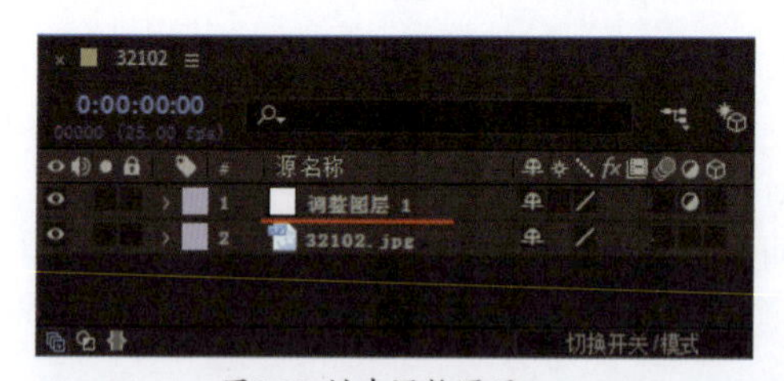

图3-29 创建调整图层

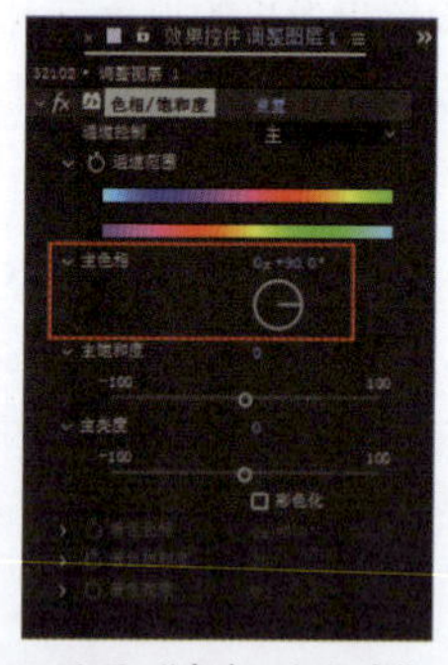

图3-30 设置“色相/饱和度”效果

可以看到对调整图层添加效果前后的“合成”窗口中的显示效果对比，如图3-31所示。

图3-31 为调整图层添加效果前后的“合成”窗口效果对比

内容识别填充图层

内容识别填充是从After Effects CC 2019版本开始加入的新功能。该功能与Photoshop中的内容识别填充功能相似，但After Effects中的内容识别填充功能更加强大。使用该功能不仅可以快速去除素材中不需要的物体，还可以去除视频中不需要的对象。

执行“图层>新建>内容识别填充图层”命令，打开“内容识别填充”面板，如图3-32所示。在该面板中可以对当前素材中的内容识别填充效果进行相应的设置，从而去除素材中不需要的对象。

图3-32 “内容识别填充”面板

- 阿尔法扩展：在素材中创建了需要进行内容识别填充的区域后，通过该选项可以调整待填充区域的大小。
- 填充方法：在该下拉列表框中可以选择内容识别填充的方法，包含3个选项，分别是“对象”、“表面”和“边缘混合”。
- 对象：设置“填充方法”为“对象”时，常用于移除动态视频素材中的对象，通常选取的对象是画面中移动的对象，如道路上行驶的汽车等。
- 表面：设置“填充方法”为“表面”时，常用于移除静态素材中的对象，如静态素材中的标志或者其他不需要的内容等。
- 边缘混合：设置“填充方法”为“边缘混合”时，表示对移除对象的边缘像素进行混合处理，一般用于移除没有纹理的表面上的静态对象，如纸张上的文字。
- 范围：该选项用于设置需要渲染的时间范围，在该下拉列表框中包含“整体持续时间”和“工作区”两个选项。
- “创建参照帧”按钮：如果素材画面内容比较复杂，直接使用内容识别功能无法获得理想的对象去除效果，可以单击该按钮，创建单个填充图层帧。此时将会使用Photoshop打开所创建的单个填充图层帧画面素材，可以使用Photoshop中的“仿制图章工具”等对画面素材进行修补处理，从而为After Effects中的内容识别功能提供参考。
- “生成填充图层”按钮：完成“内容识别填充”面板中相关选项的设置后，单击该按钮，开始渲染填充图层，去除素材中不需要的对象。

Adobe Photoshop文件

After Effects与Photoshop的结合非常紧密，在After Effects中不仅可以导入分层的PSD格式素材文件，还可以通过After Effects创建PSD素材文件。

执行“图层>新建>Adobe Photoshop文件”命令，即可新建一个PSD文件，弹出“另存为”对话框，如图3-33所示。单击“保存”按钮，即可保存所创建的PSD文件，并将其应用到当前合成的“时间轴”面板中，如图3-34所示。

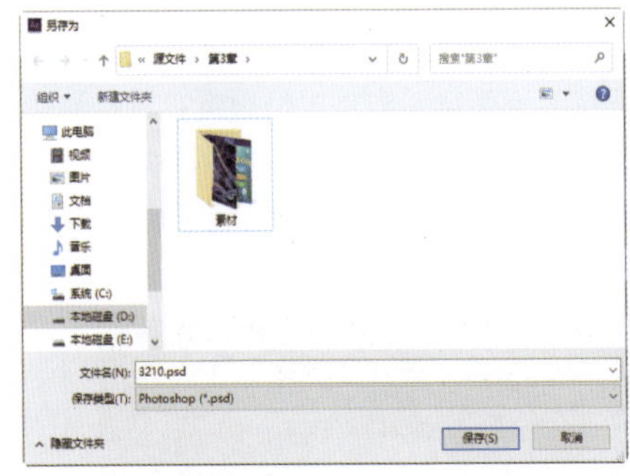

图3-33 “另存为”对话框

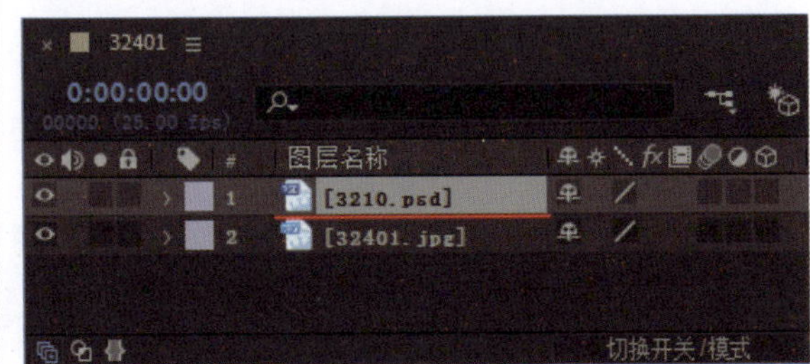

图3-34 “时间轴”面板

在Adobe Photoshop文件保存文件夹中可以看到刚刚在After Effects中所创建的PSD文件，如图3-35所示。在Photoshop中打开所创建的PSD文件，可以看到该文件是一个空白的透明背景文件，如图3-36所示。用户可以在其中对素材进行设计，设计完成后保存该PSD素材文件，After Effects中所引用的该PSD素材文件也会自动更新。

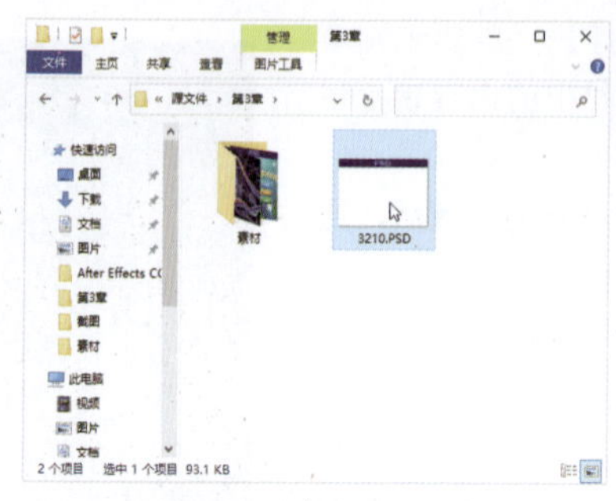

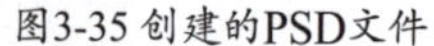
图3-35 创建的PSD文件

图3-36 在Photoshop中打开所创建的文件

MAXON CINEMA 4D文件

与Photoshop相似，After Effects可以与MAXON CINEMA 4D软件结合使用。执行“图层>新建>MAXON CINEMA 4D文件”命令，弹出“新建MAXON CINEMA 4D文件”对话框，如图3-37所示。单击“保存”按钮，即可保存所创建的MAXON CINEMA 4D文件，并将该MAXON CINEMA 4D文件应用到当前合成的“时间轴”面板中，如图3-38所示。

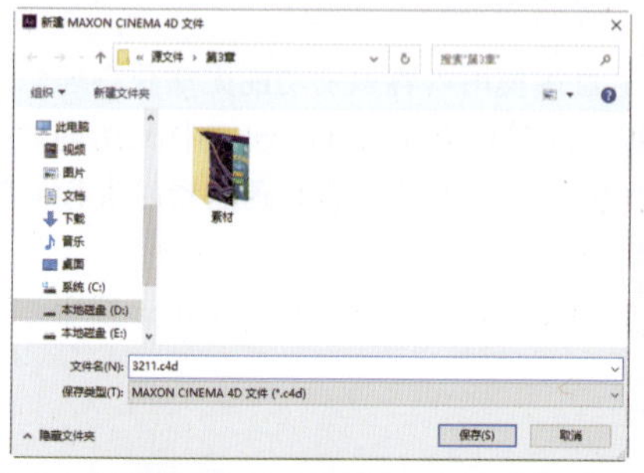

图3-37 “新建MAXON CINEMA 4D文件”对话框

图3-38 “时间轴”面板

3.2.2 图层的操作方法

After Effects中图层的操作方法与Photoshop中图层的操作方法相似，本节将简单介绍After Effects中图层的基本操作方法。

选择图层

需要对某个图层进行操作之前，首先需要选中该图层。选择图层的方法非常简单，只需单击图层名称的位置，即可选中需要操作的图层。如果希望同时选择多个图层，则可以结合键盘进行操作，按住【Ctrl】键不放，分别单击多个图层名称，可以同时选中多个不连续的图层，如图3-39所示；按住【Shift】键不放，分别单击需要同时选中的多个连续图层中的第一个图层和最后一个图层，即可同时选中多个连续的图层，如图3-40所示。

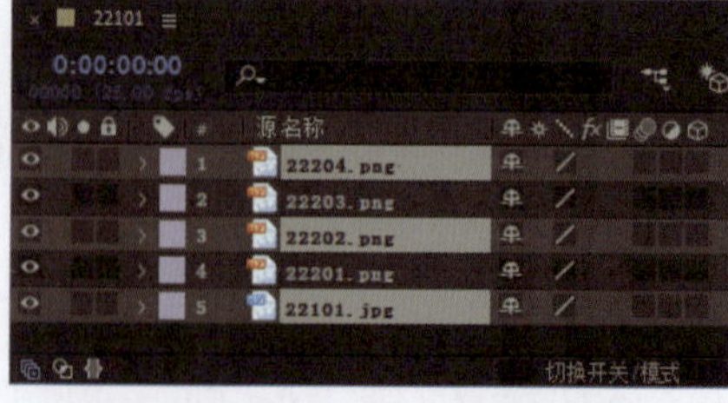

图3-39 同时选中多个不连续的图层

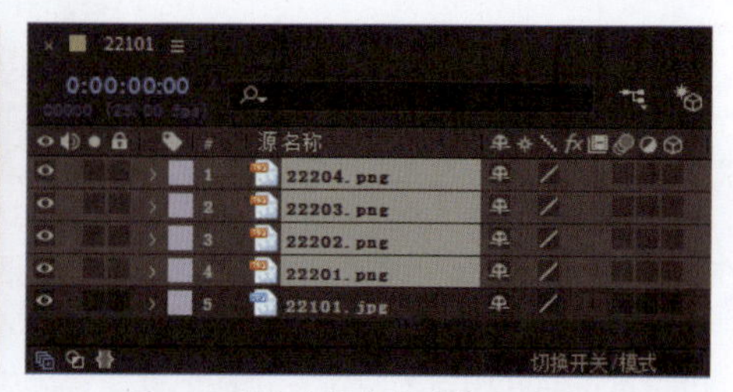

图3-40 同时选中多个连续的图层

执行“编辑>全选”命令，或者按【Ctrl+A】组合键，可以同时选中“时间轴”面板中的所有图层。

删除图层

如果要删除某个图层，只需选中需要删除的图层，执行“编辑>清除”命令，或者按【Delete】键，即可删除选中的图层。

调整图层叠放顺序

如果要调整图层的叠放顺序，只需在图层名称上单击并拖动该图层到合适的位置，释放鼠标，即可完成图层叠放顺序的调整，如图3-41所示。

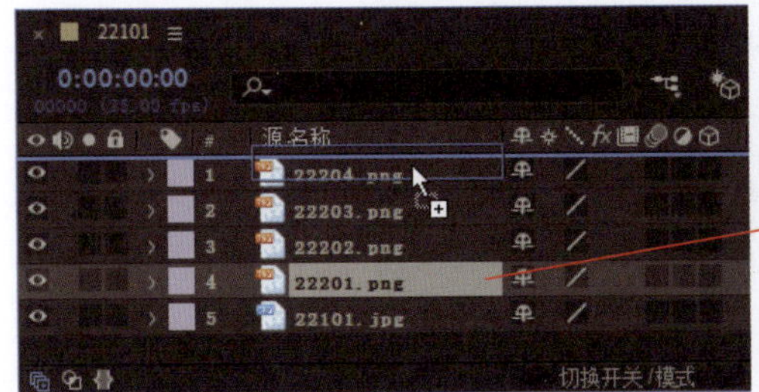

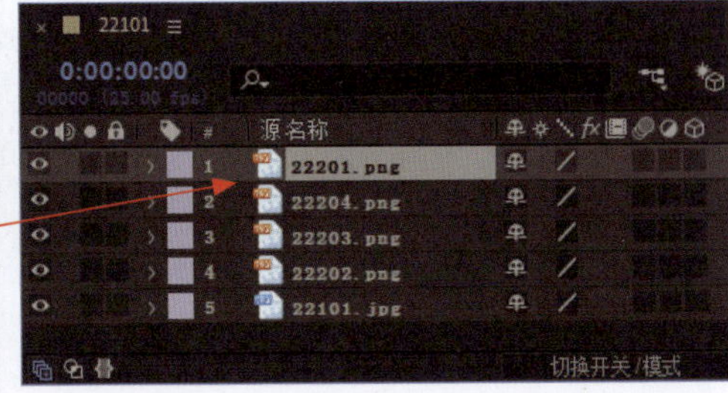

图3-41 拖动调整图层叠放顺序

要调整图层叠放顺序，也可以通过快捷键来完成。按【Ctrl+Shift+]】组合键，可以使选中的图层移到最上方；按【Ctrl+]】组合键，可以使选中的图层上移一层；按【Ctrl+[】组合键，可以使选中的图层下移一层；按【Ctrl+Shift+[】组合键，可以使选中的图层移到最下方。

复制和粘贴图层

选择需要复制的图层，执行“编辑>复制”命令或者按【Ctrl +C】组合键，复制图层。选择合适的位置，执行“编辑>粘贴”命令或者按【Ctrl+V】组合键，即可将复制的图层粘贴到所选图层的上方。

还有一个在当前位置快速复制并粘贴图层的方法，选中需要复制的图层，执行“编辑>重复”命令或者按【Ctrl+D】组合键，即可快速复制并粘贴当前选中的图层。

替换图层

在“时间轴”面板中选择需要替换的图层，按住【Alt】键并在“项目”面板中拖动素材至需要替换的图层上，即可完成图层的替换，如图3-42所示。

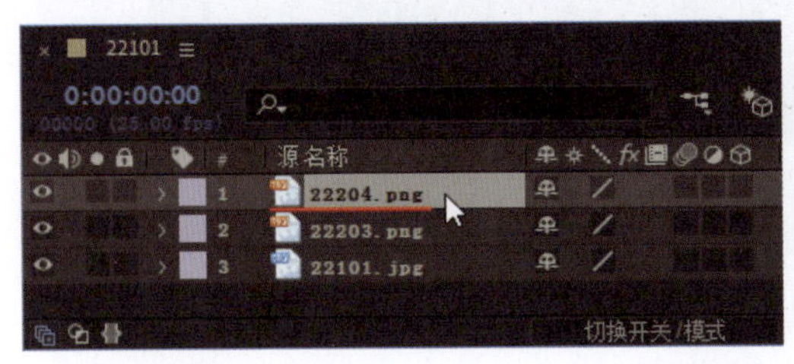

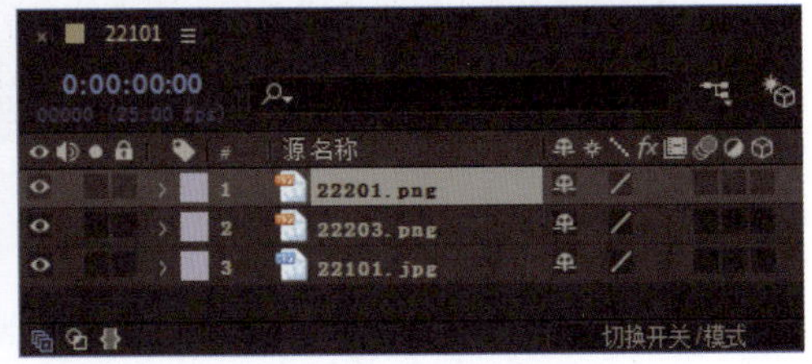

图3-42 替换图层操作

3.2.3 图层的混合模式

在After Effects中进行合成处理的过程中，图层之间可以通过混合模式实现一些特殊的融合效果。当某一图层使用混合模式时，会根据所使用的混合模式与下一图层中的图像进行相应的融合，从而产生特殊的合成效果。

在“时间轴”面板中单击“展开或折叠‘转换控制’窗格”按钮，在“时间轴”面板中显示出“转换控制”选项，如图3-43所示。在“模式”下拉列表框中可以设置图层的混合模式，如图3-44所示。

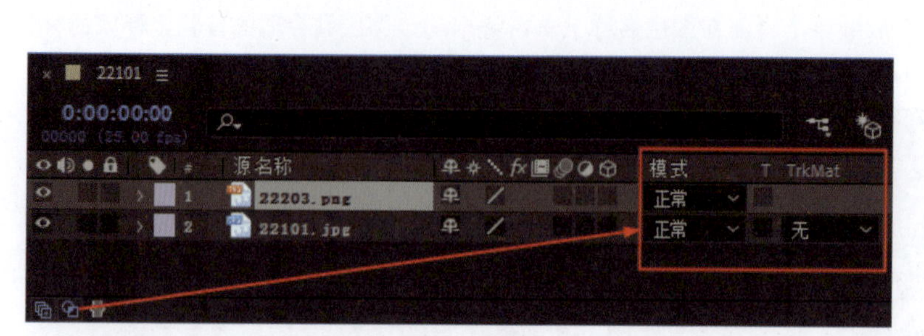

图3-43 显示“转换控制”选项

图3-44 “模式”下拉列表框

“模式”下拉列表框中的选项较多，许多混合模式选项与Photoshop中图层的混合模式选项相同，选择不同的混合模式选项，会使当前图层与其下方的图层产生不同的混合效果。默认的图层混合模式为“正常”。

3.3 “变换”系列属性

在图层左侧的三角图标上单击，可以展开该图层的相关属性。素材图层默认包含“变换”属性，单击“变换”选项左侧的三角图标，可以看到其中包含了5个基础变换属性，分别为“锚点”、“位置”、“缩放”、“旋转”和“不透明度”，如图3-45所示。

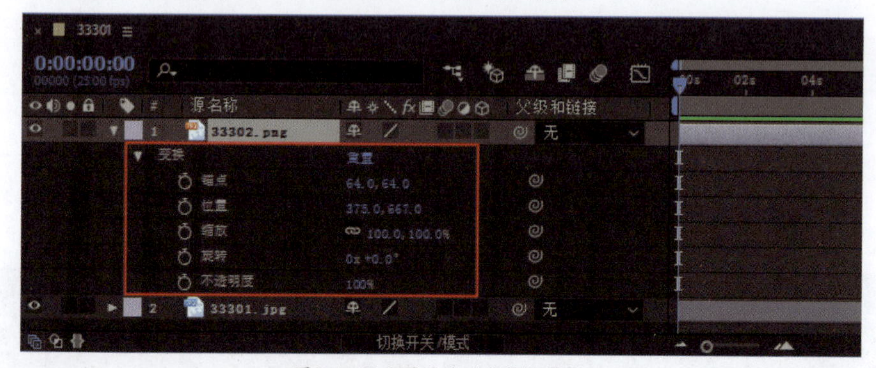

图3-45 显示图层的“变换”属性

3.3.1 “锚点”属性

“锚点”属性主要用来设置素材的中心点位置。素材的锚点位置不同，则当对素材进行缩放、旋转等操作时，所产生的效果也会不同。

默认情况下，素材的锚点位于素材图层的中心位置，如图3-46所示。选择某个图层，按【A】键，可以直接在该图层下方显示出“锚点”属性，如图3-47所示。如果需要修改锚点，只需修改“锚点”属性后的坐标参数即可。

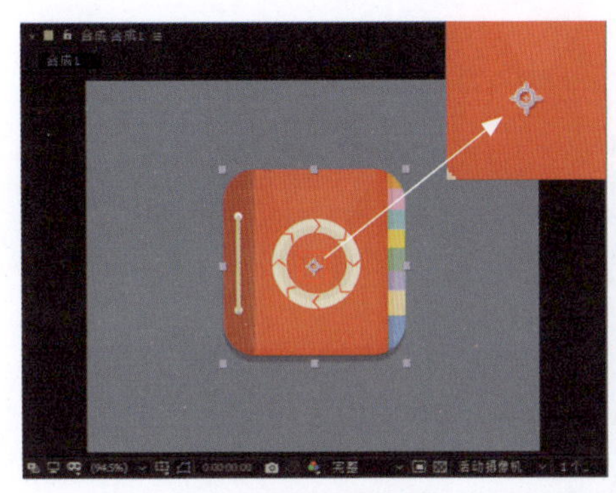

图3-46 默认锚点位置

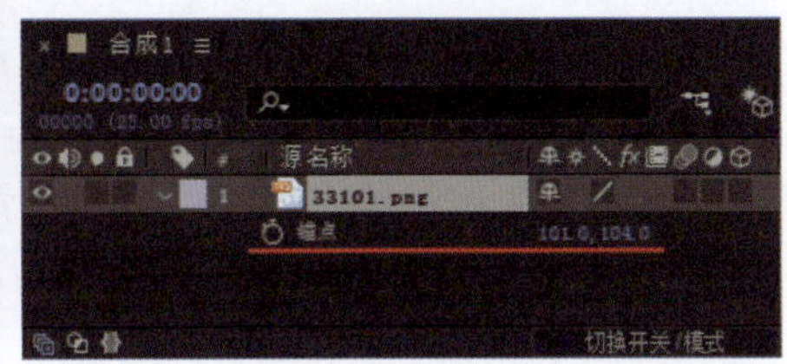

图3-47 在图层下方显示“锚点”属性

除了可以直接修改“锚点”属性值来调整锚点位置，还可以使用“向后平移（锚点）工具”，在“合成”窗口中拖动调整元素锚点的位置，如图3-48所示。另外，也可以使用“选取工具”，在“合成”窗口中双击素材，进入“图层”窗口，直接使用“选取工具”拖动调整锚点位置，如图3-49所示。调整完成后关闭“图层”窗口，返回“合成”窗口即可。

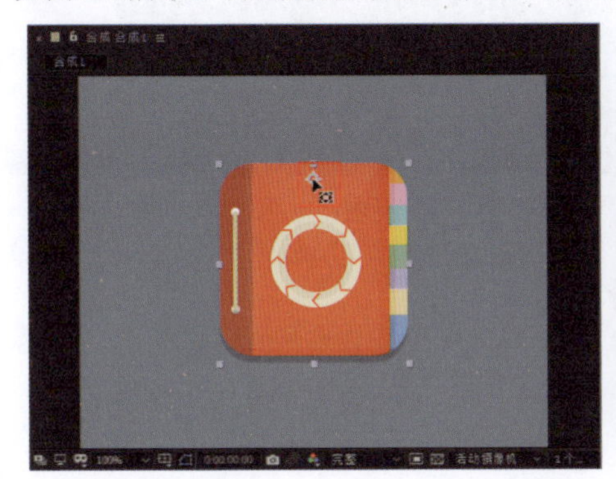

图3-48 使用“向后平移（锚点）工具”调整锚点

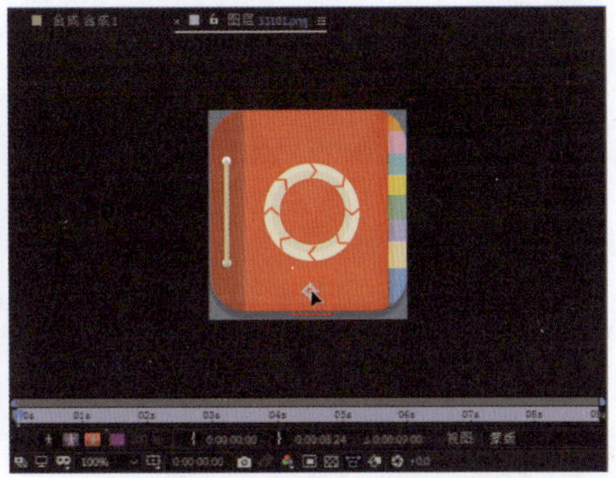

图3-49 使用“选取工具”调整锚点

3.3.2 “位置”属性

“位置”属性用来控制元素在“合成”窗口中的相对位置，也可以通过该属性结合关键帧制作出元素移动的动画效果。

选择相应的图层，按【P】键，可以直接在所选择图层下方显示出“位置”属性，如图3-50所示。当修改“位置”属性后的坐标参数或者在“合成”窗口中直接使用“选取工具”移动位置时，都是以元素锚点为基准进行移动的，如图3-51所示。

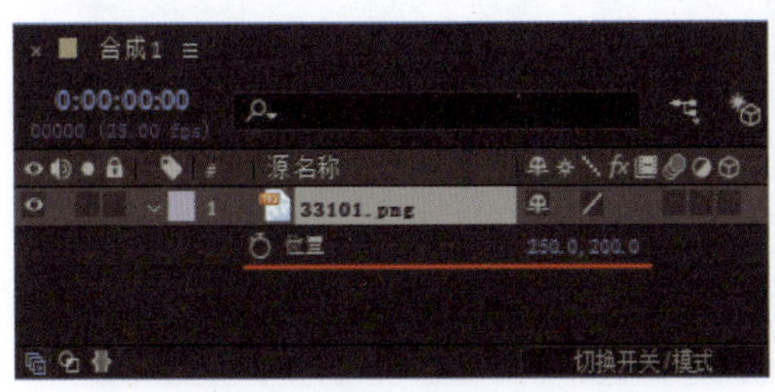

图3-50 在图层下方显示“位置”属性

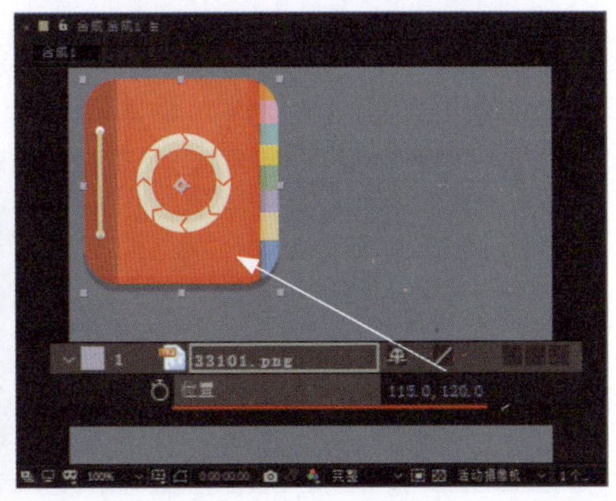

图3-51 移动元素位置

3.3.3 应用案例——制作背景图片切换动画

素　材：第3章\素材\33301.psd、33302.jpg

源文件：第3章\3-3-3.aep

技术要点：通过“位置”属性制作位置移动动画

扫描观看视频

扫描下载素材

STEP 01 导入 PSD 格式素材“33301.psd”，自动创建相应的合成。接着同时导入 3 张素材图像，双击“项目”面板中自动生成的合成，在“合成”窗口中打开该合成，如图 3-52 所示。

STEP 02 将“时间指示器”移至 2 秒位置，选择“背景”图层，按【P】键，显示该图层的“位置”属性，插入该属性关键帧。将“时间指示器”移至 3 秒位置，在“合成”窗口中将该图层中的图像向右移至合适的位置，如图 3-53 所示。

图3-52 “合成”窗口与“时间轴”面板效果

图3-53 制作图片向右移动的动画

STEP 03 在“项目”面板中将“33302.jpg”素材拖入“时间轴”面板中的“背景”图层上方，在“合成”窗口中将该素材调整至合适的位置，如图 3-54 所示。

STEP 04 制作该背景图片从左侧移入场景中，停留 2 秒时间，再向右移出场景的动画效果，如图 3-55 所示。

图3-54 拖入素材图像并调整至合适位置

图3-55 制作图片向右移出场景的动画

STEP 05 使用相同的制作方法，再拖入其他背景素材图像，分别制作相应的从左侧移入场景再从右侧移出场景的动画效果，“时间轴”面板如图 3-56 所示。

图3-56 “时间轴”面板

STEP 06 最终完成该背景图片切换动画的制作，预览动画效果如图 3-57 所示。

图3-57 预览背景图片切换动画效果

在“时间轴”面板中可以直接拖动“时间指示器”，从而调整时间的位置，但这种方法很难精确调整时间位置。如果需要精确调整时间位置，可以通过“时间轴”面板中的“当前时间”选项或者“合成”窗口中的“预览时间”选项，输入精确的时间，即可在“时间轴”面板中跳转到所输入的时间位置。

3.3.4 “缩放”属性

“缩放”属性可以设置元素的尺寸大小，通过该属性结合关键帧可以制作出元素缩放的动画效果。

选择相应的图层，按【S】键，可以在该图层下方显示出“缩放”属性。元素的缩放同样是以锚点的位置为基准，可以直接通过修改“缩放”属性中的参数来修改元素的缩放比例，如图3-58所示。也可以在“合成”窗口中直接使用“选取工具”拖动元素四周的控制点来调整元素的缩放比例，如图3-59所示。

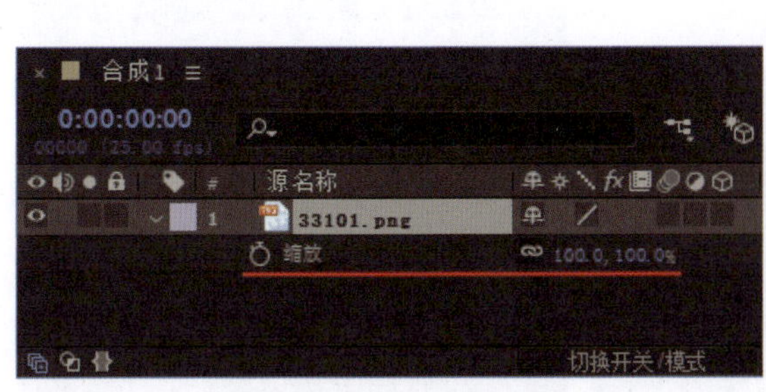

图3-58 修改“缩放”属性

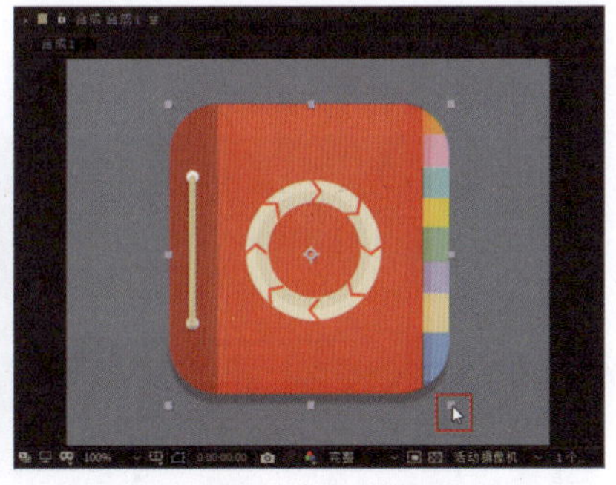

图3-59 拖动控制点对元素进行缩放

在“缩放”属性值左侧有一个“约束比例”图标，默认情况下，修改元素的“缩放”属性值时，将会等比例进行缩放，如果单击该图标，则可以分别对“水平缩放”和“垂直缩放”属性值进行不同的设置。

使用“选取工具”在“合成”窗口中通过拖动控制点的方法对元素进行缩放操作时，按住【Shift】键拖动元素 4 个角点位置，可以进行等比例缩放操作。

3.3.5 “旋转”属性

“旋转”属性用来设置元素的旋转角度，通过该属性结合关键帧可以制作出元素旋转的动画效果。

选择相应的图层，按【R】键，可以直接在该图层下方显示出“旋转”属性，如图3-60所示。元素的旋转同样以锚点位置为基准，可以直接修改“旋转”属性中的参数，也可以在“合成”窗口中选中需要旋转的元素，使用“旋转工具”在元素上拖动鼠标进行旋转操作，如图3-61所示。

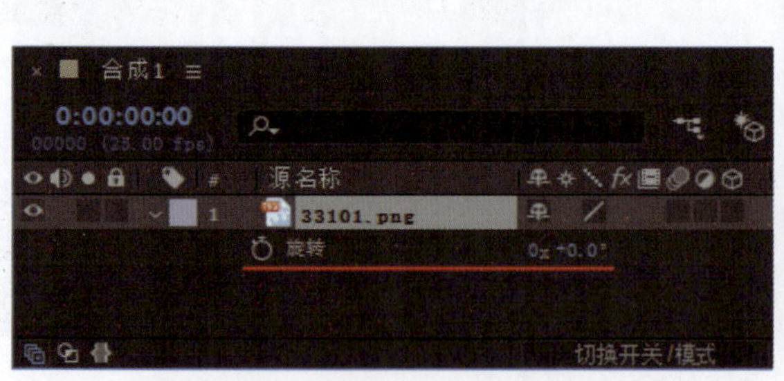

图3-60 在图层下方显示“旋转”属性

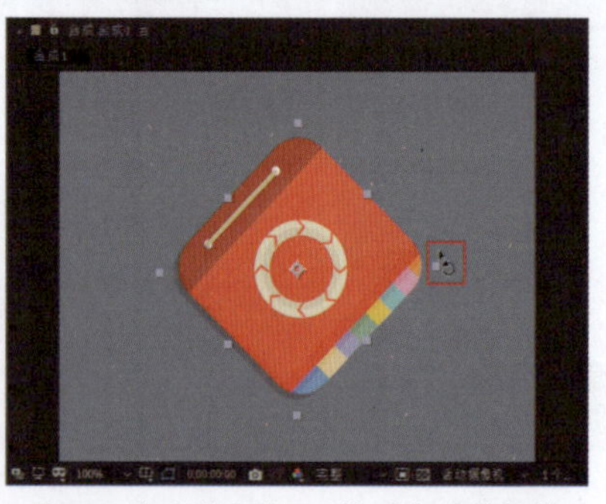

图3-61 使用“旋转工具”进行旋转操作

“旋转”属性包含两个参数，第一个参数用于设置元素旋转的圈数，如果设置为正值，则表示顺时针旋转指定的圈数，如 1x 表示顺时针旋转 1 圈；如果设置为负值，则表示逆时针旋转指定的圈数。第二个参数用于设置旋转的角度，取值范围在 0° ~360° 或者 - 360° ~0° 之间。

3.3.6 “不透明度”属性

“不透明度”属性用来设置图层的不透明度，当不透明度值为0%时，图层中的对象完全透明；当不透明度值为100%时，图层中的对象完全不透明。通过该属性结合关键帧可以制作出元素淡入淡出的动画效果。

选择相应的图层，按【T】键，可以直接在该图层下方显示出“不透明度”属性，如图3-62所示。修改“不透明度”参数即可调整该图层的不透明度，效果如图3-63所示。

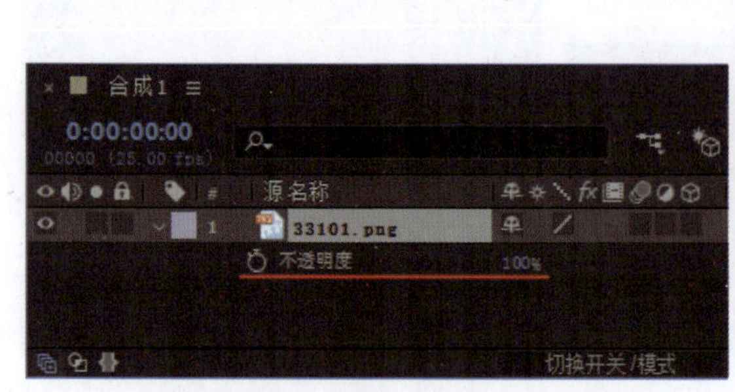

图3-62 在图层下方显示“不透明度”属性

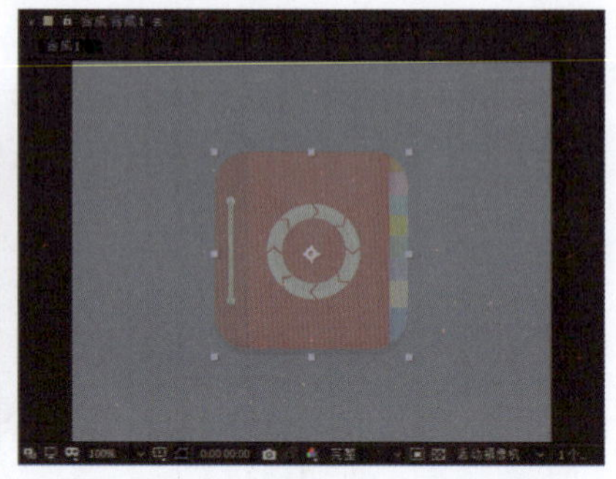

图3-63 设置“不透明度”属性的效果

3.3.7 应用案例——制作界面元素入场动画

素　材：第3章\素材\33701.psd

源文件：第3章\3-3-7.aep

技术要点：掌握“变换”属性动画的制作方法

扫描观看视频

扫描下载素材

STEP 01 导入 PSD 格式素材“33701.psd”，自动创建相应的合成。双击“项目”面板中自动生成的合成，在“合成”窗口中打开该合成，如图 3-64 所示。

STEP 02 首先制作“背景”图层动画，将“时间指示器”移至 0 秒位置，选择“背景”图层，按【T】键，显示该图层的“不透明度”属性，从 0 秒至 1 秒制作该图层“不透明度”属性从 0% 至 100% 的动画效果，如图 3-65 所示。

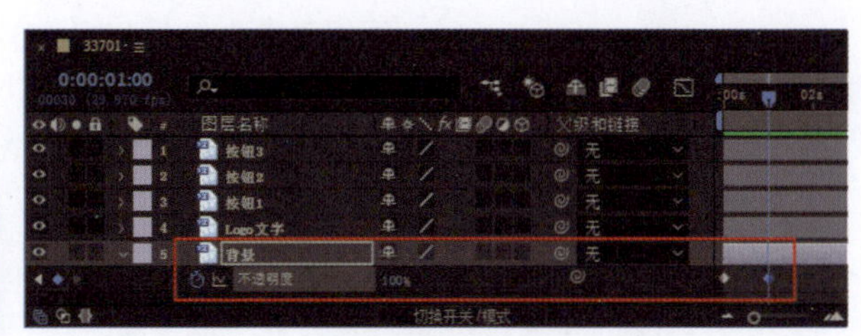

图3-64 “合成”窗口与“时间轴”面板效果　　图3-65 制作“背景”图层“不透明度”属性动画

STEP 03 选择“Logo 文字”图层，将“时间指示器”移至 1 秒位置，显示该图层的“缩放”和“不透明度”属性，制作该图层“缩放”和“不透明度”属性均为 0% 到“缩放”和“不透明度”属性均为 100% 的动画效果，如图 3-66 所示。

STEP 04 选择“按钮 1”图层，将“时间指示器”移至 2 秒位置，显示该图层的“不透明度”和“旋转”属性，制作该图层内容从完全透明到旋转显示的动画效果，如图 3-67 所示。

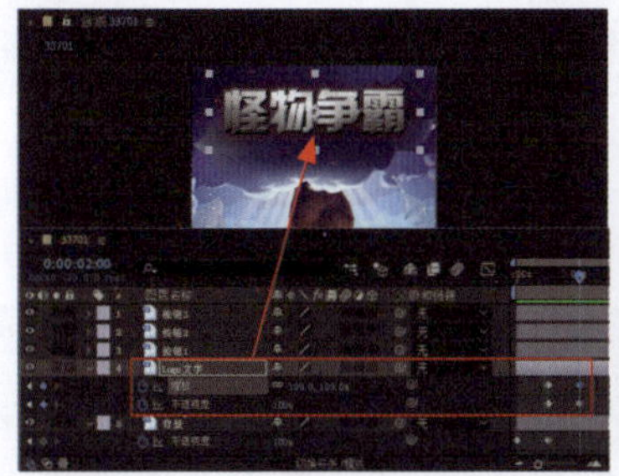

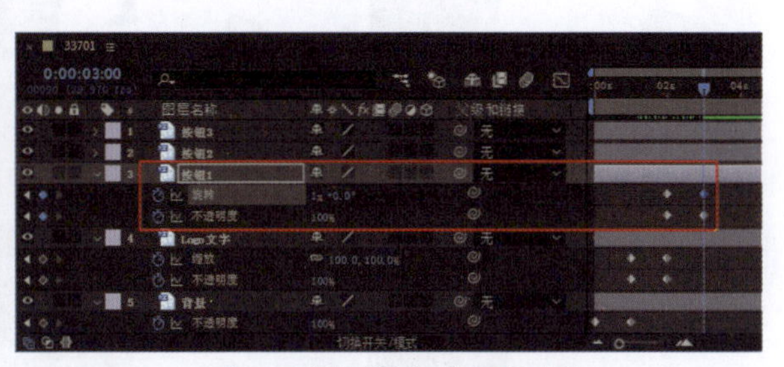

图3-66 制作“Logo文字”图层动画　　图3-67 制作“按钮1”图层动画

STEP 05 按照与“按钮 1”图层相同的制作方法，完成“按钮 2”和“按钮 3”图层中动画的制作，此时的“时间轴”面板如图 3-68 所示。

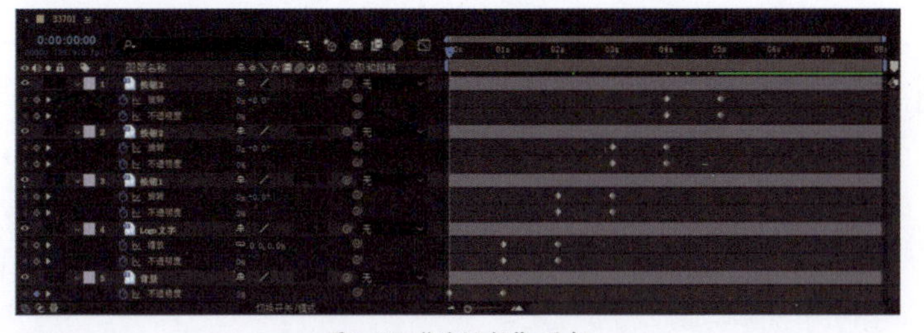

图3-68 “时间轴”面板

STEP 06 最终完成该界面元素入场动画的制作，预览动画效果如图 3-69 所示。

图3-69 预览界面元素入场动画效果

3.4 时间轴处理技巧

在After Effects中，所有的动画都要基于“时间轴”面板来完成，无论是视频动画的制作还是特效的生成，都是空间与时间结合的艺术。通过时间轴能够实现许多特殊的视觉效果，如时光倒流、快放和慢放等。有时，简单的一段视频动画通过时间轴特效的处理往往能够产生非常生动有趣的效果。

3.4.1 时间反向图层

在影视作品中常常看到画面倒退播放的效果，这种效果在After Effects中也能轻松实现。通过这种方法还可以实现许多其他效果，如粒子汇聚成图像、影片重复播放等。

将一段视频素材添加到“时间轴”面板中，默认情况下，“时间轴”面板中的视频素材会正序进行播放，效果如图3-70所示。

图3-70 视频素材默认播放效果

选择该视频素材图层，执行“图层>时间>时间反向图层”命令，即可实现该图层中素材的时间反向，再次预览视频素材就可以看到所实现的倒退播放效果，如图3-71所示。

图3-71 视频素材倒退播放效果

提示 需要注意的是，“时间反向图层”命令只针对该图层为动态视频素材或者该图层中的静态素材已制作了动画效果，才能够实现该图层中动画效果的反向播放。如果该图层为没有任何动画效果的静态素材图层，则执行该命令后并不会产生任何效果。

3.4.2 时间重映射

通过使用“时间重映射”命令可以改变图层中视频动画的播放速度，在不影响图层内容的情况下加快或者减慢该图层中视频动画的播放速度。

将一段视频素材添加到“时间轴”面板中，选择视频素材图层，执行“图层>时间>启用时间重映射”命令，自动在该素材图层的入点和出点位置添加“时间重映射”属性关键帧，如图3-72所示。

图3-72 自动添加“时间重映射”属性关键帧

选择出点位置的“时间重映射”属性关键帧，将其向左移动调整至8秒位置，如图3-73所示。这样就可以把原来时长为14秒的视频素材调整为8秒的视频素材，视频素材的播放速度将会加快。

图3-73 移动出点位置的属性关键帧位置

单击“预览”面板中的“播放/停止”按钮▶，可以在“合成”窗口中预览视频效果，如图3-74所示。可以看到视频的播放速度加快了，通过控制关键帧的位置可以调整视频的播放速度。

图3-74 预览视频素材效果

3.4.3 时间伸缩

有时为了给某一个动作特写，往往通过延长时间的方式让动作变得缓慢；或者视频的节奏太慢，想要加快视频的播放速度，都可以使用“时间伸缩”功能来实现。

将一段视频素材添加到“时间轴”面板中，可以看到该视频素材的持续时间为16秒，如图3-75所示。

图3-75 “时间轴”面板

选择视频素材图层，执行“图层>时间>时间伸缩”命令，弹出“时间伸缩”对话框，如图3-76所示。设置“拉伸因数”选项为50%，如图3-77所示。

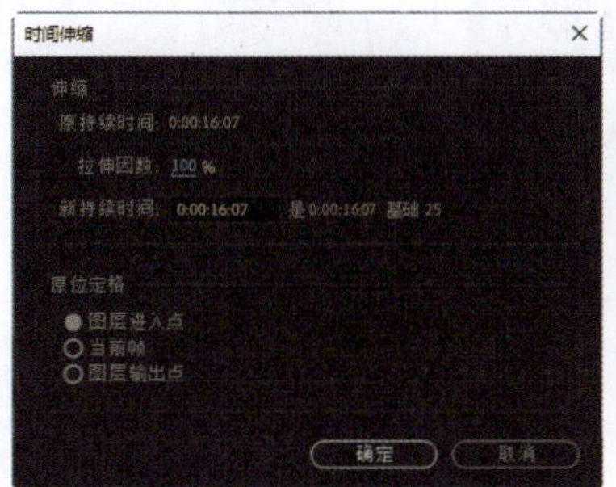

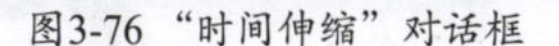

图3-76 “时间伸缩”对话框

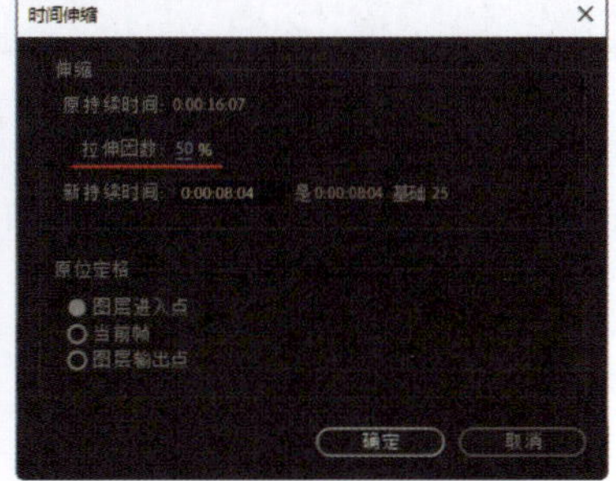

图3-77 设置“拉伸因数”选项

默认的“位伸因数”为100%，即视频素材的默认播放速度，如果希望视频慢放，则可以设置该选项值为大于100%的值；如果希望视频快放，则可以设置该选项值为小于100%的值。

单击“确定”按钮，完成“时间伸缩”对话框的设置，在“时间轴”面板中可以看到该图层中视频素材的时间被缩短了，如图3-78所示。

图3-78 图层持续时间缩短

单击“预览”面板中的“播放/停止”按钮▶，在“合成”窗口中预览视频效果，如图3-79所示，可以看到视频的播放速度加快了。

图3-79 预览视频播放效果

3.4.4 冻结帧

在视频动画的制作过程中，有时需要从视频动画中截取想要的画面，通过使用After Effects中的“冻结帧”功能可以轻松达到这一目的。

将一段视频素材添加到“时间轴”面板中，将“时间指示器”移至需要截取画面的时间位置，如图3-80所示。在“合成”窗口中可以看到当前时间位置的效果，如图3-81所示。

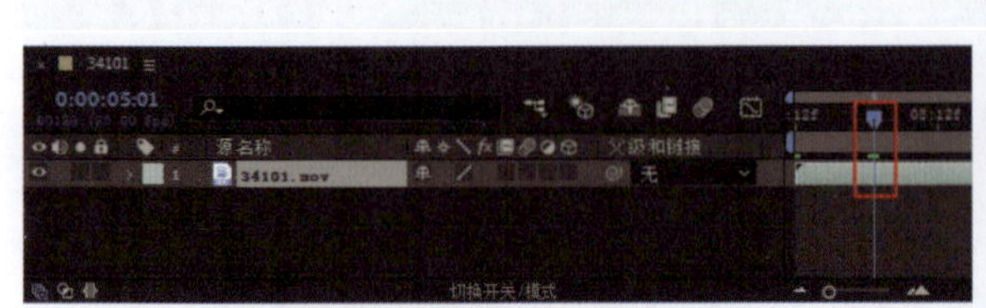

图3-80 调整“时间指示器”位置

图3-81 “合成”窗口效果

选择素材图层，执行“图层>时间>冻结帧”命令，自动在当前“时间指示器”位置插入“时间重映射”属性关键帧，如图3-82所示。在“时间轴”面板中预览该图层中的视频素材效果时，将只显示冻结帧的静态画面效果，如图3-83所示。

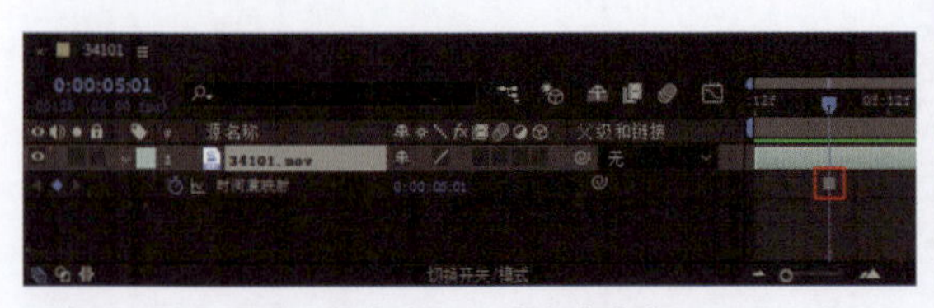

图3-82 自动插入属性关键帧

图3-83 只显示冻结帧的静态画面

3.5 解惑答疑

“时间轴”面板可以分为左右两部分，左侧部分为图层操作区，右侧部分为关键帧和图层内容操作区。“时间轴”面板是After Effects中最重要的面板，几乎所有的视频动画操作都是在“时间轴”面板中完成的。

3.5.1 什么是CINEMA 4D

CINEMA 4D是近几年比较流行的一款三维动画制作软件，其特点是拥有极高的运算速度和强大的渲染插件。与众所周知的其他3D软件一样（如Maya、3ds Max 等），CINEMA 4D同样具备高端3D动画软件的所有功能。所不同的是，在研发过程中，CINEMA 4D的工程师更加注重工作流程的流畅性、舒适性、合理性、易用性和高效性。因此，使用CINEMA 4D会让设计师在创作设计时感到非常轻松愉快，赏心悦目，在使用过程中更加得心应手，能将更多的精力置于创作中，即使是新用户，也会感觉到CINEMA 4D非常容易上手。图3-84所示为CINEMA 4D软件的启动界面。

图3-84 CINEMA 4D软件的启动界面

3.5.2 如何同时显示多个图层的“变换”属性

在“时间轴”面板中同时选中多个图层，按【A】、【P】、【S】、【R】或【T】键，可以在所选择的多个图层下方同时显示出相应的属性。如果只是选择“时间轴”面板，而没有选择具体的某个或者某几个图层，按【A】、【P】、【S】、【R】或【T】键，可以在所有图层的下方显示出相应的属性。

3.6 总结扩展

After Effects中的图层类似于Photoshop中的图层，在制作视频动画的过程中，所有操作都是在图层的基础上完成的，通过多图层可以更好地实现对元素动画的制作和管理。

3.6.1 本章小结

本章主要介绍了After Effects中的“时间轴”面板，重点对“时间轴”面板中的图层功能进行了讲解，包括图层的类型及操作方法等，并通过简单动画案例的制作，使读者能够快速掌握图层“变换”属性的应用方法。

3.6.2 扩展练习——制作图标放大动画

素　材：第3章\素材\36201.psd
源文件：第3章\3-6-2.aep
技术要点：掌握“变换”属性的使用方法

扫描观看视频

扫描下载素材

STEP 01 导入 PSD 格式素材“36201.psd”，自动创建相应的合成。双击“项目”面板中自动生成的合成，在“合成”窗口中打开该合成，如图 3-85 所示。

STEP 02 将“时间指示器”移至 0 秒位置，选择“电子菜单”图层，显示该图层的“不透明度”和“缩放”属性，制作元素从小到大并逐渐显示的动画效果，如图 3-86 所示。

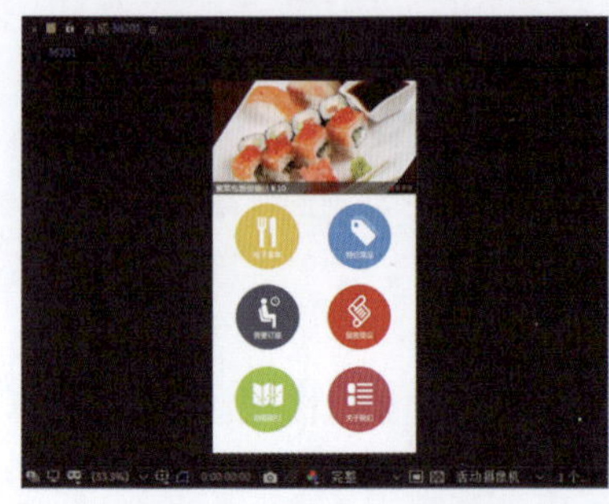

图3-85 “合成”窗口效果

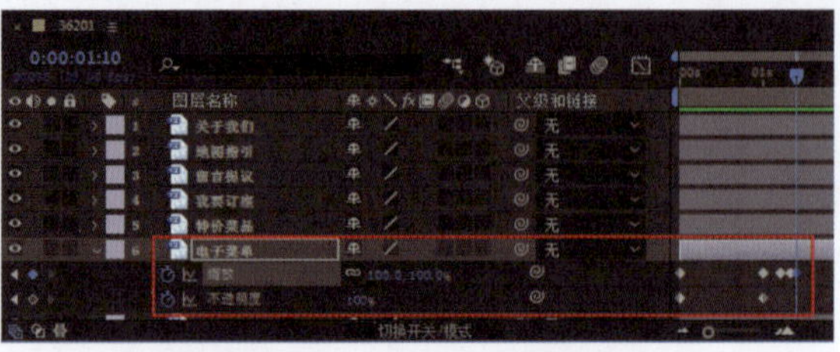

图3-86 制作“电子菜单”图层动画

STEP 03 按照与“电子菜单”图层相同的制作方法，完成界面中其他图标缩放动画的制作，此时的“时间轴”面板如图 3-87 所示。

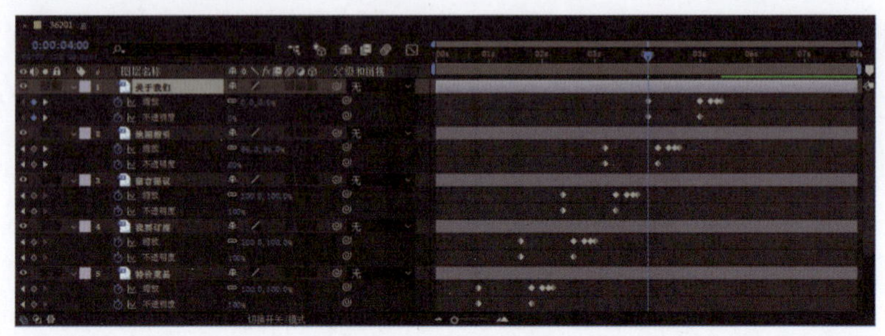

图3-87 “时间轴”面板

STEP 04 最终完成该图标放大动画的制作，预览动画效果如图 3-88 所示。

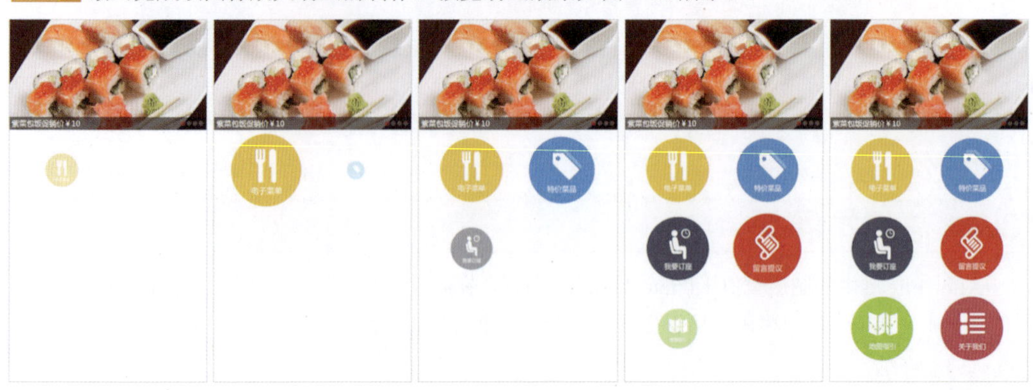

图3-88 预览图标放大动画效果

Point
Learning Objectives
学习重点
64 页
制作简单的模糊Loading动画
66 页
将直线运动路径调整为曲线
67 页
制作卡通飞机动画
70 页
设置缓动效果
71 页
制作小球弹跳变形动画
72 页
什么是关键帧动画
73 页
制作界面列表显示动画

第4章 制作关键帧动画

创建动画是After Effects软件的主要功能之一，通过在“时间轴”面板中为图层属性添加属性关键帧，可以制作出各种效果不同的动画效果。本章将向读者详细介绍在After Effects中创建和编辑关键帧的方法和技巧，使读者能够掌握关键帧动画的制作方法。

4.1 理解关键帧

动画是基于时间变化的，如果图层的某个属性在不同时间发生不同的参数变化，并且被正确地记录下来，那么就称这个动画为“关键帧动画”。

关键帧是组成动画的基本元素，关键帧的应用是制作动画的基础和关键。在After Effects的关键帧动画中，至少要通过两个关键帧才能产生作用，第1个关键帧表示动画的初始状态，第2个关键帧表示动画的结束状态，而中间的动态则由计算机通过插值计算得出。例如，可以在0秒位置设置某个图层的“不透明度”属性为0%，然后在1秒位置设置该图层的“不透明度”属性为100%，如果这个变化被正确地记录下来，那么图层就产生了从0秒至1秒“不透明度”属性从0%到100%的变化效果。

一个关键帧一般包括以下信息内容。

- 属性，是指图层中的哪个属性发生变化。
- 时间，是指在哪个时间点确定的关键帧。
- 参数值，是指当前时间点参数的数值是多少。
- 关键帧类型，关键帧之间是线性还是曲线。
- 关键帧速率，关键帧之间的变化速率。

4.2 创建和编辑关键帧

在使用After Effects制作视频动画的过程中，通常需要对元素的属性关键帧进行设置。在对属性关键帧进行设置之前，必须插入相应的关键帧。本节将详细介绍After Effects中属性关键帧的创建与编辑操作。

4.2.1 创建关键帧

在After Effects中，基本上每一个特效或者属性都有一个对应的“时间变化秒表”按钮，可以通过单击属性名称左侧的“秒表”按钮，来激活关键帧功能。

在“时间轴”面板中选择需要添加关键帧的图层，展开该图层的属性列表，如图4-1所示。如果要为某个属性添加关键帧，只需单击该属性前的“秒表”按钮，即可激活该属性关键帧功能，并在当前时间位置插入一个该属性关键帧，如图4-2所示。

图4-1 展开图层属性列表

图4-2 插入属性关键帧

当激活该属性的关键帧后，在该属性的最左侧会出现3个按钮，分别是“转到上一个关键帧”、“添加或移除关键帧”和“转到下一个关键帧”。在“时间轴”面板中将“时间指示器”移至需要添加下一个关键帧的位置，单击“添加或移除关键帧”按钮，即可在当前时间位置插入该属性的第2个关键帧，如图4-3所示。

如果再次单击该属性名称前的“秒表”按钮，可以取消该属性关键帧的激活状态，该属性所添加的所有关键帧也会被同时删除，如图4-4所示。

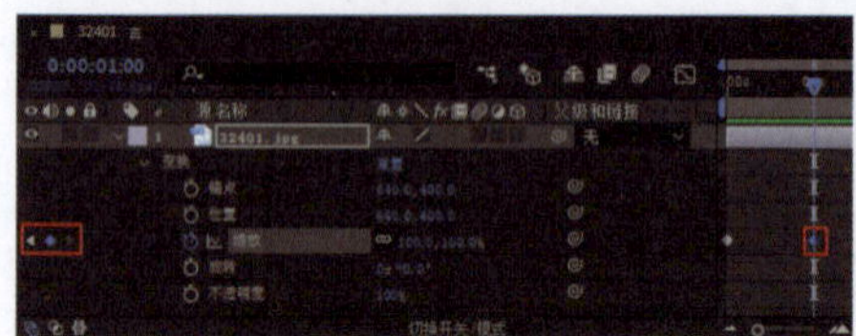

图4-3 添加属性关键帧

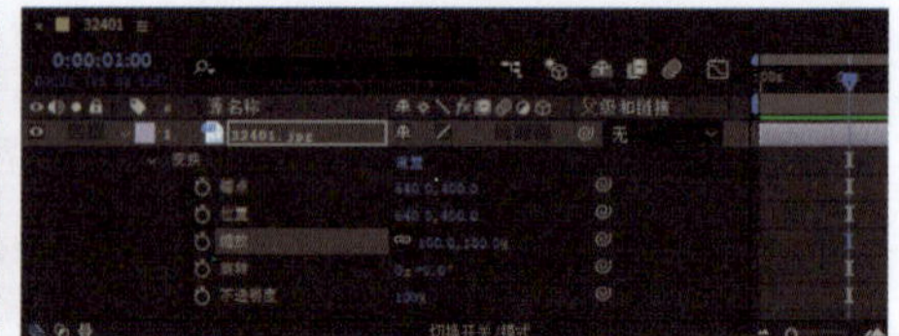

图4-4 清除属性关键帧

为某个属性在不同的时间位置插入关键帧后，可以在属性名称的右侧修改所添加关键帧位置的属性参数值。为不同的关键帧设置不同的属性参数值后，就能够形成关键帧之间的动画过渡效果。

4.2.2 编辑关键帧

插入属性关键帧后，还可以在“时间轴”面板中对所插入的属性关键帧进行选择、移动、复制和删除等编辑操作，从而更好地表现出关键帧动画效果。

选择关键帧

创建关键帧后，有时还需要对关键帧进行修改和设置操作，这时就要选中需要编辑的关键帧。选择关键帧的方式有多种，下面分别进行介绍。

（1）在“时间轴”面板中直接单击某个关键帧图标，被选中的关键帧显示为蓝色，表示已经选中关键帧，如图4-5所示。

（2）在“时间轴”面板中的空白位置单击并拖动出一个矩形框，位于矩形框内的多个关键帧都将被同时选中，如图4-6所示。

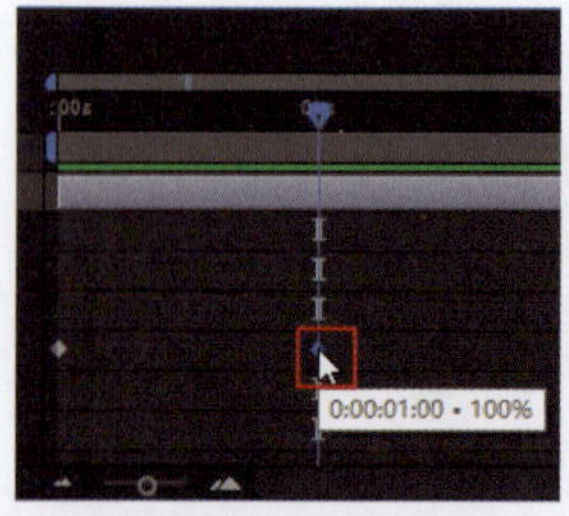

图4-5 选择单个关键帧

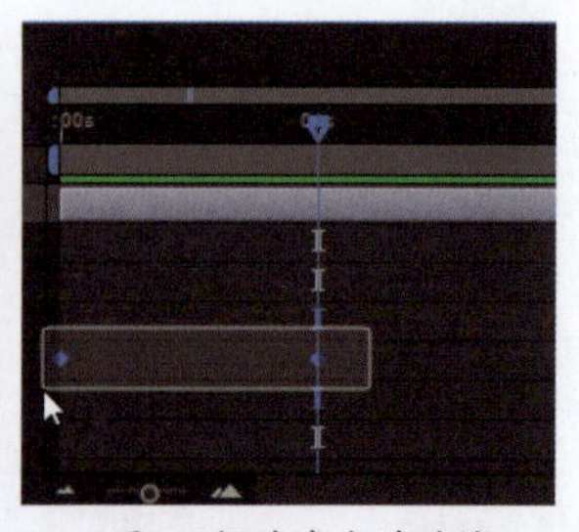

图4-6 框选多个关键帧

（3）如果图层的某个属性已经插入了关键帧，单击该属性名称，即可将该属性的所有关键帧全部选中，如图4-7所示。

（4）配合【Shift】键可以同时选择多个关键帧，即按住【Shift】键不放并在多个关键帧上单击，可以同时选择多个关键帧，如图4-8所示。而对于已选中的关键帧，按住【Shift】键不放再次单击，则可以取消选择。

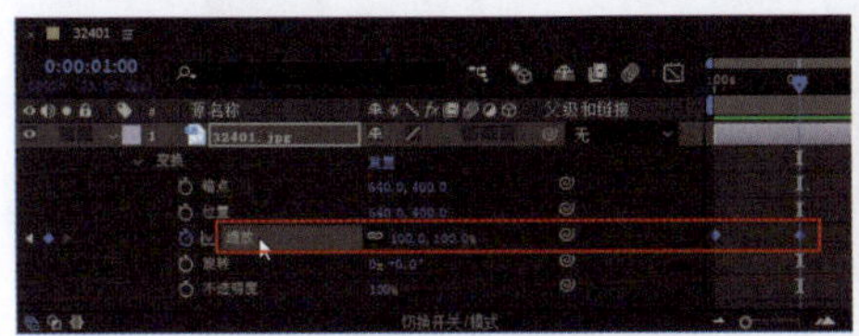

图4-7 选择该属性的全部关键帧

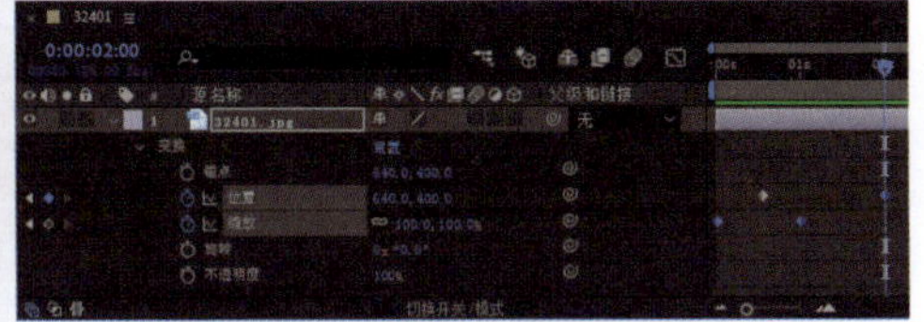

图4-8 配合【Shift】键同时选中多个关键帧

移动关键帧

在After Effects中，为了更好地控制动画效果，关键帧的位置是可以随意移动的。既可以单独移动一个关键帧，也可以同时移动多个关键帧。

如果想要移动单个关键帧，选中需要移动的关键帧，按住鼠标左键拖动关键帧至目标位置，即可移动关键帧，如图4-9所示。

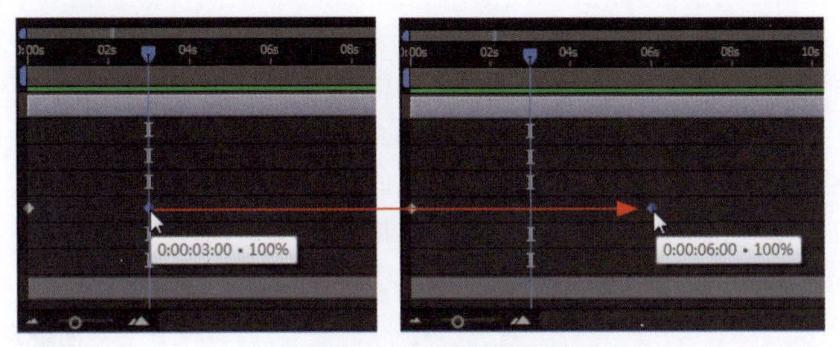

图4-9 拖动移动关键帧位置

如果想要同时移动多个关键帧，可以按住【Shift】键，分别单击选中需要移动的多个关键帧，然后将其拖动至目标位置即可。

复制关键帧

在After Effects中制作动效时，经常需要重复设置关键帧参数，因此需要对关键帧进行复制和粘贴操作，这样可以大大提高工作效率，避免一些重复性操作。

如果需要进行关键帧的复制操作，首先在“时间轴”面板中选中一个或者多个需要复制的关键帧，如图4-10所示。执行“编辑>复制”命令，复制所选中的关键帧。将“时间指示器”移至需要粘贴关键帧的位置，执行“编辑>粘贴”命令，将所复制的关键帧粘贴到当前时间位置，如图4-11所示。

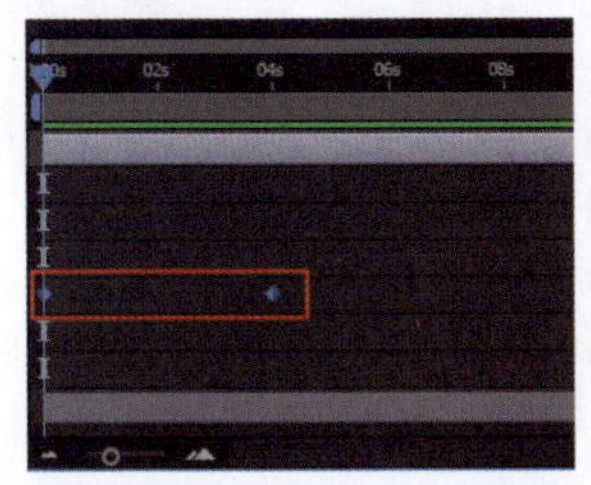

图4-10 选择需要复制的关键帧

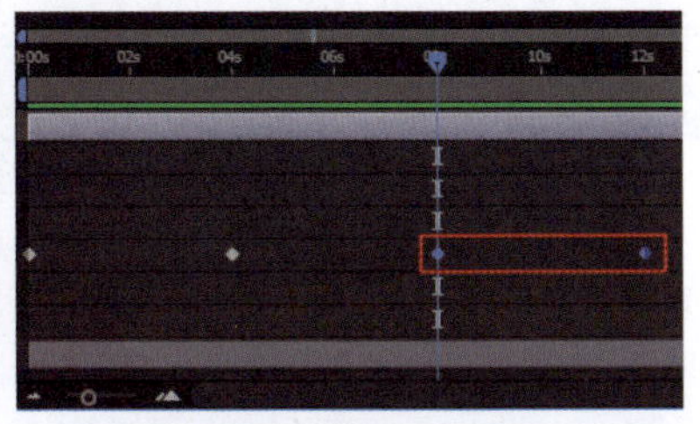

图4-11 粘贴所复制的关键帧

当然，也可以将复制的关键帧粘贴到其他图层中。例如，选中“时间轴”面板中需要粘贴关键帧的图层，展开该图层属性，将“时间指示器”移至需要粘贴关键帧的位置，执行“编辑>粘贴”命令，即可将所复制的关键帧粘贴到当前所选择的图层中，如图4-12所示。

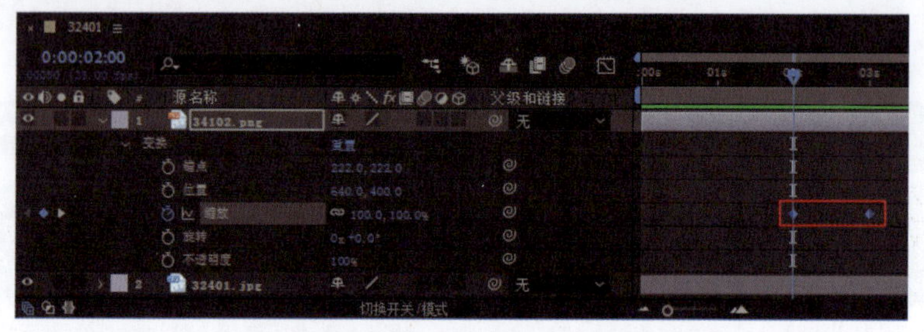

图4-12 粘贴所复制的关键帧到其他图层

如果复制的是相同属性的关键帧，只需选择目标图层就可以粘贴关键帧；如果复制的是不同属性的关键帧，需要先选择目标图层的目标属性后才能够粘贴关键帧。需要特别注意的是，如果粘贴的关键帧与目标图层上的关键帧在同一时间位置，将会覆盖目标图层上的关键帧。

删除关键帧

在制作动画的过程中，有时需要将多余的或者不需要的关键帧删除。删除关键帧的方法很简单，选中需要删除的单个或者多个关键帧，执行“编辑>清除”命令，即可将选中的关键帧删除。

也可以选中多余的关键帧，直接按键盘上的【Delete】键，即可将所选中的关键帧删除；还可以在“时间轴”面板中将“时间指示器”移至需要删除的关键帧位置，单击该属性左侧的“添加或移除关键帧”按钮◆，即可将当前时间的关键帧删除，使用这种方法一次只能删除一个关键帧。

4.2.3 应用案例——制作简单的模糊Loading动画

素　材：无

源文件：第4章\4-2-3.aep

技术要点：掌握属性关键帧的基本操作

扫描观看视频

STEP 01 执行“合成>新建合成”命令，弹出“合成设置”对话框，对相关选项进行设置，如图4-13所示。单击“确定”按钮，新建合成。使用“椭圆工具”，在“合成”窗口中按住【Shift】键拖动鼠标绘一个正圆形，修改正圆形的“填充”为渐变颜色填充，如图4-14所示。

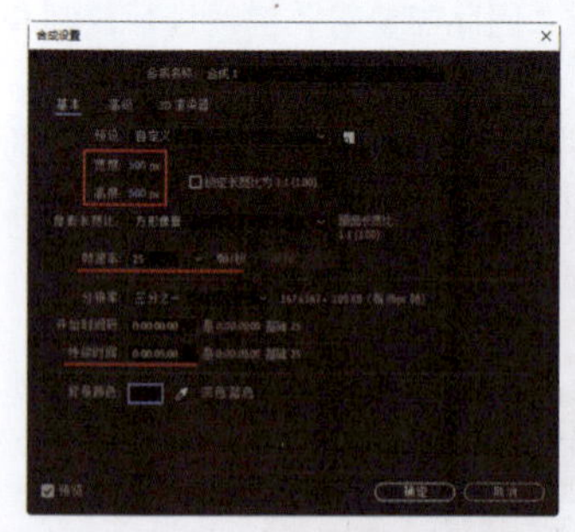

图4-13 设置“合成设置”对话框

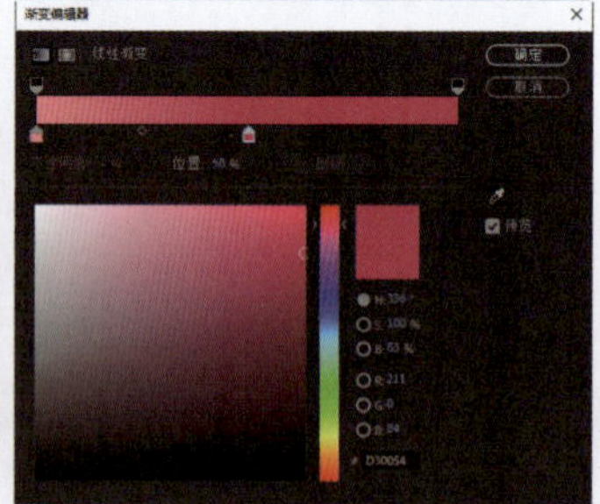

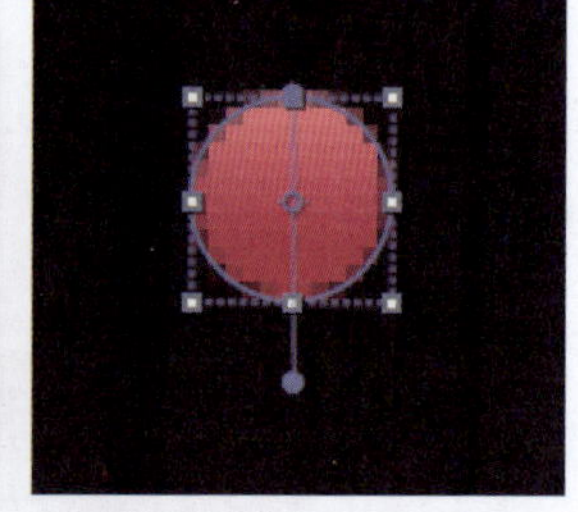

图4-14 绘制正圆形并填充线性渐变

STEP 02 选择“形状图层 1”下方的“内容”选项中的“椭圆 1”选项，按【Ctrl+D】组合键，复制正圆形，向右移动复制得到的正圆形，并修改其填充颜色，如图4-15所示。选择“形状图层 1”，使用“向后平移（锚点）工具”，将锚点调整至该图层两个正圆形的水平中心位置，并将图形对齐至“合成”窗口的中心位置，如图4-16所示。

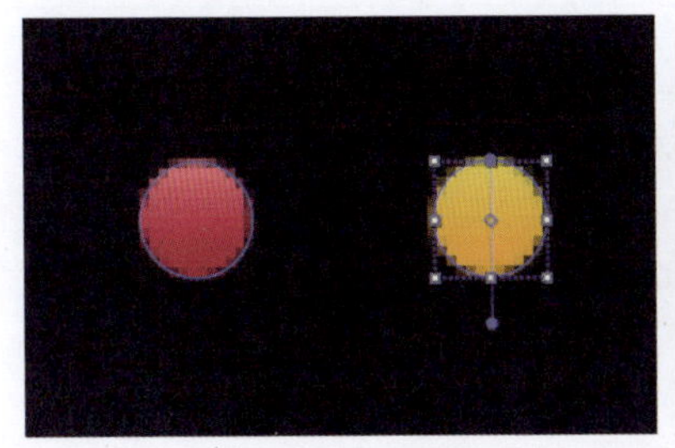

图4-15 复制正圆形

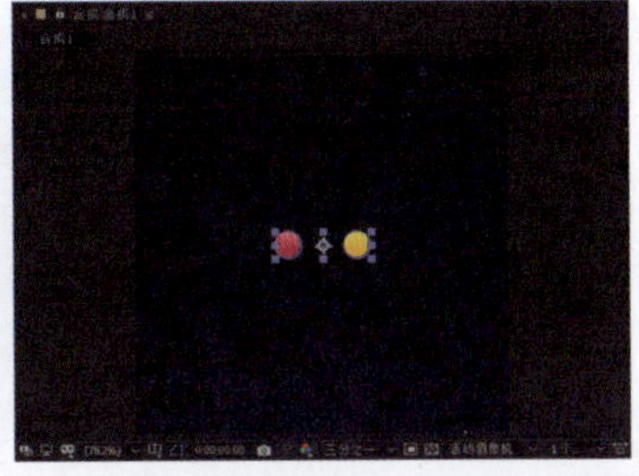

图4-16 调整锚点位置并对齐至合成中心

STEP 03 按【R】键，显示该图层的“旋转”属性，插入“旋转”属性关键帧。将“时间指示器”移至0秒12帧位置，设置“旋转”属性值为200°；将“时间指示器”移至0秒15帧位置，设置“旋转”属性值为165°；将“时间指示器”移至0秒22帧位置，设置“旋转”属性值为190°；将“时间指示器”移至1秒03帧位置，设置“旋转”属性值为180°，如图4-17所示。

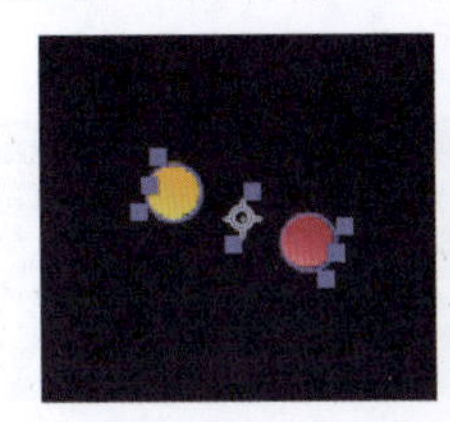

图4-17 制作“旋转”属性关键帧动画

STEP 04 调整“工作区结束”图标至1秒05帧位置，选中所有的属性关键帧，按【F9】键，应用“缓动”效果，如图4-18所示。选择“形状图层1”，为该图层应用“CC Force Motion Blur”效果，对相关选项进行设置，如图4-19所示。

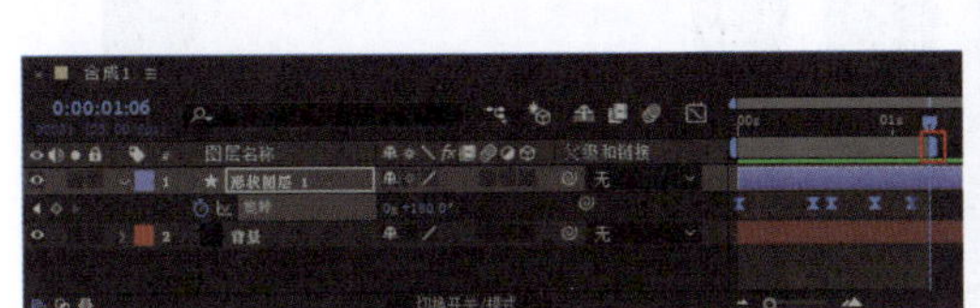

图4-18 调整工作区并应用“缓动”效果

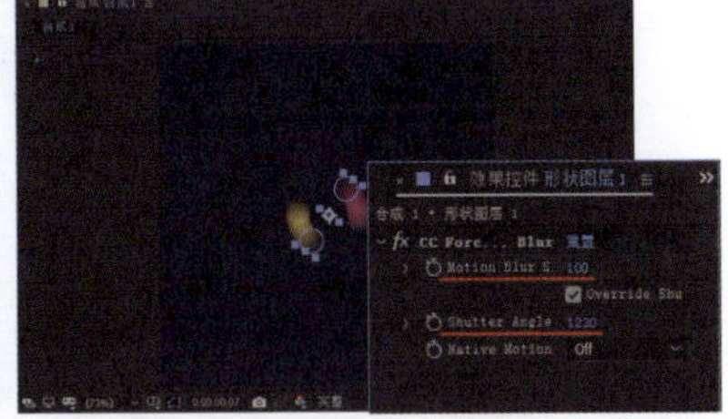

图4-19 应用“CC Force Motion Blur”效果

STEP 05 至此，完成简单的模糊Loading动画的制作，单击“预览”面板中的“播放/停止”按钮▶，在“合成”窗口中预览动画效果，如图4-20所示。

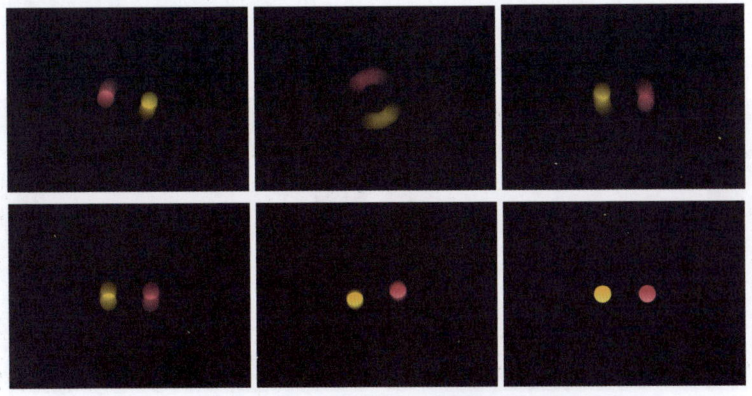

图4-20 预览简单的模糊Loading动画效果

4.3 设置运动路径

运动路径通常是指对象位置变化的轨迹。路径动画是一种常见的动画类型，很多动画制作软件都使用曲线来控制动画的运动路径，在After Effects中也是如此。图层属性中的各种关键帧动画，除了“不透明度”属性动画，其他属性动画都可以通过父级关系实现让不同图层中的对象执行相同的动画播放。

4.3.1 将直线运动路径调整为曲线

在After Effects中制作的元素位置移动的关键帧动画，默认情况下位置移动的运动轨迹为直线，如图4-21所示。

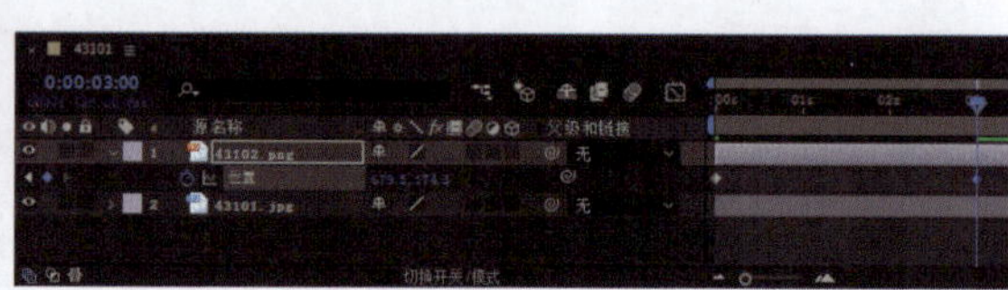

图4-21 位置移动动画的默认运动轨迹为直线

如果需要将默认的直线运动路径调整为曲线运动路径，只需使用“选取工具”，在“合成”窗口中拖动调整“位置”属性锚点的方向线，如图4-22所示，即可将直线运动路径修改为曲线运动路径，如图4-23所示。

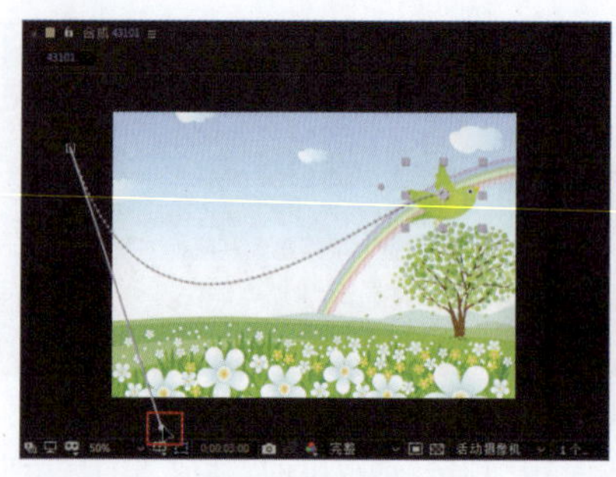

图4-22 拖动方向线

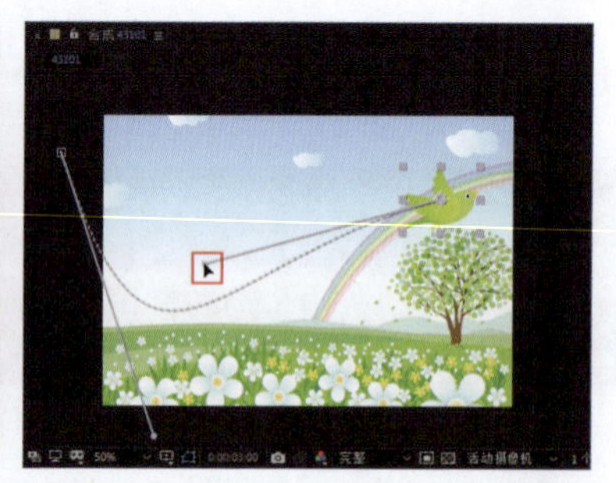

图4-23 将直线运动路径调整为曲线

如果希望获到更为复杂的曲线运动路径，还可以使用“添加‘顶点’工具”在运动路径上合适的位置单击，添加锚点，如图4-24所示。再使用“选取工具”，对运动路径上的锚点和方向线进行调整，从而获得更为复杂的曲线运动路径，如图4-25所示。

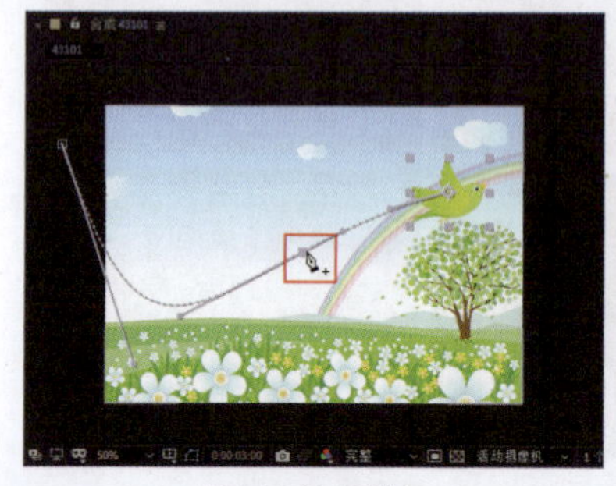

图4-24 添加锚点

图4-25 调整运动曲线

完成运动路径的调整后，单击“预览”面板中的“播放/停止”按钮▶，查看元素的运动轨迹，可以发现元素沿着设置好的曲线运动路径进行移动，如图4-26所示。

图4-26 沿曲线运动路径进行移动

4.3.2 运动自定向

在进行曲线运动时可以发现，虽然对象沿着调整好的曲线路径开始位移，但是对象的方向并没有随着曲线运动路径而改变，这是因为“自动方向”对话框中的“自动方向”选项默认为关闭状态。

执行“图层>变换>自动定向”命令，弹出“自动方向”对话框，设置“自动方向”选项为“沿路径定向”，如图4-27所示。单击“确定”按钮，完成“自动方向”对话框的设置。可以使用“旋转工具”，将对象旋转至与运动路径的方向相同，如图4-28所示。

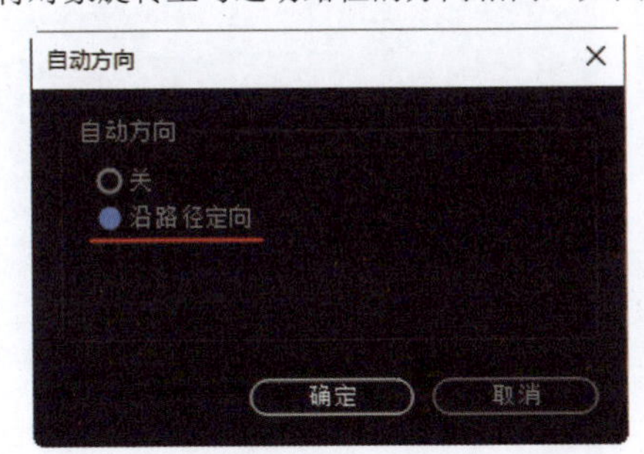

图4-27 “自动方向”对话框

图4-28 调整对象的方向使其与运动路径一致

再次播放动画，可以看到对象在沿着曲线路径运动的过程中，其自身的方向也会随着路径的方向发生改变，如图4-29所示。

图4-29 对象沿曲线运动路径移动并自动调整自身方向

4.3.3 应用案例——制作卡通飞机动画

素　材：第4章\素材\43301.jpg、43302.png

源文件：第4章\4-3-3.aep

技术要点：掌握调整运动路径的方法

扫描观看视频

扫描下载素材

STEP 01 执行“合成>新建合成”命令，弹出“合成设置”对话框，对相关选项进行设置，如图4-30所示。单击“确定”按钮，新建合成。

STEP 02 导入该动画需要使用的两张素材图像，并分别将两张素材图像拖入到“时间轴”面板中，在“合成”窗口中调整飞机素材到合适的位置，如图 4-31 所示。

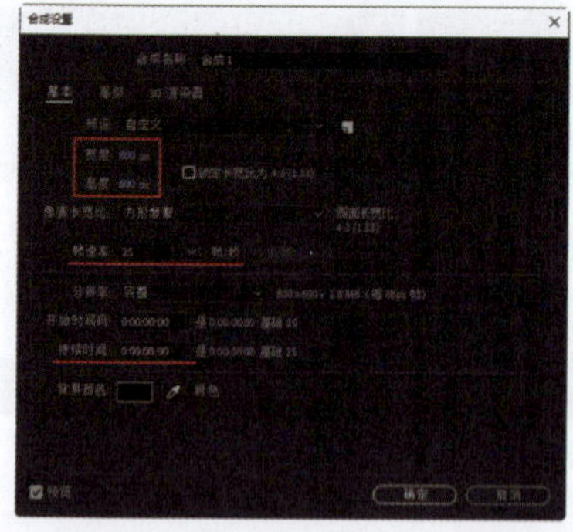

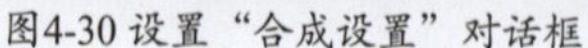

图4-30 设置“合成设置”对话框

图4-31 拖入素材并调整飞机素材的位置

STEP 03 将“时间指示器”移至 0 秒位置，为飞机素材图像插入“位置”属性关键帧；将“时间指示器”移至 1 秒位置，将飞机素材移至合适的位置，自动生成直线运动路径，如图 4-32 所示。

STEP 04 将“时间指示器”移至不同的时间位置，在“合成”窗口中移动飞机素材的位置，从而获得飞机的位置移动路径，如图 4-33 所示。

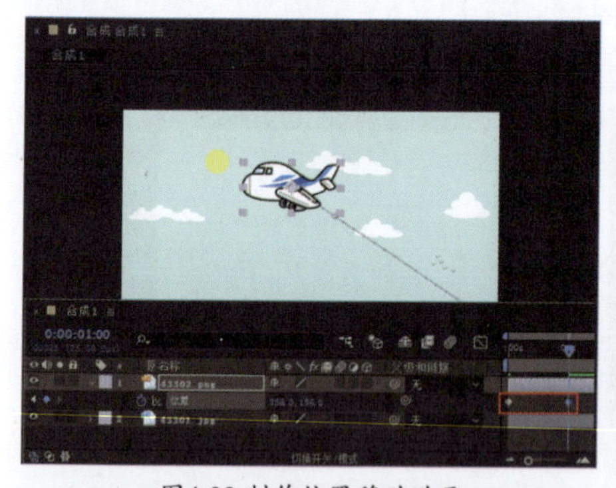

图4-32 制作位置移动动画

图4-33 获得位置移动路径

STEP 05 使用“选取工具”结合“转换‘顶点’工具”对运动路径进行调整，从而得到平滑的曲线运动路径，如图 4-34 所示。执行“图层>变换>自动定向”命令，在弹出的对话框中设置“自动方向”选项为“沿路径定向”，如图 4-35 所示。

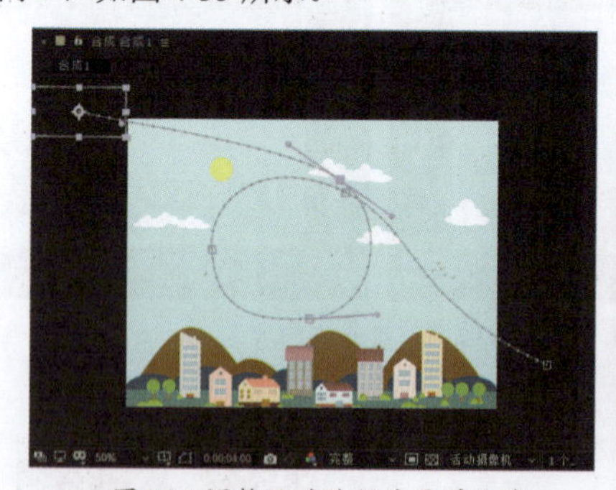

图4-34 调整运动路径为平滑曲线

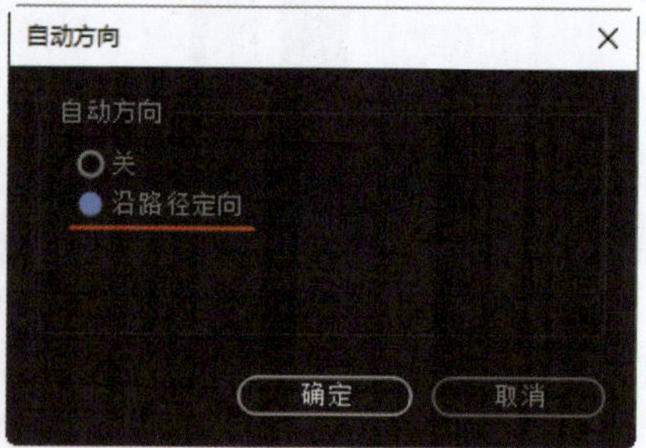

图4-35 设置“自动方向”对话框

提示 在运动路径的调整过程中，除了可以使用“转换‘顶点’工具”拖出锚点的方向线，还可以结合使用“选取工具”拖动调整锚点的位置，从而使运动路径曲线更加平滑。

STEP 06 至此，完成卡通飞机动画的制作，预览动画效果如图4-36所示。

图4-36 预览卡通飞机动画效果

4.4 图表编辑器

“图表编辑器”是After Effects在整合了以往版本的“速率图表”功能基础上，提供的更强大、更丰富的动画控制功能模块。使用该功能，可以更方便地查看和操作属性值、关键帧、关键帧插值和速率等。

4.4.1 认识图表编辑器

单击“时间轴”面板中的“图表编辑器”按钮，将“时间轴”面板右侧的关键帧编辑区域切换为图表编辑器的显示状态，如图4-37所示。

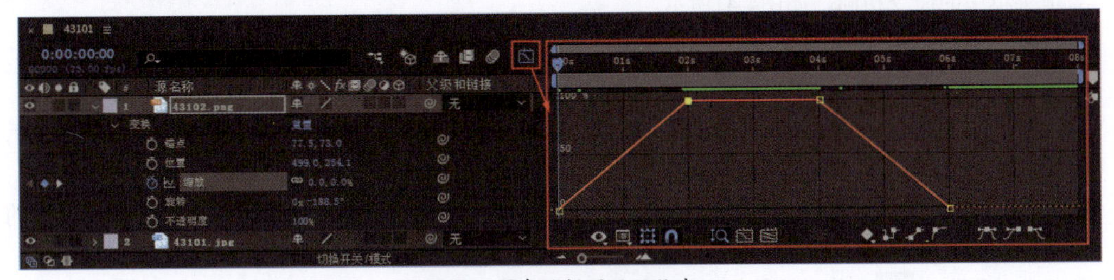

图4-37 图表编辑器显示状态

“图表编辑器”界面主要以曲线图的形式显示所使用的效果和动画的改变情况。曲线的显示包括两方面的信息，一是数值图形，显示的是当前属性的数值；二是速度图形，显示的是当前属性数值速度变化的情况。

- “选择具体显示在图表编辑器中的属性”按钮：单击该按钮，可以在打开的下拉列表框中选择需要在图表编辑器中查看的属性选项，如图4-38所示。
- “选择图表类型和选项”按钮：单击该按钮，可以在打开的下拉列表框中选择图表编辑器中所显示的图表类型，以及需要在图表编辑器中显示的相关选项，如图4-39所示。
- “选择多个关键帧时，显示‘变换’框”按钮：该按钮默认为激活状态，在图表编辑器中同时选中多个关键帧，将会显示变换框，可以对所选中的多个关键帧进行变换操作，如图4-40所示。

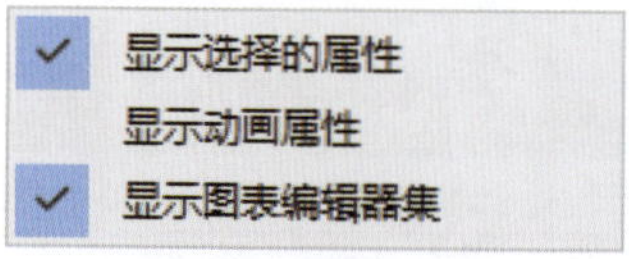

显示选择的属性
显示动画属性
显示图表编辑器集

图4-38 查看属性选项

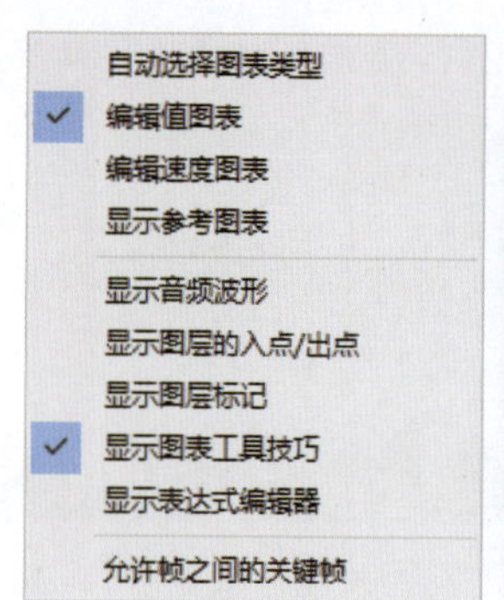

图4-39 图表类型选项

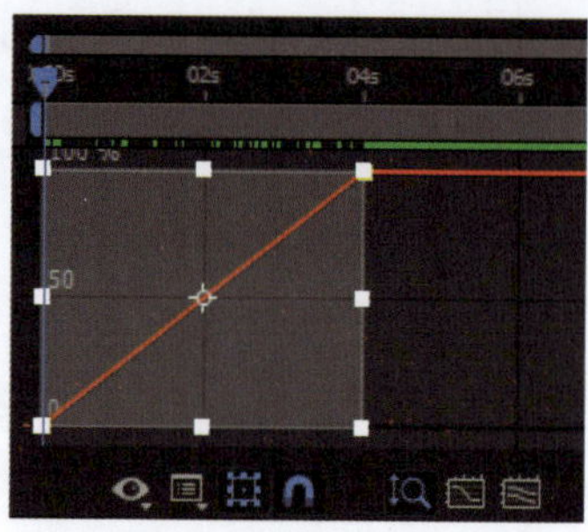

图4-40 显示变换框

- “对齐”按钮：该按钮默认为激活状态，表示在图表编辑器中进行关键帧的相关操作时会进行自动吸附对齐操作。
- “自动缩放图表高度”按钮：该按钮默认为激活状态，表示将以曲线高度为基准自动缩放图表编辑器视图。
- “使选择适于查看”按钮：单击该按钮，可以将被选中的关键帧自动调整到适合的视图范围，以便于查看和编辑。
- “使所有图表适于查看”按钮：单击该按钮，可以自动调整视图，将图表编辑器中的所有图表都显示在视图范围内。
- “单独尺寸”按钮：单击该按钮，可以在图表编辑器中分别单独显示属性的不同控制选项。
- “编辑选定的关键帧”按钮：单击该按钮，显示出关键帧编辑选项，与在关键帧上单击鼠标右键所弹出的快捷菜单中的命令相同，如图4-41所示。

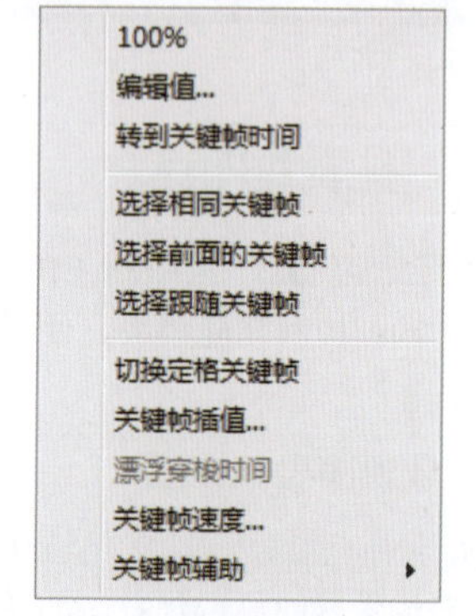

图4-41 关键帧编辑选项

- “将选定的关键帧转换为定格”按钮：单击该按钮，可以将当前选择的关键帧保持现有的动画曲线。
- “将选定的关键帧转换为线性”按钮：单击该按钮，可以将当前选择的关键帧的前后控制手柄变成直线。
- “将选定的关键帧转换为自动贝塞尔曲线”按钮：单击该按钮，可以将当前选择的关键帧的前后控制手柄变成自动的贝塞尔曲线。
- “缓动”按钮：单击该按钮，可以为当前选择的关键帧添加默认的缓动效果。
- “缓入”按钮：单击该按钮，可以为当前选择的关键帧添加默认的缓入动画效果。
- “缓出”按钮：单击该按钮，可以为当前选择的关键帧添加默认的缓出动画效果。

4.4.2 设置缓动效果

自然界中大部分物体的运动都不是线性的，而是按照物理规律呈曲线运动。通俗来讲，就是物体运动的响应变化与执行运动的物体本身质量有关。例如，在打开抽屉时，首先会让它加速，然后慢下来；当某个东西往下掉时，首先是越掉越快，撞到地上后回弹，最终才又慢慢碰触地板。

优秀的动画设计应该反映真实的物理现象，如果动画想要表现的对象是一个沉甸甸的物体，那么它的起始动画响应的变化会比较慢；反之，如果对象是比较轻巧的物体，那么其起始动画响应的变化会比较快。图4-42所示为元素缓动效果示意图。

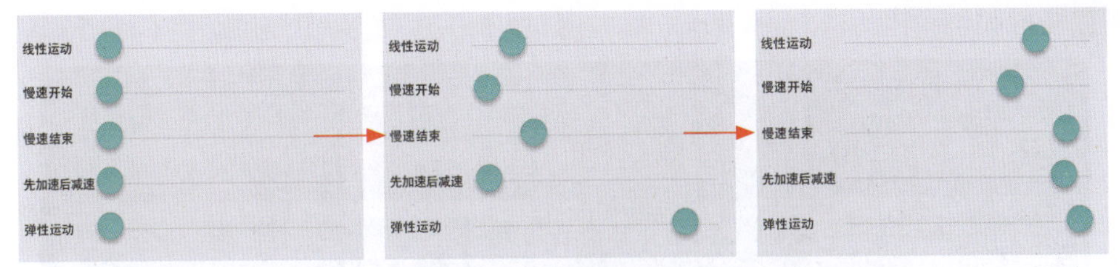

图4-42 元素缓动效果示意图

在动画中需要制作对象位置移动的动画时，为了使动画效果看起来更加真实，通常需要为相应的关键帧应用缓动效果，从而使动画的表现更加真实。同时，还可以进入图表编辑器状态中，编辑该对象位置移动的速度曲线，从而实现由快到慢或者由慢到快的运动速率，使位移动画表现得更加真实。本节将通过一个小球的弹跳变形动画向读者介绍如何设置缓动效果，以及如何使用图表编辑器编辑对象的运动速度曲线。

4.4.3 应用案例——制作小球弹跳变形动画

素　材：第4章\素材\44301.png、44302.png

源文件：第4章\4-4-3.aep

技术要点：掌握缓动效果与图表编辑器的设置方法

扫描观看视频

扫描下载素材

STEP 01 执行“合成 > 新建合成”命令，弹出“合成设置”对话框，对相关选项进行设置，如图4-43所示。单击“确定”按钮，新建合成。

STEP 02 使用“椭圆工具”，在“合成”窗口中绘制正圆形，制作正圆形垂直落下并弹起的动画效果，并为关键帧应用“缓动”效果，如图4-44所示。

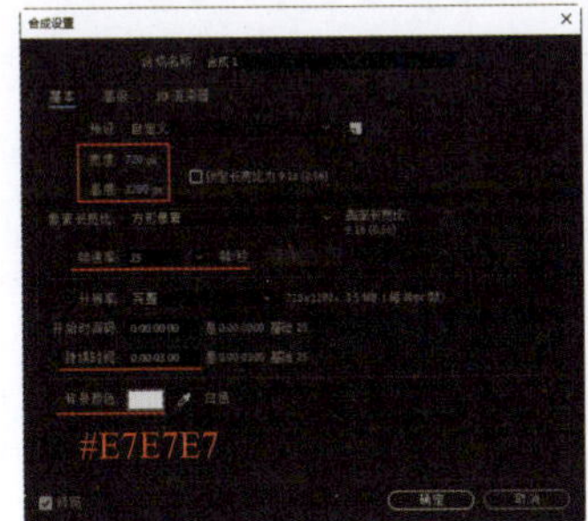

图4-43 设置“合成设置”对话框

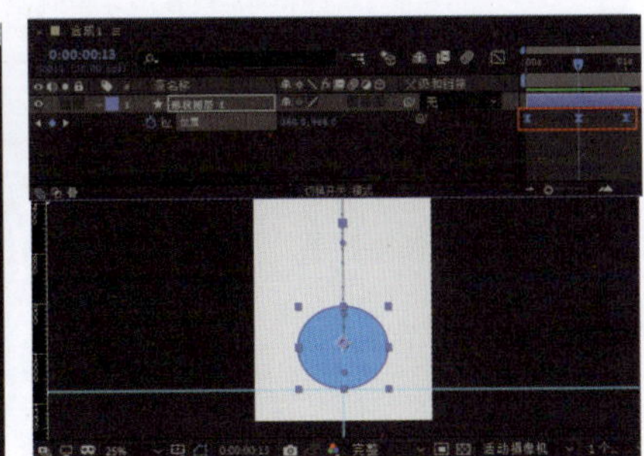

图4-44 制作小球落下并弹起的动画

STEP 03 选中“位置”属性的3个属性关键帧，进入图表编辑器状态，对速度运动速度曲线进行编辑，如图4-45所示。

STEP 04 拖入Logo素材图像，制作该素材图像“缩放”和“不透明度”属性变化的动画，从而表现出Logo逐渐显示的效果，如图4-46所示。

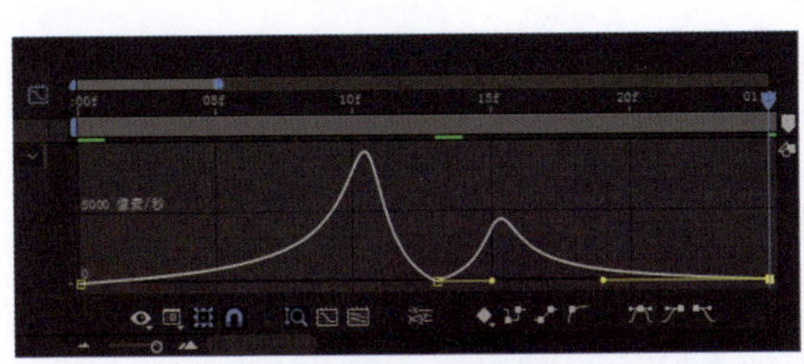

图4-45 编辑运动速度曲线

图4-46 制作Logo素材逐渐放大显示的动画

STEP 05 使用相同的制作方法，完成其他元素动画效果的制作，“时间轴”面板如图 4-47 所示。

图4-47 “时间轴”面板

STEP 06 至此，完成小球弹跳变形动画的制作，预览动画效果如图 4-48 所示。

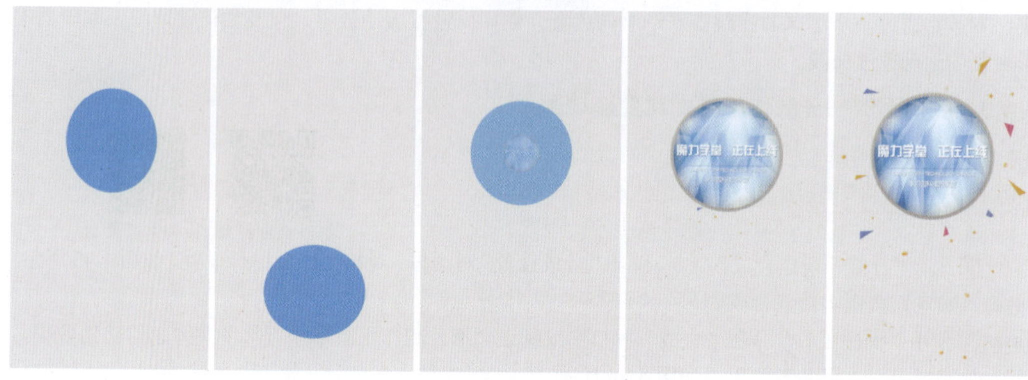

图4-48 预览小球弹跳变形动画效果

4.5 解惑答疑

关键帧是在After Effects中制作动画的核心，通过为图层属性插入关键帧，并在不同的关键帧设置不同的属性值，从而制作出动画效果。熟练掌握关键帧的创建和编辑方法是制作关键帧动画的基础。

4.5.1 什么是关键帧动画

关键帧的概念来源于传统的动画片制作。人们所看到的视频画面，实际上是一幅幅图像快速播放而产生的视觉欺骗。在早期的动画制作中，这些图像中的每一张都需要动画师绘制出来。图4-49所示为恐龙飞行动画中的每一帧画面效果。

图4-49 传统动画中的每一帧图像

所谓关键帧动画，就是给需要动画效果的属性准备一组与时间相关的值，这些值都是在动画序列中比较关键的帧中提取出来的，而其他时间帧中的值可以使用这些关键值采用特定的插值方式计算得到，从而获得比较流畅的动画效果。

4.5.2 图层属性操作技巧

在第3章中已经介绍了图层中各种变换属性的快捷显示方法，只要选中图层，按下相应的快捷键，即可在该图层下方显示相应的属性。那么，如果需要同时显示图层中的多个变换属性，应该如何操作呢？

如果需要在同一个图层下方同时显示多个变换属性，可以使用快捷键配合【Shift】键来实现在同一个图层下方显示两个或者两个以上的变换属性。

例如，选择某个图层，按【P】键，可以在该图层下方显示“位置”属性，如果再按【S】键，则在该图层下方只会显示出“缩放”属性，而原来显示的“位置”属性就会被隐藏。而如果按住【Shift】键不放再按【S】键，即可在该图层下方同时显示“位置”和“缩放”两个变换属性，如图4-50所示。

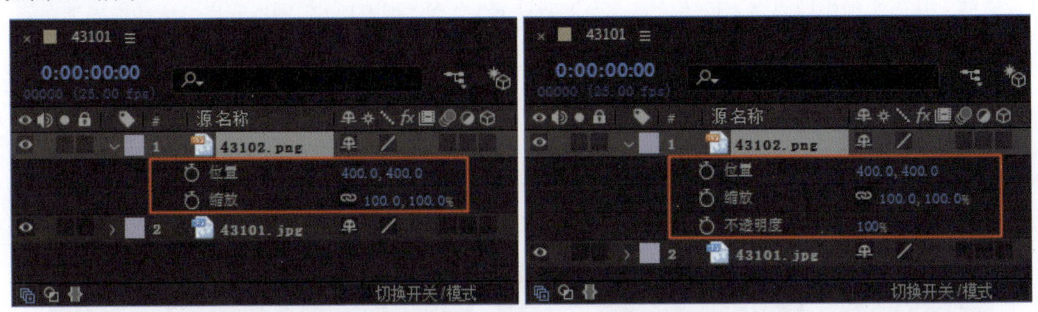

图4-50 使用【Shift】键结合快捷键实现同时显示两个或者多个变换属性

4.6 总结扩展

在After Effects中，主要通过关键帧来控制动画，通过对图层变换属性参数进行设置，可以制作出许多精美的动画效果。

4.6.1 本章小结

本章详细介绍了After Effects中关键帧、运动路径及图表编辑器的相关知识，并通过动画的制作使读者快速掌握关键帧动画的制作方法和技巧。关键帧是视频动画制作的基础，而基础的变换属性则是各种复杂动效的基础，所以读者需要熟练掌握本章中所介绍的相关知识，并能够制作出基础的关键帧动画。

4.6.2 扩展练习——制作界面列表显示动画

素　材：第4章\素材\46201.psd
源文件：第4章\4-6-2.aep
技术要点：掌握元素位置移动动画的制作

扫描观看视频　扫描下载素材

STEP 01 导入 PSD 素材“46201.psd”，自动创建相应的合成。打开自动创建的合成，在“合成”窗口中可以看到该合成的效果，在“时间轴”面板中可以看到相应的图层，如图 4-51 所示。

STEP 02 使用“椭圆工具”，在“合成”窗口中绘制正圆形，使用该正圆形模拟光标在界面中单击左上角图标，从而显示出界面中的列表项内容，制作该正圆形的动画效果，如图 4-52 所示。

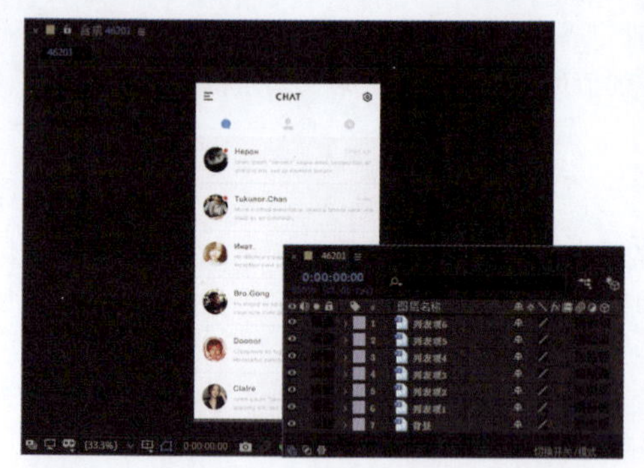

图4-51 “合成”窗口和“时间轴”面板效果

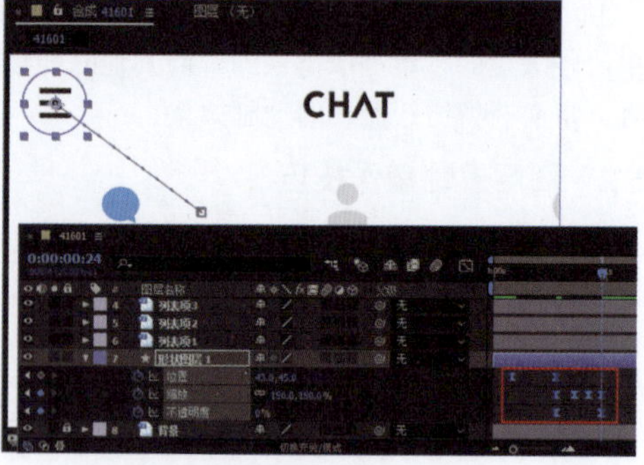

图4-52 制作圆形的动画效果

STEP 03 同时选中“列表项1”至“列表项6”图层，在“合成”窗口中将其整体向左移出界面。为这6个图层同时插入“位置”属性关键帧，制作出这6个图层内容从左侧入场的动画效果，如图4-53所示。

STEP 04 为这6个图层中的所有属性关键帧应用“缓动”效果，并分别对每个图层中关键帧的位置进行调整，从而实现先后依序入场的效果，为“列表项1”至“列表项6”图层开启“运动模糊”功能，如图4-54所示。

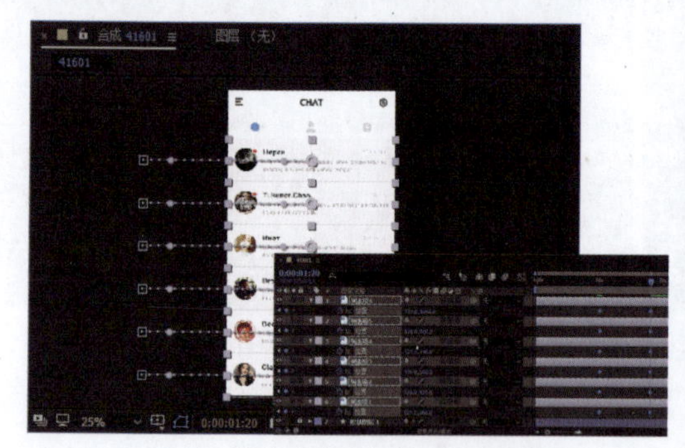

图4-53 制作元素从左侧入场的动画

图4-54 开启图层的“运动模糊”功能

STEP 05 至此，完成界面列表显示动画的制作，预览动画效果如图4-55所示。

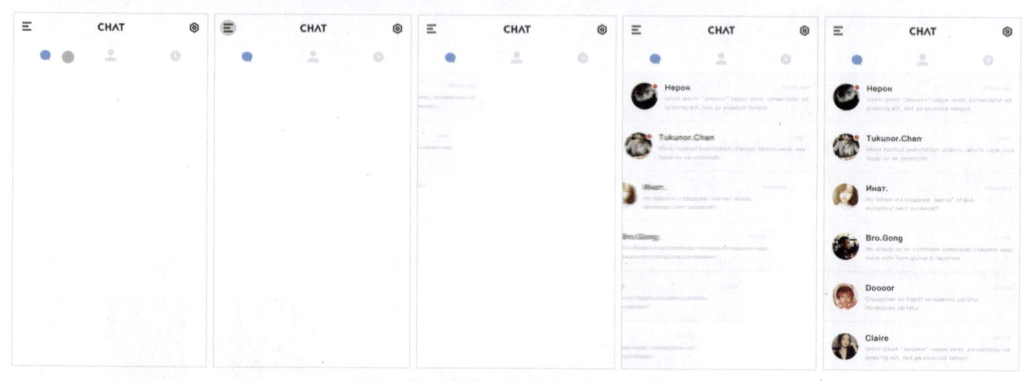

图4-55 预览界面列表显示动画效果

第5章 创建路径与蒙版

利用蒙版能够实现许多特殊效果，在After Effects中通过对蒙版与蒙版属性进行设置，能够制作出许多出色的蒙版动画效果。本章将详细介绍After Effects中形状路径及蒙版的创建方法和使用技巧等知识。

Learning Objectives

学习重点

5.1 形状路径

在After Effects中使用形状工具可以很容易地绘制出矢量图形，并且可以为这些形状图形制作动画效果。形状工具为动画制作提供了无限的可能，尤其是路径形状中的颜色和变形属性。本节将介绍路径形状的创建方法与属性设置。

5.1.1 认识形状路径

形状工具可以处理矢量图形、位图和路径等，如果绘制的路径是封闭的，可以将封闭的路径作为蒙版使用。因此，在After Effects中，形状工具常用于绘制路径和蒙版。

在After Effects中使用形状工具所绘制的形状和路径，以及使用文字工具输入的文字，都是矢量图形，将这些图形放大，仍然可以清楚地观察到图形的边缘是光滑、平整的。

After Effects中的形状和遮罩都是基于路径的概念。一条路径是由点和线构成的，线可以是直线也可以是曲线，曲线用来连接点，而点则定义了线的起点和终点。

在After Effects中，可以使用形状工具绘制标准的几何路径形状，也可以使用“钢笔工具”绘制复杂的路径形状。通过调整路径上的点或者调整点的控制手柄，可以改变路径的形状，如图5-1所示。

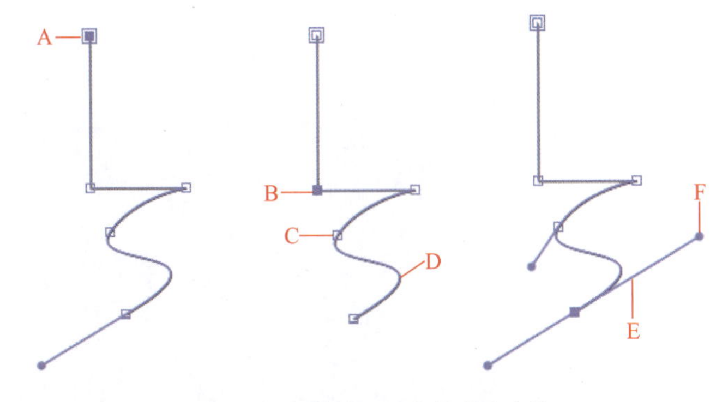

图5-1 使用“钢笔工具”绘制的路径

其中，A为选中的顶点，B为选中的顶点，C为未选中的顶点，D为曲线路径，E为方向线，F为方向手柄。

路径有两种顶点：平滑点和边角点。在平滑点上，路径段被连接成一条光滑的曲线，平滑点两侧的方向线在同一直线上；在边角点上，路径突然更改方向，边角点两侧的方向线在不同的直线上。用户可以使用平滑点和边角点的任意组合绘制路径，如果绘制了错误种类的平滑点或者边角点，还可以使用“转换‘顶点’工具”对其进行修改。

当移动平滑点的方向线时，点两侧的曲线会同时进行调整，如图5-2所示。当移动边角点的方向线时，只会调整与方向线在该点的相同边的曲线，如图5-3所示。

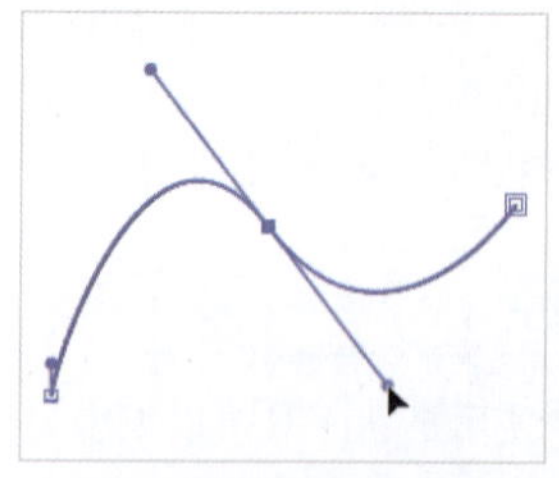

图5-2 调整平滑点方向线

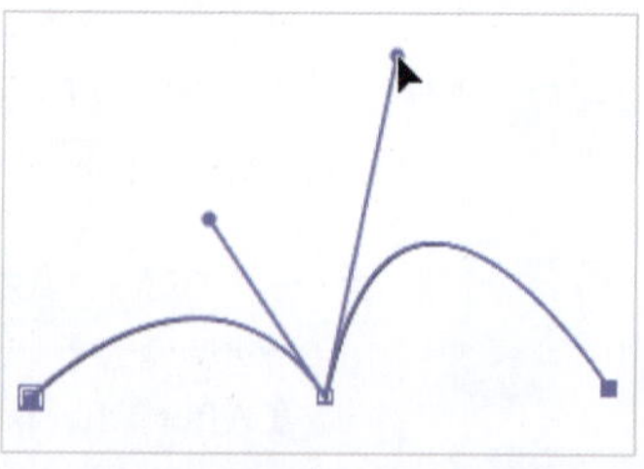

图5-3 调整边角点方向线

5.1.2 创建路径群组

在After Effects中，每条路径都是一个形状，而每个形状都包含“填充”和“描边”属性，这些属性都包含在形状图层的“内容”选项组中，如图5-4所示。

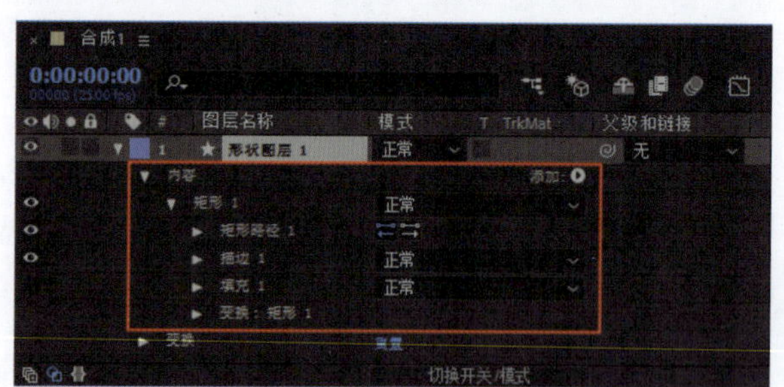

图5-4 形状图层的“内容”选项组

在实际工作中，有时需要绘制比较复杂的路径图形，至少要绘制多条路径才能够完成操作，而一般制作图形动画都是针对整个形状图形来进行的。因此，如果需要为单独的路径制作动画，就会比较困难，此时就需要用到路径形状的“群组”功能。

要为路径创建群组，可以同时选择多条需要创建群组的路径。执行“图层>组合形状”命令，或者按【Ctrl+G】组合键，即可对选中的多条路径进行群组操作。

完成路径的群组操作后，群组的路径就会被归入相应的组中，另外，还会增加一个“变换：组1”属性，如图5-5所示。

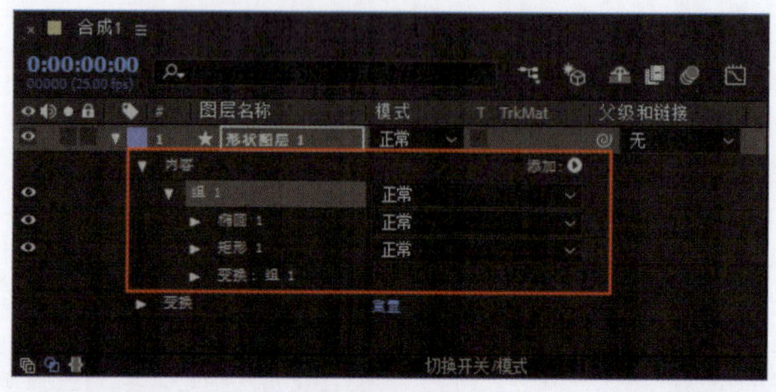

图5-5 路径群组

如果需要解散路径群组，可以选中群组的路径，执行“图层>取消组合形状”命令，或者按【Ctrl+Shift+G】组合键，即可解散路径群组。

5.1.3 设置形状路径属性

在“合成”窗口中绘制一个路径形状后，在该形状图层下方“内容”选项右侧单击“添加”按钮，在打开的下拉列表框中可以选择为该形状或者形状组添加属性设置，如图5-6所示。

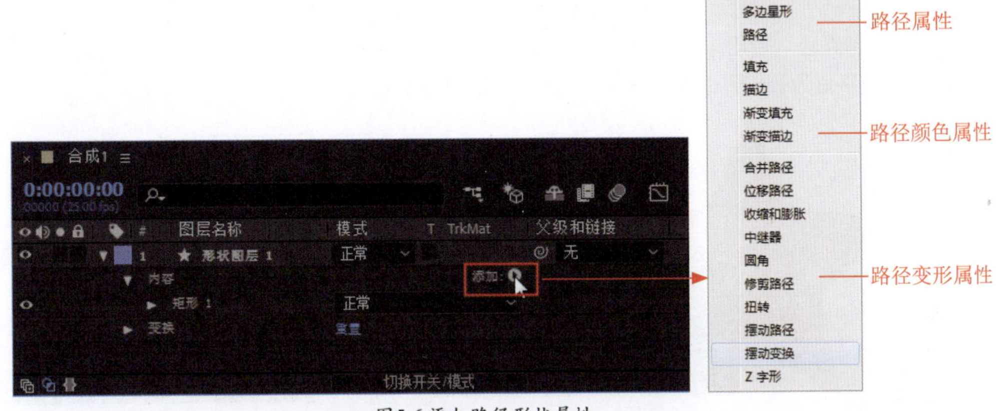

图5-6 添加路径形状属性

- 路径属性：选择“矩形”、“椭圆”或者“多边星形”选项，即可在当前路径形状中添加一个相应的子路径；如果选择“路径”选项，将切换到“钢笔工具”状态，可以在当前路径形状中绘制一个不规则的子路径。
- 路径颜色属性：包含“填充”、“描边”、“渐变填充”和“渐变描边”4个选项，其中“填充”属性用于设置路径形状内部的填充颜色；“描边”属性用于设置路径描边颜色；“渐变填充”属性用于设置路径形状内部的渐变填充颜色；“渐变描边”属性用于为路径设置渐变描边颜色，效果如图5-7所示。

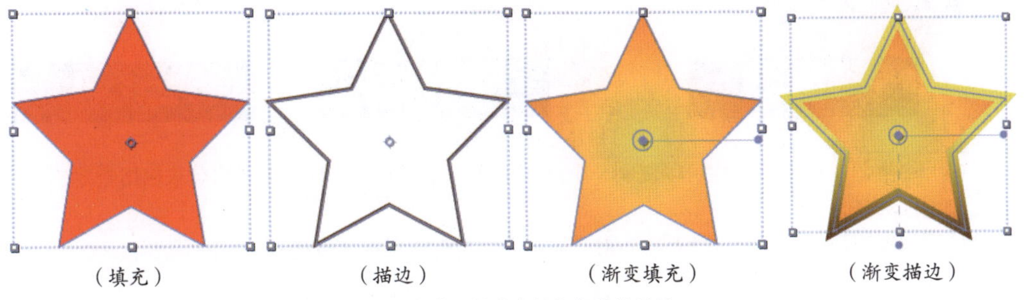

图5-7 设置不同的路径颜色属性效果

- 路径变形属性：路径变形属性可以对当前所选择的路径或者路径组中的所有路径起作用。另外，还可以对路径变形属性进行复制、剪切和粘贴等操作。

（1）合并路径。该属性主要针对群组路径，为一个群组路径添加该属性后，可以运用特定的运算方法将群组中的路径合并起来。为群组路径添加“合并路径”属性后，可以为群组路径设置4种不同的模式，效果如图5-8所示。

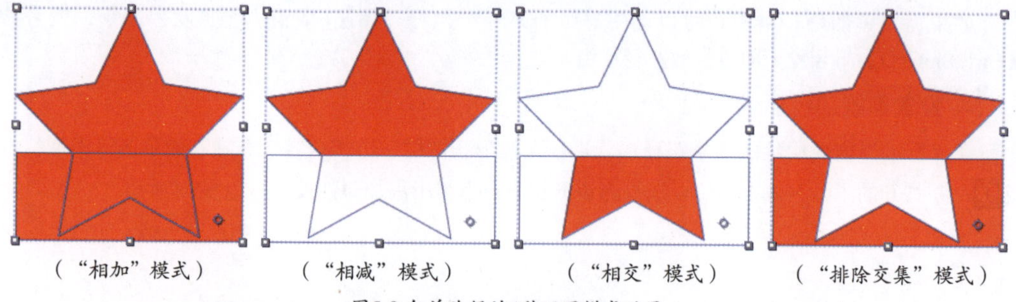

（“相加”模式） （“相减”模式） （“相交”模式） （“排除交集”模式）

图5-8 合并路径的4种不同模式效果

（2）位移路径。使用该属性可以对原始路径进行位移操作。当位移值为正值时，将会使路径向外扩展；当位移值为负值时，将会使路径向内收缩，如图5-9所示。

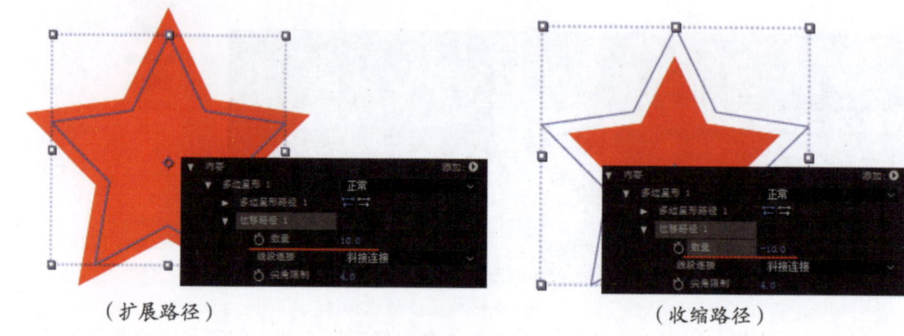

（扩展路径） （收缩路径）

图5-9 位移路径效果

（3）收缩和膨胀。使用该属性可以使原路径形状中向外凸起的部分向内凹陷，向内凹陷的部分往外凸起，如图5-10所示。

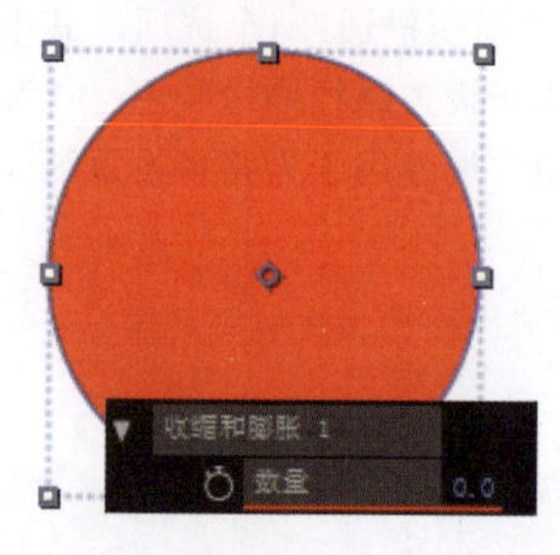

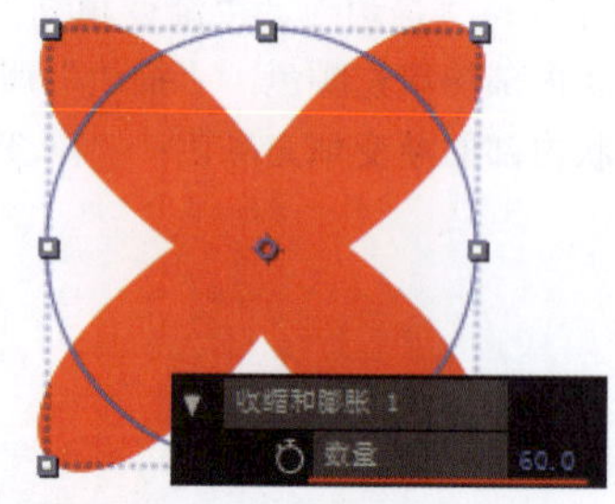

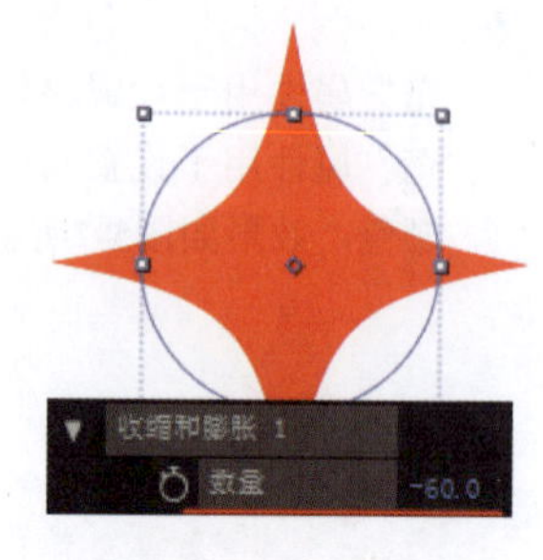

图5-10 路径形状的收缩和膨胀效果

（4）中继器。使用该属性可以复制一个路径形状，然后为每个复制得到的对象应用指定的变换属性，如图5-11所示。

（5）圆角。使用该属性可以对路径形状中尖锐的拐角点进行圆滑处理，如图5-12所示。

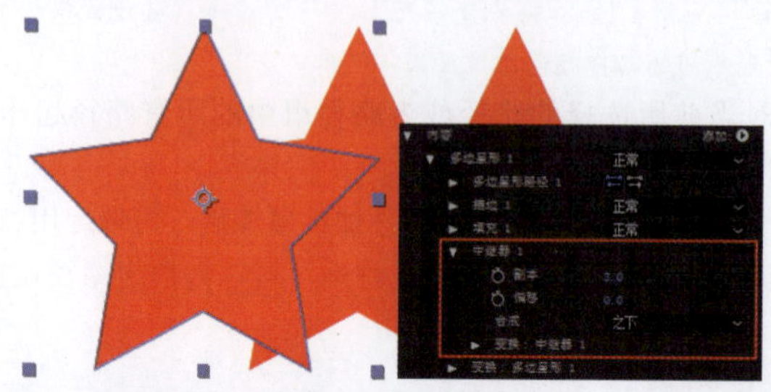

图5-11 使用“中继器”属性复制形状

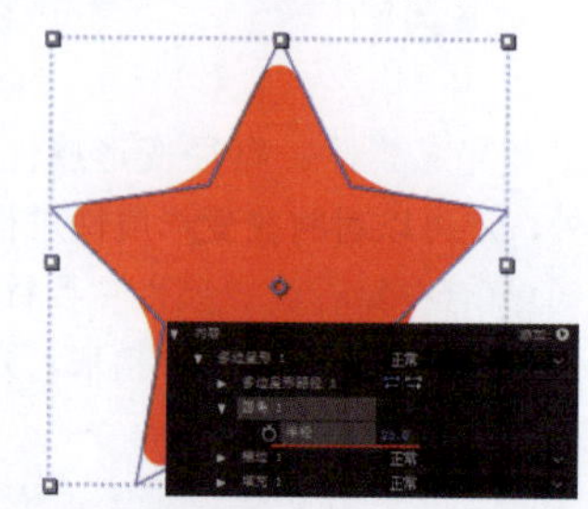

图5-12 路径形状圆角处理效果

（6）修剪路径。为路径形状添加该属性并设置属性值，可以制作出路径形状的修剪效果，如图5-13所示。

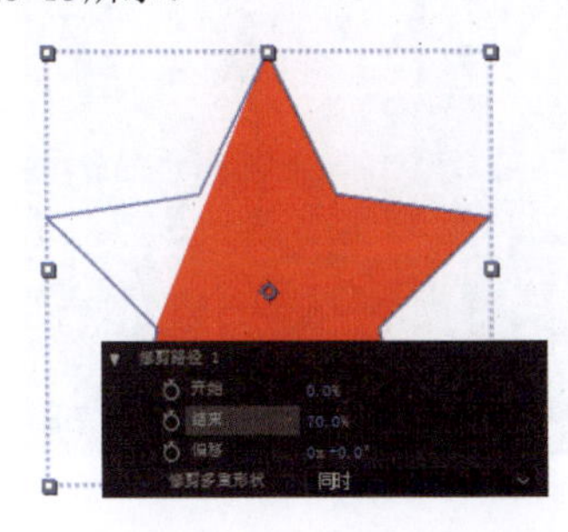

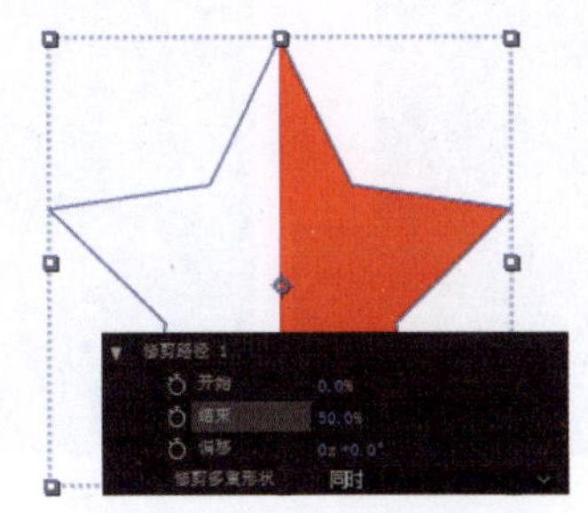

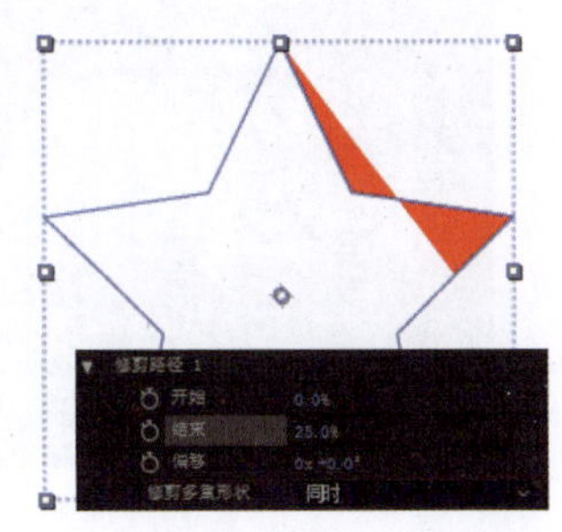

图5-13 路径形状修剪效果

（7）扭转。使用该属性可以以路径形状的中心为圆心对路径形状进行扭曲操作。当设置“角度”属性值为正值时，可以使路径形状按照顺时针方向扭曲，如图5-14所示；当设置“角度”属性值为负值时，可以使路径形状按逆时针方向扭曲，如图5-15所示。

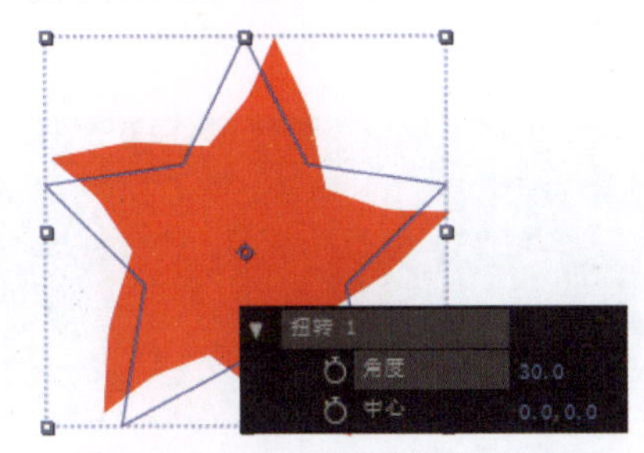

图5-14 路径形状按顺时针方向扭曲

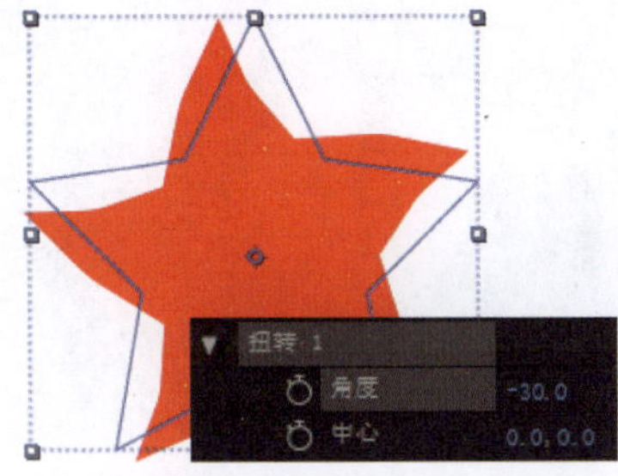

图5-15 路径形状按逆时针方向扭曲

（8）摆动路径。该属性可以将路径形状变成各种效果的锯齿形状路径，并且还会自动记录下动画，如图5-16所示。

（9）Z字形。该属性可以将路径形状变成具有统一规律的锯齿状形状图形，如图5-17所示。

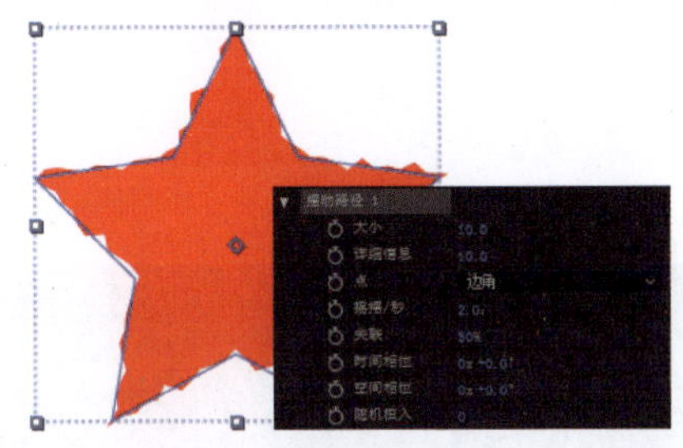

图5-16 摆动路径效果

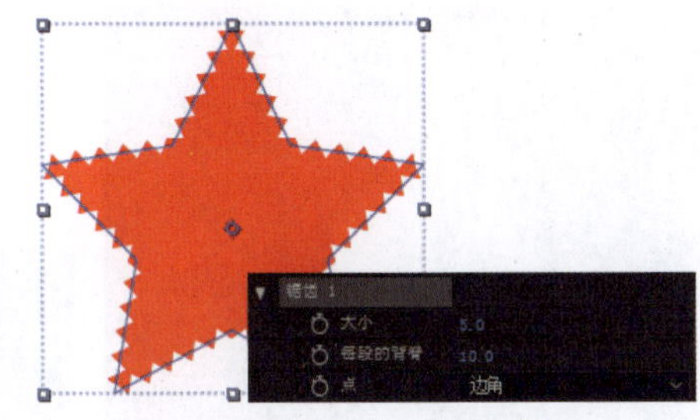

图5-17 应用“Z字形”属性效果

5.1.4 应用案例——制作简单的Loading动画

素　材：无

源文件：第5章\5-1-4.aep

技术要点：掌握绘制路径和设置路径属性的方法

扫描观看视频

STEP 01 执行“合成 > 新建合成”命令，弹出“合成设置”对话框，新建合成。使用“椭圆工具”，设置“填充”为无，“描边”为 #2DFFDF，“描边粗细”为 155 像素，在“合成”窗口中绘制一个正圆形，自动创建形状图层，如图 5-18 所示。

STEP 02 选择“椭圆 1”选项，单击“内容”选项右侧的“添加”按钮，在打开的下拉列表框中选择“修剪路径”选项，为“形状图层 1”添加“修剪路径”属性，如图 5-19 所示。

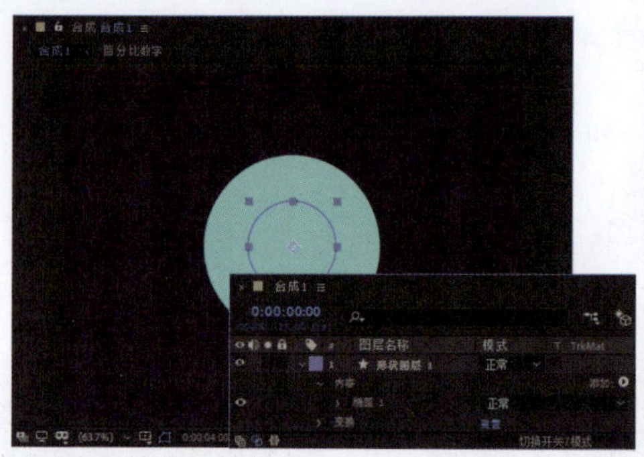

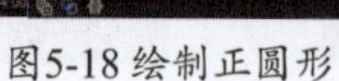

图5-18 绘制正圆形

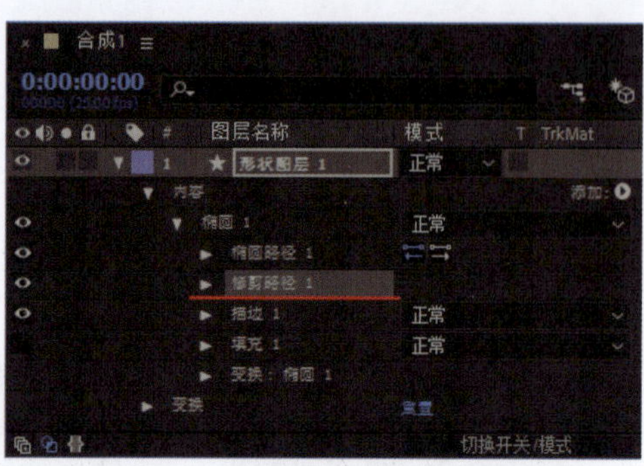

图5-19 添加“修剪路径”属性

STEP 03 为“修剪路径 1”选项中的“结束”属性插入关键帧，从 0 秒至 4 秒制作“结束”属性值从 0% 至 100% 的变化动画，并为属性关键帧应用“缓动”效果，如图 5-20 所示。

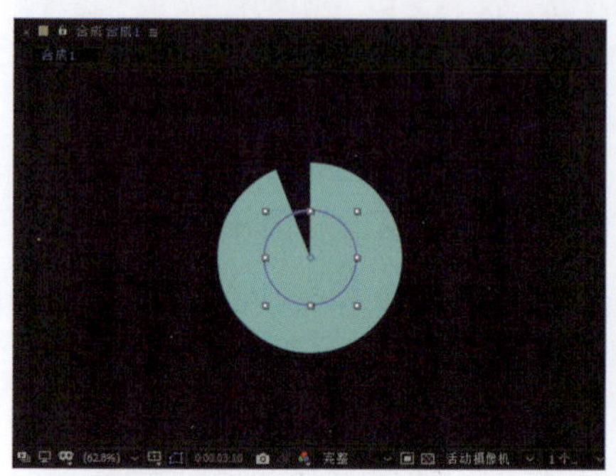

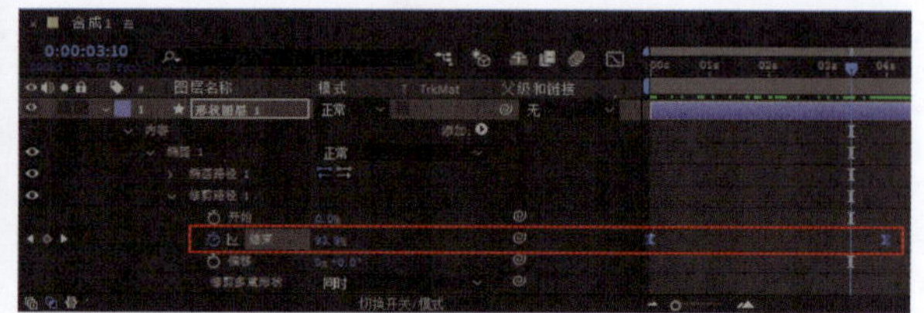

图5-20 制作圆环路径逐渐显示动画

STEP 04 新建纯色填充图层，执行“效果 > 文本 > 编号”命令，弹出“编号”对话框，单击“确定”按钮，应用“编号”效果，生成编号文字。对“编号”效果的相关属性进行设置，并制作出编号文字从 0 至 100 变化的动画效果，如图 5-21 所示。

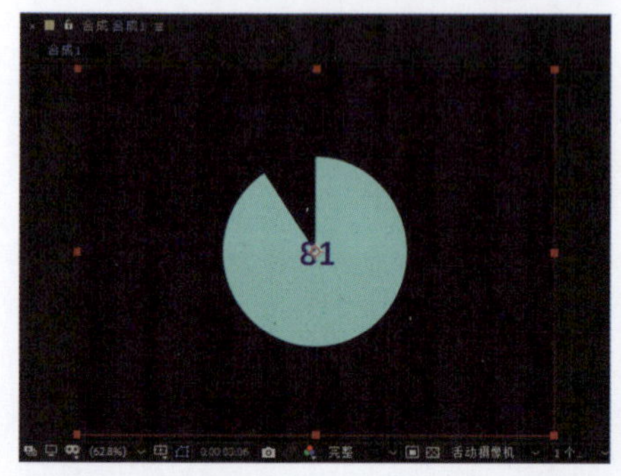

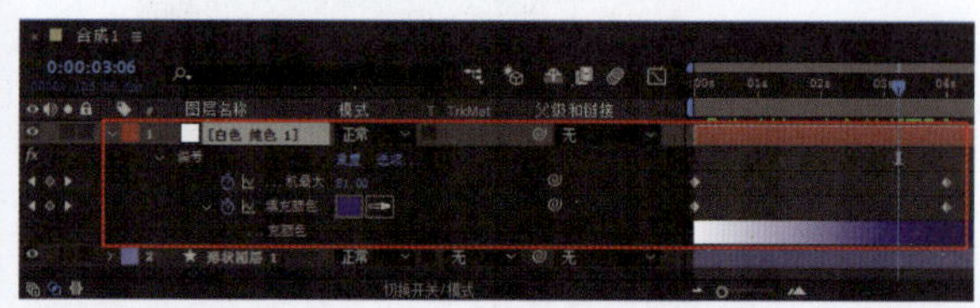

图5-21 制作编号数字变化动画

STEP 05 使用相同的制作方法，可以完成简单Loading动画的制作，预览动画效果如图5-22所示。

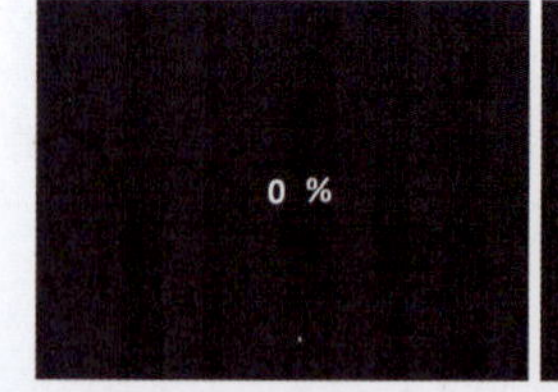

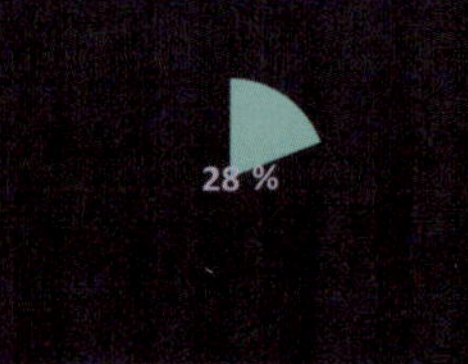

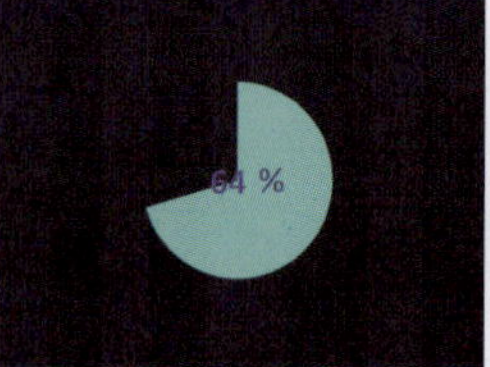

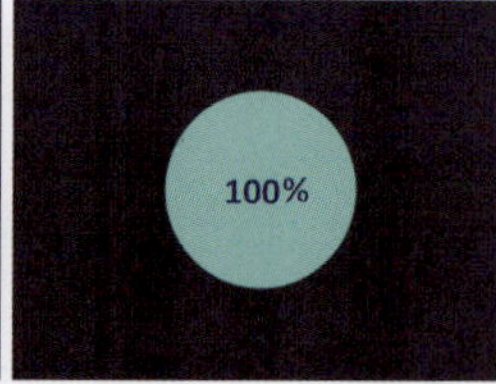

图5-22 预览简单Loading动画效果

5.2 蒙版路径的创建与编辑

蒙版主要用来制作背景的镂空透明和图像之间的平滑过渡等效果。蒙版有多种形状，在After Effects的工具栏中，可以利用相关的路径形状工具创建矩形、椭圆形和自由形状的蒙版。本节将详细介绍蒙版路径的创建方法。

5.2.1 理解蒙版的原理

蒙版就是通过蒙版图层中的图形或者轮廓对象，透出下面图层中的内容。通俗来讲，蒙版就像是上面挖了一个洞的一张纸，而蒙版图像就是透过蒙版图层上面的洞所观察到的事物。就像一个人拿着一个望远镜向远处眺望，望远镜就可以看成是蒙版图层，而看到的事物就是蒙版图层下方的图像。

一般来说，蒙版需要两个图层，而在After Effects软件中，可以在一个素材图层上绘制形状轮廓从而制作蒙版，看上去像是一个图层，但读者可以将其理解为两个图层：一个为形状轮廓层，即蒙版层；另一个是被蒙版层，即蒙版下面的素材图层。

蒙版层的轮廓形状决定了所看到的图像形状，而被蒙版层则决定了看到的内容。当为某个对象创建了蒙版后，位于蒙版范围内的区域是可以被显示的，而位于蒙版范围以外的区域将不被显示。因此，蒙版的形状和范围决定了所看到的图像的形状和范围，如图5-23所示。

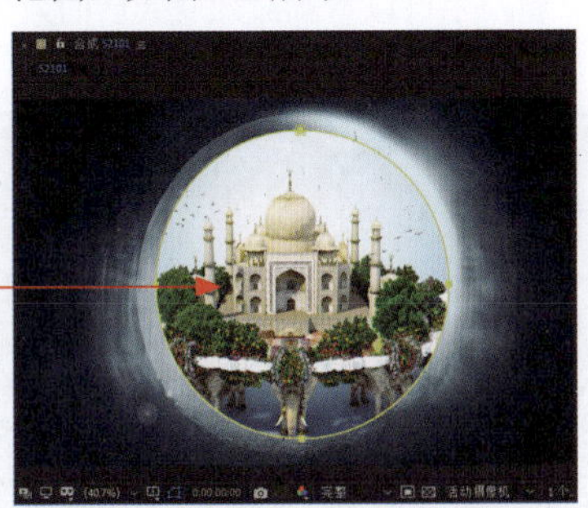

图5-23 添加圆形蒙版前后的显示效果

After Effects 中的蒙版由线段和控制点构成，线段是连接两个控制点的直线或者曲线，控制点定义了每条线段的开始点和结束点。路径既可以是开放的，也可以是闭合的，开放路径有着不同的开始点和结束点，如直线或者曲线；而闭合路径是连续的，没有开始点和结束点。

蒙版动画可以理解为一个人拿着望远镜眺望远方，在眺望时不停地移动望远镜，所看到的内容就会产生变化，这样就形成了蒙版动画。当然也可以理解为望远镜静止不动，而看到的画面在不停地移动，即被蒙版层不停地运动，从而产生蒙版动画。

5.2.2 使用形状工具创建蒙版路径

在After Effects中，使用形状工具既可以创建形状图层，也可以创建形状遮罩。形状工具包括“矩形工具”、“圆角矩形工具”、“椭圆工具”、“多边形工具”和“星形工具”，如图5-24所示。

如果当前选择的是形状图层，则在工具栏中单击选择一个形状工具后，在“工具栏”的右侧会出现创建形状或者遮罩的“工具创建形状”按钮和“工具创建蒙版”按钮，如图5-25所示。

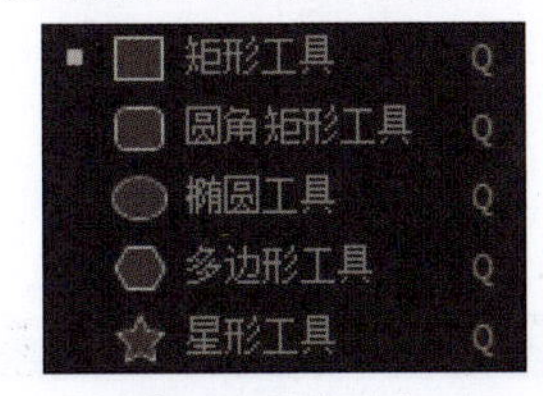

图5-24 形状工具

图5-25 创建形状或者遮罩的按钮

例如，当前在“时间轴”面板中选中的是一个形状图层，如图5-26所示。使用“星形工具”，在工具栏中单击“工具创建形状”按钮，在“合成”窗口中拖动鼠标可以在当前所选中的形状图层中添加所绘制的星形路径图形，如图5-27所示。

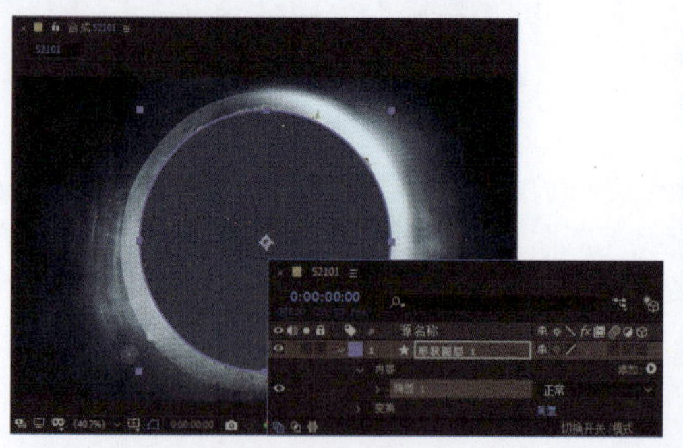

图5-26 选择形状图层

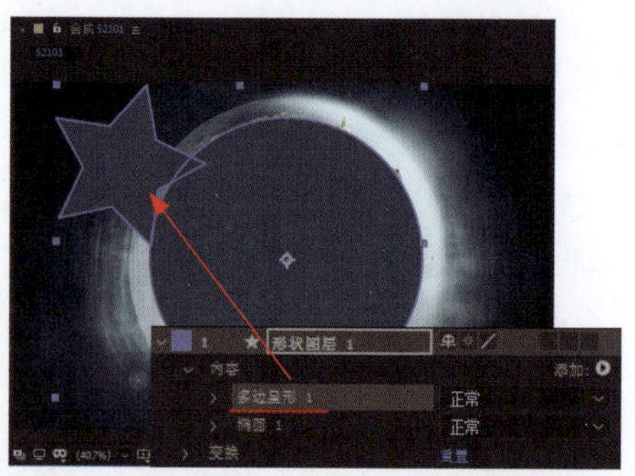

图5-27 在该形状图层中添加路径图形

选择一个形状图层，使用“星形工具”，在工具栏中单击“工具创建蒙版”按钮，在“合成”窗口中拖动鼠标可以在当前所选中的形状图层中绘制星形路径蒙版，“时间轴”面板如图5-28所示。在“合成”窗口中可以看到添加蒙版后的效果，如图5-29所示。

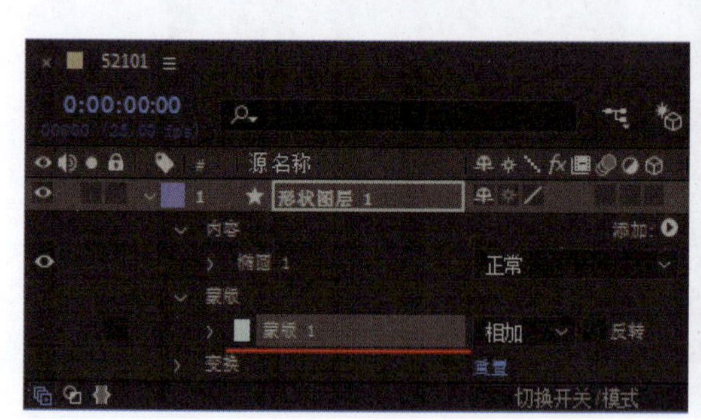

图5-28 在形状图层中添加蒙版路径

图5-29 添加蒙版后的效果

注意，在没有选择任何图层的情况下，使用形状工具在“合成”窗口中进行绘制，可以绘制出形状图形并得到相应的形状图层，而不是蒙版；如果选择的图层是形状图层，那么可以使用形状工具创建图形或者为当前所选择的形状图层创建蒙版；如果选择的图层是素材图层或者纯色图层，那么使用形状工具时只能为当前所选择的图层创建蒙版。

5.2.3 使用钢笔工具创建蒙版路径

使用钢笔工具可以在“合成”窗口中绘制出各种不规则的路径。钢笔工具包含4个辅助工具，分别是“添加‘顶点’工具”、“删除‘顶点’工具”、“转换‘顶点’工具”和“蒙版羽化工具”，如图5-30所示。

在工具栏中选择“钢笔工具”后，在“工具栏”的右侧会出现一个“RotoBezier”复选框，如图5-31所示。

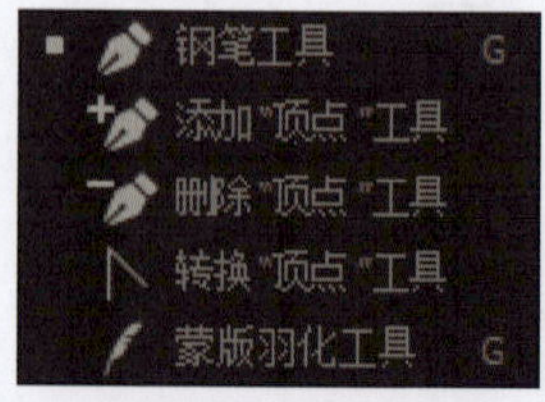

图5-30 钢笔及相关辅助工具

图5-31 “RotoBezier”复选框

默认情况下，“RotoBezier”复选框处于未选中状态，这时使用“钢笔工具”绘制的贝塞尔曲线的顶点包含控制手柄，可以通过调整控制手柄的位置来调整贝塞尔曲线的形状。如果选择“RotoBezier”复选框，那么绘制出来的贝塞尔曲线将不包含控制手柄，曲线的顶点曲率由After Effects软件自动计算得出。

如果当前选中的是形状图层，则使用“钢笔工具”时，在“工具栏”的右侧同样会出现“工具创建形状”按钮和“工具创建蒙版”按钮，单击不同的按钮可以在当前所选择的形状图层中绘制形状图形或者添加形状蒙版。

- “钢笔工具”：如果当前没有选择任何图层，则使用“钢笔工具”在“合成”窗口中可以绘制出不规则形状图形，并得到新的形状图层，如图5-32所示。如果当前选择的是素材图层或者纯色图层，则使用“钢笔工具”在“合成”窗口中可以为当前所选择的图层添加不规则蒙版，如图5-33所示。

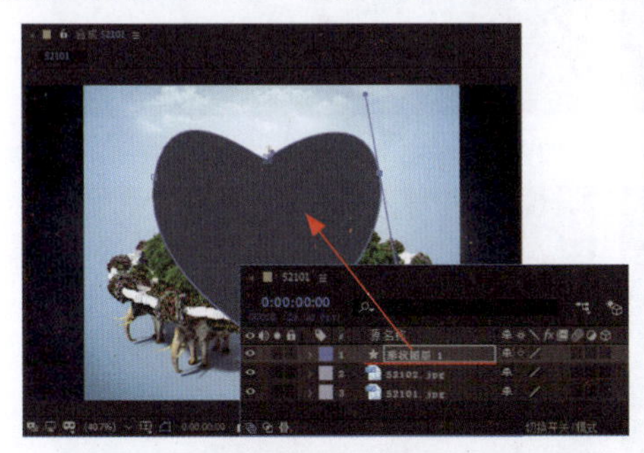
图5-32 绘制不规则形状图形

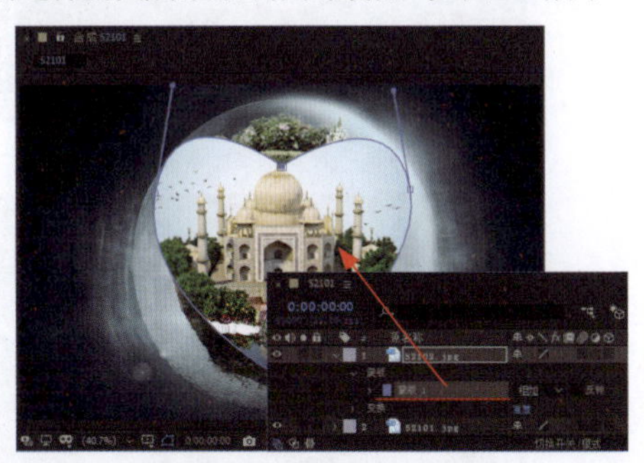
图5-33 绘制不规则蒙版

- “添加‘顶点’工具”：使用“添加‘顶点’工具”时，在当前所绘制的形状图形或者蒙版路径上单击，即可添加新的顶点，如图5-34所示。完成路径上顶点的添加后，可以使用“选取工具”拖动顶点，从而调整路径的形状。

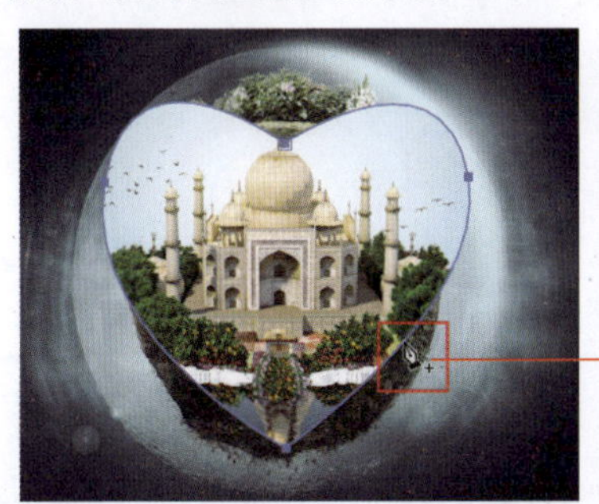
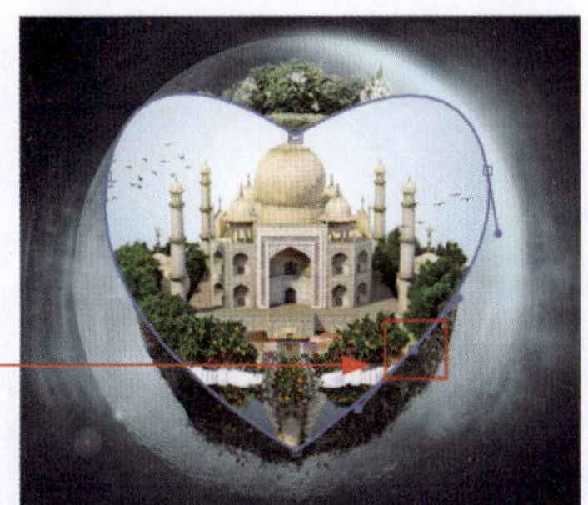
图5-34 在蒙版路径上添加顶点

- “删除‘顶点’工具”：使用“删除‘顶点’工具”时，将光标移至形状图形或者蒙版路径中需要删除的顶点上并单击，即可将该顶点删除，如图5-35所示。

图5-35 在蒙版路径上删除顶点

- “转换‘顶点’工具” ：使用“转换‘顶点’工具”时，在形状图形或者蒙版路径所选中的平滑点上单击，可以将平滑点转换为边角点，如图5-36所示。在形状图形或者蒙版路径所选中的边角点上单击，可以将边角点转换为平滑点，如图5-37所示。

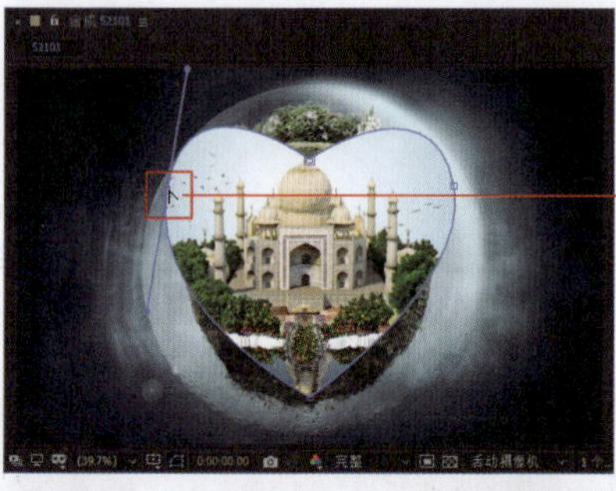
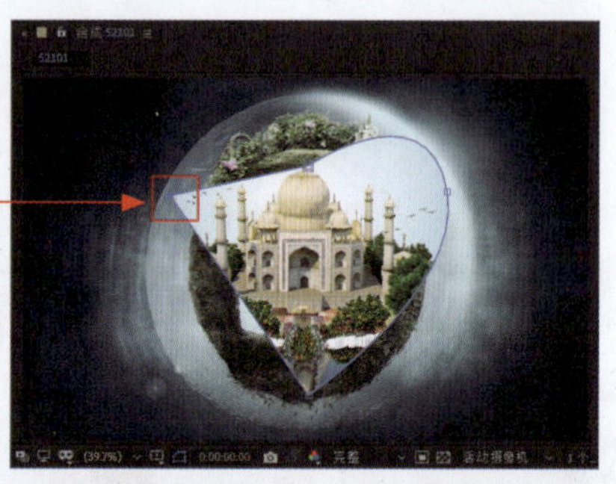

图5-36 将平滑点转换为边角点

图5-37 将边角点转换为平滑点

边角点的两侧线条都是直线，没有弯曲角度；平滑点的两侧有两个方向线，可以控制曲线的弯曲程度，通过使用“选取工具”，可以手动调节平滑点两侧的方向线，从而修改路径的形状。

- “蒙版羽化工具” ：使用“蒙版羽化工具”时，在形状图形或者蒙版路径的边缘位置单击并拖动鼠标，可以为所绘制的形状图形或者蒙版路径添加羽化效果，如图5-38所示。

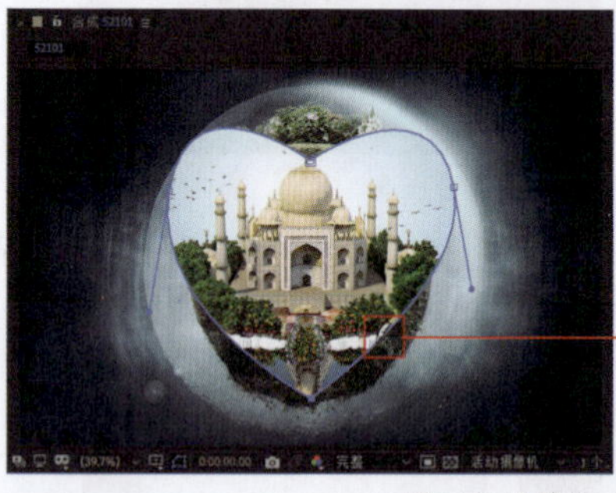

图5-38 为蒙版路径添加羽化效果

5.2.4 编辑路径

完成路径形状或者蒙版的绘制后，如果对所绘制的路径并不是很满意，可以对所绘制的路径进行修改，从而得到更加精确的路径效果。

选择路径顶点

在After Effects中，无论是使用形状工具还是钢笔工具创建的路径，都是由路径和顶点构成的。

如果想要修改路径的轮廓，需要对这些顶点进行操作。

将素材图像添加到“时间轴”面板中，如图5-39所示。选中素材图层，使用“钢笔工具”在该素材图像中绘制蒙版路径，效果如图5-40所示。

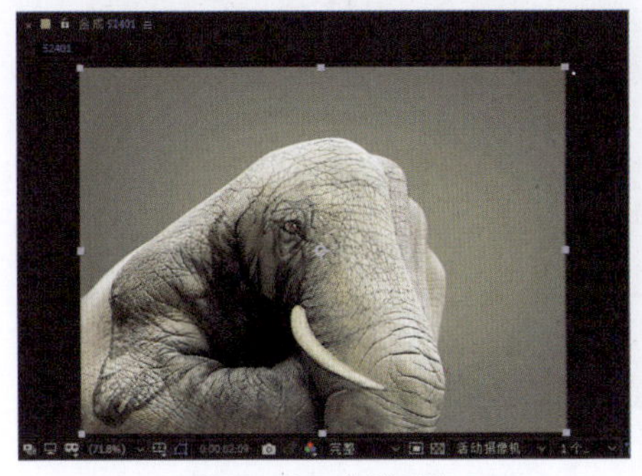
图5-39 拖入素材图像

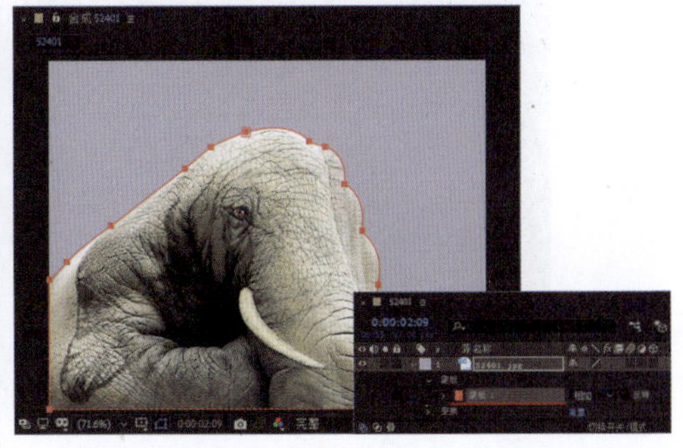
图5-40 绘制蒙版路径

如果需要选择路径上的顶点，只需使用“选取工具”，在路径顶点上单击，即可选中一个路径顶点，被选中的路径顶点呈实心方形，而没有选中的顶点将呈空心的方形效果，如图5-41所示。如果想选择多个顶点，可以按住【Shift】键不放，分别单击需要选择的顶点即可，如图5-42所示。

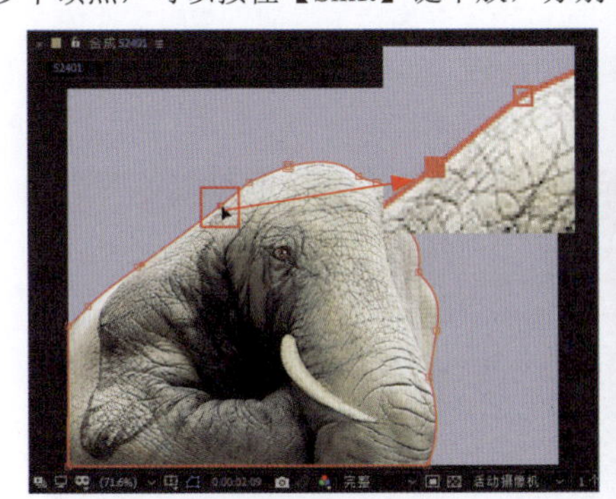
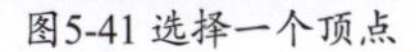
图5-41 选择一个顶点

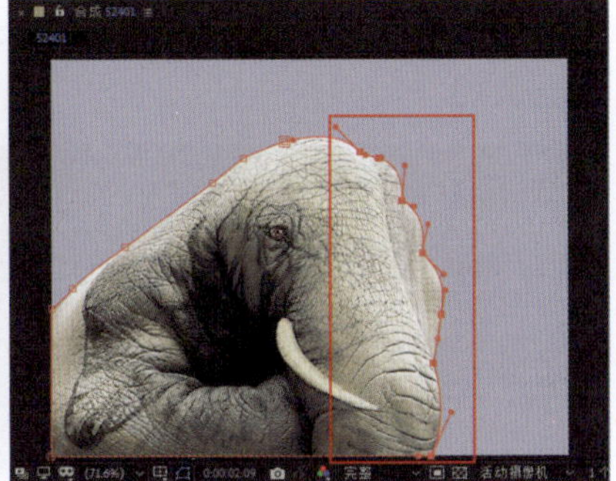
图5-42 选择多个顶点

还可以通过框选的方式同时选中多个路径顶点，使用“选取工具”，在“合成”窗口中的空白位置单击并拖动鼠标，将出现一个矩形选框，如图5-43所示。释放鼠标，矩形选框中的路径顶点就会被同时选中，如图5-44所示。

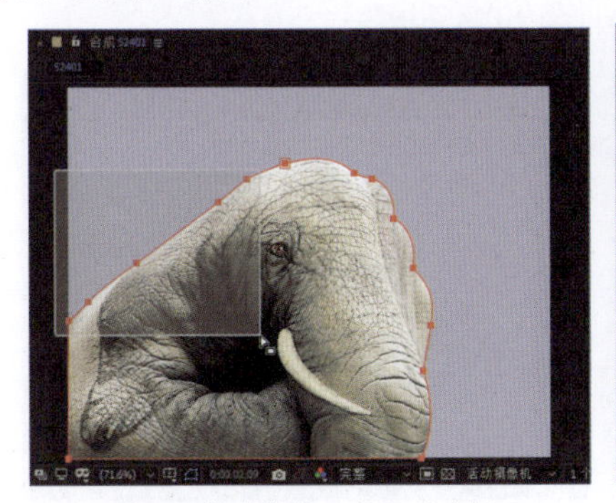
图5-43 拖动绘制一个矩形选框

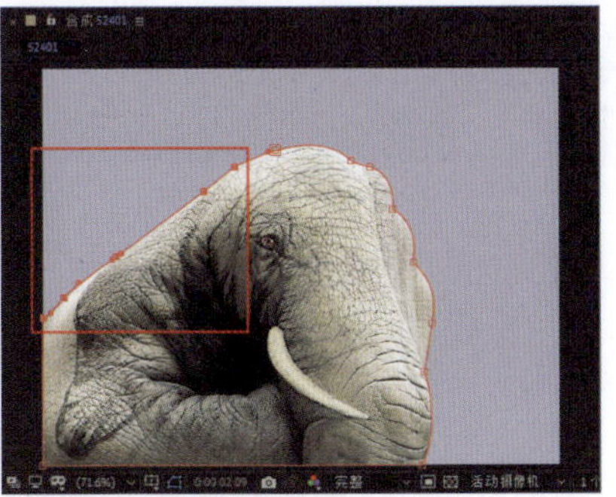
图5-44 矩形选框中的路径顶点就会被选中

移动路径顶点

选中路径上的顶点后，可以使用“选取工具”拖动顶点移动其位置，如图5-45所示，从而改变路径形状。也可以在选中顶点的状态下，使用键盘上的方向键微调所选中顶点的位置。

按住【Alt】键不放，使用“选取工具”单击路径上的任意一个顶点，可以快速选择整个路径中所有的顶点，使用“选取工具”拖动可以调整整个路径的位置，如图5-46所示。

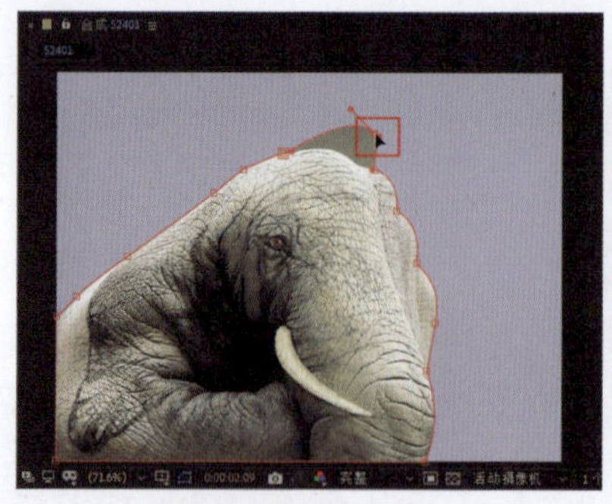

图5-45 移动所选中的顶点

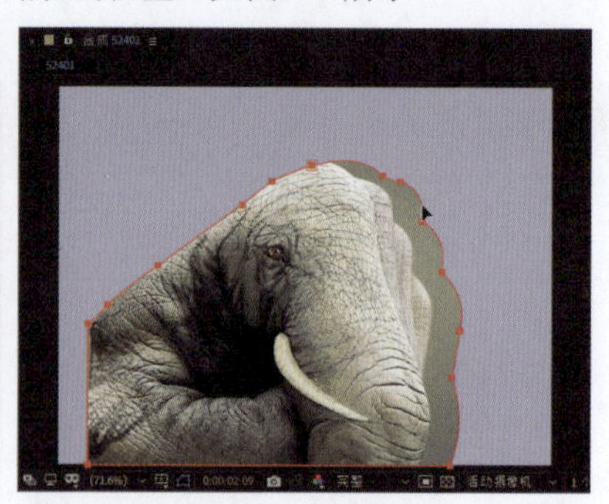

图5-46 移动整个路径

锁定蒙版路径

在视频动画的制作过程中，为了避免操作中的失误，After Effects提供了锁定蒙版路径的功能，锁定后的蒙版路径将不能进行任何编辑操作。

锁定蒙版路径的方法非常简单，在“时间轴”面板中展开图层下方的“蒙版”选项，显示在该图层中所添加的一个或者多个蒙版路径，单击某个蒙版选项左侧的“锁定”按钮，即可将该蒙版路径锁定，如图5-47所示。

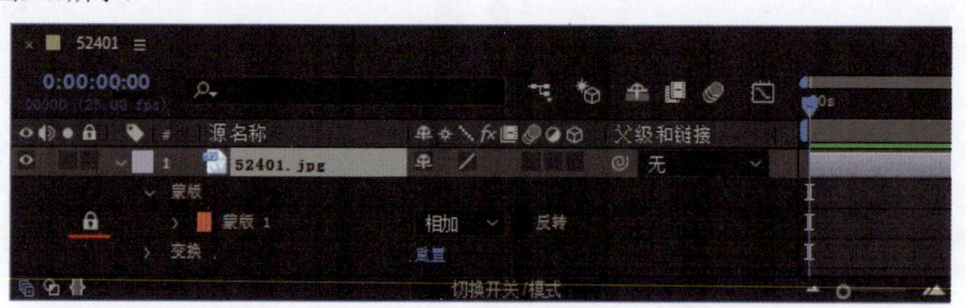

图5-47 锁定蒙版路径

变换蒙版路径

展开图层下方的“蒙版”选项，单击需要选择的蒙版路径，选中整个蒙版路径，如图5-48所示。在所选中的蒙版路径上双击，会显示一个路径变换框，如图5-49所示。

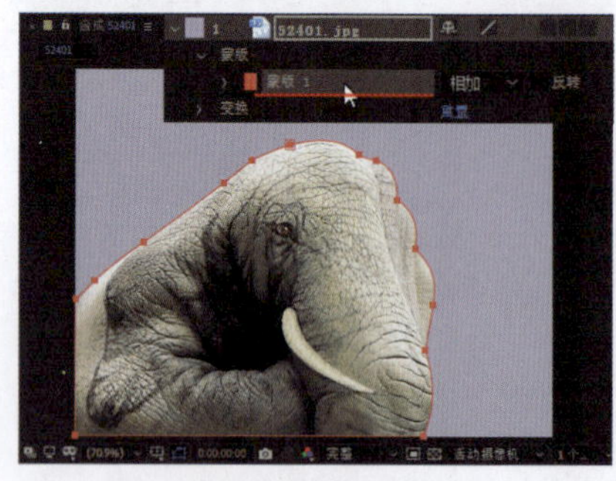

图5-48 选中蒙版路径

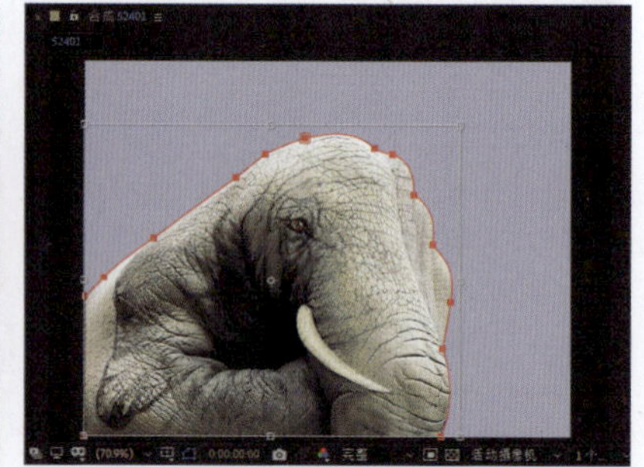

图5-49 显示路径变换框

将光标移动至变换框周围的任意位置，出现旋转光标，拖动鼠标即可对整个蒙版路径进行旋转操作，如图5-50所示。将光标放置在变换框的任意一个节点上，出现双向箭头光标，拖动鼠标即可对蒙版路径进行缩放操作，如图5-51所示。

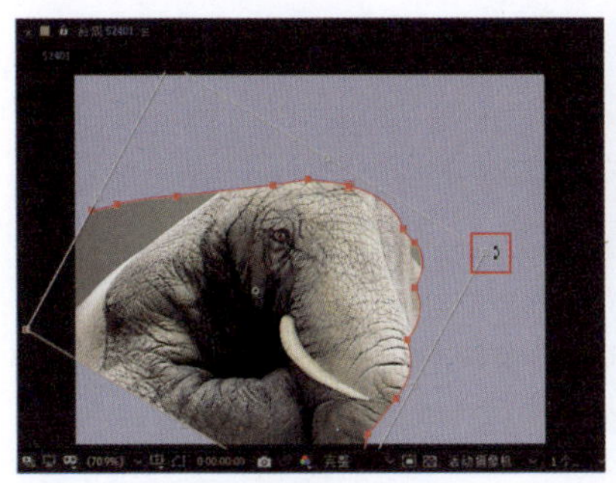

图5-50 旋转蒙版路径

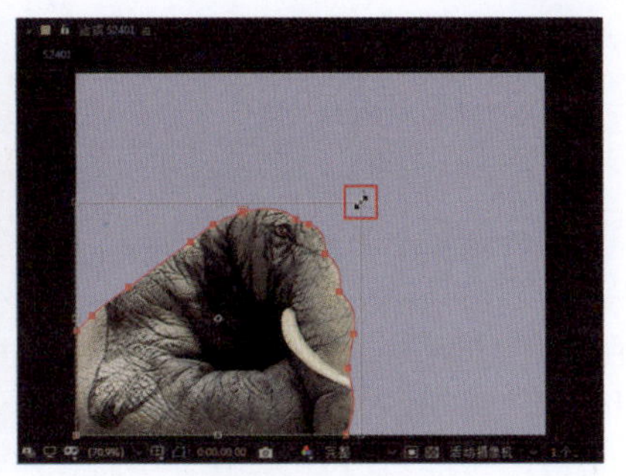

图5-51 缩放蒙版路径

5.2.5 应用案例——创建矩形蒙版

素　材：第5章\素材\52501.jpg、52502.jpg
源文件：第5章\5-2-5.aep
技术要点：掌握蒙版的创建与基本操作

扫描观看视频

扫描下载素材

STEP 01 执行“合成>新建合成”命令，弹出“合成设置”对话框，新建合成。导入两张素材图像“52501.jpg”和“52502.jpg”，将这两张素材图像分别拖入到“时间轴”面板中，如图5-52所示。

STEP 02 选择“52502.jpg”图层，使用“矩形工具”在“合成”窗口中合适的位置绘制一个矩形，为该图层创建矩形蒙版，如图5-53所示。

图5-52 拖入素材图像

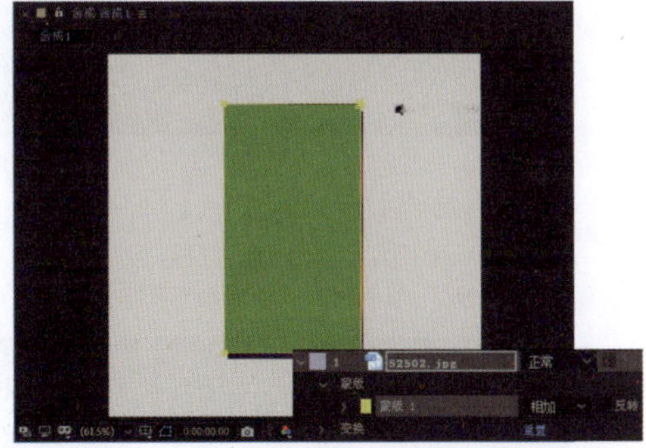

图5-53 绘制矩形蒙版

STEP 03 在“时间轴”面板中可以看到在“52502.jpg”图层下方自动出现蒙版选项，选择“蒙版1”选项后的“反转”复选框，可以反转蒙版的效果，“合成”窗口中的效果如图5-54所示。

STEP 04 选择“52501.jpg”图层，使用“选取工具”在“合成”窗口中调整该图层中素材图像的位置。选择“52502.jpg”图层下方的“蒙版1”选项，使用“选取工具”对蒙版路径进行调整，效果如图5-55所示。

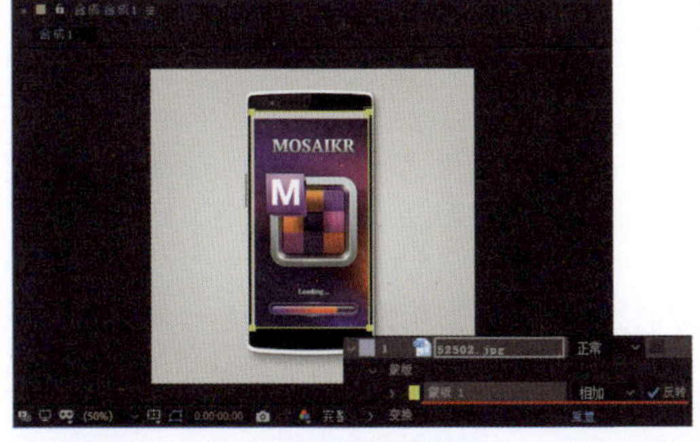

图5-54 反转后的蒙版效果

图5-55 调整蒙版细节

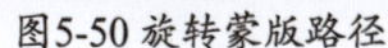

提示　选择需要创建蒙版的图层后，双击工具栏中的"矩形工具"按钮，可以快速创建一个与所选择图层像素大小相同的矩形蒙版；如果在绘制矩形蒙版时按住【Shift】键，可以创建一个正方形蒙版；如果按住【Ctrl】键，则可以从中心开始向外绘制蒙版。

5.3 蒙版属性

一个图层中可以添加多个蒙版，多个蒙版之间可以设置不同的叠加方式。除了可以对蒙版的路径进行编辑处理，还可以对蒙版的属性进行设置，从而实现特殊蒙版效果。

5.3.1 设置蒙版属性

完成图层蒙版的添加后，在"时间轴"面板中展开该图层下方的蒙版选项，可以看到用于对蒙版进行设置的各种属性，如图5-56所示。通过这些属性可以对该图层的蒙版效果进行设置，还可以为蒙版属性添加关键帧，制作出相应的蒙版动效。

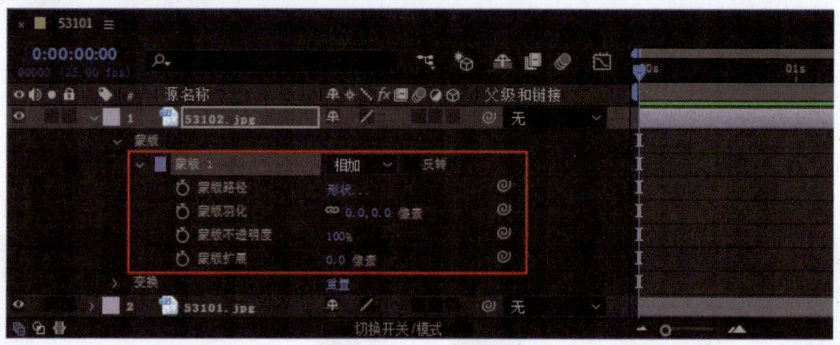

图5-56 蒙版属性列表

反转

选择"反转"复选框，可以反转当前蒙版的路径范围和形状，如图5-57所示。

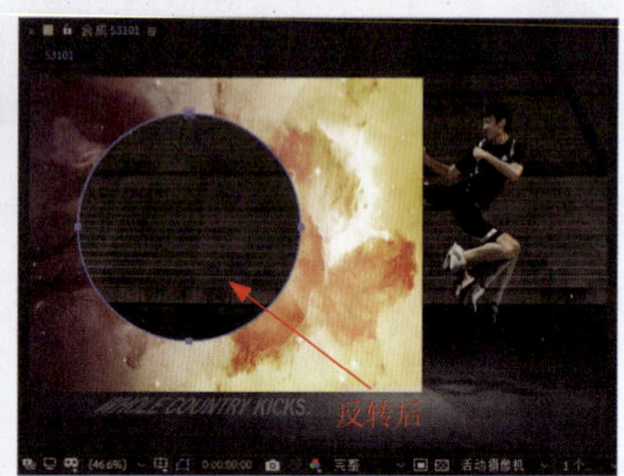

图5-57 反转蒙版效果

蒙版路径

该选项用于设置蒙版的路径范围，还可以为蒙版节点制作关键帧动画。单击该属性右侧的"形状"文字，弹出"蒙版形状"对话框，可以对蒙版的定界框和形状进行设置，如图5-58所示。

在"定界框"选项组中，通过修改"顶部"、"左侧"、"右侧"和"底部"参数，可以修改当前蒙版的大小；在"形状"选项组中，可以将当前的蒙版形状快速修改为矩形或者椭圆形，如图5-59所示。

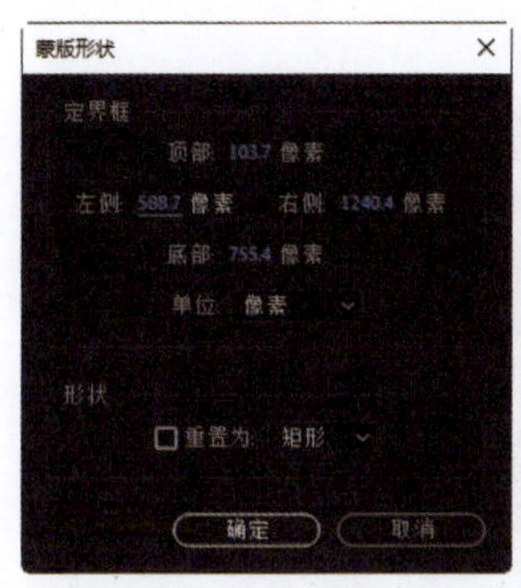

图5-58 “蒙版形状”对话框

图5-59 修改蒙版形状为矩形

蒙版羽化

该选项用于设置蒙版羽化的效果，可以通过羽化蒙版得到更自然的融合效果，在水平和垂直方向可以设置不同的羽化值。单击该选项后的“约束比例”按钮，可以锁定或者解除水平和垂直方向的约束比例。图5-60所示为设置“蒙版羽化”选项后的效果。

蒙版不透明度

该选项用于设置蒙版的不透明度。图5-61所示为设置“蒙版不透明度”为40%的效果。

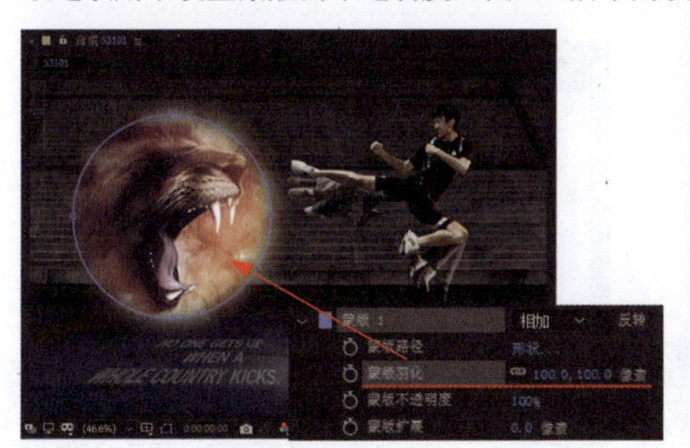

图5-60 蒙版羽化效果

图5-61 设置“蒙版不透明度”效果

蒙版扩展

该选项用于设置蒙版图形的扩展程度，如果设置“蒙版扩展”属性值为正值，则扩展蒙版区域，如图5-62所示；如果设置“蒙版扩展”属性值为负值，则收缩蒙版区域，如图5-63所示。

图5-62 扩展蒙版区域

图5-63 收缩蒙版区域

5.3.2 蒙版的叠加处理

当一个图层中同时包含多个蒙版时，可以通过设置蒙版的“混合模式”选项，使蒙版与蒙版之间产生叠加效果，如图5-64所示。

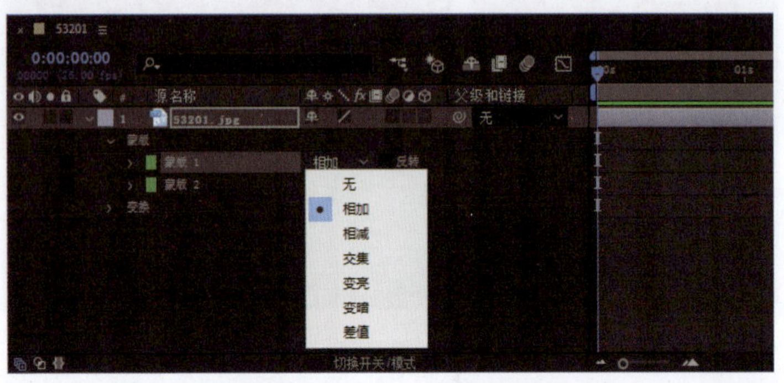

图5-64 蒙版“混合模式”选项

- 无：选择该选项，当前路径不起到蒙版作用，只作为路径存在，可以为路径制作描边、光线动画或者路径动画等辅助动画效果。
- 相加：默认情况下，蒙版使用的是“相加”模式，如果绘制的蒙版中有两个或者两个以上的路径形状，可以清楚地看到两个蒙版以相加的形式显示的效果，如图5-65所示。
- 相减：如果选择“相减”模式，蒙版的显示将变成镂空的效果，这与选择该蒙版名称右侧的“反转”复选框所实现的效果相同，如图5-66所示。

图5-65 蒙版的“相加”模式

图5-66 蒙版的“相减”模式

- 交集：如果选择“交集”选项，则只显示当前蒙版路径与上面所有蒙版的组合结果相交的部分，如图5-67所示。
- 变亮：“变亮”模式与“相加”模式相同，对于蒙版重叠部分的不透明度将采用不透明度较高的值，如图5-68所示。

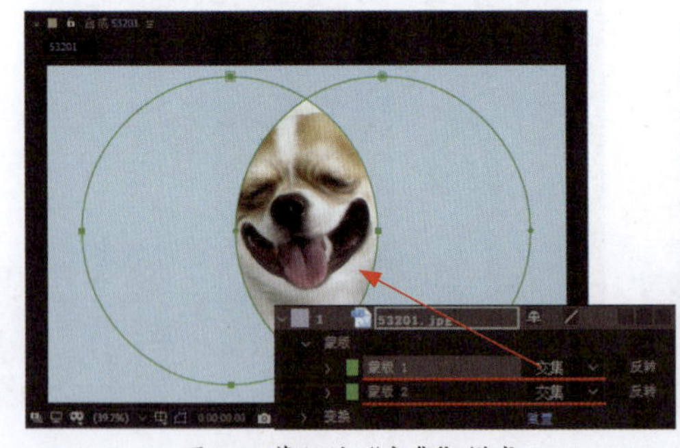

图5-67 蒙版的“交集”模式

图5-68 蒙版的“变亮”模式

- 变暗：“变暗”模式对于可视范围区域而言，与“交集”模式相同；但是对于蒙版重叠部分的不透明度而言，则采用不透明度较低的值，如图5-69所示。

- 差值：“差值”模式是采取并集减去交集的方式，也就是说，先将所有蒙版的组合进行并集运算，然后再将所有蒙版组合的相交部分进行相减运算，如图5-70所示。

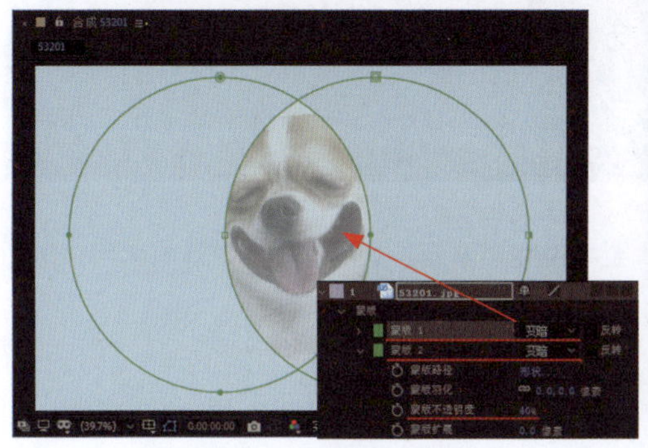

图5-69 蒙版的“变暗”模式

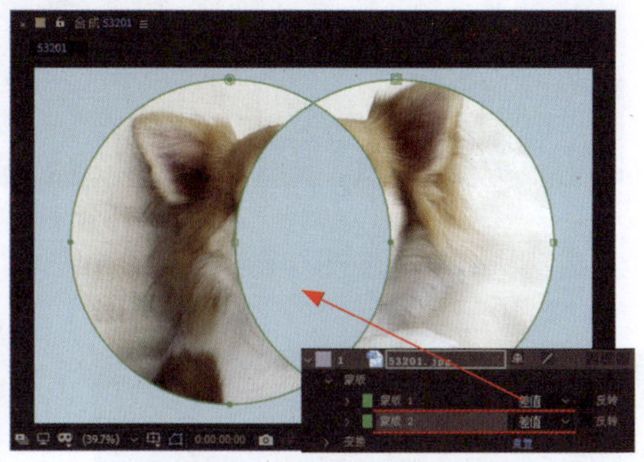

图5-70 蒙版的“差值”模式

5.3.3 应用案例——制作聚光灯动画

素　材：第5章\素材\53301.jpg
源文件：第5章\5-3-3.aep
技术要点：掌握蒙版的创建与属性设置方法

扫描观看视频

扫描下载素材

STEP 01 执行“合成 > 新建合成”命令，弹出“合成设置”对话框，新建合成。导入素材图像“53301.jpg”，将素材图像拖入到“时间轴”面板中，效果如图5-71所示。

STEP 02 使用“椭圆工具”，在“合成”窗口中合适的位置按住【Shift】键拖动鼠标绘制一个正圆形，为该图层创建圆形蒙版。在“时间轴”面板中设置“蒙版羽化”属性为130像素，效果如图5-72所示。

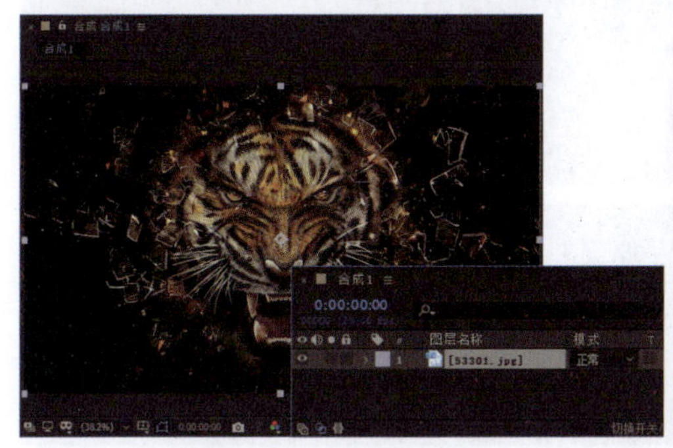

图5-71 拖入素材图像

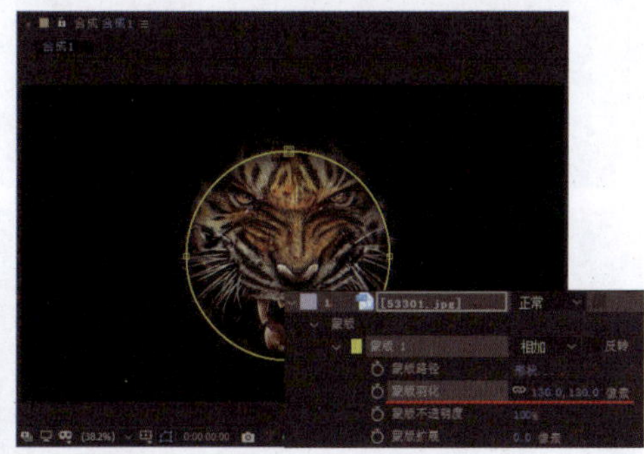

图5-72 绘制正圆形蒙版并设置“蒙版羽化”选项

STEP 03 从0秒至0秒20帧制作正圆形蒙版的“蒙版路径”从小变大，“蒙版不透明度”从0%至100%变化的效果，如图5-73所示。

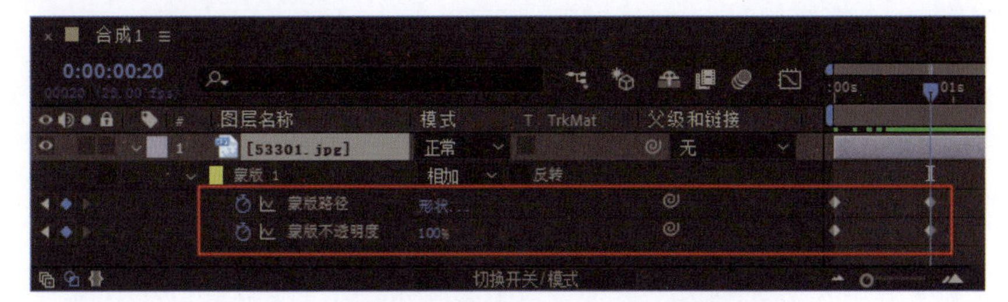

图5-73 制作蒙版路径大小和不透明度变化动画

STEP 04 在1秒16帧、2秒05帧、3秒05帧和3秒18帧位置，分别将蒙版路径移至画面的4个角上，在4秒12帧位置将蒙版路径移至画面中间位置，如图5-74所示。

图5-74 制作蒙版路径位置变化动画

STEP 05 在5秒12帧位置，将蒙版路径等比例放大至覆盖整个画面，为所有属性关键帧应用“缓动”效果，如图5-75所示。

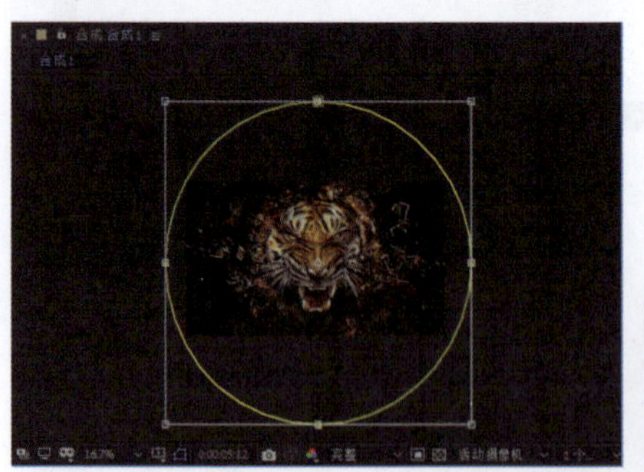

图5-75 放大蒙版路径并为关键帧应用“缓动”效果

STEP 06 至此，完成聚光灯动画的制作，预览动画效果如图5-76所示。

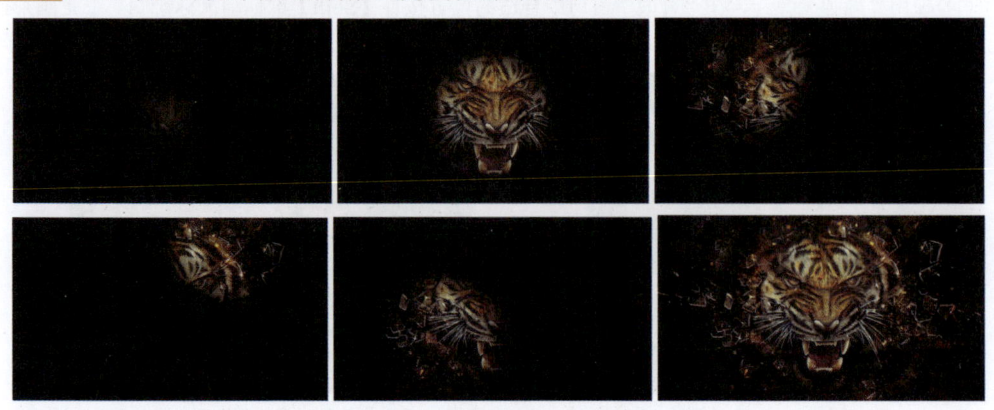

图5-76 预览聚光灯动画效果

5.4 轨道遮罩

在前几节内容中，已经介绍了After Effects中的形状工具和钢笔工具的使用方法，通过使用形状工具和钢笔工具，可以在当前所选择的图层中直接绘制蒙版路径，这是创建蒙版最直接的方式。除此之外，还可以通过在“时间轴”面板中设置图层的“TrkMat（轨道遮罩）”选项，创建出蒙版遮罩效果。

5.4.1 了解轨道遮罩

如果需要为当前图层创建轨道遮罩效果，只需在当前图层上方绘制遮罩图形，如图5-77所示。在被遮罩图层的“TrkMat（轨道遮罩）”下拉列表框中，可以设置当前图层与其上方图层的轨道遮罩方式，共包含5个选项，如图5-78所示。

图5-77 绘制遮罩图形

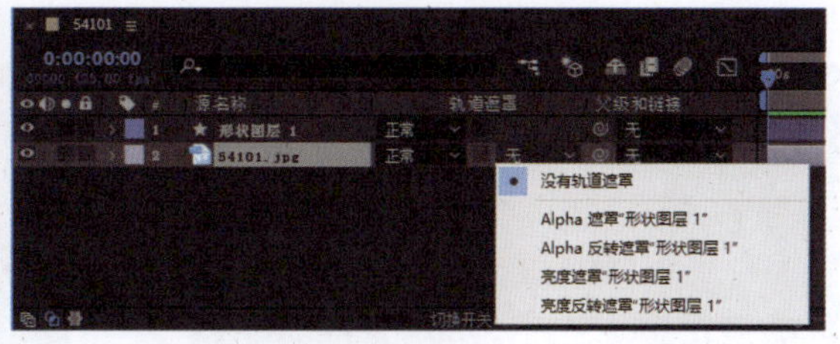

图5-78 “TrkMat（轨道遮罩）”下拉列表框

- “没有轨道遮罩”选项为默认选项，表示不使用遮罩效果。
- 如果设置“TrkMat（轨道遮罩）”选项为“Alpha遮罩”，则利用上方图层的Alpha通道创建遮罩效果，效果如图5-79所示。
- 如果设置“TrkMat（轨道遮罩）”选项为“Alpha反转遮罩”，则反转上方图层的Alpha通道创建遮罩效果，效果如图5-80所示。

图5-79 “Alpha遮罩”效果

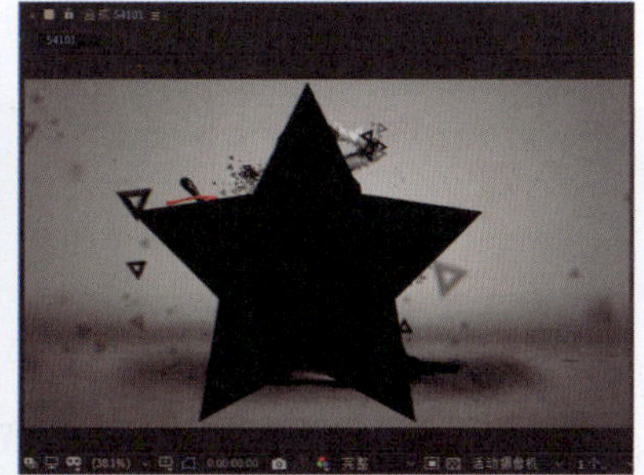
图5-80 “Alpha反转遮罩”效果

- 如果设置“TrkMat（轨道遮罩）”选项为“亮度遮罩”，则使用上方图层中内容的亮度创建遮罩效果，效果如图5-81所示。
- 如果设置“TrkMat（轨道遮罩）”选项为“亮度反转遮罩”，则反转上方图层中内容的亮度创建遮罩效果，效果如图5-82所示。

图5-81 “亮度遮罩”效果

图5-82 “亮度反转遮罩”效果

5.4.2 应用案例——制作二维码扫描动画

素　材：第5章\素材\54201.jpg、54202.png
源文件：第5章\5-4-2.aep
技术要点：掌握轨道遮罩的创建与动画制作

扫描观看视频

扫描下载素材

STEP 01 执行“合成>新建合成”命令，弹出“合成设置”对话框，新建合成。导入素材图像“54201.jpg”

和“54202.png”，将素材图像分别拖入到“时间轴”面板中，效果如图 5-83 所示。

STEP 02 使用“矩形工具”绘制只有边框的矩形，添加“修剪路径”选项，通过设置“开始”和“结束”属性得到需要的图形。将该图层复制多次，并分别调整至合适的位置，效果如图 5-84 所示。

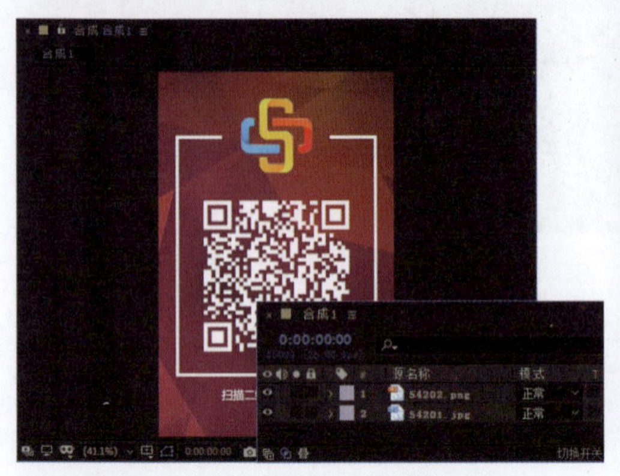

图5-83 “合成”窗口与“时间轴”面板

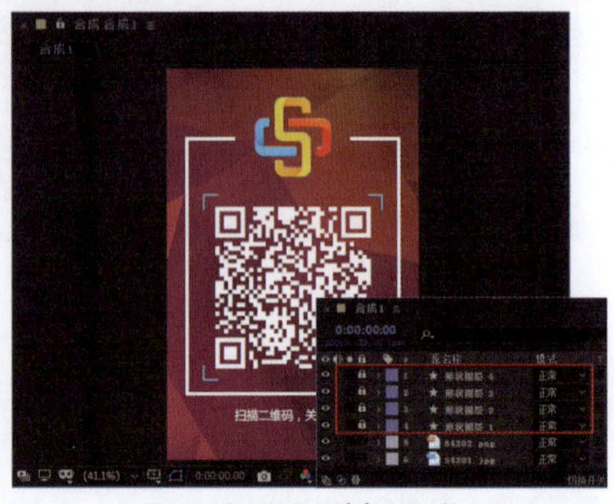

图5-84 绘制图形并复制调整

STEP 03 绘制矩形，为该矩形填充线性渐变颜色，制作该矩形从上至下位置移动的动画效果，如图 5-85 所示。

图5-85 制作渐变矩形位置移动动画

STEP 04 使用“矩形工具”，绘制任意填充颜色的矩形，在“时间轴”面板中设置“形状图层 5”的“TrkMat（轨道遮罩）”选项为“Alpha 遮罩‘形状图层 6’”，从而创建轨道遮罩效果，如图 5-86 所示。

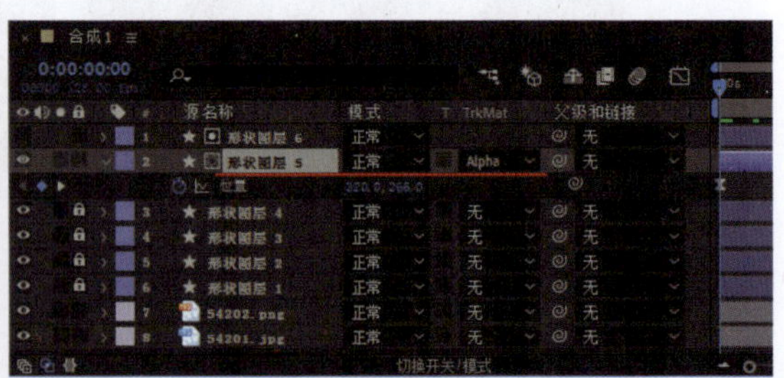

图5-86 绘制遮罩图形并设置“TrkMat（轨道遮罩）”选项

STEP 05 至此，完成二维码扫描动画的制作，预览动画效果如图 5-87 所示。

图5-87 预览二维码扫描动画效果

5.5 解惑答疑

在After Effects中，蒙版是一个非常强大和实用的功能，使用形状工具和钢笔工具都可以创建蒙版。通过设置蒙版属性，还能够制作出丰富的动画效果。

5.5.1 创建图层蒙版时需要注意什么问题

在After Effects中为图层创建蒙版时，首先选中要创建蒙版的图层，然后再绘制蒙版路径，即可为选中的图层创建蒙版。如果在创建蒙版时没有选中任何图层，则在“合成”窗口中将直接绘制出形状图形，在“时间轴”面板中也会新增该图形的形状图层，而不会创建任何蒙版。

5.5.2 如何对蒙版进行复制和粘贴操作

在图层中添加的蒙版路径可以在同一个图层或者不同图层之间进行复制和粘贴。如果需要在同一个图层之间复制蒙版路径，只需选中图层下方需要复制的蒙版路径选项，按【Ctrl+D】组合键，即可复制并粘贴当前所选择的蒙版路径，默认的蒙版路径命名为“蒙版1”“蒙版2”“蒙版3”……如图5-88所示。

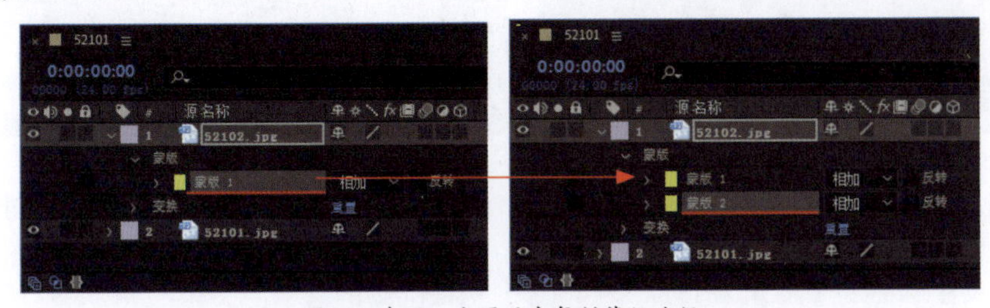

图5-88 在同一个图层中复制蒙版路径

如果需要在不同图层之间复制蒙版，则首先选择源图层下方的蒙版路径选项，按【Ctrl+C】组合键，复制蒙版路径，然后选择目标图层，按【Ctrl+V】组合键，即可将所复制的蒙版路径粘贴到目标图层中，如图5-89所示。

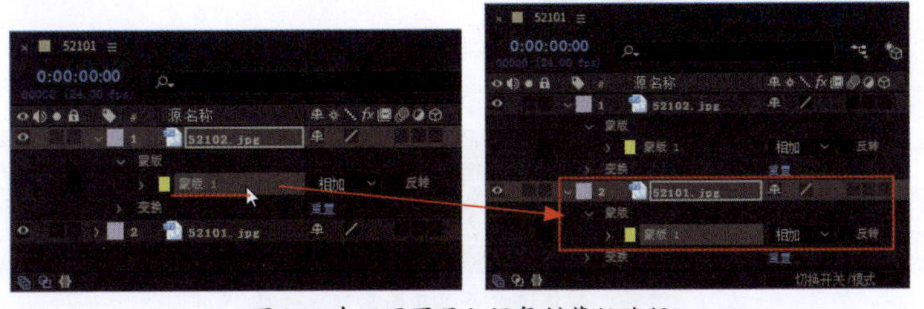

图5-89 在不同图层之间复制蒙版路径

5.6 总结扩展

在After Effects中，可以通过形状工具和钢笔工具绘制出各种各样的形状图形，或者为图层绘制蒙版路径，这些都极大地丰富了After Effects中视频动画的创意处理。通过对路径属性进行设置，可以实现许多丰富的动画效果。

5.6.1 本章小结

本章详细介绍了After Effects中形状图形与蒙版的创建和属性设置方法，并通过动画的制作使读者快速掌握蒙版动画的制作方法和技巧。完成本章内容的学习后，读者能够掌握形状图形与蒙版的创建方法，并能够通过设置蒙版路径属性制作出蒙版动画效果。

5.6.2 扩展练习——制作矩形Loading动画

素　材：第5章\素材\56201.psd
源文件：第5章\5-6-2.aep
技术要点：掌握路径的创建和路径动画的制作

扫描观看视频

扫描下载素材

STEP 01 导入PSD格式素材文件“56201.psd”，自动创建相应的合成。打开自动创建的合成，可以看到素材的效果，在“时间轴”面板中可以看到相应的图层，如图5-90所示。

STEP 02 使用“钢笔工具”，在画布中绘制直线，将得到的“形状图层1”重命名为“进度条”，展开“内容”选项下“形状1”选项中的“描边1”选项，设置“线段端点”属性为“圆头端点”，如图5-91所示。

图5-90 “合成”窗口和“时间轴”面板

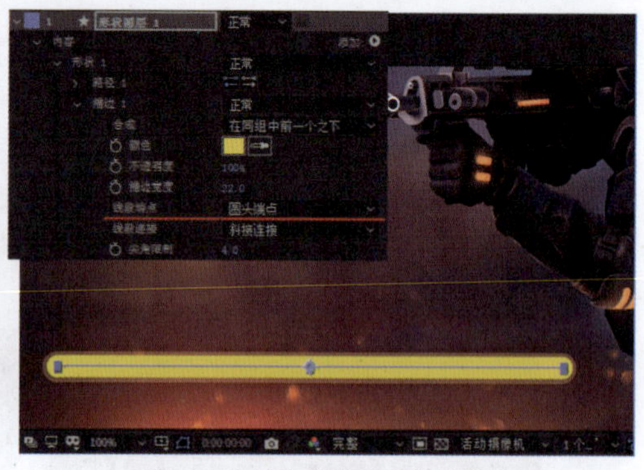

图5-91 绘制直线并设置相关属性

STEP 03 为“形状图层1”添加“修剪路径”选项，为“结束”属性插入关键帧。设置“结束”属性值为0%，在1秒位置设置“结束”属性值为15%，在3秒位置设置“结束”属性值为15%，在3秒24帧位置设置“结束”属性值为15%，为4个属性关键帧应用“缓动”效果，如图5-92所示。

图5-92 制作进度条路径图形动画效果

STEP 04 新建一个空文本图层，执行“效果 > 文本 > 编号”命令，应用“编号”效果，对效果的相关选项进行设置，将编号数字调整至合适的位置，制作出编号数据变化的动画效果，如图 5-93 所示。

图5-93 制作百分比数字变化动画

STEP 05 至此，完成矩形 Loading 动画的制作，预览动画效果如图 5-94 所示。

图5-94 预览矩形Loading动画效果

第6章 制作文字动画

每个设计领域中，图像都不是唯一的元素，文字也是至关重要的一种元素，是最直接的信息表达方式。在After Effects中，文字处理的功能十分强大，它不仅具有说明、信息传达的基本功能，还可以通过文字属性的变化制作出文字动画效果，从而增强主题的表现力。本章将详细介绍After Effects中文字的输入与设置方法，并通过动画案例的制作使读者掌握文字动画的制作方法和表现技巧。

Learning Objectives
学习重点

6.1 在After Effects中输入文字

After Effects为用户提供了非常灵活且功能强大的文字工具。用户可以在After Effects中方便、快捷地添加文字，通过相关面板对文字的字体、风格、颜色及大小等属性进行设置，还可以对单个文本和段落文本进行对齐、调整和文字变形等处理。

6.1.1 点文字

点文字的每一行文字都是独立的，在进行文字编辑时，长度会随着文本的长度随时变长或者缩短，但是不会出现与下一行文字重叠的情况。

在After Effects中输入点文字有两种方法。一种方法是执行“图层>新建>文本”命令，创建一个空文本图层，并且在“合成”窗口的中心位置显示文本输入光标，如图6-1所示，直接输入相应的文字内容。输入完成后，可以使用“选取工具”将文字调整至合适的位置，如图6-2所示。

图6-1 在中心位置显示输入光标

图6-2 输入点文字并调整位置

另一种方法是使用文字工具，在After Effects中为用户提供了“横排文字工具”和“直排文字工具”，如图6-3所示。如果选择“直排文字工具”，在“合成”窗口中需要输入文字的位置单击并输入文字，即可完成点文字的输入，并自动创建文字图层，如图6-4所示。

T 横排文字工具 Ctrl+T
IT 直排文字工具 Ctrl+T

图6-3 文字工具

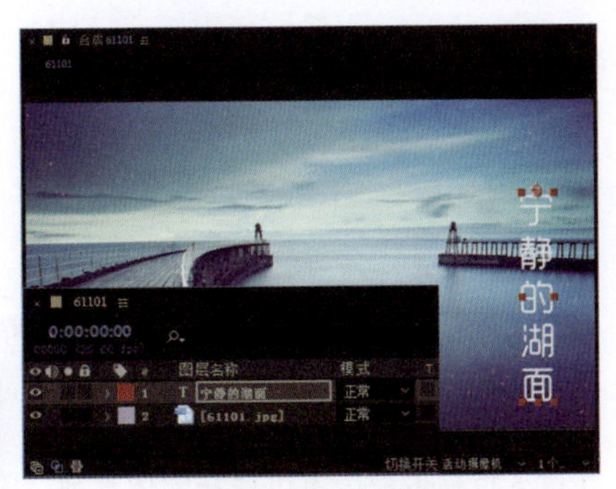

图6-4 输入点文字

这两种输入点文字的方法的区别在于，通过新建文字图层输入文字，默认情况下所输入的文字位于“合成”窗口的中心位置，如果想改变其位置，则需要使用“选取工具”移动文字位置；而使用文字工具则可以随意在需要输入文字的位置单击，即可在单击位置输入文字。

在After Effects中按【Ctrl+T】组合键，可以选择文字工具，反复按该组合键，可以在“横排文字工具”和“直排文字工具”之间切换。

6.1.2 段落文字

段落文字的输入方法与点文字的输入方法基本相同，唯一不同之处在于，输入段落文字时需要使用文字工具在“合成”窗口中绘制一个文本框，在文本框中输入段落文字内容。

选择“横排文字工具”，在“合成”窗口中合适的位置单击并拖动鼠标绘制一个文本框，如图6-5所示。在文本框中输入段落文字内容，并在“字符”面板中对文字的相关属性进行设置，效果如图6-6所示。

图6-5 拖动鼠标绘制文本框

图6-6 输入段落文字

完成段落文字的输入后，将光标移至文本框的调节控制点上，当光标呈双向箭头时，拖动鼠标可以调整文本框的大小。文本框的大小发生变化后，文本框中的段落文字会自动进行换行排列，如图6-7所示。

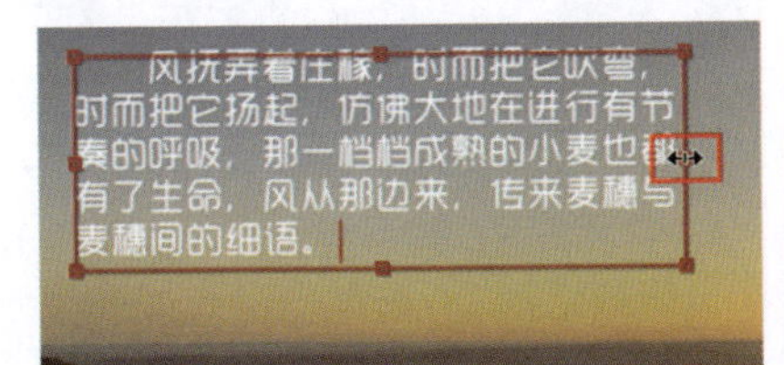

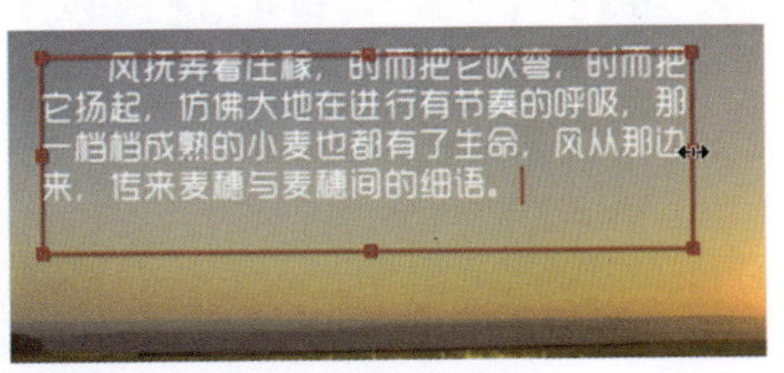

图6-7 调整文本框大小

6.2 设置文字属性

在After Effects中输入的文字，用户在后期制作过程中可以进行修改和编辑。After Effects提供了与Photoshop相似的文本编辑与属性设置功能，甚至还可以为文本添加特效，文字处理功能非常强大。

6.2.1 字符属性

执行“窗口>字符”命令，在After Effects工作界面中打开“字符”面板，如图6-8所示。在“字符”面板中，可以对文字的字体、字体样式、字体大小及颜色等属性进行设置，从而得到满意的文字表现效果。

- 字体：在该下拉列表框中可以选择字体系列。用户只需单击该选项，即可在下拉列表框中选择需要使用的字体。
- 字体样式：不同的字体包含不同的字体样式，选择合适的字体后，可以在该下拉列表框中选择字体样式。
- 字体颜色：该选项用于设置文字的颜色，实心色块表示填充颜色，空心色块表示描边颜色。单击相应的色块，弹出“文本颜色”对话框，可以选择所需要的文字填充颜色或者描边颜色，如图6-9所示。

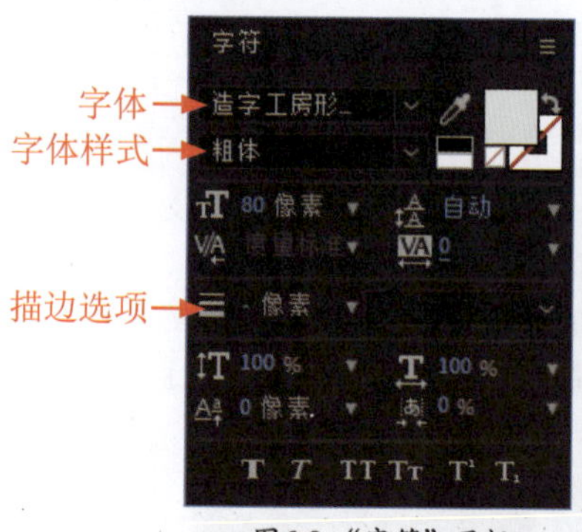

图6-8 “字符”面板

文本颜色
确定
取消
H: 0 °
S: 0 %
B: 93 %
R: 238
G: 238
B: 238
预览
EEEEEE

图6-9 “文本颜色”对话框

> 提示
> 单击“吸管”按钮，可以在After Effects工作界面中吸取任意一种颜色作为文字的填充或者描边颜色；单击“没有颜色”按钮，可以将文字的填充颜色或者描边颜色设置为无；单击“黑白”按钮，可以将填充颜色或者描边颜色快速设置为黑色或者白色。

- 字体大小：该选项用于设置字体的大小，用户可以直接在该选项后的文本框中输入数值，也可以在下拉列表框中选择预设的字体大小值。
- 行距：该选项用于设置文本行与行之间的间距，数值越大，文本行距就越大，如图6-10所示；如果数值较小，则文本行与行之间将重叠在一起，如图6-11所示。

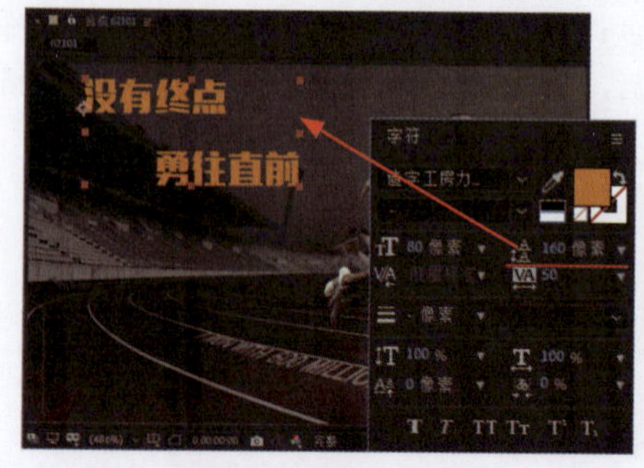

图6-10 行距较大的效果

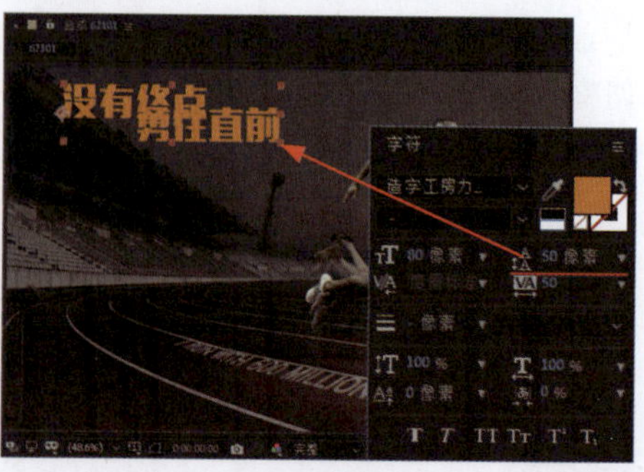

图6-11 行距较小的效果

- 字偶间距：该选项用于设置两个字符之间的字偶间距，其下拉列表框如图6-12所示，取值范围为－1000～1000。如果需要使用字体默认的字偶间距设置，可以选择“度量标准”选项；如果需要根据所选择字符的形式自动调整它们之间的字偶间距，可以选择“视觉”选项；如果需要手动调整，可以选择相应的数值选项或者在文本框中输入数值。例如，使用文字工具在文字中单击定位需要设置字偶间距的位置，设置“字偶间距”选项为400，效果如图6-13所示。

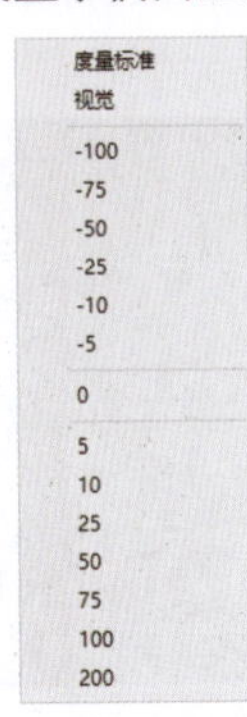

图6-12 “字偶间距”下拉列表框

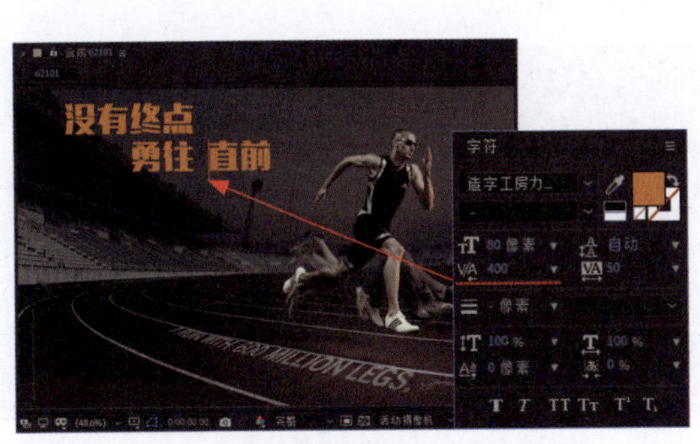

图6-13 设置“字偶间距”选项的效果

- 字符间距：该选项用于设置所选择文字之间的字符间距。数值越大，文字间距越大，如图6-14所示；数值越小，文字间距越小，如图6-15所示。

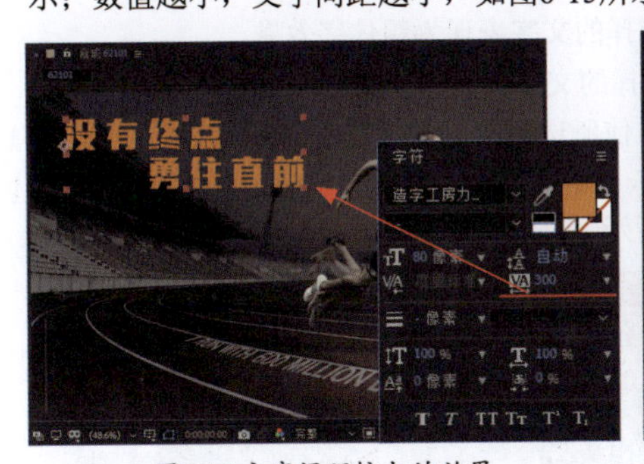

图6-14 文字间距较大的效果

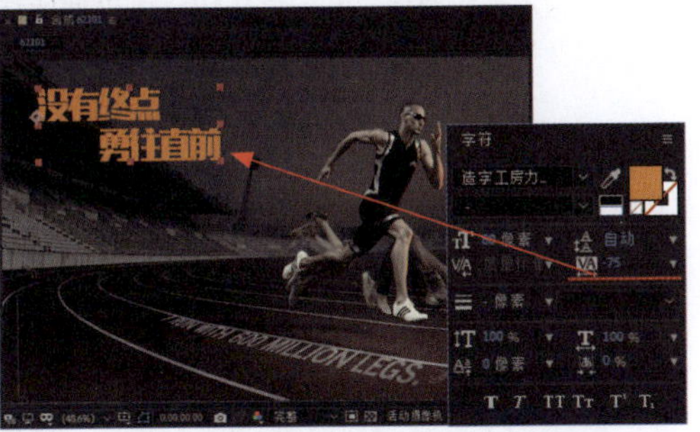

图6-15 文字间距较小的效果

- 描边选项：如果为文字设置了“描边”颜色，则可以通过该选项对文字的描边效果进行设置。“描边宽度”选项可以设置描边效果的宽度，既可以在下拉列表框中选择预设值，也可以手动输入数值；“描边形式”选项用于选择文字描边的表现形式，在该下拉列表框中共包括4种描边形式，如图6-16所示。例如，为文字设置描边颜色并对描边效果进行设置后的效果如图6-17所示。

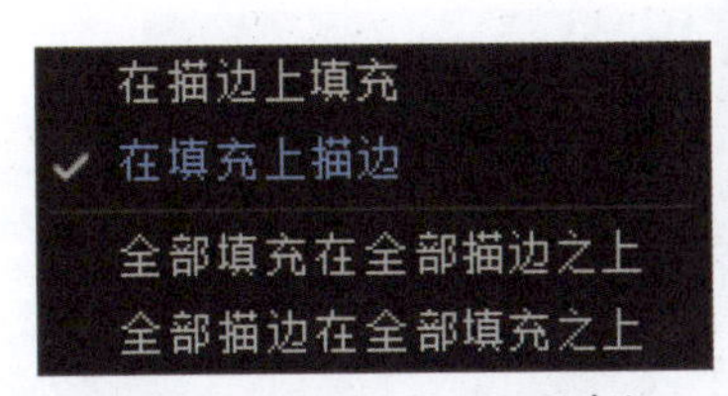

图6-16 “描边形式”下拉列表框

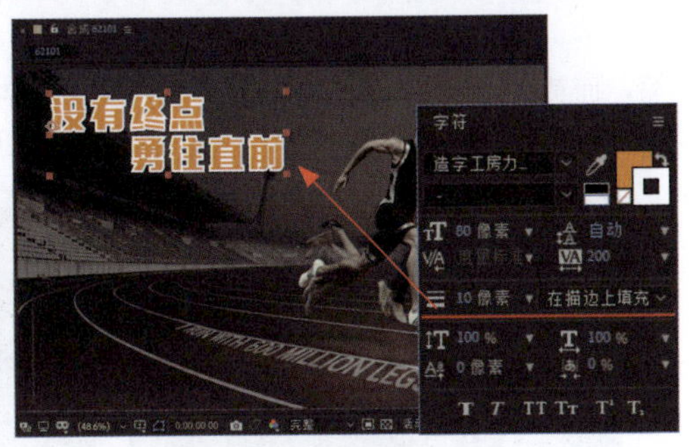

图6-17 为文字设置描边效果

- 垂直缩放：该选项用于设置文字的垂直缩放，既可以在该下拉列表框中选择相应的选项，也可以手动输入数值。

- 水平缩放：该选项用于设置文本的水平缩放，既可以在该下拉列表框中选择相应的选项，也可以手动输入数值。
- 基线偏移：该选项用于设置文本的基线偏移，既可以在该下拉列表框中选择相应的选项，也可以手动输入数值。如果所设置的“基线偏移”值为正值，则文字沿基线位置向上移动指定的数值，如图6-18所示；如果所设置的“基线偏移”值为负值，则文字沿基线位置向下移动指定的数值，如图6-19所示。

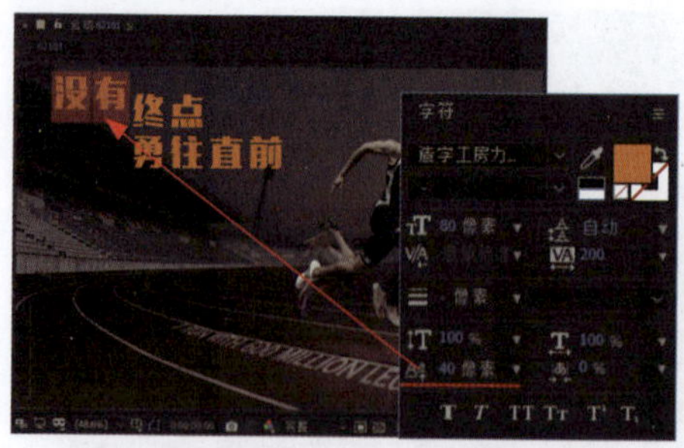

图6-18 设置“基线偏值”为正值时的效果　　图6-19 设置“基线偏值”为负值时的效果

- 比例间距：该选项用于设置所选择字符间的比例间距，在该下拉列表框中可以选择预设的比例间距值，也可以在文本框中输入数值。设置的数值越大，则所选择字符的比例间距越小。
- “仿粗体”按钮T：单击该按钮，可以使所选择的文字表现为粗体字效果。
- “偏斜体”按钮*T*：单击该按钮，可以使所选择的文字表现为斜体字效果。
- “全部大写字母”按钮TT：单击该按钮，可以使所选择的英文字母全部变为大写字母，并且忽略键盘锁定。图6-20所示为输入的英文默认显示效果，单击“全部大写字母”按钮TT，可以看到所有英文字母都显示为大写字母，如图6-21所示。

图6-20 默认英文字母显示效果　　图6-21 单击“全部大写字母”按钮后的效果

- “小型大写字母”按钮Tт：单击该按钮，可以使所选择的英文字母中的大写字母仍然显示为大写，而英文小写字母则变为小尺寸的英文大写字母。图6-22所示为输入的英文默认显示效果，单击“小型大写字母”按钮Tт，可以看到英文字母的显示效果如图6-23所示。

图6-22 默认英文字母显示效果　　图6-23 单击“小型大写字母”按钮后的效果

- “上标”按钮T^1：单击该按钮，可以将所选择的文字显示为上标文字效果，如图6-24所示。
- “下标”按钮T_1：单击该按钮，可以将所选择的文字显示为下标文字效果，如图6-25所示。

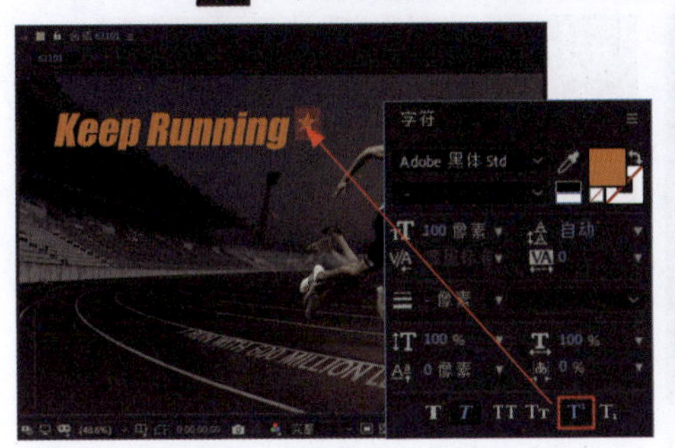

图6-24 为文字设置上标效果

图6-25 为文字设置下标效果

6.2.2 段落属性

对于点文字来说，也许一行就是一个单独的段落；而对于段落文字来说，一段可能有多行。在After Effects中执行“窗口>段落”命令，打开“段落”面板，如图6-26所示，通过“段落”面板可以对段落文字的对齐方式、缩进等属性进行设置。

- “左对齐文本”按钮：单击该按钮，可以使所选中的文本内容实现左侧对齐效果，这也是系统默认的文本对齐方式，如图6-27所示。

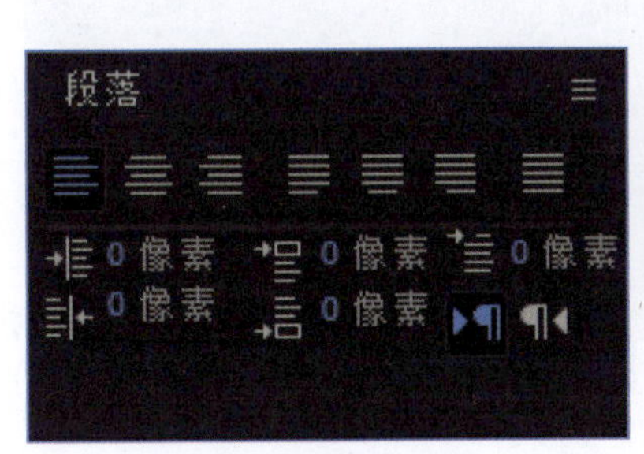

图6-26 “段落”面板

图6-27 文字左对齐效果

- “居中对齐文本”按钮：单击该按钮，可以使所选中的文本内容实现居中对齐效果，如图6-28所示。
- “右对齐文本”按钮：单击该按钮，可以使所选中的文本内容实现右侧对齐效果，如图6-29所示。

图6-28 文字居中对齐效果

图6-29 文字右对齐效果

- “最后一行左对齐”按钮：单击该按钮，可以使所选中的段落文字的最后一行文字内容实现左对齐效果，段落中的其他文字行左右两端强制对齐，效果如图6-30所示。

- “最后一行居中对齐”按钮：单击该按钮，可以使所选中的段落文字的最后一行文字内容实现居中对齐效果，段落中的其他文字行左右两端强制对齐，效果如图6-31所示。

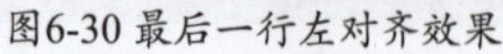
图6-30 最后一行左对齐效果

图6-31 最后一行居中对齐效果

- “最后一行右对齐”按钮：单击该按钮，可以使所选中的段落文字的最后一行文字内容实现右对齐效果，段落中的其他文字行左右两端强制对齐，效果如图6-32所示。
- “两端对齐”按钮：单击该按钮，可以使所选中的段落文字中的每一行文字左右两端强制对齐，效果如图6-33所示。

图6-32 最后一行右对齐效果

图6-33 两端对齐效果

- 缩进左边距：该选项用于设置所选中段落文字的左侧整体缩进值。横排文字从段落的左侧边缘开始缩进，直排文字从段落的顶部边缘开始缩进。例如，设置“缩进左边距”选项为30像素，效果如图6-34所示。
- 缩进右边距：该选项用于设置所选中段落文字的右侧整体缩进值。横排文字从段落的右侧边缘开始缩进，直排文字从段落的底部边缘开始缩进。例如，设置“缩进右边距”选项为30像素，效果如图6-35所示。

图6-34 设置“缩进左边距”的效果

图6-35 设置“缩进右边距”的效果

- 添加段前空格：该选项用于设置在所选中段落文字之前所添加的段前间距数值。例如，设置“添加段前空格”为20像素，效果如图6-36所示。
- 添加段后空格：该选项用于设置在所选中段落文字之后所添加的段后间距数值。例如，设置“添加段后空格”为20像素，效果如图6-37所示。

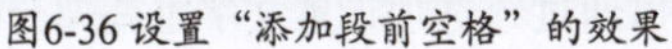
图6-36 设置“添加段前空格”的效果

图6-37 设置“添加段后空格”的效果

- 首行缩进：该选项用于设置段落文字的首行缩进值。例如，设置“首行缩进”为116像素，效果如图6-38所示。
- “从左到右的文本方向”按钮：默认情况下，该按钮为按下状态，也就是默认情况下段落文字的阅读方向为从左到右的阅读方向，这也是现代文字排版的默认阅读方向。
- “从右到左的文本方向”按钮：个别国家的文字阅读方向是从右到左的阅读方式，如果需要设置段落文字的阅读方式为从右到左，可以单击该按按钮，会自动激活“最后一行右对齐”按钮，如图6-39所示。

图6-38 设置“首行缩进”的效果

图6-39 单击“从右到左的文本方向”按钮后的效果

6.3 文字的动画属性

完成文字的添加后，在“时间轴”面板中会自动添加文字图层。文字图层除了包含图层的基础变换属性，还包含文字的相关属性，通过对文字属性进行设置，可以轻松地制作出文字动画效果。

6.3.1 “文本”选项

在“时间轴”面板中展开文字图层下方的“文本”选项，在该选项下方将显示文字相关的属性，如图6-40所示。

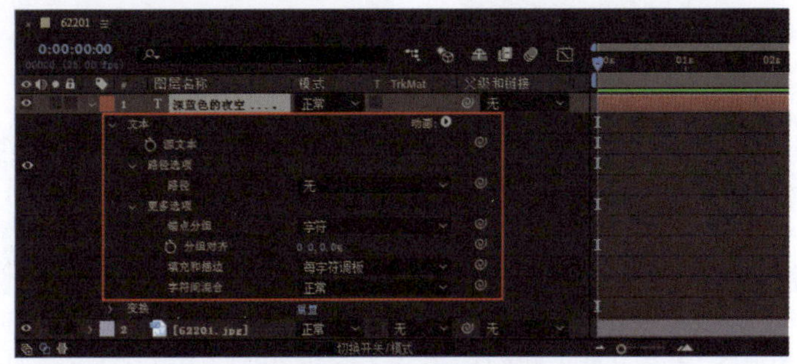

图6-40 展开“文本”选项

- 源文本：使用该属性可以制作出文字内容变化的动画效果。
- 路径：如果在当前文字图层中绘制了蒙版路径，在该下拉列表框中可以选择相应的蒙版路径选项，从而使文字内容沿着所选择的蒙版路径进行排列。
- 锚点分组：在该下拉列表框中可以选择该文字图层中文字内容的锚点分组方式，包含“字符”、“词”、“行”和“全部”4个选项，如图6-41所示。
- 分组对齐：该选项用于设置文字内容分组对齐的位置。
- 填充和描边：该选项用于设置文字填充和描边的处理方式，包含“每字符调板”、“全部填充在全部描边之上”和“全部描边在全部填充之上”3个选项，如图6-42所示。
- 字符间混合：如果文字之间存在相互重叠的情况，可以通过该选项设置文字重叠部分的混合方式，如图6-43所示。

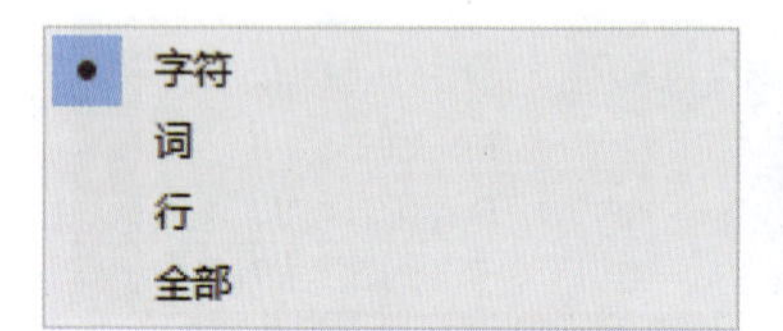

图6-41 “锚点分组”下拉列表框

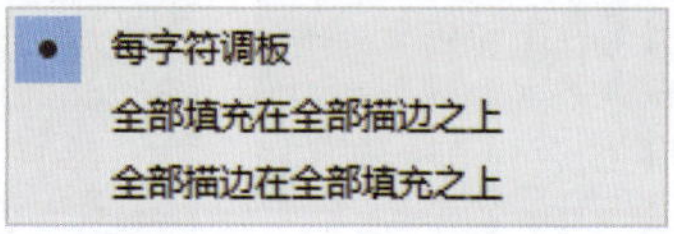

每字符调板
全部填充在全部描边之上
全部描边在全部填充之上

图6-42 “填充和描边”下拉列表框

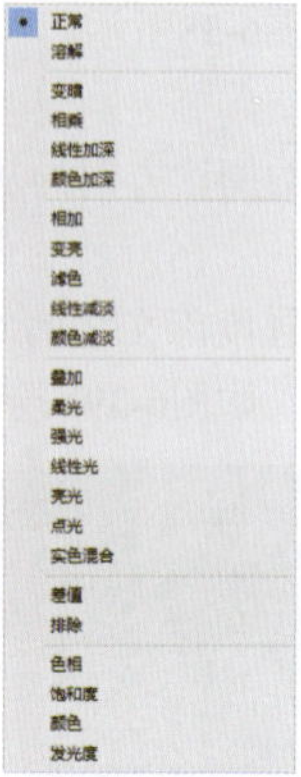

图6-43 “字符间混合”下拉列表框

6.3.2 应用案例——制作打字动画

素　材：第6章\素材\63201.mp4
源文件：第6章\6-3-2.aep
技术要点：掌握“源文本”属性的设置和使用方法

扫描观看视频

扫描下载素材

STEP 01 执行“合成 > 新建合成”命令，弹出“合成设置”对话框，新建合成。导入素材图像“63201.jpg”，将“63201.jpg”素材图像拖入“时间轴”面板中，使用“横排文字工具”，在“合成”窗口中单击并输入文字，效果如图 6-44 所示。

STEP 02 将“时间指示器”移至 0 秒位置，展开文字图层下方的“文本”选项，为“源文本”属性插入关键帧，在“合成”窗口中将文字内容全部删除，如图 6-45 所示。

图6-44 拖入素材并输入文字

图6-45 插入“源文本”关键帧并删除文字内容

STEP 03 将“时间指示器”移至 0 秒 4 帧位置，在该文字图层中输入第 1 个文字，如图 6-46 所示。

STEP 04 使用相同的制作方法，每间隔 4 帧多输入一个字，直到所有文字全部输入完毕，“时间轴”面板如图 6-47 所示。

图6-46 输入第1个文字

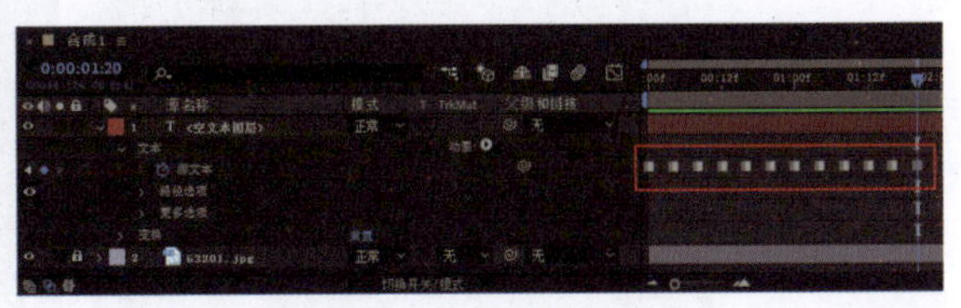

图6-47 “时间轴”面板

STEP 05 至此，完成简单的打字动画的制作，预览动画效果如图 6-48 所示。

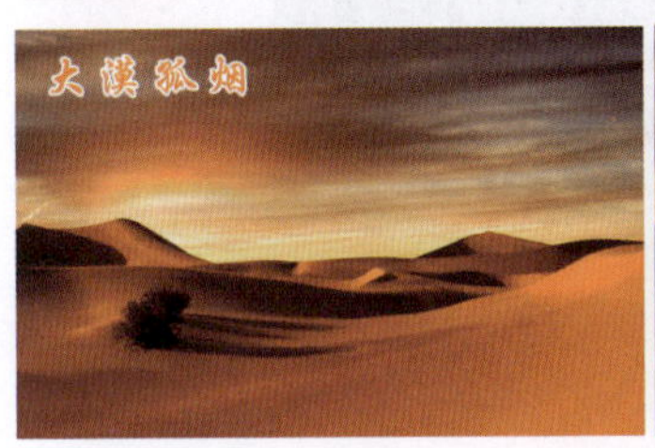

图6-48 预览打字动画效果

6.3.3 “动画”选项

单击文字图层下方“文本”选项右侧的“动画”按钮，可以在打开的下拉列表框中选择需要添加的文字动画属性，如图6-49所示。选择某个选项后，即可将所选择的文字属性添加到“文本”选项中，通过该“动画”选项可以制作出非常丰富的文字动画效果。

- 启用逐字3D化：选择该选项，将为当前文字图层开启3D文字的功能，会在文字图层的下方新增“材质选项”，可以对3D文字的材质属性进行设置，如图6-50所示。并且该文字图层下方的“变换”选项也会显示3D变换属性，如图6-51所示。

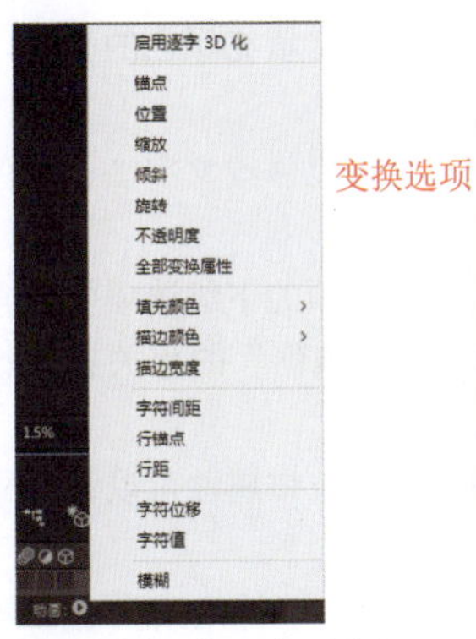

图6-49 “动画”下拉列表框

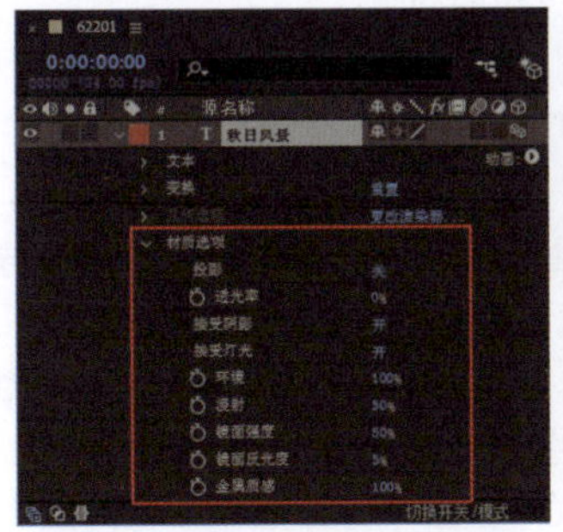

图6-50 “材质选项”列表框

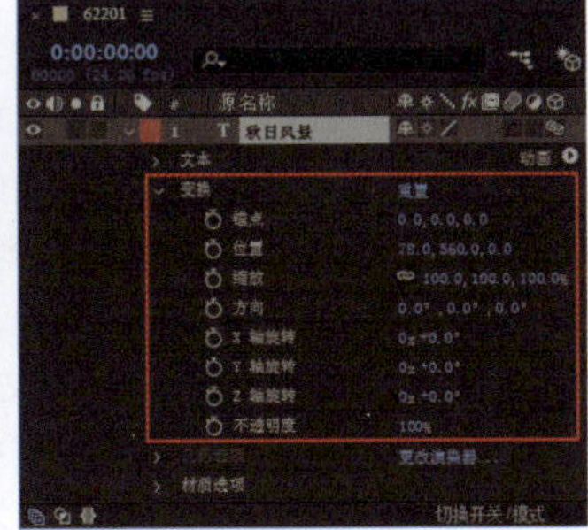

图6-51 “变换”选项列表框

- 变换选项：变换选项中所包含的属性与文字图层下方的“变换”选项中所包含的属性大致相同，仅多了一个“倾斜”属性。如果只选中该文字图层中的部分文字，可以通过在“动画”下拉列表框中选择相应的变换选项，从而添加相应的变换属性，所添加的变换属性只针对选中的部分文字起作用；如果没有选中部分文字，则添加的变换属性对整个文字图层起作用。

例如，使用“横排文字工具”，在“合成”窗口中选择该文字图层中的部分文字，如图6-52所示。单击文字图层下方“文本”选项右侧的“动画”按钮，在打开的下拉列表框中选择“全部变换属性”选项，将在该文字图层下方添加所有变换属性，如图6-53所示。所添加的这些变换属性只针对选中的“城楼”文字起作用，而不会对未选中的文字起作用，这样可以方便地制作出文字图层中部分文字的动画效果。

图6-52 选择部分文字

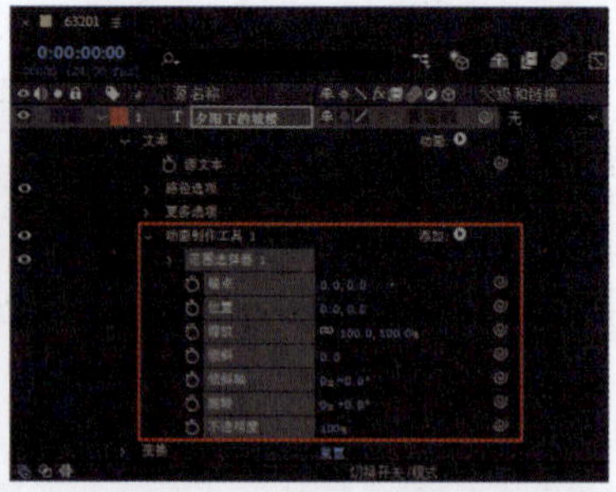

图6-53 添加全部变换属性

- **填充颜色：通过该选项可以制作出文字填充颜色变化的动画效果，在该选项的下级选项中包含了对填充颜色进行设置的相关属性，如图6-54所示。**

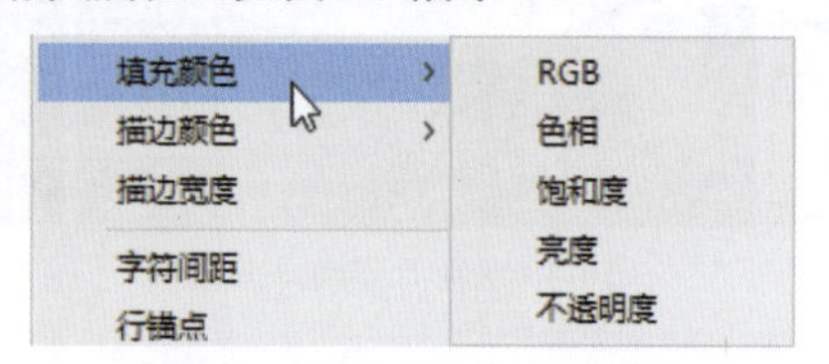

图6-54 “填充颜色”相关属性

- **RGB：选择该选项，在文字图层下方添加“填充颜色”属性，可以修改文字的填充颜色，并且可以制作出文字填充颜色变化的动画。**
- **色相：选择该选项，在文字图层下方添加“填充色相”属性，可以修改文字填充的色相，并且可以制作出文字色相变化的动画。**
- **饱和度：选择该选项，在文字图层下方添加“填充饱和度”属性，可以修改文字填充颜色的饱和度，并且可以制作出文字填充颜色饱和度变化的动画。**
- **亮度：选择该选项，在文字图层下方添加“填充亮度”属性，可以修改文字填充颜色的亮度，并且可以制作出文字填充颜色亮度变化的动画。**
- 不透明度：选择该选项，在文字图层下方添加“填充不透明度”属性，可以修改文字填充颜色的不透明度，并且可以制作出文字填充颜色不透明度变化的动画。
- **描边颜色：通过该选项可以制作出文字描边颜色变化的动画效果，在该选项的下级选项中包含了对描边颜色进行设置的相关属性。“描边颜色”的相关属性与“填充颜色”的相关属性相同，只不过针对的是文字描边颜色。**
- **描边宽度：选择该选项，可以在文字图层下方添加“描边宽度”属性，通过该属性可以设置文字描边的宽度，并且可以制作出文字描边宽度变化的动画效果。**
- **字符间距：选择该选项，可以在文字图层下方添加“字符间距类型”和“字符间距大小”属性，可以设置文字的字符间距大小，并且可以制作出字符间距变化的动画效果。**
- **行锚点：该属性主要针对段落文本起作用，选择该选项，可以在文字图层下方添加“行锚点”属性，可以制作出行锚点位置变化的动画效果。**
- **行距：该属性主要针对段落文本起作用，选择该选项，可以在文字图层下方添加“行距”属性，可以制作出行距变化的动画效果。**

- 字符位移：选择该选项，可以在文字图层下方添加“字符对齐方式”、“字符范围”和“字符位移”属性，可以制作出字符位移变化的动画效果。图6-55所示为默认的英文内容，添加“字符位移”属性并设置属性值为1，则在26个英文字母中向后位移一位显示，效果如图6-56所示。

图6-55 默认的英文内容

图6-56 设置“字符位移”属性后显示的文字内容

- 字符值：选择该选项，可以在文字图层下方添加“字符对齐方式”、“字符范围”和“字符值”属性，可以制作出字符值变化的动画效果。图6-57所示为默认文字内容，添加“字符值”属性并设置属性值为60，将使用字符表中的“<”字符替换文字显示，如图6-58所示。

图6-57 默认的文字内容

图6-58 设置“字符值”属性后显示的文字内容

- 模糊：选择该选项，可以在文字图层下方添加“模糊”属性，可以设置文字的模糊效果，并且可以制作出文字模糊变化的动画效果。图6-59所示为设置不同“模糊”属性值后的文字效果。

图6-59 不同“模糊”属性值的文字效果

6.3.4 应用案例——制作文字随机显示动画

素　材：第6章\素材\63401.jpg

源文件：第6章\6-3-4.aep

技术要点：掌握文字动画属性的添加和设置

扫描观看视频

扫描下载素材

STEP 01 执行“合成>新建合成”命令，弹出“合成设置”对话框，新建合成。导入素材图像“63401.jpg”，将“63401.jpg”素材图像拖入“时间轴”面板中，使用“横排文字工具”，在“合成”窗口中单击并输入文字，效果如图 6-60 所示。

STEP 02 单击文字图层下方“文本”选项右侧的“动画”按钮，在打开的下拉列表框中选择“不透明度”选项，添加“不透明度”属性。将“时间指示器”移至 0 秒位置，设置“不透明度”属性值为 0%，展开“范围选择器 1”选项，为“起始”属性插入关键帧，如图 6-61 所示。

图6-60 拖入素材并输入文字

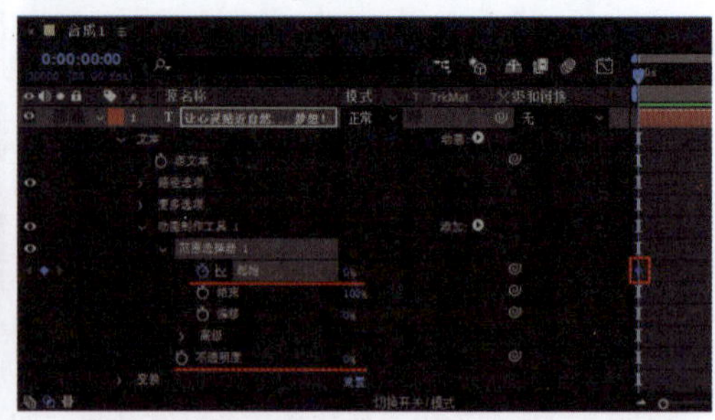

图6-61 添加属性并插入“起始”属性关键帧

STEP 03 选择文字图层，按【U】键，将“时间指示器”移至 3 秒 24 帧位置，设置“起始”属性值为 100%，自动在当前位置插入关键帧，如图 6-62 所示。

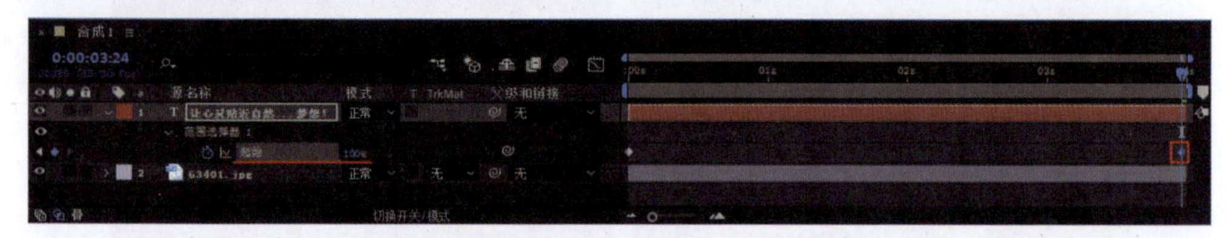

图6-62 设置“起始”属性值并自动插入关键帧

STEP 04 展开文字图层下方“范围选择器 1”选项下方的“高级”选项，设置“随机排序”属性为“开”，如图 6-63 所示。

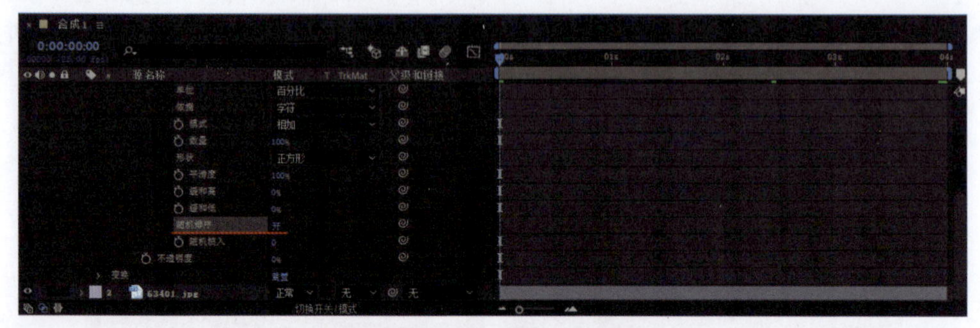

图6-63 开启“随机排序”属性功能

STEP 05 至此，完成文字随机显示动画的制作，预览动画效果如图 6-64 所示。

图6-64 预览文字随机显示动画效果

6.3.5 路径文字

在After Effects中同样可以创建路径文字效果，并且还可以制作出路径文字动画。

在“合成”窗口中输入文字，得到文字图层，如图6-65所示。选中文字图层，使用“钢笔工具”，在“合成”窗口中绘制蒙版路径，如图6-66所示。

图6-65 输入文字

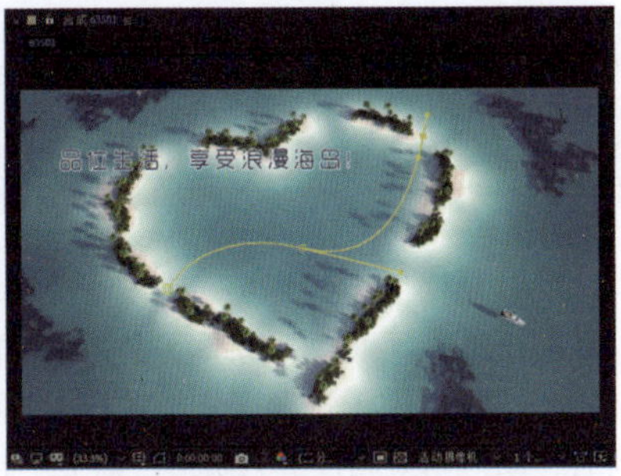

图6-66 绘制蒙版路径

展开文字图层下方的“文本”选项中的“路径选项”，设置“路径”为“蒙版1”，即可将该图层中的文字依附到刚绘制的蒙版路径上，如图6-67所示。使用“选取工具”，在“合成”窗口中将光标移至路径文字起始位置，拖动鼠标可以调整路径文字的起始位置，如图6-68所示。

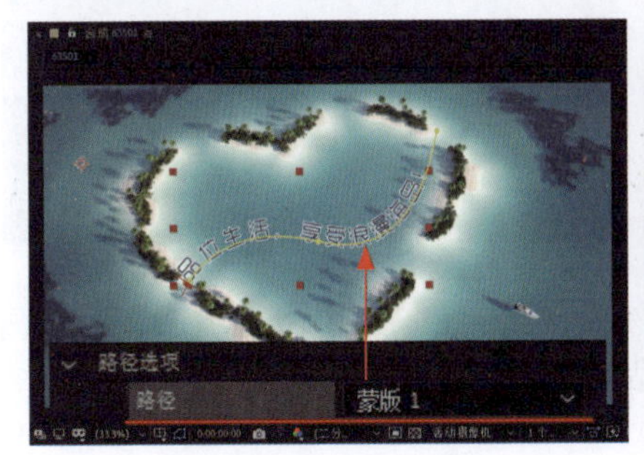

图6-67 设置“路径”属性

图6-68 调整路径文字起始位置

如果希望移动路径文字的整体位置，可以选择该文字图层，在“合成”窗口中拖动调整路径文字位置即可，如图6-69所示。创建好路径文字之后，在文字图层下方的“路径选项”中有多个路径文字属性可以进行设置，如图6-70所示。

图6-69 调整路径文字位置

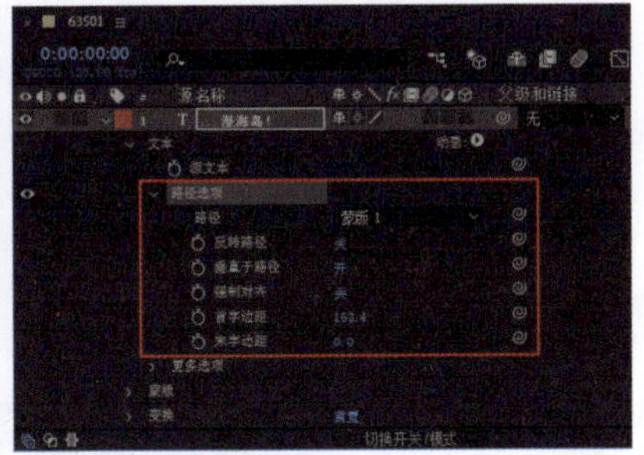

图6-70 路径文字属性

- 反转路径：该属性用于将路径上的文字进行反转，单击该属性后的“关”文字，即可开启反转路径功能，将文字沿路径进行水平和垂直翻转，效果如图6-71所示。
- 垂直于路径：该属性用于控制文字与路径的垂直关系。默认情况下，该属性为激活状态，文字垂直于路径显示，单击该选项后的“开”文字，即可关闭文字垂直于路径功能，路径文字效果如图6-72所示。

图6-71 开启“反转路径”属性效果

图6-72 关闭“垂直于路径”属性效果

- 强制对齐：该属性用于强制将文字与路径两端对齐。默认为关闭状态，单击该属性后的“关”文字，激活该属性，可以看到路径文字的效果，如图6-73所示。
- 首字边距：该属性用于设置文字在路径上的起始位置。如果属性值为正值，则文字起始位置沿路径向右移动；如果属性值为负值，则文字起始位置沿路径向左移动，如图6-74所示。

图6-73 开启“强制对齐”属性效果

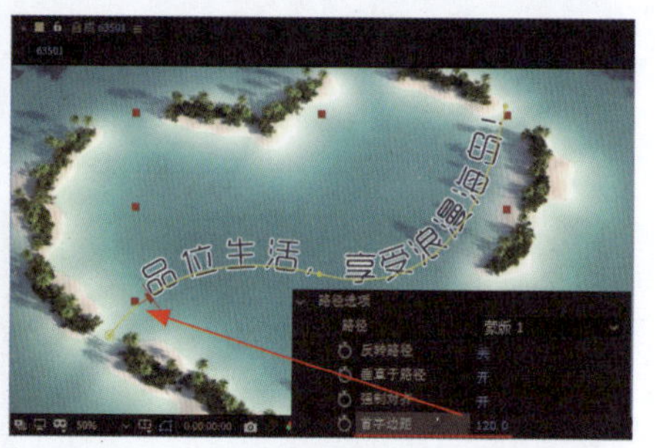

图6-74 设置“首字边距”属性效果

- 末字边距：该属性用于设置文字在路径上的结束位置。如果属性值为正值，则文字结束位置沿路径向右移动；如果属性值为负值，则文字结束位置沿路径向左移动。

6.3.6 应用案例——制作路径文字动画

素　材：第6章\素材\63601.jpg

源文件：第6章\6-3-6.aep

技术要点：掌握路径文字的创建和文字动画的制作方法

扫描观看视频

扫描下载素材

STEP 01 执行“合成 > 新建合成”命令，弹出“合成设置”对话框，新建合成。导入素材图像“63601.jpg”，将“63601.jpg”素材图像拖入“时间轴”面板中，使用“横排文字工具”，在“合成”窗口中单击并输入文字，效果如图 6-75 所示。

STEP 02 选择文字图层，使用“钢笔工具”，在“合成”窗口中绘制曲线路径。展开文字图层下方的“路径选项”，设置“路径”为刚绘制的“蒙版 1”，将文字沿刚绘制的路径排列，效果如图 6-76 所示。

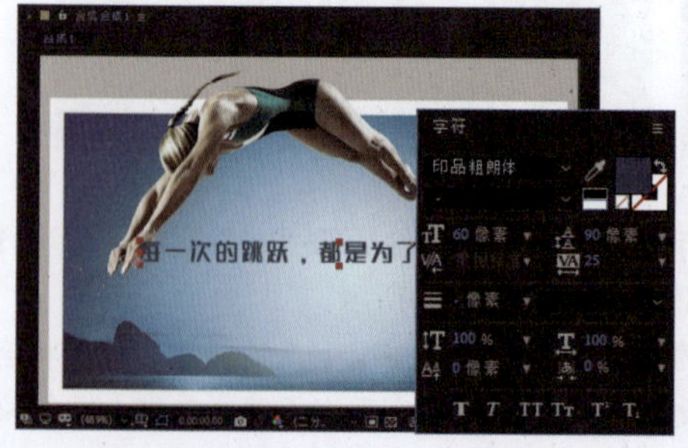

图6-75 拖入素材并输入文字

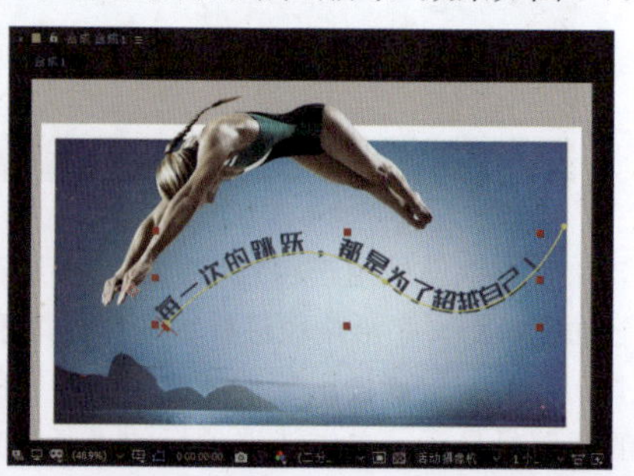

图6-76 绘制路径并将文字沿路径排列

STEP 03 将“时间指示器”移至 0 秒位置，向右拖动“首字边距”选项后的数值，调整路径文字移出画面右侧。为“首字边距”属性插入关键帧，展开“变换”选项，设置“不透明度”属性值为 0%，并为该属性插入关键帧，按【U】键，在文字图层下方只显示添加了关键帧的属性，如图 6-77 所示。

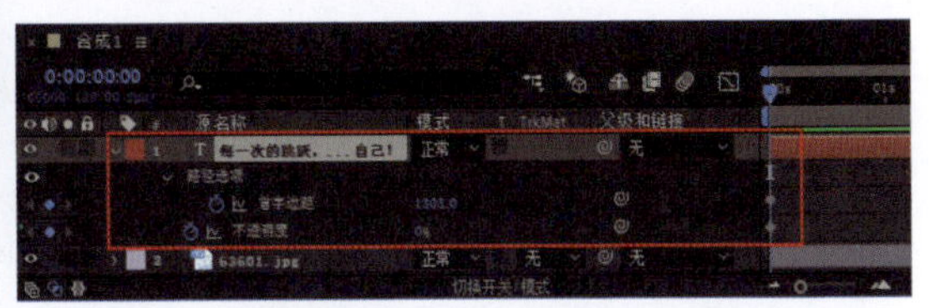

图6-77 设置属性值并插入属性关键帧

STEP 04 在文字图层中制作“首字边距”和“不透明度”属性变化的动画，实现文字沿所绘制路径进行运动的动画效果，“时间轴”面板如图 6-78 所示。

图6-78 “时间轴”面板

STEP 05 至此，完成路径文字动画的制作，预览动画效果如图 6-79 所示。

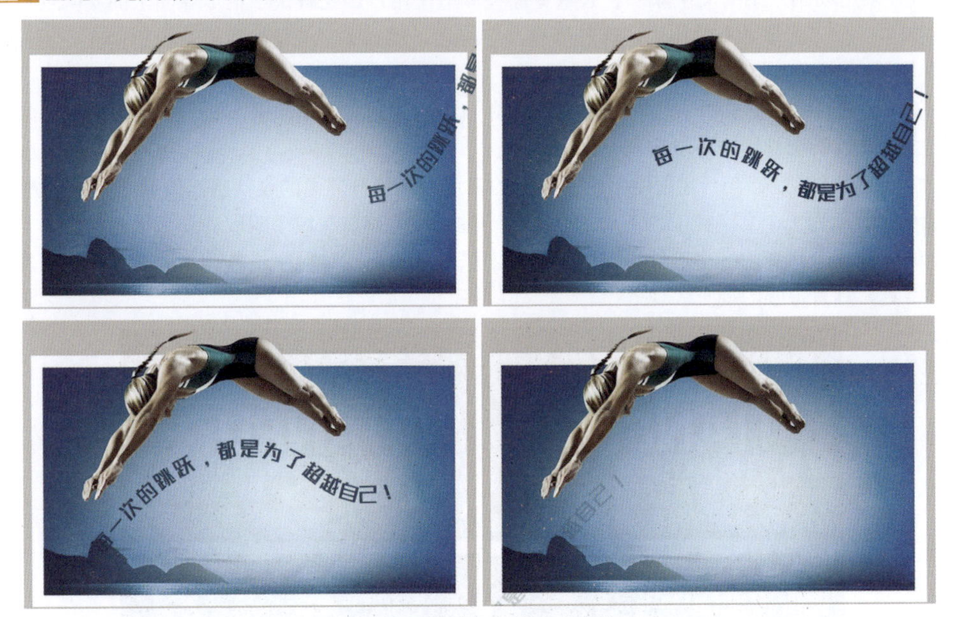

图6-79 预览路径文字动画效果

6.4　文字的动画表现

文字是设计作品中的重要元素之一，随着设计的共融，设计的边界也越来越模糊，当过去静态的主题文字设计遇上如今的时尚动画设计，使原本安静的文字设计更具活力。

6.4.1 文字动画的表现优势

文字在以往的设计作品中经常提及的是字体样式，重在其形。文字动画很少被人提及，一是由于技术限制，二是由于设计理念不同。不过随着流行趋势的发展，特别是在UI界面中，如果能够让文字在界面中“动”起来，即使是简单的图文界面也会立即“活”起来，带给用户一种别样的视觉体验。图6-80所示为出色的文字动画效果。

图6-80 出色的文字动画效果

文字动画在UI界面设计中的表现优势主要体现在以下几个方面。

（1）采用动画效果的文字除了看起来更漂亮和取悦用户，还解决了很多界面上的实际性问题。动画起到了一个“传播者”的作用，比起静态文字描述，动画文字能使内容表达得更彻底、更简洁、更具冲击力。

（2）运动的物体更能吸引人的注意力。让界面中的主题文字动起来，是一个很好的突出表现主题的方式，并且不会让用户感觉突兀。

（3）文字动画能够在一定程度上丰富界面的表现力，提升界面的设计感，使界面充满活力。

图6-81所示为一个文字粒子消散动画，主要通过文字的遮罩与粒子飘散动画效果相结合，从而实现文字的笔画逐个转变为细小的粒子飘散，最终消失的效果。这种粒子消散动画效果在影视后期制作中非常常见，具有很强的视觉表现效果。

图6-81 文字粒子动画效果

6.4.2 常见的文字动画表现形式

文字动画的制作和表现方法与其他元素动画的表现方法类似，大多数都是通过对文字的基础属性进行设置来实现的，以及通过为文字添加蒙版或者效果来实现各种特殊的文字动画效果。下面向读者介绍几种常见的文字动画表现效果。

基础文字动画

最简单的就是基础文字动画效果，基于“文字”的位置、旋转、缩放、透明度、填充和描边等基础属性来制作关键帧动画，既可以逐字逐词制作动画，也可以针对一句完整的文本内容来制作动画，灵活运用基础属性可以表现出丰富的动画效果。

图6-82所示为基础文字动画效果，两部分文字分别从左侧和底部模糊入场，通过文字的“撞击”，使上面颠倒的文字翻转为正常的表现效果，从而构成完整的文字表现内容。

图6-82 基础文字动画效果

文字遮罩动画

遮罩是动画中非常常见的一种表现形式，在文字动画中也不例外。文字遮罩动画的表现形式非常多，但需要注意的是，在设计文字动画时，形式勿大于内容。

图6-83所示为一个文字运动遮罩动画，通过一个矩形图形在界面中左右移动，每移动一次都会通过遮罩的形式表现出新的主题文字内容，最后使用遮罩的形式使主题文字内容消失，从而实现动效的循环。在动画的制作过程中，适当地为元素加入缓动和模糊效果，可以使动画的表现效果更加自然。

图6-83 文字遮罩动画

与手势相结合的文字动画

随着智能设备的兴起，“手势动画”也随之大热。这里所说的与手势相结合的文字动画是指真正的手势，即让手势参与到文字动画的表现中来。简单理解，就是在文字动画的基础上加上“手”这个元素。

图6-84所示为一个与手势相结合的文字动画，通过人物的手势将主题文字放置在场景中，并且通过手指的滑动遮罩显示相应的文字内容，最后通过人物的抓取手势，制作出主题文字整体遮罩消失的效果。将文字动画与人物操作手势相结合，给人一种非常新奇的表现效果。

图6-84 与手势相结合的文字动画

粒子消散动画

将文字内容与粒子动效相结合可以制作出文字的粒子消散动画，给人以很强的视觉冲击力。尤其是在After Effects中，利用各种粒子插件，如Trapcode Particular 、Trapcode Form等，可以表现出多种炫酷的粒子动效。

图6-85所示为一个文字粒子消散动画，主题文字转变为细小的粒子并逐渐扩散，从而实现转场，转场后的大量粒子逐渐聚集形成新的主题文字内容。使用粒子动效的方式来表现文字效果，给人一种炫酷的视觉效果。

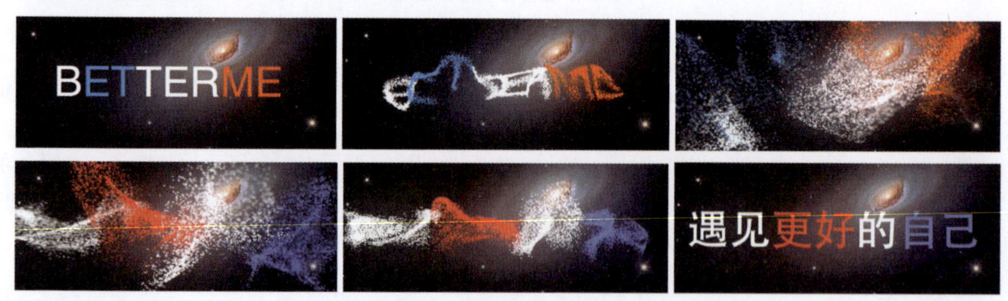

图6-85 文字粒子消散动画

光效文字动画

在文字动画的表现过程中加入光晕或者光线效果，通过光晕或者光线的变换，从而表现出主题文字，使文字效果的表现更加富有视觉冲击力。

图6-86所示为一个光效文字动画，通过光晕动效与文字的3D翻转相结合来表现主题文字，视觉效果表现强烈，能够给人带来较强的视觉冲击力。

图6-86 光效文字动画

路径生成文字动画

这里所说的路径不是为文字做路径动画，而是使用其他元素（如线条或者粒子）做路径动画，最后以“生成”的形式表现出主题文字内容。这种基于路径来表现的文字动画，可以使文字动画的表现更加绚丽。

图6-87所示为一个路径生成文字动画，通过两条对比色彩的线条围绕圆形路径运动，并逐渐缩小圆形路径范围，最终形成强光点，然后采用遮罩的形式从中心位置向四周逐渐扩散表现出主题文字内容。在整个动画过程中还加入了粒子效果，使文字动画的表现更加绚丽多彩。

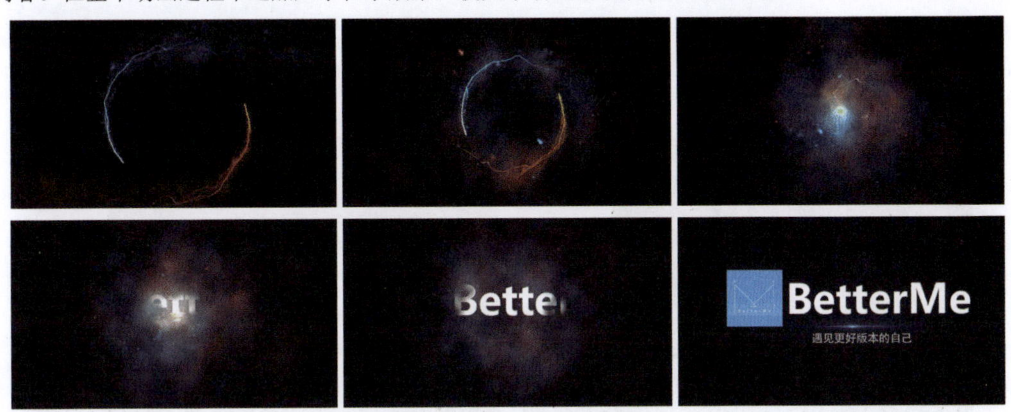

图6-87 路径生成文字动画

动态文字云

在文字排版中，“文字云”的形式越来越受到用户的欢迎，在After Effects中同样可以使用文字云的形式来表现文字动画，既能够表现文字内容，也能够通过文字所组合而成的形状表现其主题。

图6-88所示为一个文字云动画，主题文字与其相关的各种关键词内容从各个方向飞入组成汽车形状的图形，画面非常生动且富有个性。

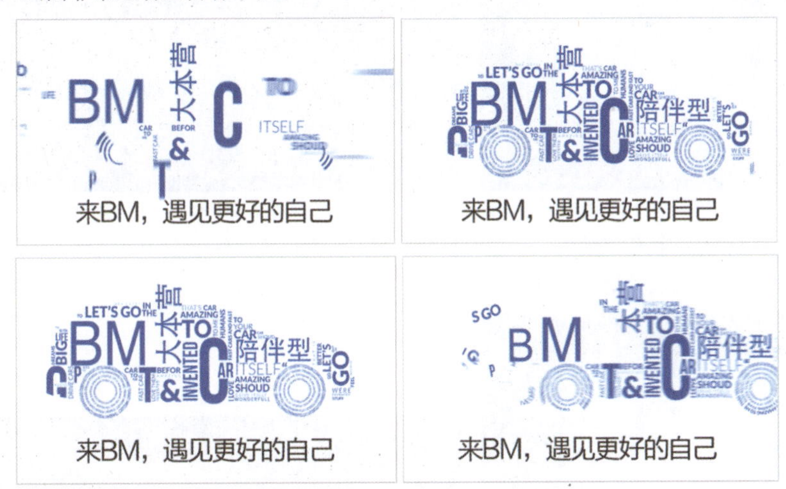

图6-88 文字云动画

除了以上介绍的几种常见的文字动画表现形式，还有许多其他的文字动画表现效果，但是仔细进行分析可以发现，这些文字动画基本上都是通过基础变换动画结合遮罩或者一些特效表现出来的，这就要求读者在文字动画的制作过程中，能够灵活地运用各种基础变换动画表现形式。

6.4.3 应用案例——制作动感遮罩文字动画

素　材：第6章\素材\64301.jpg
源文件：第6章\6-4-3.aep
技术要点：掌握文字与遮罩相结合的动画制作方法

扫描观看视频

扫描下载素材

STEP 01 执行“合成＞新建合成”命令，弹出“合成设置”对话框，新建合成。导入素材图像“64301.jpg”，将“64301.jpg”素材图像拖入“时间轴”面板中，使用“横排文字工具”，在“合成”窗口中单击并输入文字，效果如图6-89所示。

STEP 02 选择文字图层，执行“图层＞从文本创建形状”命令，得到形状图层，并自动将原文字图层隐藏。使用“矩形工具”，在工具栏中单击“工具创建蒙版”按钮，在“合成”窗口中绘制一个矩形作为文字的遮罩，如图6-90所示。

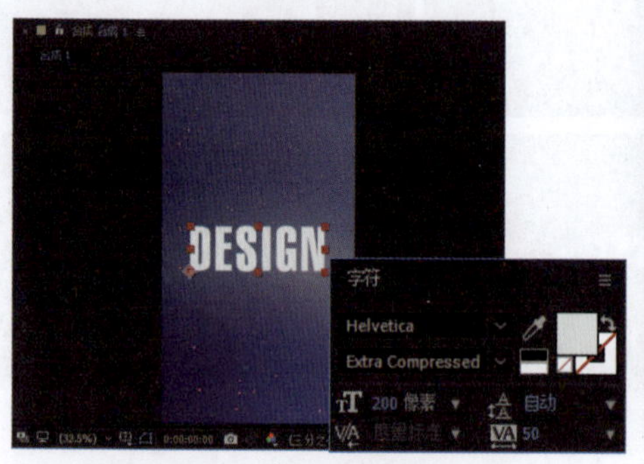

图6-89 拖入素材图像并输入文字

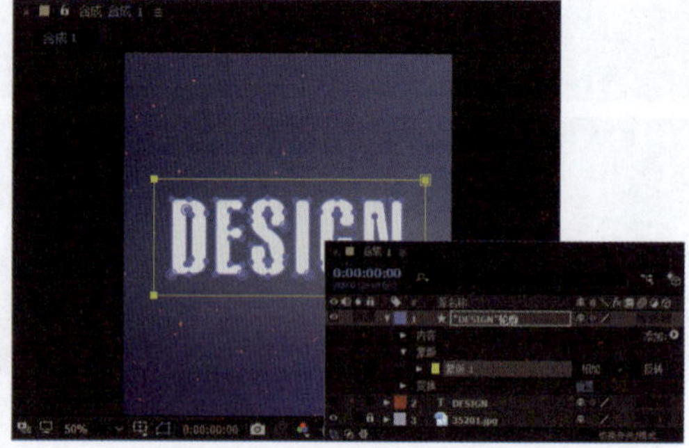

图6-90 为文字图形绘制蒙版

STEP 03 制作蒙版路径从左向右移动的动画效果，从而实现文字的简单遮罩动画效果，如图6-91所示。

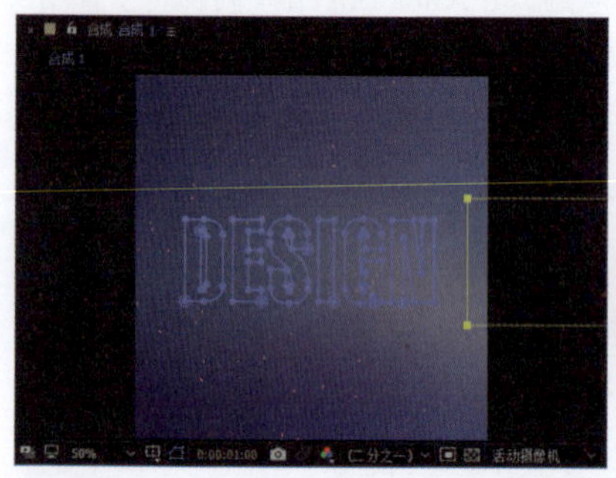

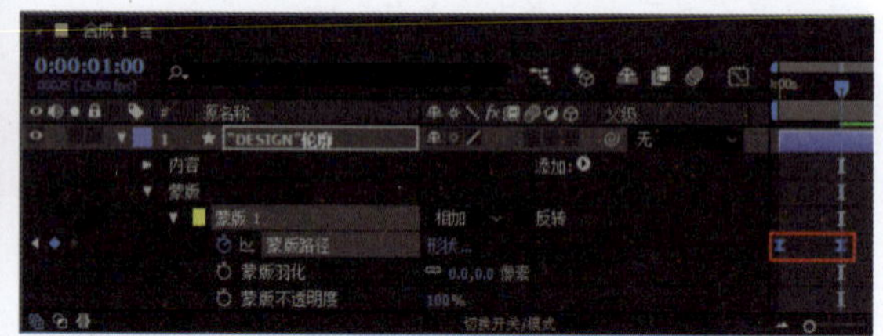

图6-91 制作蒙版路径从左至右移动的动画效果

STEP 04 选中文字图层，执行“效果＞生成＞棋盘”命令，为该文字图层应用“棋盘”效果。为“棋盘”效果的“锚点”属性插入关键帧，制作动画效果，如图6-92所示。

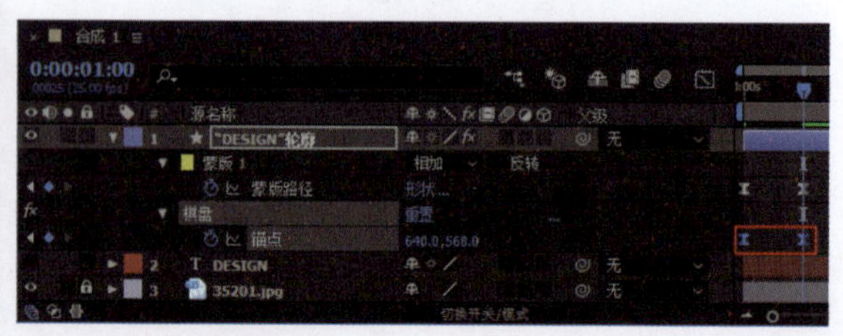

图6-92 制作“棋盘”效果动画

STEP 05 再次创建文字形状图层，执行“效果 > 生成 > 圆形”命令，应用“圆形”效果，并制作出圆形遮罩文字的动画效果，如图 6-93 所示。

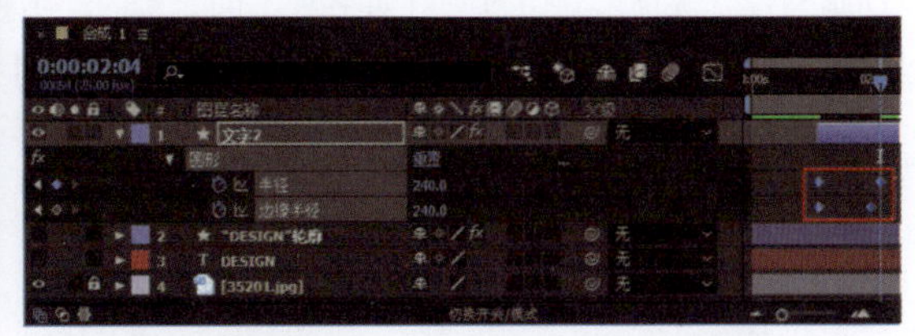

图6-93 制作“圆形”效果动画

STEP 06 至此，完成动感遮罩文字动画的制作，预览动画效果如图 6-94 所示。

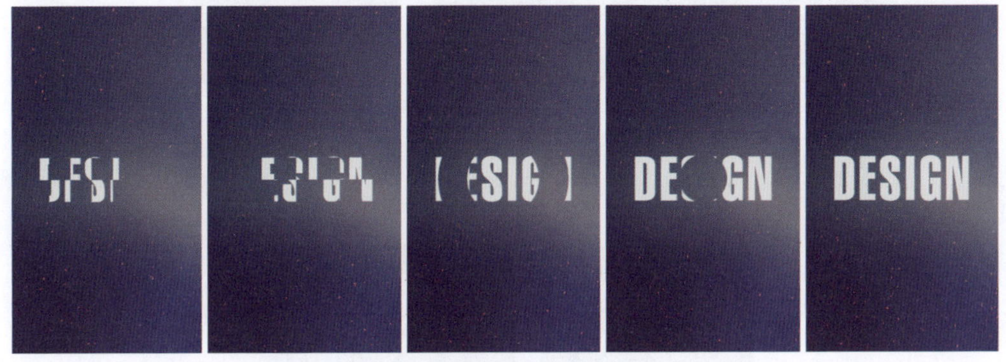

图6-94 预览动感遮罩文字动画效果

6.5 解惑答疑

文字动画是一种常见的动画形式，在After Effects中，能够像在Photoshop中一样轻松地输入文字并对文字属性进行设置，重要的是在After Effects中通过为文字属性设置关键帧，可以制作出文字动画效果。

6.5.1 点文字与段落文字可以相互转换吗

在After Effects中，所输入的点文字与段落文字是可以相互转换的，点文字可以转换为段落文字，段落文字同样也可以转换为点文字。

例如，在“合成”窗口中输入点文字，选择所输入的点文字，选择“横排文字工具”，在需要转换的点文字上单击鼠标右键，在弹出的快捷菜单中选择“转换为段落文本”命令，如图6-95所示。即可将点文字转换为段落文字，效果如图6-96所示。

图6-95 执行“转换为段落文本”命令

图6-96 将点文字转换为段落文字

6.5.2 如何为文字应用动画预设

After Effects中提供了许多效果出色的文字动画预设，用户可以直接为文字图层应用相应的动画预设，从而实现丰富出色的文字动画效果。

在“合成”窗口中选择需要应用动画预设的文字，如图6-97所示。打开“效果和预设”面板，展开“动画预设”选项，其中包含针对多种不同元素的动画预设，如图6-98所示。

图6-97 选择需要应用动画预设的文字

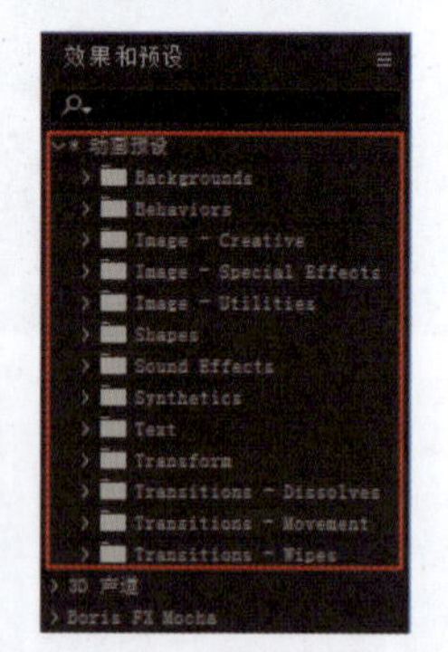

图6-98 展开“动画预设”选项

因为这里需要为文字应用动画预设，所以展开Text文件夹，在该文件夹中根据文字动画效果对动画预设进行了分类，如图6-99所示。展开其中一种效果文件夹，可以看到其中所包含的多种动画预设，如图6-100所示。

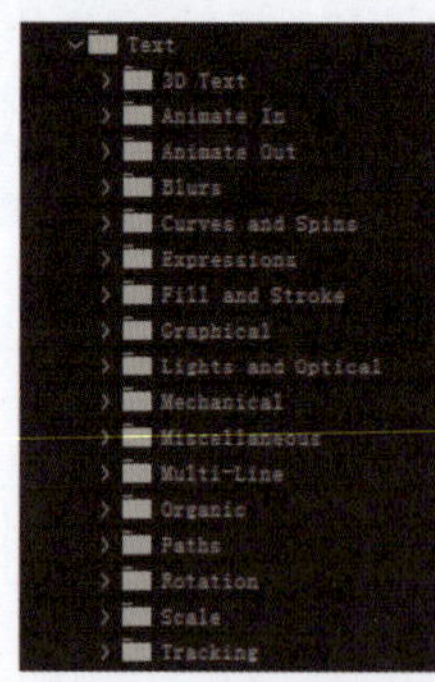

图6-99 展开Text文件夹

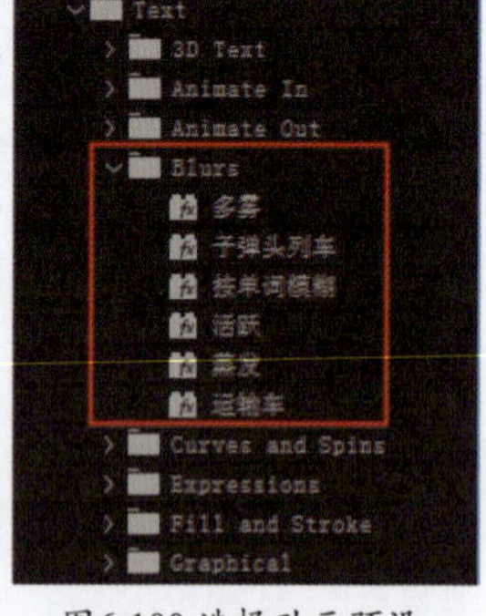

图6-100 选择动画预设

在需要应用的动画预设名称上双击，例如这里应用“多雾”动画预设，在该文字图层下方会自动添加相应的动画属性，并且可以对动画效果进行编辑，如图6-101所示。

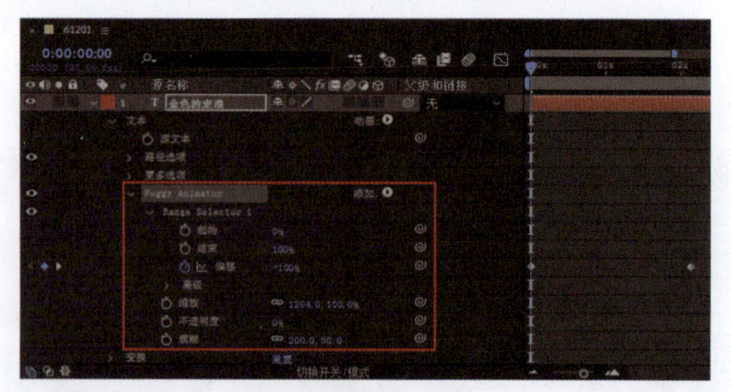

图6-101 应用动画预设

单击“预览”面板中的“播放/停止”按钮▶，可以在“合成”窗口中预览所应用的文字动画预设的效果，如图6-102所示。

图6-102 预览动画预设效果

6.6 总结扩展

在After Effects中制作文字动画，需要熟练掌握文字动画相关属性的设置方法，并能与蒙版动画相结合，综合应用不同的动画形式能够表现出很多特殊的文字动画效果。

6.6.1 本章小结

本章主要对After Effects中的文字动画进行了详细介绍，分别介绍了输入文字的不同方法，以及如何设置文字属性，并且还介绍了文字的动画属性，通过文字的动画属性可以轻松地制作出文字动画效果。完成本章内容的学习后，读者需要掌握在After Effects中输入并设置文字的方法，并且能够制作出常见的文字动画效果。

6.6.2 扩展练习——制作手写文字动画

素　材：第6章\素材\66201.jpg、66202.png、66203.mov

源文件：第6章\6-6-2.aep

技术要点：文字与蒙版相结合制作手写文字动画

扫描观看视频

扫描下载素材

STEP 01 执行“合成 > 新建合成”命令，弹出“合成设置”对话框，新建合成。导入素材图像“66201.jpg”、“66202.png”和“66203.mov”，将“66201.jpg”素材图像拖入“时间轴”面板中，使用“横排文字工具”，在“合成”窗口中单击并输入文字，效果如图6-103所示。

STEP 02 选择文字图层，使用“钢笔工具”，在“合成”窗口中沿着文字笔画绘制蒙版路径，如图6-104所示。

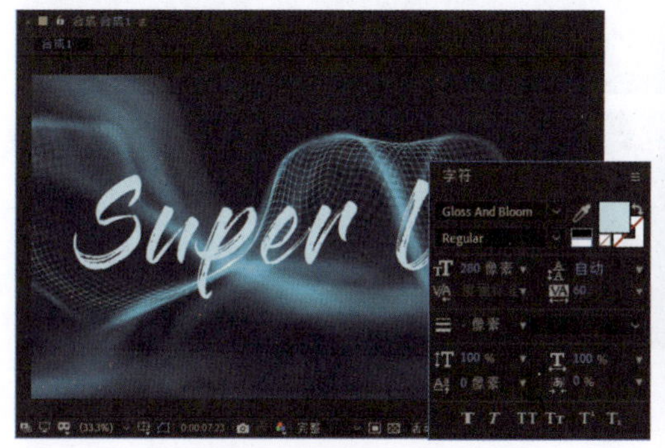

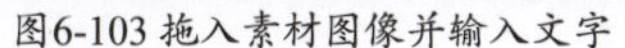
图6-103 拖入素材图像并输入文字

图6-104 沿文字笔画绘制蒙版路径

使用“钢笔工具”沿文字笔画绘制蒙版路径时，需要注意尽可能地按照文字的正确书写笔画来绘制路径，并且尽量将路径绘制在文字笔画的中间位置，而且要保持所绘制的路径为一条完整的路径。

STEP 03 执行“效果 > 生成 > 描边”命令，为刚绘制的路径应用“描边”效果，对相关选项进行设置。将“时间指示器”移至起始位置，设置“结束”属性值为0%，并为该属性插入关键帧。将“时间指示器”移至3秒位置，设置“结束”属性值为100%，效果如图6-105所示。

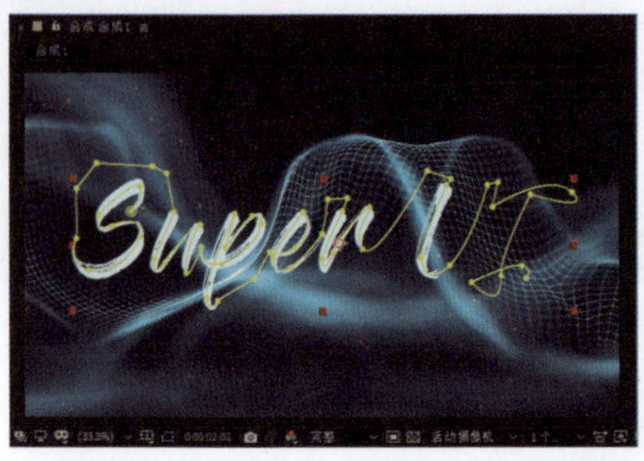
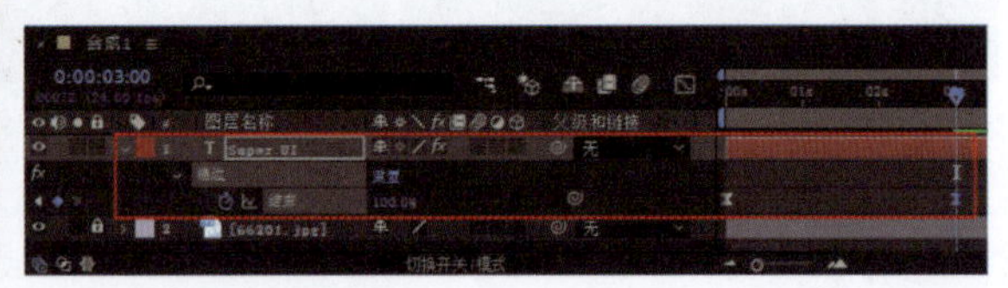

图6-105 制作文字遮罩显示动画效果

STEP 04 将素材图像“66202.png”拖入“合成”窗口中，使用与文字图层相同的制作方法，制作该素材图像遮罩显示的动画效果，如图 6-106 所示。

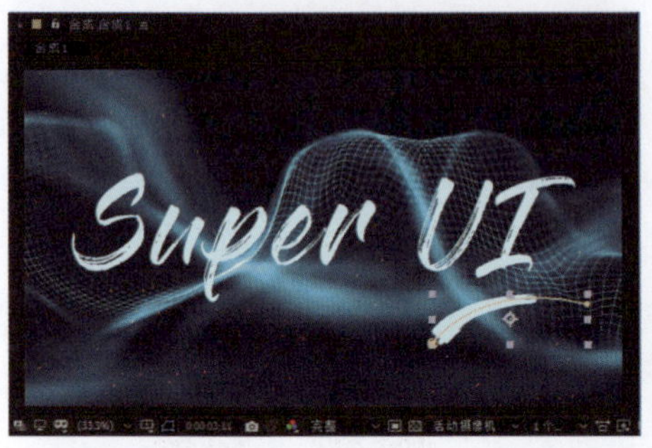
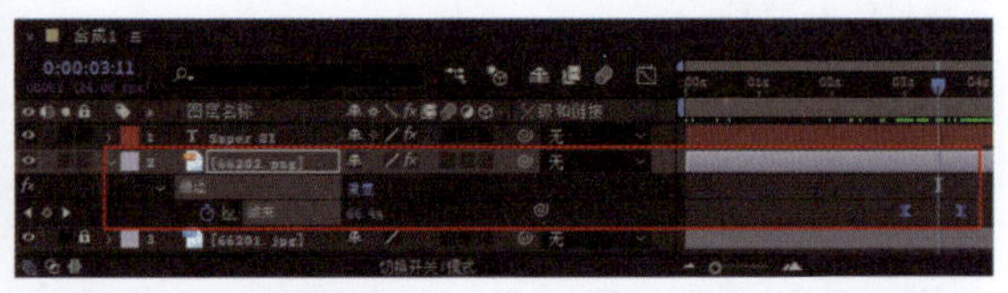

图6-106 制作图像遮罩显示动画效果

STEP 05 拖入视频素材“66203.mov”，完成手写文字动画的制作，预览动画效果如图 6-107 所示。

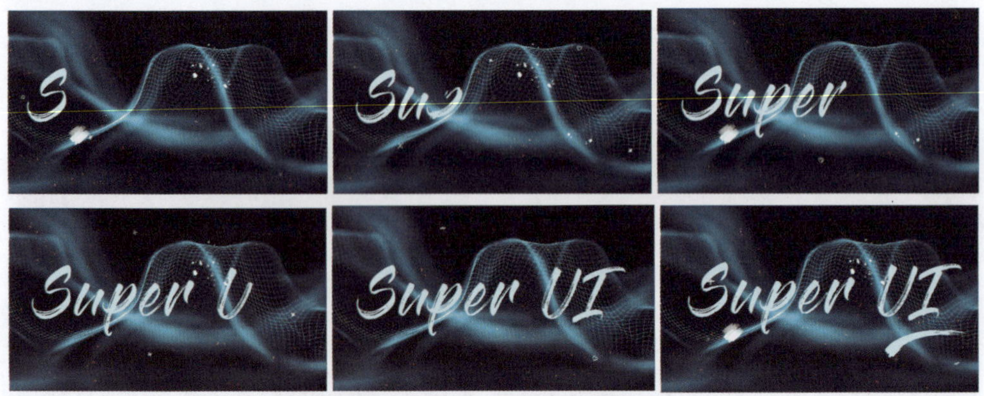

图6-107 预览手写文字动画效果

第7章 跟踪与表达式

在视频动画的制作过程中，跟踪与表达式都是不可或缺的重要组成部分，熟练掌握这些功能能够有效提升动画制作速度和技巧。跟踪主要是对动画画面进行调整，在动画制作过程中把握好运动与跟踪之间的紧密关系；表达式则是动画制作的一种辅助手段，通过表达式能够快速实现一些特殊的动画效果，有效提高动画制作的效率。

7.1 使用跟踪功能

在视频拍摄过程中难免会出现画面抖动等情况，为了使画面协调美观，就必须对画面进行调整。在After Effects中，可以对视频应用跟踪或者稳定的方式达到稳定画面的效果，熟练地掌握跟踪与稳定的应用，对视频动画处理会有很大帮助。

7.1.1 认识“跟踪器”面板

在After Effects中，通过对“跟踪器”面板进行设置，可以实现对视频动画的运动跟踪。

执行“窗口>跟踪器”命令，打开“跟踪器”面板，如图7-1所示。在其中单击“跟踪摄像机”、“变形稳定器”、“跟踪运动”或者“稳定运动”按钮中的任意一个按钮，即可创建相应类型的跟踪器，在“跟踪器”面板中可以对所创建的跟踪器进行相应的设置，如图7-2所示。

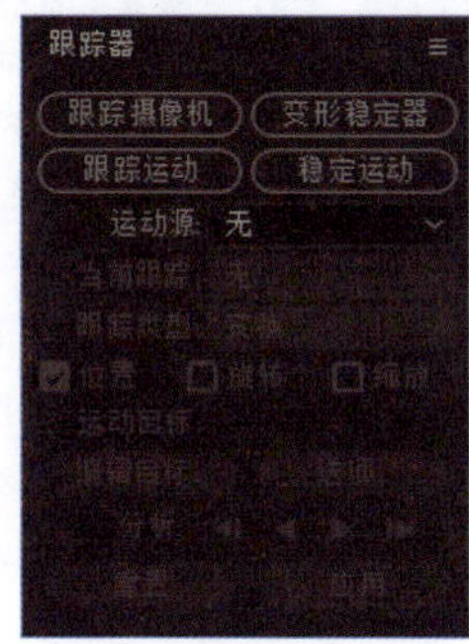

图7-1 “跟踪器”面板

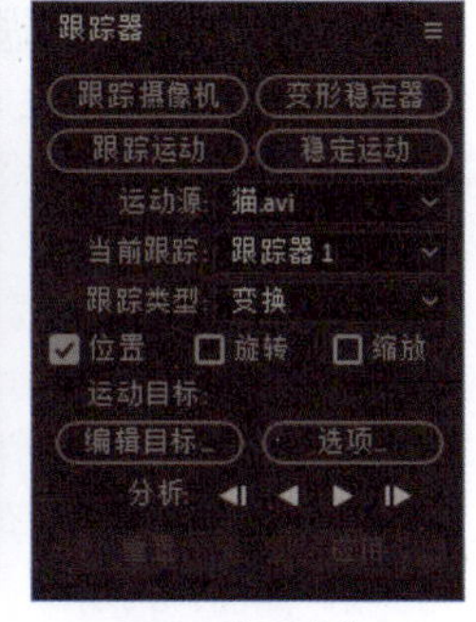

图7-2 设置参数

- “跟踪摄像机”按钮：单击该按钮，可以对当前合成进行分析，自动获取视频素材中摄像机的运动数据，并在“效果控件”面板中显示“3D摄像机跟踪器”的相关设置选项，如图7-3所示。完成“效果控件”面板中相应的选项设置后，单击“创建摄像机”按钮，可以创建一个“3D跟踪器摄像机”图层，如图7-4所示。

Learning Objectives
学习重点

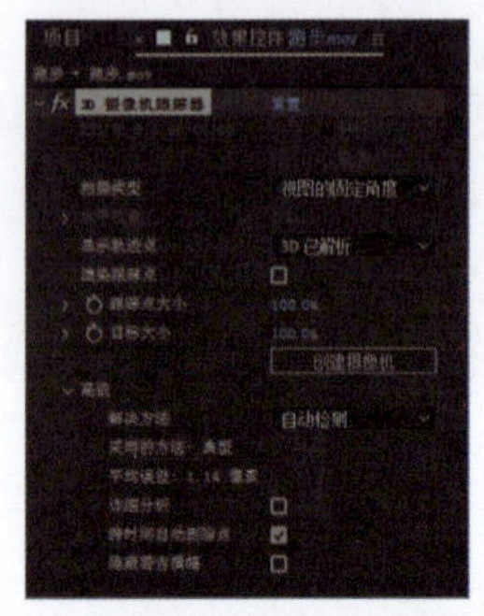

图7-3 “3D摄像机跟踪器”设置选项

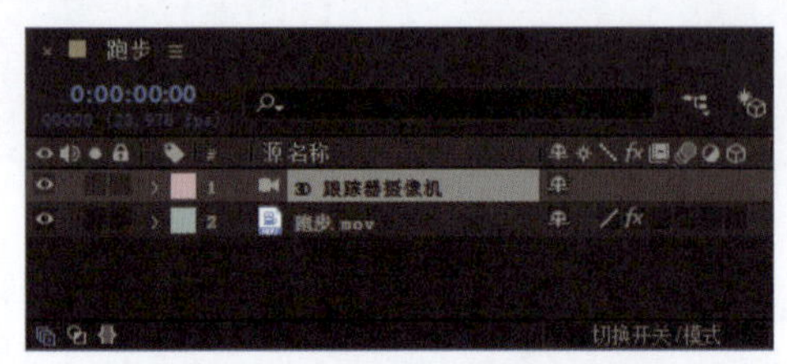

图7-4 创建“3D跟踪器摄像机”图层

- “变形稳定器”按钮：单击该按钮，可以对当前合成进行分析，自动消除因拍摄时摄像机的晃动而出现的画面抖动，并且在“效果控件”面板中显示“变形稳定器”的相关设置选项，如图7-5所示，可以为当前合成的画面进行相应的变形稳定设置。
- “跟踪运动”按钮：最常用的跟踪工具，可以选定视频素材中的运动元素，添加跟踪点，获取其运动路径数据，将运动数据赋予其他的元素。单击该按钮，可以在当前合成中添加一个运动跟踪器，并且“跟踪器”面板中的“当前跟踪”将自动选择刚刚创建的跟踪器，“跟踪类型”为“变换”，如图7-6所示。
- “稳定运动”按钮：原理与“跟踪运动”相同，只是获取数据后将数据反向作用于素材本身，从而实现自身运动的稳定。单击该按钮，可以在当前合成中添加一个稳定跟踪器，并且“跟踪器”面板中的“当前跟踪”将自动选择刚刚创建的跟踪器，“跟踪类型”为“稳定”，如图7-7所示。

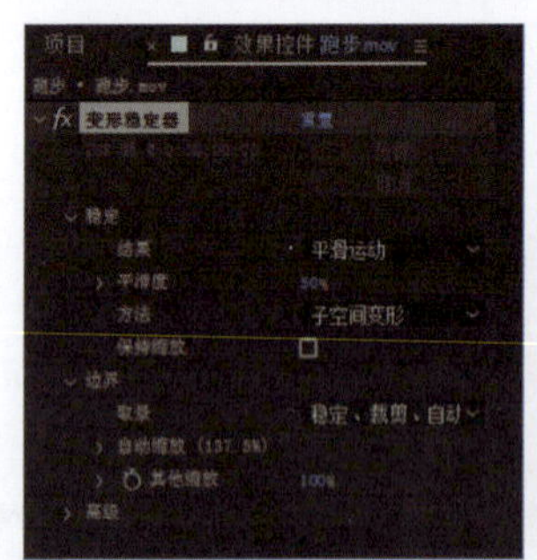

图7-5 “变形稳定器”设置选项

跟踪器
跟踪摄像机 变形稳定器
跟踪运动 稳定运动
运动源：跑步.mov
当前跟踪：跟踪器 1
跟踪类型：变换
位置 旋转 缩放
运动目标：
编辑目标… 选项…
分析：

图7-6 创建运动跟踪器

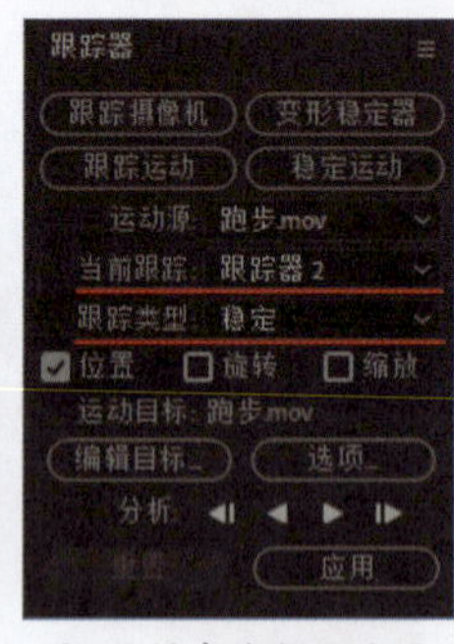

图7-7 创建稳定跟踪器

- 运动源：在合成中添加运动跟踪器或者稳定跟踪器之后，可以在该下拉列表框中选择需要进行跟踪处理的图层。
- 当前跟踪：如果在指定的图层中添加了多个跟踪器，可以在该下拉列表框中选择需要进行设置的跟踪器。
- 跟踪类型：在该下拉列表框中可以选择跟踪器的类型，包括“稳定”、“变换”、“平行边角定位”、“透视边角定位”和“原始”5个选项，如图7-8所示。

变换
稳定
变换
平行边角定位
透视边角定位
原始

图7-8 “跟踪类型”下拉列表框

- 稳定：选择该选项，可以对画面进行稳定跟踪。
- 变换：选择该选项，可以对画面进行运动跟踪。
- 平行边角定位：选择该选项，可以对画面中的旋转、倾斜进行跟踪，但无法跟踪透视。
- 透视边角定位：选择该选项，可以对画面进行透视跟踪。
- 原始：选择该选项，可以对位移进行跟踪，但是其跟踪计算结果只能保存在素材属性中，在表达式中可以调用这些跟踪数据。

- 位置、旋转、缩放：选择“位置”复选框，则跟踪动画为位移跟踪动画；选择“旋转”复选框，则跟踪动画为旋转跟踪动画；选择“缩放”复选框，则跟踪动画为缩放跟踪动画。
- “编辑目标”按钮：单击该按钮，弹出“运动目标”对话框，可以指定跟踪传递的目标，如图7-9所示。
- “选项”按钮：单击该按钮，弹出“动态跟踪器选项”对话框，可以对跟踪器进行更详细的设置，如图7-10所示。

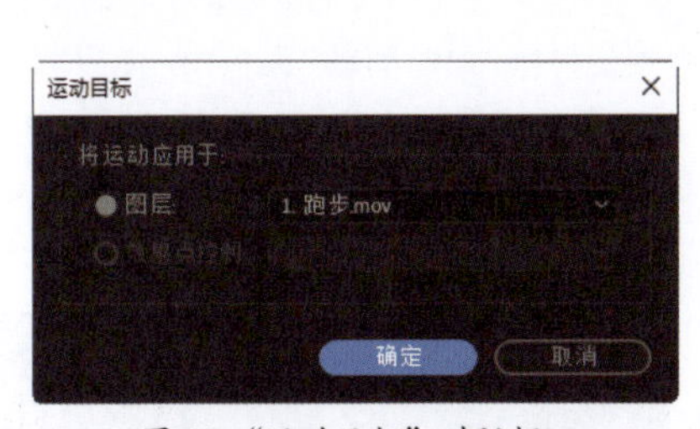

图7-9 “运动目标”对话框

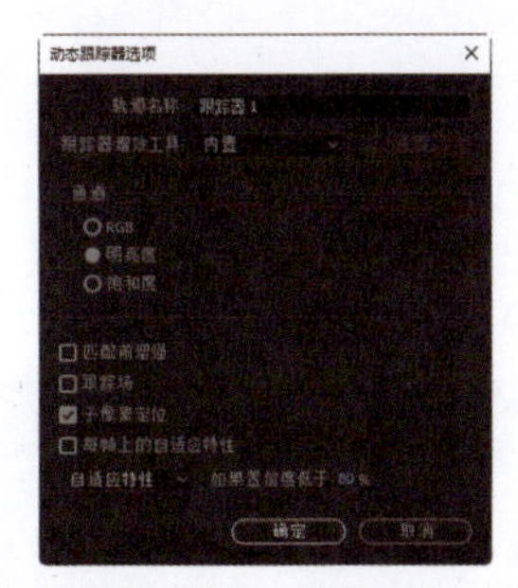

图7-10 “动态跟踪器选项”对话框

- 分析：通过单击该选项后的4个按钮，可以分别对当前视频进行相应的分析跟踪。包括“向后分析1个帧”、“向后分析”、“向前分析”和“向前分析1个帧”。
- “重置”按钮：单击该按钮，可以将当前应用的跟踪删除并还原为初始状态。
- “应用”按钮：单击该按钮，可以将当前添加的跟踪结果应用到视频中。

7.1.2 跟踪范围框

当对视频素材应用跟踪命令后，将会自动打开该视频素材的图层窗口，在素材图层窗口中会出现一个十字形标记和两个方框构成的跟踪对象，这就是跟踪范围框，如图7-11所示。其中外框为搜索区域，显示的是跟踪对象的搜索范围；内框为特征区域，用于锁定跟踪对象的具体特征；十字形标记为跟踪点。

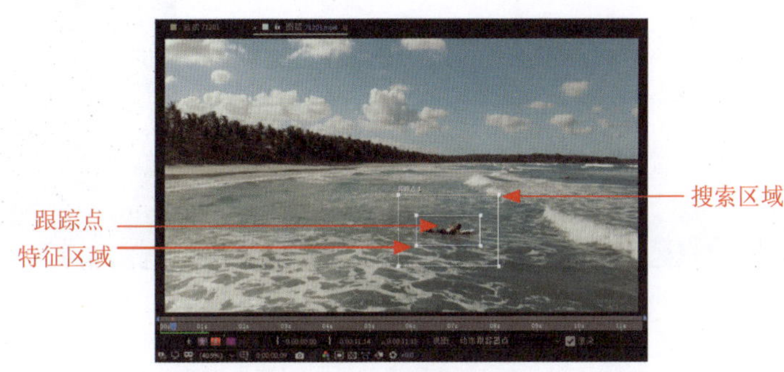

图7-11 跟踪范围框

- 搜索区域：定义下一帧的跟踪范围。搜索区域的大小与要跟踪目标的运动速度有关，跟踪目标的运动速度越快，搜索区域就越大。
- 特征区域：定义跟踪目标的特征范围。After Effects软件会先通过记录特征区域内的色相、亮度和形状等特征，在后续关键帧中再以这些记录的特征进行匹配跟踪。一般情况下，在前期拍摄过程中就会注意跟踪点的位置。
- 跟踪点：跟踪点是关键帧生成点，是跟踪范围框与其他图层之间的链接点。

使用“选取工具”可以对跟踪范围进行调整，将光标放置在跟踪范围框内不同的位置，光标会变换成不同的效果，拖动光标可以实现相应的调整。

当光标变为▷⁘形状时，表示可以移动跟踪点的位置；当光标变为▶✥形状时，表示可以移动整个跟踪范围框；当光标变为▷✥形状时，表示可以移动特征区域和搜索区域；当光标变为▷▫形状时，表示可以移动搜索区域；当光标变为▷形状时，表示可以拖动调整方框的大小或者形状。

7.1.3 应用案例——制作位移跟踪动画

素　材：第7章\素材\71301.mp4

源文件：第7章\7-1-3.aep

技术要点：掌握位移跟踪动画的制作方法

扫描观看视频

扫描下载素材

STEP 01 导入视频素材图像"71301.mp4"，将该视频素材拖入"时间轴"面板中，使用"横排文字工具"，在"合成"窗口中单击并输入文字，效果如图7-12所示。选择"71301.mp4"图层，打开"跟踪器"面板，单击"跟踪运动"按钮，在图层窗口中显示视频素材并自动创建一个跟踪点，如图7-13所示。

图7-12 拖入视频素材并输入文字

图7-13 创建跟踪点

STEP 02 使用"选取工具"调整跟踪范围框的位置和大小，使"跟踪点"位于视频中的帆船部分，如图7-14所示。在"跟踪器"面板中设置"运动源"为"71301.mp4"，单击"编辑目标"按钮，弹出"运动目标"对话框。选择需要跟随跟踪点运动的图层，这里选择文字图层，单击"确定"按钮，完成跟踪目标的设置，如图7-15所示。

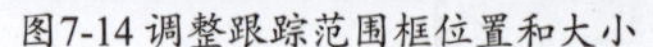
图7-14 调整跟踪范围框位置和大小

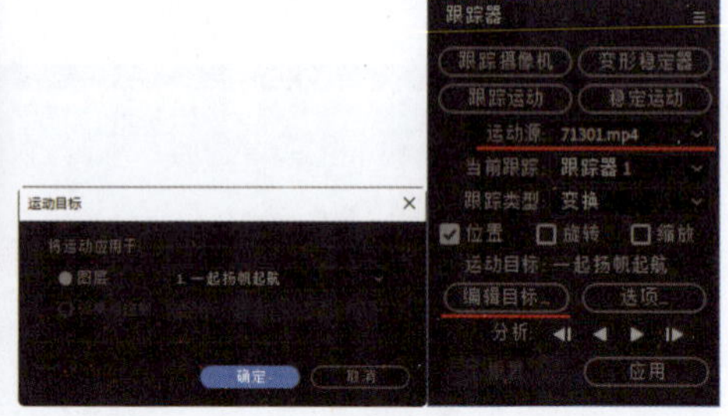

图7-15 设置"运动源"和"运动目标"

STEP 03 将"时间指示器"移至0秒位置，单击"跟踪器"面板中的"向前分析"图标▶，对视频素材进行播放分析，如图7-16所示。分析完成后，单击"跟踪器"面板中的"应用"按钮，弹出"动态跟踪器应用选项"对话框，参数设置如图7-17所示。

图7-16 对视频素材进行播放分析

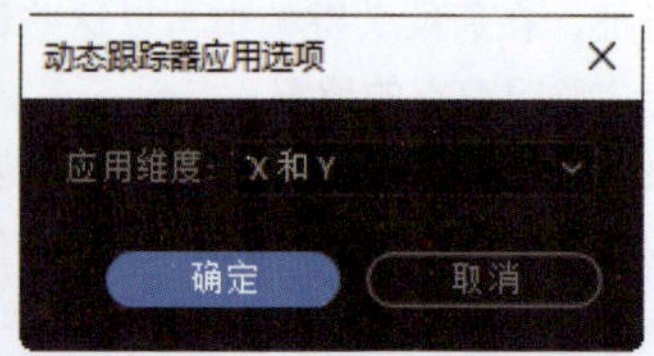

图7-17 "动态跟踪器应用选项"对话框

STEP 04 单击“确定”按钮，完成运动跟踪动画的制作，自动返回“合成”窗口。单击“预览”面板中的“播放/停止”按钮▶，在“合成”窗口中预览视频，可以看到文字会跟随着帆船进行运动，效果如图 7-18 所示。

图7-18 预览位移跟踪动画效果

7.1.4 应用案例——制作旋转跟踪动画

素　材：第7章\素材\71401.mp4
源文件：第7章\7-1-4.aep
技术要点：掌握旋转跟踪动画的制作方法

扫描观看视频

扫描下载素材

STEP 01 导入视频素材图像“71401.mp4”，将该视频素材拖入“时间轴”面板中，打开“跟踪器”面板，单击“跟踪运动”按钮，在图层窗口中显示视频素材并自动创建一个跟踪点，如图 7-19 所示。在“跟踪器”面板中选择“旋转”复选框，在图层窗口中可以看到在视频素材中自动添加了另一个跟踪点，如图 7-20 所示。

图7-19 创建第1个跟踪点

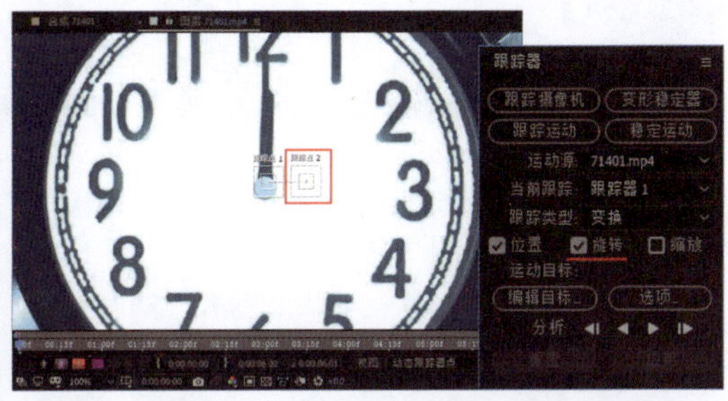

图7-20 创建第2个跟踪点

STEP 02 将“时间指示器”移至 0 秒位置，分别调整“跟踪点 1”和“跟踪点 2”的位置和跟踪范围，如图 7-21 所示。单击“跟踪器”面板中的“向前分析”图标▶，对视频素材进行播放分析，如图 7-22 所示。

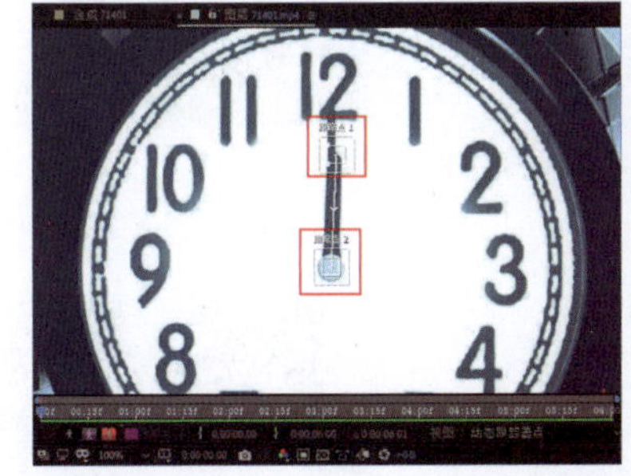

图7-21 分别调整两个跟踪点的位置和跟踪范围

图7-22 对视频素材进行播放分析

STEP 03 切换到“71401”合成编辑窗口中，使用“星形工具”，在“合成”窗口中绘制一个橙色的五角星形，如图7-23所示。选择“71401.mp4”图层，切换到图层窗口中，在“跟踪器”面板中设置“运动目标”为“形状图层1”图层，如图7-24所示。单击“应用”按钮，在弹出的对话框中保持默认设置，单击“确定”按钮。

图7-23 绘制五角星形图形

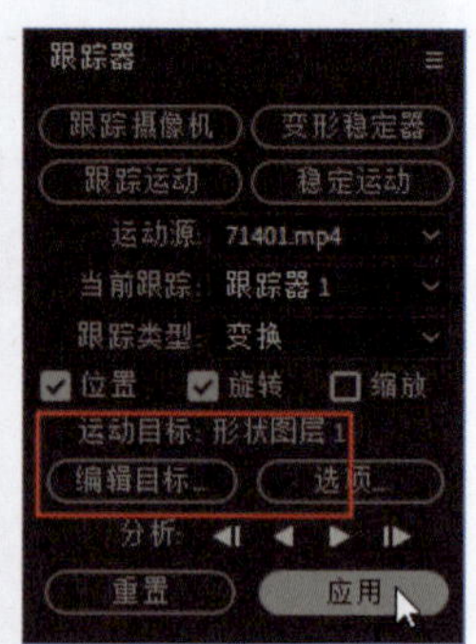

图7-24 设置“运动目标”选项

STEP 04 完成运动跟踪动画的制作，在“合成”窗口中可以看到跟踪对象的效果，如图7-25所示。单击“形状图层1”下方的“旋转”属性名称，可以同时选中该属性的所有关键帧，使用“旋转工具”，在“合成”窗口中对该图形进行旋转，如图7-26所示。

图7-25 “合成”窗口效果

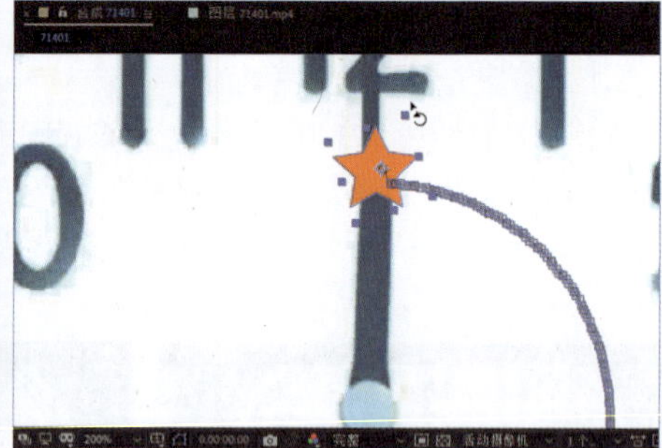

图7-26 对图形进行旋转

STEP 05 完成旋转跟踪动画的制作，单击“预览”面板中的“播放/停止”按钮▶，可以在“合成”窗口中预览视频，效果如图7-27所示。

图7-27 预览旋转跟踪动画效果

7.1.5 应用案例——制作透视跟踪动画

素　材：第7章\素材\71501.mp4、71502.mp4
源文件：第7章\7-1-5.aep
技术要点：掌握透视跟踪动画的制作方法

扫描观看视频

扫描下载素材

STEP 01 导入视频素材图像“71501.mp4”，将该视频素材拖入“时间轴”面板中，打开“跟踪器”面板，单击“跟踪运动”按钮，在图层窗口中显示视频素材并自动创建一个跟踪点，如图7-28所示。在“跟踪器”面板中设置“跟踪类型”选项为“透视边角定位”，在图层窗口中自动显示4个跟踪点，如图7-29所示。

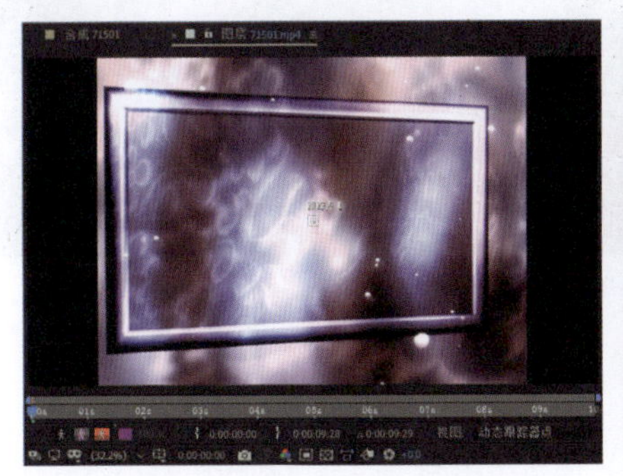

图7-28 创建第1个跟踪点

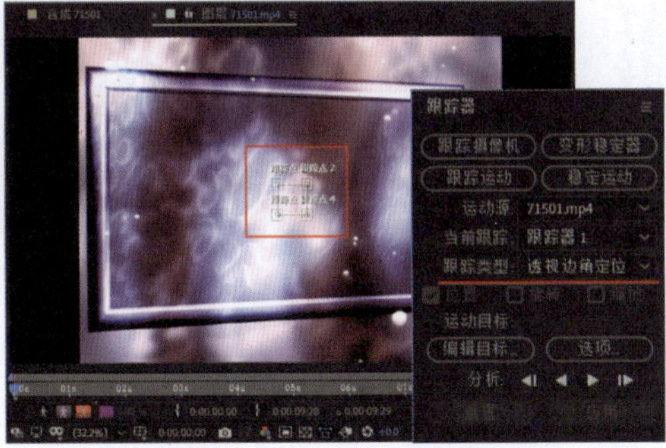

图7-29 自动显示4个跟踪点

STEP 02 在图层窗口中分别调整4个跟踪点至视频中合适的位置，并分别调整4个跟踪点的跟踪范围，如图7-30所示。单击“跟踪器”面板中的“向前分析”图标▶，对视频素材进行播放分析，如图7-31所示。

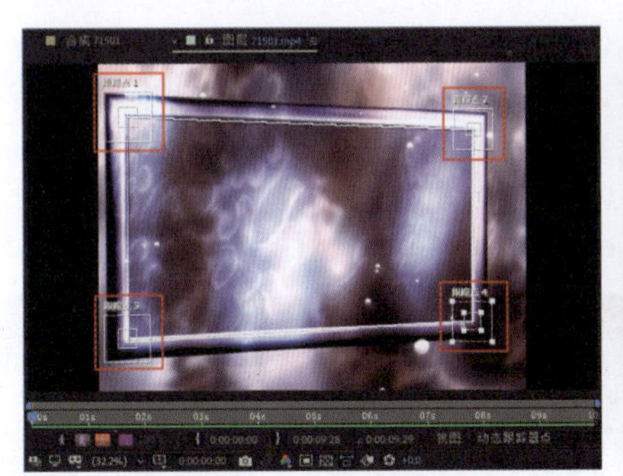

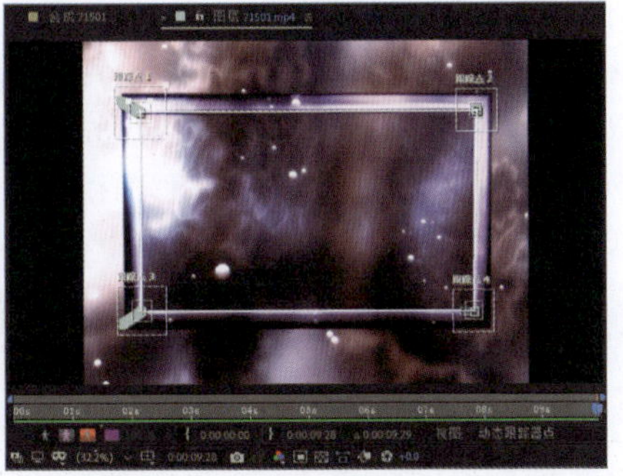

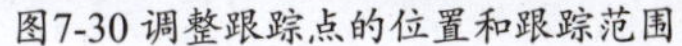

图7-30 调整跟踪点的位置和跟踪范围

图7-31 对视频素材进行播放分析

STEP 03 切换到“合成”窗口中，导入视频素材“71502.mp4”，将该视频素材拖入到“时间轴”面板中，效果如图7-32所示。选择“71501.mp4”图层，切换到图层窗口中，在“跟踪器”面板中设置“运动目标”为“71502.mp4”图层，如图7-33所示。

图7-32 拖入视频素材

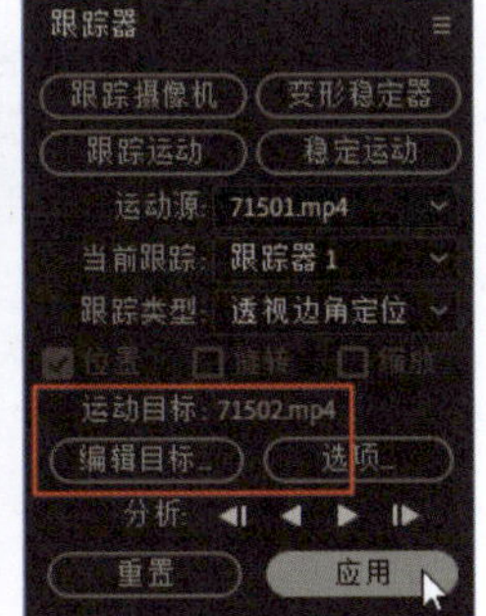

图7-33 设置“运动目标”选项

STEP 04 单击“跟踪器”面板中的“应用”按钮，完成透视跟踪动画的制作。单击“预览”面板中的“播放/停止”按钮▶，在“合成”窗口中预览视频，可以看到视频素材透视跟踪的效果，如图7-34所示。

图7-34 预览透视跟踪视频效果

7.2 使用表达式

在After Effects中，用户可以用表达式把一个属性的值应用到另一个属性中，产生交互性的影响。只要遵守表达式的基本规律，用户就可以创建复杂的表达式动画。

7.2.1 表达式概述

表达式能够通过编程的方式来实现一些重复性的动画操作，从而有效减少动画的制作量。此外，使用表达式还能够实现一些特殊的动画效果。使用表达式，可以创建一个图层与另一个图层的关联，或者属性与属性之间的关联。例如，可以用表达式关联时钟的时针、分针和秒针，在制作动画时只要设置其中一项的动画，其余两项可以使用表达式关联产生动画。

要创建表达式，可以在“时间轴”面板中完成，用户可以使用表达式关联器为不同图层的属性创建关联表达式，还可以在表达式输入框中输入和编辑表达式，如图7-35所示。

图7-35 在“时间轴”面板中显示表达式输入框

- “启用表达式”按钮：用于激活或者关闭表达式功能。当为某个属性添加表达式时，该按钮默认为按下状态，表示启用表达式功能。
- “显示后表达式图表”按钮：用于控制是否在曲线编辑模式下显示表达式动画曲线，默认为未激活状态。
- “表达式关联器”按钮：用于关联表达式，可以拖动该按钮至需要关联的表达式上，从而实现与相关表达式的关联。
- “表达式语言菜单”按钮：单击该按钮会打开表达式语言菜单，可以执行常用的表达式命令。

7.2.2 表达式的基本操作方法

表达式使用起来非常方便，很多看起来十分复杂的动画通过表达式就可以轻松实现。本节将介绍表达式的基本操作方法。

添加表达式

添加表达式的方法有以下两种。

第1种方法：展开图层下方的属性，按住【Alt】键不放，单击需要添加表达式的属性前的“秒表”按钮，即可在该属性下方显示针对该属性的表达式选项和表达式输入框，如图7-36所示。

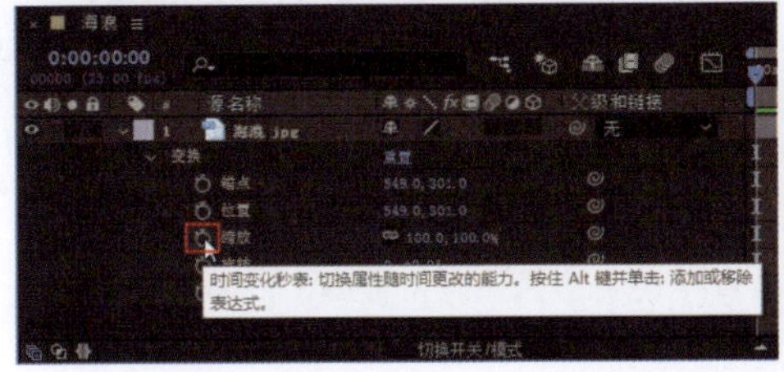

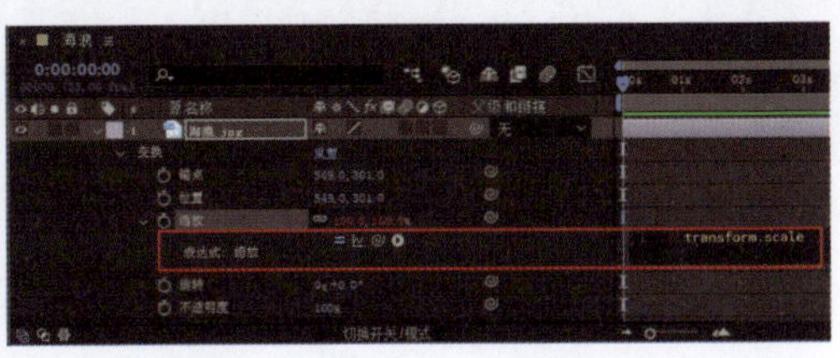

图7-36 显示表达式输入框1

第2种方法：展开图层下方的属性，选择需要添加表达式的属性，执行“动画>添加表达式”命令，即可在所选择属性的下方显示针对该属性的表达式选项和表达式输入框，如图7-37所示。

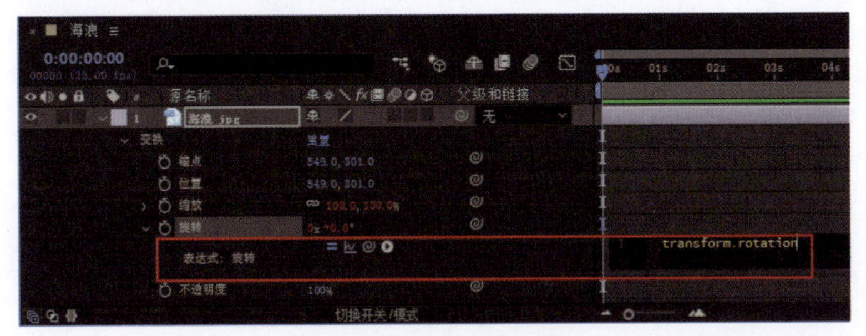

图7-37 显示表达式输入框2

在After Effects中，可以在表达式输入框中手动输入表达式，也可以使用表达式语言菜单自动输入表达式，还可以使用“表达式关联器”按钮，关联其他图层中所添加的表达式。

单击表达式选项中的“表达式语言菜单”按钮，打开表达式语言菜单，如图7-38所示，这对于正确书写表达式的参数变量及语法很有帮助。在After Effects表达式语言菜单中选择任意一个目标、属性或者方法，会自动在表达式输入框中插入表达式命令，用户只需根据自己的需要修改命令中的参数和变量即可。

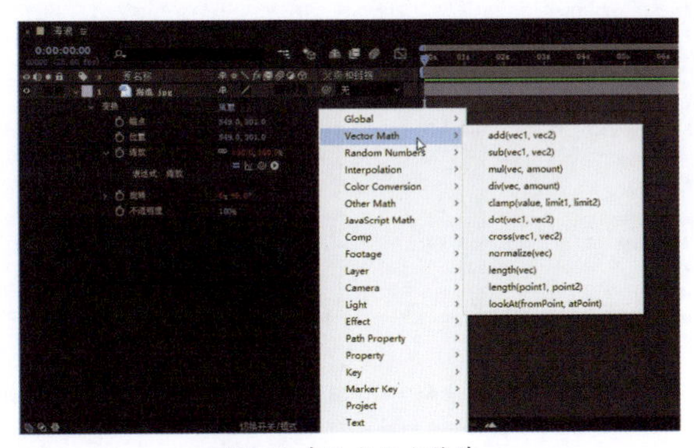

图7-38 表达式语言菜单

编辑表达式

为图层中的某个属性添加表达式，显示表达式输入框，可以直接在表达式输入框中输入相应的表达式代码，如图7-39所示。完成表达式代码的输入后，只需在“时间轴”面板中的任意位置单击，即可完成表达式的输入并隐藏表达式输入框，但依然会在该属性下方显示所添加的表达式代码，如图7-40所示。

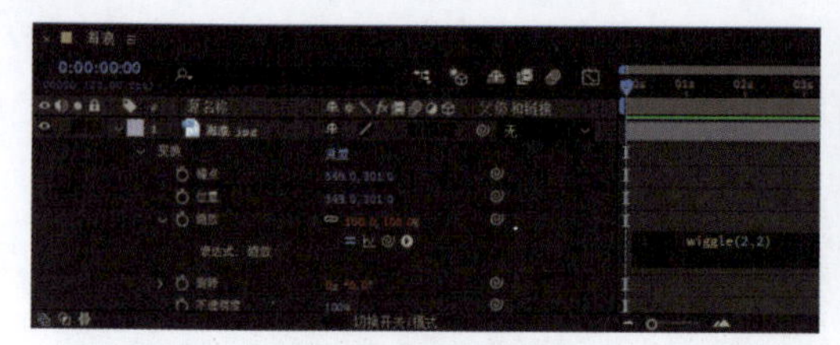

图7-39 输入表达式代码

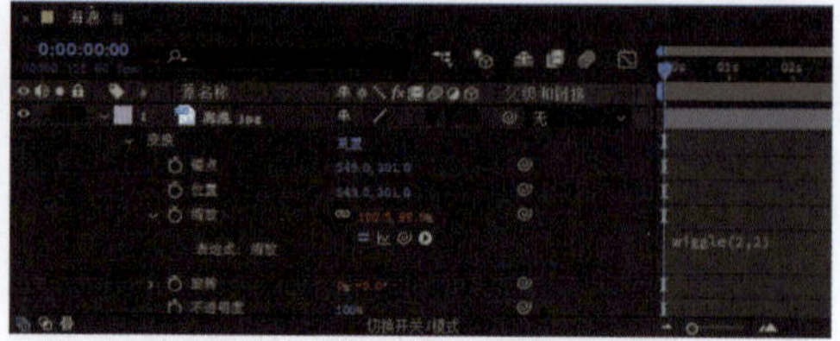

图7-40 完成表达式代码的输入

如果需要对已添加的表达式代码进行编辑，可以直接在表达式代码位置单击，显示表达式输入框，直接对表达式代码进行编辑修改即可。

在After Effects软件中，表达式的写法类似于Java语言，一条基本的表达式通常由以下几部分组成。

例如，如下的表达式：

```
thisComp.layer("black Solid 1").transform.opacity=transform.opacity+time*10
```

其中，thisComp为全局属性，用来指明表达式所应用的最高层级，layer("Black Solid 1")指明是哪一个图层，transform.opacity为当前图层的哪一个属性，transform.opacity+time*10为属性的表达式值。

也可以直接用相对层级的写法，省略全局属性，上面的表达式也可以写为：

```
Transform.opacity=transform.opacity+time*10
```

或者更加简洁地写成下面的形式：

```
Transform.opacity+time*10
```

删除表达式

如果要删除为某个属性所添加的表达式，可以在“时间轴”面板中选择需要删除表达式的属性，执行“动画>移除表达式”命令，或者按住【Alt】键不放，单击属性名称前的“秒表”按钮，即可删除为该属性所添加的表达式。

保存和调用表达式

在After Effects中可以将含有表达式的动画保存为一个“动画预设”，以方便在其他项目文件中调用这些动画预设。选中需要保存为动画预设的属性，执行“动画>保存动画预设”命令，如图7-41所示，弹出“动画预设另存为”对话框，如图7-42所示。单击“保存”按钮，即可完成动画预设的保存。

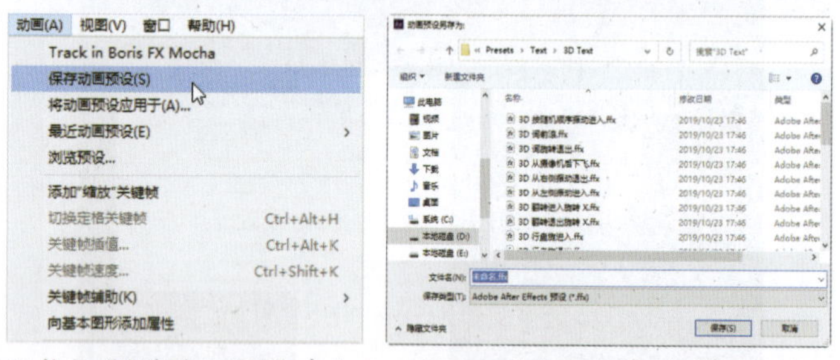

图7-41 执行“保存动画预设”命令　　图7-42 “动画预设另存为”对话框

提示

如果在保存的动画预设中，动画属性仅含有表达式而没有任何关键帧，那么动画预设中就会只保存表达式的信息。如果动画属性中包含一个或者多个关键帧，那么动画预设中将同时保存关键帧和表达式的信息。

为表达式添加注释

因为表达式是基于JavaScript语言的，所以和其他编程语言一样，可以用“//”或“*/”符号为表达式添加注释，具体用法如下。

如果只需要添加单行注释内容，可以使用//，例如：

//这里是注释说明内容

如果需要同时添加多行注释内容，可以使用“/*”和“*/”包含多行注释内容，例如：

/*这里是注释说明内容

这里是注释说明内容*/

7.2.3 表达式中的量

在After Effects中，经常用到常量和变量的数据类型就是数组。如果能够熟练地掌握JavaScript语言中的数组，对于书写表达式有很大帮助。

- 数组常量：在JavaSsript中，一个数组常量包含几个数，并且用中括号括起来。例如：[32, 55]，其中32为第0号元素，55为第1号元素。
- 数组变量：对于数组变量，可以将一个指针指派给它，例如：myArray=[32, 55]，表示一个名称为myArray的数组变量，在该数组变量中包含两个元素。
- 访问数组变量：可以用“[ ]”中的元素序号访问数组中的某一个元素，例如：要访问myArray数组中的第一个元素32，可以输入myArray[0]。
- 把一个数组指针赋给变量：在After Effects的表达式语言中，很多属性和方法要用数组赋值或者返回值。例如，在二维图层或者三维图层中，thisLayer.Position是一个二维或者三维的数组。
- 数组的维度：在After Effects中，不同的属性有不同的维度，一般分为一元、二元、三元、四元。例如用来表达“不透明度”属性，只需一个值就足够了，所以它是一元属性；position用来表示空间属性，需要*X*、*Y*、*Z*这3个数值，所以它是三元属性。下面列举一些常见的属性维度。

  一元：Rotation、Opacity。

  二元：Scale[x, y]。

  三元：Position[x, y, z]。

  四元：Color[r, g, b, a]。

7.2.4 表达式语言菜单

由于表达式属于一种脚本式语言，因此After Effects软件本身提供了一个表达式语言菜单，可以在其中查找想要的表达式。单击“表达式语言菜单”按钮，打开表达式语言菜单，如图7-43所示。

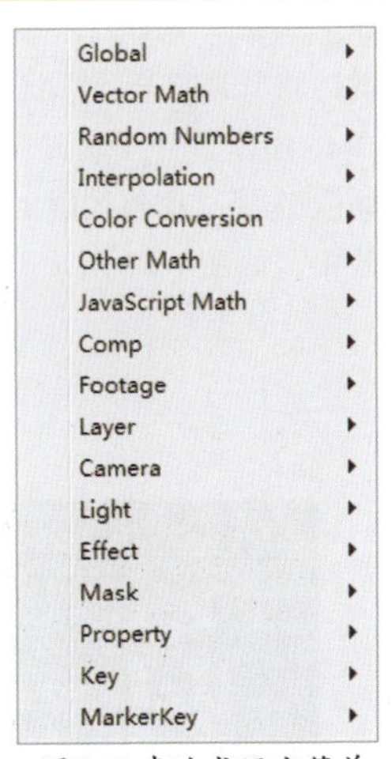

图7-43 表达式语言菜单

- Global：该菜单中的命令主要用于指定表达式的全局对象的设置。
- Vector Math：该菜单中的命令主要是矢量数学运算的数学函数。
- Random Numbers：该菜单中的命令主要是生成随机数的函数。
- Interpolation：该菜单中的命令主要是利用插值的方法制作表达式的函数。
- Color Conversion：该菜单中的命令主要是RGBA和HSLA的色彩空间转换。
- Other Math：该菜单中的命令主要是包括度和弧度的相互转换。
- JavaScript Math：该菜单中的命令主要是JavaScript中的运算函数。
- Comp：该菜单中的命令主要是利用合成的属性制作表达式。
- Footage：该菜单中的命令主要是利用脚本属性和方法制作表达式。
- Layer：该菜单中的命令主要是图层的各种类型，其子菜单中包括Sub-object（层的子对象类）、General（层的一般属性类）、Properties（层的特殊属性类）、3D（三维层类）和Space Transforms（层的空间转换类）。

- Camera：该菜单中的命令主要是利用摄像机的属性制作表达式。
- Light：该菜单中的命令主要是利用灯光的属性制作表达式。
- Effect：该菜单中的命令主要是利用效果的参数制作表达式。
- Mask：该菜单中的命令主要是利用蒙版的属性制作表达式。
- Property：该菜单中的命令主要是利用各种属性制作表达式。
- Key：该菜单中的命令主要是利用关键帧、时间和指数制作表达式。
- MarkerKey：该菜单中的命令主要是利用标记点关键帧的方法制作表达式。

7.2.5 应用案例——制作心跳动态图标动画

素　材：第7章\素材\72501.psd
源文件：第7章\7-2-5.aep
技术要点：掌握表达式的添加与输入

扫描观看视频

扫描下载素材

STEP 01 导入 PSD 分层素材文件“72501.psd”，在弹出的对话框中设置“导入种类”为“合成 - 保持图层大小”选项，自动生成相应的合成，对合成进行设置，修改“帧速度”为 30 帧 / 秒，“持续时间”为 2 秒，如图 7-44 所示，单击“确定”按钮。双击合成，在“合成”窗口中可以看到图标的效果，如图 7-45 所示。

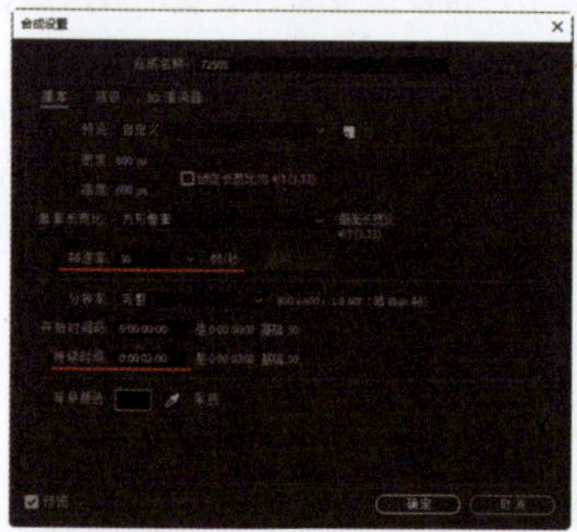
图7-44 “合成设置”对话框

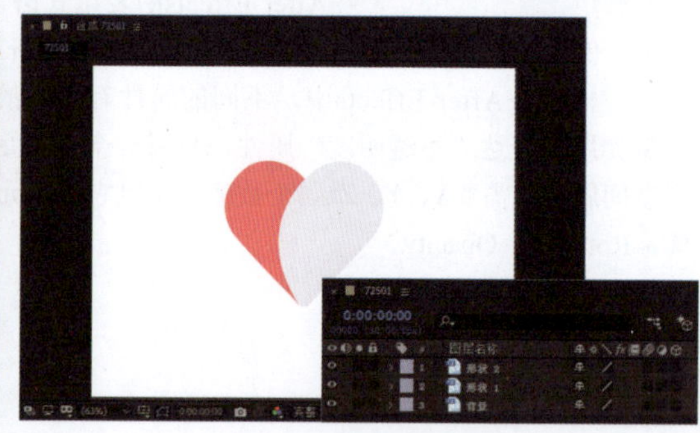
图7-45 “合成”窗口

STEP 02 复制“形状 2”得到“形状 3”图层，设置“形状 3”图层的“不透明度”为 70%。新建调整图层，将其调整至“形状 2”图层下方，设置该图层的 TrkMat 选项为“Alpha 遮罩‘形状 2’”，如图 7-46 所示。

STEP 03 选择“调整图层 1”，为该图层应用“高斯模糊”效果，设置“模糊度”为 100，制作出毛玻璃效果，如图 7-47 所示。

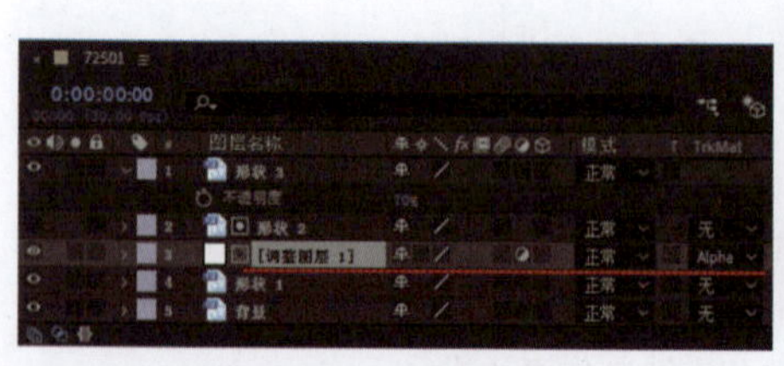
图7-46 设置“TrkMat”选项

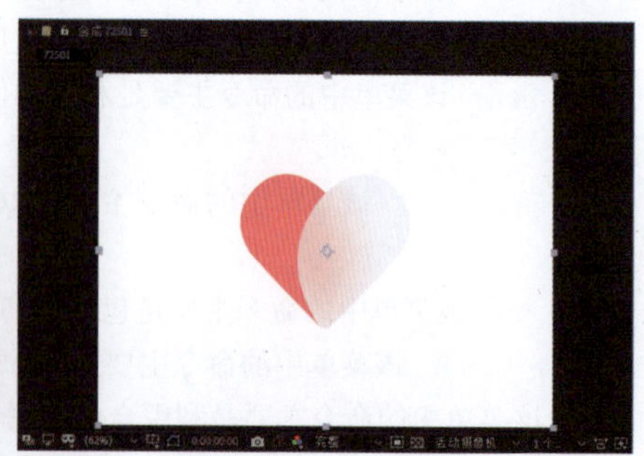
图7-47 制作毛玻璃效果

STEP 04 同时选中“形状 1”至“形状 3”图层，将其创建为“图标”的预合成。为该图层应用“凸出”效果，设置“水平半径”和“垂直半径”均为 200，设置“凸出高度”为 0，并为该属性插入关键帧，如图 7-48 所示。

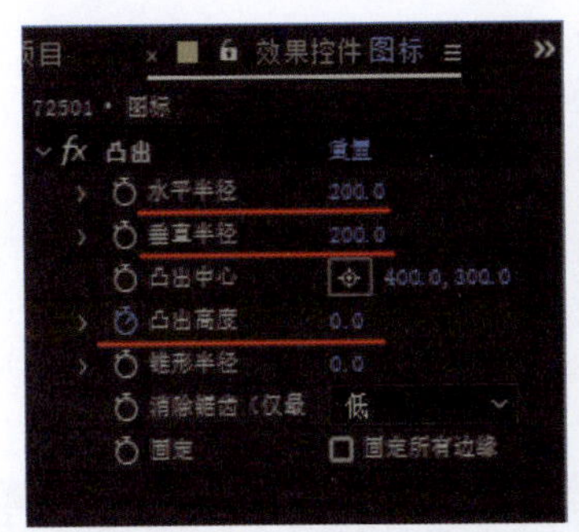

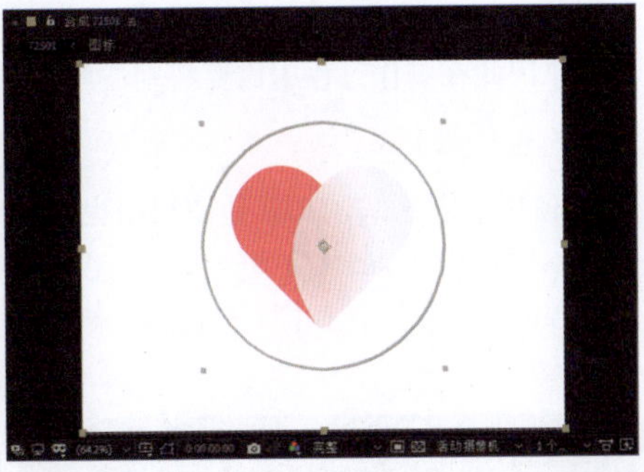

图7-48 应用“凸出”效果并对相关选项进行设置

STEP 05 制作出“凸出高度”属性的关键帧动画，并为关键帧应用“缓动”效果，按住【Alt】键并单击“凸出高度”属性前的“秒表”按钮，为该属性添加表达式 loopOut(type = "cycle", numKeyframes = 0)，实现图标动画的循环播放，如图 7-49 所示。

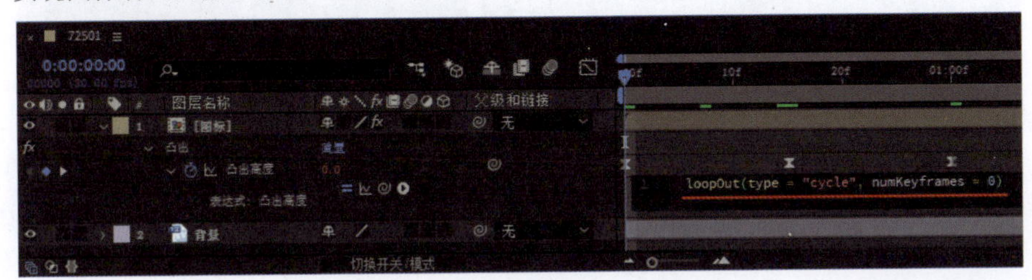

图7-49 制作属性关键帧动画并添加表达式

STEP 06 完成心跳动态图标动画的制作，单击“预览”面板中的“播放/停止”按钮▶，可以在“合成”窗口中预览动画，效果如图 7-50 所示。

图7-50 预览心跳动态图标动画效果

7.3 解惑答疑

视频制作过程中经常会用到跟踪动画，如新闻中某些内容会有动态马赛克、物体运动跟踪的动画等，熟练掌握跟踪动画对于视频动画制作而言非常重要。

7.3.1 位置跟踪、旋转跟踪和透视跟踪的区别是什么

位移跟踪动画通过将视频中明显区别于其他位置的地方作为跟踪对象，让其他对象跟随视频素材中该位置的移动而运动。

旋转跟踪动画通过两个跟踪控制点锁定对象位置，在一个对象旋转的情况下，另一个对象做跟随旋转。在制作旋转跟踪动画时需要选择好合适的跟踪点，并对跟踪的对象位置做出相应的调整，才能达到合适的效果。

在影视制作中通过制作透视跟踪动画的方式，可以轻松地替换合成中某一块区域的图片或者视

频，这样既不影响合成整体的效果，又能轻松地达到所想要的目的。透视跟踪动画通过4个跟踪范围框锁定对象位置，因此在制作过程中需要特别注意跟踪范围框的位置和大小。

7.3.2 表达式的操作技巧有哪些

有时在某处使用的表达式，在其他图层中也会用到，重新输入的话会比较麻烦。可以选中需要复制的表达式的属性，按【Ctrl+C】组合键进行复制，如图7-51所示。选中需要输入表达式的图层，按【Ctrl+V】组合键进行粘贴，如图7-52所示。被粘贴的图层只会增加表达式，并不会对其他参数产生影响。

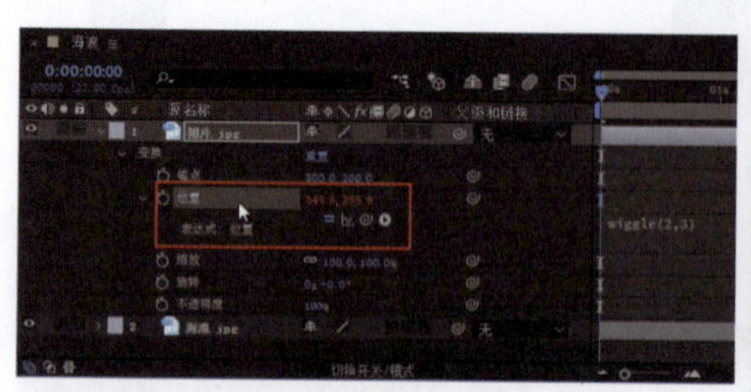

图7-51 复制表达式

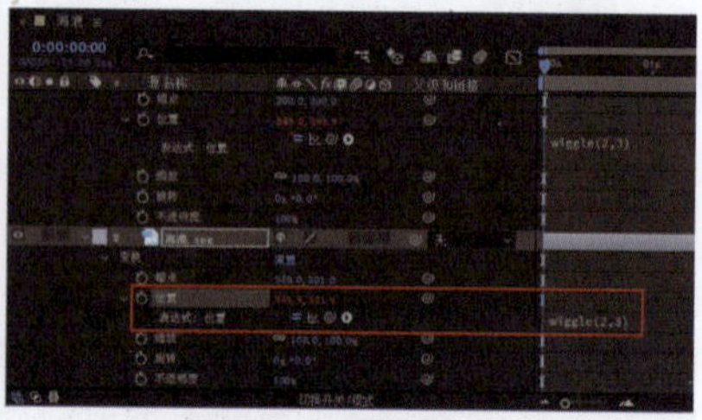

图7-52 粘贴表达式

添加了表达式属性后，如果需要修改某一时间段的数值或者需要增加运算速度时，可以通过执行“动画>关键帧助手>将表达式转换为关键帧”命令，将表达式的运算结果进行逐帧分析，并将其转换为关键帧的形式，如图7-53所示。将表达式转化为关键帧是不可逆的操作，转换为关键帧后的图层会自动关闭表达式功能，但可以通过重新打开表达式功能开关，继续应用原表达式。

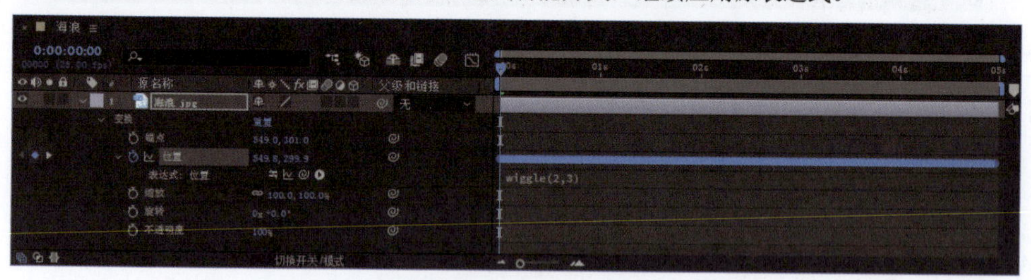

图7-53 将表达式转换为关键帧

7.4 总结扩展

使用跟踪功能可以很方便地实现一个对象跟随另一个对象进行运动的效果，通过使用表达式则能够快速实现某些特殊的效果，从而大大提高动画制作的效率。

7.4.1 本章小结

本章主要讲解了“跟踪器”面板和表达式的使用方法和技巧，并通过案例的制作，使读者掌握“跟踪器”和表达式的具体使用方法。通过在视频动画制作过程中不断地学习和实践，使读者摸索出更加实际有效的应用方法，为以后的工作打下更加坚实的基础。

7.4.2 扩展练习——制作3D文字跟踪动画

素　材：第7章\素材\74201.mp4
源文件：第7章\7-4-2.mp4
技术要点：掌握3D文字跟踪效果的制作

扫描观看视频

扫描下载素材

STEP 01 导入视频素材图像“74201.mp4”，将该视频素材拖入“时间轴”面板中，效果如图 7-54 所示。

打开“跟踪器”面板，单击“跟踪摄像机”按钮，对当前的视频素材进行分析，分析完成后显示该视频素材中的跟踪点，如图 7-55 所示。

图7-54 拖入视频素材

图7-55 分析视频并显示跟踪点

STEP 02 在“效果控件”面板中选择“渲染跟踪点”复选框。选择一个跟踪点，在该跟踪点上单击鼠标右键，在弹出的快捷菜单中选择“创建文本和摄像机”命令，如图 7-56 所示。输入跟踪文本，并调整跟踪文本的位置，如图 7-57 所示。

图7-56 选择“创建文本和摄像机”命令

图7-57 输入文字并调整位置

STEP 03 将“时间指示器”移至 0 秒位置，展开文本图层下方的“变换”选项，为“X 轴旋转”属性插入关键帧，设置该关键帧属性值为 92.5°，效果如图 7-58 所示。将“时间指示器”移至 0 秒 08 帧位置，设置“X 轴旋转”属性值为 0°，效果如图 7-59 所示。

图7-58 文字效果

图7-59 制作文字动画

STEP 04 完成 3D 文字跟踪动画的制作，单击“预览”面板中的“播放/停止”按钮▶，可以在“合成”窗口中预览视频，效果如图 7-60 所示。

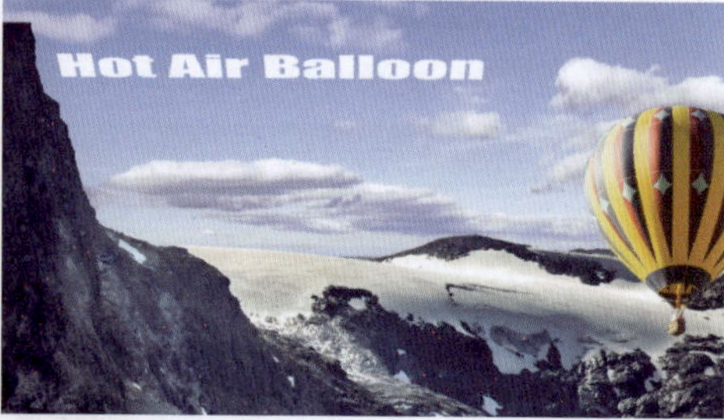

图7-60 预览3D文字跟踪动画效果

读书笔记

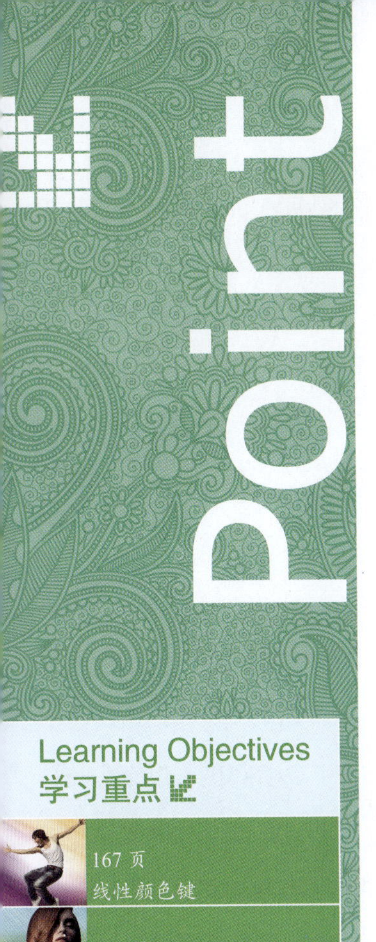

第8章 应用After Effects特效1

After Effects作为专业的视频动画制作软件，视频处理功能十分强大。After Effects内置了相当丰富的视频动画处理效果，而且每种效果都可以通过插入关键帧制作出视频动画。通过这些丰富的视频动画处理效果，可以根据创意和构思进一步包装和处理前期拍摄的各种静态和动态素材，从而制作出想要的动画效果。本章将对After Effects中内置的效果组进行简单介绍，并通过多个视频动画效果的制作，使读者掌握After Effects中部分内置效果的使用方法和技巧。

Learning Objectives
学习重点

8.1 After Effects内置效果

要想制作出优秀的视频动画，首先需要了解内置效果的使用方法。本节将介绍After Effects中内置效果的添加及编辑操作方法。

8.1.1 应用After Effects效果

After Effects中内置了许多标准视频动画效果，用户可以根据需要对不同类型的图层应用一个效果，也可以一次性应用多个效果。当对某个图层应用效果后，After Effects将会自动打开“效果控件”面板，方便用户对所添加的效果进行设置，同时在“时间轴”面板中也会出现相关的设置选项。

为图层应用效果的方法有很多，下面介绍两种最常用的方法。

方法1：使用菜单命令

在“时间轴”面板中选择需要应用效果的图层，打开“效果”菜单，从其中选择一种所需的效果类型，再从其子菜单中选择需要的具体效果即可，如图8-1所示。

图8-1 “效果”菜单

方法2：使用“效果和预设”面板

在“时间轴”面板中选择需要应用效果的图层，在“效果和预设”面板中单击所需效果类型名称前的三角形图标，展开该类型的效果列表，在其中双击所需的效果名称即可，如图8-2所示。

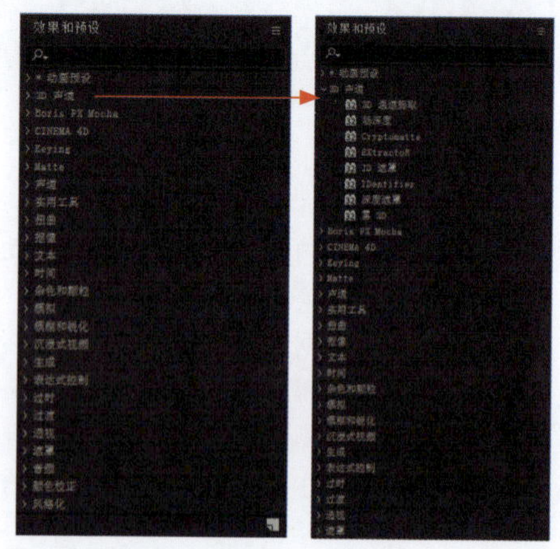

图8-2 “效果和预设”面板

8.1.2 复制After Effects效果

After Effects软件允许用户在不同的图层之间复制效果。在复制过程中，对原图层应用的效果和关键帧也将被保存并复制到其他图层中。

在“效果控件”面板或者“时间轴”面板中选择原图层中应用的一个或者多个效果，执行“编辑>复制”命令或者按【Ctrl+C】组合键进行复制，选择目标图层，执行“编辑>粘贴”命令或者按【Ctrl+V】组合键进行粘贴即可。

如果只是在当前图层中进行效果复制，只需在“效果控制”面板或者“时间轴”面板中选择需要复制的效果名称，按【Ctrl+D】组合键，即可在当前图层中复制并粘贴该效果。

8.1.3 暂时关闭效果

暂时关闭效果的操作非常简单，只需在“时间轴”面板中选择需要关闭效果的图层，然后在“效果控件”面板或者“时间轴”面板中单击效果名称左侧的效果显示控制图标fx，即可暂时关闭当前效果，使其不再起作用，如图8-3所示。

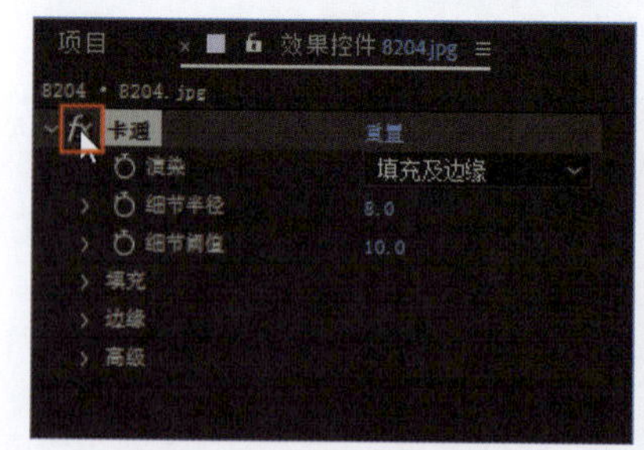

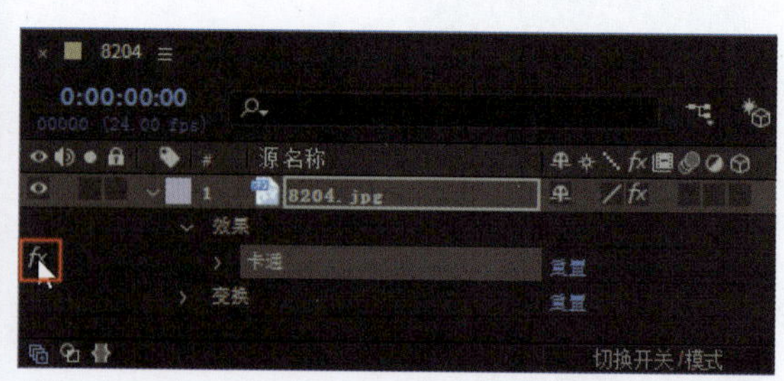

图8-3 单击效果名称前的控制图标即可暂时关闭效果

8.1.4 删除效果

在After Effects中，可以通过以下两种方法删除所应用的效果。

如果需要删除为当前图层应用的某一个效果，可以在“效果控件”面板中选择需要删除的效果，执行“编辑>清除”命令或者按【Delete】键，即可将选中的效果删除。

如果需要一次删除当前图层中添加的所有效果，可以在“效果控件”面板或者“时间轴”面板中选择需要删除效果的图层，执行“效果>全部移除”命令，或者按【Ctrl+Shift+E】组合键，即可将当前图层中应用的所有效果全部删除。

在“时间轴”面板中快速展开效果的方法是，选中包含有效果的图层，按【E】键，即可快速展开该图层所应用的效果。

8.2 内置外挂效果

After Effects CC 2020中内置了4种功能强大的外挂效果，每种外挂效果都有其独特的作用，能够帮助用户在After Effects中轻松实现一些特殊的视频动画效果。下面分别对这4种外挂效果进行简单介绍。

8.2.1 “Boris FX Mocha”效果组

“Boris FX Mocha”效果组中只包含一个效果，即Mocha AE。Mocha是一款出色的跟踪处理软件，Mocha AE是After Effects中内置的Mocha插件，使用该效果可以调用After Effects中内置的Mocha软件来处理动态视频对象的跟踪效果。

为素材图层应用Mocha AE效果，在“效果控件”面板中可以对该效果的相关选项进行设置，如图8-4所示。单击“MOCHA”按钮，在弹出的提示对话框中单击“Continue”按钮，即可打开After Effects中内置的Mocha软件，在该软件中可以对视频素材进行跟踪处理，如图8-5所示。

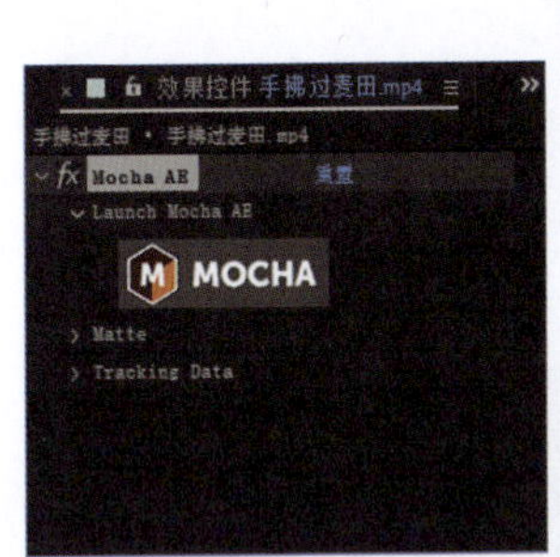

图8-4 “Mocha AE”效果选项

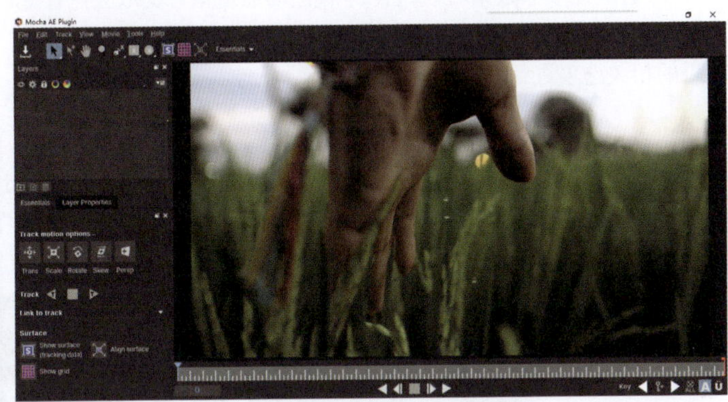

图8-5 Mocha软件工作界面

8.2.2 “CINEMA 4D”效果组

“CINEMA 4D”效果组中只包含一个效果，即CINEWARE，该效果只针对CINEMA 4D素材有效，对于其他素材无效。

利用 CineRender（基于CINEMA 4D渲染引擎）的集成功能，可以直接在 After Effects 中对基于CINEMA 4D文件的图层进行渲染。CINEWARE效果可以让用户进行渲染设置，在一定程度上可以平衡渲染质量和速度。用户还可以指定用于渲染的摄像机、通程或者 C4D 图层。在合成上创建基于CINEMA 4D素材的图层时，会自动应用CINEWARE效果。每个CINEMA 4D素材图层都拥有其自身的渲染和显示设置。

8.2.3 “Keying”效果组

在“Keying”效果组中只包含一个效果，即Keylight。Keylight是一个屡获特殊荣誉并经过产品验证的蓝绿屏幕键控插件。该插件是为专业的高端电影而开发的抠像软件，用于精细地去除影像中任何一种指定的颜色。

目前，在After Effects中已经内置了“Keylight”插件。使用“Keylight”效果，可以通过指定的颜色对素材进行抠像处理。

8.2.4 “Matte”效果组

在“Matte”效果组中只包含一个效果，即mocha shape。mocha shape效果主要用于为抠像图层添加形状或者颜色遮罩效果，从而对该遮罩做进一步的动画抠像处理。

蒙版抑制效果与简单抑制效果比较类似，但mocha shape效果增加了多个控制属性，通过修改属性参数，可以更好地收缩或者扩张像素，修复抠像后留下的素材边缘锯齿。

8.3 “3D声道”效果组

“3D声道”效果组主要用于对素材进行三维方面的处理，所设置的素材需要包含三维信息，如Z通道、材质ID号、物体ID号、法线等，通过读取这些信息，进行效果的处理。在该效果组中包括“3D通道提取”“场深度”“Cryptomatte”“EXtractoR”“ID遮罩”“IDentifier”“深度遮罩”“雾3D”共8种效果，如图8-6所示。

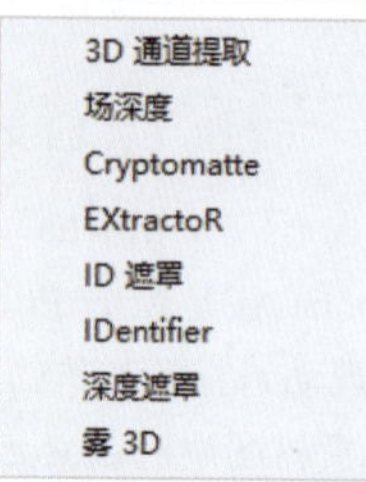

图8-6 “3D声道”效果组

3D通道提取

“3D通道提取”效果可以将素材中的3D通道信息提取并进行处理，它通常作为辅助特效使用，从而制作出各种蒙版效果。为素材图层应用“3D通道提取”效果后，可以在“效果控件”面板中对该效果的相关选项进行设置，如图8-7所示。

场深度

“场深度”效果用于调用导入的3D素材的场景深度信息，并指定相应的对焦平面，模仿摄像机的对焦效果。为素材图层应用“场深度”效果后，可以在“效果控件”面板中对该效果的相关选项进行设置，如图8-8所示。

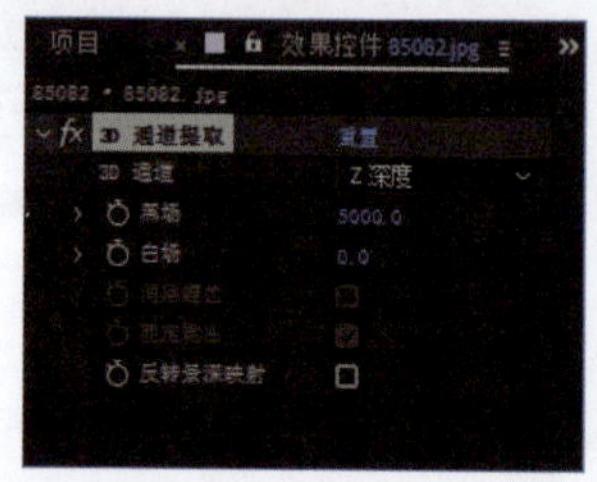

图8-7 “3D通道提取”效果选项

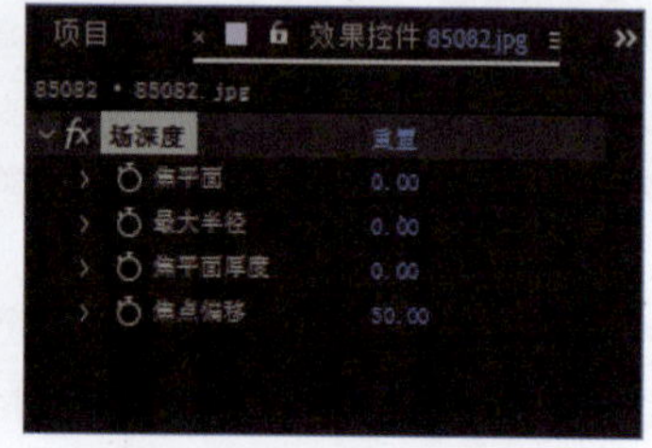

图8-8 “场深度”效果选项

Cryptomatte

“Cryptomatte”是一种多通道素材，通常采用EXR格式，可以存储ID及每个ID原始名称的其他元数据，允许根据选定的ID提取遮罩，这些ID可用于在合成中进行微调时屏蔽特定元素。“Cryptomatte”效果主要用于对“Cryptomatte”素材中的信息进行提取。为素材图层应用“Cryptomatte”效果后，可以在“效果控件”面板中对该效果的相关选项进行设置，如图8-9所示。

EXtractoR

“EXtractoR”效果可以对素材中的通道信息进行提取，并对黑色和白色进行处理。为素材图层应用“EXtractoR”效果后，可以在“效果控件”面板中对该效果的相关选项进行设置，如图8-10所示。

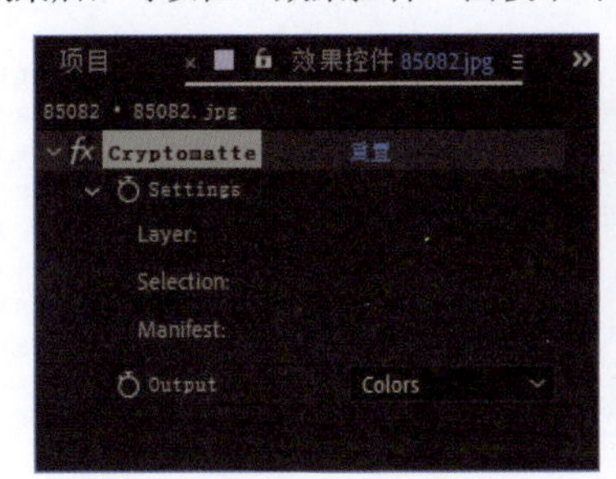

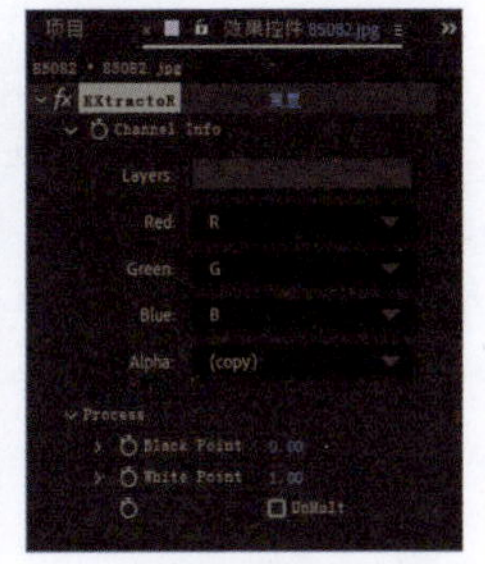

图8-9 “Cryptomatte”效果选项　图8-10 “EXtractoR”效果选项

ID遮罩

“ID遮罩”效果可以通过读取3D素材中的对象ID或者材质ID信息，将3D通道中的指定元素分离出来，制作出遮罩效果。为素材图层应用“ID遮罩”效果后，可以在“效果控件”面板中对该效果的相关选项进行设置，如图8-11所示。

IDentifier

“IDentifier”效果可以读取3D素材的ID号，为通道中的指定元素做标志。为素材图层应用“IDentifier”效果后，可以在“效果控件”面板中对该效果的相关选项进行设置，如图8-12所示。

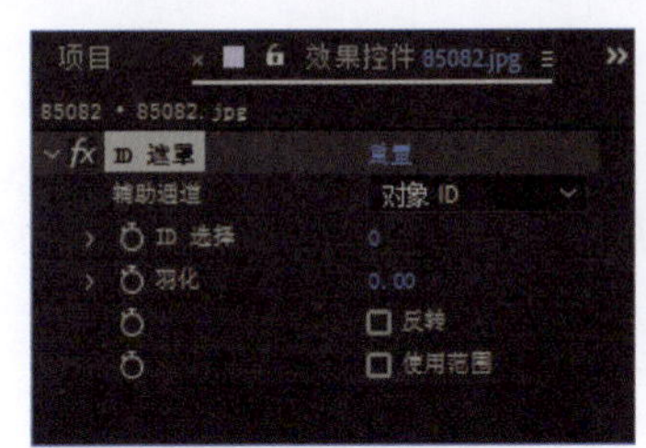

图8-11 “ID遮罩”效果选项　图8-12 “IDentifier”效果选项

深度遮罩

“深度遮罩”效果可以识别包含Z轴信息的3D素材的深度信息数值，根据指定的深度数值在其中建立遮罩，截取显示图像，当然这个指定的数值一般在素材有效的深度信息数值范围内。为素材图层应用“深度遮罩”效果后，可以在“效果控件”面板中对该效果的相关选项进行设置，如图8-13所示。

雾3D

“雾3D”效果可以根据3D素材中的Z轴深度信息创建雾化效果，使雾具有远近浓度不一的距离感，另外也可以将白雾改变为黑色的夜幕效果。为素材图层应用“雾3D”效果后，可以在“效果控件”面板中对该效果的相关选项进行设置，如图8-14所示。

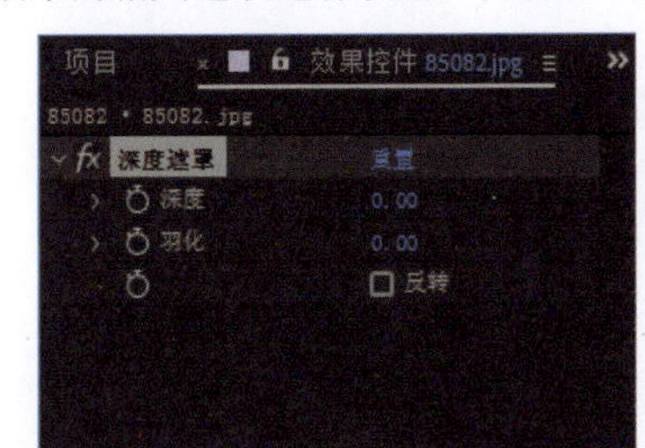

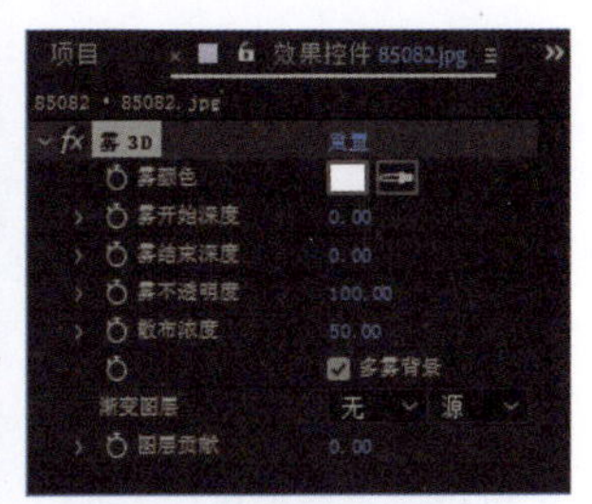

图8-13 “深度遮罩”效果选项　图8-14 “雾3D”效果选项

8.4 “沉浸式视频”效果组

“沉浸式视频”效果组中的效果主要用于对VR视频进行效果设置，可以使用许多动态过渡、效果和字幕来编辑和增强沉浸式视频体验。在该效果组中包括“VR球面到平面”“VR分形杂色”“VR锐化”“VR模糊”“VR转换器”“VR降噪”“VR数字故障”“VR色差”“VR平面到球面”“VR发光”“VR旋转球面”“VR颜色渐变”共12种效果，如图8-15所示。

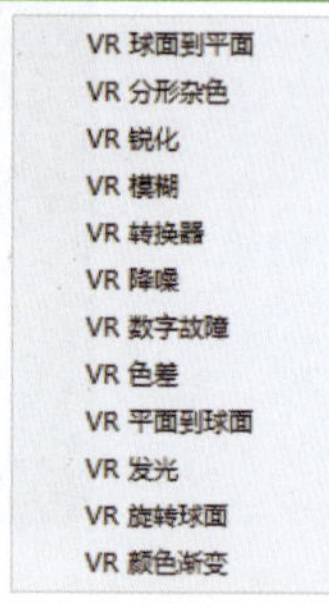

图8-15 “沉浸式视频”效果组

要想渲染沉浸式视频效果，必须将视频渲染首选项设置为GPU。设置方法是，执行“文件>项目设置”命令，弹出“项目设置”对话框，在“视频渲染和效果”选项卡中设置“使用范围”选项为“Mercury GPU 加速（OpenCL）”选项。

VR球面到平面

“VR球面到平面”效果可以将立体的360°球面视频素材展开为平面视频。为素材图层应用“VR球面到平面”效果后，可以在“效果控件”面板中对该效果的相关选项进行设置，如图8-16所示。

VR分形杂色

“VR分形杂色”效果可以为视频素材添加杂色，通过相关选项的设置，可以在视频中添加各类烟雾、火、扰动等效果。为素材图层应用“VR分形杂色”效果后，可以在“效果控件”面板中对该效果的相关选项进行设置，如图8-17所示。

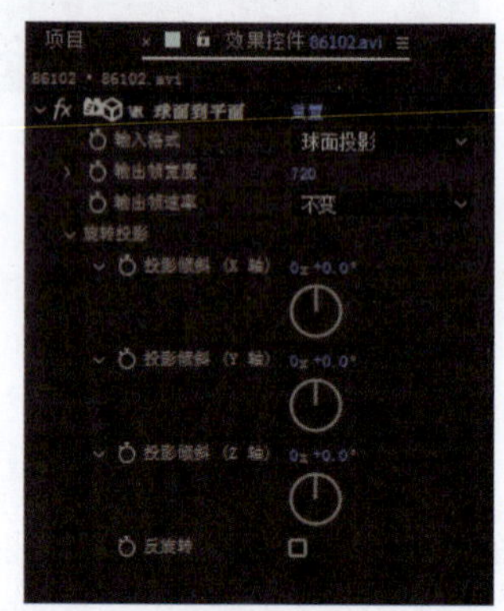

图8-16 “VR球面到平面”效果选项

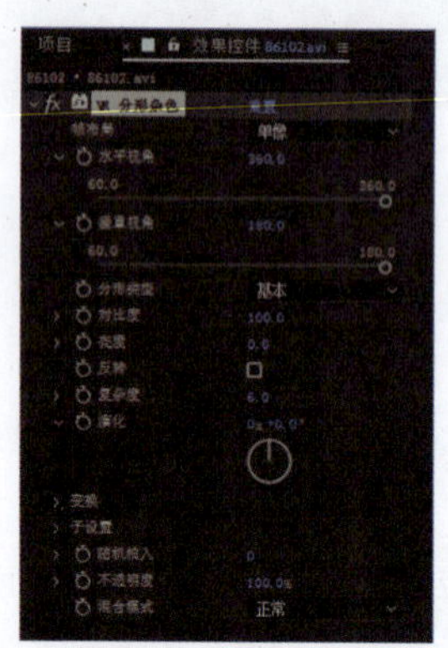

图8-17 “VR分形杂色”效果选项

VR锐化

“VR锐化”效果可以对视频素材进行锐化处理，属性值越大，锐化程度越高，细节越清晰，但锐化程度过高会导致锐化过度，使视频的视觉表现效果失真。为素材图层应用“VR锐化”效果后，可以在“效果控件”面板中对该效果的相关选项进行设置，如图8-18所示。

VR模糊

“VR模糊”效果可以对视频素材进行模糊处理，属性值越大，模糊程度越高。为素材图层应用“VR模糊”效果后，可以在“效果控件”面板中对该效果的相关选项进行设置，如图8-19所示。

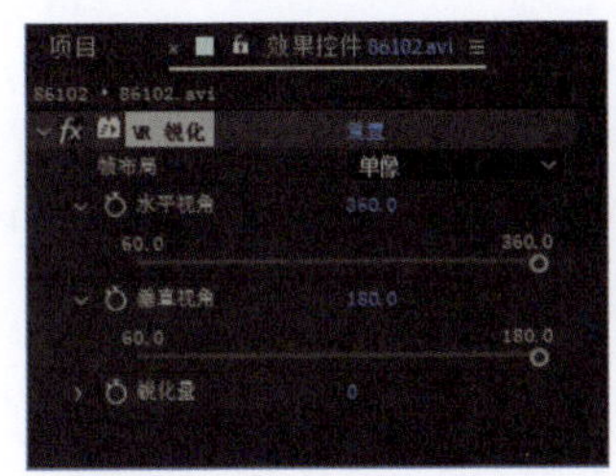

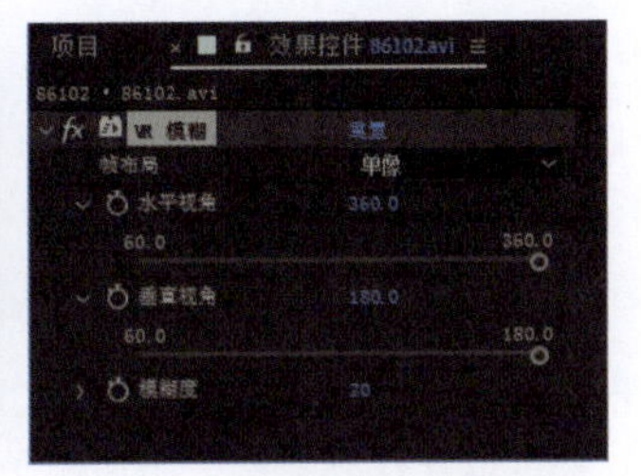

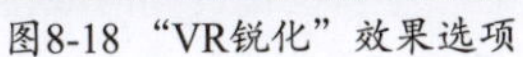

图8-18 “VR锐化”效果选项　　图8-19 “VR模糊”效果选项

VR转换器

“VR转换器”效果可以将素材从2D源、球面投影、立方体或者球面布局转换为其他 VR 布局。为素材图层应用“VR转换器”效果后，可以在“效果控件”面板中对该效果的相关选项进行设置，如图8-20所示。

VR降噪

“VR降噪”效果可以对视频素材进行降噪处理，去除视频中的杂色，使视频画面表现得更加柔和。为素材图层应用“VR降噪”效果后，可以在“效果控件”面板中对该效果的相关选项进行设置，如图8-21所示。

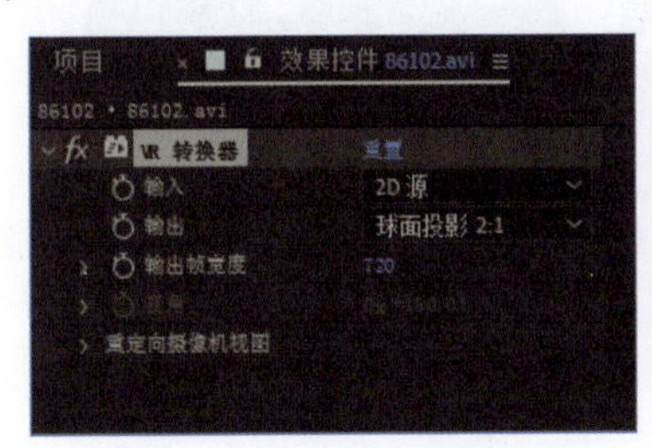

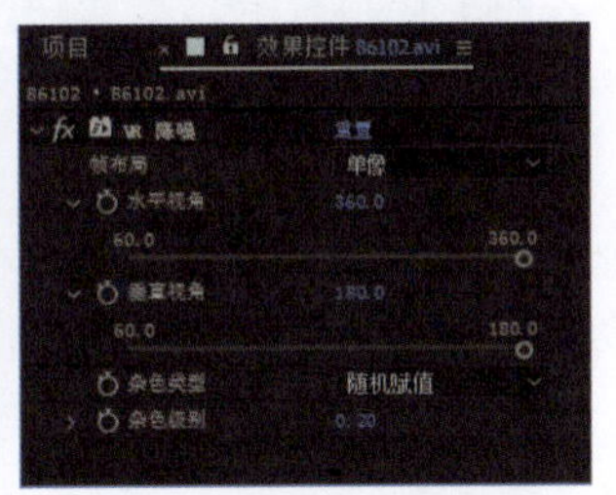

图8-20 “VR转换器”效果选项　　图8-21 “VR降噪”效果选项

VR数字故障

“VR数字故障”效果可以在视频素材中创造出视频画面扭曲、缺损等类似视频出现播放故障的特殊表现效果。为素材图层应用“VR数字故障”效果后，可以在“效果控件”面板中对该效果的相关选项进行设置，如图8-22所示。

VR色差

“VR色差”效果可以对视频素材中的各个颜色通道进行调整，从而调整视频素材的色彩表现效果。为素材图层应用“VR色差”效果后，可以在“效果控件”面板中对该效果的相关选项进行设置，如图8-23所示。

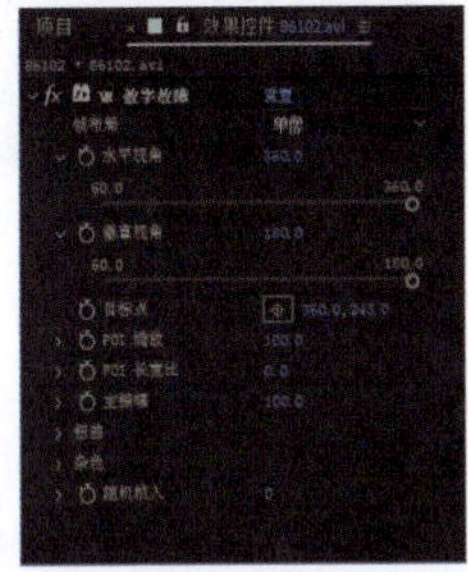

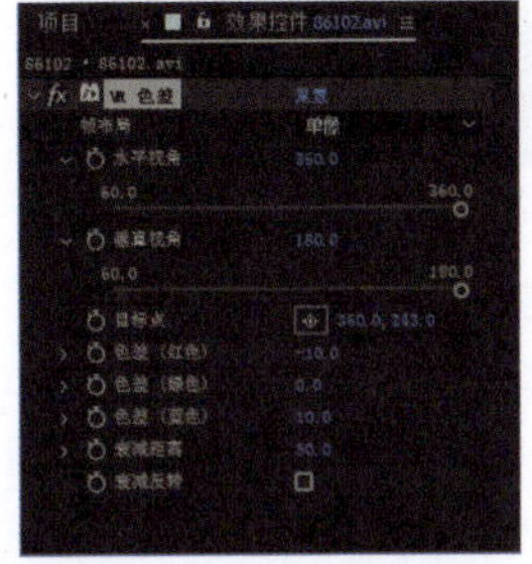

图8-22 “VR数字故障”效果选项　　图8-23 “VR色差”效果选项

VR平面到球面

“VR平面到球面”效果可以将文本、图形和其他2D素材添加到VR单像或者立体素材中。为素材图层应用“VR平面到球面”效果后，可以在“效果控件”面板中对该效果的相关选项进行设置，如图8-24所示。

VR发光

“VR发光”效果可以在视频素材中添加发光效果，可以设置发光的颜色、半径、亮度和饱和度等。为素材图层应用“VR发光”效果后，可以在“效果控件”面板中对该效果的相关选项进行设置，如图8-25所示。

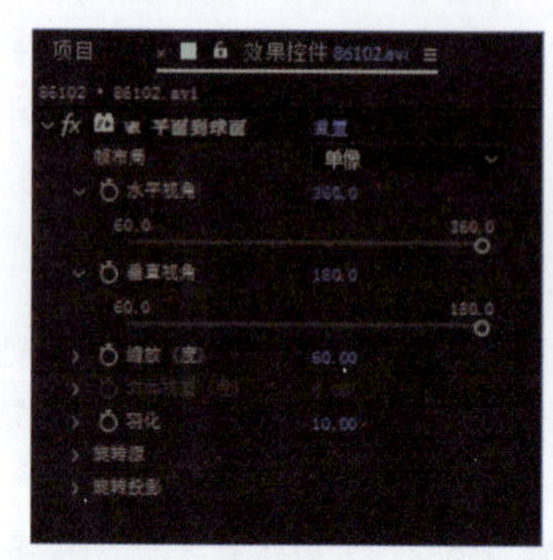

图8-24 “VR平面到球面”效果选项

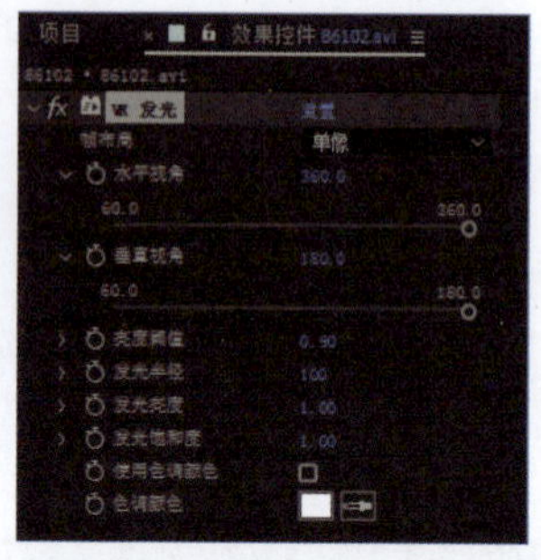

图8-25 “VR发光”效果选项

VR旋转球面

“VR旋转球面”效果可以在X轴、Y轴和Z轴上对视频素材进行倾斜设置，从而使视频表现出扭曲的视觉效果。为素材图层应用“VR旋转球面”效果后，可以在“效果控件”面板中对该效果的相关选项进行设置，如图8-26所示。

VR颜色渐变

“VR颜色渐变”效果可以在视频素材上添加多个颜色点，并且为各颜色点设置不同的颜色，从而为视频创建出多彩的颜色渐变效果。为素材图层应用“VR颜色渐变”效果后，可以在“效果控件”面板中对该效果的相关选项进行设置，如图8-27所示。

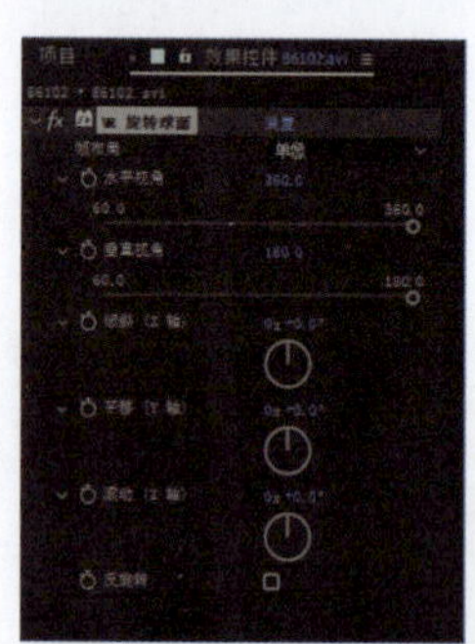

图8-26 “VR旋转球面”效果选项

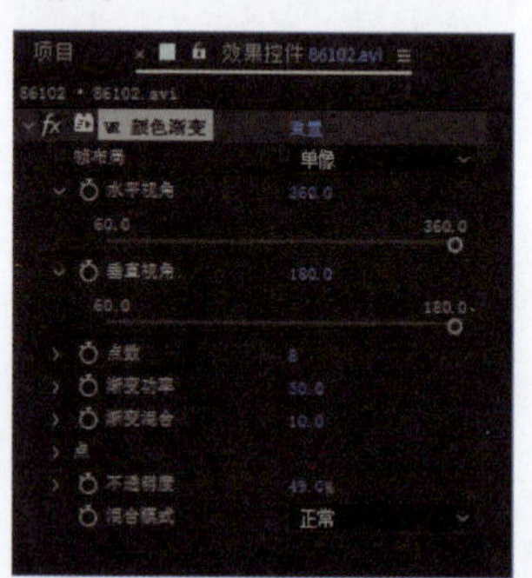

图8-27 “VR颜色渐变”效果选项

8.5 “风格化”效果组

“风格化”效果组中的效果主要用于模拟各种绘画效果，使素材的视觉效果更加丰富。在该效果组中包括“阈值”“画笔描边”“卡通”“散布”“CC Block Load”“CC Burn Film”“CC Glass”“CC HexTile”“CC Kaleida”“CC Mr.Smoothie”“CC Plastic”“CC

RepeTile”“CC Threshold”“CC Threshold RGB”“CC Vignette”“彩色浮雕”“马赛克”“浮雕”“色调分离”“动态拼贴”“发光”“查找边缘”“毛边”“纹理化”“闪光灯”共25种效果，如图8-28所示。

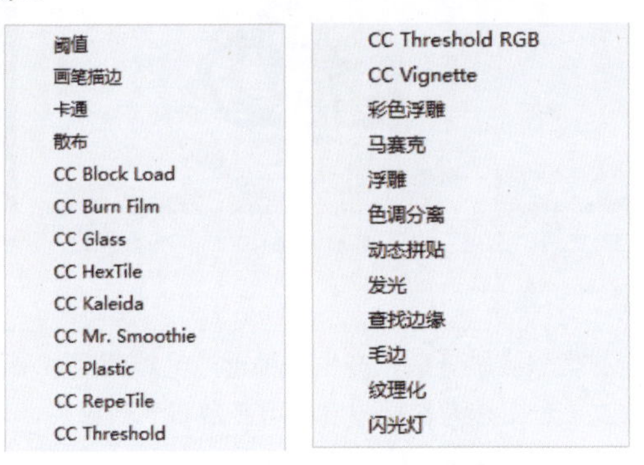

图8-28 “风格化”效果组

阈值

“阈值”效果可以将一个彩色或者灰度素材转换为高对比度的黑白素材，将素材中比阈值亮的像素转换为白色，将比阈值暗的像素转换为黑色。图8-29所示为应用“阈值”效果前后的素材效果对比。为素材图层应用“阈值”效果后，可以在“效果控件”面板中对该效果的相关选项进行设置，如图8-30所示。

图8-29 应用“阈值”效果前后对比

图8-30 “阈值”效果选项

画笔描边

“画笔描边”效果可以将素材处理为类似于水彩画式的效果。图8-31所示为应用“画笔描边”效果前后的素材效果对比。为素材图层应用“画笔描边”效果后，可以在“效果控件”面板中对该效果的相关选项进行设置，如图8-32所示。

图8-31 应用“画笔描边”效果前后对比

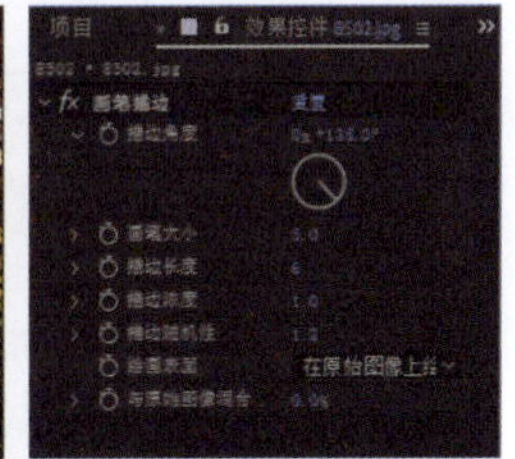

图8-32 “画笔描边”效果选项

卡通

“卡通”效果可以将素材处理成类似于卡通风格的效果。图8-33所示为应用“卡通”效果前后的素材效果对比。为素材图层应用“卡通”效果后，可以在“效果控件”面板中对该效果的相关选项进行设置，如图8-34所示。

图8-33 应用“卡通”效果前后对比

图8-34 “卡通”效果选项

散布

“散布”效果可以将素材像素随机分散，产生一种透过毛玻璃观察画面的效果。图8-35所示为应用“散布”效果前后的素材效果对比。为素材图层应用“散布”效果后，可以在“效果控件”面板中对该效果的相关选项进行设置，如图8-36所示。

图8-35 应用“散布”效果前后对比

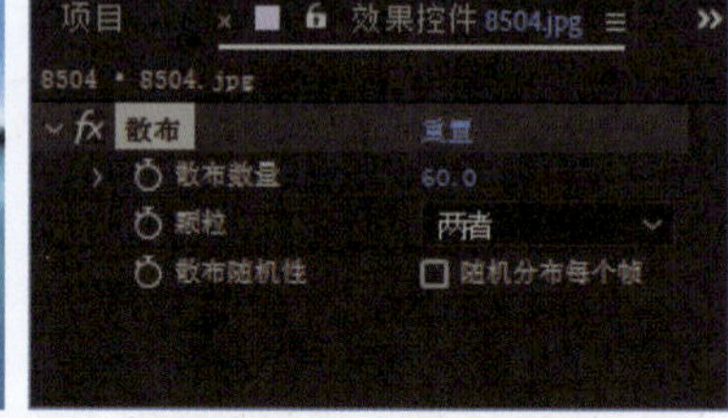

图8-36 “散布”效果选项

CC Block Load

“CC Block Load”效果可以模拟播放设备播放影片时的加载过程，可以配合关键帧制作出加载动画效果。图8-37所示为应用“CC Block Load”效果前后的素材效果对比。为素材图层应用“CC Block Load”效果后，可以在“效果控件”面板中对该效果的相关选项进行设置，如图8-38所示。

图8-37 应用“CC Block Load”效果前后对比

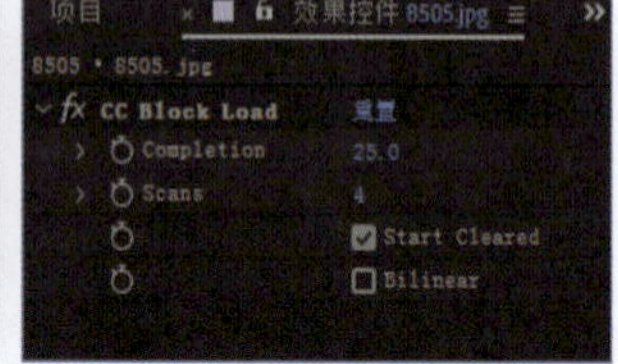

图8-38 “CC Block Load”效果选项

CC Burn Film

“CC Burn Film”效果可以模拟火焰燃烧时的边缘效果，直至素材画面消失。图8-39所示为应用“CC Burn Film”效果前后的素材效果对比。为素材图层应用“CC Burn Film”效果后，可以在“效果控件”面板中对该效果的相关选项进行设置，如图8-40所示。

图8-39 应用“CC Burn Film”效果前后对比

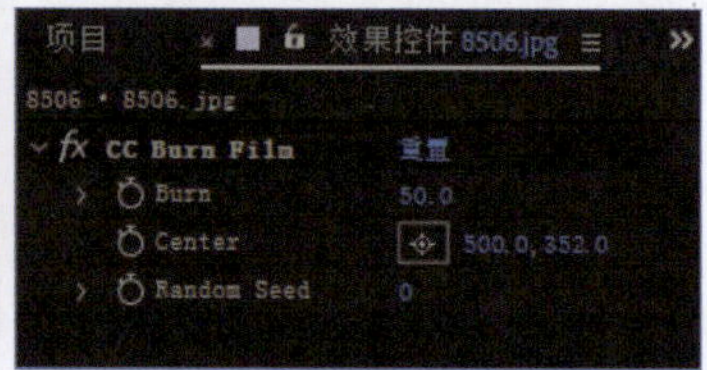

图8-40 “CC Burn Film”效果选项

CC Glass

“CC Glass”效果可以通过查找图像中物体的轮廓，从而产生玻璃凸起的效果。图8-41所示为应用“CC Glass”效果前后的素材效果对比。为素材图层应用“CC Glass”效果后，可以在“效果控件”面板中对该效果的相关选项进行设置，如图8-42所示。

图8-41 应用“CC Glass”效果前后对比　　图8-42 “CC Glass”效果选项

CC HexTile

“CC HexTile”效果可以将素材处理成蜂巢形状拼贴的效果，并且可以设置拼贴的大小、角度等，从而产生特殊的视觉效果。图8-43所示为应用“CC HexTile”效果前后的素材效果对比。为素材图层应用“CC HexTile”效果后，可以在“效果控件”面板中对该效果的相关选项进行设置，如图8-44所示。

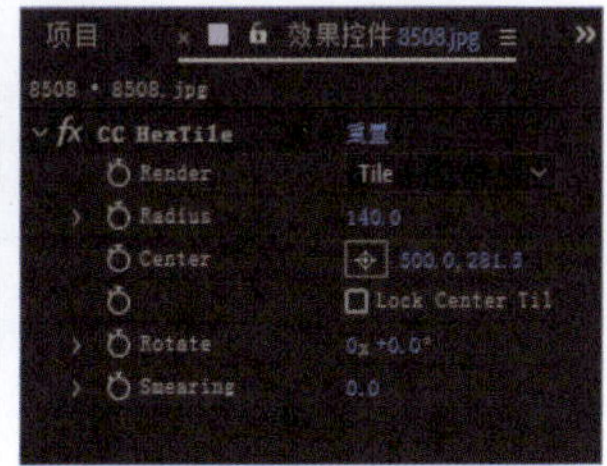

图8-43 应用“CC HexTile”效果前后对比　　图8-44 “CC HexTile”效果选项

CC Kaleida

“CC Kaleida”效果可以将素材进行不同角度的变换，使画面产生各种不同的图案。图8-45所示为应用“CC Kaleida”效果前后的素材效果对比。为素材图层应用“CC Kaleida”效果后，可以在“效果控件”面板中对该效果的相关选项进行设置，如图8-46所示。

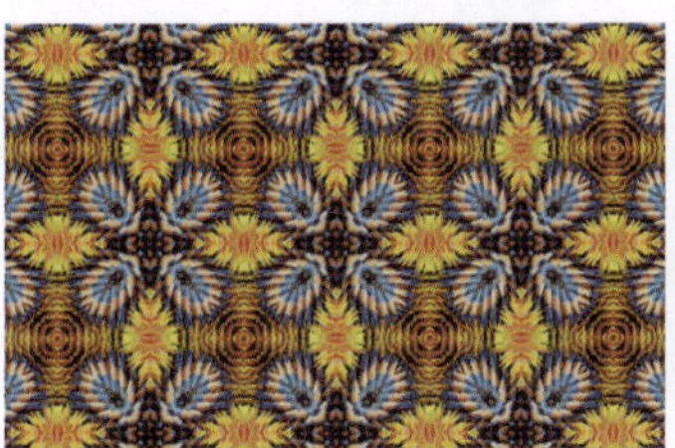

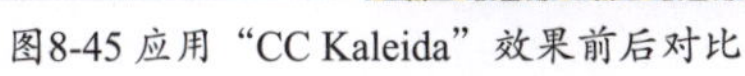
图8-45 应用“CC Kaleida”效果前后对比　　图8-46 “CC Kaleida”效果选项

CC Mr.Smoothie

“CC Mr.Smoothie”效果通过对通道进行设置来改变素材效果，通过调整相位来改变画面效果。图8-47所示为应用“CC Mr.Smoothie”效果前后的素材效果对比。为素材图层应用“CC Mr.Smoothie”效果后，可以在“效果控件”面板中对该效果的相关选项进行设置，如图8-48所示。

图8-47 应用“CC Mr.Smoothie”效果前后对比

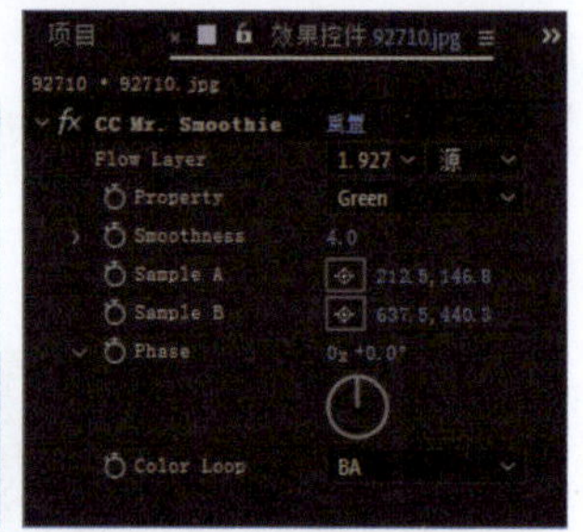

图8-48 “CC Mr.Smoothie”效果选项

CC Plastic

“CC Plastic”效果可以在素材表面模拟出塑料的效果。图8-49所示为应用“CC Plastic”效果前后的素材效果对比。为素材图层应用“CC Plastic”效果后，可以在“效果控件”面板中对该效果的相关选项进行设置，如图8-50所示。

图8-49 应用“CC Plastic”效果前后对比

图8-50 “CC Plastic”效果选项

CC RepeTile

“CC RepeTile”效果可以将素材的边缘进行水平或者垂直的拼贴，产生类似于镜像的效果。图8-51所示为应用“CC RepeTile”效果前后的素材效果对比。为素材图层应用“CC RepeTile”效果后，可以在“效果控件”面板中对该效果的相关选项进行设置，如图8-52所示。

图8-51 应用“CC RepeTile”效果前后对比

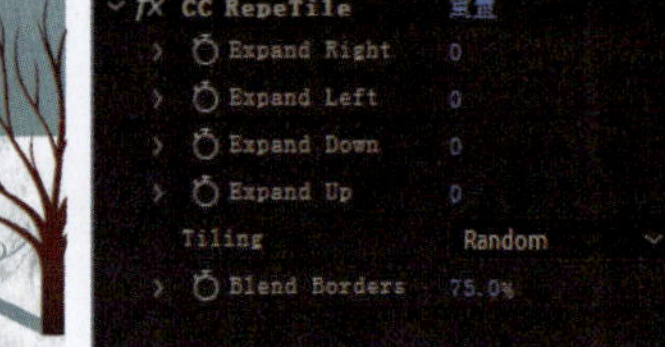

图8-52 “CC RepeTile”效果选项

CC Threshold

“CC Threshold”效果可以将素材转换成高对比度的黑白效果，并且可以通过选项的设置来调整素材中黑白所占的比例。图8-53所示为应用“CC Threshold”效果前后的素材效果对比。为素材图层应用“CC Threshold”效果后，可以在“效果控件”面板中对该效果的相关选项进行设置，如图8-54所示。

图8-53 应用“CC Threshold”效果前后对比

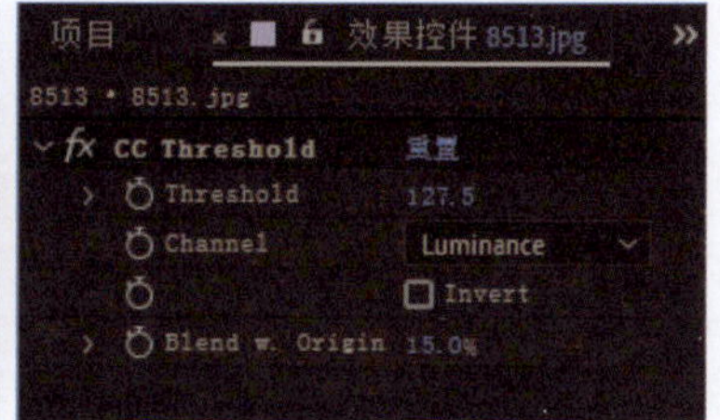

图8-54 “CC Threshold”效果选项

CC Threshold RGB

“CC Threshold RGB”效果可以对素材的RGB通道进行运算填充。图8-55所示为应用“CC Threshold RGB”效果前后的素材效果对比。为素材图层应用“CC Threshold RGB”效果后，可以在“效果控件”面板中对该效果的相关选项进行设置，如图8-56所示。

图8-55 应用“CC Threshold RGB”效果前后对比

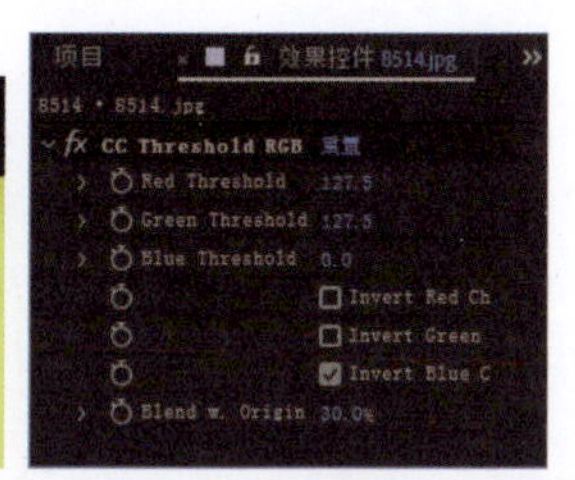

图8-56 “CC Threshold RGB”效果选项

CC Vignette

“CC Vignette”效果可以在素材四周添加暗角效果。暗角也称晕影，光晕外在表现为向画面角落径向变暗，为画面添加暗角可以让画面显得更有镜头感。图8-57所示为应用“CC Vignette”效果前后的素材效果对比。为素材图层应用“CC Vignette”效果后，可以在“效果控件”面板中对该效果的相关选项进行设置，如图8-58所示。

图8-57 应用“CC Vignette”效果前后对比

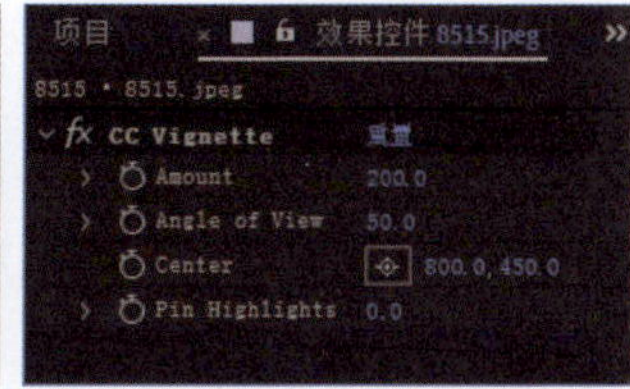

图8-58 “CC Vignette”效果选项

彩色浮雕

“彩色浮雕”效果可以在素材中的彩色像素上应用浮雕效果。图8-59所示为应用“彩色浮雕”效果前后的素材效果对比。为素材图层应用“彩色浮雕”效果后，可以在“效果控件”面板中对该效果的相关选项进行设置，如图8-60所示。

图8-59 应用“彩色浮雕”效果前后对比

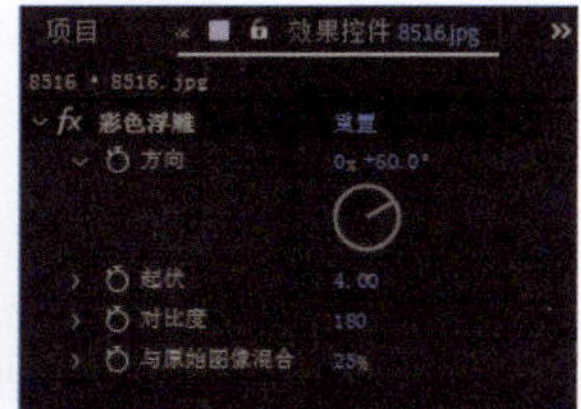

图8-60 “彩色浮雕”效果选项

马赛克

“马赛克”效果可以使素材产生类似马赛克方块拼贴的效果。图8-61所示为应用“马赛克”效果前后的素材效果对比。为素材图层应用“马赛克”效果后，可以在“效果控件”面板中对该效果的相关选项进行设置，如图8-62所示。

图8-61 应用“马赛克”效果前后对比

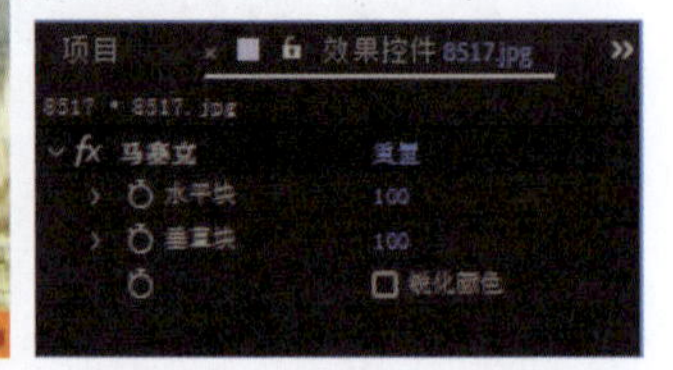

图8-62 “马赛克”效果选项

浮雕

“浮雕”效果与“彩色浮雕”效果相似，不同的是，“浮雕”效果是将效果应用在素材的边缘部分。图8-63所示为应用“浮雕”效果前后的素材效果对比。为素材图层应用“浮雕”效果后，可以在“效果控件”面板中对该效果的相关选项进行设置，如图8-64所示。

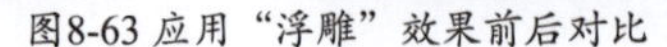

图8-63 应用“浮雕”效果前后对比

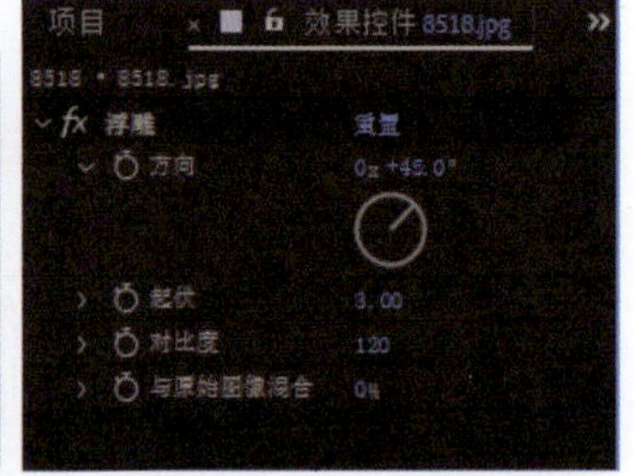

图8-64 “浮雕”效果选项

色调分离

“色调分离”效果可以指定素材中每个通道的色调级数目，并将这些像素映射到最接近的匹配色调上，从而减少素材中的颜色信息，可以模拟出手绘效果。图8-65所示为应用“色调分离”效果前后的素材效果对比。为素材图层应用“色调分离”效果后，可以在“效果控件”面板中对该效果的相关选项进行设置，如图8-66所示。

图8-65 应用“色调分离”效果前后对比

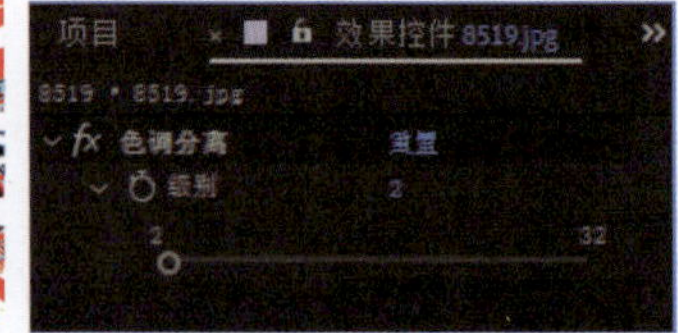

图8-66 “色调分离”效果选项

动态拼贴

“动态拼贴”效果可以将素材进行水平和垂直拼贴，产生类似在墙上贴瓷砖的效果。图8-67所示为应用“动态拼贴”效果前后的素材效果对比。为素材图层应用“动态拼贴”效果后，可以在“效果控件”面板中对该效果的相关选项进行设置，如图8-68所示。

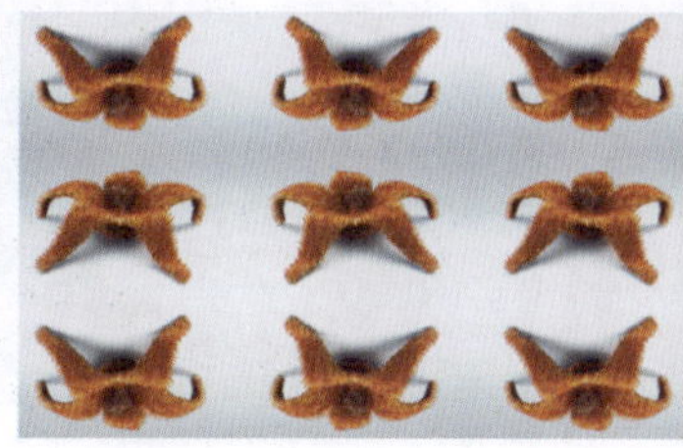
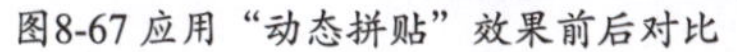

图8-67 应用“动态拼贴”效果前后对比

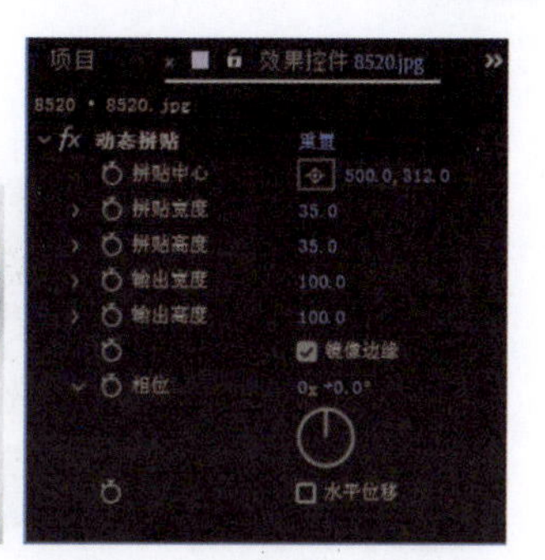

图8-68 “动态拼贴”效果选项

发光

“发光”效果可以使素材的Alpha通道边缘产生发光或者光晕的效果，常常用于制作文字的发光效果。图8-69所示是为文字图层应用“发光”效果前后的素材效果对比。为素材图层应用“发光”效果后，可以在“效果控件”面板中对该效果的相关选项进行设置，如图8-70所示。

图8-69 应用“发光”效果前后对比

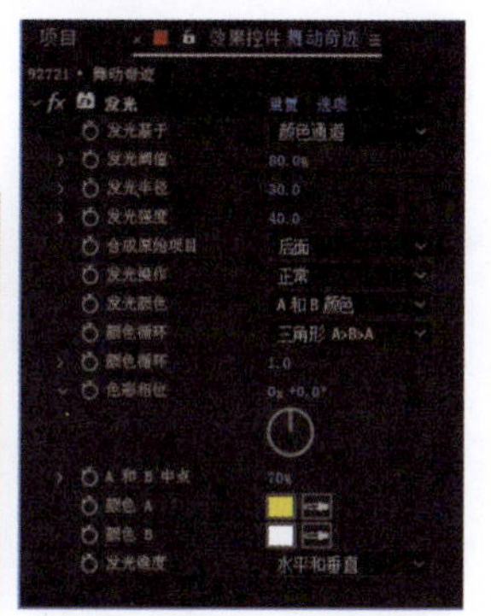

图8-70 “发光”效果选项

查找边缘

“查找边缘”效果可以通过强化素材中的过渡像素，对素材中像素的边缘进行勾勒，从而产生彩色的线条。图8-71所示为应用“查找边缘”效果前后的素材效果对比。为素材图层应用“查找边缘”效果后，可以在“效果控件”面板中对该效果的相关选项进行设置，如图8-72所示。

图8-71 应用“查找边缘”效果前后对比

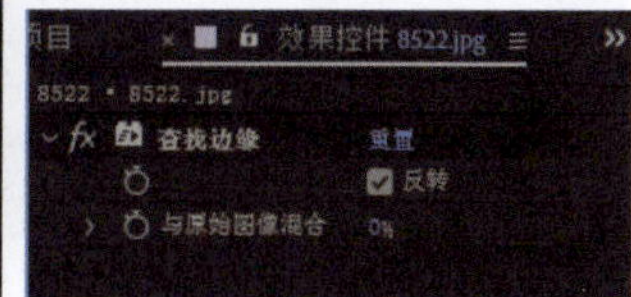

图8-72 “查找边缘”效果选项

毛边

“毛边”效果可以模拟在素材的四周边缘产生腐蚀或者溶解的效果。图8-73所示为应用“毛边”效果前后的素材效果对比。为素材图层应用“毛边”效果后，可以在“效果控件”面板中对该效果的相关选项进行设置，如图8-74所示。

图8-73 应用“毛边”效果前后对比

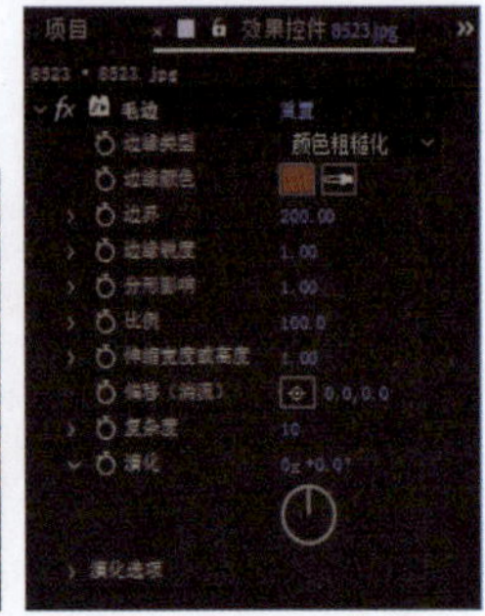

图8-74 “毛边”效果选项

纹理化

“纹理化”效果可以使用其他图层素材对本图层素材产生浮雕形式的贴图效果。图8-75所示为应用“纹理化”效果前后的素材效果对比。为素材图层应用“纹理化”效果后，可以在“效果控件”面板中对该效果的相关选项进行设置，如图8-76所示。

图8-75 应用“纹理化”效果前后对比

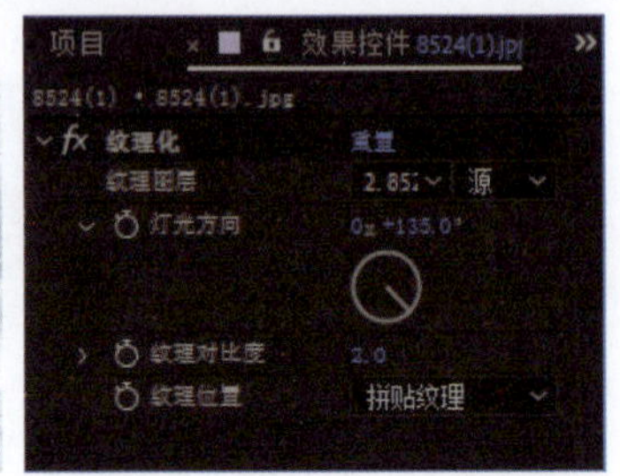

图8-76 “纹理化”效果选项

闪光灯

“闪光灯”效果可以使素材产生相机闪光灯照射的效果。该效果是一个随时间变化的效果，在画面中不断地加入一帧闪白，然后立即恢复，可以用来模拟屏幕闪烁的效果。图8-77所示为应用“闪光灯”效果前后的素材效果对比。为素材图层应用“闪光灯”效果后，可以在“效果控件”面板中对该效果的相关选项进行设置，如图8-78所示。

图8-77 应用“闪光灯”效果前后对比

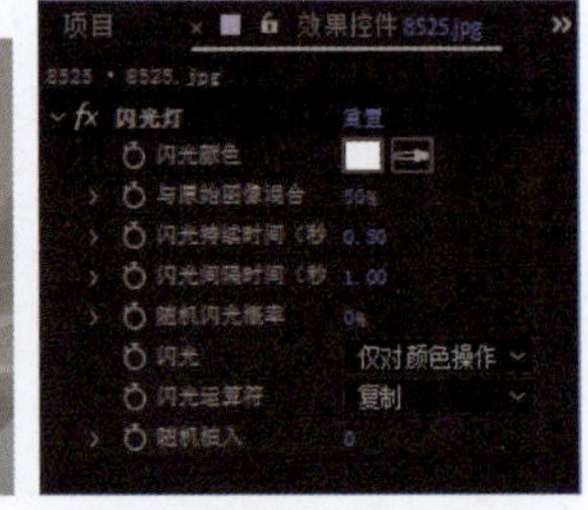

图8-78 “闪光灯”效果选项

8.6 “过渡”效果组

“过渡”效果组中提供了一系列的转场过渡效果，在After Effects中，转场过渡效果作用在同一图层素材上。由于After Effects是合成特效软件，与非线性编辑软件不同，因此所提供的转场过渡效果并不多。在该效果组中包括“渐变擦除”“卡片擦除”“CC Glass Wipe”“CC Grid Wipe”“CC Image Wipe”“CC Jaws”“CC Light Wipe”“CC Line Sweep”“CC Radial ScaleWipe”“CC Scale

Wipe”“CC Twister”“CC WarpoMatic”“光圈擦除”“块溶解”“百叶窗”“径向擦除”“线性擦除”共17种效果，如图8-79所示。

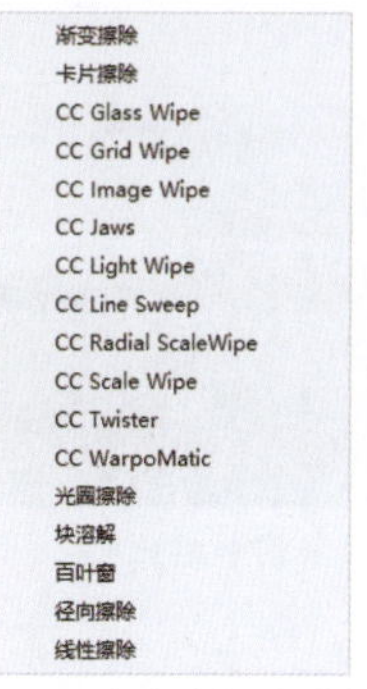

图8-79 “过渡”效果组

渐变擦除

“渐变擦除”效果可以根据两个素材图层的亮度值进行图像的擦除过渡。图8-80所示为应用“渐变擦除”效果前后的素材效果对比。为素材图层应用“渐变擦除”效果后，可以在“效果控件”面板中对该效果的相关选项进行设置，如图8-81所示。

图8-80 应用“渐变擦除”效果前后对比

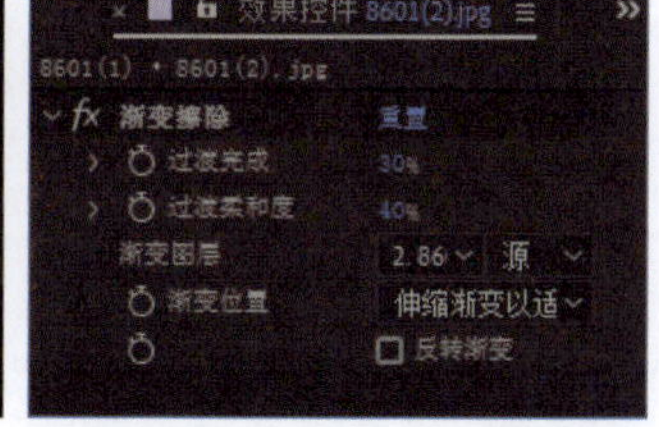

图8-81 “渐变擦除”效果选项

卡片擦除

“卡片擦除”效果可以将素材拆分成一张张小卡片来达到切换过渡的目的，该效果拥有自己独立的摄像机、灯光和材质系统，可以创建出多种过渡效果。图8-82所示为应用“卡片擦除”效果前后的素材效果对比。为素材图层应用“卡片擦除”效果后，可以在“效果控件”面板中对该效果的相关选项进行设置，如图8-83所示。

图8-82 应用“卡片擦除”效果前后对比

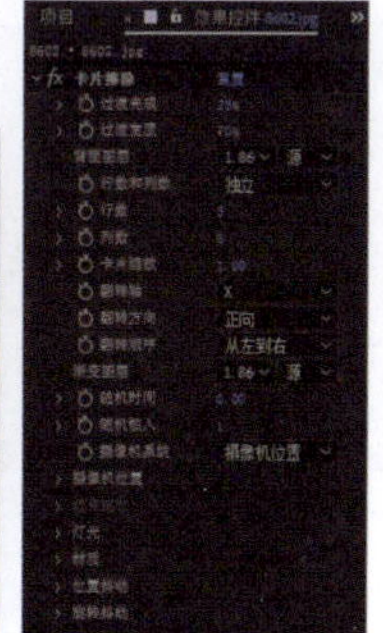

图8-83 “卡片擦除”效果选项

CC Glass Wipe

“CC Glass Wipe”效果可以使素材产生类似玻璃的扭曲擦除效果。图8-84所示为应用“CC Glass

Wipe”效果前后的素材效果对比。为素材图层应用“CC Glass Wipe”效果后，可以在“效果控件”面板中对该效果的相关选项进行设置，如图8-85所示。

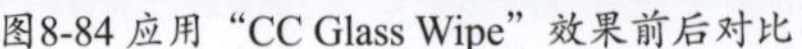
图8-84 应用“CC Glass Wipe”效果前后对比

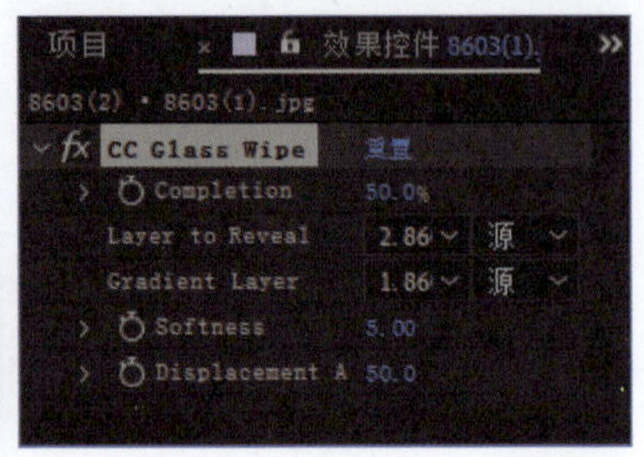

图8-85 “CC Glass Wipe”效果选项

CC Grid Wipe

“CC Grid Wipe”效果可以将素材分解成很多小网格，以网格的形状来显示擦除素材效果。图8-86所示为应用“CC Grid Wipe”效果前后的素材效果对比。为素材图层应用“CC Grid Wipe”效果后，可以在“效果控件”面板中对该效果的相关选项进行设置，如图8-87所示。

图8-86 应用“CC Grid Wipe”效果前后对比

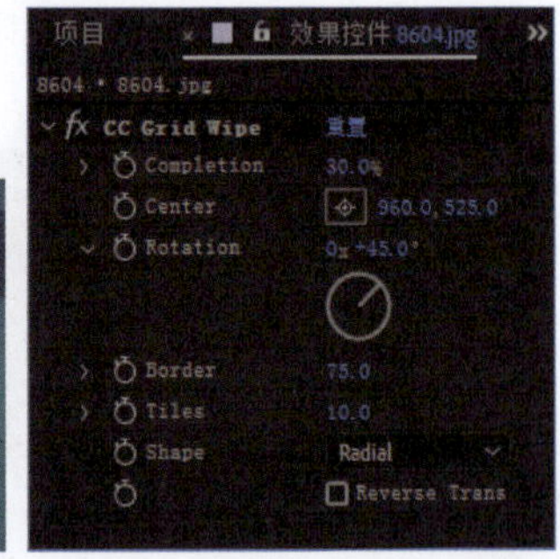

图8-87 “CC Grid Wipe”效果选项

CC Image Wipe

“CC Image Wipe”效果可以比较应用该效果的素材图层与其下方图层之间的像素差异，从而产生素材擦除的效果。图8-88所示为应用“CC Image Wipe”效果前后的素材效果对比。为素材图层应用“CC Image Wipe”效果后，可以在“效果控件”面板中对该效果的相关选项进行设置，如图8-89所示。

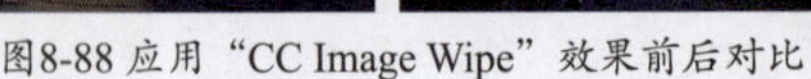
图8-88 应用“CC Image Wipe”效果前后对比

图8-89 “CC Image Wipe”效果选项

CC Jaws

“CC Jaws”效果可以产生锯齿擦除素材的效果，锯齿形状将素材一分为二进行切换过渡。图8-90所示为应用“CC Jaws”效果前后的素材效果对比。为素材图层应用“CC Jaws”效果后，可以在“效果控件”面板中对该效果的相关选项进行设置，如图8-91所示。

图8-90 应用“CC Jaws”效果前后对比

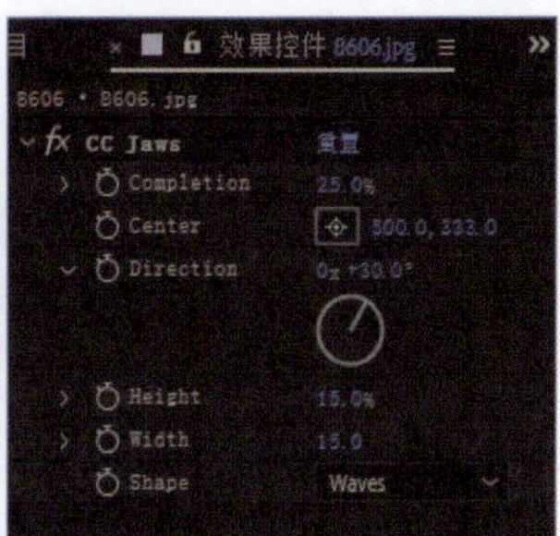

图8-91 “CC Jaws”效果选项

CC Light Wipe

“CC Light Wipe”效果运用圆形的发光效果对素材进行擦除。图8-92所示为应用“CC Light Wipe”效果前后的素材效果对比。为素材图层应用“CC Light Wipe”效果后，可以在“效果控件”面板中对该效果的相关选项进行设置，如图8-93所示。

图8-92 应用“CC Light Wipe”效果前后对比

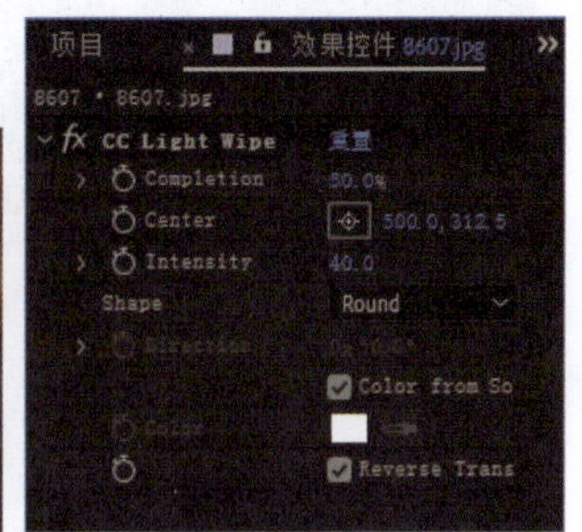

图8-93 “CC Light Wipe”效果选项

CC Line Sweep

“CC Line Sweep”效果可以实现阶梯形状的素材过渡效果，通过设置相应的选项还可以使阶梯的形状和方向发生改变。图8-94所示为应用“CC Line Sweep”效果前后的素材效果对比。为素材图层应用“CC Line Sweep”效果后，可以在“效果控件”面板中对该效果的相关选项进行设置，如图8-95所示。

图8-94 应用“CC Line Sweep”效果前后对比

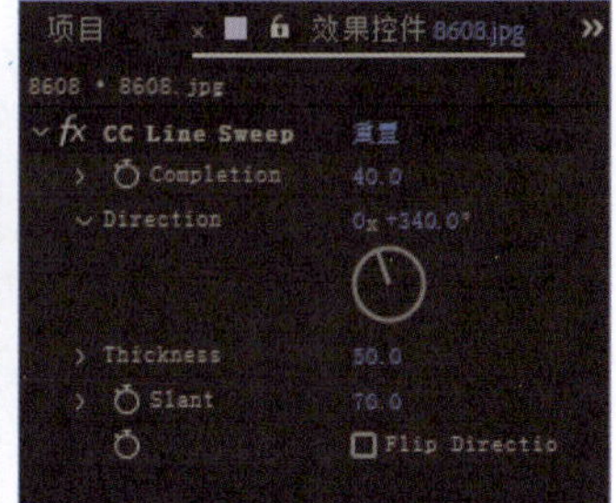

图8-95 “CC Line Sweep”效果选项

CC Radial ScaleWipe

“CC Radial ScaleWipe”效果可以使素材产生旋转缩放的擦除效果。图8-96所示为应用“CC Radial ScaleWipe”效果前后的素材效果对比。为素材图层应用“CC Radial ScaleWipe”效果后，可以在“效果控件”面板中对该效果的相关选项进行设置，如图8-97所示。

图8-96 应用“CC Radial ScaleWipe”效果前后对比

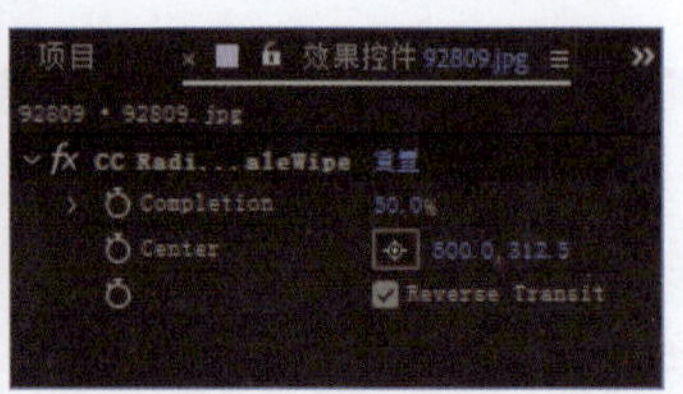

图8-97 “CC Radial ScaleWipe”效果选项

CC Scale Wipe

“CC Scale Wipe”效果可以通过调整拉伸中心点的位置及拉伸方向，产生缩放擦除的效果。图8-98所示为应用“CC Scale Wipe”效果前后的素材效果对比。为素材图层应用“CC Scale Wipe”效果后，可以在“效果控件”面板中对该效果的相关选项进行设置，如图8-99所示。

图8-98 应用“CC Scale Wipe”效果前后对比

图8-99 “CC Scale Wipe”效果选项

CC Twister

“CC Twister”效果可以使素材产生扭曲效果，并且通过设置相关选项，可以对素材进行扭曲翻转切换。图8-100所示为应用“CC Twister”效果前后的素材效果对比。为素材图层应用“CC Twister”效果后，可以在“效果控件”面板中对该效果的相关选项进行设置，如图8-101所示。

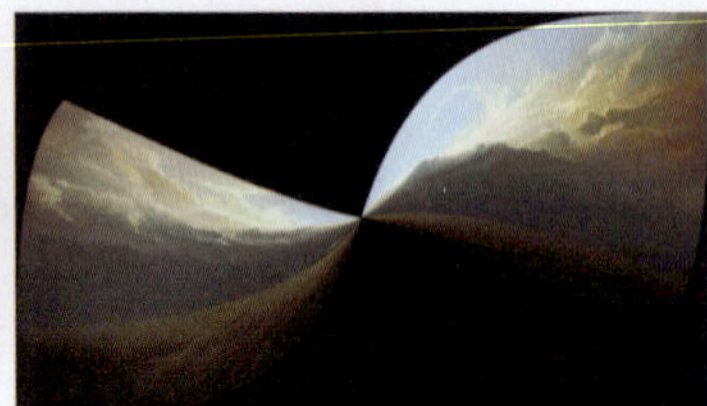

图8-100 应用“CC Twister”效果前后对比

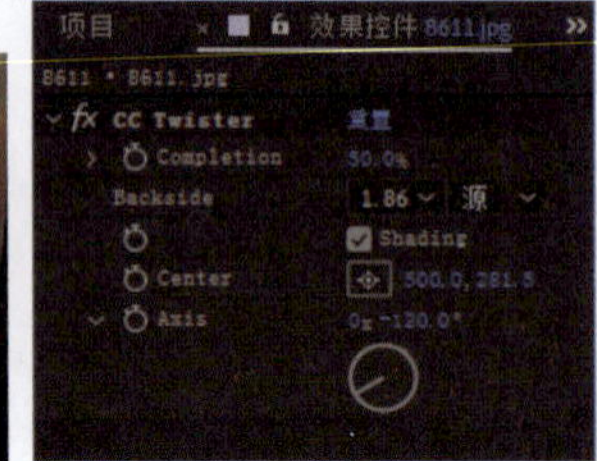

图8-101 “CC Twister”效果选项

CC WarpoMatic

“CC WarpoMatic”效果可以实现素材的淡出切换效果，并且通过设置相关选项，可以实现液化切换的效果。图8-102所示为应用“CC WarpoMatic”效果前后的素材效果对比。为素材图层应用“CC WarpoMatic”效果后，可以在“效果控件”面板中对该效果的相关选项进行设置，如图8-103所示。

图8-102 应用“CC WarpoMatic”效果前后对比

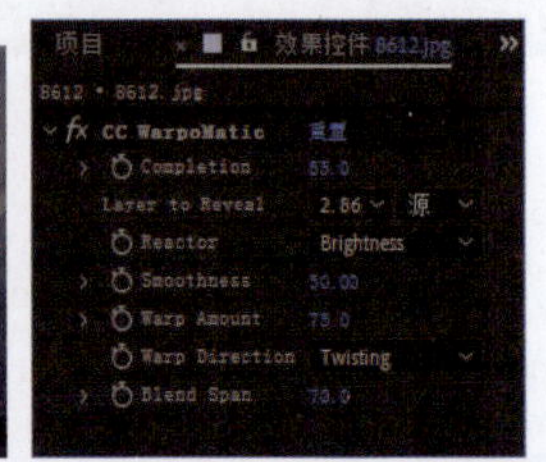

图8-103 “CC WarpoMatic”效果选项

光圈擦除

“光圈擦除”效果可以指定作用点、内半径和外半径来产生不同的辐射形状，通过辐射形状的变化过渡切换该素材图层下面的画面。图8-104所示为应用“光圈擦除”效果前后的素材效果对比。为素材图层应用“光圈擦除”效果后，可以在“效果控件”面板中对该效果的相关选项进行设置，如图8-105所示。

图8-104 应用“光圈擦除”效果前后对比

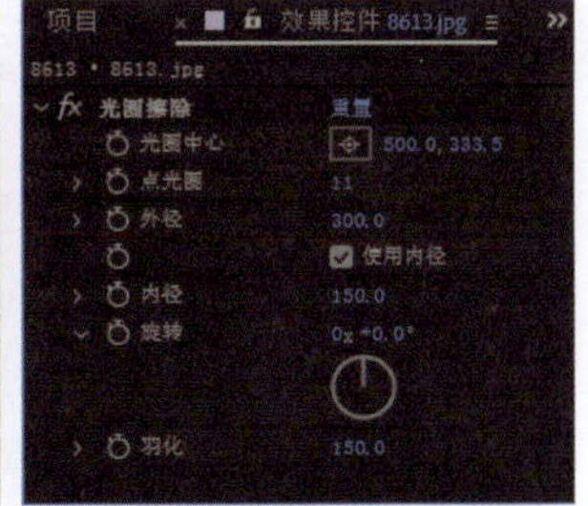

图8-105 “光圈擦除”效果选项

块溶解

“块溶解”效果可以使素材产生随机板块溶解的效果。图8-106所示为应用“块溶解”效果前后的素材效果对比。为素材图层应用“块溶解”效果后，可以在“效果控件”面板中对该效果的相关选项进行设置，如图8-107所示。

图8-106 应用“块溶解”效果前后对比

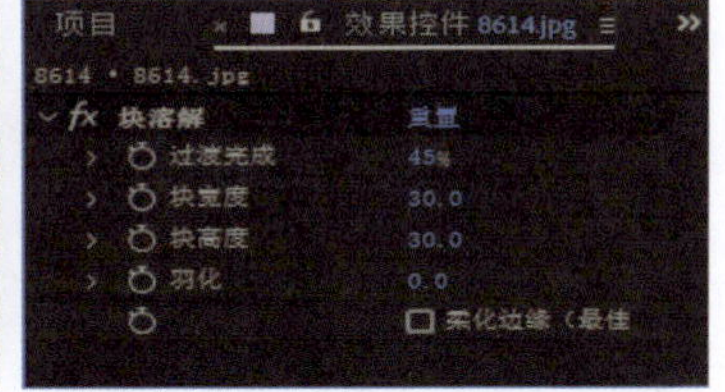

图8-107 “块溶解”效果选项

百叶窗

“百叶窗”效果可以产生类似于百叶窗开合的擦除效果。图8-108所示为应用“百叶窗”效果前后的素材效果对比。为素材图层应用“百叶窗”效果后，可以在“效果控件”面板中对该效果的相关选项进行设置，如图8-109所示。

图8-108 应用“百叶窗”效果前后对比

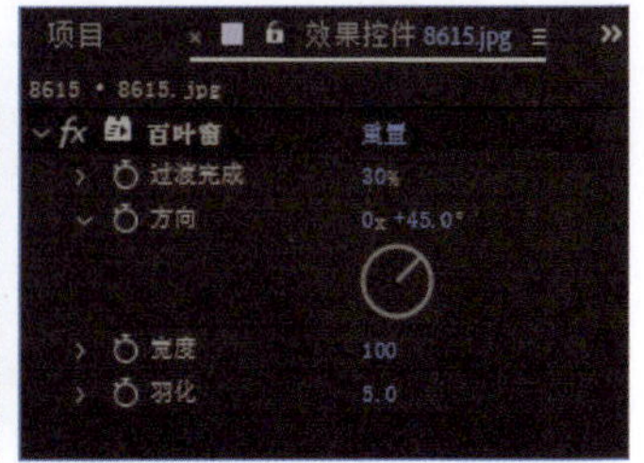

图8-109 “百叶窗”效果选项

径向擦除

“径向擦除”效果可以产生放射状旋转的擦除效果。图8-110所示为应用“径向擦除”效果前后的素材效果对比。为素材图层应用“径向擦除”效果后，可以在“效果控件”面板中对该效果的相关选项进行设置，如图8-111所示。

图8-110 应用“径向擦除”效果前后对比

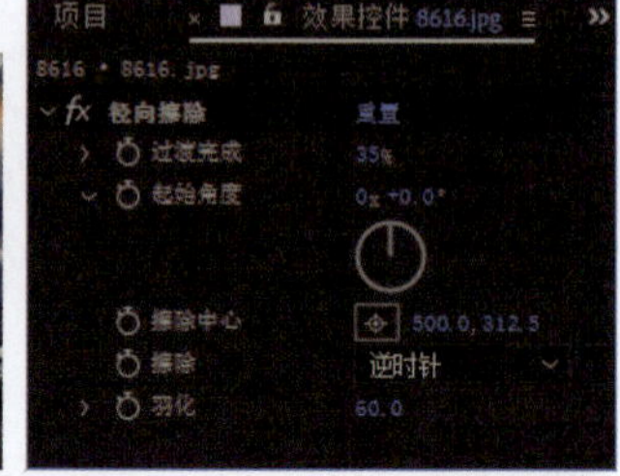

图8-111 “径向擦除”效果选项

线性擦除

“线性擦除”效果可以产生从某个方向以直线的方式进行擦除的效果。图8-112所示为应用“线性擦除”效果前后的素材效果对比。为素材图层应用“线性擦除”效果后，可以在“效果控件”面板中对该效果的相关选项进行设置，如图8-113所示。

图8-112 应用“线性擦除”效果前后对比

图8-113 “线性擦除”效果选项

8.7 “过时”效果组

“过时”效果组中包含了一些After Effects早期版本中所提供的效果，目前已经不再建议用户使用这些效果，并且可能会在未来的新版本After Effects中直接删除这些效果。在该效果组中包括“亮度键”“减少交错闪烁”“基本3D”“基本文字”“溢出抑制”“路径文本”“闪光”“颜色键”“高斯模糊（旧版）”共9种效果，如图8-114所示。

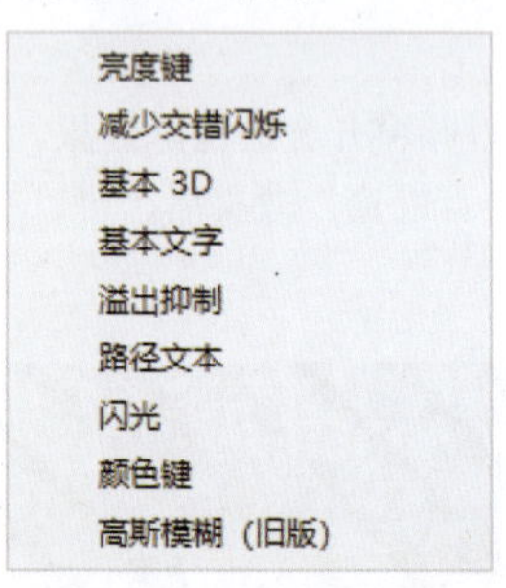

图8-114 “过时”效果组

“过时”效果组中的效果已经不再推荐使用，所以这里不作过多介绍，感兴趣的读者可以自己尝试应用相应的效果。

8.8 “抠像”效果组

所谓“抠像”，就是在画面中选取一个关键的色彩使其透明，这样就可以很容易地将画面中的主体提取出来。它在应用上与蒙版很相似，主要用于素材的透明控制，当蒙版和Alpha通道控制不能满足需要时，就需要应用“抠像”效果。

在“抠像”效果组中包括“Advanced Spill Suppressor”“CC Simple Wire Removal”“Key Cleaner”“内部/外部键”“差值遮罩”“提取”“线性颜色键”“颜色范围”“颜色差值键”共9种效果，如图8-115所示。

图8-115 “抠像”效果组

Advanced Spill Suppressor

任何物体除了受到各种光线的影响，还经常会受到环境反射光线的影响。例如在蓝色背景下，拍摄的视频主体的某些部分会由于蓝色环境光的照射而泛蓝，这样会影响整体拍摄效果，无法融入其他环境中。

将素材图像拖入“时间轴”面板中，在“合成”窗口中可以看到该素材图像的原始效果，如图8-116所示。选中该素材图层，为其应用“Advanced Spill Suppressor”效果，在“效果控件”面板中对该效果的相关属性进行设置，如图8-117所示。

图8-116 素材图像的原始效果

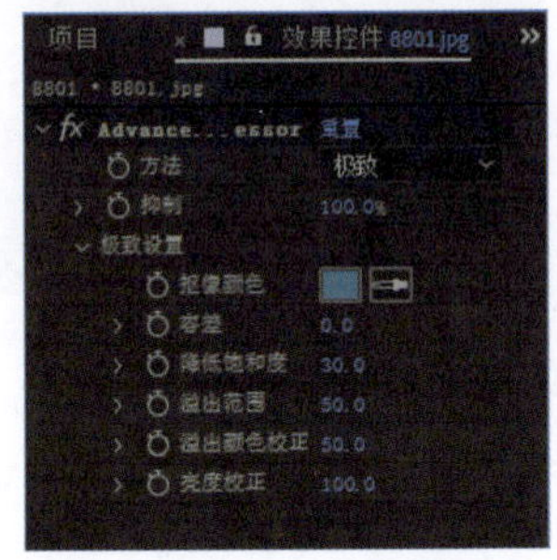

图8-117 设置“Advanced Spill Suppressor”效果选项

完成效果的设置后，在“时间轴”面板中可以看到为该图层应用的“Advanced Spill Suppressor”效果，如图8-118所示。在“合成”窗口中可以看到通过“Advanced Spill Suppressor”效果处理后的素材效果，如图8-119所示。

图8-118 “时间轴”面板

图8-119 处理后的素材效果

“Advanced Spill Suppressor”效果的相关属性介绍如下。

- 方法：在该下拉列表框中可以选择抑制颜色的方法，主要包括“标准”和“极致”两个选项，选择“极至”选项，将显示“极致设置”选项组，可以对需要抑制的颜色进行精细控制。

- 抑制：该选项用于设置抑制程度。
- 抠像颜色：该选项用于设置需要在图像中抑制的颜色，可以使用该选项右侧的“吸管工具”在图像上吸取需要抑制的颜色。
- 容差：该选项用于控制所设置抠像颜色的色彩范围。
- 降低饱和度：该选项用于设置降低抠像颜色的饱和度。
- 溢出范围：该选项用于设置抠像颜色的溢出范围。
- 溢出颜色校正：该选项用于对抠像颜色溢出范围内的色彩进行校正设置。
- 亮度校正：该选项用于对抠像颜色的亮度进行设置。

CC Simple Wire Removal

“CC Simple Wire Removal”效果是一种简单的线性擦除工具，该效果利用一根线对图像进行分割，并且在线的部位产生模糊效果，实际上是一种线状的模糊和替换效果。常用于在视频动画中去除一些较小的物体，如去除钢丝。

将素材图像拖入“时间轴”面板中，在“合成”窗口中可以看到该素材图像的原始效果，如图8-120所示。选中该素材图层，为其应用“CC Simple Wire Removal”效果，在“合成”窗口中拖动调整A点和B点的位置，使A点和B点包含需要去除的对象，如图8-121所示。

图8-120 素材图像的原始效果

图8-121 调整A点和B点的位置

在“效果控件”面板中对“CC Simple Wire Removal”效果的相关属性进行设置，如图8-122所示。在“合成”窗口中可以看到通过“CC Simple Wire Removal”效果处理后的素材效果，如图8-123所示。

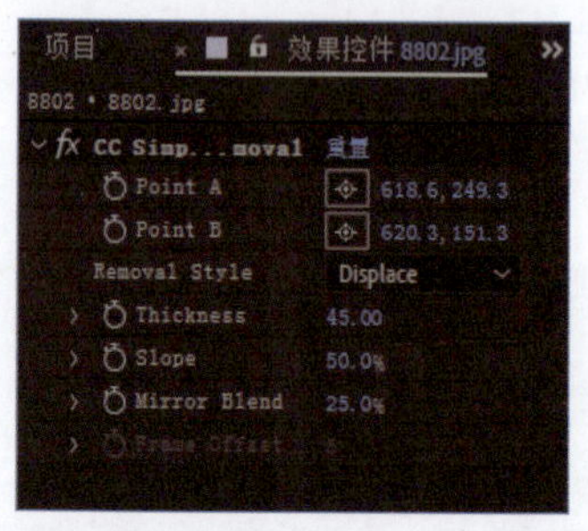

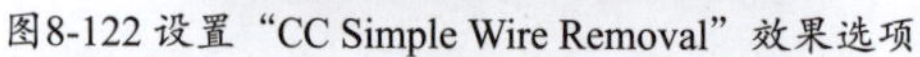

图8-122 设置“CC Simple Wire Removal”效果选项

图8-123 处理后的素材效果

“CC Simple Wire Removal”效果的相关属性介绍如下。

- Point A：该选项用于设置A控制点在素材中的位置。
- Point B：该选项用于设置B控制点在素材中的位置。
- Removal Style：该选项用于设置移除处理的样式，用户可以在下拉列表框中选择合适的选项，包括Fade（变暗）、Frame Offset（帧偏移）、Displace（置换）和Displace Horizontal（水平置换）。
- Thickness：该选项用于设置移除的范围，数值越大，移除处理的范围越广。

- Slope：该选项用于设置处理的倾斜角度。
- Mirror Blend：该选项用于设置线与原素材的混合程度。该值越大越模糊，值越小越清晰。
- Frame Offset：该选项只有在将“Removal Style”设置为“Frame Offset”时才可以使用，用于设置帧的偏移量。

Key Cleaner

“Key Cleaner”效果能够改善杂色素材的抠像效果，同时保留细节。“Key Cleaner”效果只影响素材的Alpha通道。在使用“Key Cleaner”效果进行抠图操作时，首先要为素材中需要抠取的对象创建大致的蒙版路径，然后才可以通过“Key Cleaner”效果进行抠图处理。

在After Effects中导入两张素材图像，并分别拖入“时间轴”面板中，如图8-124所示。选择人物素材图层，使用“钢笔工具”在“合成”窗口中大概绘制出人物的轮廓路径，为该图层添加蒙版，效果如图8-125所示。

图8-124 拖入两张素材图像　　图8-125 绘制蒙版路径

选择人物素材图层，为其应用“Key Cleaner”效果，在“效果控件”面板中对“Key Cleaner”效果的相关属性进行设置，如图8-126所示。在“合成”窗口中可以看到通过“Key Cleaner”效果处理后的素材效果，如图8-127所示。

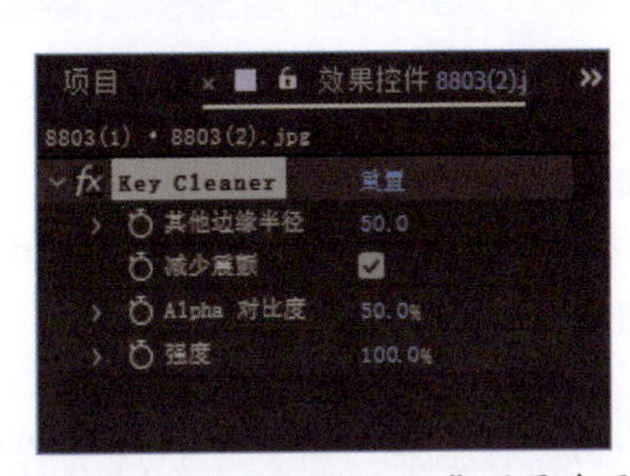

图8-126 设置“Key Cleaner”效果选项　图8-127 处理后的素材效果

“Key Cleaner”效果的相关属性介绍如下。

- 其他边缘半径：该选项用于设置沿所绘制的蒙版路径进行清除颜色的范围，该属性值越大，清理的半径范围越宽。
- 减少震颤：选择该复选框，在沿路径清除边缘颜色时可以减少抖动的发生。
- Alpha对比度：该选项用于设置抠出图像边缘的柔和度，数值越大，边缘对比越强烈。
- 强度：该选项用于设置清理边缘色彩的强度。

内部/外部键

“内部/外部键”效果是After Effects中一个比较特殊的“抠像”效果，它通过图层的蒙版路径来确定要隔离的物体边缘，把前景物体从它的背景中隔离出来。使用该效果需要为抠图对象指定两个蒙版路径，一个蒙版路径定义抠出范围的内边缘，另一个蒙版路径定义抠出范围的外边缘。系统将根据内外蒙版路径进行像素差异比较，从而抠出需要的对象。

使用“内部/外部键”效果可以将具有不规则边缘的物体从它的背景中分离出来。导入两张素材图像，并分别拖入“时间轴”面板中，如图8-128所示。选择人物素材图层，使用“钢笔工具”在“合成”窗口中大概绘制出人物的轮廓路径，为该图层添加蒙版，效果如图8-129所示。

图8-128 拖入两张素材图像　　图8-129 绘制蒙版路径

选择人物素材图层，为其应用“内部/外部键”效果，在“效果控件”面板中对“内部/外部键”效果的相关属性进行设置，如图8-130所示。在“合成”窗口中可以看到通过“内部/外部键”效果处理后的素材效果，如图8-131所示。

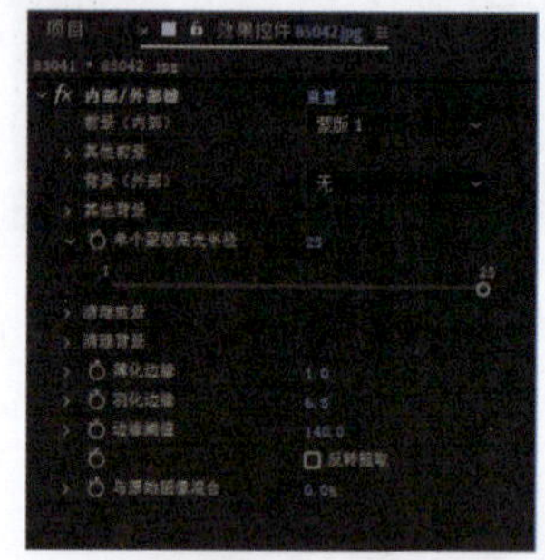

图8-130 设置“内部/外部键”效果选项

图8-131 处理后的素材效果

“内部/外部键”效果的相关属性介绍如下。

- 前景（内部）：该选项用于为“内部/外部键”效果指定内边缘蒙版。
- 其他前景：该选项用于为“内部/外部键”效果指定更多的内边缘蒙版，适用于更为复杂的对象。
- 背景（外部）：该选项用于为“内部/外部键”效果指定外边缘蒙版。
- 其他背景：该选项用于为“内部/外部键”效果指定更多的外边缘蒙版。
- 单个蒙版高光半径：当使用单个蒙版时，该选项被激活，用于设置可扩展蒙版的范围。
- 清理前景：该选项用于指定蒙版来清除前景颜色。展开某个选项，即可指定多个蒙版路径进行清除设置，如图8-132所示。用户还可以在“路径”下拉列表框中指定需要清除前景的路径，如图8-133所示。

图8-132 “清除前景”选项组

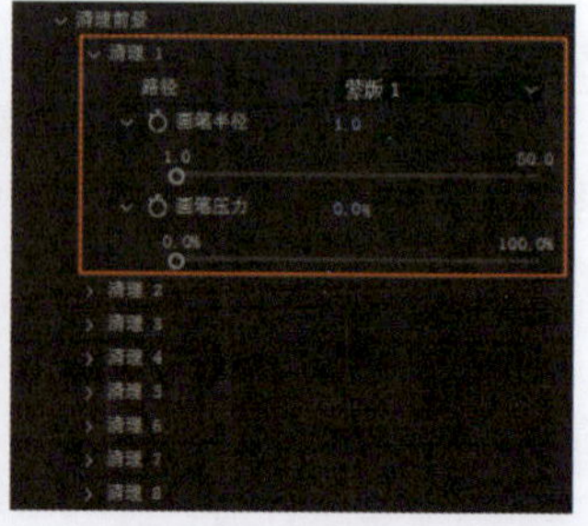

图8-133 “清理1”选项

- 清理背景：该选项用于指定蒙版来清除背景颜色，其用法与“清理前景”选项的用法相同。
- 薄化边缘：该选项用于设置抠取出的对象边缘的粗细。
- 羽化边缘：该选项用于设置抠取出的对象边缘的羽化程度。
- 边缘阈值：该选项用于设置抠取出的对象边缘的阈值。
- 反转提取：选择该复选框，即可将提取出的范围进行反转操作。
- 与原始图像混合：该选项用于设置提取出来的前景和原始图像的混合程度。

差值遮罩

“差值遮罩”效果通过将一个对比图层与原图层进行比较，然后将原图层中的位置、颜色与对比图层中相同的像素抠出。最典型的应用是静态背景、固定摄影机、固定镜头和曝光，只需要一帧背景素材，即可让对象在场景中移动。

在After Effects中导入两张素材图像，并分别拖入“时间轴”面板中，如图8-134所示。

图8-134 拖入两张素材图像

选择人物素材图层，为其应用“差值遮罩”效果，在“效果控件”面板中对“差值遮罩”效果的相关属性进行设置，如图8-135所示。在“合成”窗口中可以看到通过“差值遮罩”效果处理后的素材效果，如图8-136所示。

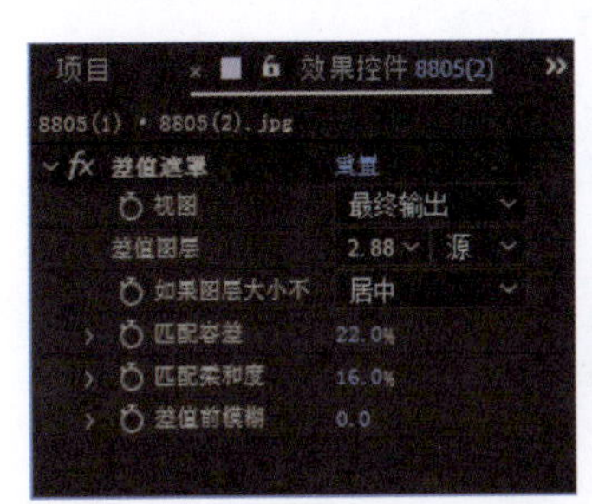

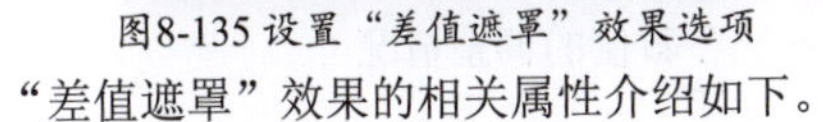

图8-135 设置“差值遮罩”效果选项　　图8-136 处理后的素材效果

“差值遮罩”效果的相关属性介绍如下。

- 视图：该选项用于设置不同的视图显示方式，选择“最终输出”选项，可以在“合成”窗口中显示最终输出的效果；选择“仅限源”选项，可以在“合成”窗口中只显示源素材图层效果；选择“仅限遮罩”选项，可以在“合成”窗口中显示遮罩范围。
- 差值图层：该选项用于设置将哪一个图层作为对比图层。
- 如果图层大小不同：该选项用于设置当两个图层尺寸大小不同时的处理方式，选择“居中”选项，将差值图层放在源图层中间进行比较，其他的地方使用黑色填充；选择“伸缩以适合”选项，则会自动调整差值图层的尺寸大小，使两个图层的尺寸大小一致，这种情况可能会使素材变形。

- 匹配容差：该选项用于调整匹配范围，控制透明颜色的容差程度。该数值会自动比较两个图层之间的颜色匹配程度，数值越大，包含的颜色信息越多；数值越小，包含的颜色信息越少。
- 匹配柔和度：该选项用于调整匹配的柔和程度，调整透明区域与不透明区域的柔和程度。
- 差值前模糊：该选项用于细微模糊两个图层中的颜色噪点，从而清除合成素材中的杂点，而并不会使素材模糊，取值范围为0~1000。

提取

“提取”效果可以通过素材的亮度范围来创建透明效果。素材中所有与指定的亮度范围相近的像素都将被抠出，还可以用它来删除视频中的阴影。对于具有黑色或者白色背景的素材，或者背景亮度与保留对象之间亮度反差较大的复杂背景素材，使用“提取”效果来抠取所需要的对象效果会更好。

在After Effects中导入两张素材图像，并分别拖入“时间轴”面板中，如图8-137所示。

图8-137 拖入两张素材图像

选择人物素材图层，为其应用“提取”效果，在“效果控件”面板中对“提取”效果的相关属性进行设置，如图8-138所示。在“合成”窗口中可以看到通过“提取”效果处理后的素材效果，如图8-139所示。

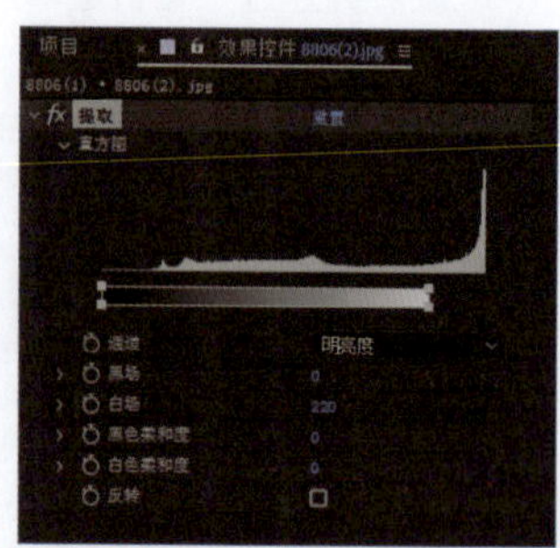

图8-138 设置“提取”效果选项

图8-139 处理后的素材效果

“提取”效果的相关属性介绍如下。

- 直方图：该选项用于显示素材亮区、暗区的分布情况和参数值的调整情况。

> 提示
> 在直方图中显示了素材亮度的分布级别及每个级别上的像素量，从左至右为素材从最暗到最亮的形态。拖动直方图下方的控制滑块，可以调整素材的输出像素范围，直方图中被灰色覆盖的区域不透明，其他区域透明。

- 通道：该选项用于设置要提取的颜色通道，在该下拉列表框中可以选择相应的选项，包括“明亮度”“红色”“绿色”“蓝色”“Alpha”5个选项。
- 黑场：该选项用于设置黑色区域的透明范围，小于该值的黑色区域颜色将变为透明。
- 白场：该选项用于设置白色区域的透明范围，大于该值的白色区域颜色将变为透明。
- 黑场柔和度：该选项用于设置黑色区域的边缘柔和程度。
- 白场柔和度：该选项用于设置白色区域的边缘柔和程度。

- 反转：选择该复选框，将反转上面的颜色抠取区域，即反转透明区域。

线性颜色键

“线性颜色键”效果是一个标准的线性抠像，可以包含半透明的区域。“线性颜色键”效果根据图像的RGB彩色信息或者素材的色相和饱和度信息，与指定的抠取颜色进行比较，从而产生透明区域，从素材中抠取出所需要的对象。

在After Effects中导入两张素材图像，并分别拖入“时间轴”面板中，如图8-140所示。

图8-140 拖入两张素材图像

选择人物素材图层，为其应用“线性颜色键”效果，在“效果控件”面板中对“线性颜色键”效果的相关属性进行设置，如图8-141所示。在“合成”窗口中可以看到通过“线性颜色键”效果处理后的素材效果，如图8-142所示。

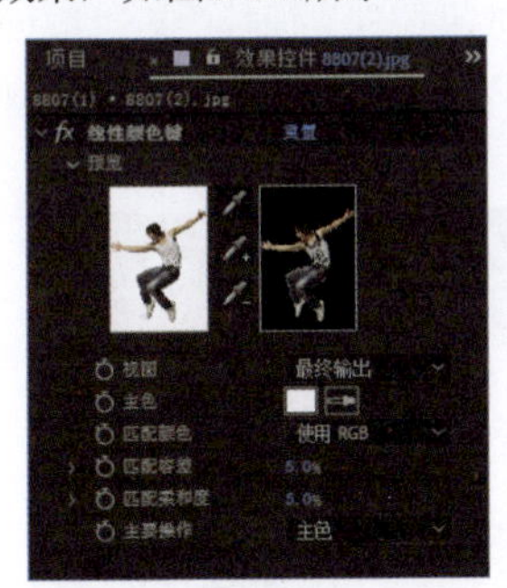

图8-141 设置“线性颜色键”效果选项

图8-142 处理后的素材效果

“线性颜色键”效果的相关属性介绍如下。

- 预览：该选项区域包含两个视图，左侧为素材视图，显示素材的原始缩览图；右侧为预览视图，显示抠取的素材缩览图。
- “吸管工具”按钮：使用该按钮，可以在素材中吸取需要抠出的颜色。
- “加选吸管工具”按钮：使用该按钮，在素材中单击可以增加抠出的颜色范围。
- “减选吸管工具”按钮：使用该按钮，在素材中单击可以减少抠出的颜色范围。
- 视图：该选项用于设置不同的视图方式。在下拉列表框包含3个选项，分别是“最终输出”、“仅限源”和“仅限遮罩”。
- 主色：该选项用于设置抠出的颜色，用户可以单击该选项后的色块，在弹出的对话框中选择合适的颜色；也可以单击按钮，吸取After Effects工作区域内的任意一种颜色。
- 匹配颜色：该选项用于指定抠出颜色的模式，在下拉列表框中包含3个选项，选择“使用RGB”选项，使用的是以红、绿、蓝为基准的键控颜色；选择“使用色相”选项，使用的键控颜色基于对象发射或者反射的颜色；选择“使用色度”选项，使用的键控颜色基于颜色的色调和饱和度。

- 匹配容差：该选项用于设置颜色的范围大小，数值越大，包含的色彩范围越大。
- 匹配柔和度：该选项用于设置抠出颜色边缘的柔和程度。
- 主要操作：该选项用于设置抠图的运算方式，可以在下拉列表框中选择相应的选项，其中“主色”是指抠出所设置的主色，“保持颜色”是指保留抠出颜色。

颜色范围

“颜色范围”效果通过抠出指定的颜色范围产生透明效果，可以应用的色彩模式包括Lab、YUV和RGB 共3种模式。“颜色范围”抠像方式可以应用于背景颜色较多、背景亮度不均匀或者包含相同颜色的阴影（如玻璃、烟雾等）。

在After Effects中导入两张素材图像，并分别拖入“时间轴”面板中，如图8-143所示。

图8-143 拖入两张素材图像

选择人物素材图层，为其应用“颜色范围”效果，在“效果控件”面板中对“颜色范围”效果的相关属性进行设置，如图8-144所示。在“合成”窗口中可以看到通过“颜色范围”效果处理后的素材效果，如图8-145所示。

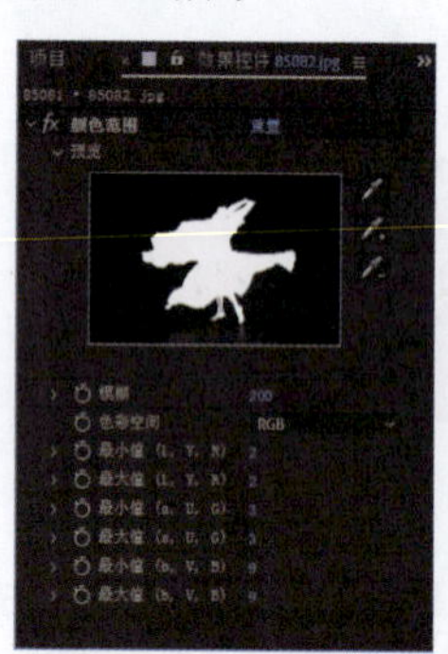

图8-144 设置“颜色范围”效果选项

图8-145 处理后的素材效果

“颜色范围”效果的相关属性介绍如下。

- 预览：在预览区域中通过黑白图像显示抠取的范围，黑色为透明区域，白色为不透明区域，灰色为半透明区域。
- “吸管工具”按钮：使用该按钮，可以在素材中吸取需要抠出的颜色。
- “加选吸管工具”按钮：使用该按钮，在素材中单击可以增加抠出的颜色范围。
- “减选吸管工具”按钮：使用该按钮，在素材中单击可以减少抠出的颜色范围。
- 模糊：该选项用于对边界进行柔和模糊，用于调整边缘柔化程度。该值越大，边缘越柔和。
- 色彩空间：该选项用于设置抠图所使用的颜色模式，在下拉列表框中包括Lab、YUV和RGB 共3个选项。
- 最小值/最大值：该选项用于精确调整颜色模式中颜色开始范围的最小值和颜色结束范围的最大值。

在“颜色范围”效果的参数设置中，（L、Y、R）、（a、U、G）和（b、V、B）代表的是颜色模式的 3 个分量。L、Y、R 滑块控制指定颜色模式的第一个分量，a、U、G 滑块控制指定颜色模式的第二个分量，b、V、B 滑块控制指定颜色模式的第三个分量。

颜色差值键

“颜色差值键”效果具有十分强大的抠像功能，通过颜色的吸取和加选、减选操作，将需要的对象抠出。应用该效果后，会将图像分成蒙版A和蒙版B两个不同起点的蒙版，蒙版B基于指定的抠取颜色创建透明信息；蒙版A同样用于创建透明信息，但前提是素材区域中不包含第二种不同的抠取颜色。结合蒙版A、蒙版B的效果就能够得到第三种蒙版的效果，即透明信息。

在After Effects中导入两张素材图像，并分别拖入“时间轴”面板中，如图8-146所示。

图8-146 拖入两张素材图像

选择人物素材图层，为其应用“颜色差值键”效果，在“效果控件”面板中对“颜色差值键”效果的相关属性进行设置，如图8-147所示。在“合成”窗口中可以看到通过“颜色差值键”效果处理后的素材效果，如图8-148所示。

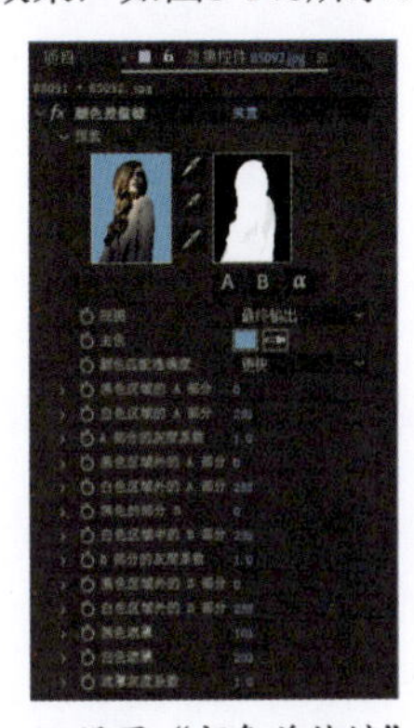

图8-147 设置“颜色差值键”效果选项

图8-148 处理后的素材效果

“颜色差值键”效果的相关属性介绍如下。

- 预览：该选项区域包含两个视图，左侧为素材视图，显示素材的原始缩览图；右侧为预览视图，显示抠取的素材缩览图。并且右侧的预览视图提供了3种不同的显示方式，单击 A 按钮，可以在预览视图中显示A部分的效果；单击 B 按钮，可以在预览视图中显示B部分的效果；单击 α 按钮，可以在预览视图中显示灰度系数的效果。
- “吸管工具”按钮：用于在素材中吸取需要抠取的颜色。
- “黑场工具”按钮：用于在效果图像中吸取透明区域的颜色。
- “白场工具”按钮：用于在效果图像中吸取不透明区域的颜色。

- 视图：该选项用于设置不同的图像视图，默认为“最终输出”选项，可以在下拉列表框中选择相应的选项，如图8-149所示。
- 主色：该选项用于设置要去除的颜色，可以单击该选项右侧的色块，在弹出的对话框中选择合适的颜色；也可以单击按钮，吸取After Effects工作区域内的任意一种颜色。
- 颜色匹配准确度：该选项用于设置颜色的匹配精确程度，在下拉列表框中包含两个选项，如图8-150所示。选择“更快”选项，表示匹配的精确度低，但是处理速度比较快；选择“更准确”选项，表示匹配的精确度高。

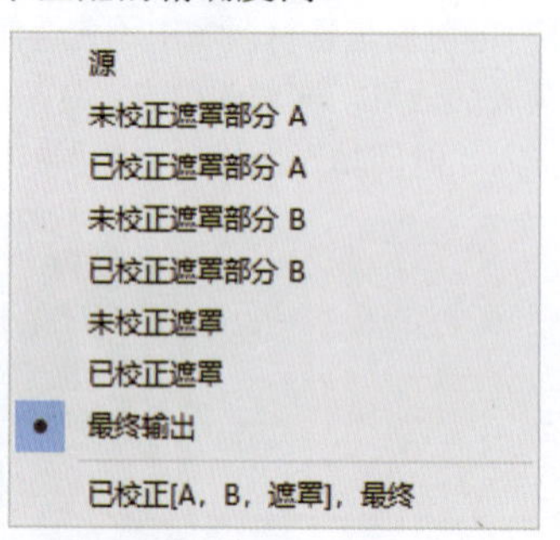

图8-149 “视图”下拉列表框

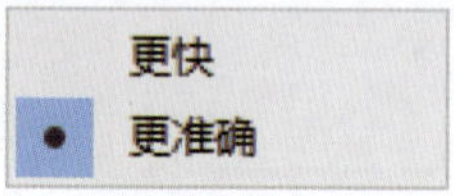

更快
更准确

图8-150 “颜色匹配准确度”下拉列表框

8.9 “模糊和锐化”效果组

“模糊和锐化”效果组中的效果主要用于对素材进行各种模糊和锐化处理。在该效果组中包括“复合模糊”“锐化”“通道模糊”“CC Cross Blur”“CC Radial Blur”“CC Radial Fast Blur”“CC Vector Blur”“摄像机镜头模糊”“摄像机抖动去模糊”“智能模糊”“双向模糊”“定向模糊”“径向模糊”“快速方框模糊”“钝化蒙版”“高斯模糊”共16种效果，如图8-151所示。

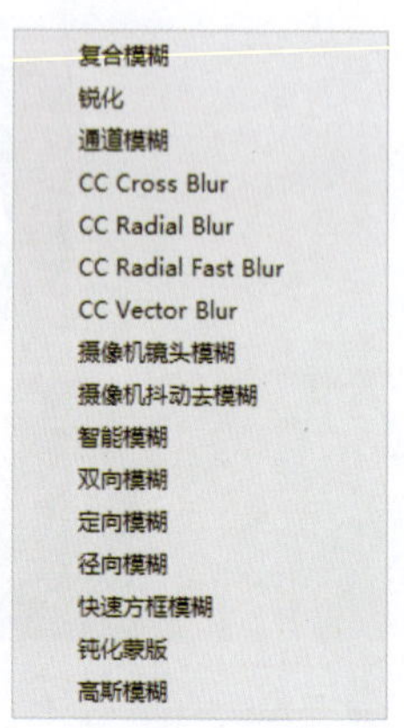

图8-151 “模糊和锐化”效果组

复合模糊

“复合模糊”可以依据某一图层（可以在当前合成中选择）画面的亮度值对当前图层进行模糊处理，或者为此设置模糊映射层，也就是用某一个图层的亮度变化去控制另一个图层的模糊。图像亮度越高，模糊越大；亮度越低，模糊越小。图8-152所示为应用“复合模糊”效果前后的素材效果对比。为素材图层应用“复合模糊”效果后，可以在“效果控件”面板中对该效果的相关选项进行设置，如图8-153所示。

图8-152 应用“复合模糊”效果前后对比

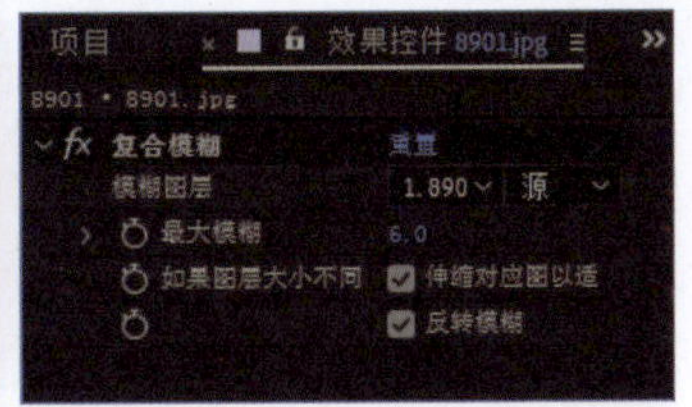

图8-153 “复合模糊”效果选项

“复合模糊”效果可以用来模拟大气、烟雾和火光等，特别是当映射层为动画时，效果更加生动；也可以用来模拟污点和指印，还可以和其他效果结合使用。

锐化

“锐化”效果用于锐化素材中的像素，可以提高相邻像素的对比度，从而使素材获得更加清晰的效果。图8-154所示为应用“锐化”效果前后的素材效果对比。为素材图层应用“锐化”效果后，可以在“效果控件”面板中对该效果的相关选项进行设置，如图8-155所示。

图8-154 应用“锐化”效果前后对比

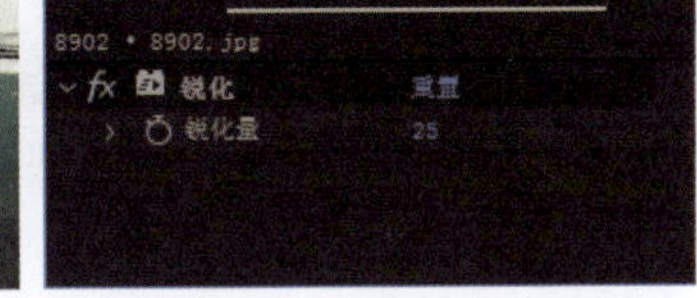

图8-155 “锐化”效果选项

通道模糊

“通道模糊”效果可以分别对素材中的红、绿、蓝和Alpha通道进行模糊，并且可以设置在水平方向还是垂直方向，或者两个方向同时进行。图8-156所示为应用“通道模糊”效果前后的素材效果对比。为素材图层应用“通道模糊”效果后，可以在“效果控件”面板中对该效果的相关选项进行设置，如图8-157所示。

图8-156 应用“通道模糊”效果前后对比

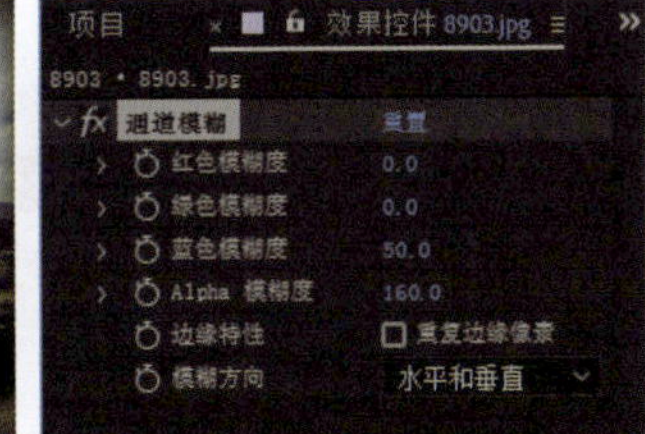

图8-157 “通道模糊”效果选项

“通道模糊”效果的优势在于可以根据画面颜色分布分别进行模糊，而不是对整个画面进行模糊，提供了更大的模糊灵活性。可以产生模糊发光的效果，或者对 Alpha 通道模糊应用不透明的软边。

CC Cross Blur

“CC Cross Blur”效果可以分别对素材在水平或者垂直方向上的模糊效果进行设置，并且还可以设置模糊效果与原素材之间的传递模式。图8-158所示为应用“CC Cross Blur”效果前后的素材效果对比。为素材图层应用“CC Cross Blur”效果后，可以在“效果控件”面板中对该效果的相关选项进行设置，如图8-159所示。

图8-158 应用“CC Cross Blur”效果前后对比

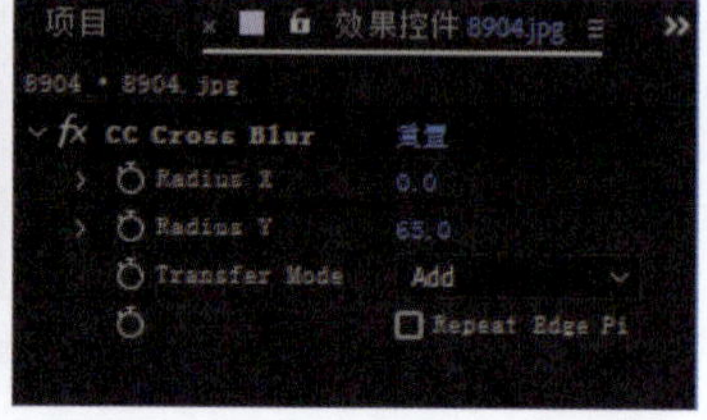

图8-159 “CC Cross Blur”效果选项

CC Radial Blur

“CC Radial Blur”效果可以将素材按多种放射状的模糊方式进行处理，使素材产生不同的模糊效果。图8-160所示为应用“CC Radial Blur”效果前后的素材效果对比。为素材图层应用“CC Radial Blur”效果后，可以在“效果控件”面板中对该效果的相关选项进行设置，如图8-161所示。

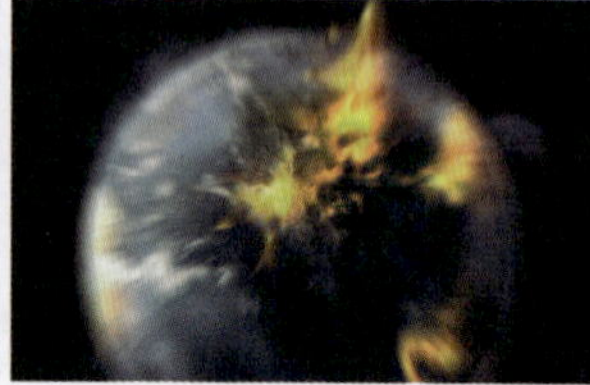

图8-160 应用“CC Radial Blur”效果前后对比

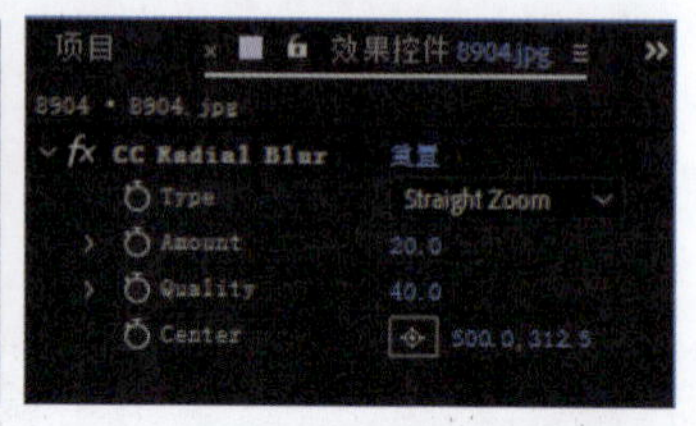

图8-161 “CC Radial Blur”效果选项

CC Radial Fast Blur

“CC Radial Fast Blur”效果可以产生与“CC Radial Blur”相似的效果，不同的是“CC Radial Fast Blur”效果可以产生更快、更强烈的模糊效果。图8-162所示为应用“CC Radial Fast Blur”效果前后的素材效果对比。为素材图层应用“CC Radial Fast Blur”效果后，可以在“效果控件”面板中对该效果的相关选项进行设置，如图8-163所示。

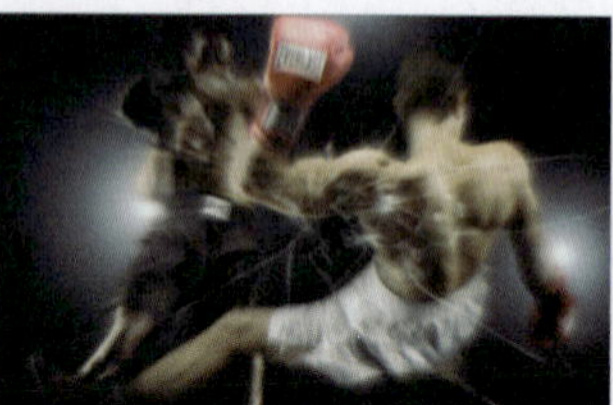

图8-162 应用“CC Radial Fast Blur”效果前后对比

图8-163 “CC Radial Fast Blur”效果选项

CC Vector Blur

“CC Vector Blur”效果可以通过不同的方式对素材进行不同样式的模糊处理。图8-164所示为应用“CC Vector Blur”效果前后的素材效果对比。为素材图层应用“CC Vector Blur”效果后，可以在“效果控件”面板中对该效果的相关选项进行设置，如图8-165所示。

图8-164 应用“CC Vector Blur”效果前后对比

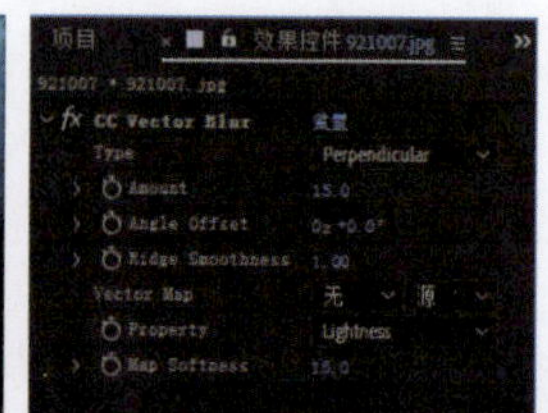

图8-165 “CC Vector Blur”效果选项

摄像机镜头模糊

“摄像机镜头模糊”效果可以通过模糊周围区域的像素来突出一个重点区域，可以模拟出真实的景深效果。图8-166所示为应用“摄像机镜头模糊”效果前后的素材效果对比。为素材图层应用“摄像机镜头模糊”效果后，可以在“效果控件”面板中对该效果的相关选项进行设置，如图8-167所示。

图8-166 应用“摄像机镜头模糊”效果前后对比

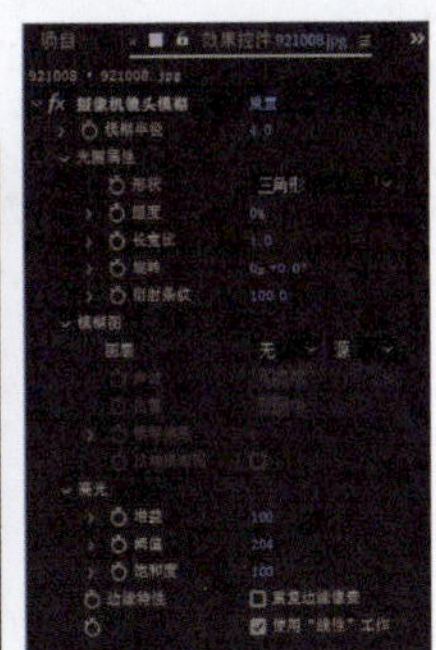

图8-167 “摄像机镜头模糊”效果选项

摄像机抖动去模糊

“摄像机抖动去模糊”效果可以去除在拍摄素材的过程中由于摄像机的抖动而造成的伪影模糊，从而使素材的表现更加清晰。为素材图层应用“摄像机抖动去模糊”效果后，可以在“效果控件”面板中对该效果的相关选项进行设置，如图8-168所示。

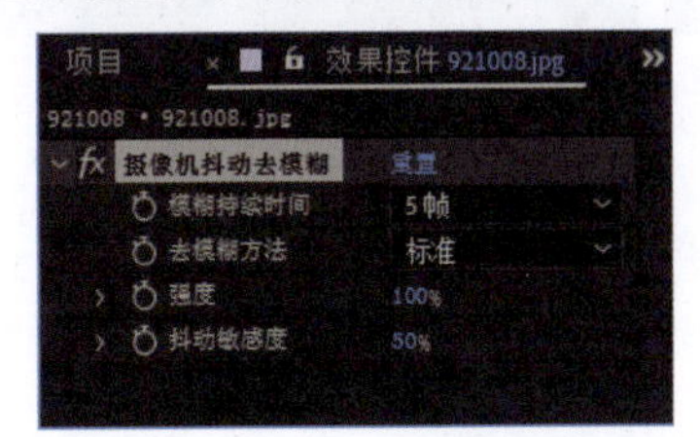

图8-168 “摄像机抖动去模糊”效果选项

智能模糊

“智能模糊”效果能够非常好地柔化素材画面，根据素材中色彩像素的差别自动识别素材边缘，再单独渲染出边缘线。图8-169所示为应用“智能模糊”效果前后的素材效果对比。为素材图层应用“智能模糊”效果后，可以在“效果控件”面板中对该效果的相关选项进行设置，如图8-170所示。

图8-169 应用“智能模糊”效果前后对比

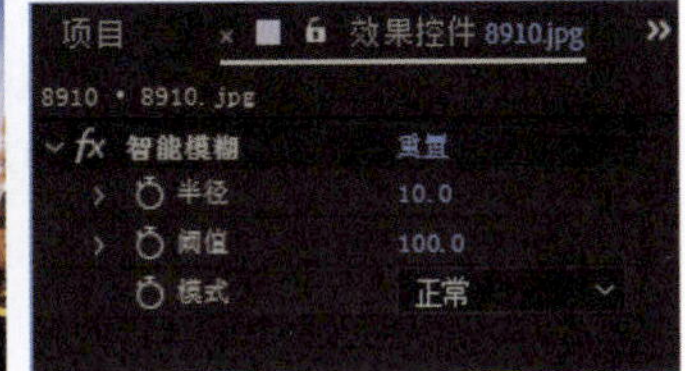

图8-170 “智能模糊”效果选项

双向模糊

“双向模糊”效果可以选择性地模糊素材中的某些部分，而保留画面中对象的边缘与细节。素材中对比度较低的地方被选择性模糊，对比度较高的地方被选择性保留。图8-171所示为应用“双向模糊”效果前后的素材效果对比。为素材图层应用“双向模糊”效果后，可以在“效果控件”面板中对该效果的相关选项进行设置，如图8-172所示。

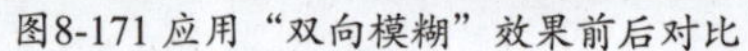

图8-171 应用“双向模糊”效果前后对比

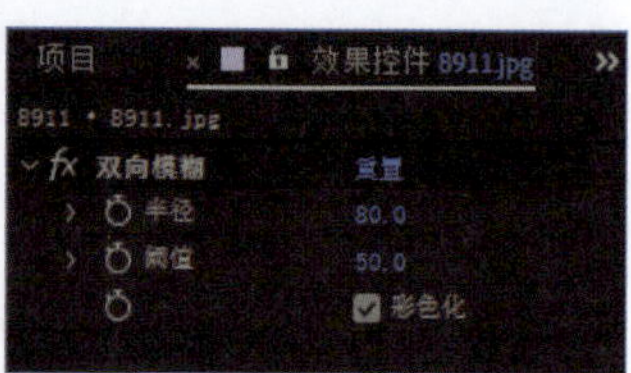

图8-172 “双向模糊”效果选项

定向模糊

“定向模糊”效果是一种十分具有动感的模糊效果，可以产生任何方向的运动幻觉。图8-173所示为应用“定向模糊”效果前后的素材效果对比。为素材图层应用“定向模糊”效果后，可以在“效果控件”面板中对该效果的相关选项进行设置，如图8-174所示。

图8-173 应用“定向模糊”效果前后对比

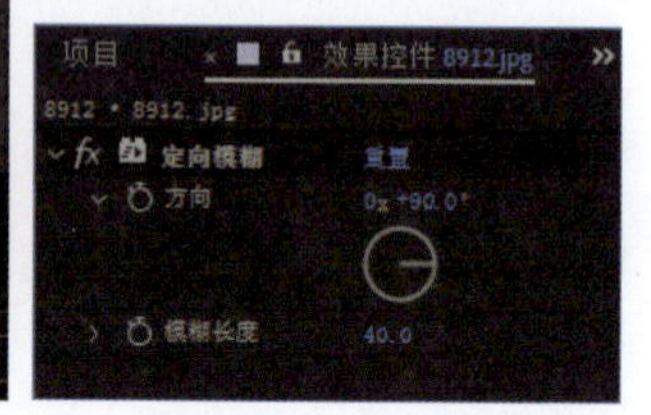

图8-174 “定向模糊”效果选项

径向模糊

“径向模糊”效果可以在指定的点产生环绕的模糊效果或者放射状的模糊效果，中心部分模糊较弱，越靠外模糊越强。图8-175所示为应用“径向模糊”效果前后的素材效果对比。为素材图层应用“径向模糊”效果后，可以在“效果控件”面板中对该效果的相关选项进行设置，如图8-176所示。

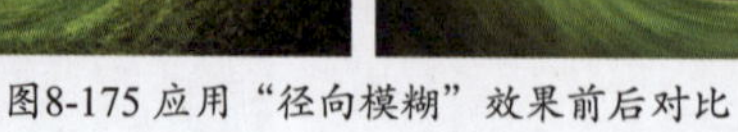

图8-175 应用“径向模糊”效果前后对比

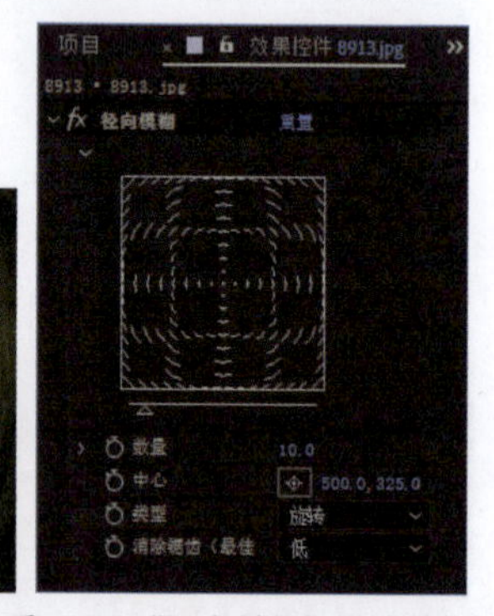

图8-176 “径向模糊”效果选项

快速方框模糊

“快速方框模糊”效果可以将素材按方框的形状进行模糊处理，在素材的四周形成一个方框的边缘效果。图8-177所示为应用“快速方框模糊”效果前后的素材效果对比。为素材图层应用“快速方框模糊”效果后，可以在“效果控件”面板中对该效果的相关选项进行设置，如图8-178所示。

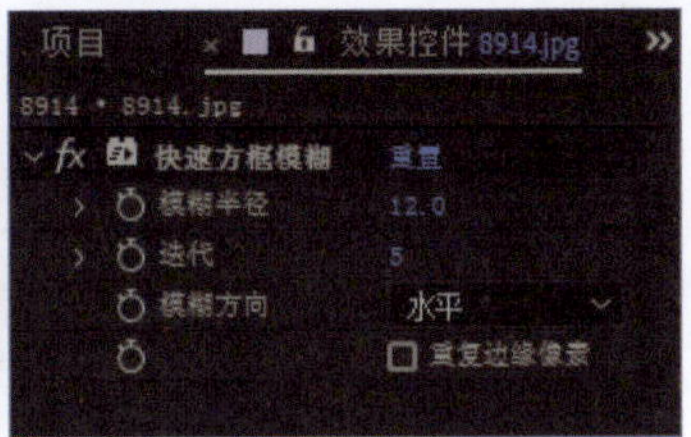

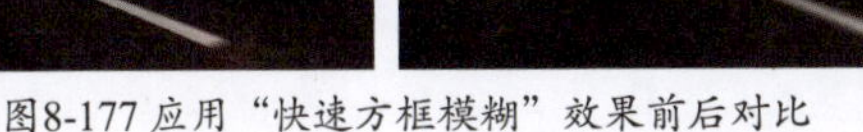

图8-177 应用“快速方框模糊”效果前后对比　图8-178 “快速方框模糊”效果选项

钝化蒙版

“钝化蒙版”效果与“锐化”效果相似，用来提高相邻像素的对比度，从而使素材更清晰。与“锐化”效果不同的是，它不对颜色边缘进行突出，看上去使整体对比度增强。图8-179所示为应用“钝化蒙版”效果前后的素材效果对比。为素材图层应用“钝化蒙版”效果后，可以在“效果控件”面板中对该效果的相关选项进行设置，如图8-180所示。

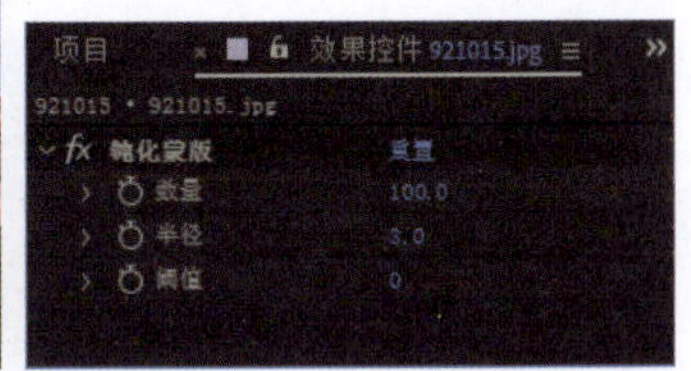

图8-179 应用“钝化蒙版”效果前后对比　图8-180 “钝化蒙版”效果选项

高斯模糊

“高斯模糊”效果用于模糊和柔化素材，可以去除画面中的杂点。该效果能够产生非常细腻的模糊效果，尤其是在单独使用时。图8-181所示为应用“高斯模糊”效果前后的素材效果对比。为素材图层应用“高斯模糊”效果后，可以在“效果控件”面板中对该效果的相关选项进行设置，如图8-182所示。

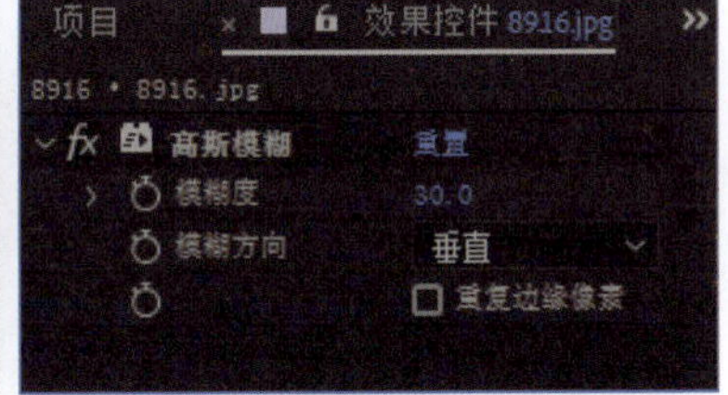

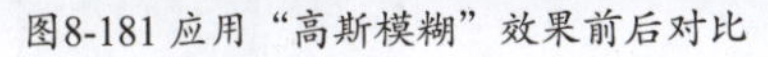

图8-181 应用“高斯模糊”效果前后对比　图8-182 “高斯模糊”效果选项

8.10　“模拟”效果组

“模拟”效果组中的效果主要用来表现碎裂、液态、粒子、球体爆炸、散射和气泡等特殊效果，这些效果功能强大，能够制作出多种逼真的效果。在该效果组中包括“焦散”“卡片动画”“CC Ball Action”“CC Bubbles”“CC Drizzle”“CC Hair”“CC Mr.Mercury”“CC Particle Systems II”“CC Particle World”“CC Pixel Polly”“CC Rainfall”“CC Scatterize”“CC Snowfall”“CC Star Burst”“泡沫”“波形环境”“碎片”“粒子运动场”共18种效果，如图8-183所示。

焦散	CC Pixel Polly
卡片动画	CC Rainfall
CC Ball Action	CC Scatterize
CC Bubbles	CC Snowfall
CC Drizzle	CC Star Burst
CC Hair	泡沫
CC Mr. Mercury	波形环境
CC Particle Systems II	碎片
CC Particle World	粒子运动场

图8-183 “模拟”效果组

焦散

“焦散”效果可以模拟水折射和反射的自然效果。导入两张素材图像，并分别将两张素材拖入“时间轴”面板中，如图8-184所示。为素材图像应用“焦散”效果后的画面如图8-185所示。为素材图层应用“焦散”效果后，可以在“效果控件”面板中对该效果的相关选项进行设置，如图8-186所示。

图8-184 两张素材图像的原始效果

图8-185 应用“焦散”效果后的画面

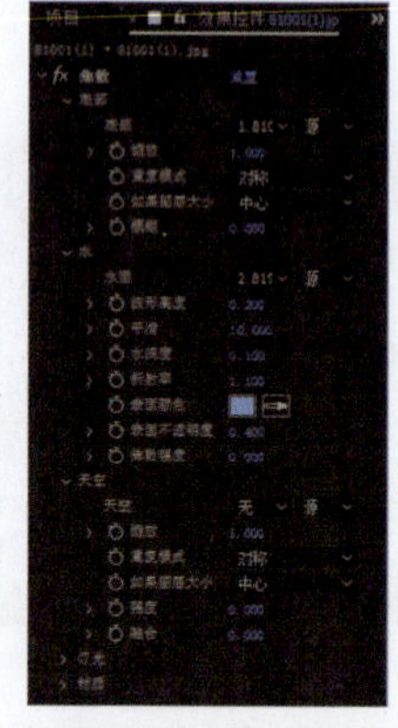

图8-186 “焦散”效果选项

卡片动画

“卡片动画”效果根据指定图层的特征分割画面，产生卡片动画的效果，是真正的三维特效。在该效果的X、Y、Z轴上调整素材的“位置”“旋转”“缩放”等选项，可以使画面产生卡片动画的效果，还可以设置灯光方向和材质属性。图8-187所示为应用“卡片动画”效果前后的素材效果对比。为素材图层应用“卡片动画”效果后，可以在“效果控件”面板中对该效果的相关选项进行设置，如图8-188所示。

图8-187 应用“卡片动画”效果前后对比

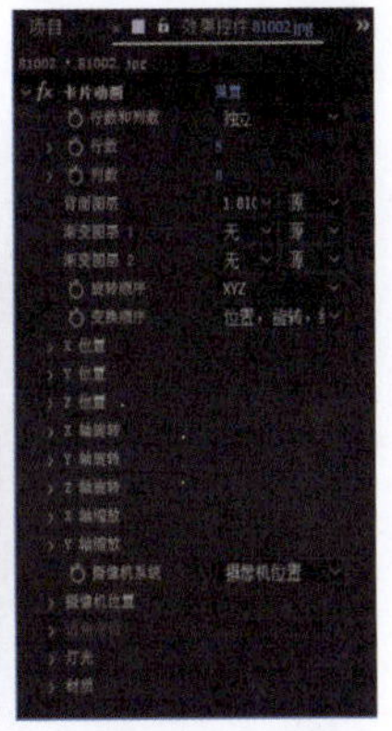

图8-188 “卡片动画”效果选项

CC Ball Action

“CC Ball Action”效果会根据图层中素材的颜色变化使素材产生彩色珠子的效果。图8-189所示为应用“CC Ball Action”效果前后的素材效果对比。为素材图层应用“CC Ball Action”效果后，可以在“效果控件”面板中对该效果的相关选项进行设置，如图8-190所示。

图8-189 应用“CC Ball Action”效果前后对比

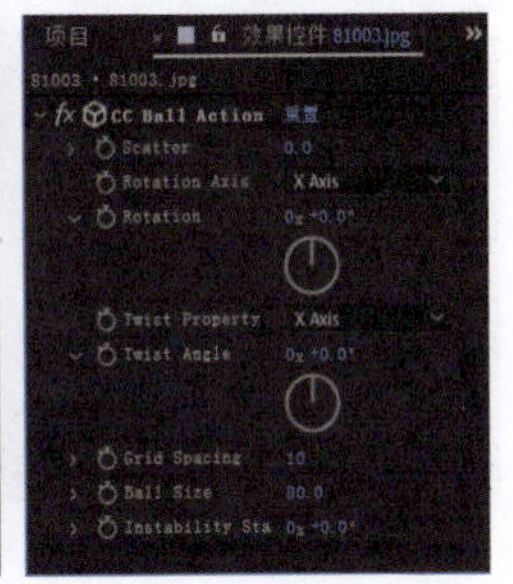

图8-190 “CC Ball Action”效果选项

CC Bubbles

“CC Bubbles”效果可以使素材画面变形为带有素材颜色信息的许多泡泡。图8-191所示为应用“CC Bubbles”效果前后的素材效果对比。为素材图层应用“CC Bubbles”效果后，可以在“效果控件”面板中对该效果的相关选项进行设置，如图8-192所示。

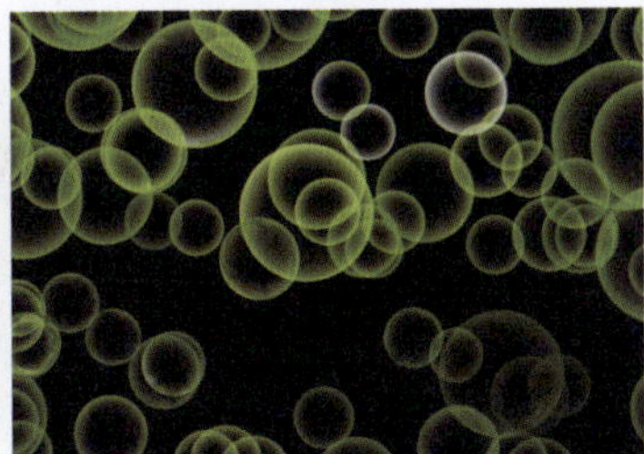

图8-191 应用“CC Bubbles”效果前后对比

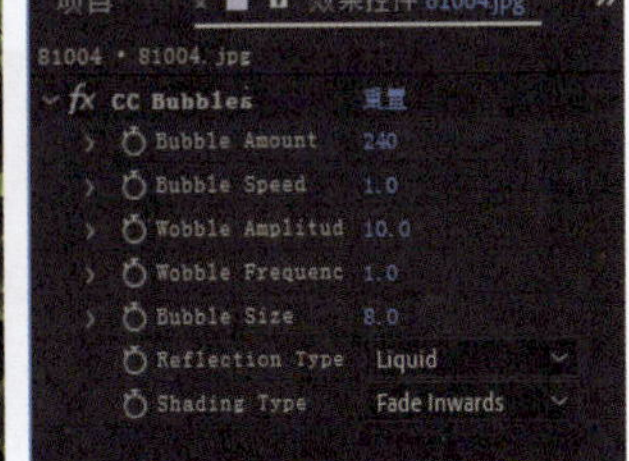

图8-192 “CC Bubbles”效果选项

CC Drizzle

“CC Drizzle”效果可以使素材产生波纹涟漪的画面效果。图8-193所示为应用“CC Drizzle”效果前后的素材效果对比。为素材图层应用“CC Drizzle”效果后，可以在“效果控件”面板中对该效果的相关选项进行设置，如图8-194所示。

图8-193 应用“CC Drizzle”效果前后对比

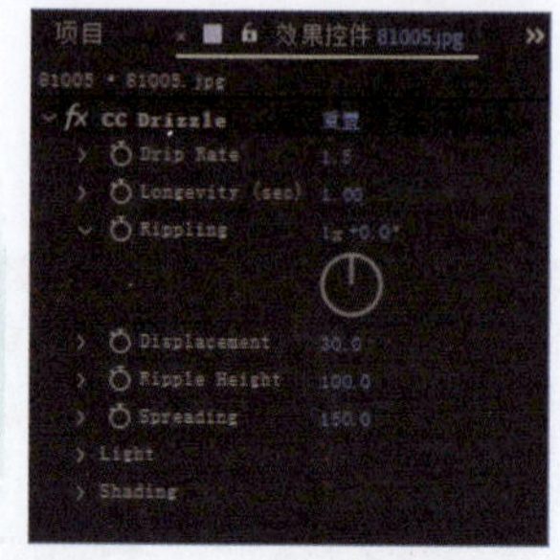

图8-194 “CC Drizzle”效果选项

CC Hair

“CC Hair”效果可以在素材中产生类似于毛发的物体，通过在“效果控件”面板中对相关选项进行设置，能够产生多种不同效果的毛发。图8-195所示为应用“CC Hair”效果前后的素材效果对比。为素材图层应用“CC Hair”效果后，可以在“效果控件”面板中对该效果的相关选项进行设置，如图8-196所示。

图8-195 应用“CC Hair”效果前后对比

图8-196 “CC Hair”效果选项

CC Mr.Mercury

“CC Mr.Mercury”效果可以将素材中的色彩等因素变形为水银滴落的粒子状态。图8-197所示为应用“CC Mr.Mercury”效果前后的素材效果对比。为素材图层应用“CC Mr.Mercury”效果后，可以在“效果控件”面板中对该效果的相关选项进行设置，如图8-198所示。

图8-197 应用“CC Mr.Mercury”效果前后对比

图8-198 “CC Mr.Mercury”效果选项

CC Particle Systems II

“CC Particle Systems II”效果能够产生大量运动的粒子，通过在“效果控件”面板中对粒子的颜色、形状及方式等选项进行设置，可以制作出非常特殊的运动效果。图8-199所示为应用“CC Particle Systems II”效果前后的素材效果对比。为素材图层应用“CC Particle Systems II”效果后，可以在“效果控件”面板中对该效果的相关选项进行设置，如图8-200所示。

图8-199 应用“CC Particle Systems II”效果前后对比

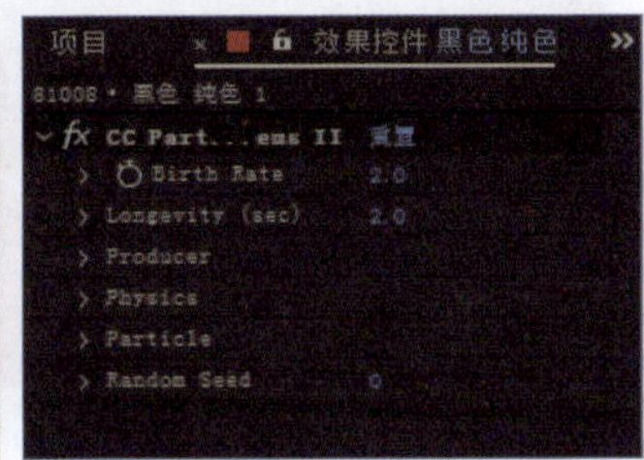

图8-200 “CC Particle Systems II”效果选项

CC Particle World

“CC Particle World”效果与“CC Particle Systems II”效果很相似，可以产生大量运动的粒子效果。图8-201所示为应用“CC Particle World”效果前后的素材效果对比。为素材图层应用“CC Particle World”效果后，可以在“效果控件”面板中对该效果的相关选项进行设置，如图8-202所示。

图8-201 应用“CC Particle World”效果前后对比

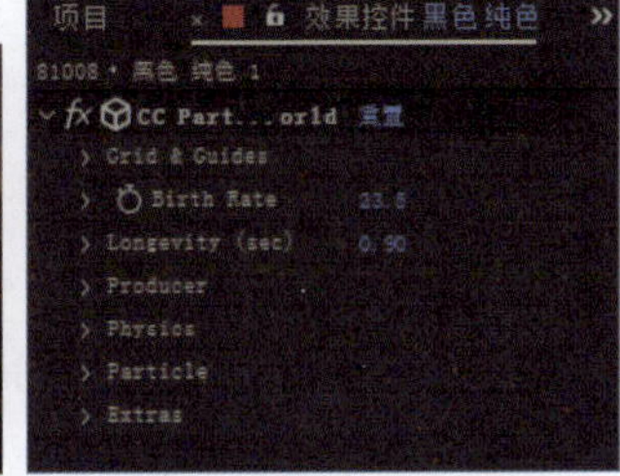

图8-202 “CC Particle World”效果选项

CC Pixel Polly

“CC Pixel Polly”效果可以对素材进行分割，制作出画面碎裂的效果。图8-203所示为应用“CC Pixel Polly”效果前后的素材效果对比。为素材图层应用“CC Pixel Polly”效果后，可以在“效果控件”面板中对该效果的相关选项进行设置，如图8-204所示。

图8-203 应用“CC Pixel Polly”效果前后对比

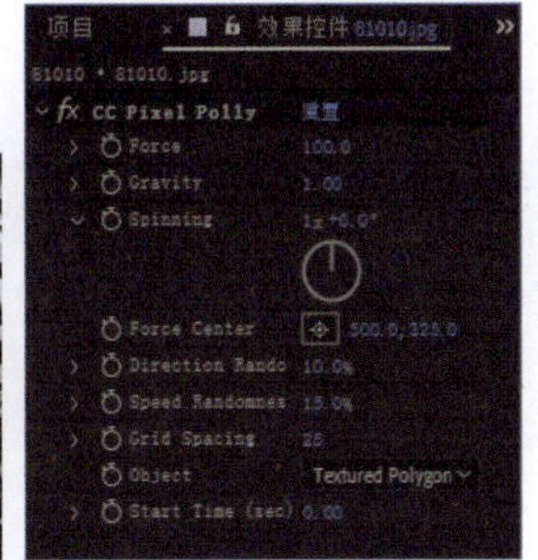

图8-204 “CC Pixel Polly”效果选项

CC Rainfall

“CC Rainfall”效果可以模拟自然现象中真实的下雨效果。图8-205所示为应用“CC Rainfall”效果前后的素材效果对比。为素材图层应用“CC Rainfall”效果后，可以在“效果控件”面板中对该效果的相关选项进行设置，如图8-206所示。

图8-205 应用“CC Rainfall”效果前后对比

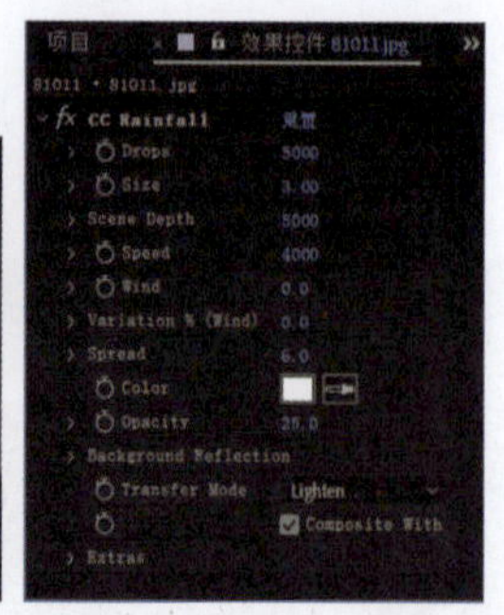

图8-206 “CC Rainfall”效果选项

CC Scatterize

“CC Scatterize”效果可以将素材变成很多小颗粒，并对其进行旋转操作，使其产生绚丽的效果。图8-207所示为应用“CC Scatterize”效果前后的素材效果对比。为素材图层应用“CC Scatterize”效果后，可以在“效果控件”面板中对该效果的相关选项进行设置，如图8-208所示。

图8-207 应用“CC Scatterize”效果前后对比

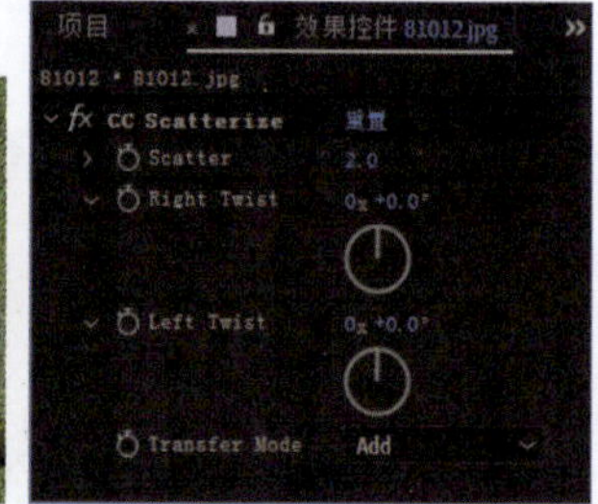

图8-208 “CC Scatterize”效果选项

CC Snowfall

“CC Snowfall”效果可以模拟出自然现象中真实的下雪效果。图8-209所示为应用“CC Snowfall”效果前后的素材效果对比。为素材图层应用“CC Snowfall”效果后，可以在“效果控件”面板中对该效果的相关选项进行设置，如图8-210所示。

图8-209 应用“CC Snowfall”效果前后对比

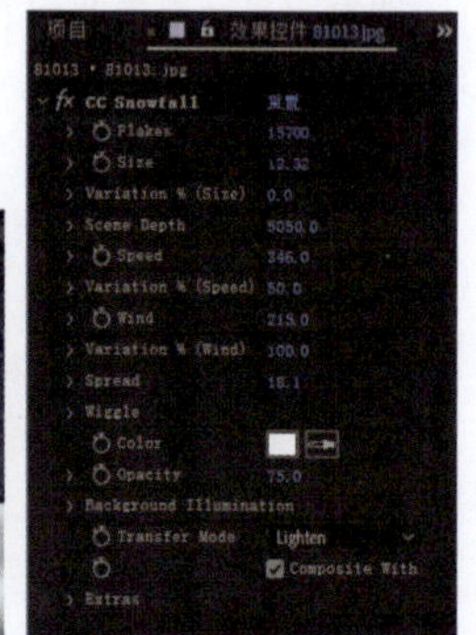

图8-210 “CC Snowfall”效果选项

CC Star Burst

“CC Star Burst”效果可以通过提取素材中的颜色信息，使画面产生很多该系列颜色信息的球体爆炸效果。图8-211所示为应用“CC Star Burst”效果前后的素材效果对比。为素材图层应用“CC Star Burst”效果后，可以在“效果控件”面板中对该效果的相关选项进行设置，如图8-212所示。

图8-211 应用“CC Star Burst”效果前后对比

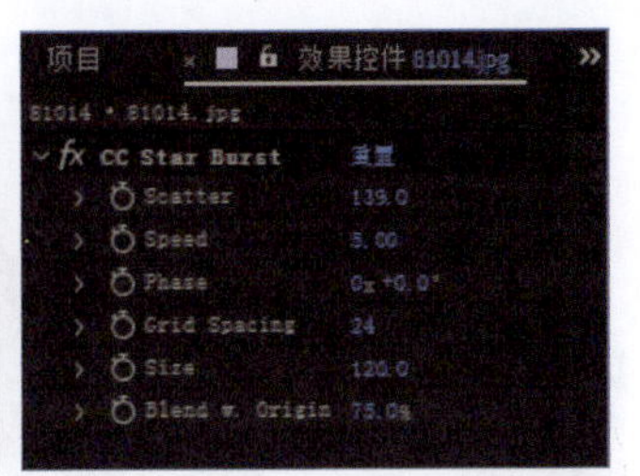

图8-212 “CC Star Burst”效果选项

泡沫

“泡沫”效果用于模拟水泡、水珠等液体效果。通过“效果控件”面板可以设置气泡的黏性、柔韧度及寿命等，甚至可以在气泡中反射一段影片。图8-213所示为应用“泡沫”效果前后的素材效果对比。为素材图层应用“泡沫”效果后，可以在“效果控件”面板中对该效果的相关选项进行设置，如图8-214所示。

图8-213 应用“泡沫”效果前后对比

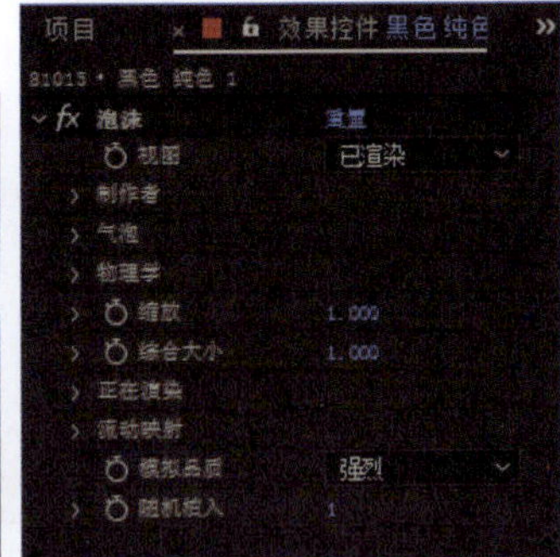

图8-214 “泡沫”效果选项

波形环境

“波形环境”效果用于创建液体波纹效果。系统从效果点发射波纹，并与周围环境相互影响。图8-215所示为应用“波形环境”效果前后的素材效果对比。为素材图层应用“波形环境”效果后，可以在“效果控件”面板中对该效果的相关选项进行设置，如图8-216所示。

图8-215 应用“波形环境”效果前后对比

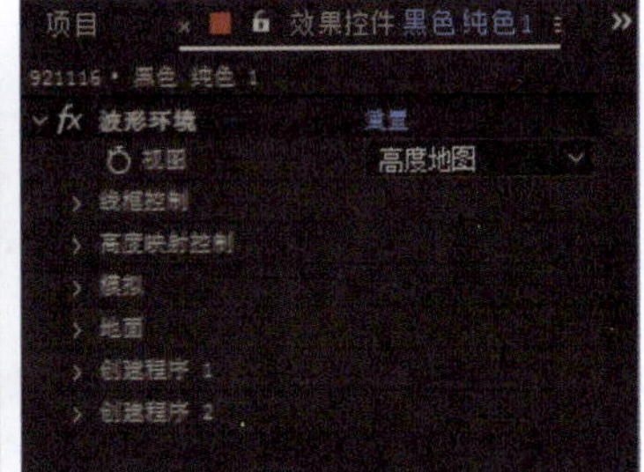

图8-216 “波形环境”效果选项

碎片

“碎片”效果可以对素材进行粉碎爆炸处理，使素材产生爆炸分散的碎片。通过在“效果控件”面板中对该效果的相关选项进行设置，可以控制爆炸的位置、力量和半径等。图8-217所示为应用“碎片”效果前后的素材效果对比。为素材图层应用“碎片”效果后，可以在“效果控件”面板中对该效果的相关选项进行设置，如图8-218所示。

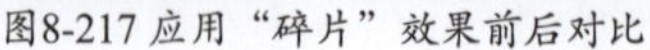

图8-217 应用“碎片”效果前后对比

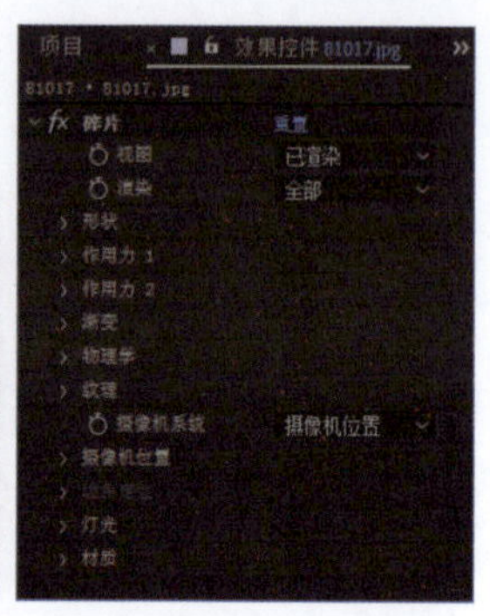

图8-218 “碎片”效果选项

粒子运动场

“粒子运动场”效果可以产生大量相似物体独立运动的画面效果，该效果是一个功能强大的粒子动画效果。图8-219所示为应用“粒子运动场”效果前后的素材效果对比。为素材图层应用“粒子运动场”效果后，可以在“效果控件”面板中对该效果的相关选项进行设置，如图8-220所示。

图8-219 应用“粒子运动场”效果前后对比

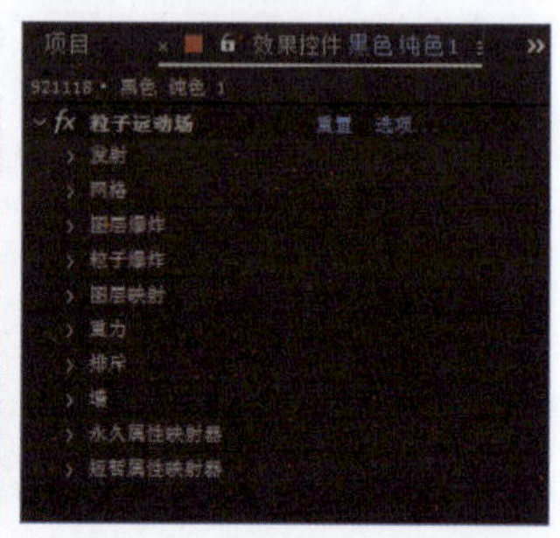

图8-220 “粒子运动场”效果选项

“粒子运动场”效果主要用于模拟现实世界中物体间的相互作用，如喷泉、雪花等效果。该效果通过内置的函数保证了粒子运动的真实性，在粒子运动的过程中，首先产生粒子流或者粒子面，或者对已存在的图层进行“爆炸”，产生粒子。产生粒子后，就可以控制它们的属性，如速度、尺寸和颜色等，使粒子系统实现各种各样的动态效果。

8.11 After Effects特效应用实例

前面已经对After Effects中的多个效果组进行了简单的介绍，并且通过各种效果的应用，使读者了解了各种效果所实现的功能。本节将通过几个案例的制作，使读者掌握如何通过多种效果的综合应用来实现特殊的动画效果。

8.11.1 应用案例——制作鲜花绽放视频动画

素　材：第8章\素材\811101.jpg、811102.avi

源文件：第8章\8-11-1.aep

技术要点：使用“提取”效果抠取视频素材

扫描观看视频

扫描下载素材

STEP 01 执行“合成 > 新建合成”命令，弹出“合成设置”对话框，新建合成，如图 8-221 所示。

STEP 02 导入素材“811101.jpg”和“811102.avi”，分别将“811101.jpg”素材图像和“811102.avi”视频素材拖入“时间轴”面板中，在“合成”窗口中调整“811102.avi”视频素材到合适的位置，效果如图 8-222 所示。

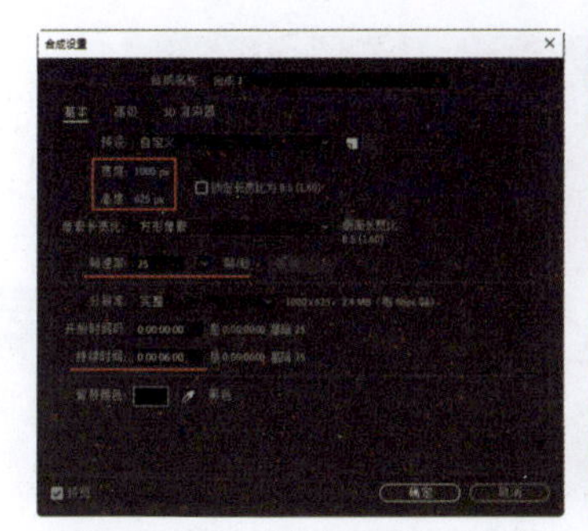

图8-221 设置“合成设置”对话框

图8-222 拖入素材并调整位置

STEP 03 选择“811102.avi”图层，执行“效果 > 抠像 > 提取”命令，为其应用“提取”效果。在“效果控件”面板中对“提取”效果的相关选项进行设置，如图 8-223 所示。在“合成”窗口中可以看到去除视频素材中白色背景后的效果，如图 8-224 所示。

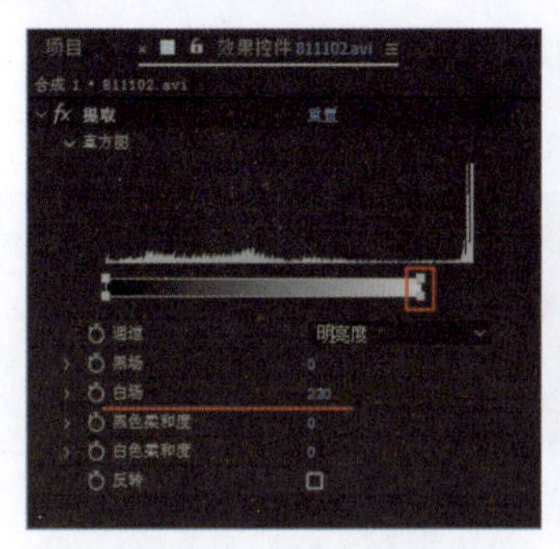

图8-223 设置“提取”效果选项

图8-224 “合成”窗口效果

STEP 04 完成视频素材白色背景的去除，单击“预览”面板中的“播放 /停止”按钮，可以在“合成”窗口中预览动画，效果如图 8-225 所示。

图8-225 预览鲜花绽放视频动画效果

8.11.2 应用案例——制作动感模糊Logo动画

素　材：第8章\素材\811201.psd

源文件：第8章\8-11-2.aep

技术要点：掌握“CC Radial Fast Blur”效果的使用和设置方法

扫描观看视频

扫描下载素材

STEP 01 在 After Effects 中新建一个空白项目，执行“文件 > 导入 > 文件”命令，导入“811201.psd”素材，弹出设置对话框，参数设置如图 8-226 所示。

STEP 02 单击“确定”按钮，导入 PSD 素材并自动生成合成。双击“项目”面板中自动生成的合成，在“合成”窗口中打开该合成，在“时间轴”面板中可以看到该合成中相应的图层，如图 8-227 所示。

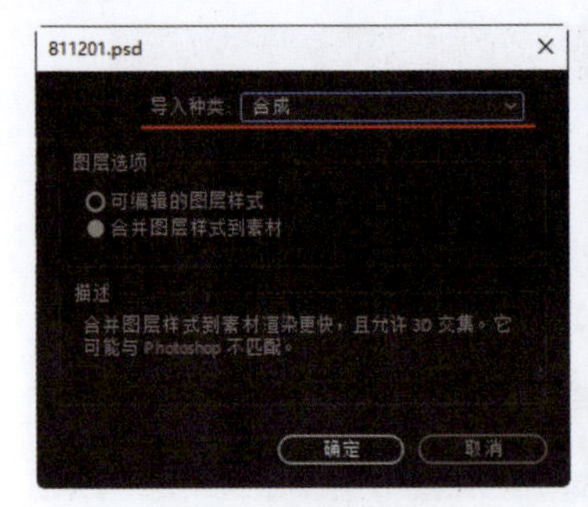

图8-226 设置对话框

图8-227 “合成”窗口效果

STEP 03 选择 Logo 图层，执行“效果 > 模糊和锐化 >CC Radial Fast Blur”命令，应用该效果。在 0 秒位置为“Center”和“Amount”属性插入关键帧，分别在 1 秒和 2 秒位置修改关键帧的属性值，如图 8-228 所示。

图8-228 应用“CC Radial Fast Blur”效果并制作该效果属性动画

STEP 04 选择Logo图层，执行“效果 > 模糊和锐化 > 快速方框模糊”命令，应用该效果。在0秒位置为“模糊半径”属性插入关键帧并设置属性值，在 1 秒位置修改关键帧的属性值，如图 8-229 所示。

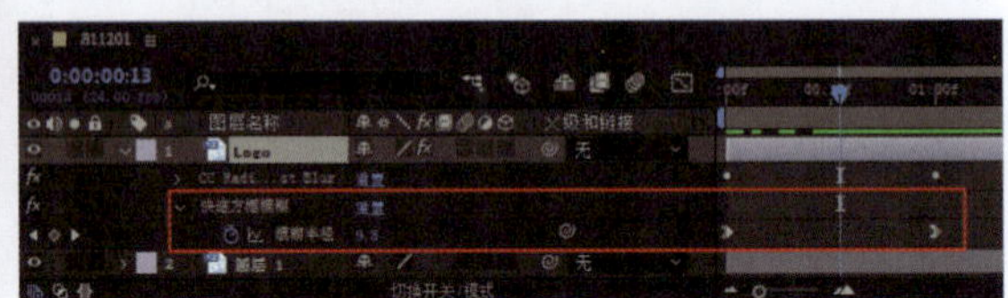

图8-229 应用“快速方框模糊”效果并制作该效果属性动画

STEP 05 选择Logo图层，执行“效果 > 杂色和颗粒 > 杂色”命令，应用该效果。在0秒位置为“杂色数量”属性插入关键帧并设置属性值，在 1 秒位置修改关键帧的属性值，如图 8-230 所示。

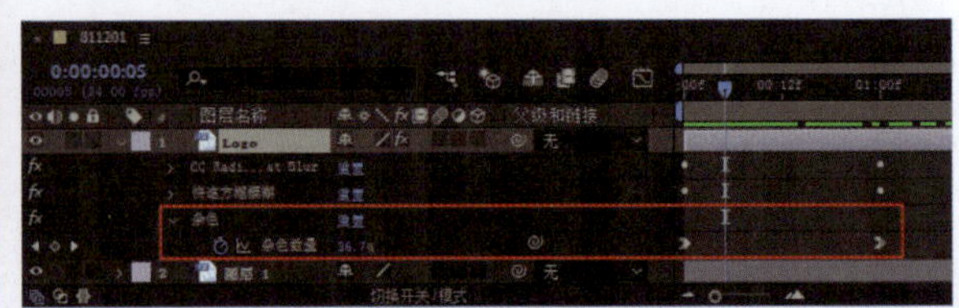

图8-230 应用“杂色”效果并制作该效果属性动画

STEP 06 完成动感模糊 Logo 动画效果的制作，单击“预览”面板中的“播放/停止”按钮▶，可以在“合成”窗口中预览动画，效果如图 8-231 所示。

图8-231 预览动感模糊Logo动画效果

8.11.3 应用案例——制作线性扭曲Loading动画

素　材：无
源文件：第8章\8-11-3.aep
技术要点：掌握“CC Scatterize”和“CC Star Burst”效果的使用和设置方法

扫描观看视频

STEP 01 执行“合成>新建合成”命令，弹出“合成设置”对话框，新建合成，如图 8-232 所示。使用“椭圆工具”，设置“填充”为无，“描边”为线性渐变颜色，“描边宽度”为 18 像素，在画布中拖动鼠标绘制一个椭圆形，如图 8-233 所示。

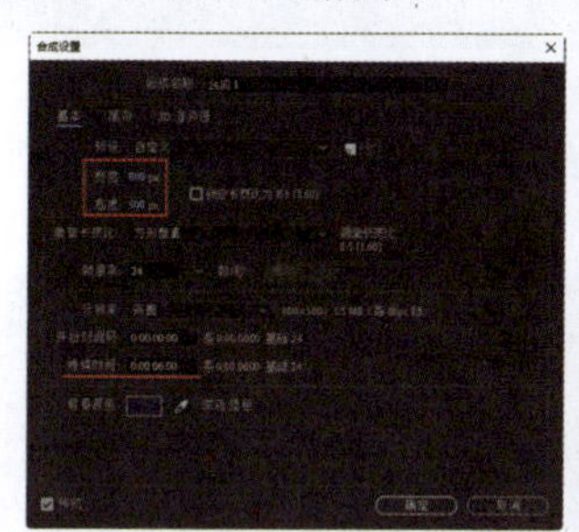

图8-232 设置“合成设置”对话框

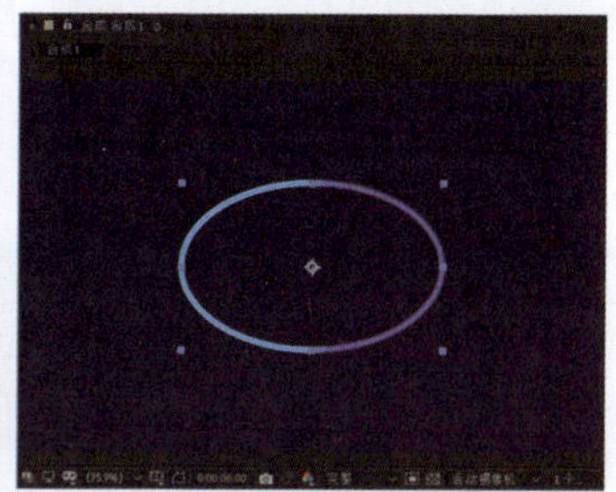

图8-233 绘制椭圆形

STEP 02 选择“形状图层 1”图层，执行“效果>模拟> CC Scatterize”命令，为该图层应用“CC Scatterize”效果，在“效果控件”面板中设置相关属性，并为相应的属性插入关键帧。将“时间指示器”移至 6 秒位置，修改关键帧的属性值，制作图形变形动画，如图 8-234 所示。

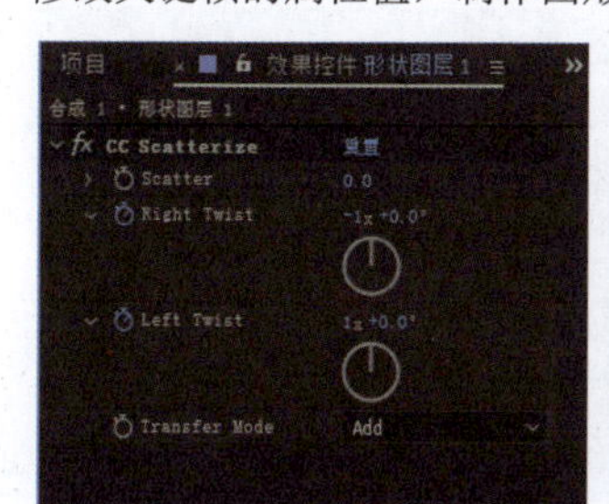

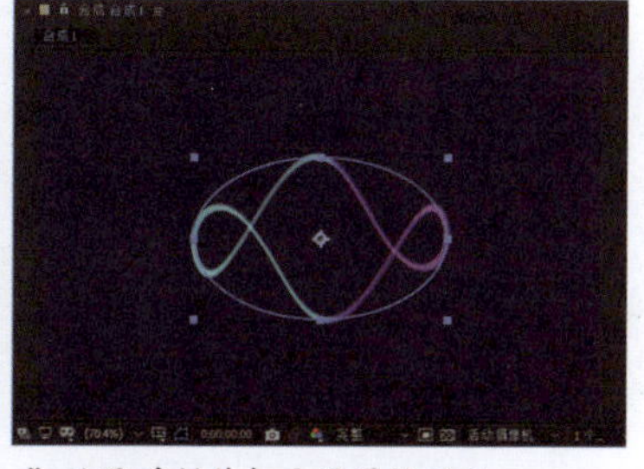

图8-234 应用“CC Scatterize”效果并制作相应的属性动画

STEP 03 执行“效果>风格化>发光”命令，为“形状图层 1”应用“发光”效果，对相关选项进行设置，如图 8-235 所示。按两次【Ctrl+D】组合键，将该图层复制两次，并分别对复制得到的图形效果进行调整和设置，如图 8-236 所示。

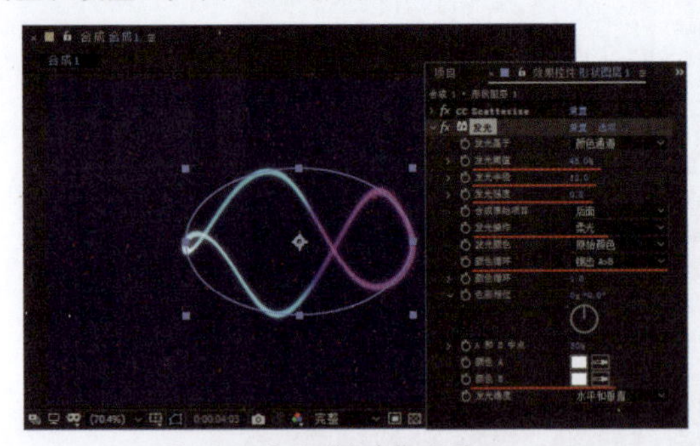

图8-235 应用“发光”效果　　图8-236 复制图层并分别对效果进行调整

STEP 04 将“时间轴”面板中的 3 个图层创建为一个名为“主体”的预合成，复制“主体”图层并将其重命名为“主体背景”。选择“主体背景”图层，执行“效果>模拟> CC Star Burst”命令，应用该效果，对相关选项进行设置，如图 8-237 所示。

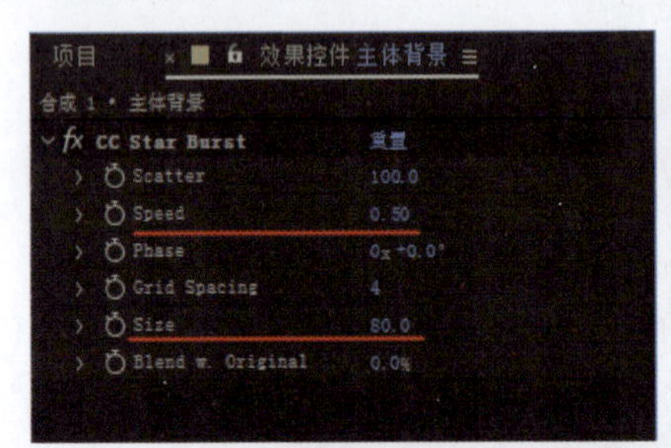

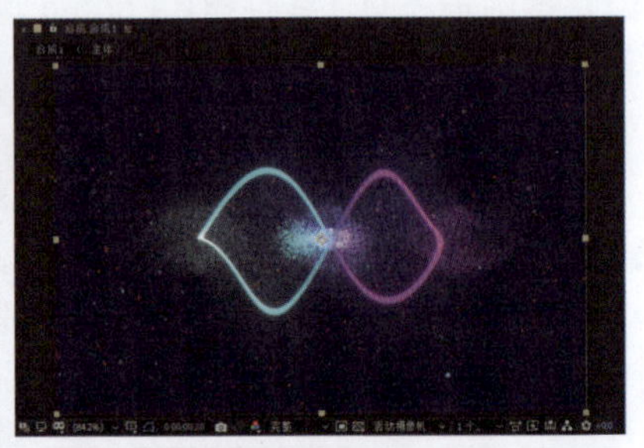

图8-237 应用“CC Star Burst”效果并对相关选项进行设置

STEP 05 完成线性扭曲 Loading 动画的制作，单击“预览”面板中的“播放/停止”按钮▶，可以在“合成”窗口中预览动画，效果如图 8-238 所示。

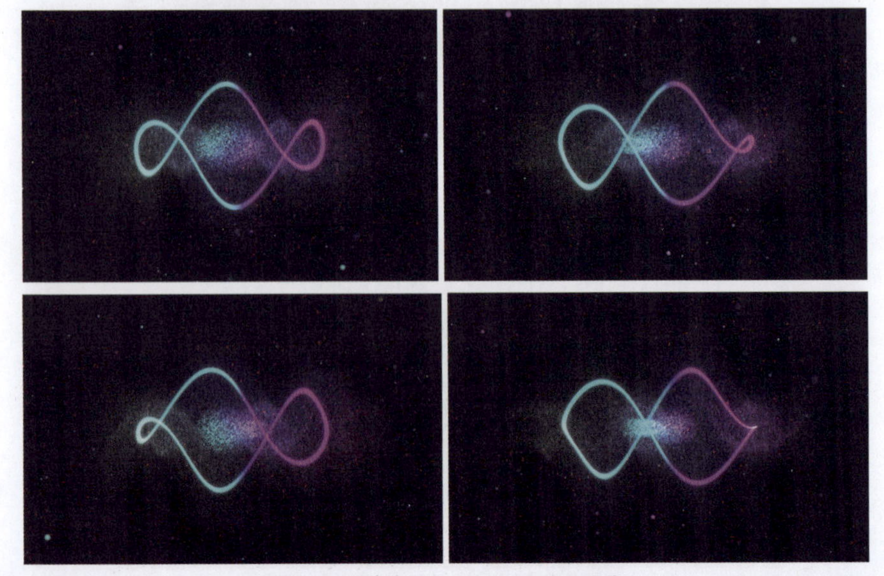

图8-238 预览线性扭曲Loading动画效果

8.11.4 应用案例——制作动感光线效果

素　材：第8章\素材\811401.jpg
源文件：第8章\8-11-4.aep
技术要点：掌握“粒子运动场”效果的使用与设置方法

扫描观看视频

扫描下载素材

STEP 01 在 After Effects 中新建一个空白项目，导入素材图像“811401.jpg”，将素材图像拖入“时间轴”面板中，自动创建与素材图像尺寸大小相同的合成，效果如图 8-239 所示。新建一个与合成尺寸大小相同的黑色纯色图层并命名为“光线”，如图 8-240 所示。

图8-239 拖入素材图像并创建合成

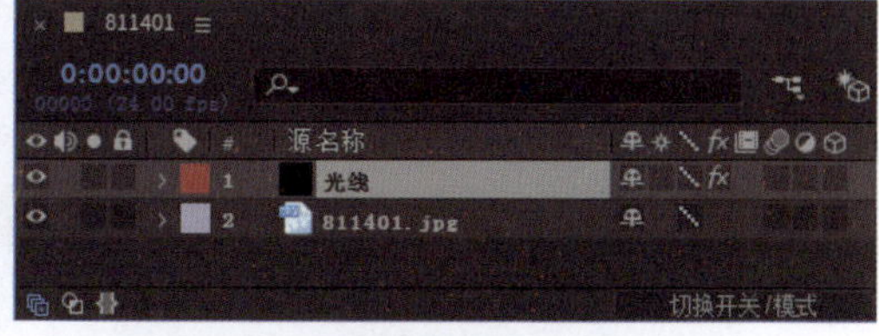

图8-240 新建纯色图层

STEP 02 选择“光线”图层，执行“效果 > 模拟 > 粒子运动场”命令，为该图层添加“粒子运动场”效果，在“效果控件”面板中展开“发射”和“重力”选项组，对相关选项进行设置，如图 8-241 所示。在“合成”窗口中可以看到设置“粒子运动场”效果后的粒子表现效果，如图 8-242 所示。

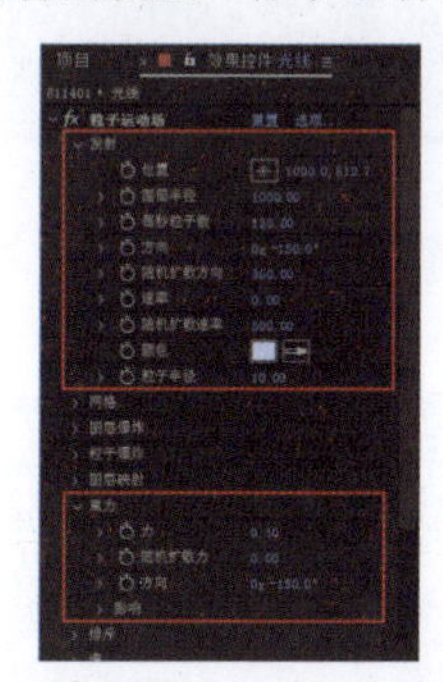
图8-241 设置“粒子运动场”效果选项

图8-242 粒子表现效果

STEP 03 选择“光线”图层，按【S】键，显示该图层的“缩放”属性，设置属性值为（100%，20%），如图 8-243 所示。在“合成”窗口中可以看到其中一帧的画面效果，如图 8-244 所示。

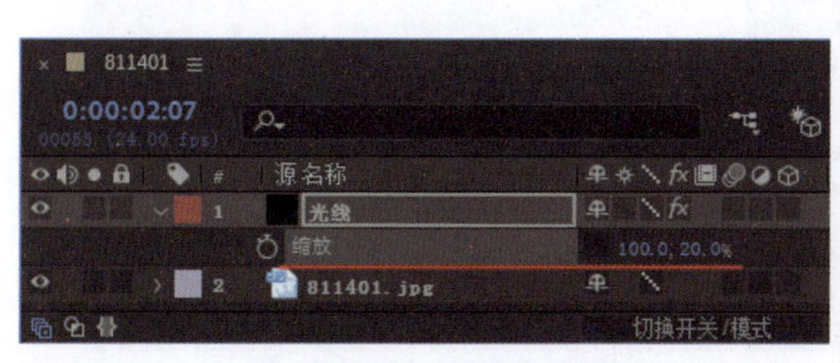

图8-243 设置“缩放”属性值

图8-244 某一帧画面的粒子表现效果

STEP 04 执行“效果 > 扭曲 > 变换”命令，应用“变换”效果，对相关选项进行设置，效果如图 8-245 所示。

执行“效果>颜色校正>色光”命令，应用“色光”效果，对相关选项进行设置，效果如图 8-246 所示。

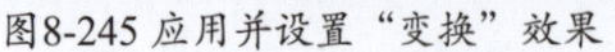

图8-245 应用并设置“变换”效果　　图8-246 应用并设置“色光”效果

STEP 05 执行“效果>模糊和锐化>快速方框模糊”命令，为“光线”图层应用“快速方框模糊”效果，在“效果控件”面板中对“快速方框模糊”效果的相关选项进行设置，如图 8-247 所示。在“合成”窗口中可以看到其中一帧的画面效果，如图 8-248 所示。

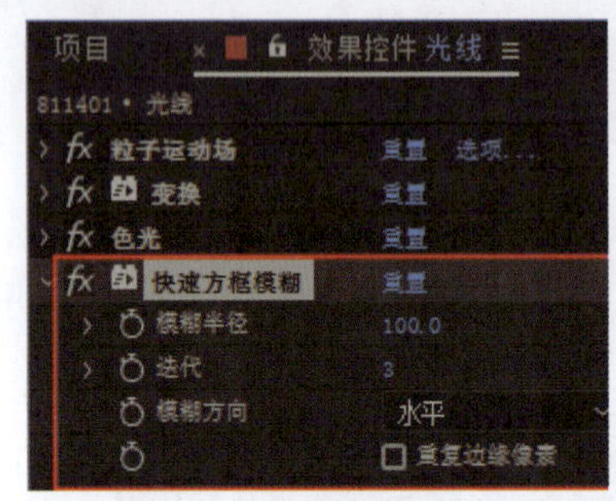

图8-247 设置“快速方框模糊”效果选项　　图8-248 “合成”窗口效果

STEP 06 完成动感光线效果的制作，单击“预览”面板中的“播放/停止”按钮▶，可以在“合成”窗口中预览动画，效果如图 8-249 所示。

图8-249 预览动感光线动画效果

8.12 解惑答疑

After Effects中内置的效果功能非常强大，通过为元素应用各种不同的效果能够实现许多特殊的效果，并且可以为效果的相关属性插入关键帧，从而制作出特殊的动画效果。

8.12.1 是否可以将设置好的效果进行保存，以便于下次直接使用

在After Effects中允许将设置好的效果单独保存为文件，以便下次需要使用相同效果设置时直接使用。

在“效果控件”面板中选择需要保存的效果，执行“动画>保存动画预设”命令，如图8-250所示，弹出“动画预设另存为”对话框，设置需要保存特效的位置和名称，单击“保存”按钮即可，如图8-251所示。

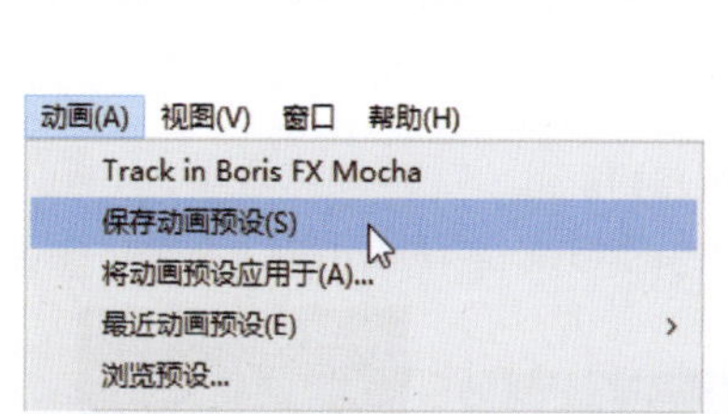

图8-250 执行“保存动画预设”命令

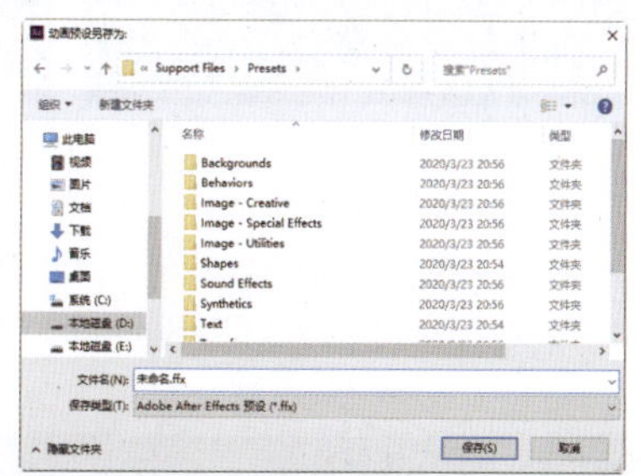

图8-251 “动画预设另存为”对话框

8.12.2 “抠像”效果的作用是什么

一般来说，在制作人物与背景合成的效果时，经常会在人物的后面放置一个蓝色背景或者绿色背景进行拍摄，这种蓝布或绿布称为“蓝背”或“绿背”。工作人员在后期处理的过程中，可以很容易地使这种纯色背景变为透明，从而提取主体。由于欧美人的眼睛接近蓝色，所以欧美一般使用“绿背”；而亚洲人黄色的肤色与蓝背的色彩互为补色，对比强烈，所以亚洲一般使用“蓝背”。此外，由于补色融合的边缘接近黑色，因此亚洲人在“蓝背”下的皮肤边缘部分容易产生黑边，因此在进行处理时应该特别注意。

“抠像”效果的原理可以理解为在原始图层的基础上创建一个黑白动态图像，白色代表该图层的显示区域，黑色代表隐藏区域，灰色代表半透明区域。抠像操作的主要工作是处理这个黑白图像，只要人物为纯白，背景为纯黑，即可达到抠像的目的，从而得到更为精准的抠像效果。

8.13 总结扩展

After Effects中包含多种效果，本章对After Effects中内置的部分效果进行了简单介绍，并通过案例的制作，使用户能够掌握After Effects中内置效果的使用方法和技巧。

8.13.1 本章小结

完成本章内容的学习后，读者需要能够掌握在After Effects中为元素应用内置效果的方法，以及各种效果的编辑和管理操作。读者还需要对本章所介绍的效果有所了解，并且能够通过自己的实践操作掌握效果的应用与设置，从而制作出精美的动画特效。

8.13.2 扩展练习——制作下雨动画

素　材：第8章\素材\813201.jpg
源文件：第8章\8-13-2.aep
技术要点：掌握“CC Rainfall”效果的使用和设置

扫描观看视频

扫描下载素材

STEP 01 执行“合成 > 新建合成”命令，弹出“合成设置”对话框，新建合成，如图 8-252 所示。

STEP 02 导入素材图像“813201.jpg”，将“813201.jpg”素材图像拖入“时间轴”面板中，效果如图 8-253 所示。

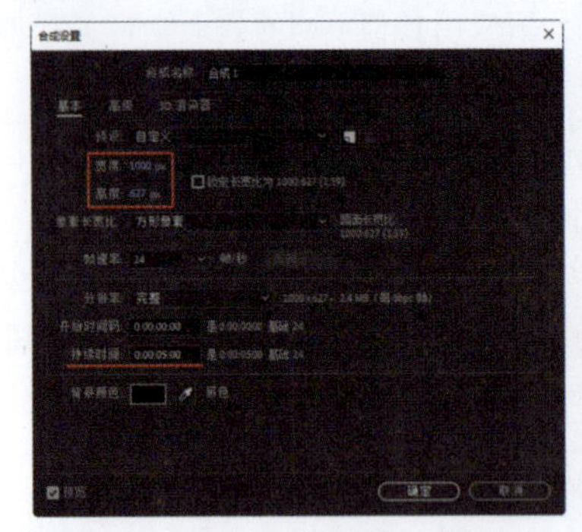

图8-252 设置“合成设置”对话框

图8-253 素材图像默认效果

STEP 03 执行“效果 > 模拟 > CC Rainfall”命令，为素材图像应用“CC Rainfall”效果。在“合成”窗口中可以看到应用该效果后的默认效果，如图 8-254 所示。

STEP 04 在“效果控件”面板中对“CC Rainfall”效果的相关选项进行设置，如图 8-255 所示。

图8-254 应用“CC Rainfall”效果

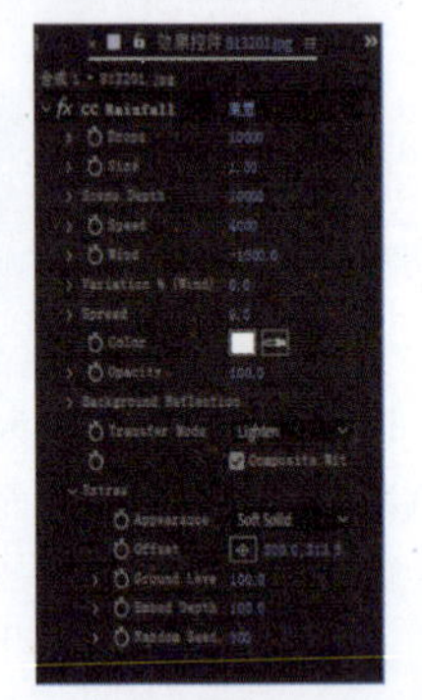

图8-255 设置“CC Rainfall”效果选项

STEP 05 完成下雨效果的制作，单击“预览”面板中的“播放 / 停止”按钮▶，可以在“合成”窗口中预览动画，效果如图 8-256 所示。

图8-256 预览下雨动画效果

Point

第9章 应用After Effects特效2

应用不同的效果，可以在“效果控件”面板中对所应用效果的参数进行设置，并且还可以为所应用效果的属性插入关键帧，从而制作出各种特殊的视觉效果。本章将继续对After Effects中内置的效果进行介绍，使读者了解并掌握部分内置效果的基本使用方法和技巧。

Learning Objectives
学习重点

9.1 “扭曲”效果组

“扭曲”效果组中的效果主要用来对素材进行扭曲变形处理，可以对画面的形状进行校正，还可以使平常的画面变形为特殊的效果。在该效果组中包括“球面化”“贝塞尔曲线变形”“漩涡条纹”“改变形状”“放大”“镜像”“CC Bend It”“CC Bender”“CC Blobbylize”“CC Flo Motion”“CC Griddler”“CC Lens”“CC Page Turn”“CC Power Pin”“CC Ripple Pulse”“CC Slant”“CC Smear”“CC Split”“CC Split 2”“CC Tiler”“光学补偿”“湍流置换”“置换图”“偏移”“网格变形”“保留细节放大”“凸出”“变换”“变形”“变形稳定器”“旋转扭曲”“极坐标”“果冻效应修复”“波形变形”“波纹”“液化”“边角定位”共37种效果，如图9-1所示。

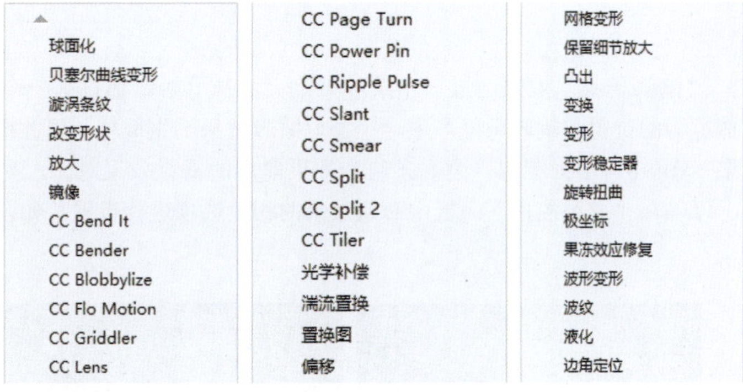

图9-1 “扭曲”效果组

球面化

“球面化”效果可以使素材产生球形的扭曲变形效果。图9-2所示为应用“球面化”效果前后的素材效果对比。为素材图层应用“球面化”效果后，可以在“效果控件”面板中对该效果的相关选项进行设置，如图9-3所示。

图9-2 应用“球面化”效果前后对比

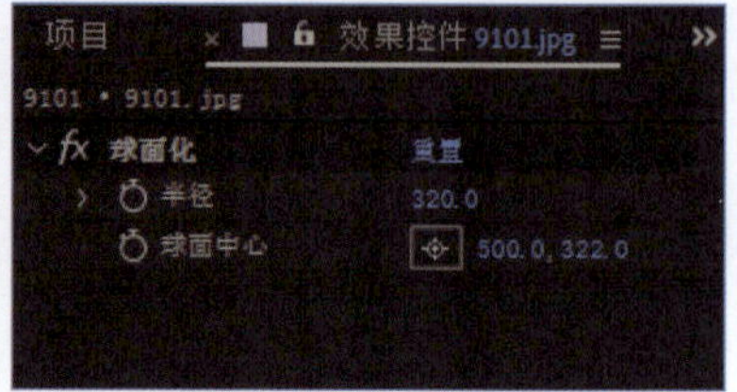

图9-3 “球面化”效果选项

贝塞尔曲线变形

“贝塞尔曲线变形”效果可以多点控制，在图层的边界上沿一个封闭曲线来变形素材。曲线分为4段，每段由4个控制点组成，其中包括两个顶点和两个切点，顶点用于控制线段的位置，切点用于控制线段的曲率。

图9-4所示为应用“贝塞尔曲线变形”效果前后的素材效果对比。为素材图层应用“贝塞尔曲线变形”效果后，可以在“效果控件”面板中对该效果的相关选项进行设置，如图9-5所示。

图9-4 应用“贝塞尔曲线变形”效果前后对比

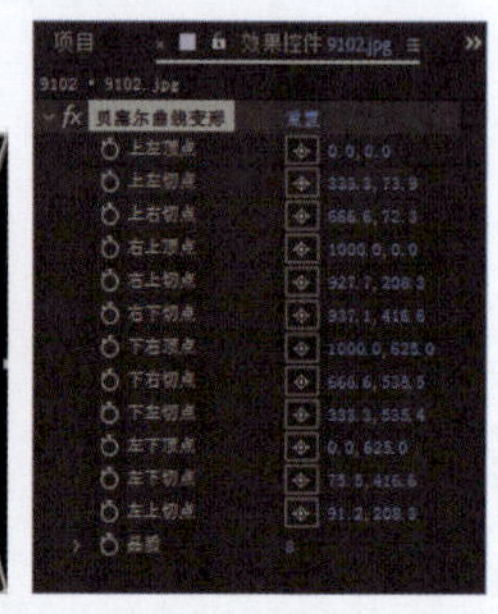

图9-5 “贝塞尔曲线变形”效果选项

提示：可以使用“贝塞尔曲线变形”效果制作标贴贴在瓶子上的效果，或者用来模拟镜头，如鱼眼镜头和广角镜头，还可以校正素材的扭曲。通过设置关键帧，可以产生液体流动和简单的旗帜飘扬效果。

漩涡条纹

“漩涡条纹”效果通过一个蒙版来定义涂抹笔触，通过另一个遮罩来定义涂抹范围，通过改变涂抹笔触的位置和旋转角度产生一个类似蒙版效果的生成框，以此框来涂抹当前素材，从而产生变形效果。图9-6所示为应用“漩涡条纹”效果前后的素材效果对比。为素材图层应用“漩涡条纹”效果后，可以在“效果控件”面板中对该效果的相关选项进行设置，如图9-7所示。

图9-6 应用“漩涡条纹”效果前后对比

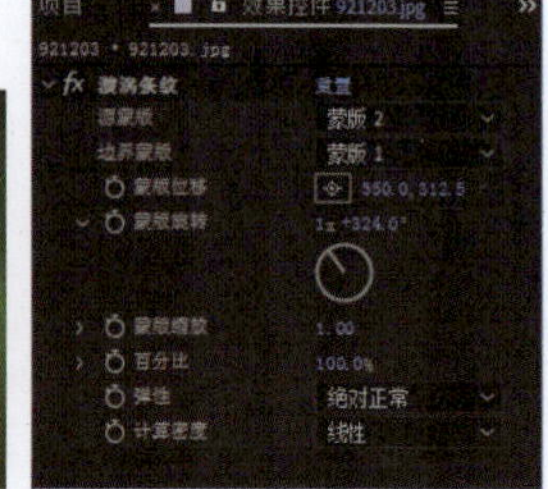

图9-7 “漩涡条纹”效果选项

改变形状

“改变形状”效果需要借助蒙版才能实现，通过同一图层中的多个蒙版，重新限定素材的形状，并产生变形效果。图9-8所示为应用“改变形状”效果前后的素材效果对比。为素材图层应用“改变形状”效果后，可以在“效果控件”面板中对该效果的相关选项进行设置，如图9-9所示。

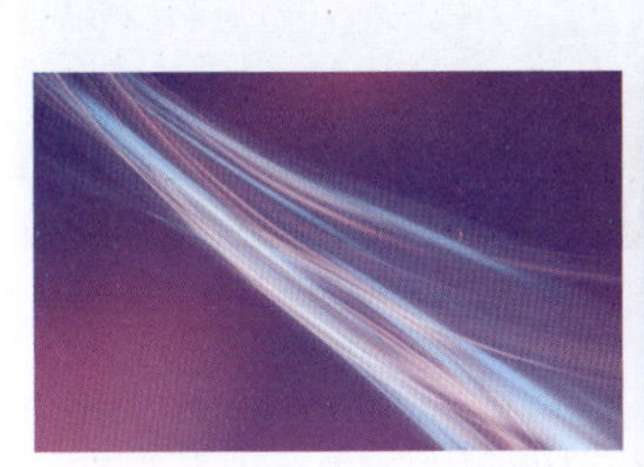

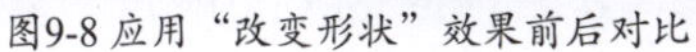

图9-8 应用“改变形状”效果前后对比

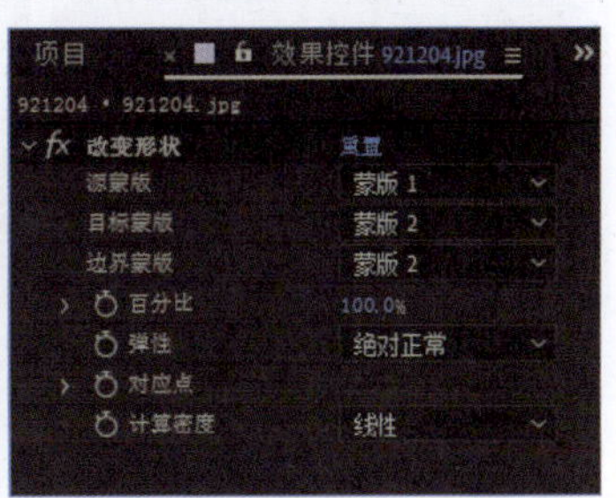

图9-9 “改变形状”效果选项

放大

“放大”效果可以将素材中的局部画面放大，并且可以设置局部放大后的画面部分的混合模式，从而使该部分以不同的模式叠加到原素材上。图9-10所示为应用“放大”效果前后的素材效果对比。为素材图层应用“放大”效果后，可以在“效果控件”面板中对该效果的相关选项进行设置，如图9-11所示。

图9-10 应用“放大”效果前后对比

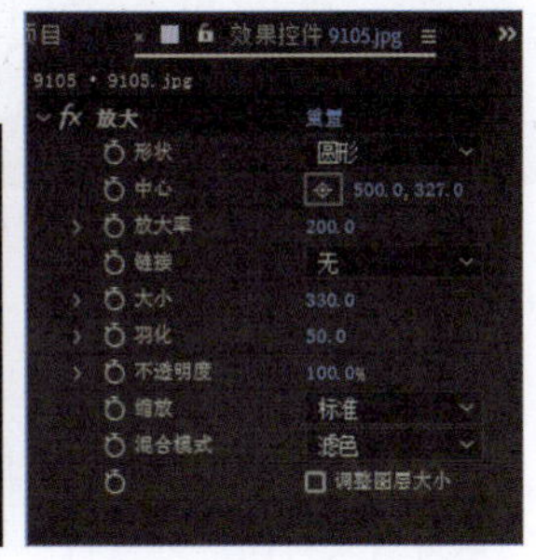

图9-11 “放大”效果选项

镜像

“镜像”效果可以按照指定的方向和角度将素材沿一条直线分割为两部分，制作出镜像效果。图9-12所示为应用“镜像”效果前后的素材效果对比。为素材图层应用“镜像”效果后，可以在“效果控件”面板中对该效果的相关选项进行设置，如图9-13所示。

图9-12 应用“镜像”效果前后对比

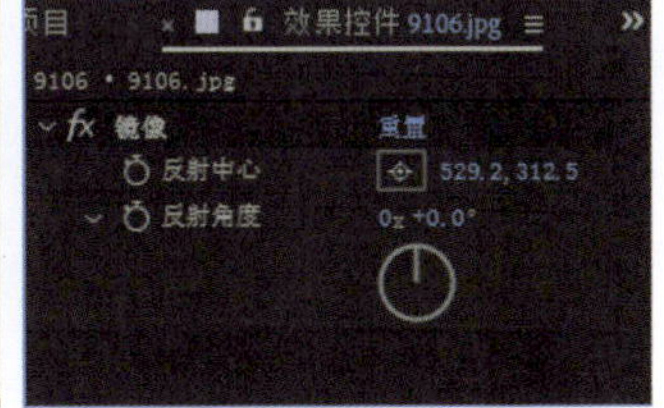

图9-13 “镜像”效果选项

CC Bend It

“CC Bend It”效果可以利用画面两个边角坐标位置的变化对素材进行变形处理，主要用来根据需要定位素材，可以位伸、收缩、倾斜和扭曲素材。图9-14所示为应用“CC Bend It”效果前后的素材效果对比。为素材图层应用“CC Bend It”效果后，可以在“效果控件”面板中对该效果的相关选项进行设置，如图9-15所示。

图9-14 应用“CC Bend It”效果前后对比

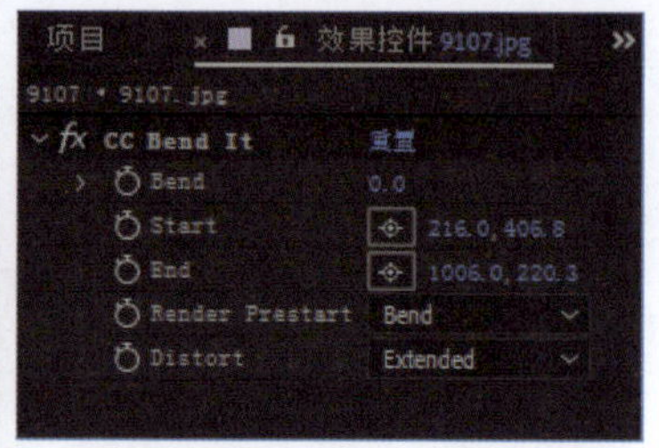

图9-15 “CC Bend It”效果选项

CC Bender

“CC Bender”效果可以使素材产生弯曲变形的效果。图9-16所示为应用“CC Bender”效果前后的素材效果对比。为素材图层应用“CC Bender”效果后，可以在“效果控件”面板中对该效果的相关选项进行设置，如图9-17所示。

图9-16 应用“CC Bender”效果前后对比

图9-17 “CC Bender”效果选项

CC Blobbylize

“CC Blobbylize”效果主要通过“Blobbiness（滴状斑点）”、“Light（光）”和“Shading（阴影）”3个选项组中的参数来调整素材的滴状斑点效果。图9-18所示为应用“CC Blobbylize”效果前后的素材效果对比。为素材图层应用“CC Blobbylize”效果后，可以在“效果控件”面板中对该效果的相关选项进行设置，如图9-19所示。

图9-18 应用“CC Blobbylize”效果前后对比

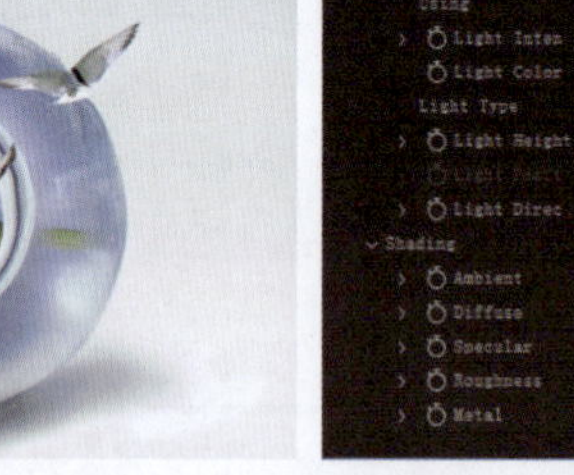

图9-19 “CC Blobbylize”效果选项

CC Flo Motion

“CC Flo Motion”效果可以利用两个边角坐标位置的变化对素材进行变形处理。图9-20所示为应用“CC Flo Motion”效果前后的素材效果对比。为素材图层应用“CC Flo Motion”效果后，可以在“效果控件”面板中对该效果的相关选项进行设置，如图9-21所示。

图9-20 应用“CC Flo Motion”效果前后对比

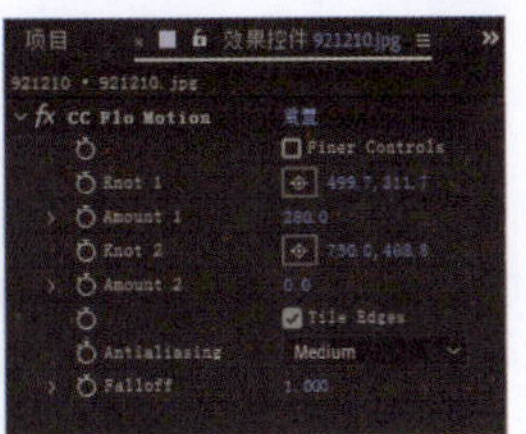

图9-21 “CC Flo Motion”效果选项

CC Griddler

“CC Griddler”效果可以使素材产生错位的网格效果。图9-22所示为应用“CC Griddler”效果前后的素材效果对比。为素材图层应用“CC Griddler”效果后，可以在“效果控件”面板中对该效果的相关选项进行设置，如图9-23所示。

图9-22 应用“CC Griddler”效果前后对比

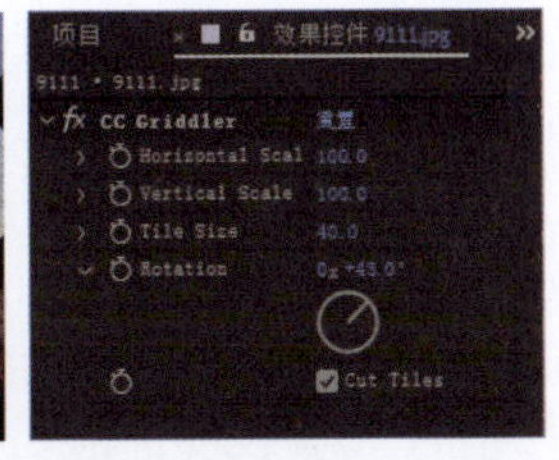

图9-23 “CC Griddler”效果选项

CC Lens

“CC Lens”效果可以使素材变形成镜头的形状。图9-24所示为应用“CC Lens”效果前后的素材效果对比。为素材图层应用“CC Lens”效果后，可以在“效果控件”面板中对该效果的相关选项进行设置，如图9-25所示。

图9-24 应用“CC Lens”效果前后对比

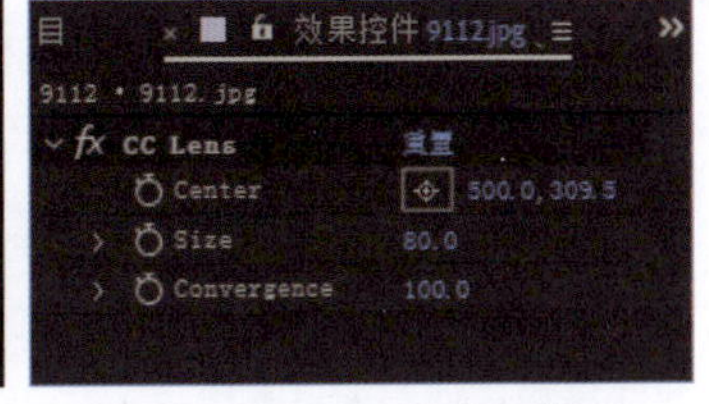

图9-25 “CC Lens”效果选项

CC Page Turn

“CC Page Turn”效果可以使素材产生书页卷起的效果。图9-26所示为应用“CC Page Turn”效果前后的素材效果对比。为素材图层应用“CC Page Turn”效果后，可以在“效果控件”面板中对该效果的相关选项进行设置，如图9-27所示。

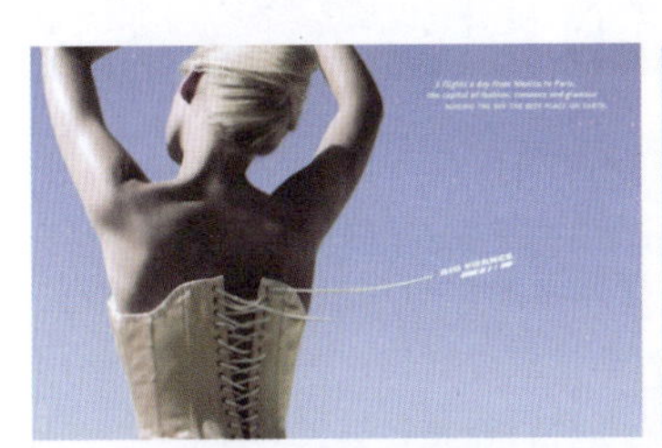

图9-26 应用“CC Page Turn”效果前后对比

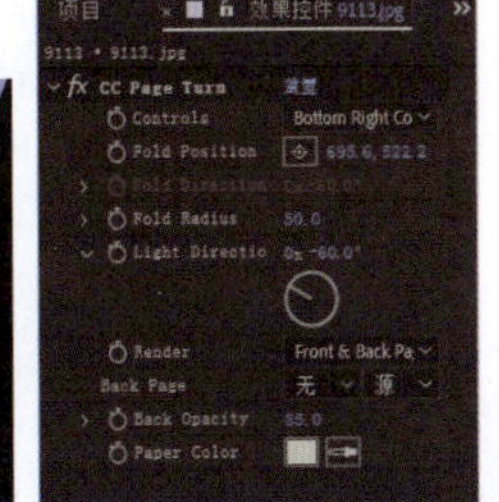

图9-27 “CC Page Turn”效果选项

CC Power Pin

“CC Power Pin”效果可以通过修改素材4个边角坐标的位置对素材进行变形处理，主要用来根据需要定位素材，可以拉伸、缩缩、倾斜和扭曲素材，也可以用来模拟透视效果。图9-28所示为应用“CC Power Pin”效果前后的素材效果对比。为素材图层应用“CC Power Pin”效果后，可以在“效果控件”面板中对该效果的相关选项进行设置，如图9-29所示。

图9-28 应用“CC Power Pin”效果前后对比

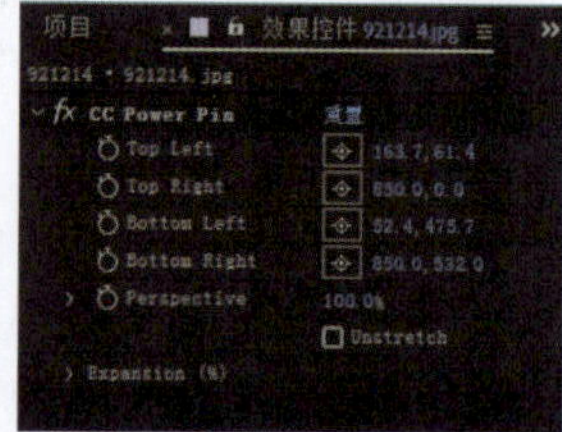

图9-29 “CC Power Pin”效果选项

CC Ripple Pulse

“CC Ripple Pulse”效果可以利用素材上的控制柄位置的变化对素材进行变形处理，在适当的位置为控制柄的中心创建关键帧，控制柄划过的位置会产生波纹效果的扭曲。图9-30所示为应用“CC Ripple Pulse”效果前后的素材效果对比。为素材图层应用“CC Ripple Pulse”效果后，可以在“效果控件”面板中对该效果的相关选项进行设置，如图9-31所示。

图9-30 应用“CC Ripple Pulse”效果前后对比

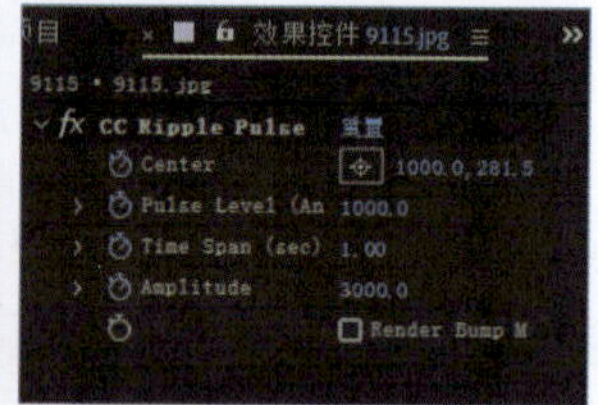

图9-31 “CC Ripple Pulse”效果选项

CC Slant

“CC Slant”效果可以使素材产生平行倾斜的效果。图9-32所示为应用“CC Slant”效果前后的素材效果对比。为素材图层应用“CC Slant”效果后，可以在“效果控件”面板中对该效果的相关选项进行设置，如图9-33所示。

图9-32 应用“CC Slant”效果前后对比

图9-33 “CC Slant”效果选项

CC Smear

“CC Smear”效果可以通过调整两个控制点的位置、涂抹范围的多少和涂抹半径的大小，使素材产生变形效果。图9-34所示为应用“CC Smear”效果前后的素材效果对比。为素材图层应用“CC Smear”效果后，可以在“效果控件”面板中对该效果的相关选项进行设置，如图9-35所示。

图9-34 应用“CC Smear”效果前后对比

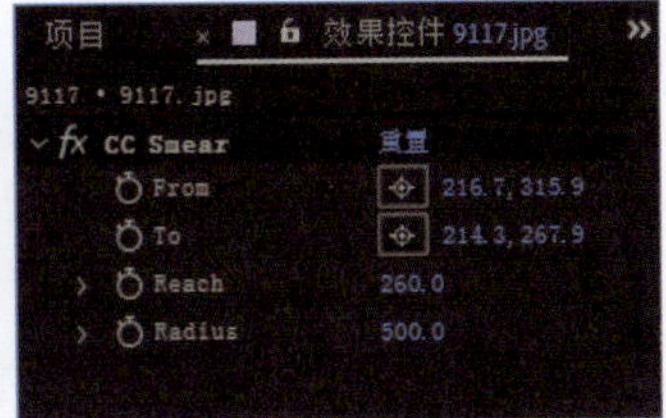

图9-35 “CC Smear”效果选项

CC Split

“CC Split”效果可以使素材在两个分裂点之间产生分裂，通过参数的设置可以控制分裂的大小。图9-36所示为应用“CC Split”效果前后的素材效果对比。为素材图层应用“CC Split”效果后，可以在“效果控件”面板中对该效果的相关选项进行设置，如图9-37所示。

图9-36 应用“CC Split”效果前后对比

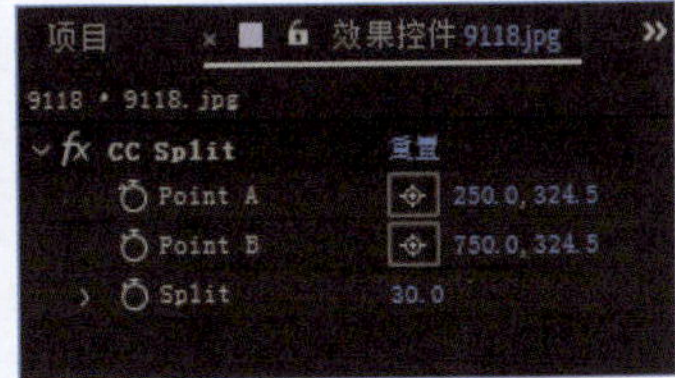

图9-37 “CC Split”效果选项

CC Split 2

“CC Split 2”效果与“CC Split”效果的使用方法相同，只是在“CC Split 2”效果中可以分别调整分裂点两边的分裂程度。图9-38所示为应用“CC Split 2”效果前后的素材效果对比。为素材图层应用“CC Split 2”效果后，可以在“效果控件”面板中对该效果的相关选项进行设置，如图9-39所示。

图9-38 应用“CC Split 2”效果前后对比

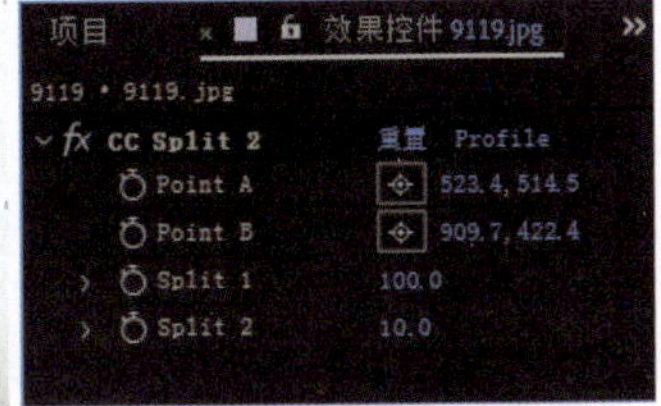

图9-39 “CC Split 2”效果选项

CC Tiler

“CC Tiler”效果可以将素材进行水平和垂直拼贴，产生类似在墙上贴瓷砖的效果。图9-40所示为应用“CC Tiler”效果前后的素材效果对比。为素材图层应用“CC Tiler”效果后，可以在“效果控件”面板中对该效果的相关选项进行设置，如图9-41所示。

图9-40 应用“CC Tiler”效果前后对比

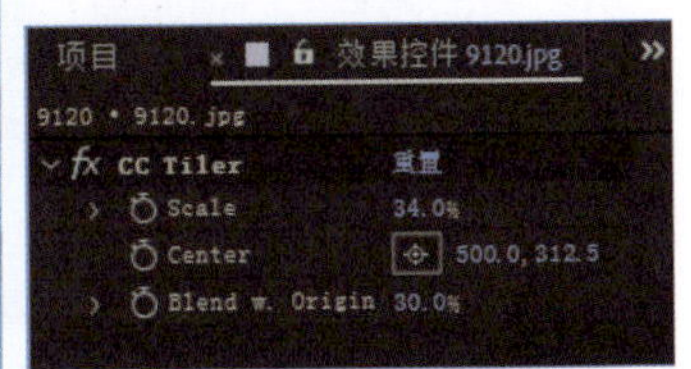

图9-41 “CC Tiler”效果选项

光学补偿

“光学补偿”效果用于模拟摄像机的光学透视效果，可以使画面沿着指定点水平或者垂直对角线产生光学变形。图9-42所示为应用“光学补偿”效果前后的素材效果对比。为素材图层应用“光学补偿”效果后，可以在“效果控件”面板中对该效果的相关选项进行设置，如图9-43所示。

图9-42 应用“光学补偿”效果前后对比

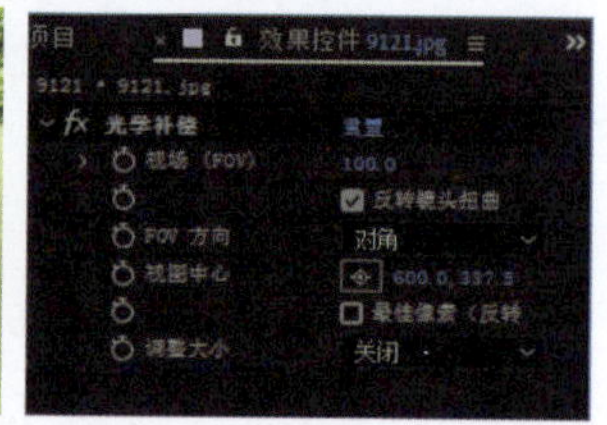

图9-43 “光学补偿”效果选项

湍流置换

“湍流置换”效果可以使素材产生各种凸起、旋转等动荡的效果。图9-44所示为应用“湍流置换”效果前后的素材效果对比。为素材图层应用“湍流置换”效果后，可以在“效果控件”面板中对该效果的相关选项进行设置，如图9-45所示。

图9-44 应用“湍流置换”效果前后对比

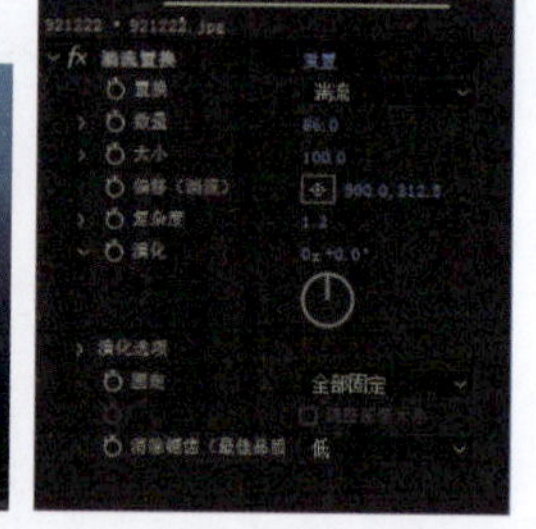

图9-45 “湍流置换”效果选项

置换图

“置换图”效果使用另一个作为映射层素材的像素来置换当前素材像素，通过映射的像素颜色值对当前图层进行变形，变形方向分为水平和垂直两种。图9-46所示为应用“置换图”效果前后的素材效果对比。为素材图层应用“置换图”效果后，可以在“效果控件”面板中对该效果的相关选项进行设置，如图9-47所示。

图9-46 应用“置换图”效果前后对比

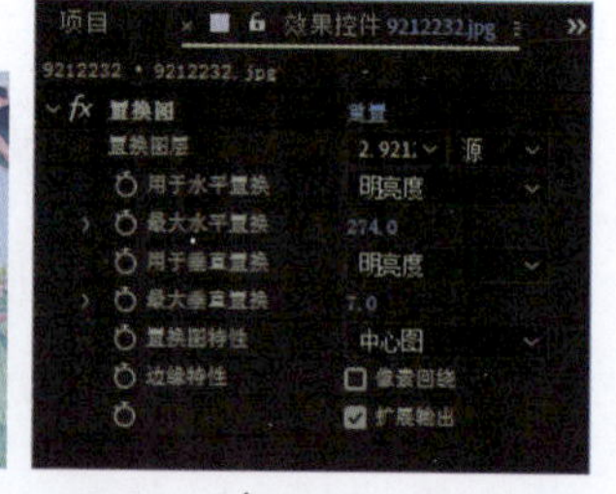

图9-47 “置换图”效果选项

偏移

“偏移”效果可以对素材自身进行混合，产生半透明的位移效果。图9-48所示为应用“偏移”效果前后的素材效果对比。为素材图层应用“偏移”效果后，可以在“效果控件”面板中对该效果的相关选项进行设置，如图9-49所示。

图9-48 应用“偏移”效果前后对比

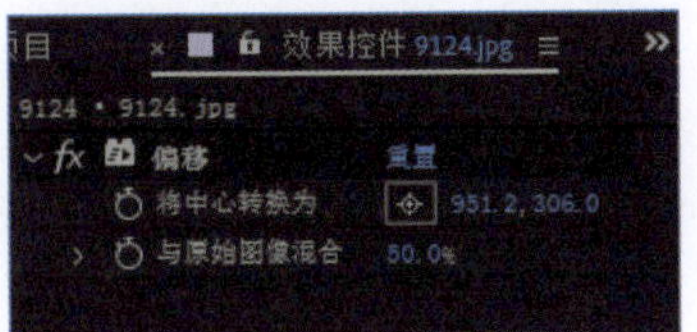

图9-49 “偏移”效果选项

网格变形

“网格变形”效果可以在素材上产生一个网格，通过控制网格上的贝塞尔点使素材变形。图9-50所示为应用“网格变形”效果前后的素材效果对比。为素材图层应用“网格变形”效果后，可以在“效果控件”面板中对该效果的相关选项进行设置，如图9-51所示。

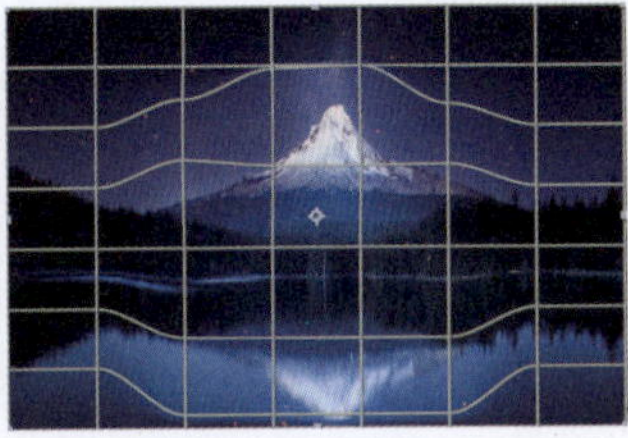

图9-50 应用“网格变形”效果前后对比

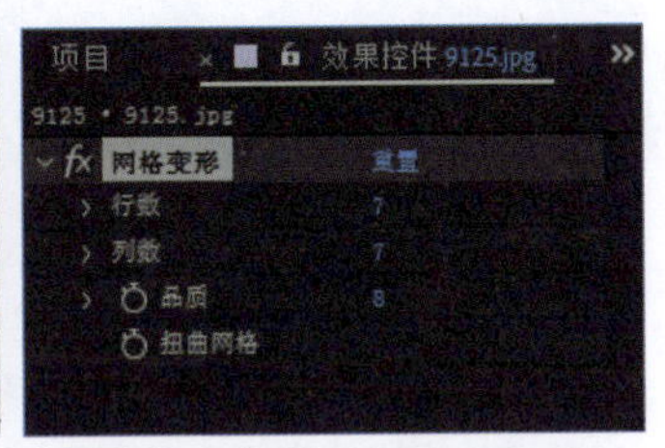

图9-51 “网格变形”效果选项

保留细节放大

“保留细节放大”效果可以在大幅放大素材的同时保留画面中的细节，这样可以保留线条和曲线的清晰度。图9-52所示为应用“保留细节放大”效果前后的素材效果对比。为素材图层应用“保留细节放大”效果后，可以在“效果控件”面板中对该效果的相关选项进行设置，如图9-53所示。

图9-52 应用“保留细节放大”效果前后对比

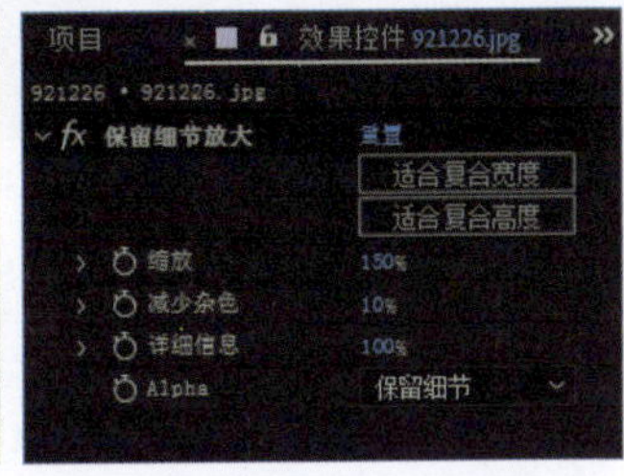

图9-53 “保留细节放大”效果选项

凸出

“凸出”效果可以使素材画面沿水平轴和垂直轴扭曲变形，制作出类似通过透镜观察对象的效果。图9-54所示为应用“凸出”效果前后的素材效果对比。为素材图层应用“凸出”效果后，可以在“效果控件”面板中对该效果的相关选项进行设置，如图9-55所示。

图9-54 应用“凸出”效果前后对比

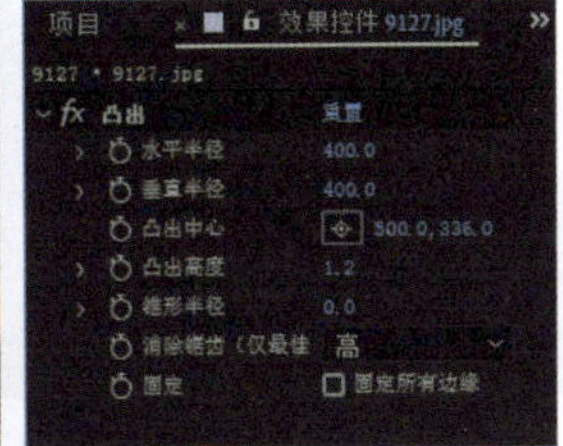

图9-55 “凸出”效果选项

变换

“变换”效果可以对素材的位置、尺寸、透明度、倾斜等进行调整，从而使素材产生扭曲变形效果。图9-56所示为应用“变换”效果前后的素材效果对比。为素材图层应用“变换”效果后，可以在“效果控件”面板中对该效果的相关选项进行设置，如图9-57所示。

图9-56 应用“变换”效果前后对比

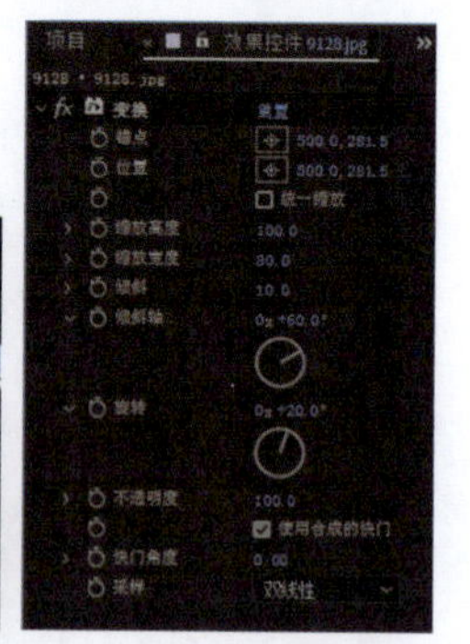

图9-57 “变换”效果选项

变形

“变形”效果可以使素材整体按需要进行扭曲变形，在该效果中预设了多种不同的变形效果。图9-58所示为应用“变形”效果前后的素材效果对比。为素材图层应用“变形”效果后，可以在“效果控件”面板中对该效果的相关选项进行设置，如图9-59所示。

图9-58 应用“变形”效果前后对比

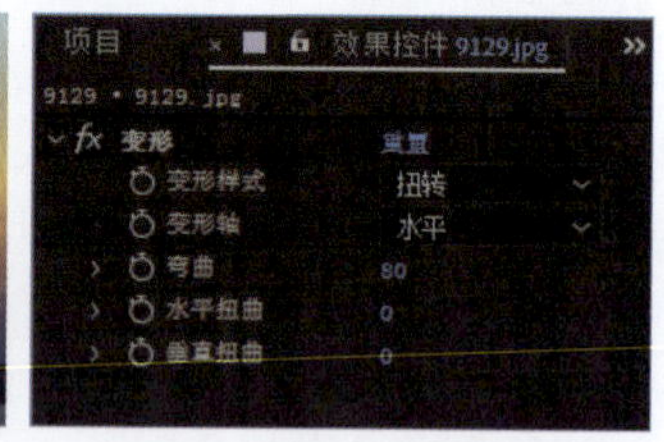

图9-59 “变形”效果选项

变形稳定器

“变形稳定器”效果可以自动分析素材的扭曲问题，并自动进行矫正。注意，“变形稳定器”效果只能应用于视频素材，不能应用于图像素材。图9-60所示为应用“变形稳定器”效果前后的素材效果对比。为素材图层应用“变形稳定器”效果后，可以在“效果控件”面板中对该效果的相关选项进行设置，如图9-61所示。

图9-60 应用“变形稳定器”效果前后对比

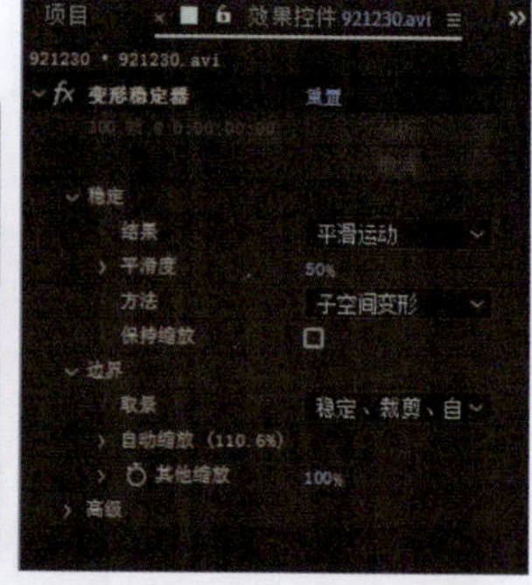

图9-61 “变形稳定器”效果选项

旋转扭曲

“旋转扭曲”效果可以使素材产生沿指定中心旋转变形的效果。图9-62所示为应用“旋转扭曲”效果前后的素材效果对比。为素材图层应用“旋转扭曲”效果后，可以在“效果控件”面板中对该效果的相关选项进行设置，如图9-63所示。

图9-62 应用“旋转扭曲”效果前后对比

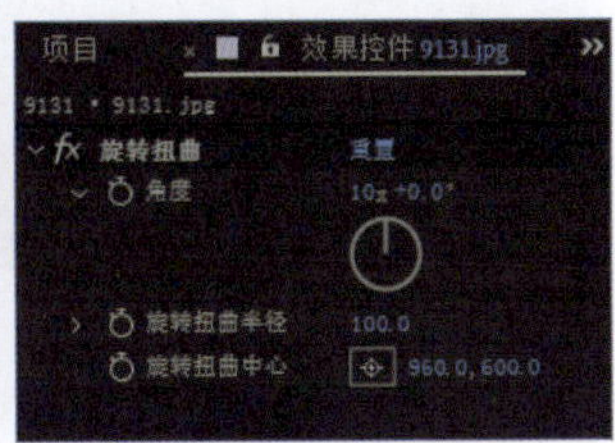

图9-63 “旋转扭曲”效果选项

极坐标

“极坐标”效果可以将素材的直角坐标转化为极坐标，从而产生扭曲效果。图9-64所示为应用“极坐标”效果前后的素材效果对比。为素材图层应用“极坐标”效果后，可以在“效果控件”面板中对该效果的相关选项进行设置，如图9-65所示。

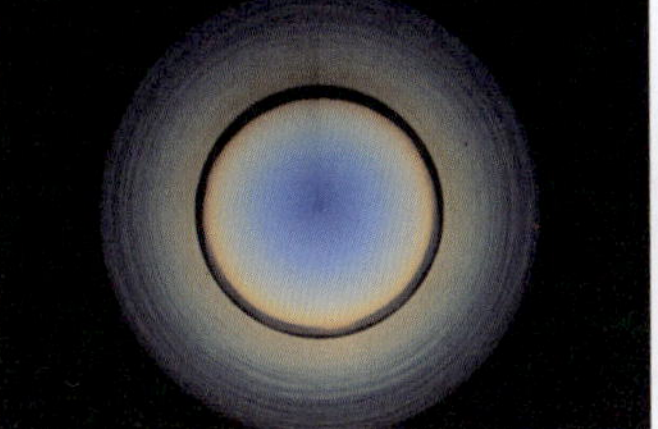

图9-64 应用“极坐标”效果前后对比

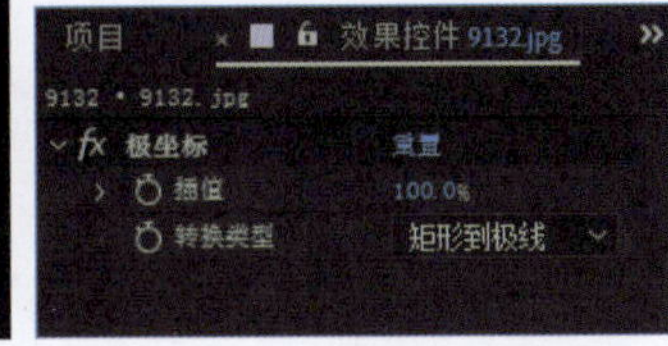

图9-65 “极坐标”效果选项

果冻效应修复

“果冻效应修复”效果主要用于解决低端拍摄设备产生的画面延时问题。为素材图层应用“果冻效应修复”效果后，可以在“效果控件”面板中对该效果的相关选项进行设置，如图9-66所示。

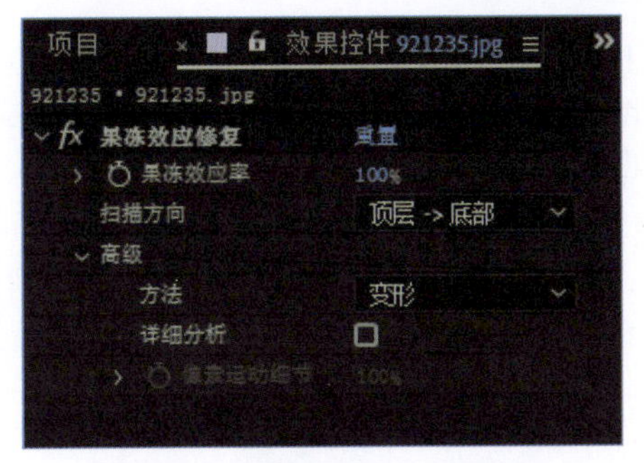

图9-66 “果冻效应修复”效果选项

波形变形

“波形变形”效果可以将素材处理为自动的飘动或者波浪效果。图9-67所示为应用“波形变形”效果前后的素材效果对比。为素材图层应用“波形变形”效果后，可以在“效果控件”面板中对该效果的相关选项进行设置，如图9-68所示。

图9-67 应用“波形变形”效果前后对比

图9-68 “波形变形”效果选项

“波形变形”效果的最大优势是可以让波形自动移动，而不需要使用关键帧来设置运动效果。可以轻易地制作出动态的飘动和波浪效果，并且可以通过对波动速度设置关键帧，改变固有的变化频率，产生生动的效果。

波纹

“波纹”效果可以在画面上产生波纹扭曲效果，类似水池表面的波纹效果。图9-69所示为应用“波纹”效果前后的素材效果对比。为素材图层应用“波纹”效果后，可以在“效果控件”面板中对该效果的相关选项进行设置，如图9-70所示。

图9-69 应用“波纹”效果前后对比

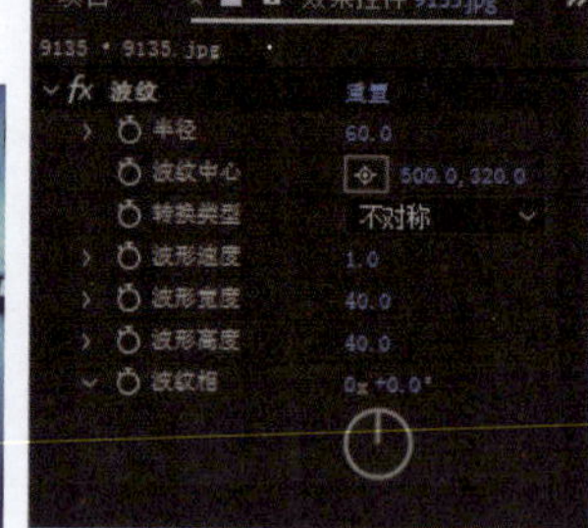

图9-70 “波纹”效果选项

液化

“液化”效果可以对素材的任意区域进行旋转、放大、收缩等操作，使素材产生自由变形的效果。图9-71所示为应用“液化”效果前后的素材效果对比。为素材图层应用“液化”效果后，可以在“效果控件”面板中对该效果的相关选项进行设置，如图9-72所示。

图9-71 应用“液化”效果前后对比

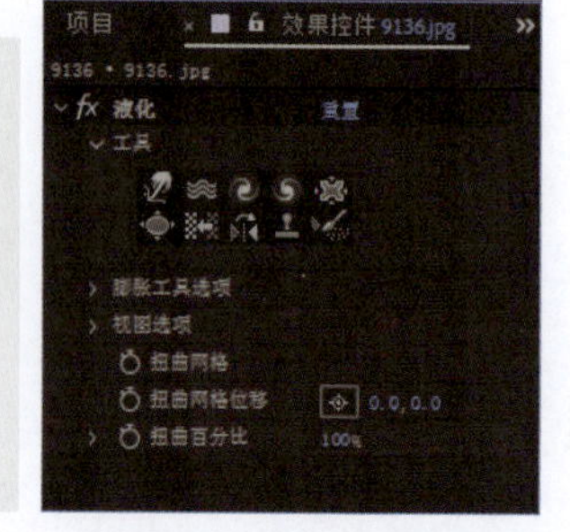

图9-72 “液化”效果选项

边角定位

“边角定位”效果可以通过改变4个角的位置使素材变形，可以根据需要进行定位。既可以拉伸、收缩、倾斜和扭曲素材，也可以用来模拟透视效果，还可以和遮罩图层相结合，形成画中画效果。

图9-73所示为应用“边角定位”效果前后的素材效果对比。为素材图层应用“边角定位”效果后，可以在“效果控件”面板中对该效果的相关选项进行设置，如图9-74所示。

图9-73 应用“边角定位”效果前后对比

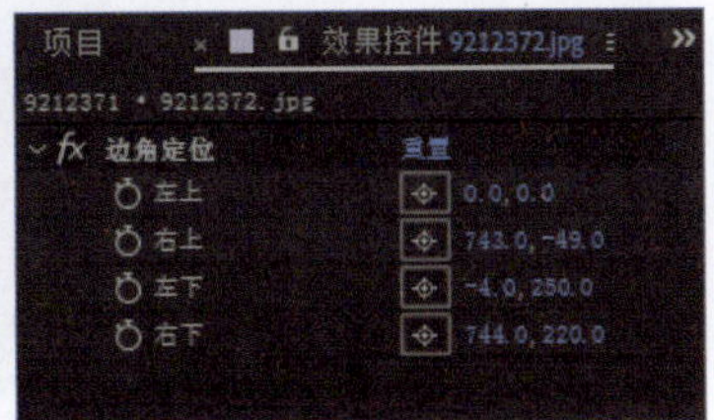

图9-74 “边角定位”效果选项

9.2 “声道”效果组

“声道”效果组中的效果命令主要用来控制、转换、插入和提取素材的通道，对素材进行通道混合计算。在该效果组中包括“最小/最大”“复合运算”“通道合成器”“CC Composite”“转换通道”“反转”“固态层合成”“混合”“移除颜色遮罩”“算术”“计算”“设置通道”“设置遮罩”共13种效果，如图9-75所示。

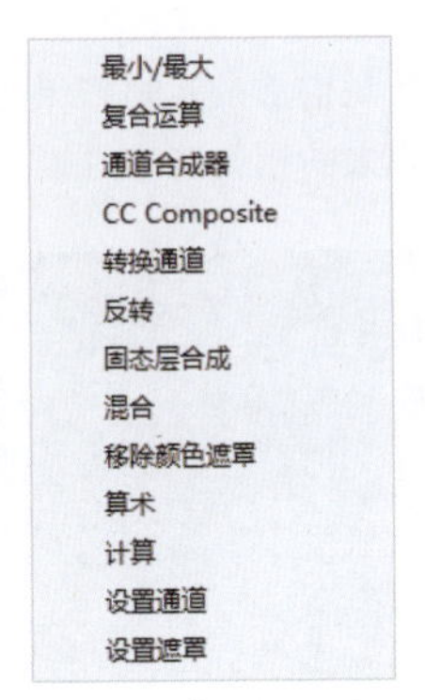

图9-75 “声道”效果组

最小/最大

“最小/最大”效果能够以最小值、最大值的形式减小或者放大某个指定的颜色通道，并在许可的范围内填充指定的颜色。图9-76所示为应用“最小/最大”效果前后的素材效果对比。为素材图层应用“最小/最大”效果后，可以在“效果控件”面板中对该效果的相关选项进行设置，如图9-77所示。

图9-76 应用“最小/最大”效果前后对比

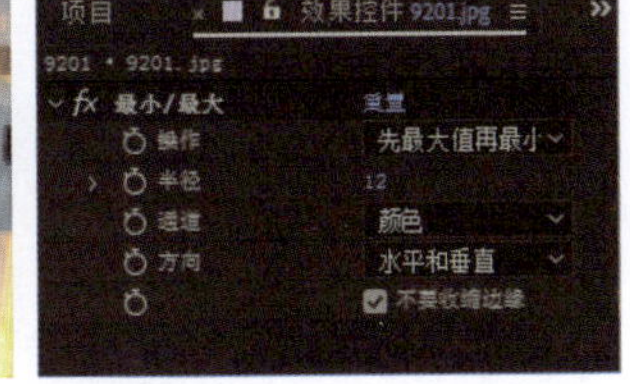

图9-77 “最小/最大”效果选项

复合运算

“复合运算”效果可以将两个图层通过运算的方式进行混合。图9-78所示为应用“复合运算”效果前后的素材效果对比。为素材图层应用“复合运算”效果后，可以在“效果控件”面板中对该效果的相关选项进行设置，如图9-79所示。

图9-78 应用“复合运算”效果前后对比

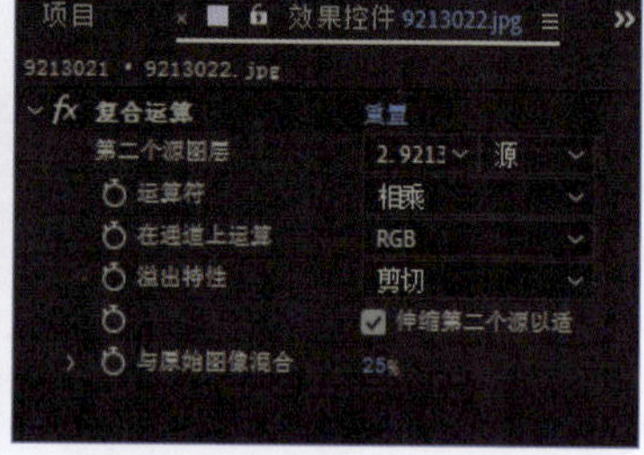

图9-79 “复合运算”效果选项

通道合成器

“通道合成器”效果可以通过指定某个图层的素材颜色模式或者通道、亮度、色相等信息来修改当前图层中的素材，也可以直接通过模式的转换或者通道、亮度、色相等的转换来修改当前图层中的素材。

图9-80所示为应用“通道合成器”效果前后的素材效果对比。为素材图层应用“通道合成器”效果后，可以在“效果控件”面板中对该效果的相关选项进行设置，如图9-81所示。

图9-80 应用“通道合成器”效果前后对比

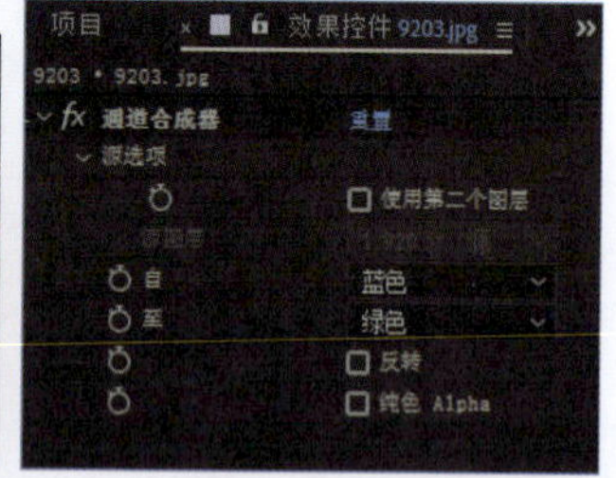

图9-81 “通道合成器”效果选项

CC Composite

“CC Composite”效果可以通过与原素材合成的方式对素材进行调整。图9-82所示为应用“CC Composite”效果前后的素材效果对比。为素材图层应用“CC Composite”效果后，可以在“效果控件”面板中对该效果的相关选项进行设置，如图9-83所示。

图9-82 应用“CC Composite”效果前后对比

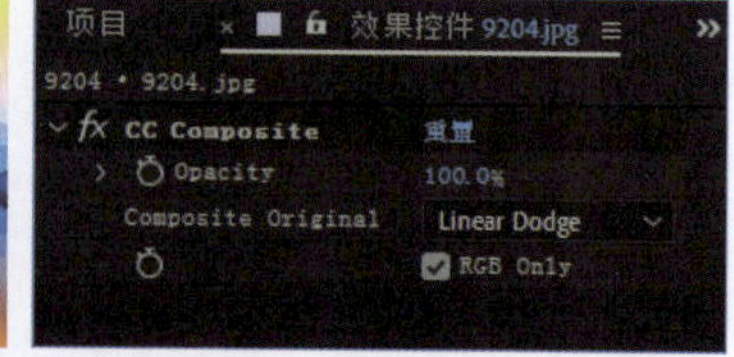

图9-83 “CC Composite”效果选项

转换通道

“转换通道”效果可以用来在当前图层的R、G、B、Alpha通道之间进行转换，主要对素材的色彩和明暗产生影响，也可以消除某种颜色。图9-84所示为应用“转换通道”效果前后的素材效果对比。为素材图层应用“转换通道”效果后，可以在“效果控件”面板中对该效果的相关选项进行设置，如图9-85所示。

图9-84 应用“转换通道”效果前后对比

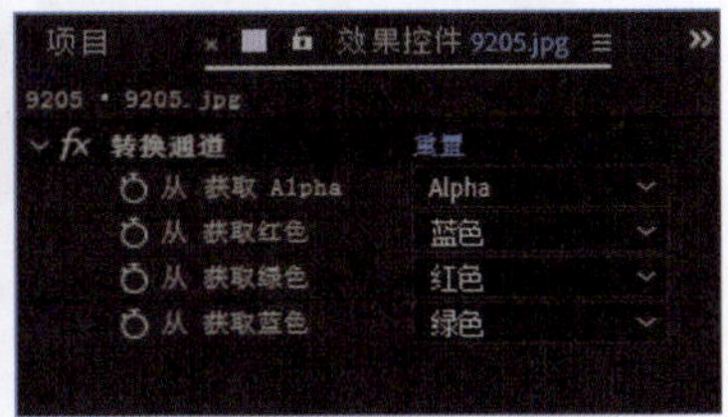

图9-85 “转换通道”效果选项

反转

“反转”效果可以将指定通道的颜色反转成相应的补色。图9-86所示为应用“反转”效果前后的素材效果对比。为素材图层应用“反转”效果后，可以在“效果控件”面板中对该效果的相关选项进行设置，如图9-87所示。

图9-86 应用“反转”效果前后对比

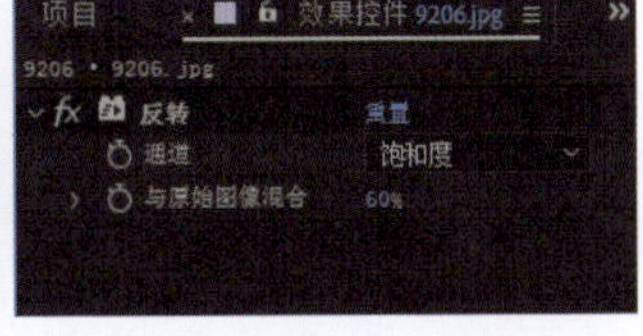

图9-87 “反转”效果选项

固态层合成

“固态层合成”效果用于提供一种快速将原素材与一种实体色相融合的效果，用户可以控制原素材图层的不透明度及填充合成素材的不透明度，还可以选择应用不同的混合模式。图9-88所示为应用“固态层合成”效果前后的素材效果对比。为素材图层应用“固态层合成”效果后，可以在“效果控件”面板中对该效果的相关选项进行设置，如图9-89所示。

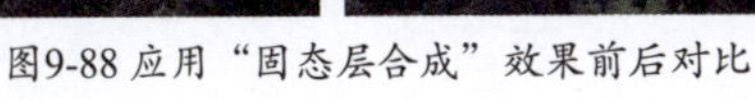

图9-88 应用“固态层合成”效果前后对比

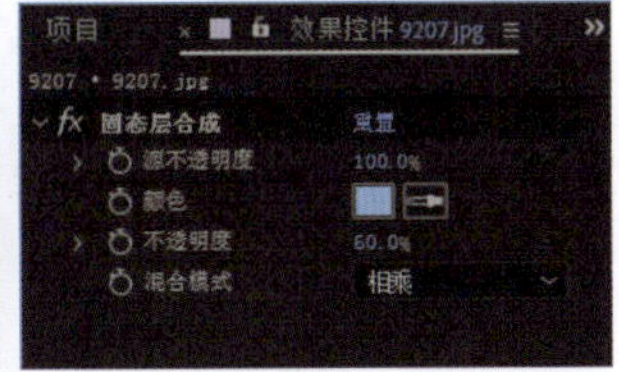

图9-89 “固态层合成”效果选项

混合

“混合”效果通过混合模式将两个图层中的素材进行混合，从而产生新的混合效果。该效果应用在位于上方的素材中，可以称该图层为特效层，使其与下方图层（混合层）中的素材进行混合，从而产生新的混合效果。

图9-90所示为应用“混合”效果前后的素材效果对比。为素材图层应用“混合”效果后，可以在“效果控件”面板中对该效果的相关选项进行设置，如图9-91所示。

图9-90 应用“混合”效果前后对比

图9-91 “混合”效果选项

移除颜色遮罩

“移除颜色遮罩”效果用于消除或者改变蒙版的颜色。该效果通常用于使用其他文件的Alpha通道或者填充的情况。图9-92所示为应用“移除颜色遮罩”效果前后的素材效果对比。为素材图层应用“移除颜色遮罩”效果后，可以在“效果控件”面板中对该效果的相关选项进行设置，如图9-93所示。

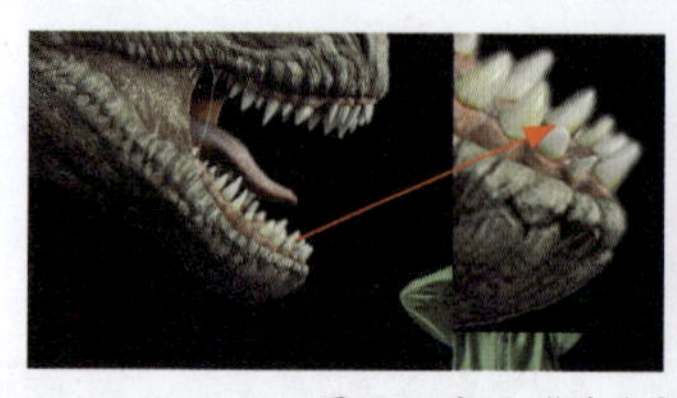

图9-92 应用“移除颜色遮罩”效果前后对比

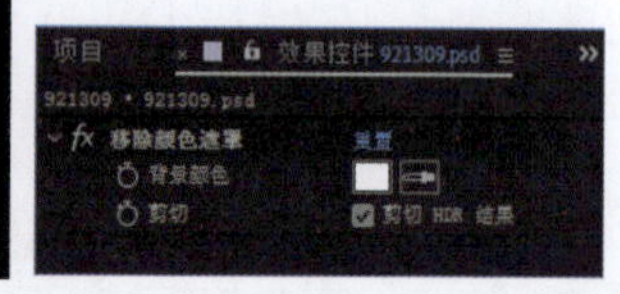

图9-93 “移除颜色遮罩”效果选项

如果当前图层中的素材是包含Alpha通道的透底素材，或者素材中的Alpha通道是由After Effects创建的，可以使用“移除颜色遮罩”效果去除透底素材边缘的光晕效果。

算术

“算术”效果可以对素材中的红、绿、蓝通道数据进行简单的运算，从而对素材的色彩效果进行控制。图9-94所示为应用“算术”效果前后的素材效果对比。为素材图层应用“算术”效果后，可以在“效果控件”面板中对该效果的相关选项进行设置，如图9-95所示。

图9-94 应用“算术”效果前后对比

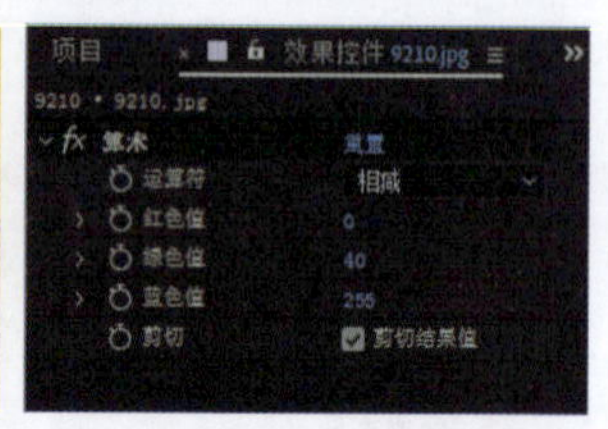

图9-95 “算术”效果选项

计算

“计算”效果与“算术”效果类似，通过对各个颜色通道进行计算，合成新的图像。图9-96所示为应用“计算”效果前后的素材效果对比。为素材图层应用“计算”效果后，可以在“效果控件”面板中对该效果的相关选项进行设置，如图9-97所示。

图9-96 应用“计算”效果前后对比

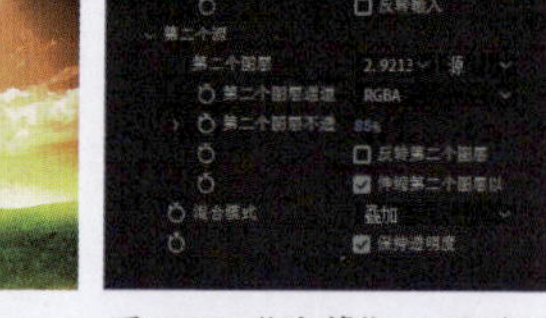

图9-97 “计算”效果选项

设置通道

“设置通道”效果用于复制其他图层的通道到当前图层的颜色通道和Alpha通道中。例如，选择某一图层的亮度值应用到当前图层的颜色通道中，该效果等于重新指定当前图层的Alpha通道。

图9-98所示为应用“设置通道”效果前后的素材效果对比。为素材图层应用“设置通道”效果后，可以在“效果控件”面板中对该效果的相关选项进行设置，如图9-99所示。

图9-98 应用“设置通道”效果前后对比

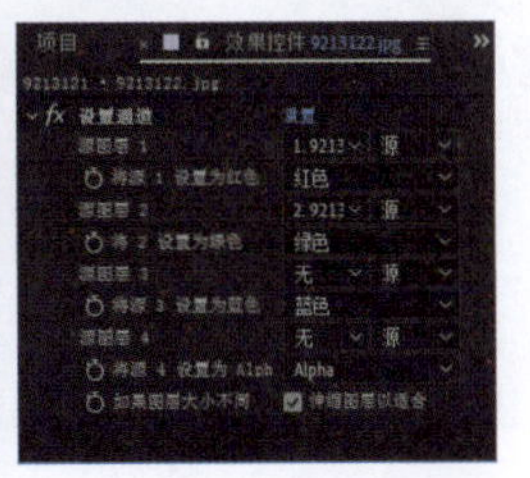

图9-99 “设置通道”效果选项

设置遮罩

“设置遮罩”效果用于将其他图层的通道替换为当前图层的Alpha蒙版，用来创建运动蒙版效果。图9-100所示为应用“设置遮罩”效果前后的素材效果对比。为素材图层应用“设置遮罩”效果后，可以在“效果控件”面板中对该效果的相关选项进行设置，如图9-101所示。

图9-100 应用“设置遮罩”效果前后对比

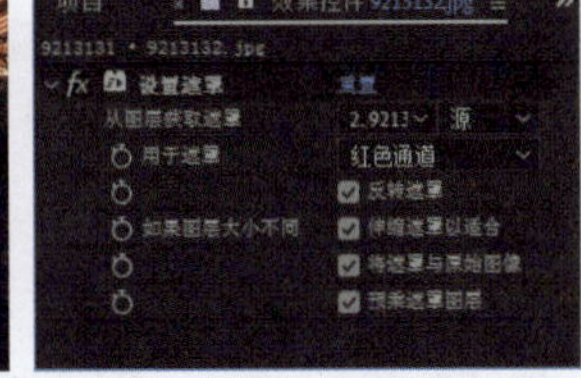

图9-101 “设置遮罩”效果选项

9.3　“生成”效果组

“生成”效果组中的效果可以在画面中创建出各种特殊的视觉效果，如闪电、镜头光晕、激光等，还可以对素材进行颜色填充，如渐变等。在该效果组中包括“分形”“圆形”“椭圆”“吸管填充”“镜头光晕”“CC Glue Gun”“CC Light Burst 2.5”“CC Light Rays”“CC Light Sweep”“CC Threads”“光束”“填充”“网格”“单元格图案”“写入”“勾画”“四色渐变”“描边”“无线电波”“梯度渐变”“棋盘”“油漆桶”“涂写”“音频波形”“音频频谱”“高级闪电”共26种效果，如图9-102所示。

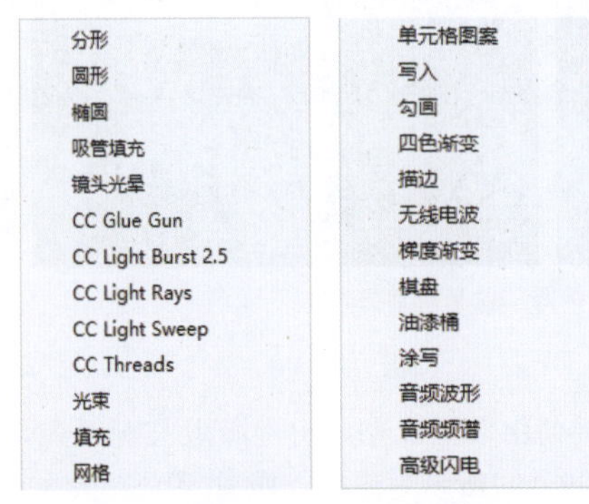

图9-102 “生成”效果组

分形

“分形”效果可以用来模拟细胞体制作分形效果。图9-103所示为应用“分形”效果前后的素材效果对比。为素材图层应用“分形”效果后，可以在“效果控件”面板中对该效果的相关选项进行设置，如图9-104所示。

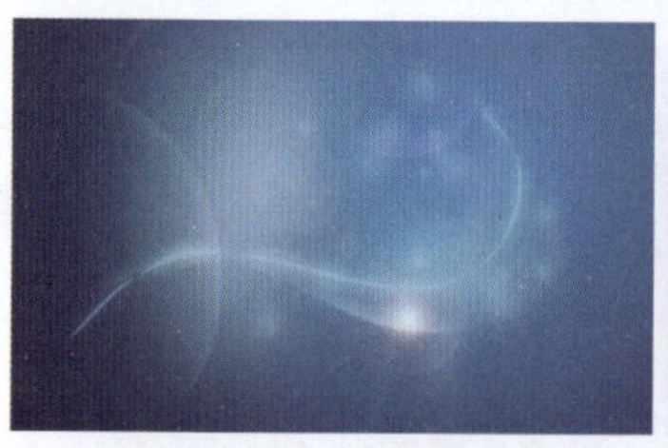

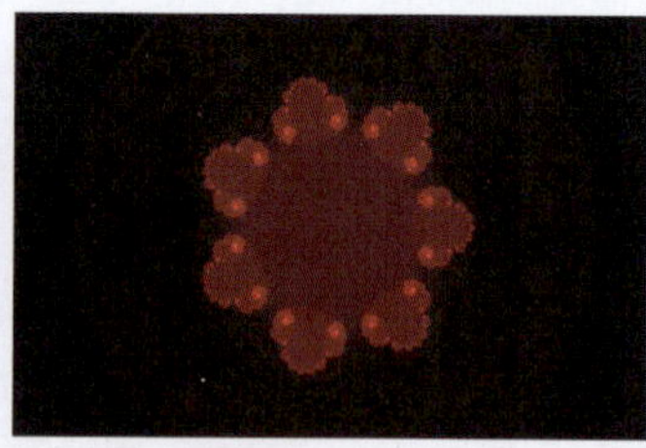

图9-103 应用“分形”效果前后对比

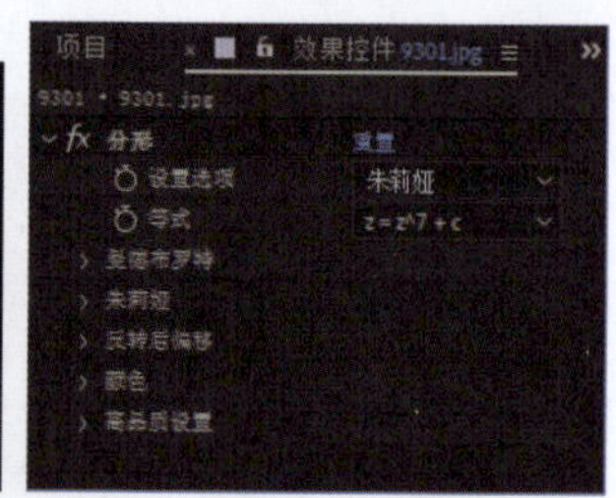

图9-104 “分形”效果选项

圆形

“圆形”效果可以在素材中创建一个圆形图案，可以是圆形或者圆环形状。图9-105所示为应用“圆形”效果前后的素材效果对比。为素材图层应用“圆形”效果后，可以在“效果控件”面板中对该效果的相关选项进行设置，如图9-106所示。

图9-105 应用“圆形”效果前后对比

图9-106 “圆形”效果选项

椭圆

“椭圆”效果可以在素材中产生椭圆形的效果，也可以用该特效模拟光圈等图形效果。图9-107所示为应用“椭圆”效果前后的素材效果对比。为素材图层应用“椭圆”效果后，可以在“效果控件”面板中对该效果的相关选项进行设置，如图9-108所示。

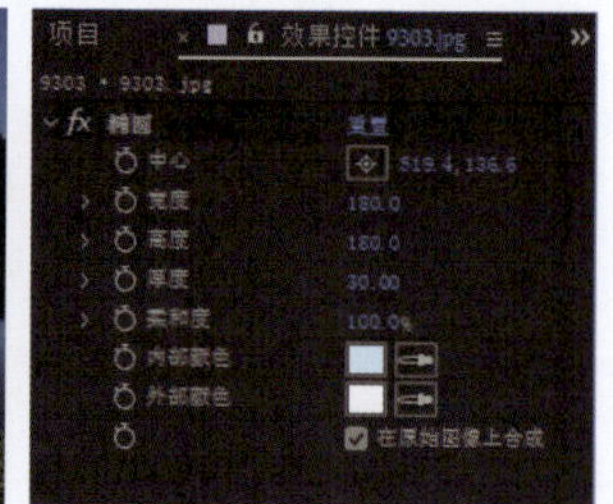

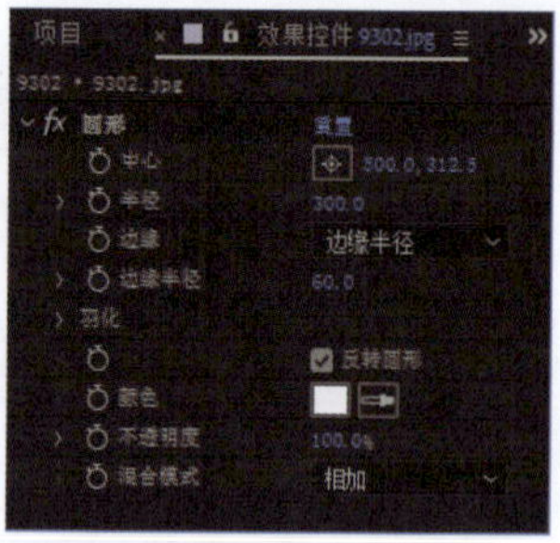

图9-107 应用“椭圆”效果前后对比

图9-108 “椭圆”效果选项

吸管填充

“吸管填充”效果可以直接使用取样点在素材上吸取某种颜色，使用该颜色进行填充，并且可以调整颜色的混合程度。图9-109所示为应用“吸管填充”效果前后的素材效果对比。为素材图层应用“吸管填充”效果后，可以在“效果控件”面板中对该效果的相关选项进行设置，如图9-110所示。

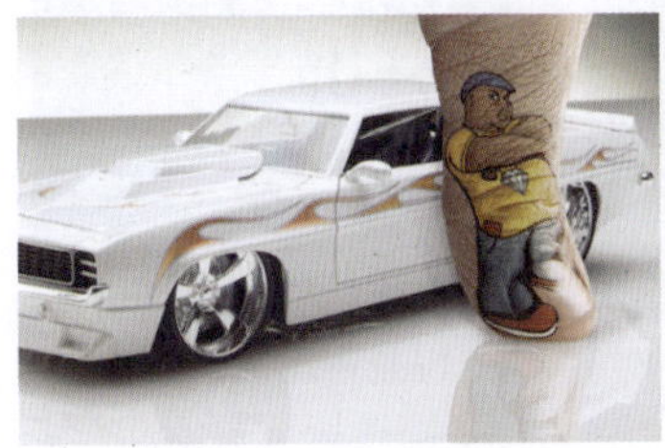

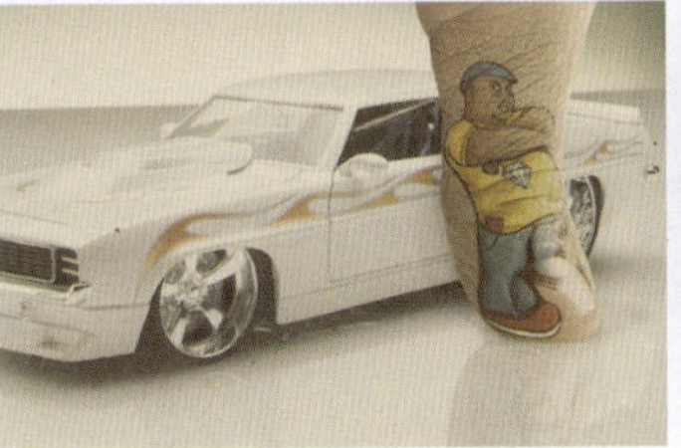

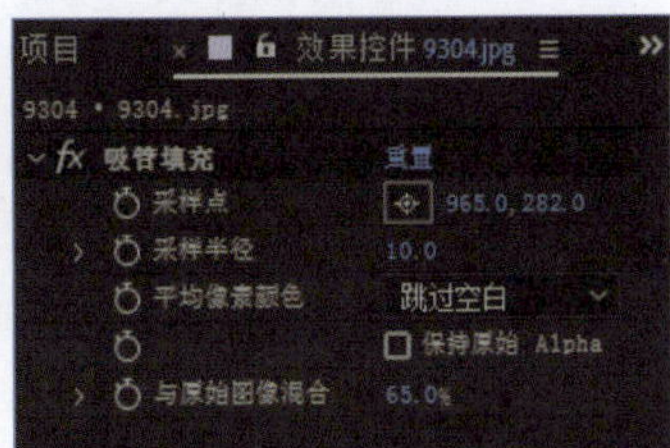

图9-109 应用“吸管填充”效果前后对比　图9-110 “吸管填充”效果选项

镜头光晕

“镜头光晕”效果可以模拟镜头拍摄到发光的物体上时，由于经过多片镜头而产生的很多光环效果，这是一种在后期制作中经常用到的提升画面效果的手法。图9-111所示为应用“镜头光晕”效果前后的素材效果对比。为素材图层应用“镜头光晕”效果后，可以在“效果控件”面板中对该效果的相关选项进行设置，如图9-112所示。

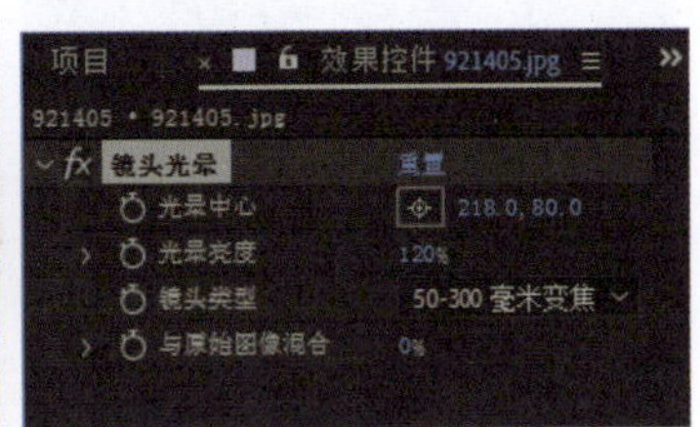

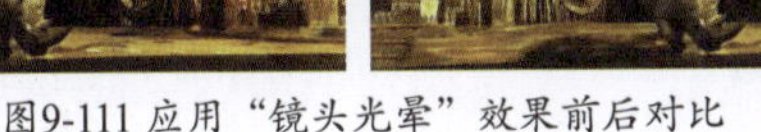

图9-111 应用“镜头光晕”效果前后对比　图9-112 “镜头光晕”效果选项

CC Glue Gun

“CC Glue Gun”效果可以使素材产生一种通过透镜观察的效果。图9-113所示为应用“CC Glue Gun”效果前后的素材效果对比。为素材图层应用“CC Glue Gun”效果后，可以在“效果控件”面板中对该效果的相关选项进行设置，如图9-114所示。

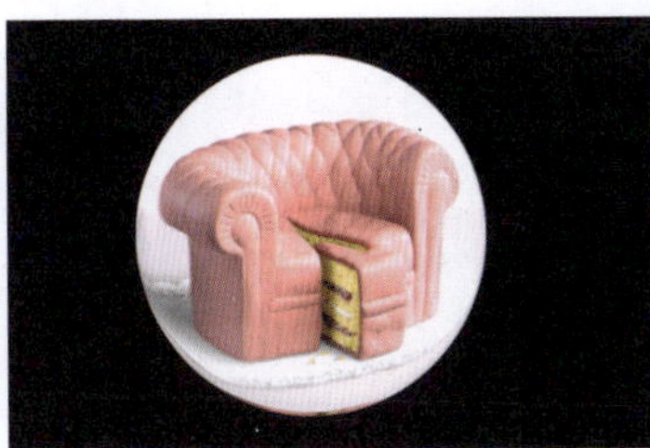

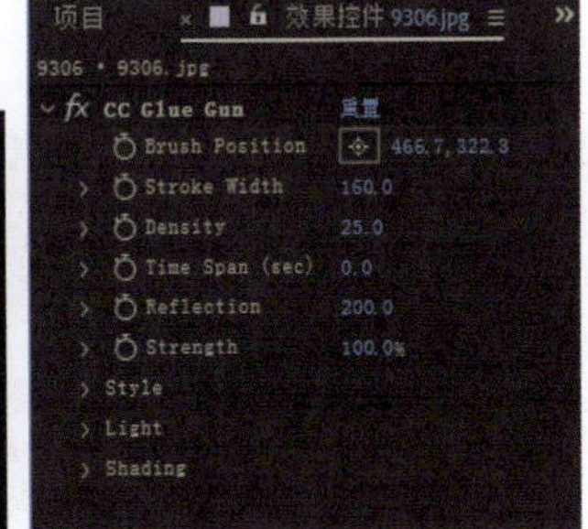

图9-113 应用“CC Glue Gun”效果前后对比　图9-114 “CC Glue Gun”效果选项

CC Light Burst 2.5

“CC Light Burst 2.5”效果可以使素材产生光线爆发的效果，使其具有镜头透视的感觉。图9-115所示为应用“CC Light Burst 2.5”效果前后的素材效果对比。为素材图层应用“CC Light Burst 2.5”效果后，可以在“效果控件”面板中对该效果的相关选项进行设置，如图9-116所示。

图9-115 应用“CC Light Burst 2.5”效果前后对比

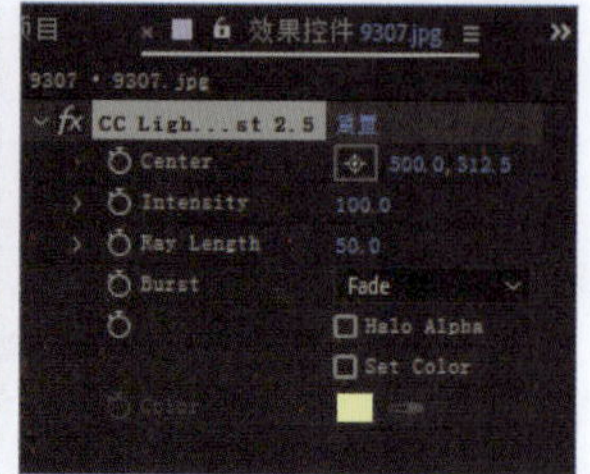

图9-116 “CC Light Burst 2.5”效果选项

CC Light Rays

“CC Light Rays”效果可以利用素材上不同的颜色产生不同的光芒，使其产生放射效果。图9-117所示为应用“CC Light Rays”效果前后的素材效果对比。为素材图层应用“CC Light Rays”效果后，可以在“效果控件”面板中对该效果的相关选项进行设置，如图9-118所示。

图9-117 应用“CC Light Rays”效果前后对比

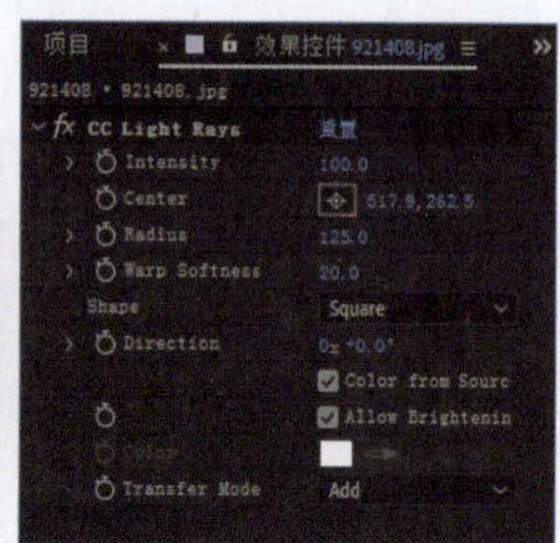

图9-118 “CC Light Rays”效果选项

CC Light Sweep

“CC Light Sweep”效果可以在素材中创建光线，光线以某个点为中心，向一端以擦除的方式运动，产生扫光的效果。图9-119所示为应用“CC Light Sweep”效果前后的素材效果对比。为素材图层应用“CC Light Sweep”效果后，可以在“效果控件”面板中对该效果的相关选项进行设置，如图9-120所示。

图9-119 应用“CC Light Sweep”效果前后对比

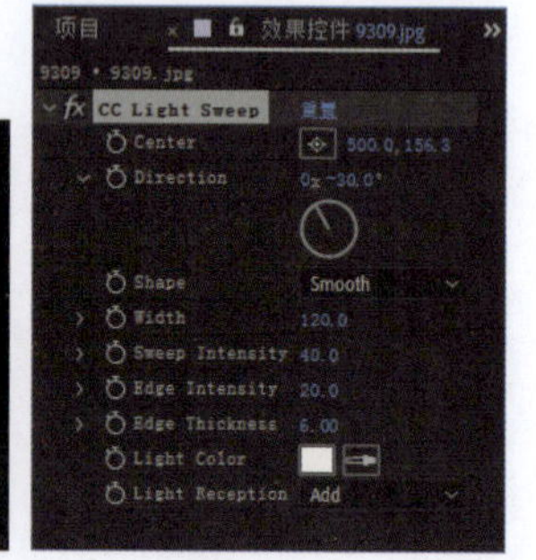

图9-120 “CC Light Sweep”效果选项

CC Threads

“CC Threads”效果可以使素材产生纵横交错的编织效果。图9-121所示为应用“CC Threads”效果前后的素材效果对比。为素材图层应用“CC Threads”效果后，可以在“效果控件”面板中对该效果的相关选项进行设置，如图9-122所示。

图9-121 应用“CC Threads”效果前后对比

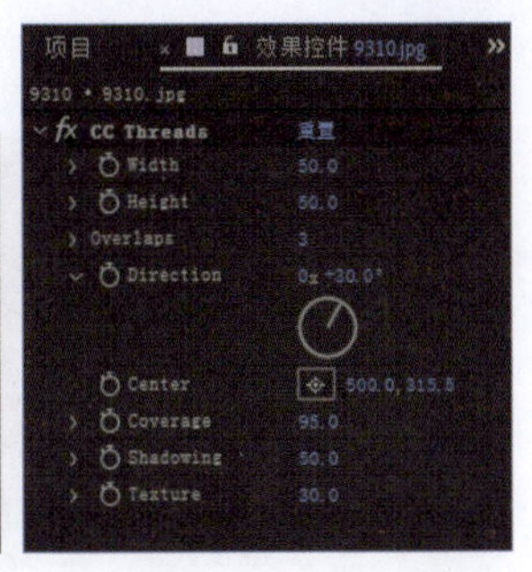

图9-122 “CC Threads”效果选项

光束

“光束”效果可以在素材上创建出光束图形，可以通过该效果模拟激光光束的移动等效果。图9-123所示为应用“光束”效果前后的素材效果对比。为素材图层应用“光束”效果后，可以在“效果控件”面板中对该效果的相关选项进行设置，如图9-124所示。

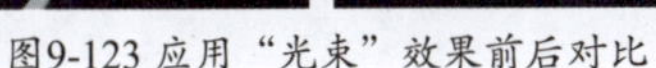
图9-123 应用“光束”效果前后对比

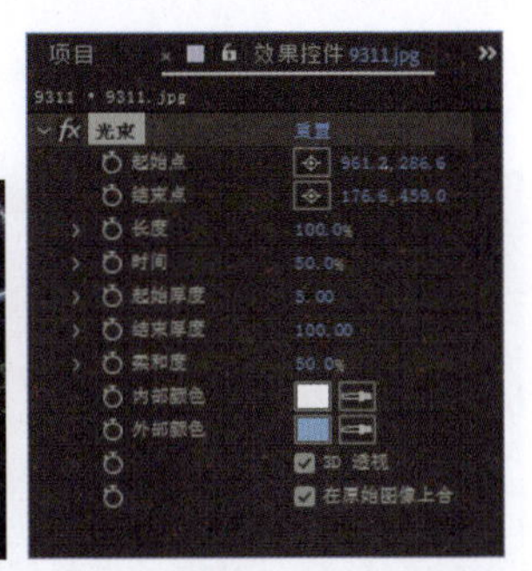

图9-124 “光束”效果选项

填充

“填充”效果用于对原始素材的蒙版进行填充，并通过参数设置改变填充颜色的羽化值和不透明度。图9-125所示为应用“填充”效果前后的素材效果对比。为素材图层应用“填充”效果后，可以在“效果控件”面板中对该效果的相关选项进行设置，如图9-126所示。

图9-125 应用“填充”效果前后对比

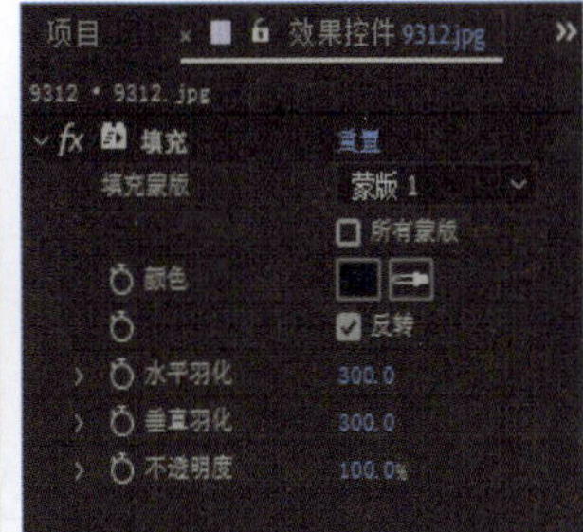

图9-126 “填充”效果选项

网格

“网格”效果可以在素材上创建出网格类型的纹理效果。图9-127所示为应用“网格”效果前后的素材效果对比。为素材图层应用“网格”效果后，可以在“效果控件”面板中对该效果的相关选项进行设置，如图9-128所示。

图9-127 应用“网格”效果前后对比

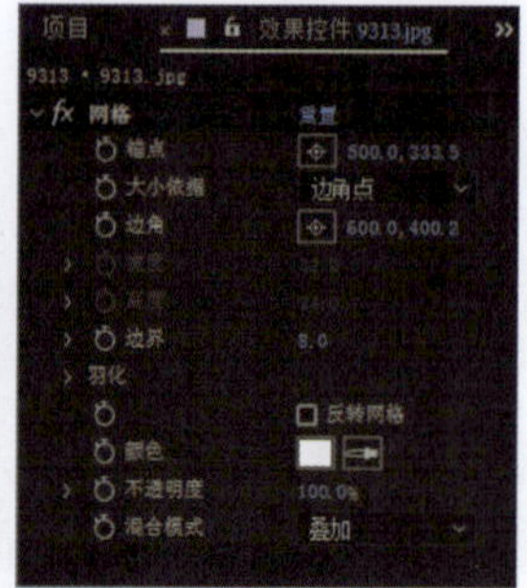

图9-128 “网格”效果选项

单元格图案

“单元格图案”效果可以将素材创建为多种类型的类似于细胞图案的拼合效果。图9-129所示为应用“单元格图案”效果前后的素材效果对比。为素材图层应用“单元格图案”效果后，可以在“效果控件”面板中对该效果的相关选项进行设置，如图9-130所示。

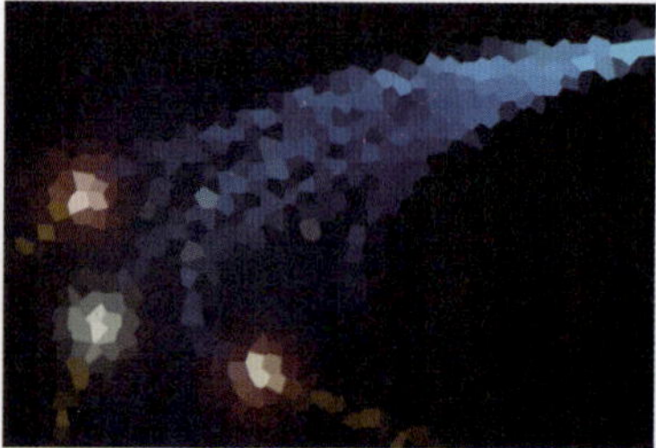

图9-129 应用“单元格图案”效果前后对比

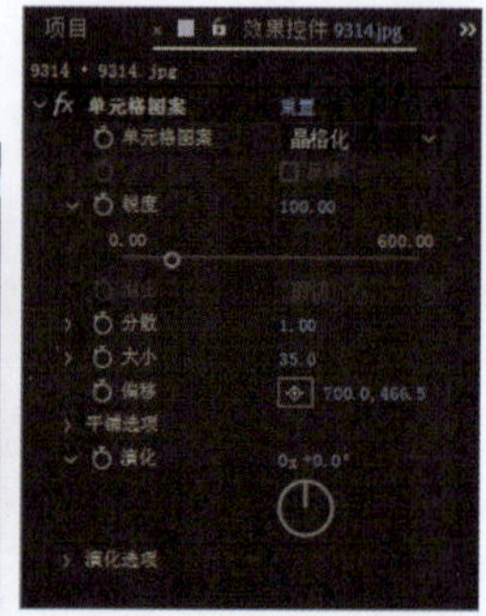

图9-130 “单元格图案”效果选项

写入

“写入”效果可以设置使用画笔在素材中绘画的动画，模拟笔迹和绘制过程。图9-131所示为应用“写入”效果前后的素材效果对比。为素材图层应用“写入”效果后，可以在“效果控件”面板中对该效果的相关选项进行设置，如图9-132所示。

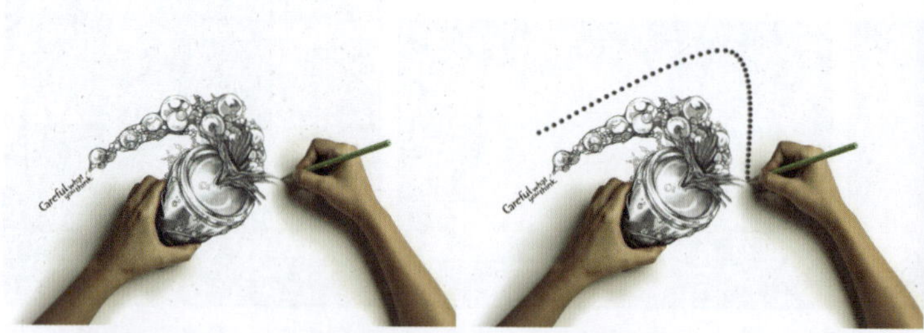

图9-131 应用“写入”效果前后对比

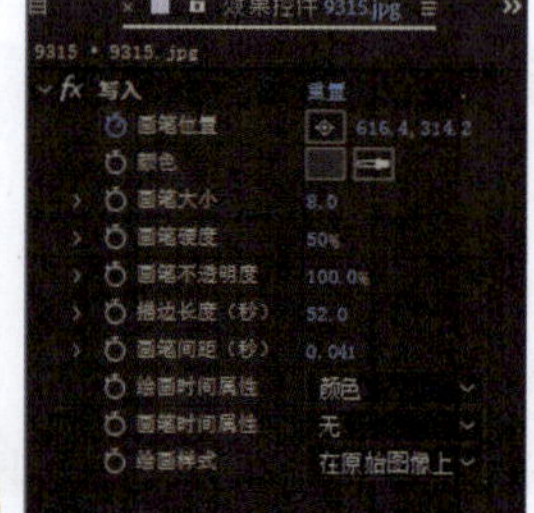

图9-132 “写入”效果选项

勾画

“勾画”效果用于在物体周围产生类似于自发光的效果，还可以通过蒙版或者指定其他图层进行勾画。图9-133所示为应用“勾画”效果前后的素材效果对比。为素材图层应用“勾画”效果后，可以在“效果控件”面板中对该效果的相关选项进行设置，如图9-134所示。

图9-133 应用“勾画”效果前后对比

图9-134 “勾画”效果选项

四色渐变

“四色渐变”效果可以为当前指定的素材创建四色渐变效果，模拟霓虹灯、流光溢彩等效果。图9-135所示为应用“四色渐变”效果前后的素材效果对比。为素材图层应用“四色渐变”效果后，可以在“效果控件”面板中对该效果的相关选项进行设置，如图9-136所示。

图9-135 应用“四色渐变”效果前后对比

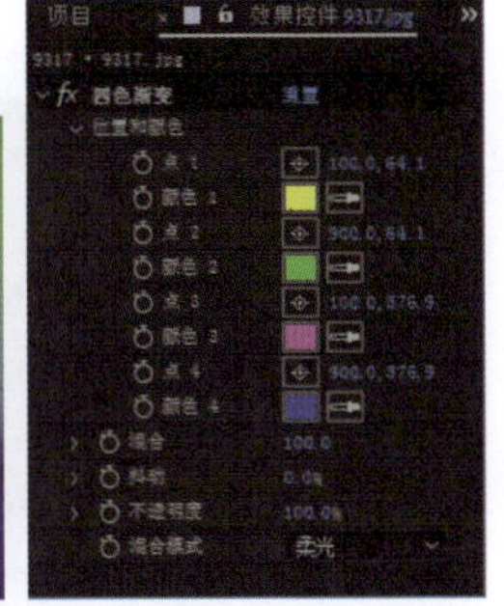

图9-136 “四色渐变”效果选项

描边

“描边”效果可以沿指定的路径或者蒙版进行描边处理，可以模拟书写或者绘画等过程的动画效果。图9-137所示为应用“描边”效果前后的素材效果对比。为素材图层应用“描边”效果后，可以在“效果控件”面板中对该效果的相关选项进行设置，如图9-138所示。

图9-137 应用“描边”效果前后对比

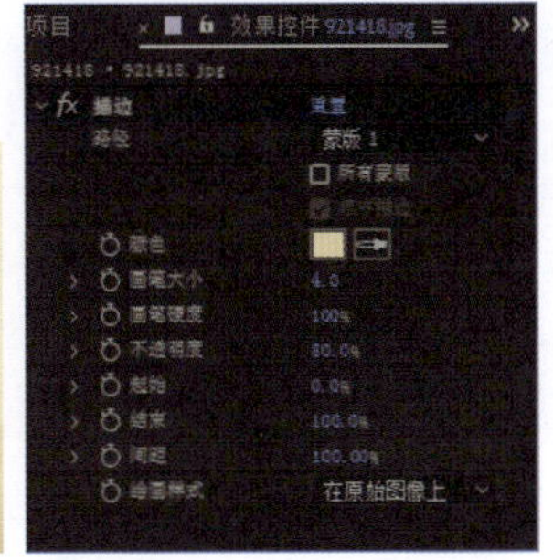

图9-138 “描边”效果选项

无线电波

“无线电波”效果能够在画面中以点为中心建立向四周扩散的各种图形的波形效果。图9-139所示为应用“无线电波”效果前后的素材效果对比。为素材图层应用“无线电波”效果后，可以在“效果控件”面板中对该效果的相关选项进行设置，如图9-140所示。

图9-139 应用“无线电波”效果前后对比

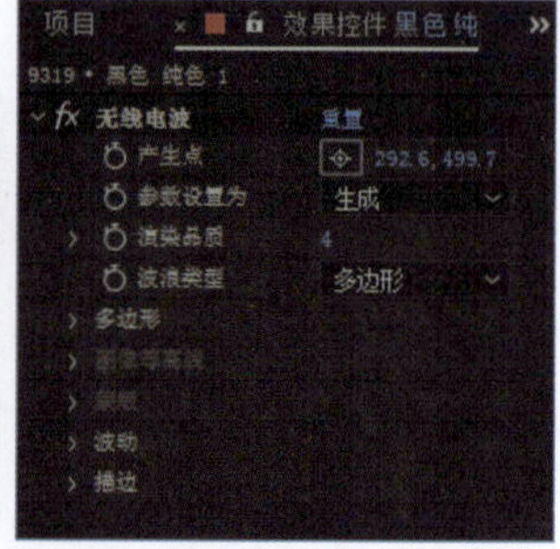

图9-140 “无线电波”效果选项

梯度渐变

“梯度渐变”效果可以创造渐变效果并与原素材相融合，从而改变原素材的效果。图9-141所示为应用“梯度渐变”效果前后的素材效果对比。为素材图层应用“梯度渐变”效果后，可以在“效果控件”面板中对该效果的相关选项进行设置，如图9-142所示。

图9-141 应用“梯度渐变”效果前后对比

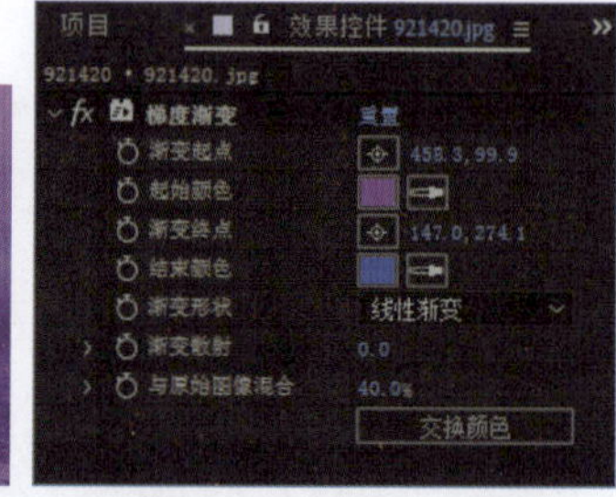

图9-142 “梯度渐变”效果选项

棋盘

“棋盘”效果能够在素材上创建类似棋盘格式的图案效果。图9-143所示为应用“棋盘”效果前后的素材效果对比。为素材图层应用“棋盘”效果后，可以在“效果控件”面板中对该效果的相关选项进行设置，如图9-144所示。

图9-143 应用“棋盘”效果前后对比

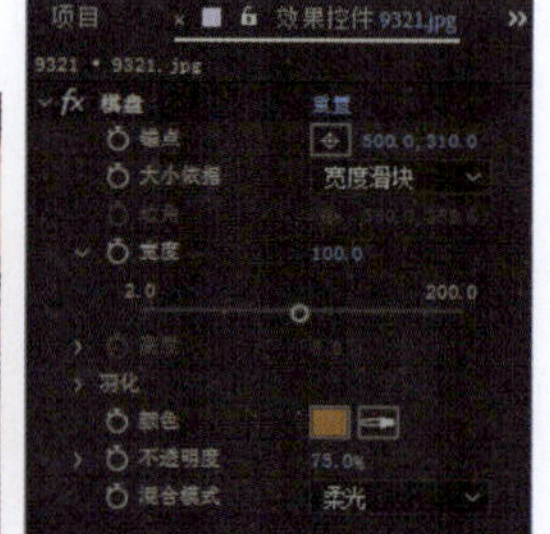

图9-144 “棋盘”效果选项

油漆桶

“油漆桶”效果可以在选定的颜色范围内填充指定的颜色。图9-145所示为应用“油漆桶”效果前后的素材效果对比。为素材图层应用“油漆桶”效果后，可以在“效果控件”面板中对该效果的相关选项进行设置，如图9-146所示。

图9-145 应用“油漆桶”效果前后对比

图9-146 “油漆桶”效果选项

涂写

“涂写”效果可以为遮罩控制区域填充带有速度感的各种动画，类似蜡笔画的效果。图9-147所示为应用“涂写”效果前后的素材效果对比。为素材图层应用“涂写”效果后，可以在“效果控件”面板中对该效果的相关选项进行设置，如图9-148所示。

图9-147 应用“涂写”效果前后对比

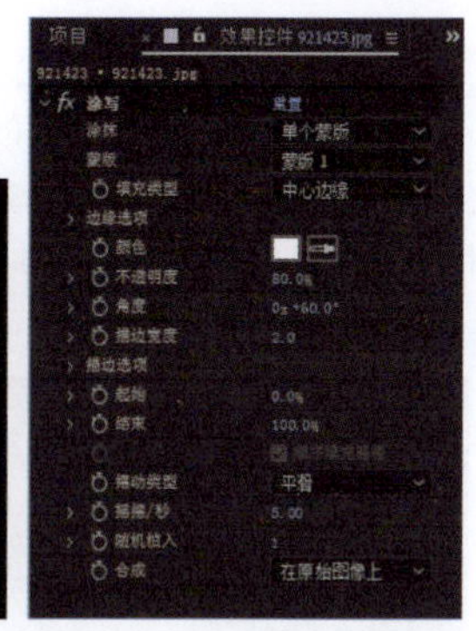

图9-148 “涂写”效果选项

音频波形

“音频波形”效果可以利用音频文件，以波形振幅方式显示在素材上，并且可以通过自定义路径修改波形的显示方式，该效果与“音频频谱”效果非常相似。图9-149所示为应用“音频波形”效果前后的素材效果对比。为素材图层应用“音频波形”效果后，可以在“效果控件”面板中对该效果的相关选项进行设置，如图9-150所示。

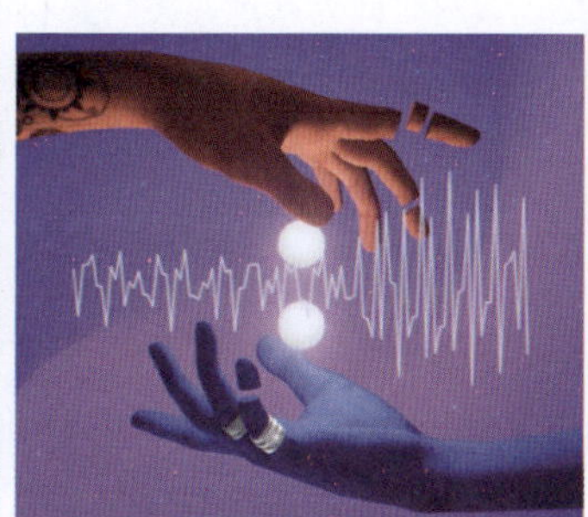

图9-149 应用“音频波形”效果前后对比

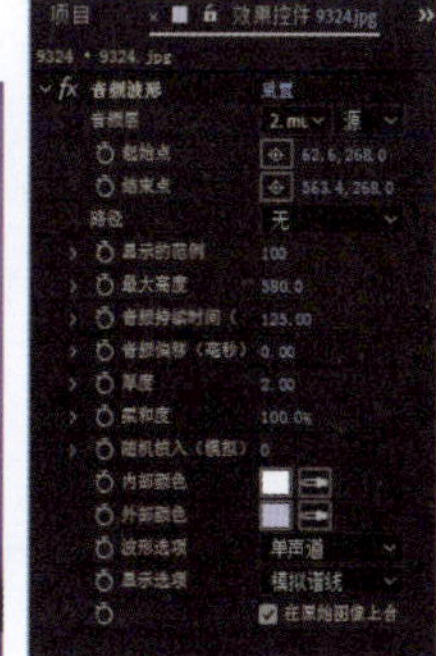

图9-150 “音频波形”效果选项

音频频谱

“音频频谱”效果用于产生音频频谱，将看不见的声音图形化，有效加强音乐的感染力。图9-151

所示为应用“音频频谱”效果前后的素材效果对比。为素材图层应用“音频频谱”效果后，可以在“效果控件”面板中对该效果的相关选项进行设置，如图9-152所示。

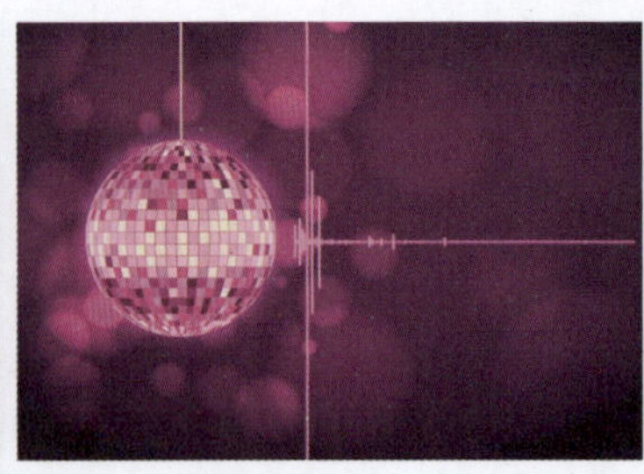

图9-151 应用“音频频谱”效果前后对比

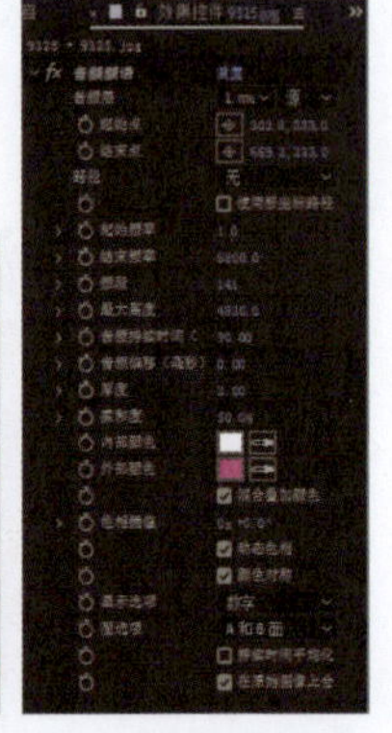

图9-152 “音频频谱”效果选项

高级闪电

“高级闪电”效果可以用来模拟真实的闪电和放电效果。图9-153所示为应用“高级闪电”效果前后的素材效果对比。为素材图层应用“高级闪电”效果后，可以在“效果控件”面板中对该效果的相关选项进行设置，如图9-154所示。

图9-153 应用“高级闪电”效果前后对比

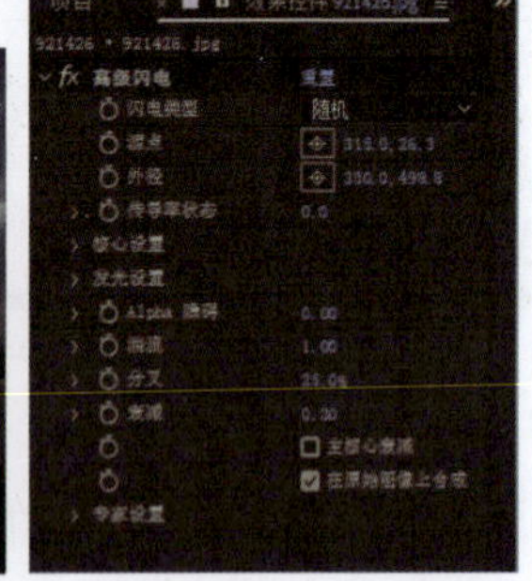

图9-154 “高级闪电”效果选项

9.4 “时间”效果组

“时间”效果组中的效果以素材时间为基准，控制素材的时间特性。在使用该效果组中的效果时，将忽略其他使用的效果。在该效果组中包括“CC Force Motion Blur”“CC Wide Time”“色调分离时间”“像素运动模糊”“时差”“时间扭曲”“时间置换”“残影”共8种效果，如图9-155所示。

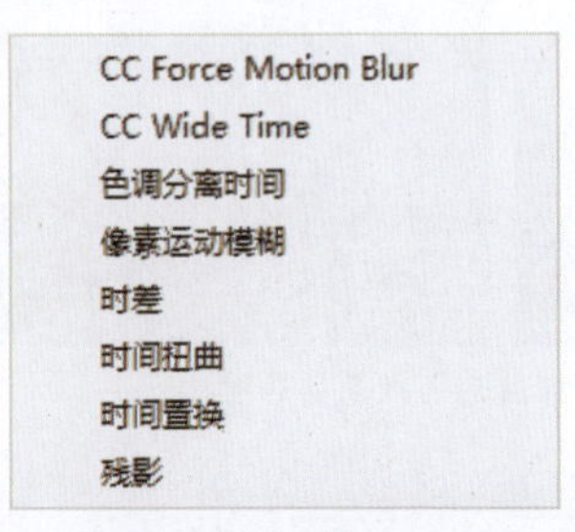

图9-155 “时间”效果组

"时间"效果组中的效果主要用于修改素材的时间属性，因此想要应用该效果组中效果的素材图层最好为动态视频图层，这样才能看到相应的效果。

CC Force Motion Blur

"CC Force Motion Blur"效果可以使运动的物体产生模糊效果。图9-156所示为应用"CC Force Motion Blur"效果前后的素材效果对比。为素材图层应用"CC Force Motion Blur"效果后，可以在"效果控件"面板中对该效果的相关选项进行设置，如图9-157所示。

图9-156 应用"CC Force Motion Blur"效果前后对比

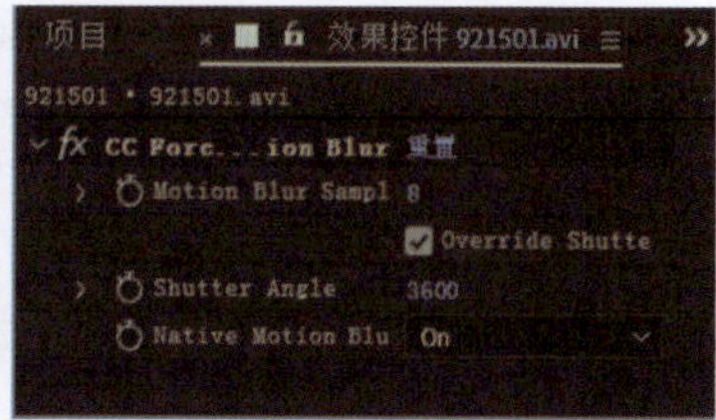

图9-157 "CC Force Motion Blur"效果选项

CC Wide Time

"CC Wide Time"效果可以设置当前画面之前与之后的重复数量，使其产生连续的重复效果，该效果只对视频素材起作用。图9-158所示为应用"CC Wide Time"效果前后的素材效果对比。为素材图层应用"CC Wide Time"效果后，可以在"效果控件"面板中对该效果的相关选项进行设置，如图9-159所示。

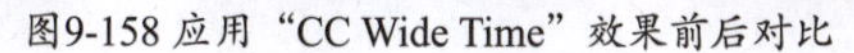
图9-158 应用"CC Wide Time"效果前后对比

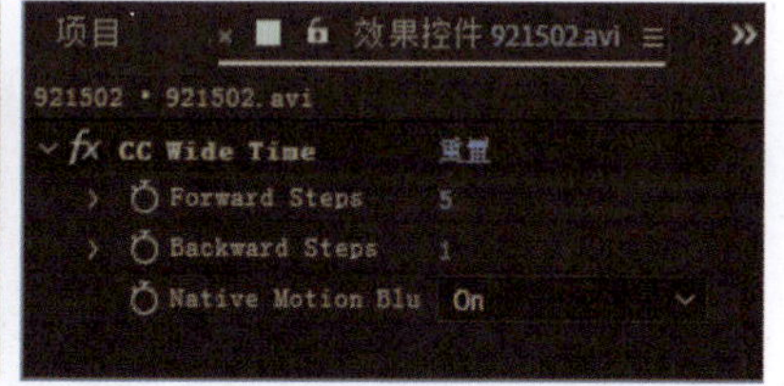

图9-159 "CC Wide Time"效果选项

色调分离时间

"色调分离时间"效果可以将视频素材设置为特定的帧速，设置后视频的播放速度不变，但是每秒显示的帧数将发生改变。为素材图层应用"色调分离时间"效果后，可以在"效果控件"面板中对该效果的相关选项进行设置，如图9-160所示。

像素运动模糊

为图层中的动态素材应用"像素运动模糊"效果，可以使该素材图层呈现出的运动画面更接近于真实相机所拍摄出的效果。为素材图层应用"像素运动模糊"效果后，可以在"效果控件"面板中对该效果的相关选项进行设置，如图9-161所示。

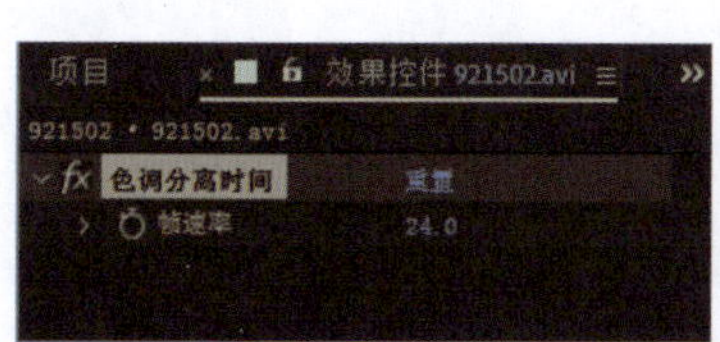

图9-160 "色调分离时间"效果选项

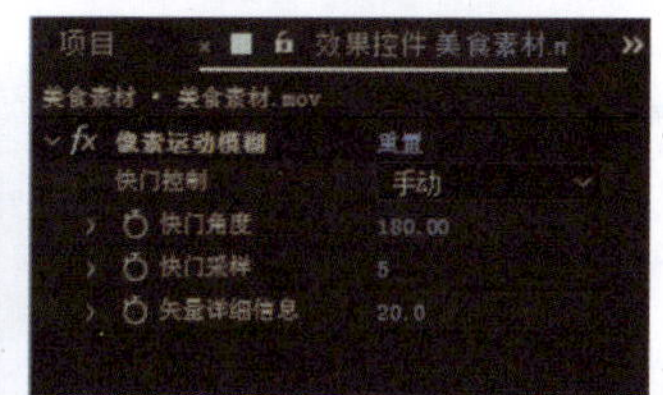

图9-161 "像素运动模糊"效果选项

> **提示** 在真实世界中，运动模糊是指用相机拍摄画面时，由于被拍摄物体在相机快门曝光的短暂时间内有一定幅度的运动，造成拍摄出的画面产生残影和模糊效果。通常相机只有在捕捉高速运动物体或者相机本身处在高速旋转中时才会出现这种效果。

时差

“时差”效果可以通过对比两个素材图层之间的像素差异产生特殊的效果，并且可以设置目标图层延迟或者提前播放。图9-162所示为应用“时差”效果前后的素材效果对比。为素材图层应用“时差”效果后，可以在“效果控件”面板中对该效果的相关选项进行设置，如图9-163所示。

图9-162 应用“时差”效果前后对比

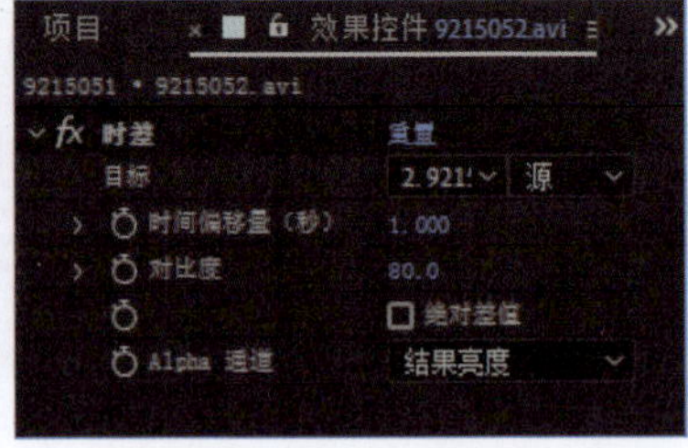

图9-163 “时差”效果选项

时间扭曲

“时间扭曲”效果能够基于像素运动、帧融合和所有帧进行时间画面变形，使前几秒的图像或者后几秒的图像在当前窗口中显示。图9-164所示为应用“时间扭曲”效果前后的素材效果对比。为素材图层应用“时间扭曲”效果后，可以在“效果控件”面板中对该效果的相关选项进行设置，如图9-165所示。

图9-164 应用“时间扭曲”效果前后对比

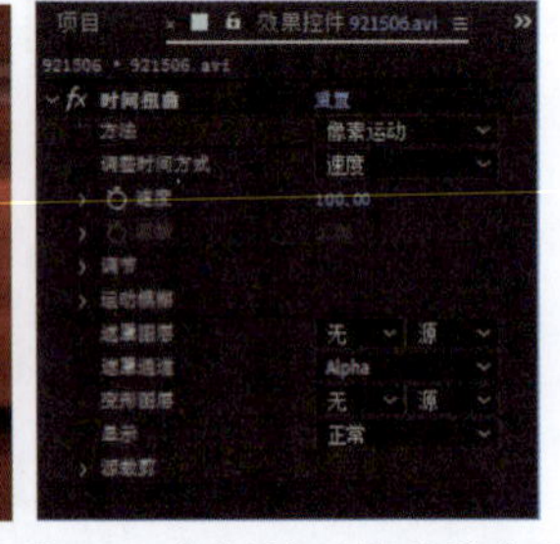

图9-165 “时间扭曲”效果选项

时间置换

“时间置换”效果可以根据图层的亮度来控制视频素材的某些位置时间播放较快，某些位置时间播放较慢。图9-166所示为应用“时间置换”效果前后的素材效果对比。为素材图层应用“时间置换”效果后，可以在“效果控件”面板中对该效果的相关选项进行设置，如图9-167所示。

图9-166 应用“时间置换”效果前后对比

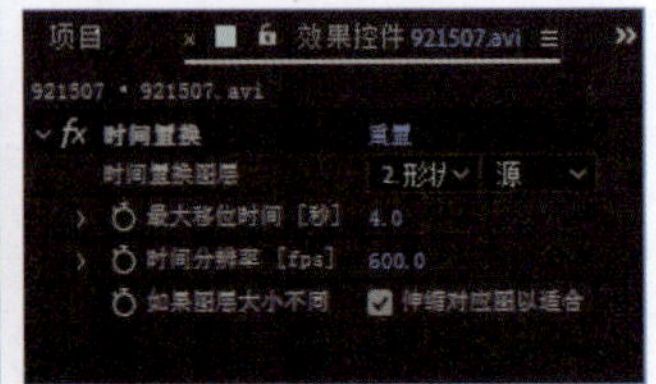

图9-167 “时间置换”效果选项

残影

“残影”效果也被称为“画面延续”，通过该效果可以营造出一种虚幻的感觉。图9-168所示为应用“残影”效果前后的素材效果对比。为素材图层应用“残影”效果后，可以在“效果控件”面板中对该效果的相关选项进行设置，如图9-169所示。

图9-168 应用“残影”效果前后对比

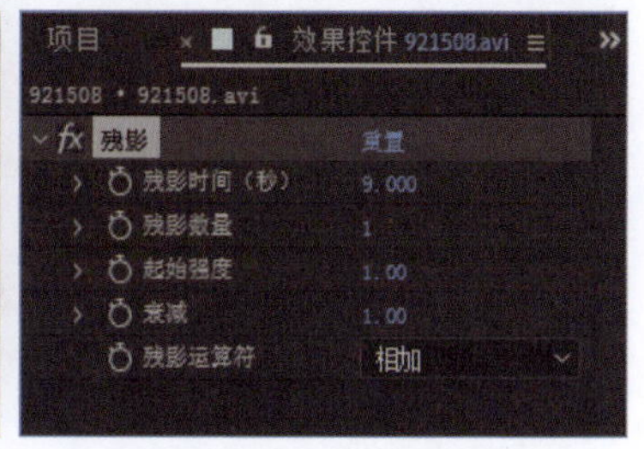

图9-169 “残影”效果选项

9.5 “实用工具”效果组

“实用工具”效果组中的效果主要用于调整素材颜色的输入和输出设置。在该效果组中包括“范围扩散”“CC Overbrights”“Cineon转换器”“HDR压缩扩展器”“HDR高光压缩”“应用颜色LUT”“颜色配置文件转换器”共7种效果，如图9-170所示。

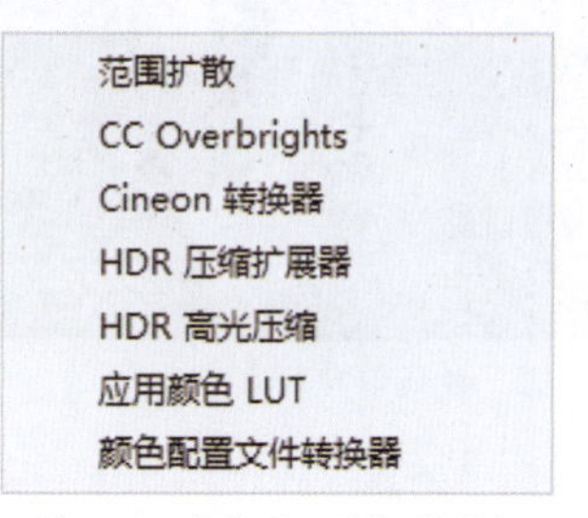

图9-170 “实用工具”效果组

范围扩散

“范围扩散”效果用于增加图层中画面周边像素的折回边缘。为素材图层应用“范围扩散”效果后，可以在“效果控件”面板中对该效果的相关选项进行设置，如图9-171所示。

CC Overbrights

“CC Overbrights”效果可以修剪不同通道中过亮的颜色。为素材图层应用“CC Overbrights”效果后，可以在“效果控件”面板中对该效果的相关选项进行设置，如图9-172所示。

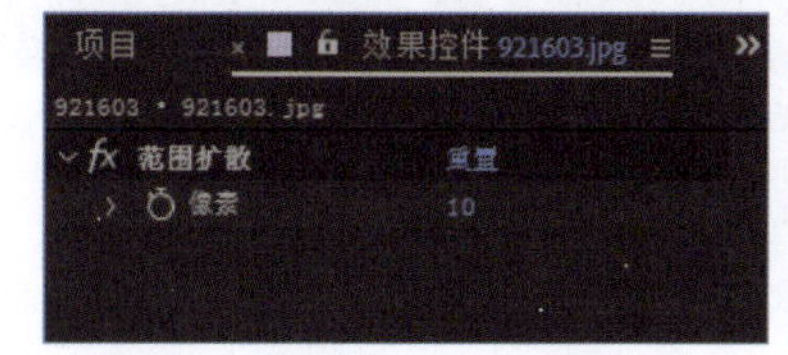

图9-171 “范围扩散”效果选项

图9-172 “CC Overbrights”效果选项

Cineon转换器

“Cineon转换器”效果主要用于标准线性到曲线对称的转换，设置10位Cineon文件，让其如实还原本色，以适应8位的After Effects处理。图9-173所示为应用“Cineon转换器”效果前后的素材效果对比。为素材图层应用“Cineon转换器”效果后，可以在“效果控件”面板中对该效果的相关选项进行设置，如图9-174所示。

图9-173 应用“Cineon转换器”效果前后对比

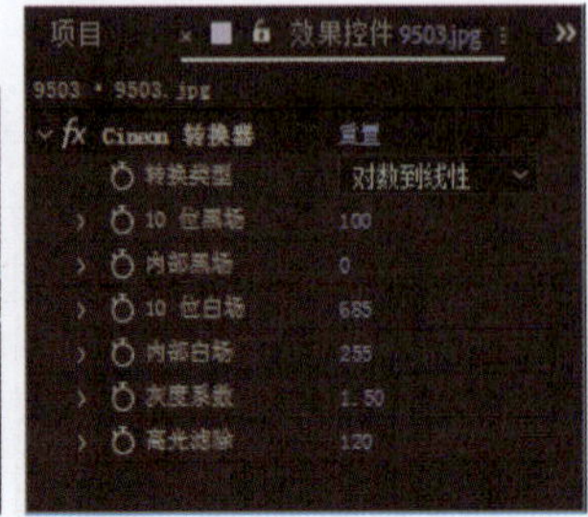

图9-174 “Cineon转换器”效果选项

HDR压缩扩展器

“HDR压缩扩展器”效果可以对不支持HDR的素材进行HDR无损处理，该效果使用压缩级别和扩展级别来调整素材。图9-175所示为应用“HDR压缩扩展器”效果前后的素材效果对比。为素材图层应用“HDR压缩扩展器”效果后，可以在“效果控件”面板中对该效果的相关选项进行设置，如图9-176所示。

图9-175 应用“HDR压缩扩展器”效果前后对比

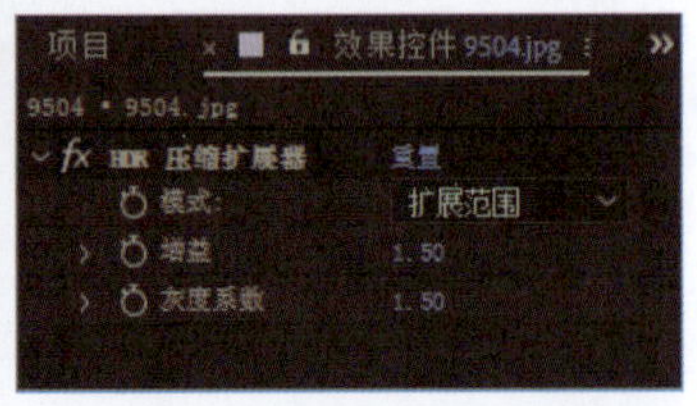

图9-176 “HDR压缩扩展器”效果选项

HDR高光压缩

“HDR高光压缩”效果可以压缩素材画面中的高光区域。图9-177所示为应用“HDR高光压缩”效果前后的素材效果对比。为素材图层应用“HDR高光压缩”效果后，可以在“效果控件”面板中对该效果的相关选项进行设置，如图9-178所示。

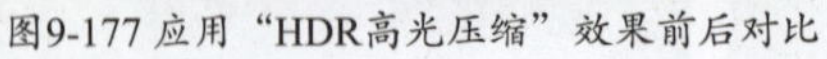

图9-177 应用“HDR高光压缩”效果前后对比

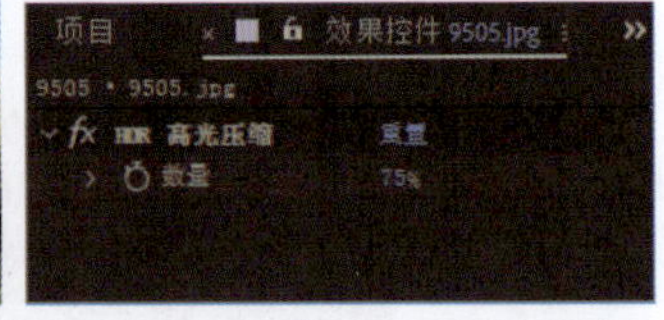

图9-178 “HDR高光压缩”效果选项

应用颜色LUT

“应用颜色LUT”效果可以通过加载外部的颜色表文件对画面进行调整。应用该效果后将弹出“选择LUT文件”对话框，可以选择需要加载的外部颜色表文件。After Effects中支持的外部颜色表文件包括“.3dl”、“.cube”、“.look”和“.csp”。

颜色配置文件转换器

“颜色配置文件转换器”效果可以通过设置色彩通道，对素材输入、输出的描绘轮廓进行转换。

图9-179所示为应用“颜色配置文件转换器”效果前后的素材效果对比。为素材图层应用“颜色配置文件转换器”效果后，可以在“效果控件”面板中对该效果的相关选项进行设置，如图9-180所示。

图9-179 应用“颜色配置文件转换器”效果前后对比

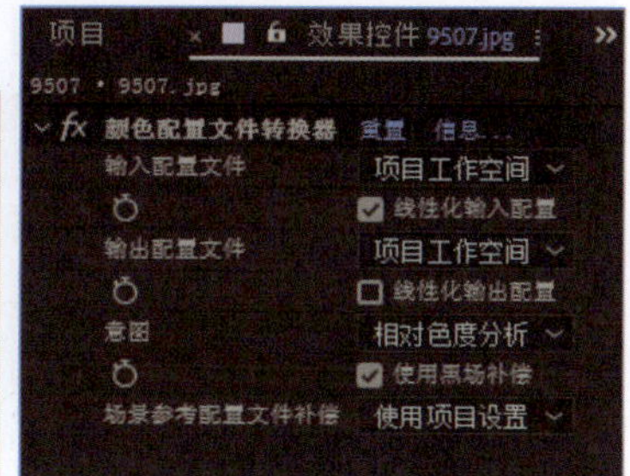

图9-180 “颜色配置文件转换器”效果选项

9.6 “透视”效果组

“透视”效果组中的效果可以用来对素材进行各种三维透视变换。在该效果组中包括“3D眼镜”“3D摄像机跟踪器”“CC Cylinder”“CC Environment”“CC Sphere”“CC Spotlight”“径向阴影”“投影”“斜面Alpha”“边缘斜面”共10种效果，如图9-181所示。

图9-181 “透视”效果组

3D眼镜

“3D眼镜”效果可以将两个图层中的素材合成到一个图层中，并且能够产生三维效果。图9-182所示为应用“3D眼镜”效果前后的素材效果对比。为素材图层应用“3D眼镜”效果后，可以在“效果控件”面板中对该效果的相关选项进行设置，如图9-183所示。

图9-182 应用“3D眼镜”效果前后对比

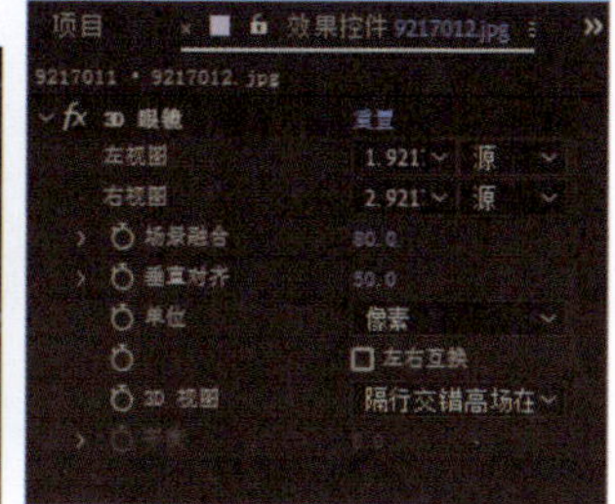

图9-183 “3D眼镜”效果选项

3D摄像机跟踪器

“3D摄像机跟踪器”效果可以追踪视频中的动态信息。注意，该效果只能应用于视频素材。

图9-184所示为应用“3D摄像机跟踪器”效果前后的素材效果对比。为素材图层应用“3D摄像机跟踪器”效果后，可以在“效果控件”面板中对该效果的相关选项进行设置，如图9-185所示。

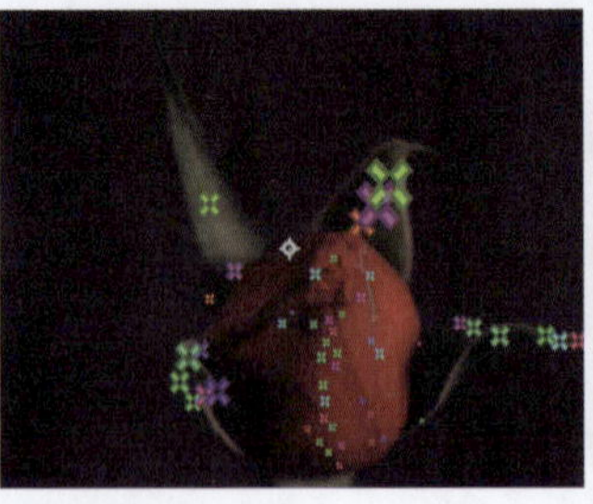

图9-184 应用“3D摄像机跟踪器”效果前后对比

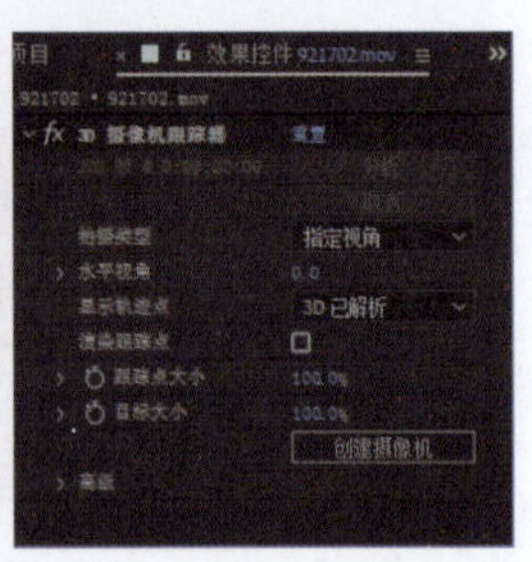

图9-185 “3D摄像机跟踪器”效果选项

CC Cylinder

“CC Cylinder”效果可以将素材卷起来呈现出圆柱体效果，从而使素材表现出立体感。图9-186所示为应用“CC Cylinder”效果前后的素材效果对比。为素材图层应用“CC Cylinder”效果后，可以在“效果控件”面板中对该效果的相关选项进行设置，如图9-187所示。

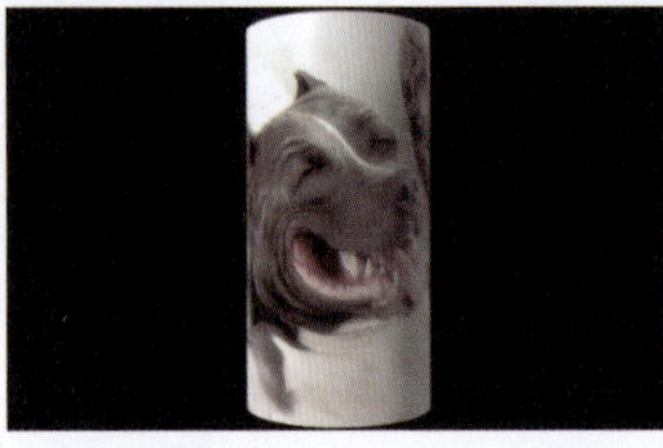

图9-186 应用“CC Cylinder”效果前后对比

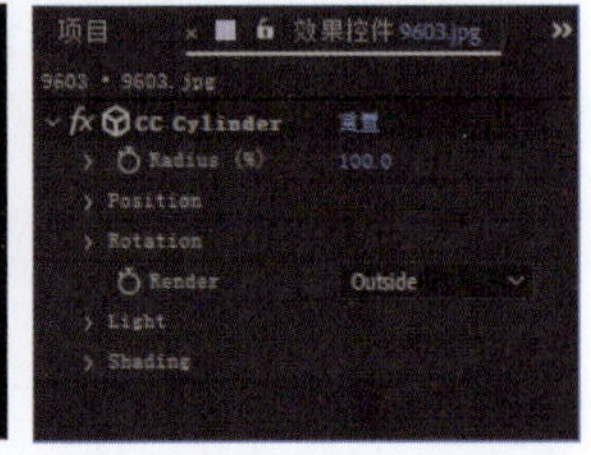

图9-187 “CC Cylinder”效果选项

CC Environment

“CC Environment”效果又称“CC环境”，可以将环境映射到相机视图上。

CC Sphere

“CC Sphere”效果可以使素材呈现出球体状卷起效果。图9-188所示为应用“CC Sphere”效果前后的素材效果对比。为素材图层应用“CC Sphere”效果后，可以在“效果控件”面板中对该效果的相关选项进行设置，如图9-189所示。

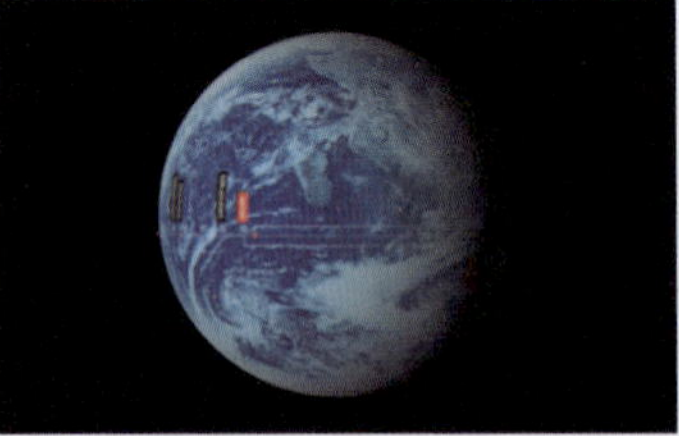
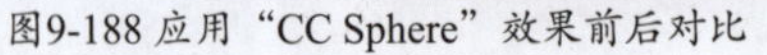

图9-188 应用“CC Sphere”效果前后对比

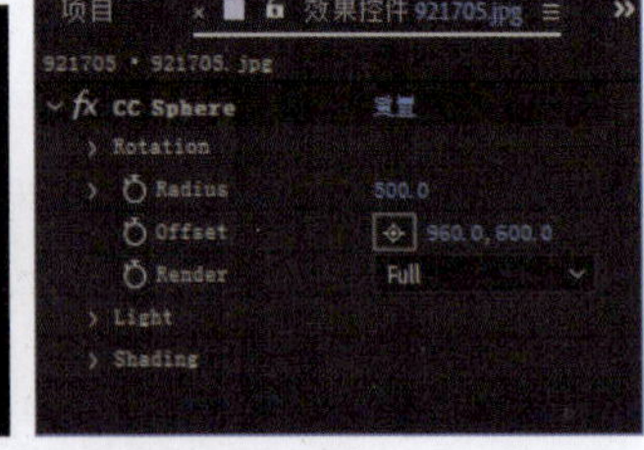

图9-189 “CC Sphere”效果选项

CC Spotlight

“CC Spotlight”效果可以为素材添加聚光灯效果，使其产生逼真的被灯光照射的效果。图9-190所示为应用“CC Spotlight”效果前后的素材效果对比。为素材图层应用“CC Spotlight”效果后，可以在“效果控件”面板中对该效果的相关选项进行设置，如图9-191所示。

图9-190 应用“CC Spotlight”效果前后对比　　图9-191 “CC Spotlight”效果选项

径向阴影

“径向阴影”效果可以根据素材的Alpha通道边缘产生阴影，该效果通过一个点光源来生成阴影效果。图9-192所示为应用“径向阴影”效果前后的素材效果对比。为素材图层应用“径向阴影”效果后，可以在“效果控件”面板中对该效果的相关选项进行设置，如图9-193所示。

图9-192 应用“径向阴影”效果前后对比　　图9-193 “径向阴影”效果选项

投影

“投影”效果可以根据素材的Alpha通道边缘产生投影效果，投影的形状取决于Alpha通道的形状。还可以将该效果应用于文字图层，为文字添加投影效果。图9-194所示为应用“投影”效果前后的素材效果对比。为素材图层应用“投影”效果后，可以在“效果控件”面板中对该效果的相关选项进行设置，如图9-195所示。

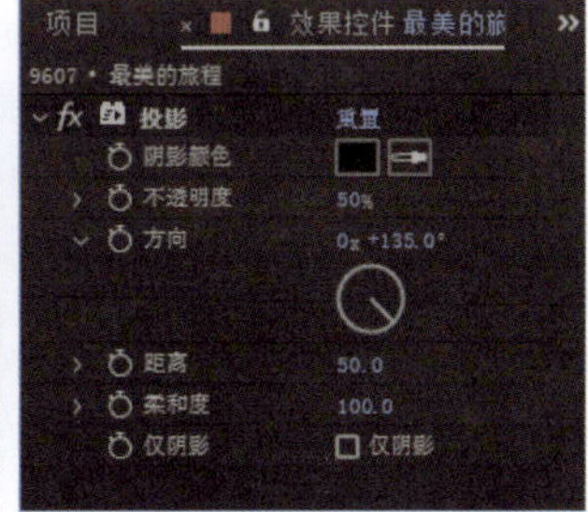

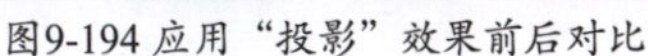

图9-194 应用“投影”效果前后对比　　图9-195 “投影”效果选项

斜面Alpha

“斜面Alpha”效果可以在素材的Alpha通道上产生斜面，使Alpha通道产生发光的轮廓，从而使素材表现得更具立体感。图9-196所示为应用“斜面Alpha”效果前后的素材效果对比。为素材图层应用“斜面Alpha”效果后，可以在“效果控件”面板中对该效果的相关选项进行设置，如图9-197所示。

图9-196 应用“斜面Alpha”效果前后对比

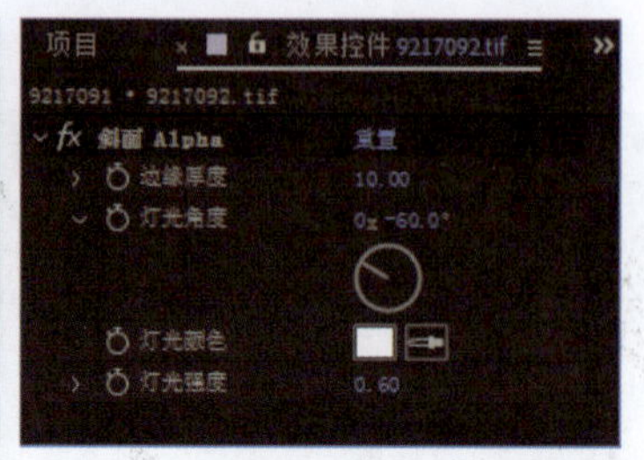

图9-197 “斜面Alpha”效果选项

边缘斜面

“边缘斜面”效果可以在素材边缘产生发光轮廓，使素材整体呈现出立体效果。图9-198所示为应用“边缘斜面”效果前后的素材效果对比。为素材图层应用“边缘斜面”效果后，可以在“效果控件”面板中对该效果的相关选项进行设置，如图9-199所示。

图9-198 应用“边缘斜面”效果前后对比

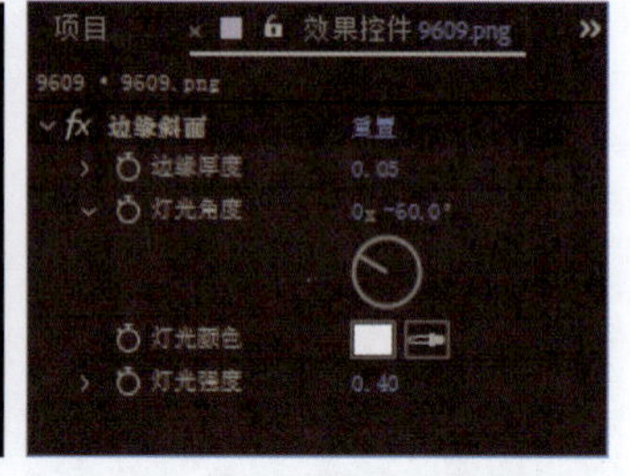

图9-199 “边缘斜面”效果选项

9.7 “颜色校正”效果组

在制作视频、动画的过程中，经常需要对图像或者视频素材的颜色进行处理，如调整素材的色调、亮度、对比度等。After Effects为用户提供了“颜色校正”效果组，在该效果组中包括“三色调”“通道混合器”“阴影/高光”“CC Color Neutralizer”“CC Color Offset”“CC Kernel”“CC Toner”“照片滤镜”“Lumetri颜色”“PS任意映射”“灰度系数/基值/增益”“色调”“色调均化”“色阶”“色阶（单独控件）”“色光”“色相/饱和度”“广播颜色”“亮度和对比度”“保留颜色”“可选颜色”“曝光度”“曲线”“更改为颜色”“更改颜色”“自然饱和度”“自动色阶”“自动对比度”“自动颜色”“视频限幅器”“颜色稳定器”“颜色平衡”“颜色平衡（HLS）”“颜色链接”“黑色和白色”共35种效果，如图9-200所示。

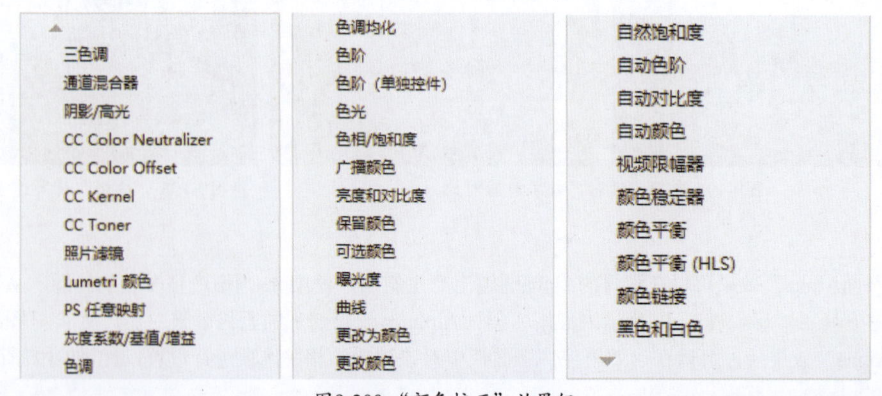

图9-200 “颜色校正”效果组

三色调

“三色调”效果可以分别将素材中的高光、中间调和阴影区域的颜色替换成指定的颜色。图9-201所示为应用“三色调”效果前后的素材效果对比。为素材图层应用“三色调”效果后，可以在“效果控件”面板中对该效果的相关选项进行设置，如图9-202所示。

图9-201 应用“三色调”效果前后对比

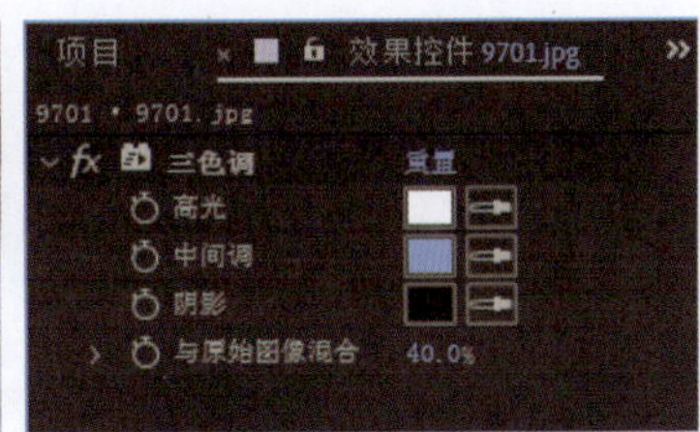

图9-202 “三色调”效果选项

通道混合器

“通道混合器”效果可以使用当前颜色通道的混合值来修改指定的某个色彩通道，可以获得灰阶图或者其他色调的图像来交换和复制通道。图9-203所示为应用“通道混合器”效果前后的素材效果对比。为素材图层应用“通道混合器”效果后，可以在“效果控件”面板中对该效果的相关选项进行设置，如图9-204所示。

图9-203 应用“通道混合器”效果前后对比

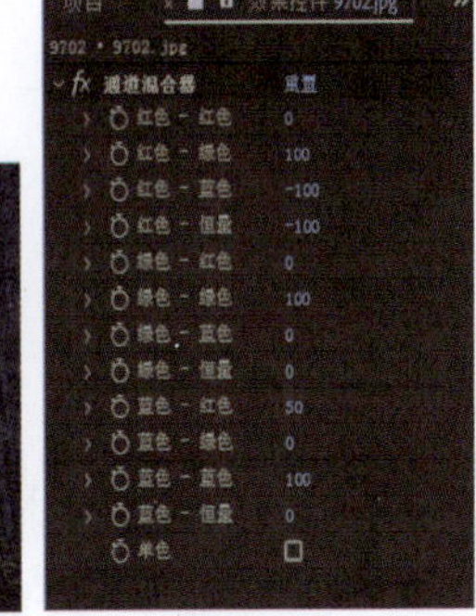

图9-204 “通道混合器”效果选项

阴影/高光

“阴影/高光”效果可以通过自动曝光补偿方式来修正素材，单独处理阴影区域或者高光区域，经常用来处理逆光画面背光部分的细节丢失或者强光下亮部细节丢失等问题。图9-205所示为应用“阴影/高光”效果前后的素材效果对比。为素材图层应用“阴影/高光”效果后，可以在“效果控件”面板中对该效果的相关选项进行设置，如图9-206所示。

图9-205 应用“阴影/高光”效果前后对比

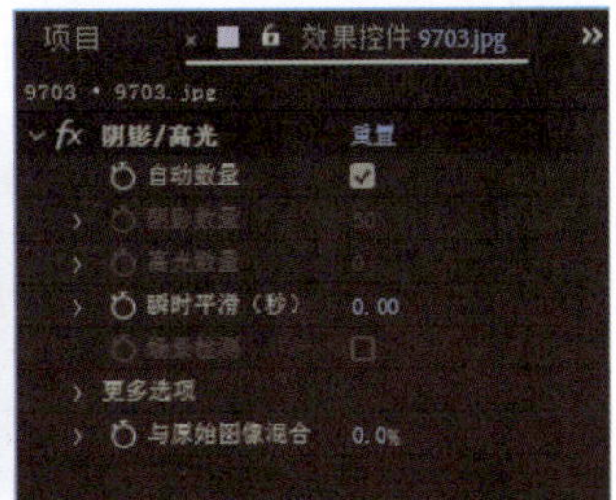

图9-206 “阴影/高光”效果选项

> 提示
> 在强光照射环境中所拍摄的画面，可能会造成大面积逆光，如果使用其他调色命令对暗部进行调整，很可能会把画面中已经很亮的地方调得更亮。使用“阴影/高光”效果则可以很好地保护这些不需要调整的区域，而只针对阴影和高光进行调整。

CC Color Neutralizer

“CC Color Neutralizer”效果可以分别对素材中的阴影、高光和中间调设置相应的颜色，从而达到调和画面颜色的效果。图9-207所示为应用“CC Color Neutralizer”效果前后的素材效果对比。为素材图层应用“CC Color Neutralizer”效果后，可以在“效果控件”面板中对该效果的相关选项进行设置，如图9-208所示。

图9-207 应用“CC Color Neutralizer”效果前后对比

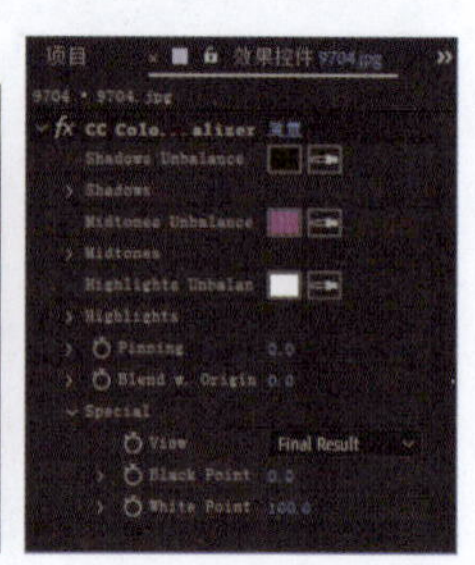

图9-208 “CC Color Neutralizer”效果选项

CC Color Offset

“CC Color Offset”效果可以分别对素材中的R（红）、G（绿）、B（蓝）色相进行调整。图9-209所示为应用“CC Color Offset”效果前后的素材效果对比。为素材图层应用“CC Color Offset”效果后，可以在“效果控件”面板中对该效果的相关选项进行设置，如图9-210所示。

图9-209 应用“CC Color Offset”效果前后对比

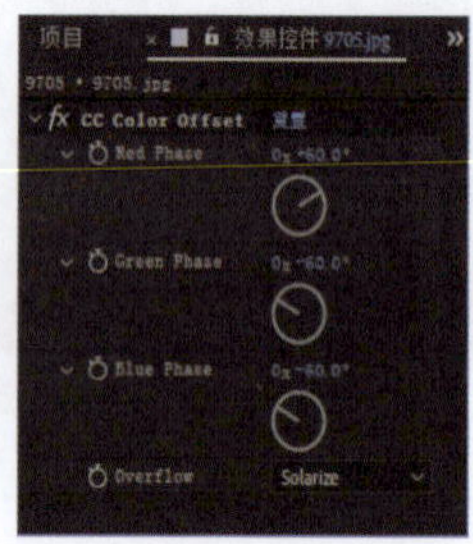

图9-210 “CC Color Offset”效果选项

CC Kernel

“CC Kernel”效果用于调整素材中的高光部分，可以调整素材颜色的高光颗粒效果。图9-211所示为应用“CC Kernel”效果前后的素材效果对比。为素材图层应用“CC Kernel”效果后，可以在“效果控件”面板中对该效果的相关选项进行设置，如图9-212所示。

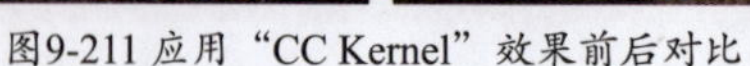

图9-211 应用“CC Kernel”效果前后对比

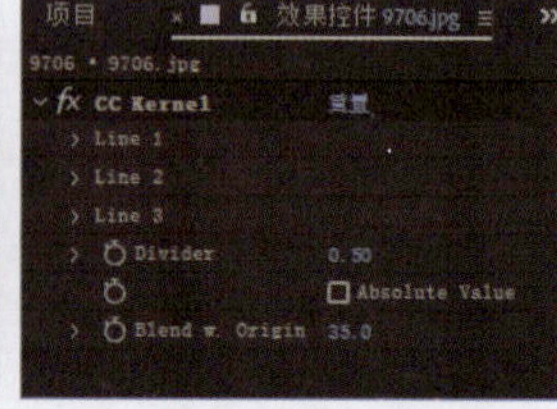

图9-212 “CC Kernel”效果选项

CC Toner

“CC Toner”效果用于改变素材的颜色，在该效果中可以通过对素材的高光、中间调和阴影颜色分别进行调整来改变素材颜色。图9-213所示为应用“CC Toner”效果前后的素材效果对比。为素材图层应用“CC Toner”效果后，可以在“效果控件”面板中对该效果的相关选项进行设置，如图9-214所示。

图9-213 应用“CC Toner”效果前后对比

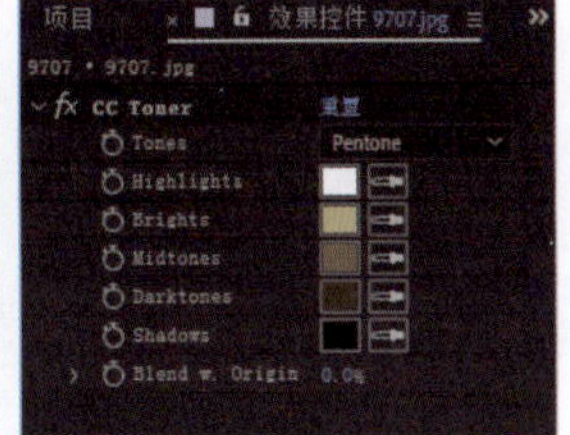

图9-214 “CC Toner”效果选项

照片滤镜

“照片滤镜”效果的作用是通过为素材添加合适的照片滤镜，从而快速调整素材的色调。拍摄素材时，如果需要特定的光线感觉，往往需要为摄像机的镜头加上适当的滤光镜或者偏正镜。如果在拍摄素材时没有合适的滤镜，使用“照片滤镜”效果可以在后期处理时对这个过程进行补偿。图9-215所示为应用“照片滤镜”效果前后的素材效果对比。为素材图层应用“照片滤镜”效果后，可以在“效果控件”面板中对该效果的相关选项进行设置，如图9-216所示。

图9-215 应用“照片滤镜”效果前后对比

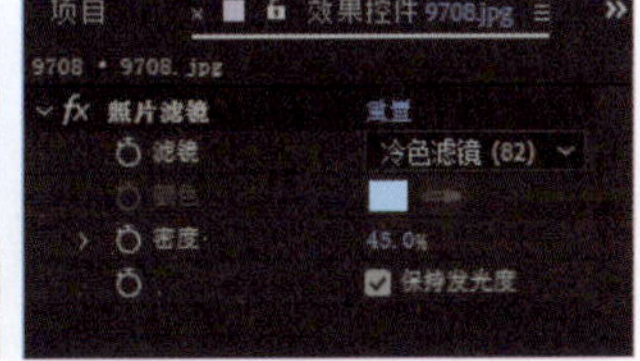

图9-216 “照片滤镜”效果选项

通过使用“照片滤镜”效果，可以快速矫正素材拍摄时由于白平衡问题而出现的色偏现象。

Lumetri颜色

“Lumetri颜色”效果是一个功能强大的综合调色工具，通过对“Lumetri颜色”效果的相关选项进行设置，可以对素材的颜色进行各种形式的调整。图9-217所示为应用“Lumetri颜色”效果前后的素材效果对比。为素材图层应用“Lumetri颜色”效果后，可以在“效果控件”面板中对该效果的相关选项进行设置，如图9-218所示。

图9-217 应用“Lumetri颜色”效果前后对比

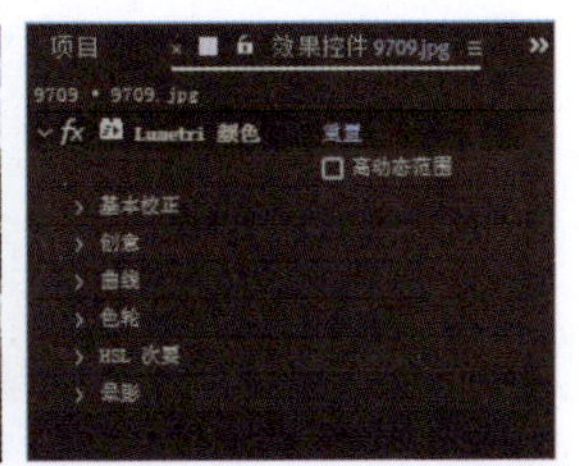

图9-218 “Lumetri颜色”效果选项

PS任意映射

“PS任意映射”效果用于调整素材色调的亮度级别，可以加载外部的Photoshop映射文件对当前素材进行调整。图9-219所示为应用“PS任意映射”效果前后的素材效果对比。为素材图层应用“PS任意映射”效果后，可以在“效果控件”面板中对该效果的相关选项进行设置，如图9-220所示。

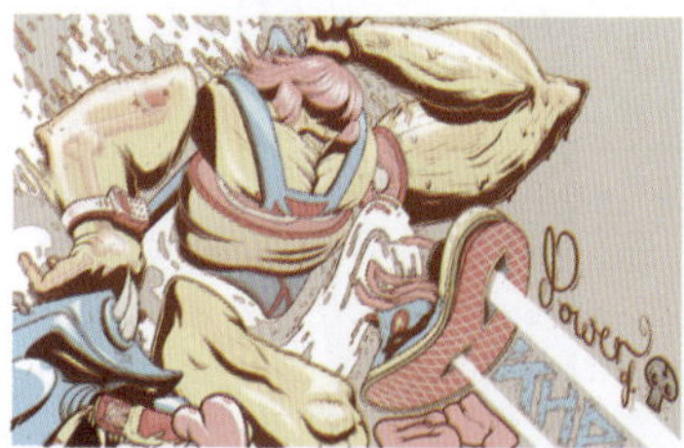

图9-219 应用“PS任意映射”效果前后对比

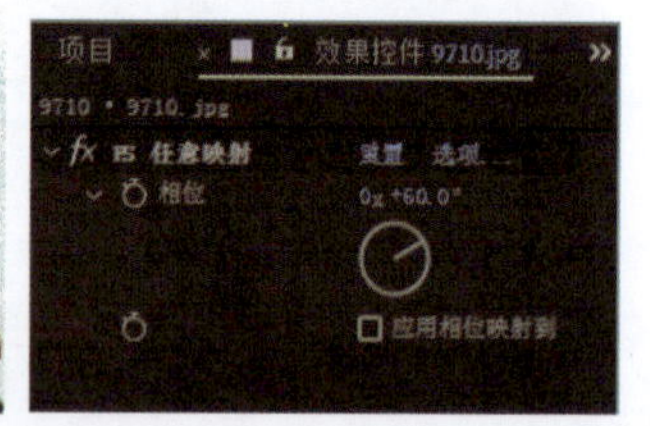

图9-220 “PS任意映射”效果选项

灰度系数/基值/增益

“灰度系数/基值/增益”效果用于调整素材每个RGB独立通道的还原曲线值，这样可以分别对某种颜色进行输出曲线控制。对于“基值”和“增益”选项，设置为0表示完全关闭，设置为1表示完全打开。图9-221所示为应用“灰度系数/基值/增益”效果前后的素材效果对比。为素材图层应用“灰度系数/基值/增益”效果后，可以在“效果控件”面板中对该效果的相关选项进行设置，如图9-222所示。

图9-221 应用“灰度系数/基值/增益”效果前后对比

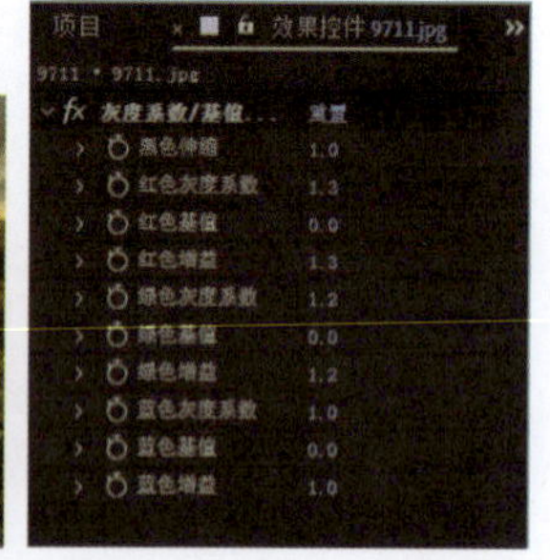

图9-222 “灰度系数/基值/增益”效果选项

色调

“色调”效果用于调整素材中所包含的颜色信息，在素材的最亮和最暗区域之间确定融合度。素材的黑色和白色像素分别被映射到指定的颜色，介于两者之间的颜色被赋予对应的中间值。图9-223所示为应用“色调”效果前后的素材效果对比。为素材图层应用“色调”效果后，可以在“效果控件”面板中对该效果的相关选项进行设置，如图9-224所示。

图9-223 应用“色调”效果前后对比

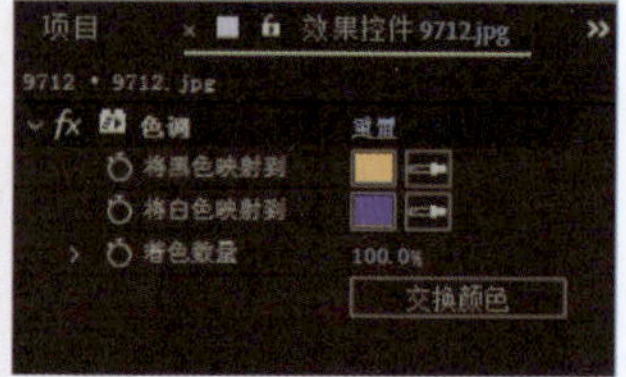

图9-224 “色调”效果选项

色调均化

“色调均化”效果可以实现颜色均衡的效果。“色调均化”效果自动用白色取代素材中最亮的像素；用黑色取代素材中最暗的像素；平均分配白色与黑色间的像素取代最亮与最暗之间的像素。图9-225所示为应用“色调均化”效果前后的素材效果对比。为素材图层应用“色调均化”效果后，可以在“效果控件”面板中对该效果的相关选项进行设置，如图9-226所示。

图9-225 应用“色调均化”效果前后对比

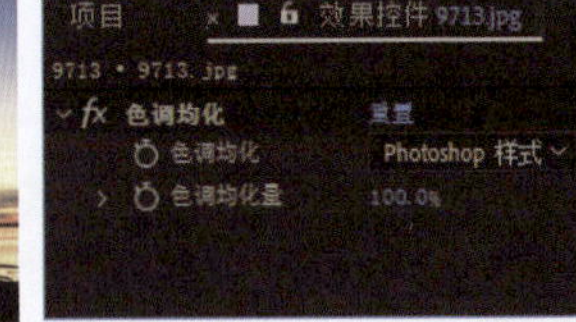

图9-226 “色调均化”效果选项

色阶

“色阶”效果是一个常用的调色工具，用于将输入的颜色范围重新映射到输出的颜色范围，还可以通过改变灰度系数校正曲线。“色阶”效果主要用于基本的影像质量调整。图9-227所示为应用“色阶”效果前后的素材效果对比。为素材图层应用“色阶”效果后，可以在“效果控件”面板中对该效果的相关选项进行设置，如图9-228所示。

图9-227 应用“色阶”效果前后对比

图9-228 “色阶”效果选项

色阶（单独控件）

“色阶（单独控件）”效果与“色阶”效果的使用方法相同，只是在控制素材的亮度、对比度和灰度系数时，可以分别对素材的不同颜色通道进行单独控制，更加细化了控制的效果。图9-229所示为应用“色阶（单独控件）”效果前后的素材效果对比。为素材图层应用“色阶（单独控件）”效果后，可以在“效果控件”面板中对该效果的相关选项进行设置，如图9-230所示。

图9-229 应用“色阶（单独控件）”效果前后对比

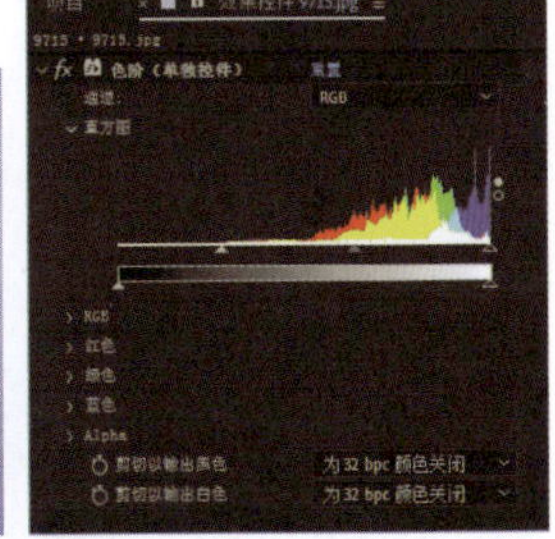

图9-230 “色阶（单独控件）”效果选项

色光

“色光”效果可以将色彩以自身为基准，按色环颜色变化的方式周期变化，产生梦幻彩色光的填充效果，如彩虹、霓虹灯效果等。图9-231所示为应用“色光”效果前后的素材效果对比。为素材图层应用“色光”效果后，可以在“效果控件”面板中对该效果的相关选项进行设置，如图9-232所示。

图9-231 应用“色光”效果前后对比

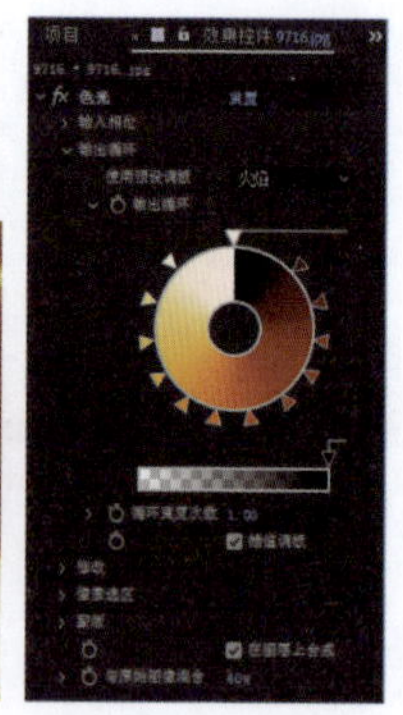

图9-232 “色光”效果选项

色相/饱和度

“色相/饱和度”效果用于调整素材的色相和饱和度，可以专门针对素材的色相、饱和度、亮度等进行细微调整。图9-233所示为应用“色相/饱和度”效果前后的素材效果对比。为素材图层应用“色相/饱和度”效果后，可以在“效果控件”面板中对该效果的相关选项进行设置，如图9-234所示。

图9-233 应用“色相/饱和度”效果前后对比

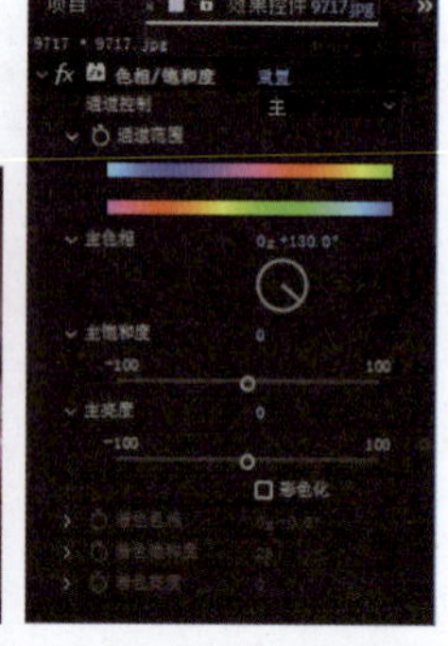

图9-234 “色相/饱和度”效果选项

提示

在对素材的色彩进行调整的过程中，了解色轮的作用非常必要。可以使用色轮来预测一个颜色成份中的更改如何影响其他颜色，并了解这些更改如何在RGB色彩模式间转换。例如，可以通过增加色轮中相反颜色的数量来减少图像中某一种颜色的数量，反之亦然。同样，通过调整色轮中两个相邻的颜色，甚至将两种相邻色彩调整为相反颜色，可以增加或者减少一种颜色。

广播颜色

“广播颜色”效果主要用于对素材的颜色进行测试，因为播放色彩用计算机与用电视有很大的差异，电视设备仅能表现某个幅度以下的信号。使用该效果可以测试素材的亮度和饱和度是否在某个幅度以下的信号安全范围内，以免产生不理想的电视画面效果。图9-235所示为应用“广播颜色”效果前后的素材效果对比。“广播颜色”效果可以将素材的亮度或者色彩保持在电视允许的范围内，色彩由色彩通道的亮度产生，因此该特效主要用于限制亮度，亮度在视频模拟信号中对应于波形的振幅。为素材图层应用“广播颜色”效果后，可以在“效果控件”面板中对该效果的相关选项进行设置，如图9-236所示。

图9-235 应用“广播颜色”效果前后对比

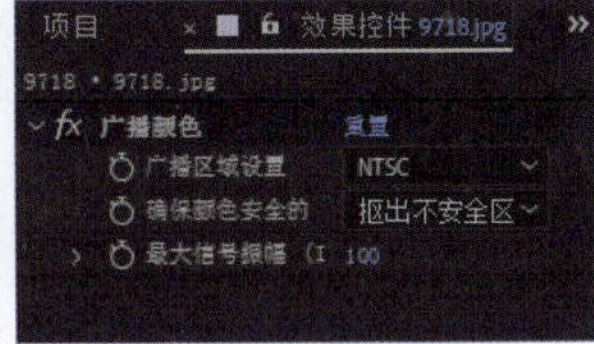

图9-236 “广播颜色”效果选项

亮度和对比度

“亮度和对比度”效果用于调整素材的亮度和对比度，它只针对素材整体的亮度和对比度进行调整，不能单独调整某一个通道。图9-237所示为应用“亮度和对比度”效果前后的素材效果对比。为素材图层应用“亮度和对比度”效果后，可以在“效果控件”面板中对该效果的相关选项进行设置，如图9-238所示。

图9-237 应用“亮度和对比度”效果前后对比

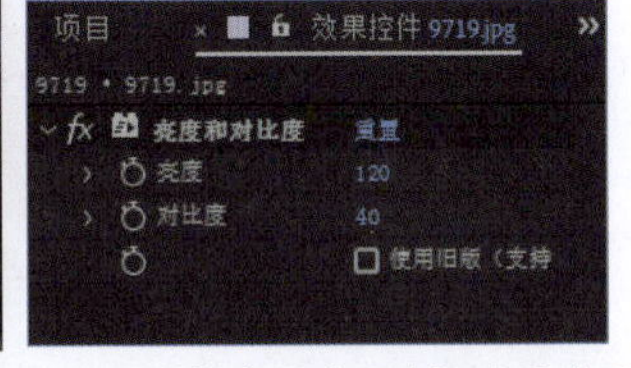

图9-238 “亮度和对比度”效果选项

保留颜色

“保留颜色”效果可以通过设置颜色来指定素材中需要保留的颜色，将素材中其他的颜色转换为灰度效果。图9-239所示为应用“保留颜色”效果前后的素材效果对比。为素材图层应用“保留颜色”效果后，可以在“效果控件”面板中对该效果的相关选项进行设置，如图9-240所示。

图9-239 应用“保留颜色”效果前后对比

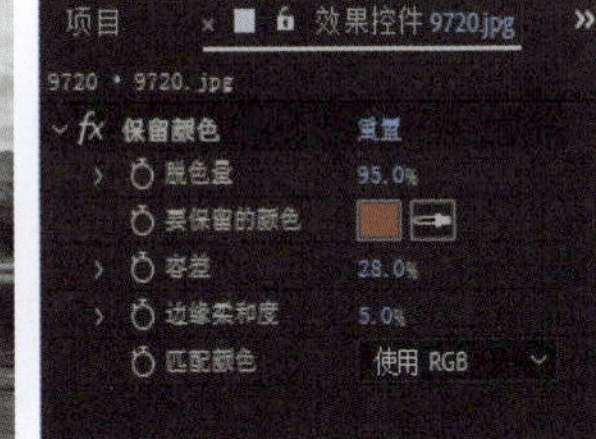

图9-240 “保留颜色”效果选项

可选颜色

“可选颜色”效果可以对素材中的某种颜色进行校正，以调整素材中不平衡的颜色，其最大的好处就是可以单独调整某一种颜色，而不影响素材中的其他颜色。图9-241所示为应用“可选颜色”效果前后的素材效果对比。为素材图层应用“可选颜色”效果后，可以在“效果控件”面板中对该效果的相关选项进行设置，如图9-242所示。

图9-241 应用“可选颜色”效果前后对比

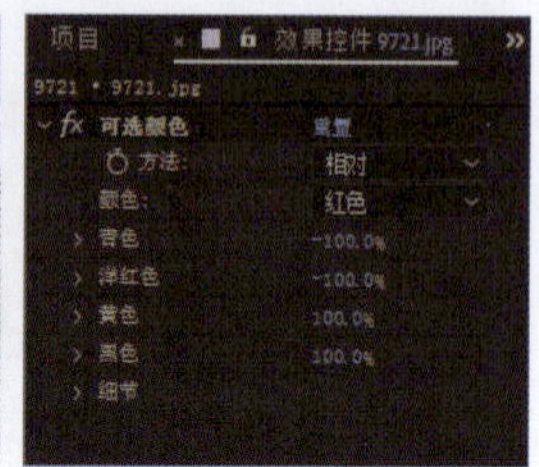

图9-242 “可选颜色”效果选项

曝光度

“曝光度”效果主要用于对素材的曝光程度进行调整，从而校正素材的明暗程度，可以通过通道的选择来对不同的颜色通道进行曝光度的调整。图9-243所示为应用“曝光度”效果前后的素材效果对比。为素材图层应用“曝光度”效果后，可以在“效果控件”面板中对该效果的相关选项进行设置，如图9-244所示。

图9-243 应用“曝光度”效果前后对比

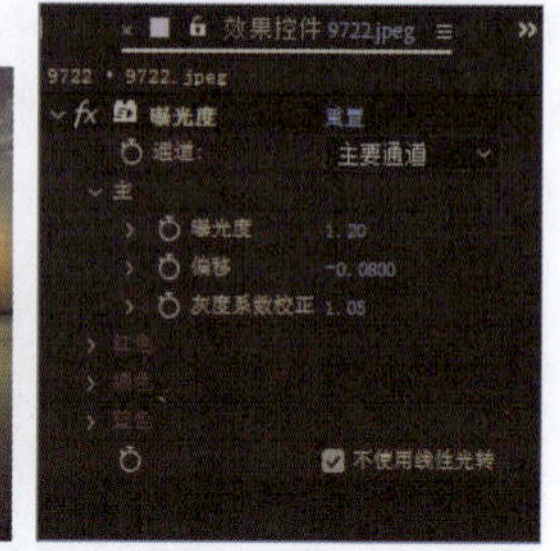

图9-244 “曝光度”效果选项

曲线

“曲线”效果用于调整素材的色调曲线。After Effects中的“曲线”效果与Photoshop中的“曲线”功能类似，可以对素材的各个通道分别进行设置，从而调整素材的色调范围。“曲线”效果是After Effects中非常重要的一个调色工具。图9-245所示为应用“曲线”效果前后的素材效果对比。为素材图层应用“曲线”效果后，可以在“效果控件”面板中对该效果的相关选项进行设置，如图9-246所示。

图9-245 应用“曲线”效果前后对比

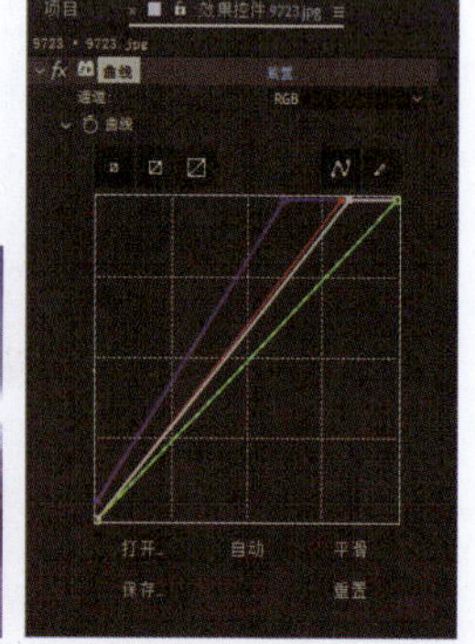

图9-246 “曲线”效果选项

After Effects通过坐标来调整曲线，水平坐标代表像素的原始亮度值，垂直坐标代表输出亮度值。可以通过移动曲线上的控制点编辑曲线，任何曲线的Gamma值表示输入、输出值的对比度。向上移动曲线控制点，降低Gamma值，向下移动则增加Gamma值，Gamma值决定了影响中间色调的对比度。

更改为颜色

“更改为颜色”效果可以选择素材中的一种色彩，将其更改为另外一种色彩。该效果可以更改所选颜色的色相、亮度和饱和度，而素材中的其他颜色不会受到影响。图9-247所示为应用“更改为颜色”效果前后的素材效果对比。为素材图层应用“更改为颜色”效果后，可以在“效果控件”面板中对该效果的相关选项进行设置，如图9-248所示。

图9-247 应用“更改为颜色”效果前后对比

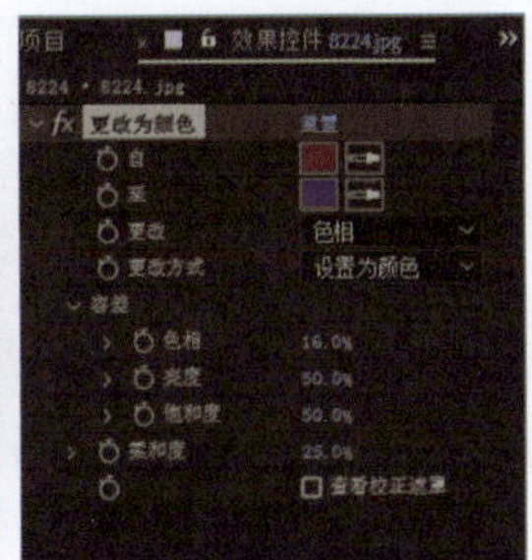

图9-248 “更改为颜色”效果选项

更改颜色

“更改颜色”效果用于更改素材中某种颜色的色相、饱和度和亮度。可以通过在素材中吸取相应的颜色来确定需要更改的颜色。图9-249所示为应用“更改颜色”效果前后的素材效果对比。为素材图层应用“更改颜色”效果后，可以在“效果控件”面板中对该效果的相关选项进行设置，如图9-250所示。

图9-249 应用“更改颜色”效果前后对比

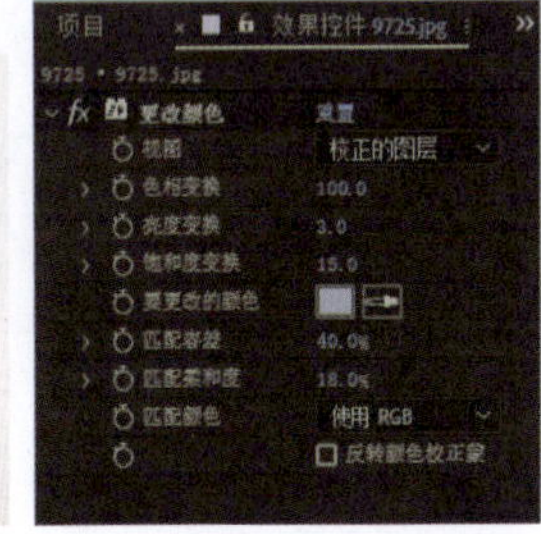

图9-250 “更改颜色”效果选项

自然饱和度

“自然饱和度”效果在调整素材饱和度时会保护已经饱和的像素，即在调整时会大幅增加不饱和像素的饱和度，而对已经饱和的像素只做很少、很细微的调整。这样不但能够增加素材某一部分的色彩，还能使素材整体的饱和度趋于正常。图9-251所示为应用“自然饱和度”效果前后的素材效果对比。为素材图层应用“自然饱和度”效果后，可以在“效果控件”面板中对该效果的相关选项进行设置，如图9-252所示。

图9-251 应用“自然饱和度”效果前后对比

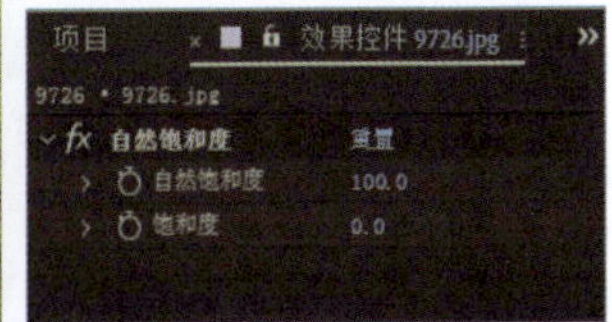

图9-252 “自然饱和度”效果选项

自动色阶

“自动色阶”效果用于自动调整素材的高光和阴影，先在每个存储白色和黑色的色彩通道中定义最亮和最暗的像素，再按比例分布中间像素值。图9-253所示为应用“自动色阶”效果前后的素材效果对比。为素材图层应用“自动色阶”效果后，可以在“效果控件”面板中对该效果的相关选项进行设置，如图9-254所示。

图9-253 应用“自动色阶”效果前后对比

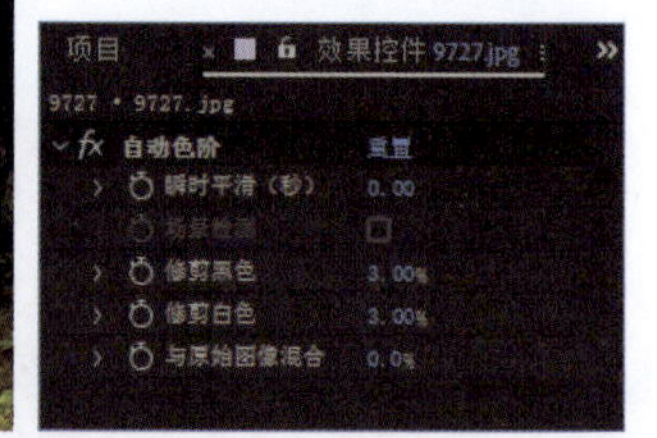

图9-254 “自动色阶”效果选项

自动对比度

“自动对比度”效果能够自动分析素材中所有对比度和混合的颜色，将最亮和最暗的像素映射到图像的白色和黑色中，使高光部分更亮，阴影部分更暗。图9-255所示为应用“自动对比度”效果前后的素材效果对比。为素材图层应用“自动对比度”效果后，可以在“效果控件”面板中对该效果的相关选项进行设置，如图9-256所示。

图9-255 应用“自动对比度”效果前后对比

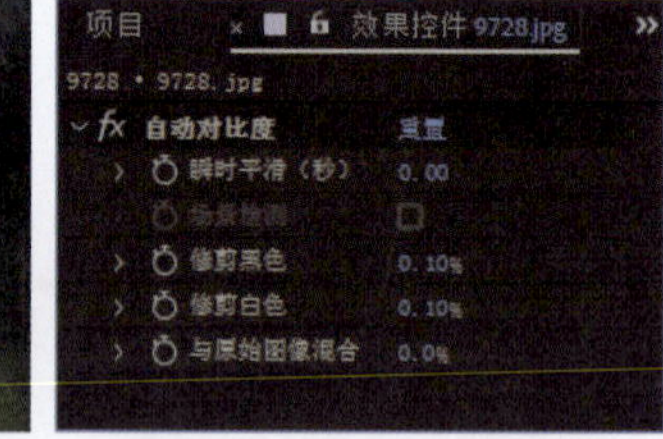

图9-256 “自动对比度”效果选项

自动颜色

“自动颜色”效果可以对素材的颜色进行自动校正，该效果根据素材的高光、中间调和阴影颜色的值来调整原素材的对比度和色彩。图9-257所示为应用“自动颜色”效果前后的素材效果对比。为素材图层应用“自动颜色”效果后，可以在“效果控件”面板中对该效果的相关选项进行设置，如图9-258所示。

图9-257 应用“自动颜色”效果前后对比

图9-258 “自动颜色”效果选项

提示

“自动对比度”和“自动颜色”这两个效果都可以将素材中最亮的像素与最暗的像素分别定义为素材的纯白点与纯黑点，从而使灰阶亮度更丰富，拉开画面的层次。但这两个效果不会单独调整各个色彩通道，主要是对画面整体亮度进行调整。

视频限幅器

“视频限幅器”效果可以用来限制素材的亮度和颜色，从而使素材的色彩在广播级视频范围内。为素材图层应用“视频限幅器”效果后，可以在“效果控件”面板中对该效果的相关选项进行设置，如图9-259所示。

颜色稳定器

“颜色稳定器”效果可以根据周围的环境改变素材的颜色，这对于将合成进来的素材与周围环境光进行统一非常有效。为素材图层应用“颜色稳定器”效果后，可以在“效果控件”面板中对该效果的相关选项进行设置，如图9-260所示。

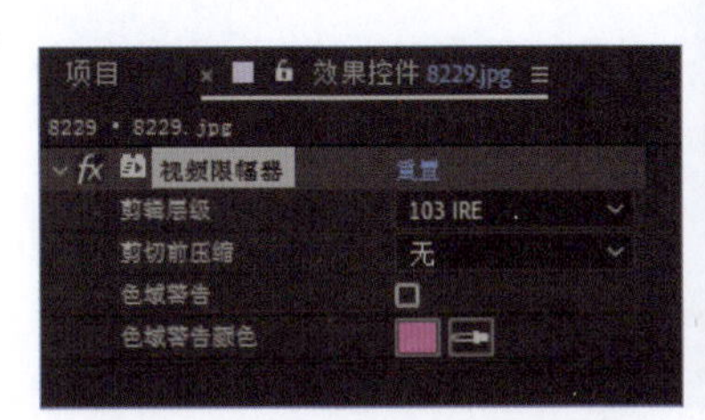

图9-259 “视频限幅器”效果选项

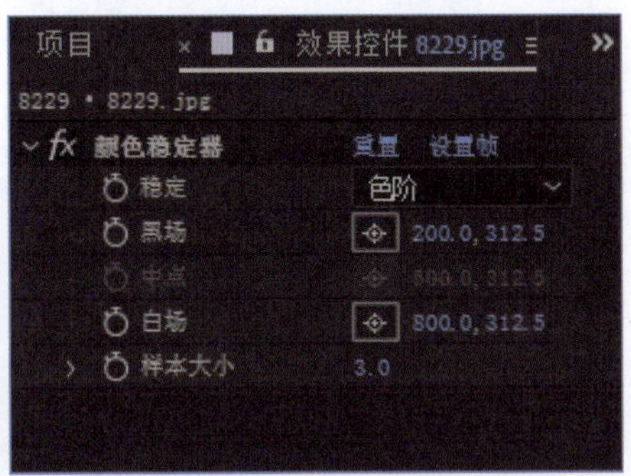

图9-260 “颜色稳定器”效果选项

颜色平衡

“颜色平衡”效果通过调整素材的阴影、中间调和高光的颜色强度，从而使素材的整体色彩均衡。使用“颜色平衡”效果可以校正素材的偏色现象。图9-261所示为应用“颜色平衡”效果前后的素材效果对比。为素材图层应用“颜色平衡”效果后，可以在“效果控件”面板中对该效果的相关选项进行设置，如图9-262所示。

图9-261 应用“颜色平衡”效果前后对比

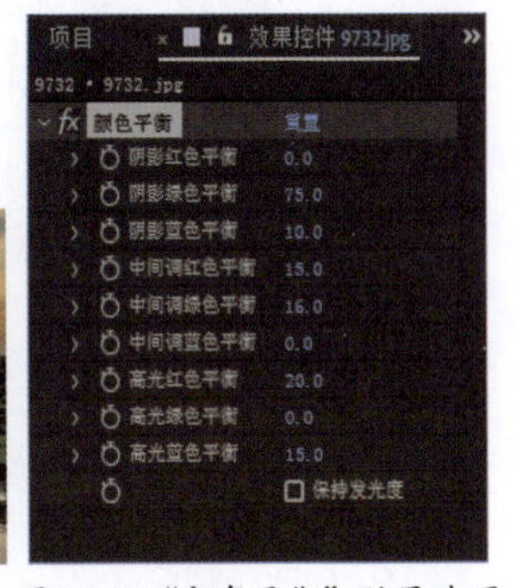

图9-262 “颜色平衡”效果选项

颜色平衡（HLS）

“颜色平衡（HLS）”效果与“颜色平衡”效果相似，不同的是，“颜色平衡（HLS）”效果调整素材时不是通过RGB模式对素材颜色进行校正，而是采用HLS模式对素材颜色进行校正，即校正素材的色相、亮度和饱和度。图9-263所示为应用“颜色平衡（HLS）”效果前后的素材效果对比。为素材图层应用“颜色平衡（HLS）”效果后，可以在“效果控件”面板中对该效果的相关选项进行设置，如图9-264所示。

图9-263 应用“颜色平衡（HLS）”效果前后对比

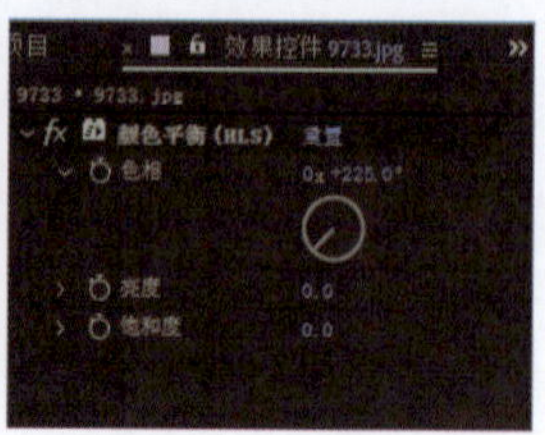

图9-264 “颜色平衡（HLS）”效果选项

颜色链接

“颜色链接”效果可以将所选择的素材颜色信息覆盖到当前图层素材上，从而改变当前素材的颜色。通过设置不透明度和混合模式，可以得到不同的颜色效果。例如，在“时间轴”面板中添加“9734（1）.jpg”和“9734（2）.jpg”两个素材图像，如图9-265所示。

图9-265 两张素材图像的默认色彩效果

选择“9734（1）.jpg”素材图层，为其应用“颜色链接”效果，在“效果控件”面板中对“颜色链接”效果的相关选项进行设置，如图9-266所示。可以在“合成”窗口中看到使用“颜色链接”效果处理后的素材图像的色彩效果，如图9-267所示。

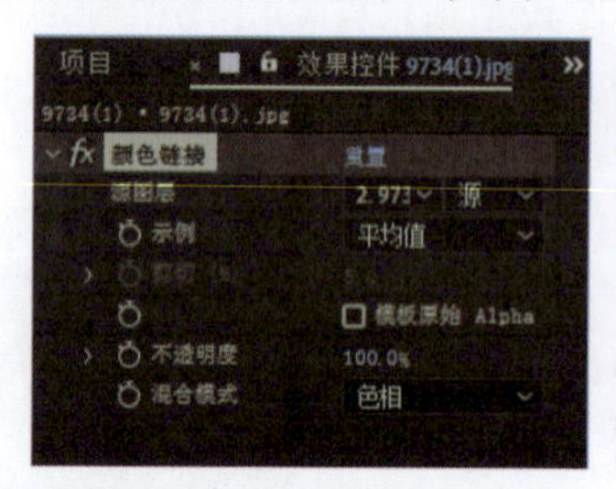

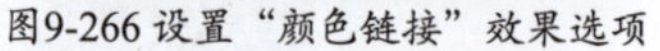

图9-266 设置“颜色链接”效果选项

图9-267 处理后的素材图像效果

黑色和白色

“黑色和白色”效果主要用于处理各种黑白素材，创建各种风格的黑白效果，并且可编辑性很强。它还可以通过简单的色调应用，将彩色素材或者灰度素材处理成单色素材。图9-268所示为应用“黑色和白色”效果前后的素材效果对比。为素材图层应用“黑色和白色”效果后，可以在“效果控件”面板中对该效果的相关选项进行设置，如图9-269所示。

图9-268 应用“黑色和白色”效果前后对比

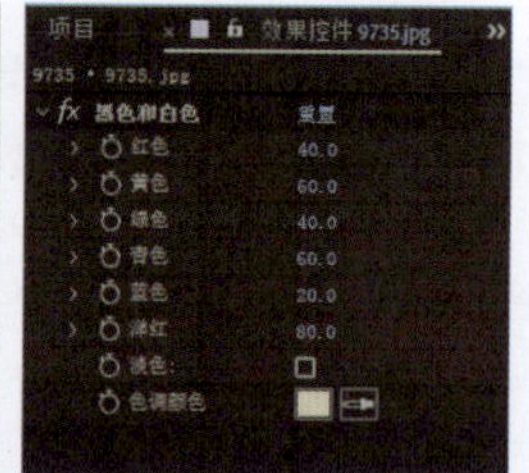

图9-269 “黑色和白色”效果选项

9.8 “音频”效果组

“音频”效果组中的效果主要用于对视频动画中的声音进行特效方面的处理，从而制作出不同效果的声音，如回音、降噪等。在该效果组中包括“调制器”“倒放”“低音和高音”“参数均衡”“变调与合声”“延迟”“混响”“立体声混合器”“音调”“高通/低通”共10种效果，如图9-270所示。

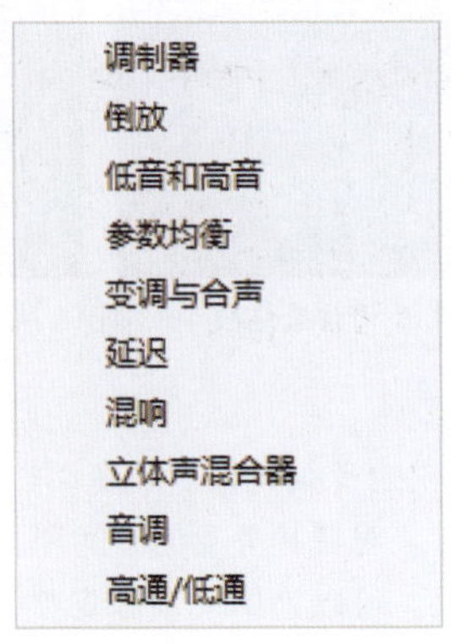

图9-270 “音频”效果组

调制器

“调制器”效果通过改变音频的变化频率和振幅来处理音频的颤音效果。为音频素材图层应用“调制器”效果后，可以在“效果控件”面板中对该效果的相关选项进行设置，如图9-271所示。

倒放

“倒放”效果可以将音频素材进行倒放，即将音频文件从后往前播放。为音频素材图层应用“倒放”效果后，可以在“效果控件”面板中对该效果的相关选项进行设置，如图9-272所示。

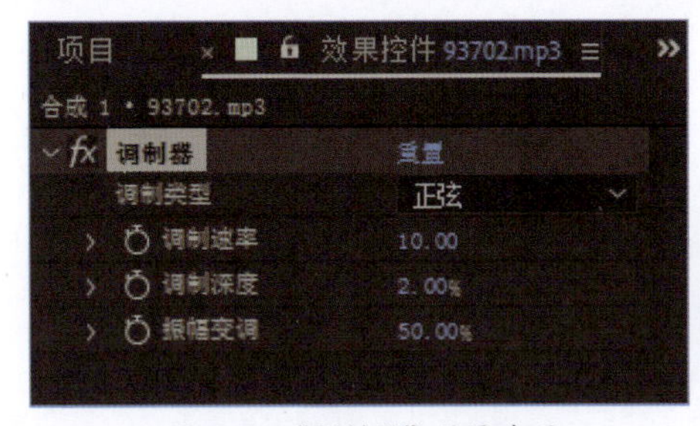

图9-271 “调制器”效果选项

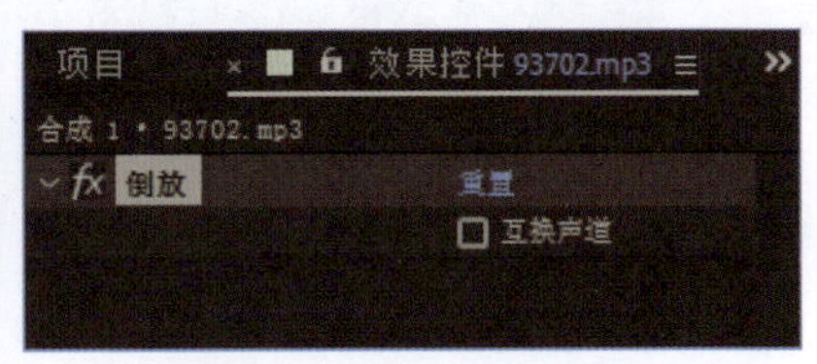

图9-272 “倒放”效果选项

低音和高音

“低音和高音”效果主要用于调整音频素材中的低音和高音部分，将音频素材中的低音和高音部分增强或者减弱，通过该特效的调整可以修正原始音频素材中的不足。为音频素材图层应用“低音和高音”效果后，可以在“效果控件”面板中对该效果的相关选项进行设置，如图9-273所示。

参数均衡

“参数均衡”效果用于精确调整音频素材的音调，还可以较好地隔离特殊的频率范围，增强或者减弱指定的频率，对于增强音频的效果特别有效。为音频素材图层应用“参数均衡”效果后，可以在“效果控件”面板中对该效果的相关选项进行设置，如图9-274所示。

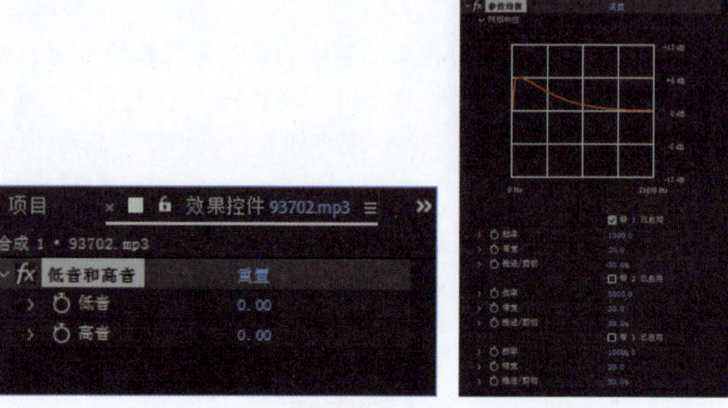

图9-273 “低音和高音”效果选项　　图9-274 “参数均衡”效果选项

变调与合声

“变调与合声”效果包括两个独立的音频效果。“变调”用来设置音频变调的效果，通过复制失调的音频或者对原频率做一定的位移，对音频分离的时间和音调进行深度调整，从而产生颤动、急促的声音。“合声”用来设置合声效果，可以为单个乐器或者单个声音增加深度，听上去好像有很多声音混合，产生合唱的效果。为音频素材图层应用“变调与合声”效果后，可以在“效果控件”面板中对该效果的相关选项进行设置，如图9-275所示。

延迟

“延迟”效果用于设置在声音时间段中产生延迟效果，模拟声音被物体反射的效果，从而实现音频的回声特效。为音频素材图层应用“延迟”效果后，可以在“效果控件”面板中对该效果的相关选项进行设置，如图9-276所示。

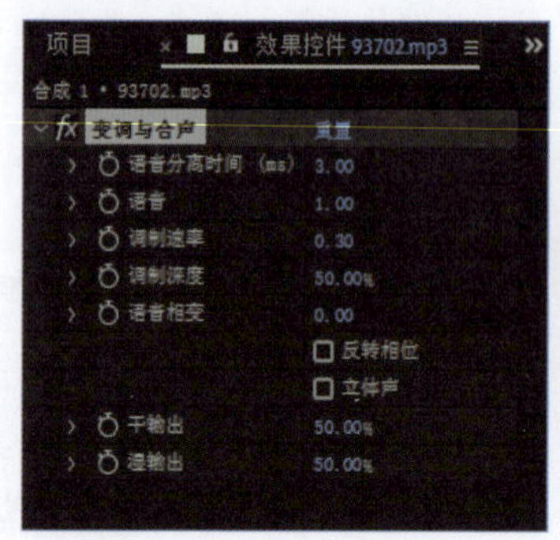

图9-275 “变调与合声”效果选项

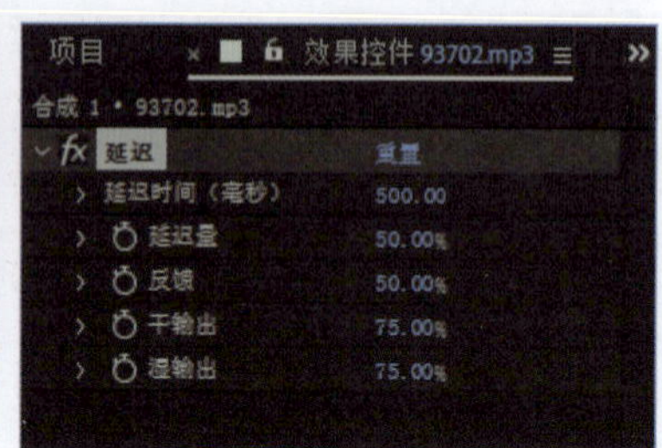

图9-276 “延迟”效果选项

混响

“混响”效果通过设置音频在一个面上的随机发射来模拟混响效果，给人以身临其境的感觉。为音频素材图层应用“混响”效果后，可以在“效果控件”面板中对该效果的相关选项进行设置，如图9-277所示。

立体声混合器

“立体声混合器”效果用于模拟左右声道的立体声混合效果，可以对一个音频进行音量大小和相位的控制。为音频素材图层应用“立体声混合器”效果后，可以在“效果控件”面板中对该效果的相关选项进行设置，如图9-278所示。

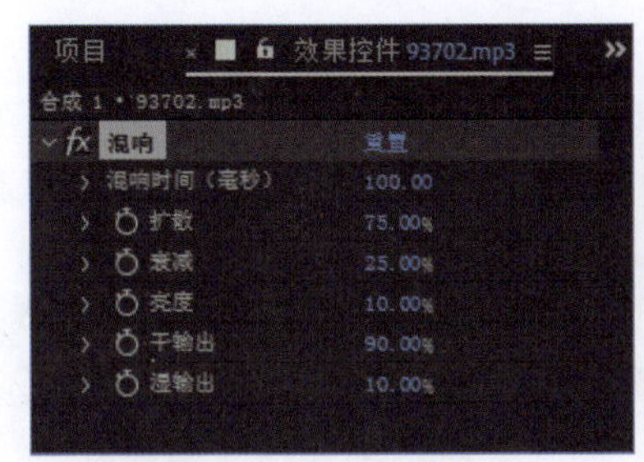

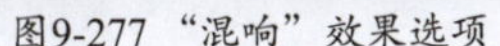
图9-277 “混响”效果选项

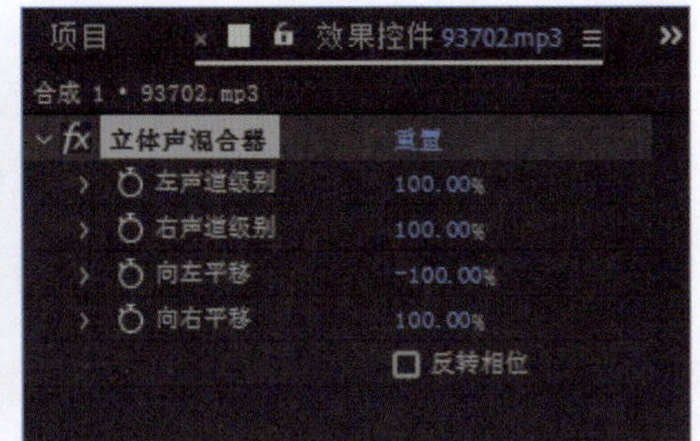

图9-278 “立体声混合器”效果选项

音调

“音调”效果用于合成简单的固定音调，如电话铃声、警笛声等，对于每种效果，最多可以增加5个音调产生和弦。为音频素材图层应用“音调”效果后，可以在“效果控件”面板中对该效果的相关选项进行设置，如图9-279所示。

高通/低通

“高通/低通”效果通过应用高通/低通滤波器，从而只让高于或者低于一个频率的声音通过，可以独立输出高低音，或者模拟增强或减弱一个声音。使用“高通滤波”可以过滤录音环境中的噪音，让人声更加清晰；使用“低通滤波”可以消除噪音（如静电和蜂鸣声）。为音频素材图层应用“高通/低通”效果后，可以在“效果控件”面板中对该效果的相关选项进行设置，如图9-280所示。

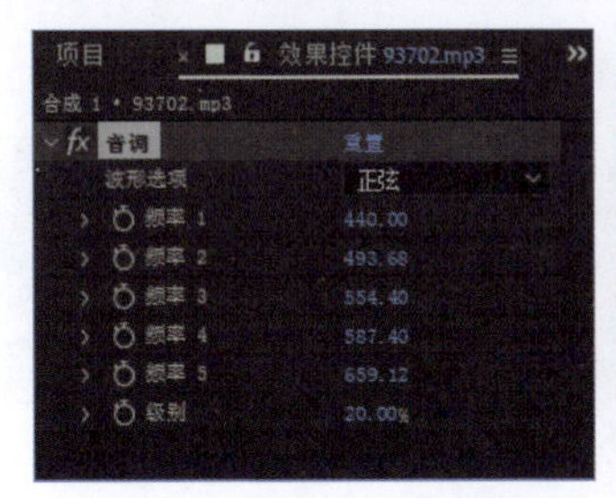

图9-279 “音调”效果选项

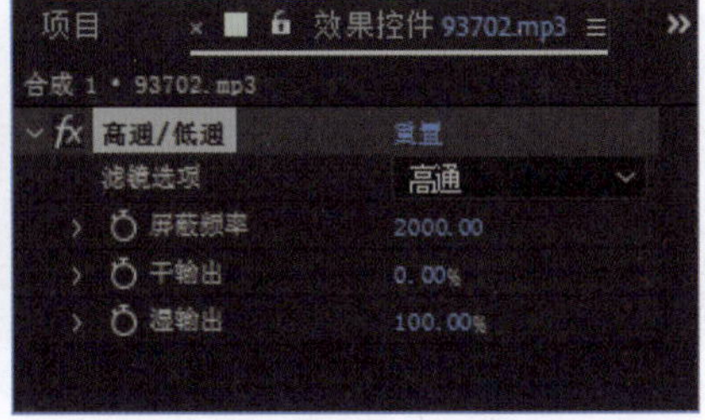

图9-280 “高通/低通”效果选项

9.9 “杂色和颗粒”效果组

“杂色和颗粒”效果组中的效果可以为素材设置杂色或者杂点的效果，通过该效果组中的效果可以分散素材或者使素材的形状发生变化。在该效果组中包括“分形杂色”“中间值”“中间值（旧版）”“匹配颗粒”“杂色”“杂色Alpha”“杂色HLS”“杂色HLS自动”“湍流杂色”“添加颗粒”“移除颗粒”“蒙尘与划痕”共12种效果，如图9-281所示。

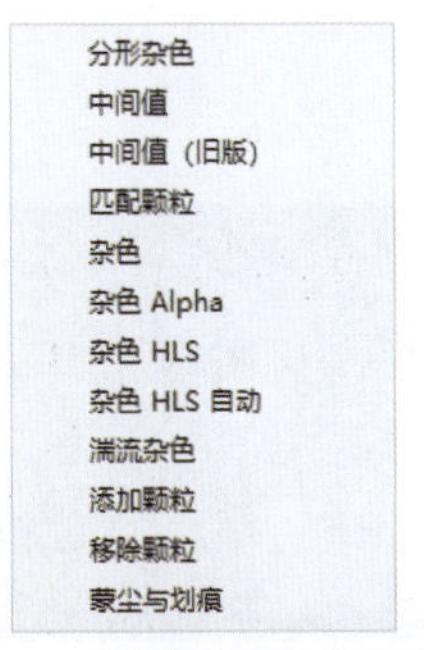

图9-281 “杂色和颗粒”效果组

分形杂色

“分形杂色”效果可以模拟烟、云、水流等纹理图案。图9-282所示为应用“分形杂色”效果前后的素材效果对比。为素材图层应用“分形杂色”效果后，可以在“效果控件”面板中对该效果的相关选项进行设置，如图9-283所示。

图9-282 应用“分形杂色”效果前后对比

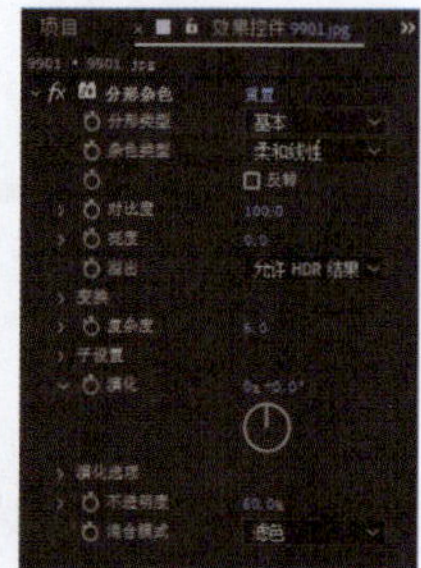

图9-283 “分形杂色”效果选项

中间值

“中间值”效果使用指定半径范围内的像素的平均值来取代像素值。设置较低数值，可以减少画面中的杂点；设置较高值会产生一种绘画效果。图9-284所示为应用“中间值”效果前后的素材效果对比。为素材图层应用“中间值”效果后，可以在“效果控件”面板中对该效果的相关选项进行设置，如图9-285所示。

图9-284 应用“中间值”效果前后对比

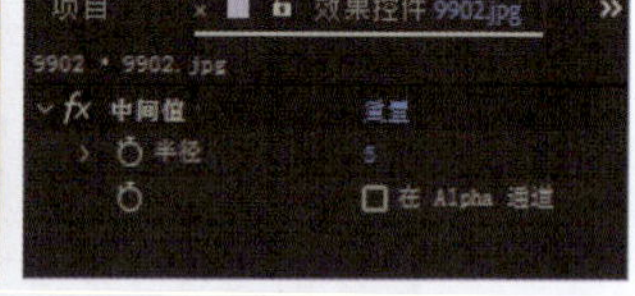

图9-285 “中间值”效果选项

中间值（旧版）

“中间值（旧版）”效果与“中间值”效果所实现的效果基本相似，包括“效果控件”面板中的设置选项也是相同的。

匹配颗粒

“匹配颗粒”效果可以从一个包含颗粒的素材上读取颗粒，将颗粒效果添加到当前图层的素材中，并可以对所添加的颗粒进行设置。图9-286所示为应用“匹配颗粒”效果前后的素材效果对比。为素材图层应用“匹配颗粒”效果后，可以在“效果控件”面板中对该效果的相关选项进行设置，如图9-287所示。

图9-286 应用“匹配颗粒”效果前后对比

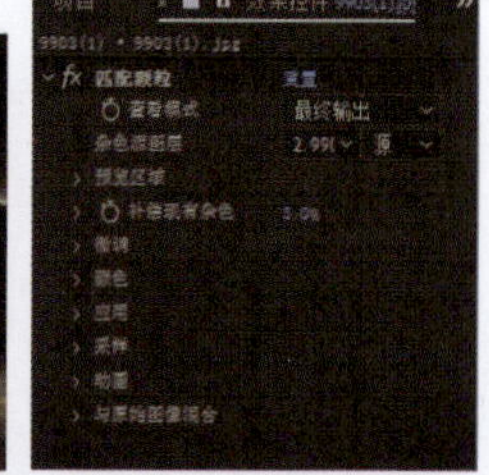

图9-287 “匹配颗粒”效果选项

杂色

“杂色”效果可以随机给素材添加杂色，在素材中加入细小的点。图9-288所示为应用“杂色”效果前后的素材效果对比。为素材图层应用“杂色”效果后，可以在“效果控件”面板中对该效果的相关选项进行设置，如图9-289所示。

图9-288 应用“杂色”效果前后对比

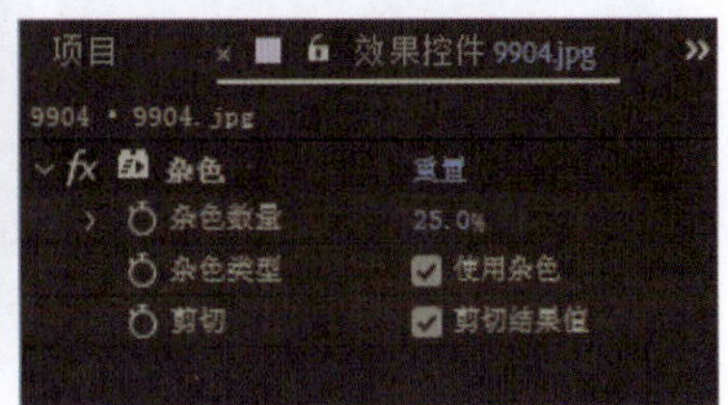

图9-289 “杂色”效果选项

杂色Alpha

“杂色Alpha”效果可以在素材的Alpha通道中添加杂色效果，但前提条件是该素材中必须包含Alpha通道。为素材图层应用“杂色Alpha”效果后，可以在“效果控件”面板中对该效果的相关选项进行设置，如图9-290所示。

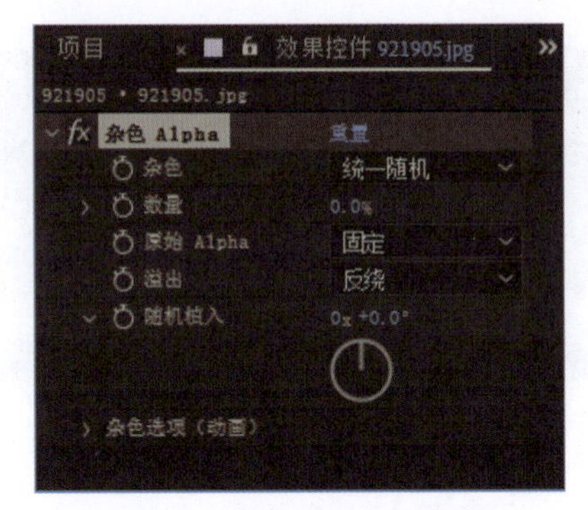

图9-290 “杂色Alpha”效果选项

杂色HLS

“杂色HLS”效果可以通过调整色相、亮度和饱和度来设置杂色的产生位置。图9-291所示为应用“杂色HLS”效果前后的素材效果对比。为素材图层应用“杂色HLS”效果后，可以在“效果控件”面板中对该效果的相关选项进行设置，如图9-292所示。

图9-291 应用“杂色HLS”效果前后对比

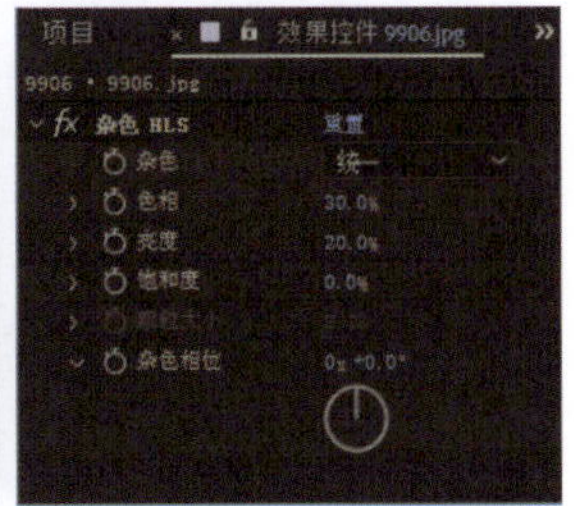

图9-292 “杂色HLS”效果选项

杂色HLS自动

“杂色HLS自动”效果与“杂色HLS”效果相似，只是通过参数的设置可以自动生成杂色动画。

图9-293所示为应用“杂色HLS自动”效果前后的素材效果对比。为素材图层应用“杂色HLS自动”效果后，可以在“效果控件”面板中对该效果的相关选项进行设置，如图9-294所示。

图9-293 应用“杂色HLS自动”效果前后对比

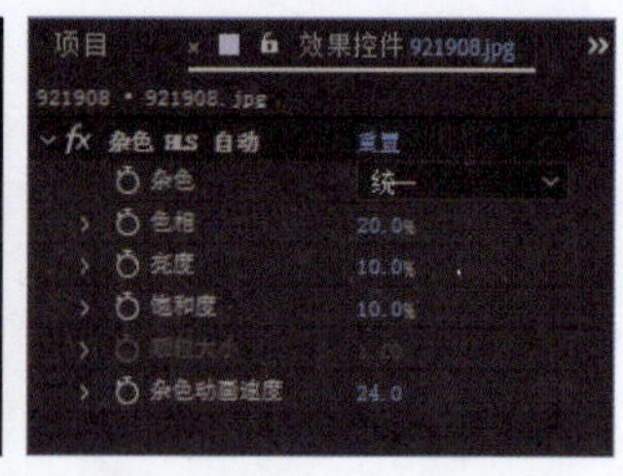

图9-294 “杂色HLS自动”效果选项

湍流杂色

“湍流杂色”效果与“分形杂色”效果相似，只不过参数略少一些，精度更高。图9-295所示为应用“湍流杂色”效果前后的素材效果对比。为素材图层应用“湍流杂色”效果后，可以在“效果控件”面板中对该效果的相关选项进行设置，如图9-296所示。

图9-295 应用“湍流杂色”效果前后对比

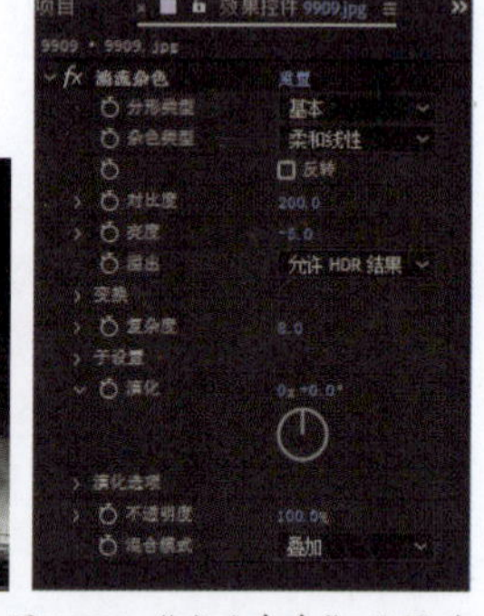

图9-296 “湍流杂色”效果选项

添加颗粒

“添加颗粒”效果可以自动对素材进行杂点颗粒匹配，并针对各种胶片材料的颗粒设置预设值，通过参数和预设值的设置可以合成各种不同风格的效果。图9-297所示为应用“添加颗粒”效果前后的素材效果对比。为素材图层应用“添加颗粒”效果后，可以在“效果控件”面板中对该效果的相关选项进行设置，如图9-298所示。

图9-297 应用“添加颗粒”效果前后对比

图9-298 “添加颗粒”效果选项

移除颗粒

“移除颗粒”效果可以减弱或者消除素材上的杂色颗粒效果，通过精细的信息处理过程和统计估算技术来修复素材，达到没有杂色颗粒的效果，增强画面柔和度。参数设置得过大，画面就会失去质感，变得模糊。图9-299所示为应用“移除颗粒”效果前后的素材效果对比。为素材图层应用“移除颗粒”效果后，可以在“效果控件”面板中对该效果的相关选项进行设置，如图9-300所示。

图9-299 应用“移除颗粒”效果前后对比

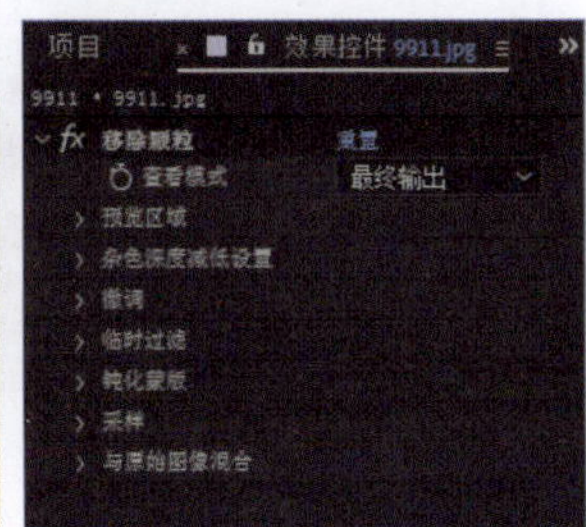

图9-300 “移除颗粒”效果选项

蒙尘与划痕

“蒙尘与划痕”效果可以通过改变不同像素间的过渡来减少素材中的噪点和划痕。图9-301所示为应用“蒙尘与划痕”效果前后的素材效果对比。为素材图层应用“蒙尘与划痕”效果后，可以在“效果控件”面板中对该效果的相关选项进行设置，如图9-302所示。

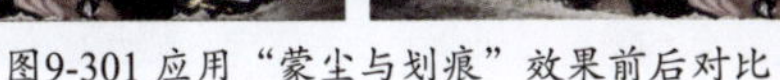

图9-301 应用“蒙尘与划痕”效果前后对比

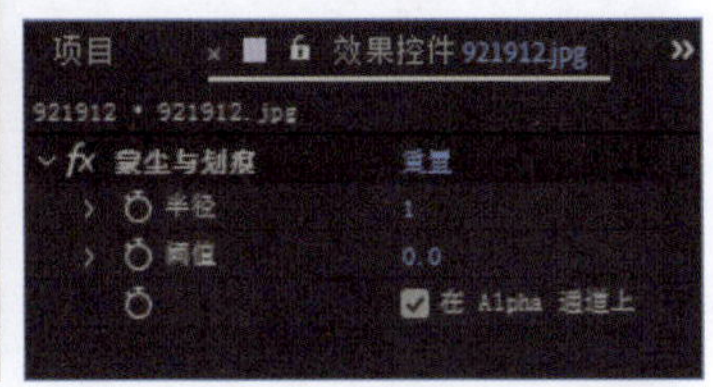

图9-302 “蒙尘与划痕”效果选项

9.10 “遮罩”效果组

“遮罩”效果组中的效果可以对带有Alpha通道的图像进行收缩或者描绘处理。在该效果组中包括“调整实边遮罩”“调整柔和遮罩”“遮罩阻塞工具”“简单阻塞工具”共4个效果，如图9-303所示。

调整实边遮罩
调整柔和遮罩
遮罩阻塞工具
简单阻塞工具

图9-303 “遮罩”效果组

调整实边遮罩

“调整实边遮罩”效果可以对Alpha通道中包含实边的素材边缘进行调整。图9-304所示为应用“调整实边遮罩”效果前后的素材效果对比。为素材图层应用“调整实边遮罩”效果后，可以在“效果控件”面板中对该效果的相关选项进行设置，如图9-305所示。

图9-304 应用“调整实边遮罩”效果前后对比

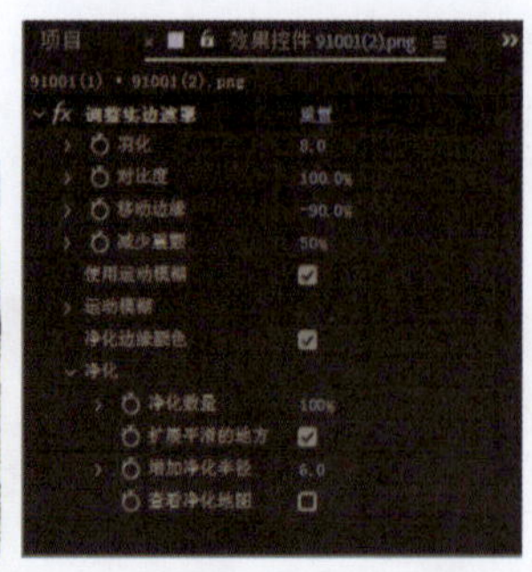

图9-305 “调整实边遮罩”效果选项

调整柔和遮罩

“调整柔和遮罩”效果与“调整实边遮罩”效果功能相似，该效果更适合调整具有柔和边缘Alpha通道的素材。图9-306所示为应用“调整柔和遮罩”效果前后的素材效果对比。为素材图层应用“调整柔和遮罩”效果后，可以在“效果控件”面板中对该效果的相关选项进行设置，如图9-307所示。

图9-306 应用“调整柔和遮罩”效果前后对比

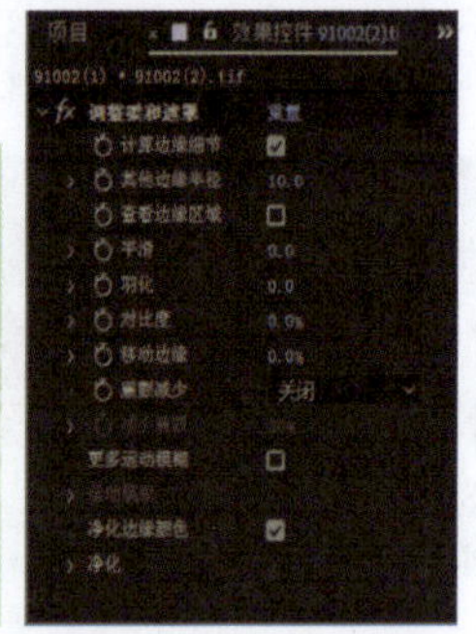

图9-307 “调整柔和遮罩”效果选项

遮罩阻塞工具

“遮罩阻塞工具”效果可以对带有Alpha通道的素材进行处理，对素材的边缘进行收缩和调整，从而使素材边缘更加清晰。图9-308所示为应用“遮罩阻塞工具”效果前后的素材效果对比。为素材图层应用“遮罩阻塞工具”效果后，可以在“效果控件”面板中对该效果的相关选项进行设置，如图9-309所示。

图9-308 应用“遮罩阻塞工具”效果前后对比

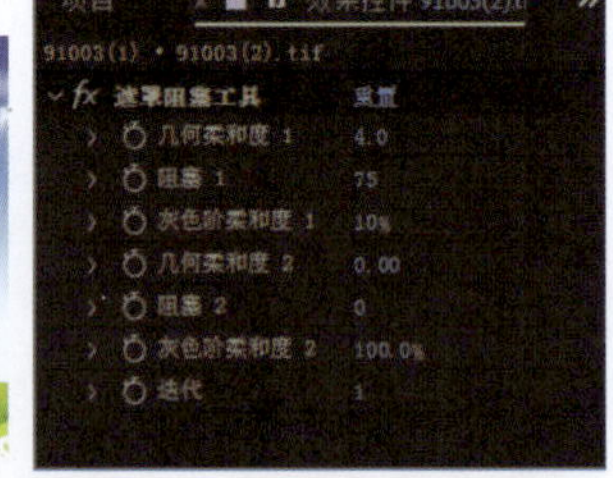

图9-309 “遮罩阻塞工具”效果选项

简单阻塞工具

“简单阻塞工具”效果通过Alpha通道来扩展或者收缩素材边缘的细微部分，从而使素材的边缘更加清晰。图9-310所示为应用“简单阻塞工具”效果前后的素材效果对比。为素材图层应用“简单阻塞工具”效果后，可以在“效果控件”面板中对该效果的相关选项进行设置，如图9-311所示。

图9-310 应用“简单阻塞工具”效果前后对比

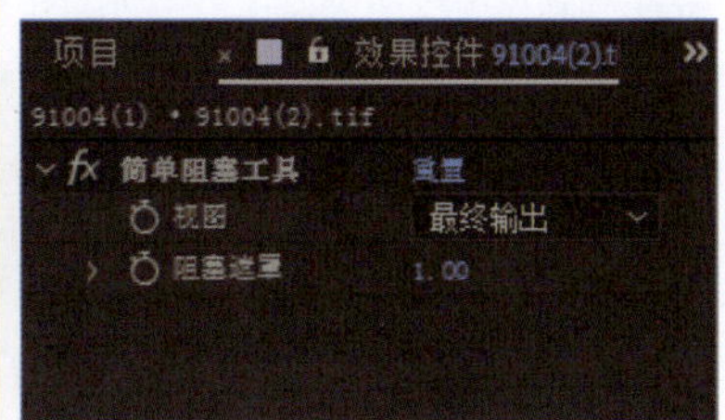

图9-311 “简单阻塞工具”效果选项

9.11 After Effects特效应用实例

在前面的小节中已经对After Effects中内置的多种效果进行了简单介绍，本节将通过几个案例的制作讲解After Effects中内置效果在视频动画制作过程中的应用。

9.11.1 应用案例——制作楼盘视频广告

素　材：第9章\素材\911101.jpg

源文件：第9章\9-11-1.aep

技术要点：掌握“镜头光晕”效果的应用与设置方法

扫描观看视频

扫描下载素材

STEP 01 在 After Effects 中新建一个空白项目，新建合成，如图 9-312 所示。导入素材图像“911101.jpg”，将素材图像拖入“时间轴”面板中，在“合成”窗口中输入相应的文字，如图 9-313 所示。

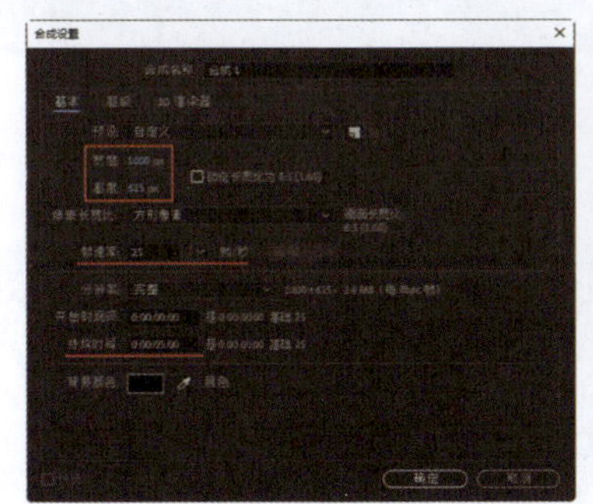

图9-312 “合成设置”对话框

图9-313 拖入素材图像并输入文字

STEP 02 选择文字图层，执行“动画 > 动画文本 > 缩放”命令，单击“动画制作工具 1”右侧“添加”选项的三角形图标，选择“属性>模糊”选项，如图 9-314 所示。展开文字图层下方的“更多选项”选项组，对相关选项进行设置。展开“动画制作工具 1”选项下“范围选择器 1”下方的“高级”选项组，对相关选项进行设置，如图 9-315 所示。

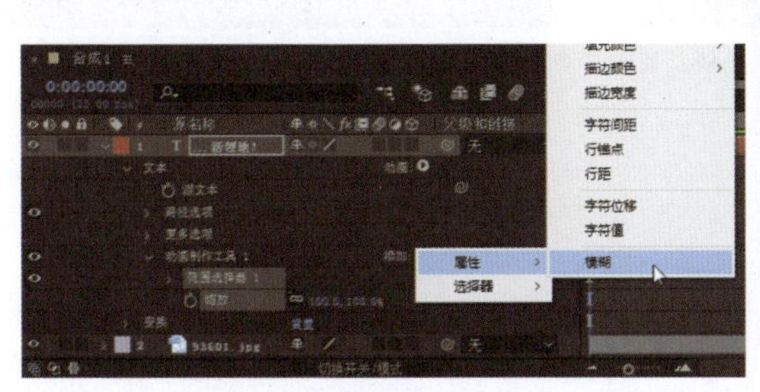

图9-314 添加“模糊”属性

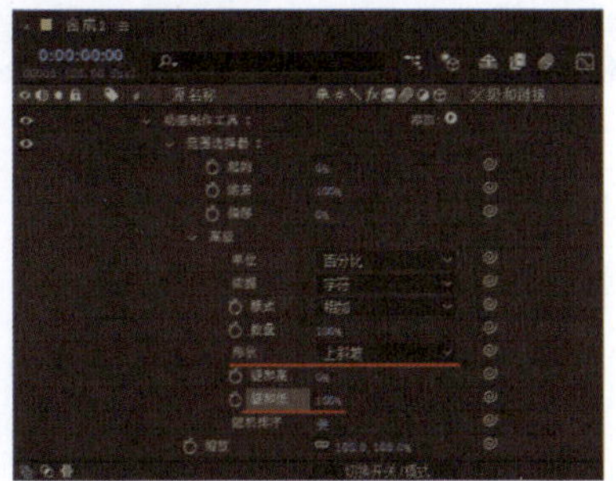

图9-315 对文字的相关选项进行设置

STEP 03 制作文字的“偏移”、“缩放”和“模糊”属性关键帧动画，效果如图 9-316 所示。

图9-316 制作文字图层属性动画

STEP 04 新建纯色图层，执行“效果 > 生成 > 镜头光晕”命令，应用“镜头光晕”效果，制作“光晕中心”从左至右变化的动画效果，如图 9-317 所示。

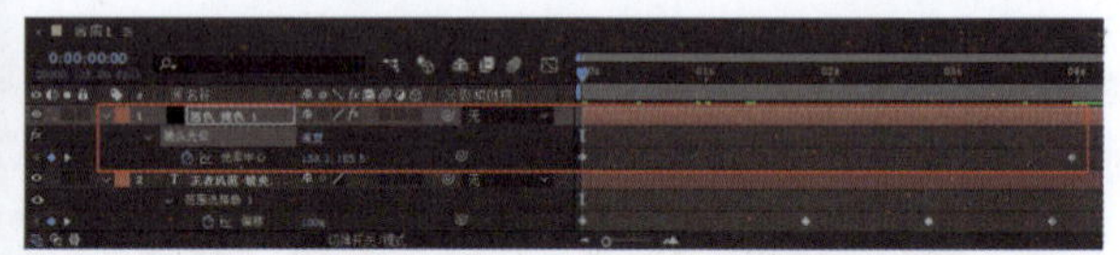

图9-317 应用“镜头光晕”效果并制作动画

STEP 05 单击“预览”面板中的“播放/停止”按钮▶，可以在“合成”窗口中预览动画，效果如图 9-318 所示。

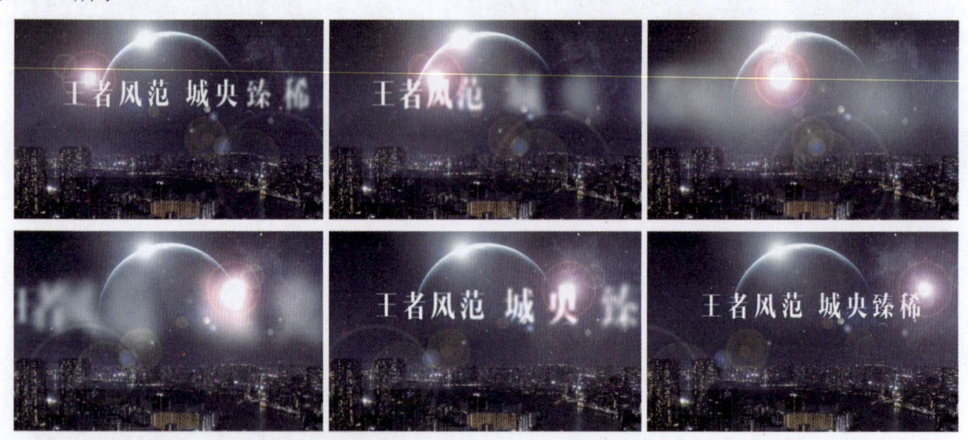

图9-318 预览楼盘视频广告动画效果

9.11.2 应用案例——将照片处理为水墨风格

素　材：第9章\素材\911201.mp4

源文件：第9章\9-11-2.aep

技术要点：掌握“颜色校正”效果组中多种效果的综合应用

扫描观看视频

扫描下载素材

STEP 01 在 After Effects 中新建一个空白项目，导入素材图像“911201.jpg”，将素材图像拖入“时间轴”面板中，自动创建与该素材图像尺寸大小相同的合成，如图 9-319 所示。

STEP 02 执行“效果 > 颜色校正 > 色相/饱和度”命令，为其应用“色相/饱和度”效果，将素材图像处理为黑白效果。执行“效果 > 颜色校正 > 亮度和对比度”命令，为其应用“亮度和对比度”效果，对相关选项进行设置，效果如图 9-320 所示。

图9-319 导入并拖入素材图像

图9-320 应用“色相/饱和度”和“亮度和对比度”效果

STEP 03 执行“效果 > 风格化 > 查找边缘”命令，为其应用“查找边缘”效果，对相关选项进行设置，效果如图 9-321 所示。执行“效果 > 模糊和锐化 > 高斯模糊”命令，为其应用“高斯模糊”效果，对相关选项进行设置，效果如图 9-322 所示。

图9-321 应用“查找边缘”效果

图9-322 应用“高斯模糊”效果

STEP 04 执行“效果 > 颜色校正 > 色阶”命令，为其应用“色阶”效果，对相关选项进行设置，效果如图 9-323 所示。分别应用“亮度和对比度”和“复合模糊”效果，并对这两种效果的相关选项进行设置，效果如图 9-324 所示。

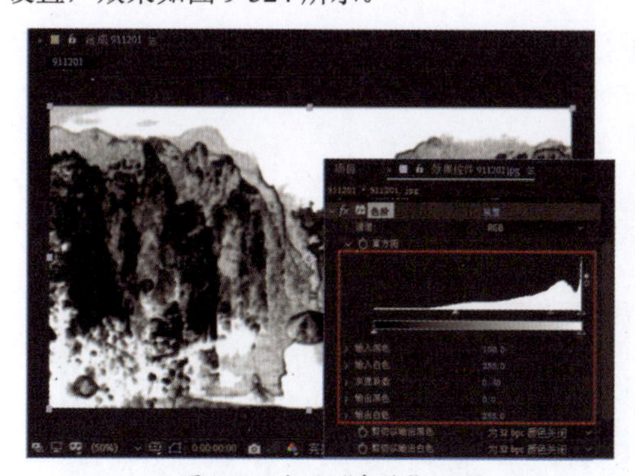

图9-323 应用“色阶”效果

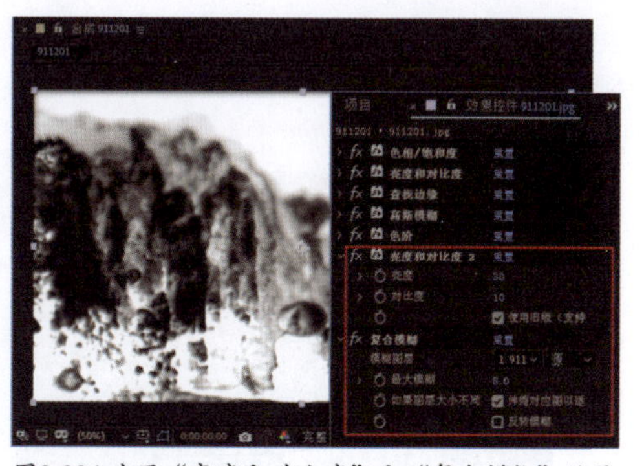

图9-324 应用“亮度和对比度”和“复合模糊”效果

STEP 05 至此，完成素材图像水墨风格效果的处理，可以看到处理前后的效果对比如图 9-325 所示。

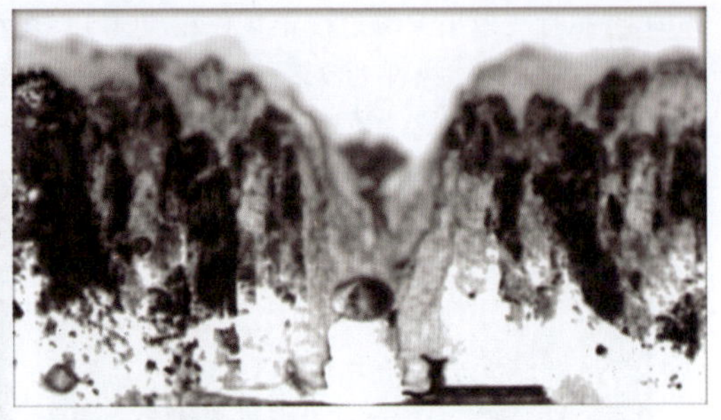

图9-325 素材图像处理前后效果对比

9.11.3 应用案例——制作音频频谱动画

素　材：第9章\素材\911301.jpg和911302.mp3
源文件：第9章\9-11-3.aep
技术要点：掌握“音频频谱”效果的应用和设置方法

扫描观看视频　扫描下载素材

STEP 01 新建一个名为“音乐”的合成，如图9-326所示。导入音频素材“911302.mp3”，将音频素材拖入“时间轴”面板中，展开音频素材图层的“音频”选项，从0秒至1秒制作“音频电平”属性从－70db至0db变化的动画，如图9-327所示。

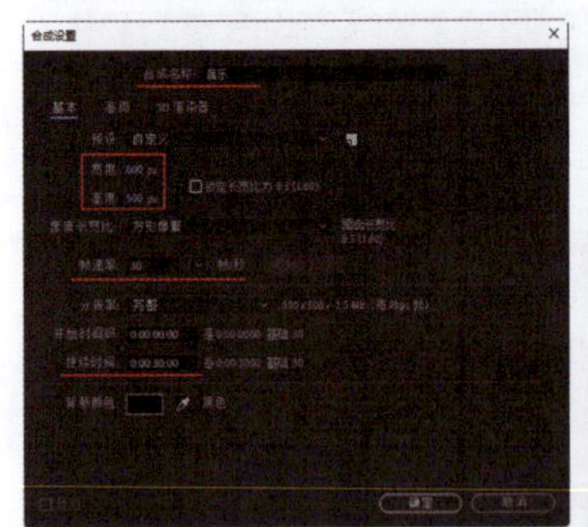

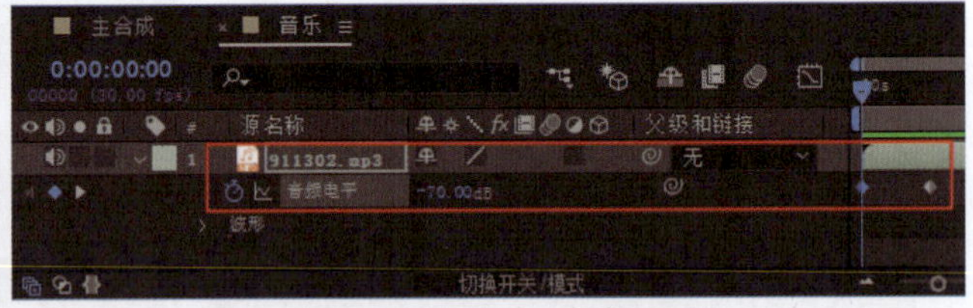

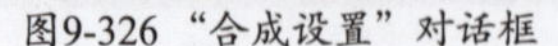
图9-326 “合成设置”对话框　　图9-327 制作“音频电平”属性动画

提示

“音频电平”属性主要用于控制音频素材的音量大小，负值表示减少音量，正值表示增大音量，0dB表示保持音频素材的原始音量大小。这里制作的是一个淡入音效的动画。

STEP 02 新建一个名为“主合成”的合成，导入图像素材“911301.jpg”，将素材图像和“音乐”合成分别拖入“时间轴”面板中，如图9-328所示。新建一个颜色为黑色的纯色图层，此时的“时间轴”面板如图9-329所示。

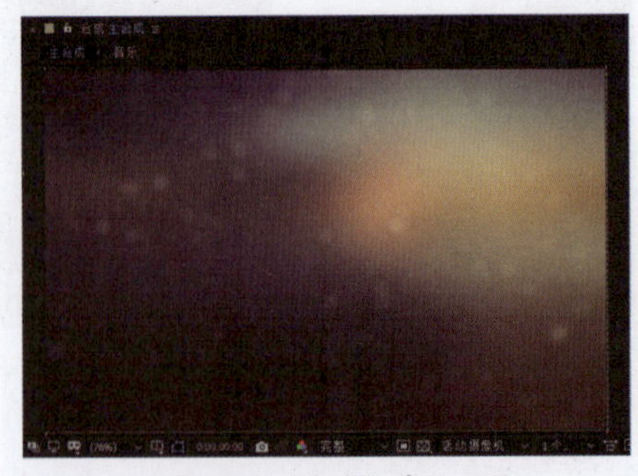

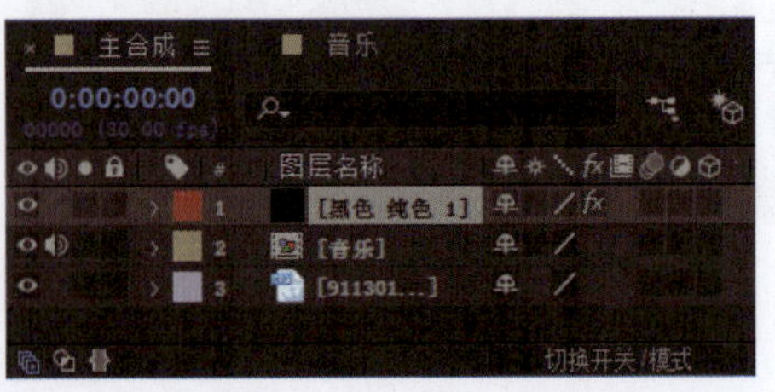

图9-328 “合成”窗口效果　　图9-329 “时间轴”面板

STEP 03 选择纯色图层，执行“效果 > 生成 > 音频频谱”命令，为其应用“音频频谱”效果，对相关选项进行设置，如图 9-330 所示。在“合成”窗口中可以看到随着音乐节奏而变化的频谱动画效果，如图 9-331 所示。

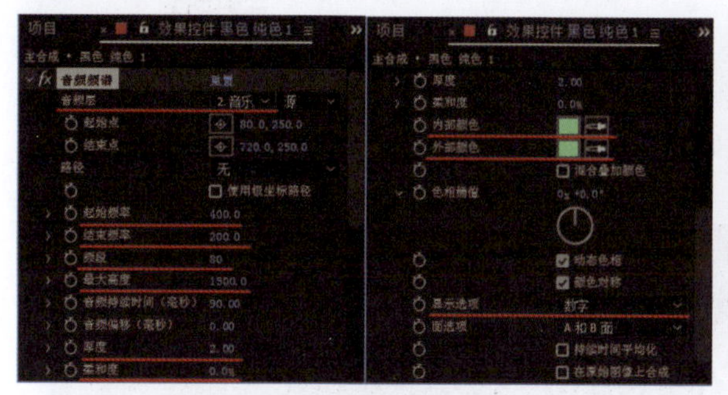

图9-330 设置“音频频谱”效果选项

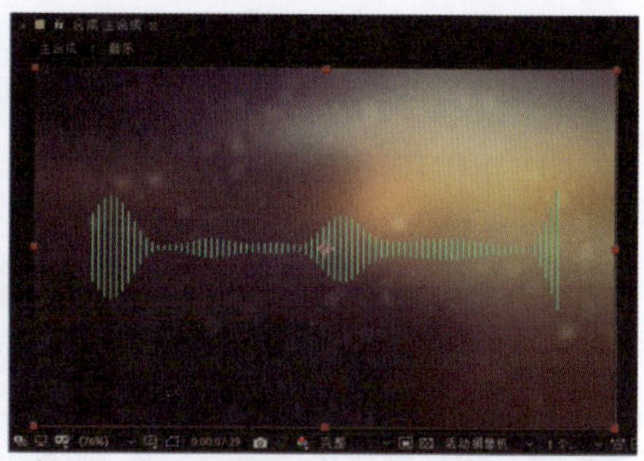

图9-331 预览频谱变化效果

STEP 04 选择纯色图层，将该图层复制多次，并分别修改复制得到的每个图层中“音频频谱”效果的参数，修改音频频谱的颜色和表现方式，效果如图 9-332 所示。

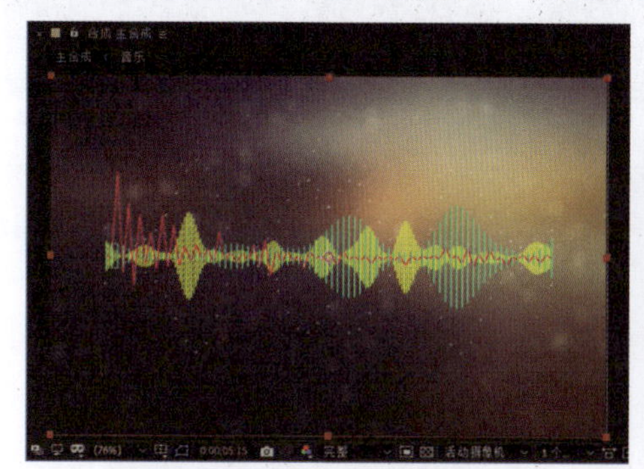

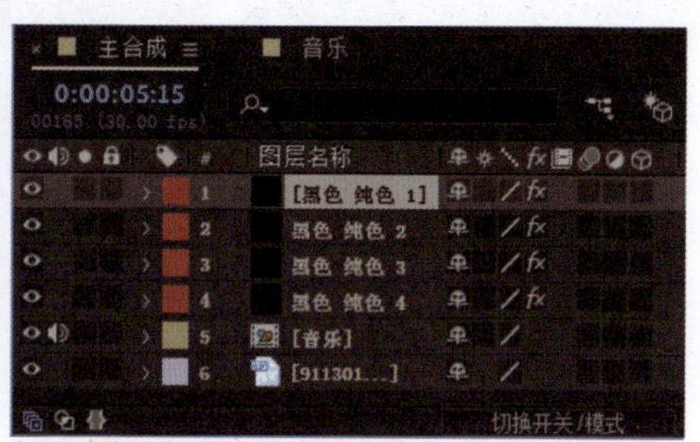

图9-332 将图层复制多次并分别修改音频频谱的表现效果

STEP 05 至此，完成音频频谱动画的制作，单击“预览”面板中的“播放/停止”按钮▶，可以在“合成”窗口中预览动画，可以听到音乐，并且根据音乐节奏的变化音频频谱也会表现出不同的变化，效果如图 9-333 所示。

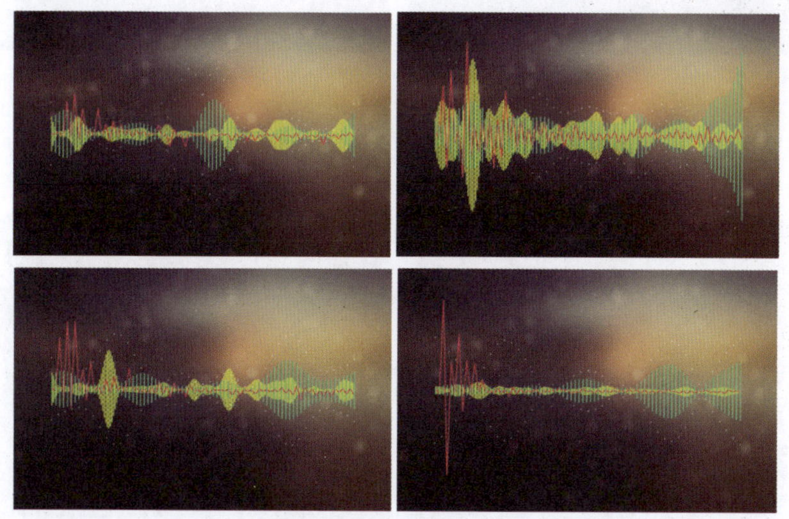

图9-333 预览音频频谱动画效果

9.11.4 应用案例——制作渐变抽象背景动画

素　材：无

源文件：第9章\9-11-4.aep

技术要点：掌握“定向模糊”“旋转扭曲”等多种效果的使用方法

扫描观看视频

STEP 01 新建一个名为“渐变”的合成，如图 9-334 所示。使用“椭圆工具”，按住【Shift】键，在“合成”窗口中绘制一个正圆形，为该图层应用“填充”和“投影”效果，并对相关选项进行设置，如图 9-335 所示。

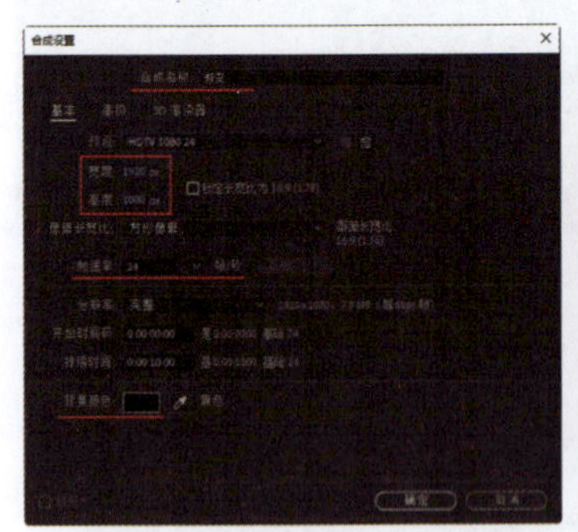

图9-334 “合成设置”对话框

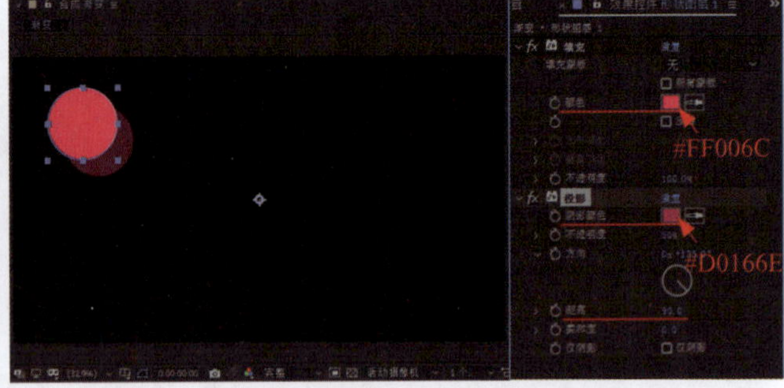

图9-335 绘制正圆形并应用相应的效果

STEP 02 将“形状图层 1”复制多次，并分别调整到不同的大小、位置和填充颜色，如图 9-336 所示。新建一个名为“主合成”的合成，新建一个名为“背景”的纯色图层，将“渐变”合成拖入“时间轴”面板中，如图 9-337 所示。

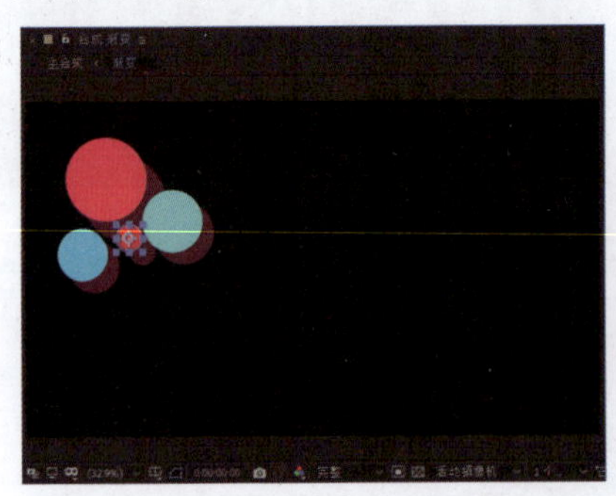

图9-336 将图形复制多次并分别进行调整

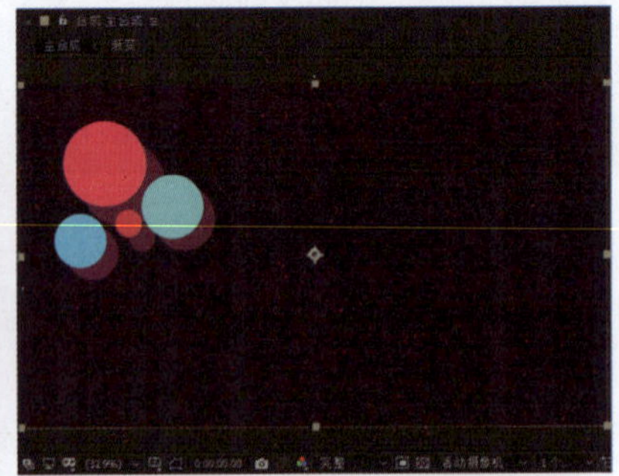

图9-337 新建纯色图层并拖入“渐变”合成

STEP 03 选择“渐变”图层，为该图层应用“湍流置换”和“定向模糊”效果，效果如图 9-338 所示。为该图层应用“旋转扭曲”效果，设置“角度”为 250，“旋转扭曲半径”为 100，效果如图 9-339 所示。

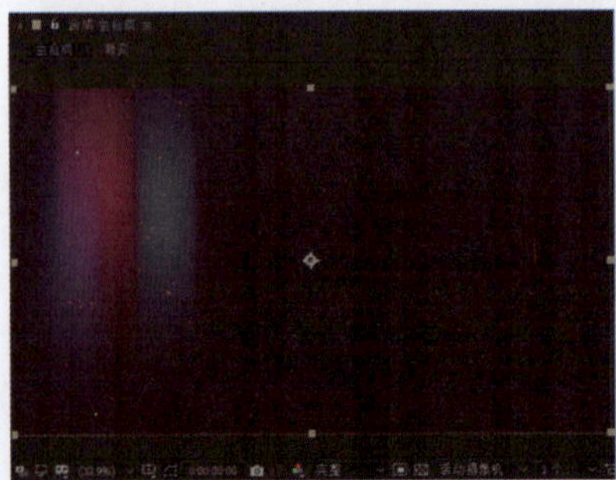

图9-338 应用“湍流置换”和“定向模糊”效果

图9-339 应用“旋转扭曲”效果

STEP 04 选择“渐变”图层，为该图层应用“快速方框模糊”效果，效果如图 9-340 所示。执行“视图 > 新建查看器”命令，新建一个合成窗口，并将该窗口切换到“渐变”合成的显示状态。复制图形，并分别调整到不同的大小和位置，如图 9-341 所示。

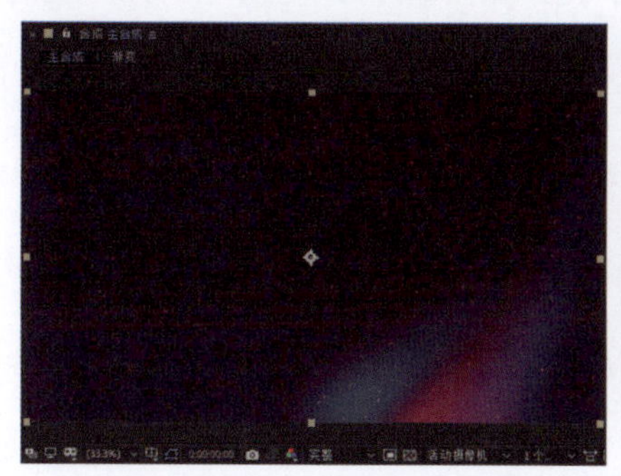

图9-340 应用“快速方框模糊”效果

图9-341 复制图形并分别进行调整

STEP 05 按【Ctrl+A】组合键，全选所有图层，将其创建成一个名为“形状”的预合成，制作“位置”属性向左移动的动画效果，如图 9-342 所示。为该图层应用“CC RepeTile”效果，对相关选项进行设置，效果如图 9-343 所示。

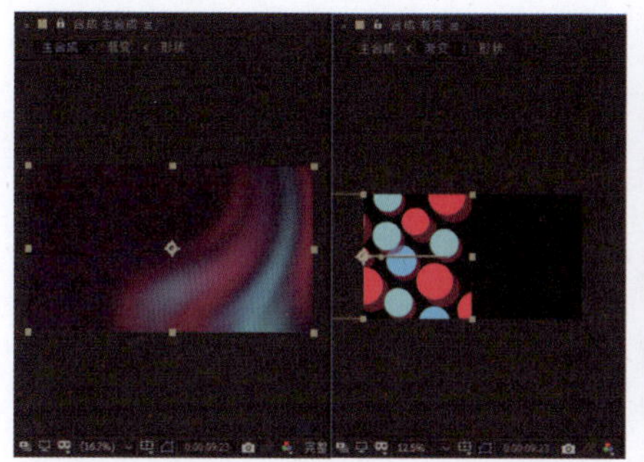

图9-342 创建预合成并制作位置移动的动画

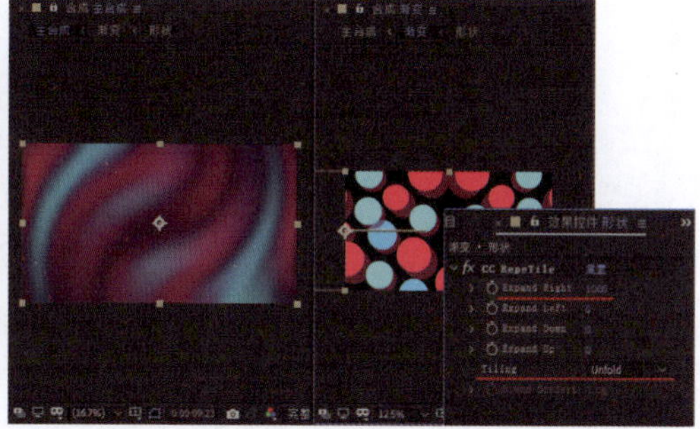

图9-343 应用“CC RepeTile”效果

STEP 06 关闭新建的合成窗口，返回“主合成”编辑状态中。最后为“渐变”图层添加“色相/饱和度”效果，提升色彩整体的饱和度，添加“曲线”效果，对 Alpha 通道曲线进行调整，提高整体亮度。至此，完成渐变抽象背景动画的制作，预览动画效果如图 9-344 所示。

图9-344 预览渐变抽象背景动画效果

9.12 解惑答疑

利用After Effects中的效果不仅能够对视频动画进行丰富的艺术加工，还可以提高视频动画的质量和效果。

9.12.1 有没有其他应用效果的方法

在第8章中已经介绍了为图层应用效果的两种方法，一种是执行“效果”菜单中相应的效果命令，另一种是使用“效果和预设”面板。除了这两种方法，还有另外两种方法同样可以为图层应用相应的效果。

使用右键菜单

在“时间轴”面板中需要添加效果的图层上单击鼠标右键，在弹出的快捷菜单中执行“效果”子菜单中的效果命令即可。

拖曳的方法

在“效果和预设”面板中选择某个需要添加的效果，然后将其拖曳到“时间轴”面板中需要应用该效果的图层上，同样可以为该图层添加效果。

9.12.2 为图层应用多个效果，效果的应用顺序会对最终结果产生影响吗

效果的应用顺序不同，会对最终的结果产生影响。当为某个图层应用了多个效果时，会按照应用的先后顺序从上到下排列，即新添加的效果位于原效果的下方。如果想更改效果的位置，可以在“效果控件”面板中通过直接拖动的方法，将某个效果上移或者下移。需要注意的是，效果应用的顺序不同，产生的效果也不同。

9.13 总结扩展

合理地使用After Effects中内置的效果，可以很方便地将静态素材制作成绚丽的动态效果。

9.13.1 本章小结

本章主要介绍了After Effects中大部分效果的功能和使用方法，了解并掌握After Effects中各种效果的使用，是在After Effects中处理视频动画特效的基础。在实际应用过程中，可以根据需要为素材添加多种效果，从而制作出更加丰富的视频动画效果。

9.13.2 扩展练习——调整照片画面的季节

素　材：第9章\素材\913201.jpg
源文件：第9章\9-13-2.aep
技术要点：掌握“颜色平衡”效果的应用与设置方法

扫描观看视频

扫描下载素材

STEP 01 在 After Effects 中新建一个空白项目，导入素材图像“913201.jpg”，将素材图像拖入“时间轴”面板中，自动创建与该素材图像尺寸大小相同的合成，如图 9-345 所示。

STEP 02 执行“效果 > 颜色校正 > 颜色平衡”命令，为其应用“颜色平衡”效果，在“效果控件”面板中对阴影区域的色彩平衡选项进行设置，效果如图 9-346 所示。

图9-345 导入并拖入素材图像

图9-346 对阴影区域进行设置后的效果

STEP 03 在“效果控件”面板中对中间调区域的色彩平衡选项进行设置，效果如图 9-347 所示。在“效果控件”面板中对高光区域的色彩平衡选项进行设置，效果如图 9-348 所示。

图9-347 对中间调区域进行设置后的效果

图9-348 对高光区域进行设置后的效果

STEP 04 完成风景照片季节的调整，可以看到处理前后的效果对比如图 9-349 所示。

图9-349 素材图像处理前后效果对比

读书笔记

第10章 渲染输出

在After Effects中完成动画的制作后，还需要将所制作的动画渲染输出为所需要的格式。在After Effects中，可以将合成项目渲染输出为视频文件、音频文件或者序列图片等，渲染输出设置直接影响动画最终呈现出来的效果。本章将详细介绍在After Effects中渲染输出动画的方法和技巧等知识，使读者掌握将动画输出为不同格式文件的方法。

Learning Objectives
学习重点

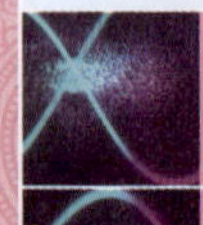
261 页
将项目文件输出为视频

263 页
结合 Photoshop 输出 GIF 动画图片

265 页
实现将动画嵌入手机模板的表现方式

10.1 渲染区域

在After Effects中完成一个项目文件的制作后，最终都需要将其渲染输出。有时只需将影片中的一部分渲染输出，而不是工作区的整个动画，此时就需要调整渲染区域，从而将部分动画渲染输出。

10.1.1 手动调整渲染区域

渲染区域位于“时间轴”面板中，由“工作区域开头”和“工作区域结尾”两个点来控制渲染区域，如图10-1所示。

工作区域开头　　工作区域结尾

图10-1 渲染区域

调整渲染区域的方法有两种，一种是通过拖动相应的图标调整渲染区域，另一种是使用快捷键调整渲染区域，两种方法都可以完成渲染区域的调整设置，从而渲染输出部分影片。

手动调整渲染区域的方法很简单，只需分别拖动“工作区域开头”图标和“工作区域结尾”图标至合适位置，即可完成渲染区域的调整，如图10-2所示。

图10-2 手动调整渲染区域

如果想要精确地控制“时间轴”面板中的渲染区域，首先将“时间指示器”调整到相应的位置，然后按住【Shift】键的同时拖动开始或者结束工作区，可以吸附到“时间指示器”的位置。

10.1.2 使用快捷键调整渲染区域

除了手动调整渲染区域，还可以使用快捷键进行调整，操作起来更加方便快捷。

在“时间轴”面板中，将“时间指示器”拖动至需要的时间帧位置，按【B】键，即可调整“工作区域开头”到当前位置；将“时间指示器”拖动至需要的时间帧位置，按【N】键，即可调整“工作区域结尾”到当前的位置。

10.2 渲染设置

在After Effects中，主要通过“渲染队列”面板设置渲染输出参数，在该面板中可以控制整个渲染进度，调整各个合成项目的渲染顺序，设置每个合成项目的渲染质量、输出格式和路径等。

执行“合成>添加到渲染队列”命令，或者按【Ctrl+M】组合键，即可打开“渲染队列”面板，如图10-3所示。

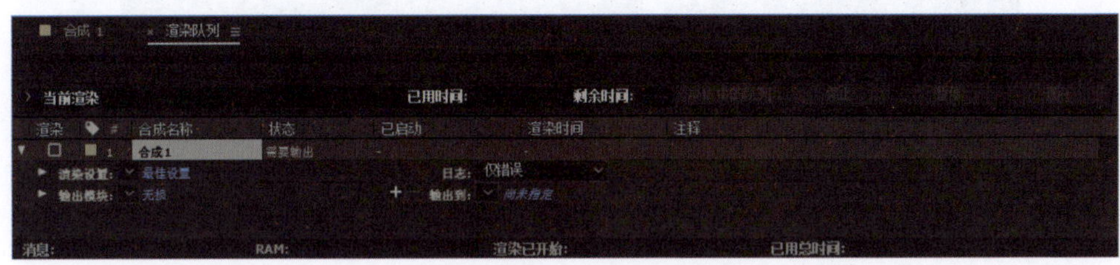

图10-3 “渲染队列”面板

在对项目文件进行渲染输出之前，首先需要对项目文件的渲染选项进行设置，包括项目文件的渲染设置、输出位置等，这样才能用正确的渲染设置对项目文件进行渲染输出。

10.2.1 “渲染设置”选项

在After Effects中提供了多个常用的渲染预设模板，用户可以根据需要直接选择预设的渲染模板对项目文件进行渲染设置。

在“渲染队列”面板中某个需要渲染输出的合成下方，单击“渲染设置”选项右侧的下三角按钮，即可在打开的下拉列表框中选择系统自带的渲染预设，如图10-4所示。

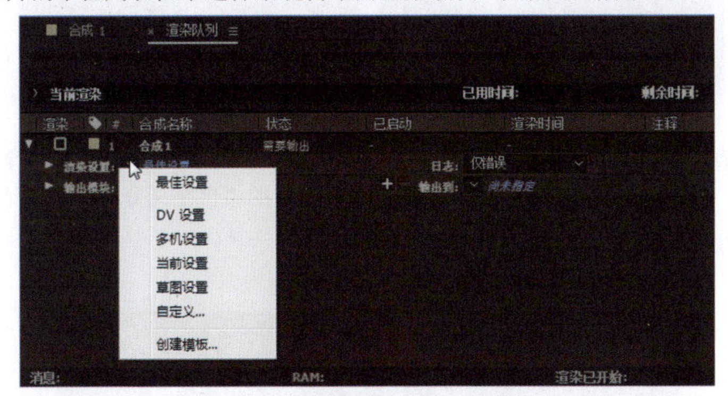

图10-4 “渲染设置”下拉列表框

- 最佳设置：选择该选项，系统会以最好的质量渲染当前项目，该选项为默认选项。
- DV设置：选择该选项，系统则会使用DV模式设置进行项目渲染。

- 多机设置：选择该选项，系统将使用多机器渲染设置进行项目渲染。
- 当前设置：选择该选项，系统将使用合成窗口中的参数设置进行渲染。
- 草图设置：选择该选项，系统将使用草稿质量输出影片。一般情况下，在测试、观察时选择该选项。
- 自定义：选择该选项，弹出“渲染设置”对话框，在其中用户可以自定义渲染设置选项，如图10-5所示。
- 创建模板：选择该选项，弹出“渲染设置模板”对话框，如图10-6所示，用户可以自行进行渲染模板的创建。

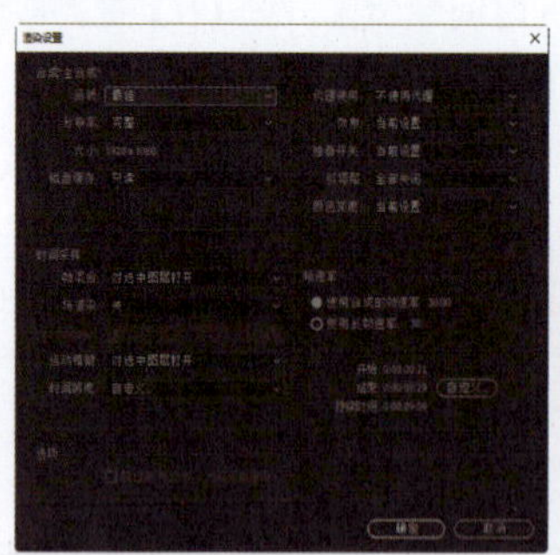

图10-5 “渲染设置”对话框

图10-6 “渲染设置模板”对话框

10.2.2 “渲染设置”对话框

在“渲染队列”面板中，单击“渲染设置”选项右侧的下三角按钮，在打开的下拉列表框中选择“自定义”选项，弹出“渲染设置”对话框，如图10-7所示。

“渲染设置”对话框中各选项的说明如下。

- 品质：该选项用于设置项目文件的渲染质量，在其下拉列表框中可以选择相应的选项，如图10-8所示。

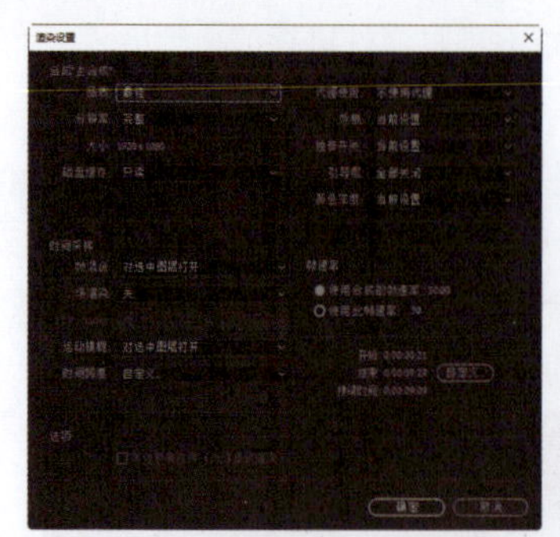

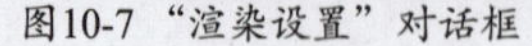

图10-7 “渲染设置”对话框　　图10-8 “品质”下拉列表框

- 分辨率：该选项用于设置渲染项目文件的分辨率，在其下拉列表框中可以选择相应的选项，如图10-9所示。如果选择“自定义”选项，则可以在弹出的“自定义分辨率”对话框中进行设置，如图10-10所示。

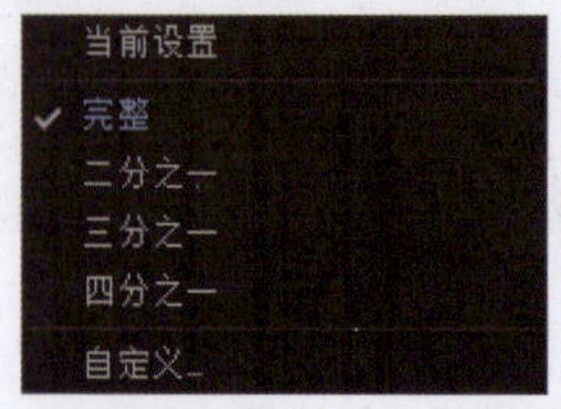

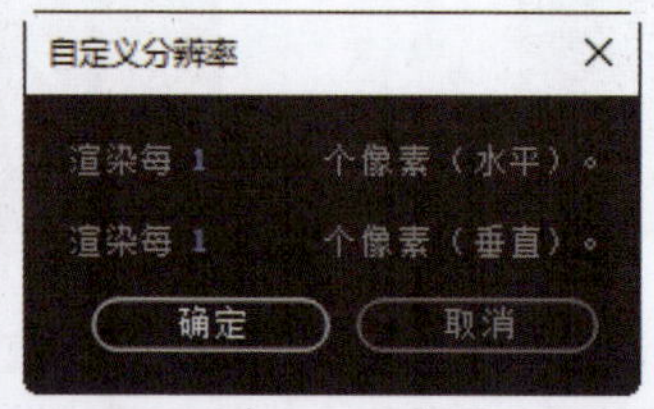

图10-9 “分辨率”下拉列表框　图10-10 “自定义分辨率”对话框

- 大小：该选项用于显示当前项目文件的尺寸大小。
- 磁盘缓存：该选项用于设置在项目文件的渲染输出过程中是否使用磁盘缓存。选择“只读”选项，表示使用缓存设置。
- 代理使用：该选项用于设置是否使用代理素材，在其下拉列表框中包括“使用所有代理”、“仅使用合成代理”和“不使用代理”3个选项。
- 效果：该选项用于设置是否使用效果，在其下拉列表框中包括“全部开启”和“全部关闭”2个选项。
- 独奏开关：该选项用于设置渲染输出项目文件时是否关闭图层独奏功能。
- 引导层：该选项用于设置渲染输出项目文件时是否关闭引导层，即不渲染输出引导层内容。
- 颜色深度：该选项用于设置渲染输出项目文件的颜色浓度，在其下拉列表框中包括“每通道8位”、“每通道16位”和“每通道32位”3个选项。
- 帧混合：该选项用于设置在渲染输出项目文件时是否采用“帧混合”模式。
- 场渲染：该选项用于设置在渲染输出项目文件时是否采用场渲染方式，在其下拉列表框中包括“关”、“高场优先”和“低场优先”3个选项。
- 3:2 Pulldown：该选项用于设置3:2下拉的引导相位法。
- 运动模糊：该选项用于设置在渲染输出项目文件时是否采用运动模糊，在其下拉列表框中包括“对选中图层打开”和“对所有图层关闭”2个选项。
- 时间跨度：该选项用于定义当前项目文件的渲染输出范围，在其下拉列表框中可以选择相应的选项，如图10-11所示。如果选择“自定义”选项，可以在弹出的“自定义时间范围”对话框中设置需要渲染输出的范围，如图10-12所示。

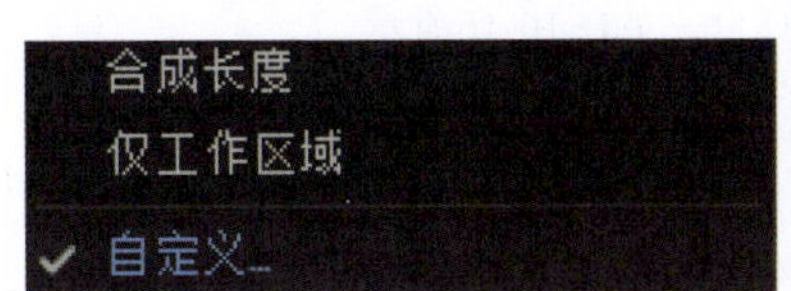

图10-11 “时间跨度”下拉列表框

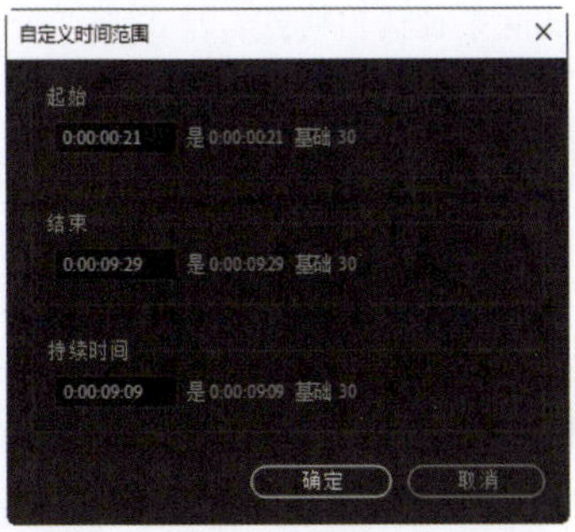

图10-12 “自定义时间范围”对话框

- 帧速率：在该选项组中可以设置渲染输出的项目文件使用哪种帧速率，默认选中“使用合成的帧速率”单选按钮，也可以选中“使用此帧速度”单选按钮，并在后面设置渲染输出文件时需要使用的帧速率。
- 跳过现有文件（允许多机渲染）：选择该复选框，系统将自动忽略已存在的序列图片，即忽略已经渲染过的序列帧图片，该选项主要用于网络渲染。

10.2.3 “输出模块”选项

在“渲染队列”面板中某个需要渲染输出的合成下方，单击“输出模块”选项右侧的下三角按钮，可以在打开的下拉列表框中选择不同的输出模块，如图10-13所示。默认选择“无损”选项，表示所渲染输出的文件为无损压缩的视频文件。

单击“输出模块”选项右侧的下三角按钮，在打开的下拉列表框中选择“创建模板”选项，弹出“输出模块模板”对话框，如图10-14所示，对相关选项进行设置，单击“确定”按钮，即可创建一个输出模块模板。

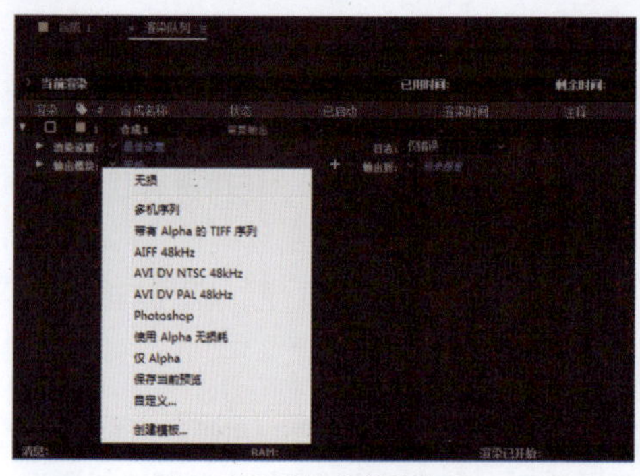

图10-13 预设输出模块选项

图10-14 “输出模块模板”对话框

单击“输出模块”右侧的加号按钮+，可以为该合成添加一个输出模块，如图10-15所示，即可添加一种输出的文件格式。

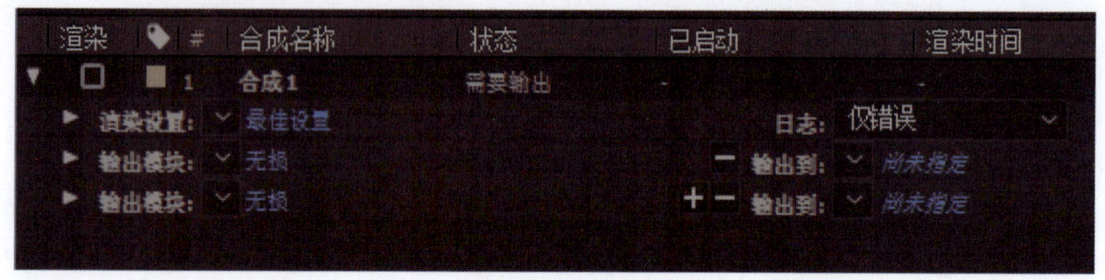

图10-15 添加输出模块

如果需要删除某种输出格式，单击该“输出模块”右侧的减号按钮−即可。需要注意的是，必须至少保留一个输出模块。

10.2.4 “输出模块设置”对话框

在“渲染队列”面板中，单击“输出模块”选项右侧的下三角按钮，在打开的下拉列表框中选择“自定义”选项，弹出“输出模块设置”对话框，如图10-16所示。

“输出模块设置”对话框中各选项的说明如下。

- **格式：该选项用于设置输出文件的格式，在其下拉列表框中可以选择一种输出文件格式，如图10-17所示。**

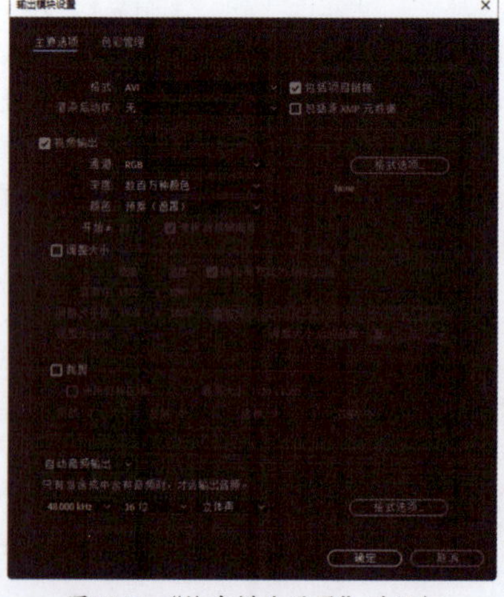

图10-16 “输出模块设置”对话框

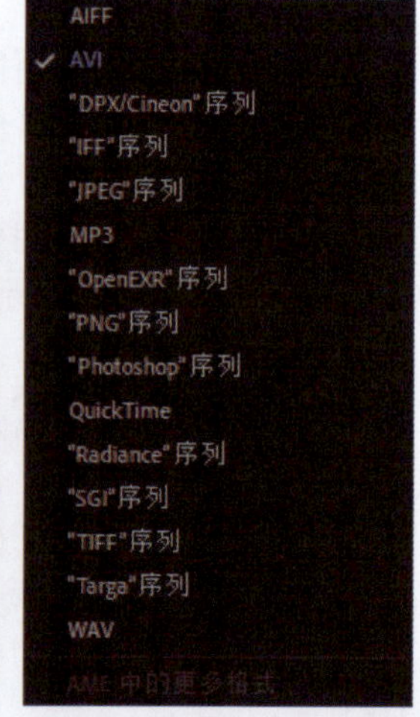

图10-17 “格式”下拉列表框

- 渲染后动作：该选项用于指定After Effects软件是否使用刚渲染的文件作为素材或者代理素材。在其下拉列表框中包含“导入”、“导入和替换用法”和“设置代理”等选项。
- 通道：该选项用于指定渲染动画的输出通道。
- “格式选项”按钮：单击该按钮，可以根据所选择的输出格式弹出相应的格式设置对话框，可以对输出格式的编码进行设置。

虽然在“格式”下拉列表框中选择了渲染输出的格式，但是每种格式文件又有多种编码方式，不同的编码方式会生成完全不同质量的影片，最后产生的文件量也会有所不同。

- 深度：该选项用于选择所输出文件的色彩深度。
- 颜色：该选项用于指定输出文件所包含的Alpha通道为哪种模式。
- 开始#：当输出格式选择的是序列图片时，从该选项中指定序列图片的文件名序列数，以便将来识别方便。也可以选择“使用合成帧编号”复选框，输出的序列图片名称就是其帧编号。
- 调整大小：选择该复选框，可以对“调整大小”选项组中的选项进行设置。在该选项组中可以对渲染输出的文件尺寸大小进行设置。
- 锁定长宽比为：选择该复选框，可以锁定输出的文件的长宽比例不变。
- 渲染在：该选项用于设置是否对渲染输出文件进行大小调整。
- 调整大小到：该选项用于设置输出文件的具体尺寸，也可以从右侧的预置下拉列表框中选择。
- 调整大小后的品质：该选项用于选择调整输出文件尺寸大小后的文件质量。
- 裁剪：选择该复选框，可以对“裁剪”选项组中包含的选项进行设置。在该选项组中可以对渲染输出的文件画面进行裁切设置。
- 顶部/左侧/底部/右侧：分别用于设置渲染输出的文件上、下、左、右4边被裁切掉的像素数。
- 音频输出：该选项用于设置是否输出音频信息，如果选择“打开音频输出”或者“自动音频输出”选项，则可以在该选项下方设置所输出音频的采样频率等信息。
- “格式选项”按钮：单击该按钮，可以在弹出的对话框中对音频的相关选项进行设置。

10.2.5 “日志”选项

“渲染设置”选项右侧的“日志”选项用于设置渲染动画的日志参数，在其下拉列表框中可以选择日志中需要记录的信息类型，如图10-18所示，默认选择“仅错误”选项。

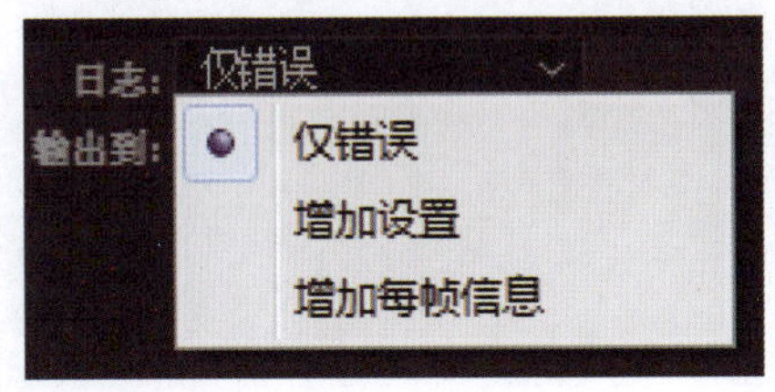

图10-18 “日志”下拉列表框

10.2.6 “输出到”选项

在“渲染队列”面板中某个需要渲染输出的合成下方，有个“输出到”选项，主要用于设置该合成渲染输出的文件位置和名称。单击“输出到”选项右侧的下三角按钮，即可在打开的下拉列表框中选择预设的输出名称格式，如图10-19所示。

默认情况下，输出文件与当前项目文件位于同一个文件夹中，如果需要修改输出文件的位置和名称，可以单击“输出到”选项右侧的输出文件名称，在弹出的“将影片输出到”对话框中选择输出的文件夹并设置输出文件名称即可，如图10-20所示。

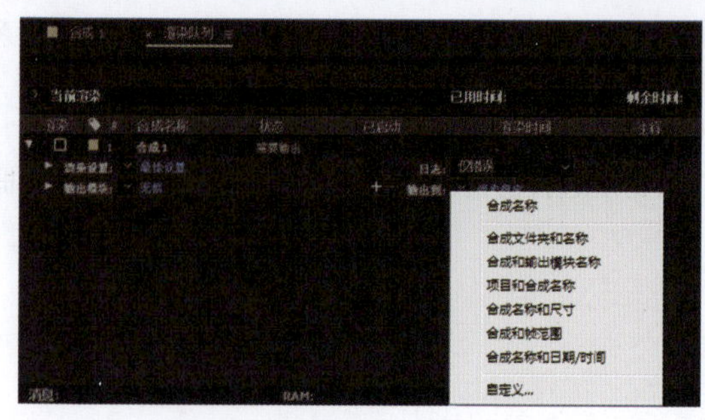

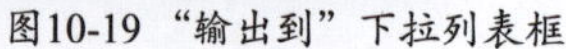
图10-19 “输出到”下拉列表框

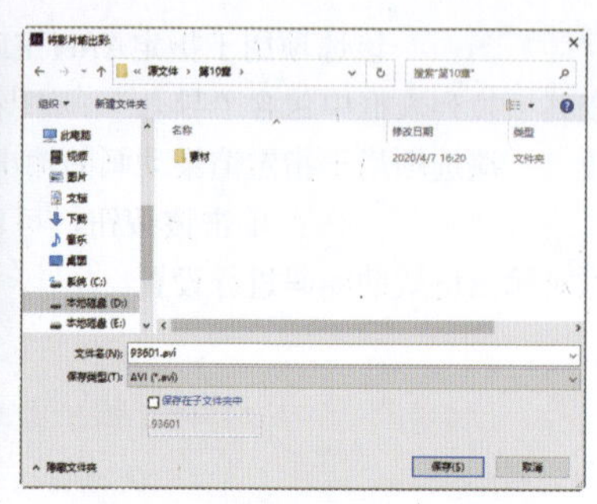

图10-20 “将影片输出到”对话框

10.3 渲染输出设置

在After Effects中要将所制作的动画进行渲染输出，首先需要将该项目文件的合成添加到“渲染队列”面板中，接着对该项目文件的渲染输出选项进行设置，包括输出文件格式、输出位置和名称等信息，最后就可以进行项目文件的渲染输出了。

10.3.1 渲染进度

在“渲染队列”面板中选中需要渲染输出的合成项目，单击“渲染队列”面板右侧的“渲染”按钮，即可按照设置对渲染队列中的合成进行渲染输出，并显示渲染进度，如图10-21所示。

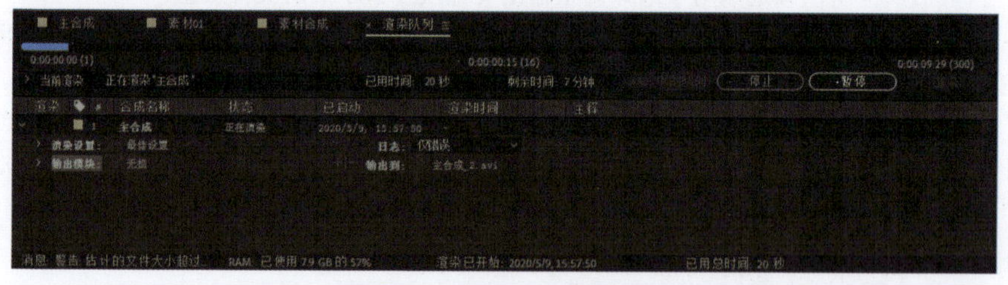

图10-21 “渲染队列”面板

- 当前渲染：单击该选项前的箭头图标，可以展开当前所渲染输出的动画的详细信息，包括当前正在渲染的图层，以及渲染输出的位置、文件名称、预估输出文件大小等信息，如图10-22所示。

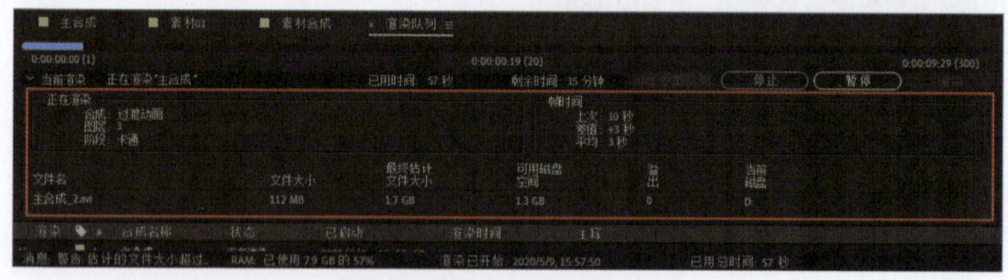

图10-22 查看当前渲染的相关信息

- 已用时间：显示渲染当前影片已经使用的时间。
- 剩余时间：显示渲染整个影片估计要使用的剩余时间长度。
- “渲染”按钮：在“渲染队列”面板中对需要输出的项目进行输出设置后，单击该按钮，即可对项目文件进行渲染输出。
- “暂停”按钮：在项目文件的渲染输出过程中，单击该按钮，可以暂停项目文件的渲染输出，同时该按钮变为“继续”按钮，单击“继续”按钮，可以继续对项目文件进行渲染输出。
- “停止”按钮：单击该按钮，可以停止当前项目文件的渲染输出。
- “AME中的队列”按钮：在对项目文件进行渲染输出之前，在“渲染队列”面板中选择相应的项目文件，单击该按钮，可以将渲染项目添加到Adobe Media Encoder队列中。

- 消息：此处显示在项目文件渲染输出过程中的一些提示信息。
- RAM：显示当前渲染项目文件的内存使用量。
- 渲染已开始：显示进行项目文件渲染输出的开始时间。
- 已用总时间：显示渲染项目文件已经使用的时间。

10.3.2 渲染队列

“渲染队列”面板中显示了所有等待渲染的项目列表，并显示了渲染的合成项目名称、状态和渲染时间等信息，用户可以通过“渲染队列”面板对相关参数进行设置，如图10-23所示。

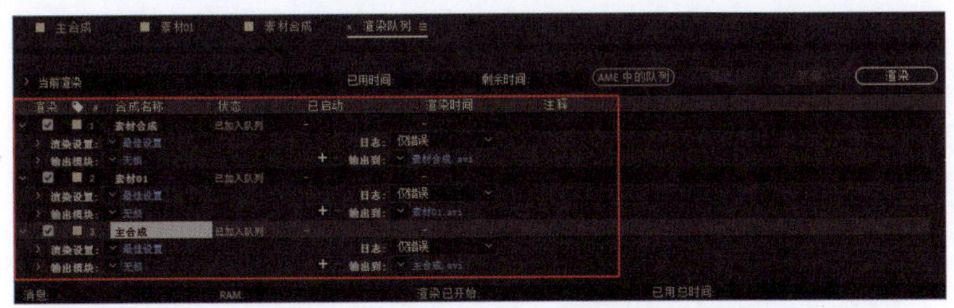

图10-23 “渲染队列”面板

- 渲染：用于设置是否进行渲染操作，只有选择下面各个合成项目前面的复选框后，才可以渲染。
- 标签：标签颜色选择按钮，用于区分不同类型的合成项目，方便用户识别。
- 编号#：After Effects自动对渲染队列中的渲染项目进行编号，决定渲染顺序，可以在合成项目上按住鼠标左键并上下拖曳至目标位置，改变渲染先后顺序。
- 合成名称：显示渲染输出的项目合成名称。
- 状态：显示项目合成的当前渲染状态。
- 已启动：显示项目合成的渲染开始时间。
- 渲染时间：显示项目合成的渲染输出总共花费的时间。
- 注释：显示该项目合成的注释信息内容。

10.3.3 应用案例——将项目文件输出为视频

素　材：无

源文件：第10章\10-3-3.mov

技术要点：掌握将项目文件渲染输出为视频的方法

扫描观看视频

STEP 01 执行“合成 > 打开项目”命令，打开一个制作好的项目文件，如图 10-24 所示。执行“合成 > 添加到渲染队列”命令，将该动画中的合成添加到“渲染队列”面板中，如图 10-25 所示。

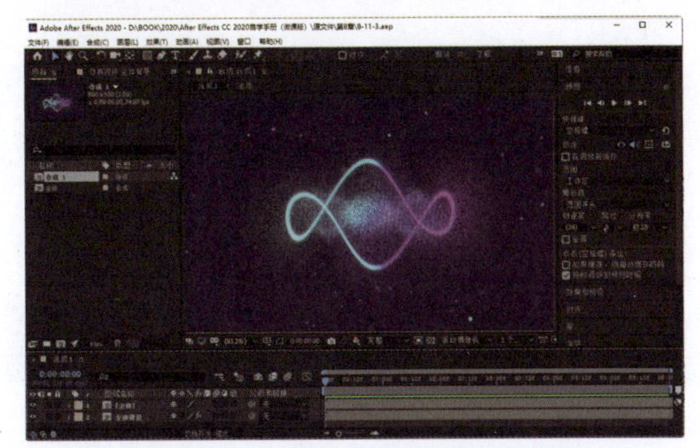

图10-24 打开需要渲染输出的项目文件

图10-25 将合成添加到“渲染队列”面板中

STEP 02 单击“输出模块”选项后的“无损”文字，弹出“输出模块设置”对话框，设置“格式”选项为“QuickTime”，其他选项采用默认设置，如图 10-26 所示。单击“输出到”选项后的文字，弹出“将影片输出到”对话框，设置输出文件的名称和位置，如图 10-27 所示。

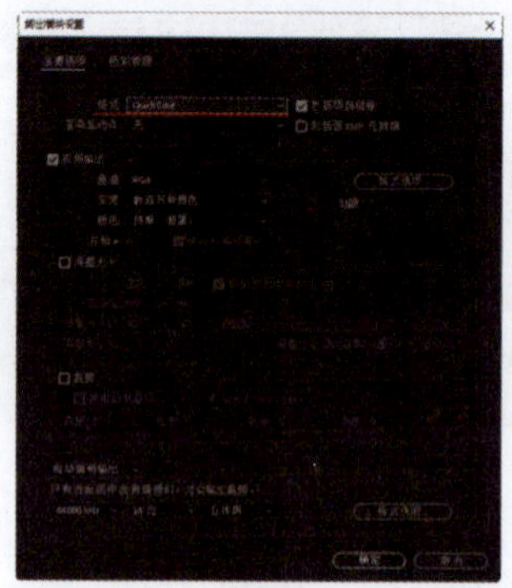

图10-26 “输出模块设置”对话框

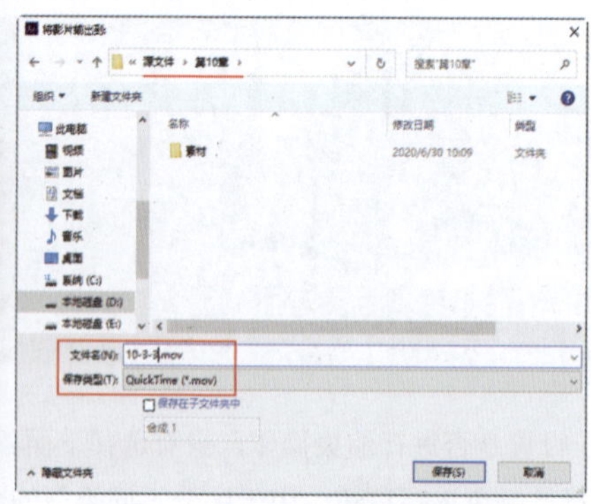

图10-27 选择输出位置并设置名称

STEP 03 单击“渲染队列”面板右上角的“渲染”按钮，即可按照当前的渲染输出设置对合成进行渲染输出，在“渲染队列”面板中显示渲染进度，如图 10-28 所示。输出完成后在选择的输出位置可以看到所输出的“10-3-3.mov”文件，如图 10-29 所示。

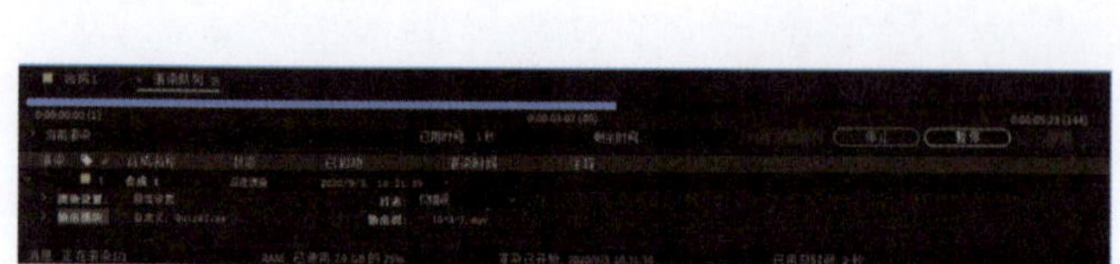

图10-28 显示渲染输出进度

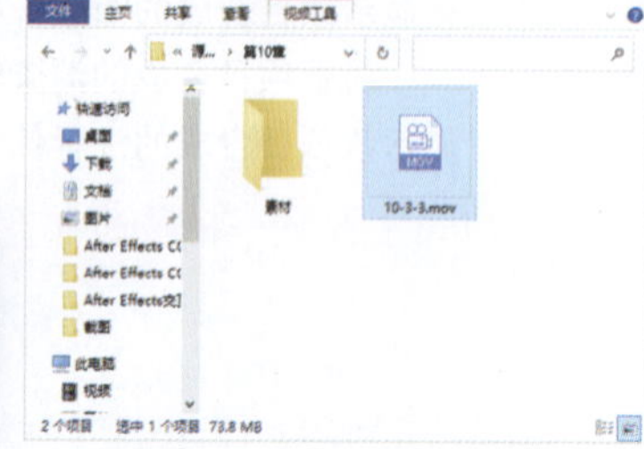

图10-29 得到输出的视频文件

STEP 04 双击所输出的视频文件，即可在视频播放器中看到所渲染输出的项目文件效果，如图 10-30 所示。

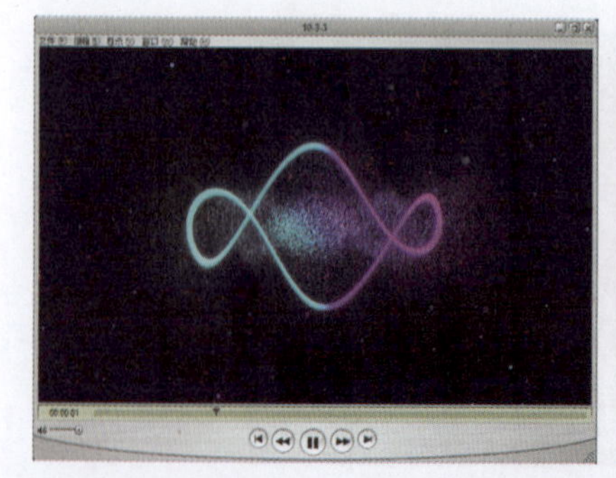

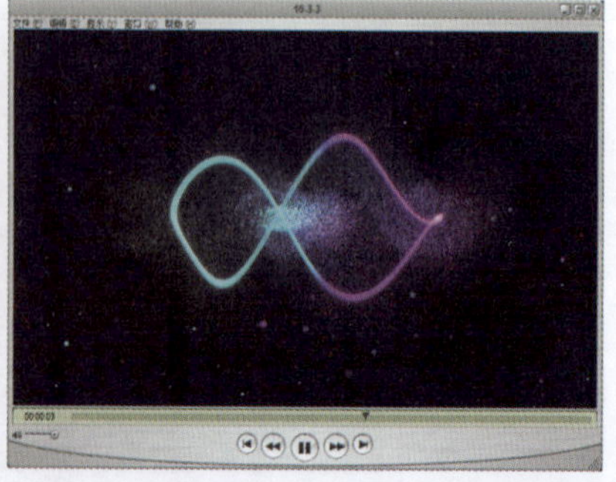

图10-30 在播放器中查看输出的视频效果

10.3.4 应用案例——结合Photoshop输出GIF动画图片

素 材：无

源文件：第10章\10-3-4.gif

技术要点：掌握使用Photoshop输出GIF动画图片的方法

扫描观看视频

STEP 01 启动 Photoshop，执行"文件 > 导入 > 视频帧到图层"命令，在弹出的对话框中选择上一节输出的视频文件，如图 10-31 所示。单击"打开"按钮，弹出"将视频导入图层"对话框，保持默认设置，单击"确定"按钮，如图 10-32 所示。

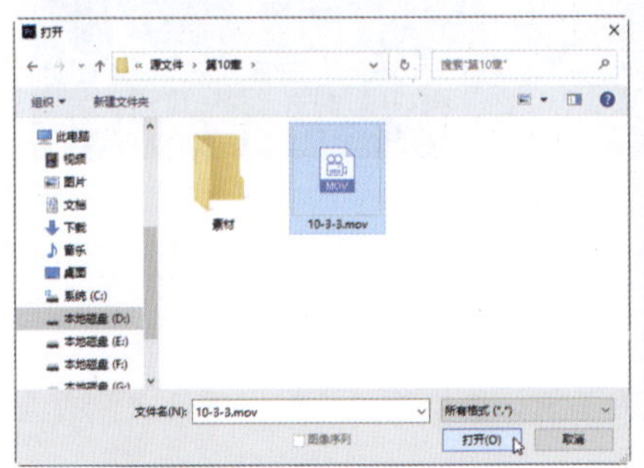
图10-31 选择需要导入的视频文件

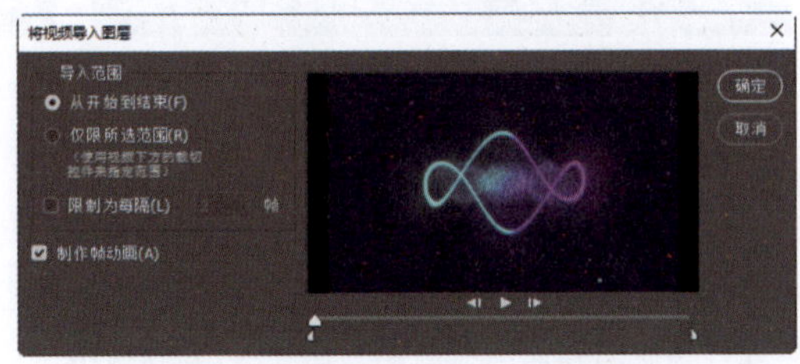

图10-32 "将视频导入图层"对话框

STEP 02 完成视频文件的导入，Photoshop 自动将视频中的每一帧画面导入"时间轴"面板中，如图 10-33 所示。执行"文件 > 导出 > 存储为 Web 所用格式"命令，弹出"存储为 Web 所用格式"对话框，设置"格式"为 GIF，"循环选项"为"永远"，如图 10-34 所示。

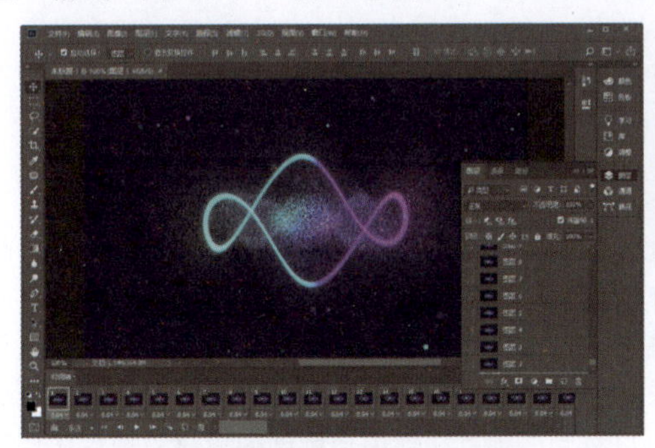
图10-33 将视频导入到Photoshop中

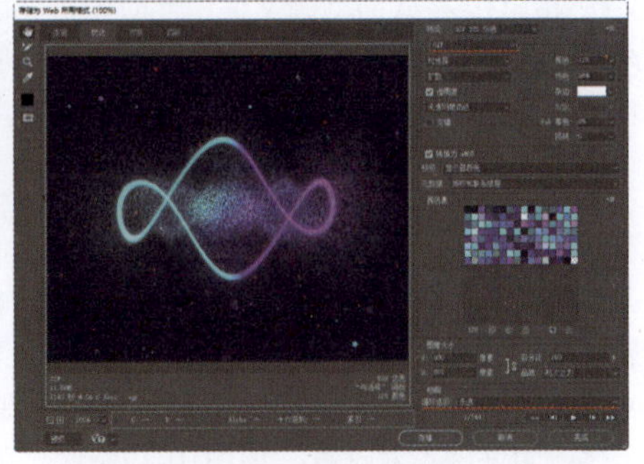
图10-34 "存储为Web所用格式"对话框

STEP 03 单击"存储"按钮，弹出"将优化结果存储为"对话框，选择保存位置并设置保存文件的名称，如图 10-35 所示。单击"保存"按钮，即可完成 GIF 格式动画文件的输出，在选择的输出位置可以看到输出的 GIF 文件，如图 10-36 所示。

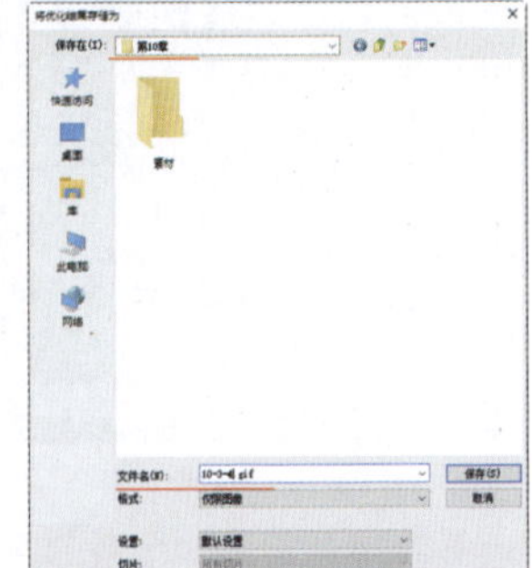
图10-35 选择输出位置并设置名称

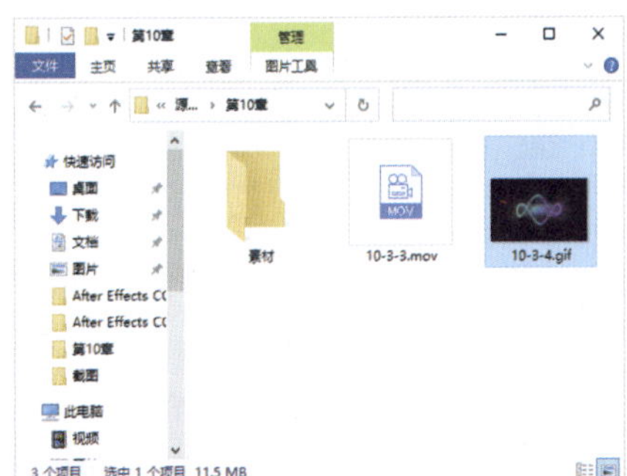

图10-36 得到输出的GIF文件

STEP 04 在浏览器中打开该 GIF 动画文件，可以预览动画效果，如图 10-37 所示。

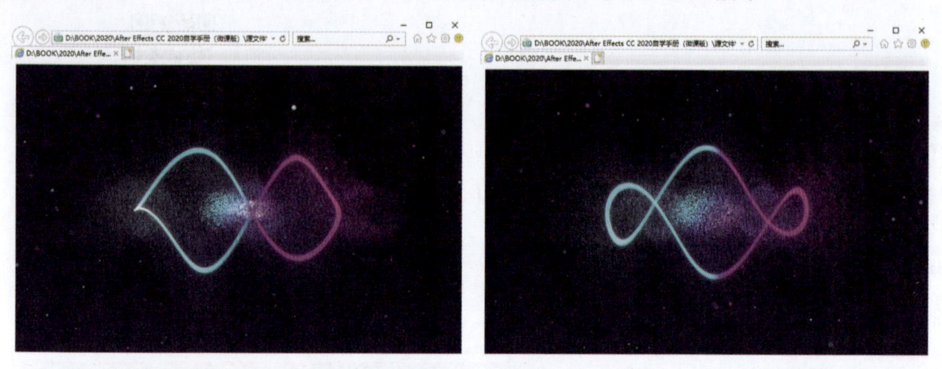

图10-37 在浏览器中预览GIF动画效果

10.4 解惑答疑

渲染是一项重要技术，对于制作数字影片来说尤为重要。渲染输出是制作项目文件的重要一步，掌握好相应的知识，对后期的操作非常有帮助。

10.4.1 在After Effects中能够直接输出GIF动画图片吗

在After Effects中只能渲染输出视频格式文件，不能直接输出GIF动画图片。渲染输出往往是制作影视作品的最后一步，但是在交互动效设计中往往还需要输出GIF格式的动画文件。在After Effects中无法直接输出GIF格式的动画文件，此时就需要配合Photoshop来输出相应的GIF格式动画文件。可以先在After Effects中输出“.mov”格式的视频文件，再将所输出的“.mov”格式视频导入到Photoshop中，利用Photoshop来输出GIF格式动画文件。

10.4.2 如何使用After Effects中的文件打包功能

在After Effects中提供了文件打包的功能，用于收集项目文件中所有文件的副本到一个指定的位置。在渲染项目文件之前使用这个功能，能够有效地保存或者移动项目到其他计算机系统或者方便地将项目文件转交其他用户。执行“文件>整理工程（文件）”命令，在弹出的子菜单中包含多个对项目文件进行整理的命令，如图10-38所示。如果执行“文件>整理工程（文件）>收集文件”命令，则弹出“收集文件”对话框，如图10-39所示，可以将当前项目文件中使用到的素材、项目文件等进行文件打包操作。

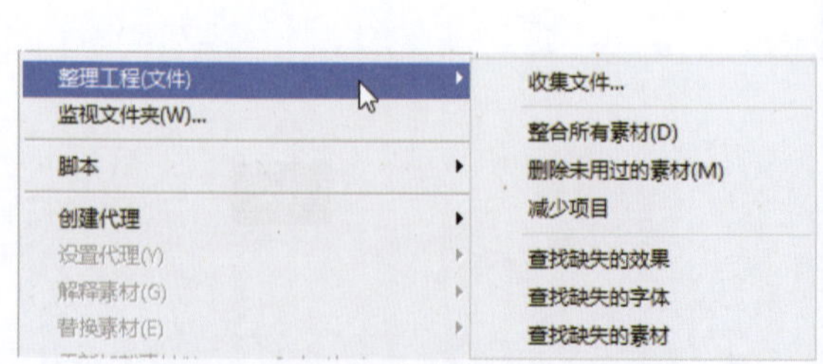

图10-38 “整理工程（文件）”子菜单

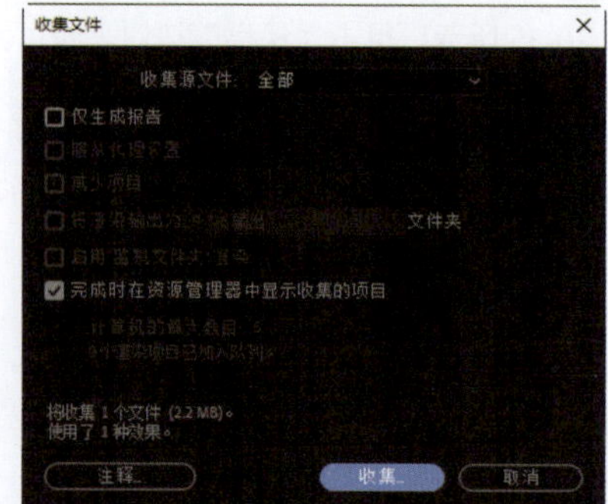

图10-39 “收集文件”对话框

当使用“收集文件”命令对项目文件进行打包时，After Effects会创建一个新的文件夹，以保存新的项目副本、素材副本和指定代理文件的副本，以及描述所需文件、效果和字体的报告。

10.5 总结扩展

渲染输出是在After Effects中制作动画的最后一步操作，也是非常重要的一个步骤，将动画输出为合适的格式，便于将其应用到不同的媒体中。

10.5.1 本章小结

本章主要讲解了After Effects中项目文件的渲染与输出设置，以及设置渲染工作区域的方法，并通过案例的制作介绍了常见文件格式的输出方法。完成本章内容的学习后，读者需要熟练掌握在After Effects中对项目文件进行渲染输出的方法。

10.5.2 扩展练习——实现将动画嵌入手机模板的表现方式

素　材：第10章\素材\105201.jpg
源文件：第10章\10-5-2.mov
技术要点：掌握"边角定位"效果的使用和项目的渲染输出

扫描观看视频

扫描下载素材

STEP 01 执行"合成>新建合成"命令，弹出"合成设置"对话框，参数设置如图10-40所示，单击"确定"按钮，新建合成。导入素材图像"105201.jpg"和项目文件"第5章/5-4-2.aep"，将素材图像和"5-4-2.aep"中的"合成1"拖入"时间轴"面板中，如图10-41所示。

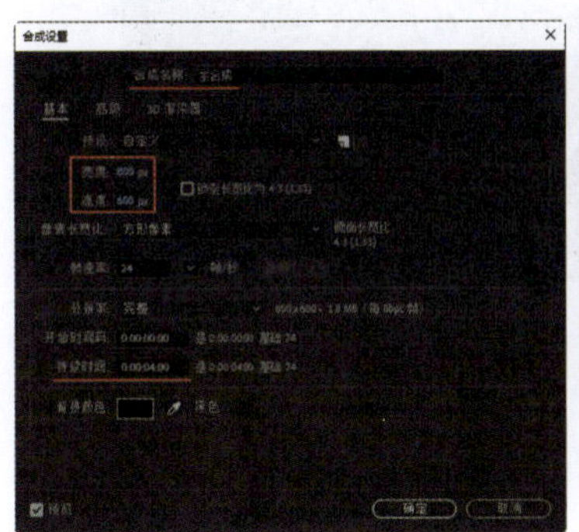
图10-40 "合成设置"对话框

图10-41 "合成"窗口和"时间轴"面板

STEP 02 选择"合成1"图层，执行"效果>扭曲>边角定位"命令，为该图层应用"边角定位"效果，在"合成"窗口中调整各边角点的位置，如图10-42所示。执行"合成>添加到渲染队列"命令，将该动画中的合成添加到"渲染队列"面板中，如图10-43所示。

图10-42 应用"边角定位"效果并调整位置

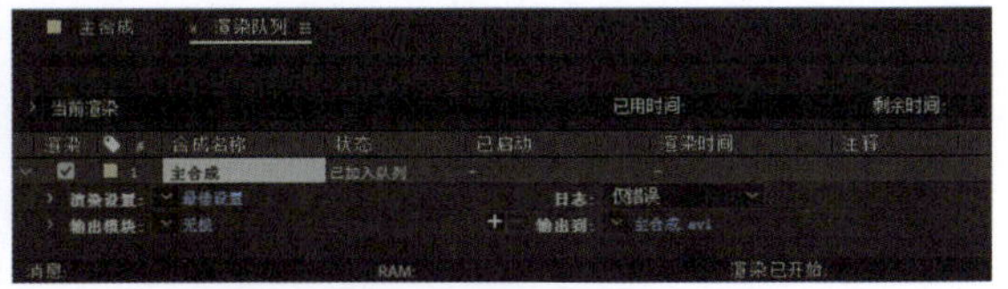

图10-43 将合成添加到"渲染队列"面板中

STEP 03 在"渲染队列"面板中对"输出模块"和"输出到"选项进行设置，单击"渲染"按钮，对当前项目文件进行渲染输出，如图10-44所示。渲染输出完成后，在选择的输出位置可以看到所输出的视频文件，如图10-45所示。

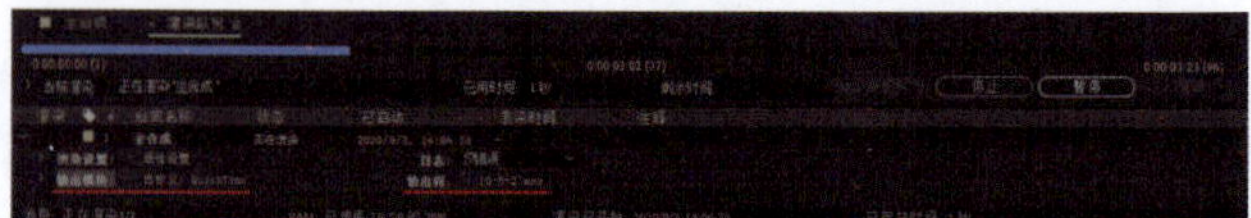

图10-44 设置渲染选项并渲染输出

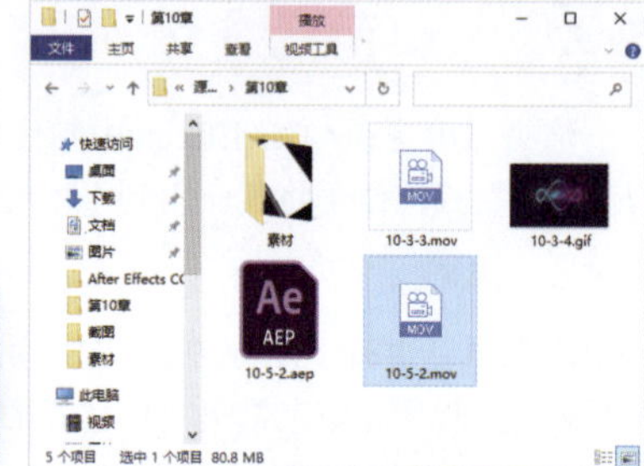

图10-45 得到输出的视频文件

STEP 04 根据前面介绍的使用 Photoshop 输出 GIF 动画图片的方法，还可以将其输出为 GIF 格式的动画图片，预览效果如图 10-46 所示。

图10-46 预览将动画嵌入手机模板的动画效果

Point

第11章 UI交互动画制作

UI交互动画并不是为了娱乐用户，而是为了让用户理解所发生的事情、更有效地说明产品的使用方法等。真正的情感化设计需要设计师设计出精美的UI，整理出清晰的交互逻辑，通过动画效果引导用户，并把漂亮的界面衔接起来。本章将详细介绍UI中常见的交互动画类型，并通过案例的制作使读者掌握在After Effects中制作各种UI交互动画的方法和技巧。

Learning Objectives

学习重点

11.1 开关按钮动画

开关按钮是UI中最基础的交互元素之一，在移动UI中的使用频率非常高。为开关按钮加入动画效果，可以在实际操作过程中为用户带来良好的视觉反馈。

11.1.1 开关按钮的功能与特点

开关，顾名思义就是开启和关闭，开关按钮是移动端界面中常见的元素，一般用于打开或者关闭某个功能。在移动端操作系统中，开关按钮的应用非常常见，通过开关按钮来打开或者关闭应用中的某种功能，这样的设计符合现实生活经验，是一种习惯用法。

移动UI中的开关按钮用于展示当前功能的激活状态，用户通过单击或者“滑动”可以切换该选项或者功能的状态，其表现形式通常包括矩形和圆形两种，如图11-1所示。

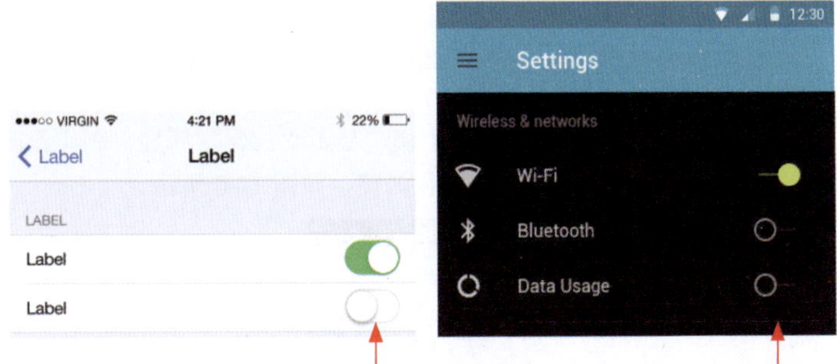

图11-1 移动UI中的开关按钮

在移动UI设计中常常可以为开关按钮控件添加交互动态效果设计，在实际操作时，可以通过交互动画的方式向用户展示功能切换过程，给人一种动态、流畅的感觉。

11.1.2 应用案例——制作开关按钮交互动画

素　材：第11章\素材\无
源文件：第11章\11-1-2.aep
技术要点：掌握开关按钮交互动画的制作

扫描观看视频

STEP 01 执行“合成 > 新建合成”命令，弹出“合成设置”对话框，新建合成，如图 11-2 所示。使用“圆角矩形工具”，在“合成”窗口中绘制一个白色圆角矩形，将该图层重命名为“开关背景”，展开该图层下方的“矩形路径 1”选项，设置“圆度”为 45，效果如图 11-3 所示。

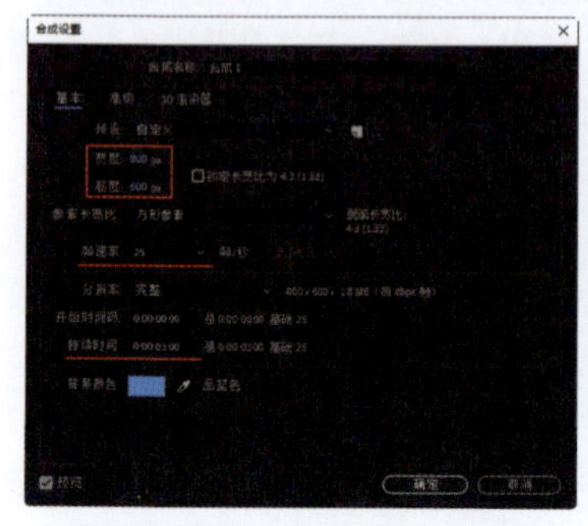
图11-2 设置“合成设置”对话框

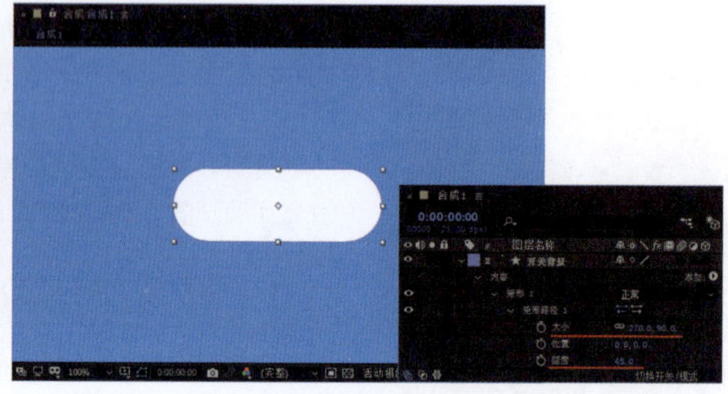
图11-3 绘制圆角矩形并设置属性

STEP 02 不要选择任何对象，使用“椭圆工具”，在“合成”窗口中按住【Shift】键并拖动鼠标绘制一个径向渐变填充的正圆形，调整径向渐变的填充效果，如图 11-4 所示。将该图层重命名为“圆”，为其添加“投影”图层样式，对相关选项进行设置，效果如图 11-5 所示。

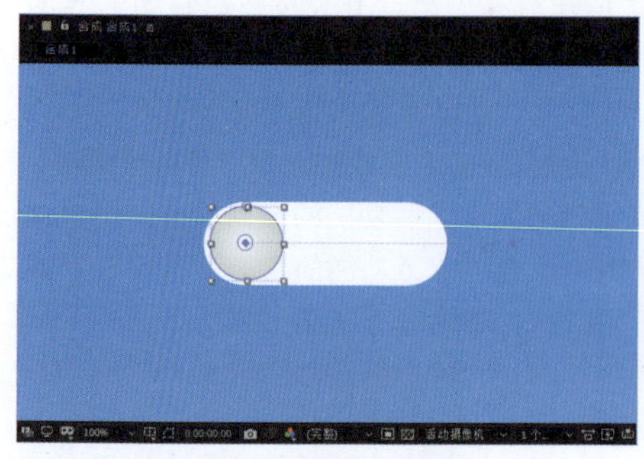
图11-4 绘制径向渐变填充的正圆形

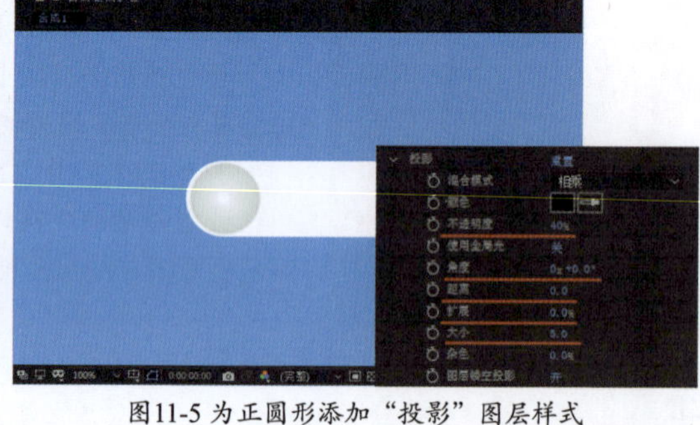
图11-5 为正圆形添加“投影”图层样式

STEP 03 选择“圆”图层，按【P】键，显示“位置”属性，制作正圆形从左到右再到左的位置移动动画效果，并对其运动速度曲线进行调整，如图 11-6 所示。

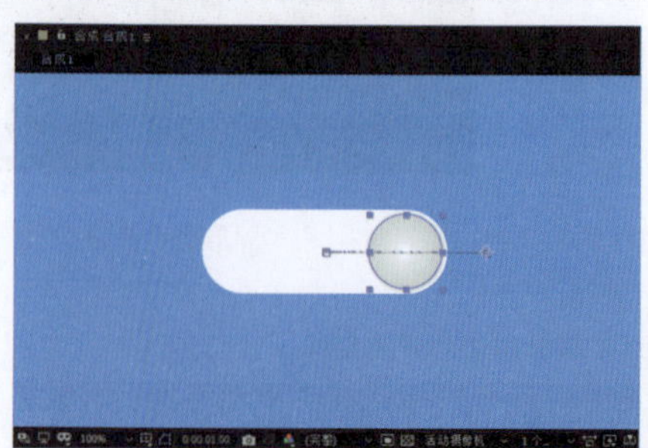

图11-6 制作正圆形位移动画

STEP 04 选择“开关背景”图层，为“填充颜色”属性插入关键帧，制作填充颜色从白色变化到绿色再变化到白色的动画，同样对其运动速度曲线进行调整，如图 11-7 所示。

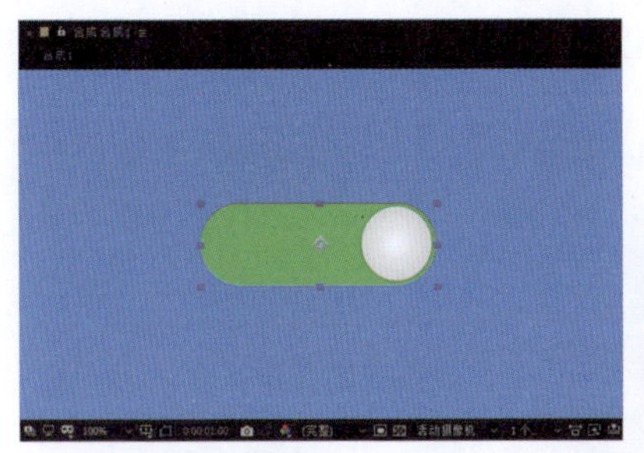

图11-7 制作颜色变化动画

STEP 05 完成开关按钮动画的制作，单击“预览”面板中的“播放/停止”按钮▶，可以在“合成”窗口中预览动画效果，如图 11-8 所示。

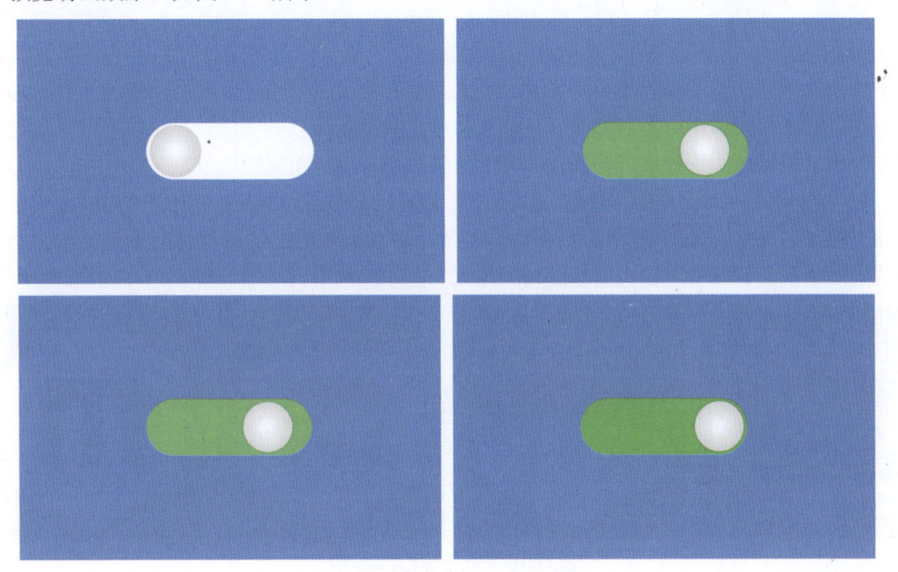

图11-8 预览开关按钮动画效果

11.2 加载进度动画

在浏览移动应用等场景时，由于网速慢或者硬件差等原因，难免会遇上等待加载的情况，耐心差的用户可能会因为操作得不到及时反馈，直接选择放弃。所以在移动端应用程序中还有一种常见的交互动画——进度条动画，通过进度条动画可以使用户了解当前的操作进度，给用户以心理暗示，使用户能够耐心等待，从而提升用户体验。

11.2.1 了解加载进度动画

根据抽样调查，浏览者倾向于认为打开速度较快的移动应用质量更高、更可信，也更有趣。相应地，移动应用的打开速度越慢，浏览者的心理挫折感越强，就会对移动应用的可信性和质量产生怀疑。在这种情况下，用户会觉得移动应用的后台可能出现了某种错误，因为在很长一段时间内，他没有收到任何反馈和提示。而且，缓慢的打开速度会让用户忘记下一步将要做什么，不得不重新回忆，这会进一步恶化用户的使用体验。

提示

移动应用的打开速度对于电子商务类应用来说尤其重要，页面载入的速度越快，就越容易使访问者变成客户，降低客户选择商品后却放弃结账的比例。

如果在等待移动应用加载期间，能够向用户显示反馈信息，比如一个加载进度动画，那么用户能够等待的时间通常会相应地延长。

如图11-9所示，为加载等待动画设计了一个不断弹跳的蛋糕动画，界面表现非常有趣且富有动感，当用户在等待界面内容加载的过程中看到该加载等待动画效果时，增强了应用程序的趣味性，从而给用户带来好感。

图11-9 加载等待动画效果1

虽然目前很多移动应用产品将加载动画作为强化用户第一印象的组件，但是它的实际使用范畴远不止于这一部分，在许多设计项目中，加载动画几乎做到了无处不在，在界面切换、组件加载，甚至幻灯片切换时都可以使用。不仅如此，它还可以用承载数据加载的过程，呈现状态改变的过程，填补崩溃或者出错的界面，承前启后，将错误和等待转化为令用户愉悦的细节。

如图11-10所示的加载动画，巧妙地将产品的Logo与加载动效相结合，使用流动的波浪遮罩逐渐显示出该产品的Logo，不仅表现出界面加载的动效，而且有效增强了用户对产品形象的印象。加载动效的应用使用户在界面中的操作反馈更加明确。

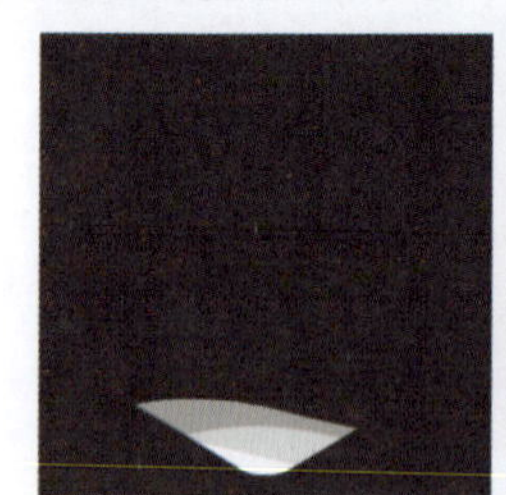
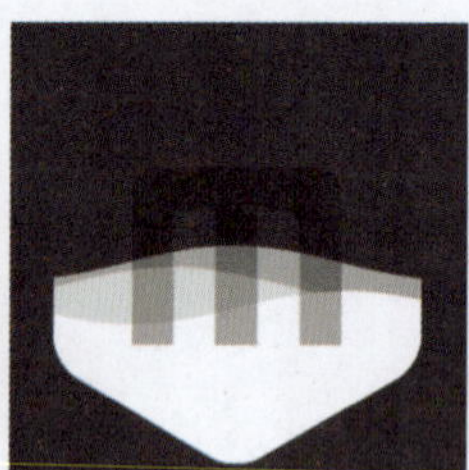

图11-10 加载等待动画效果2

11.2.2 常见的加载进度动画的表现形式

进度条与滚动条非常相似，进度条在外观上只是比滚动条缺少了可拖动的滑块。进度条显示了移动端应用程序在处理任务时，实时的、以图形方式显示的处理当前任务的进度、完成度、剩余未完成任务量的大小和完成可能需要的时间，如下载进度、视频播放进度等。大多数移动端界面中的进度条都以长条矩形的方式显示，其设计方法相对比较简单，重点是色彩的应用和质感的体现，如图11-11所示。

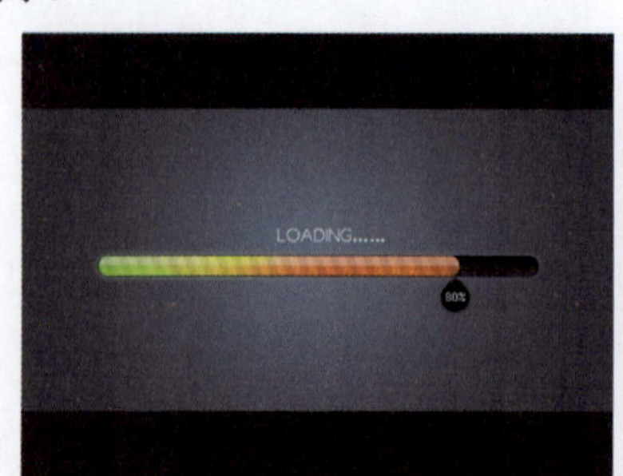

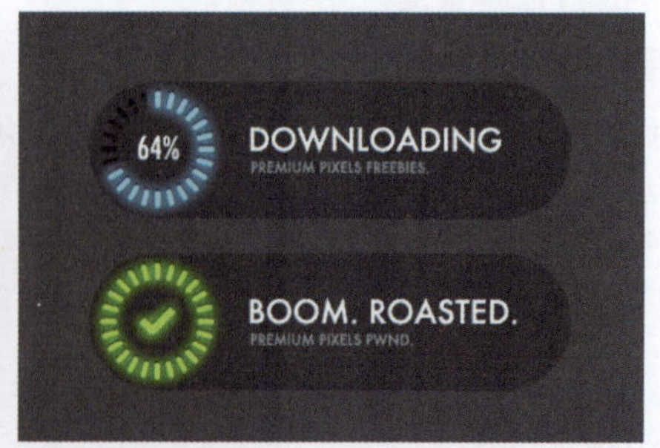

图11-11 常见的进度条动画表现形式

进度条动画一般用于较长时间的加载，通常配合百分比指数，让用户对当前加载进度和剩余等待时间有一个明确的心理预期。

直线形式的进度条是移动端应用中最常见的进度条表现方式之一。如图11-12所示的进度条动画，设计了一只爬行的蜗牛形象，进度条随着蜗牛的爬行而增长，非常直观地表现出当前的进度，给用户以很好的提示。

图11-12 直线进度条动画

圆形的进度条也是目前比较常见的一种进度条动画表现形式。如图11-13所示的进度条，将圆形与贪吃蛇形象很好地结合在一起，贪吃蛇围绕圆点前进，吃掉所有圆点后，则表示加载完成，动画非常形象且富有趣味性。

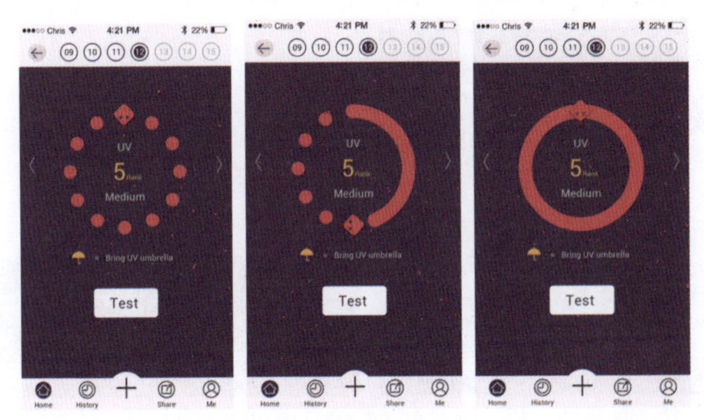

图11-13 圆形进度条动画

11.2.3 应用案例——制作矩形加载进度条动画

素　材：第11章\素材\112301.psd
源文件：第11章\11-2-3.aep
技术要点：掌握矩形加载进度条动画的制作

扫描观看视频　扫描下载素材

STEP 01 导入 PSD 格式素材文件“112301.psd”，自动创建合成。打开该合成，可以看到界面的效果和相关图层，如图 11-14 所示。选择“进度条”图层，使用“矩形工具”，在“合成”窗口中的合适位置拖动鼠标绘制矩形蒙版，如图 11-15 所示。

图11-14 合成效果及相关图层

图11-15 绘制矩形蒙版

STEP 02 为“蒙版 1”选项下方的“蒙版路径”属性插入关键帧，制作“蒙版路径”属性的关键帧动画，并且为关键帧应用“缓动”效果，如图 11-16 所示。

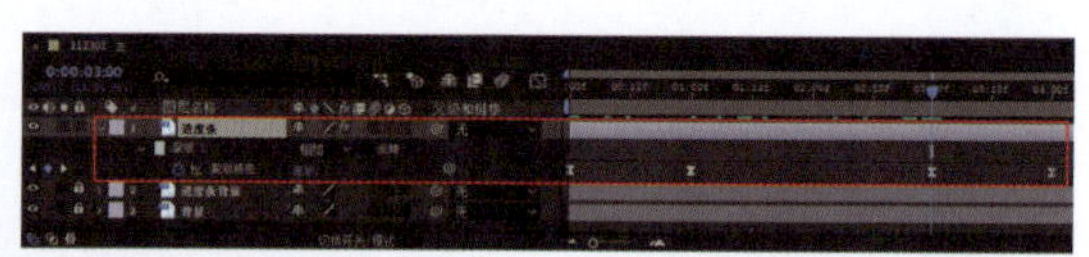

图11-16 制作蒙版路径逐渐变化的动画

STEP 03 选择“进度条”图层，执行“效果>颜色校正>色相/饱和度”命令，为该图层应用“色相/饱和度”效果。为“色相/饱和度”选项中的“通道范围”属性插入关键帧，制作“通道范围”属性的关键帧动画，从而实现进度条在增长过程中色彩逐渐变化的效果，如图 11-17 所示。

图11-17 制作进度条色彩变化的动画

STEP 04 新建空文本图层，执行“效果>文本>编号”命令，为该图层应用“编号”效果，在“效果控件”面板中对相关选项进行设置，将编号数字调整至合适的位置。为“编号”选项下方的“数值/位移/随机最大”属性插入关键帧，并制作出该属性动画，如图 11-18 所示。

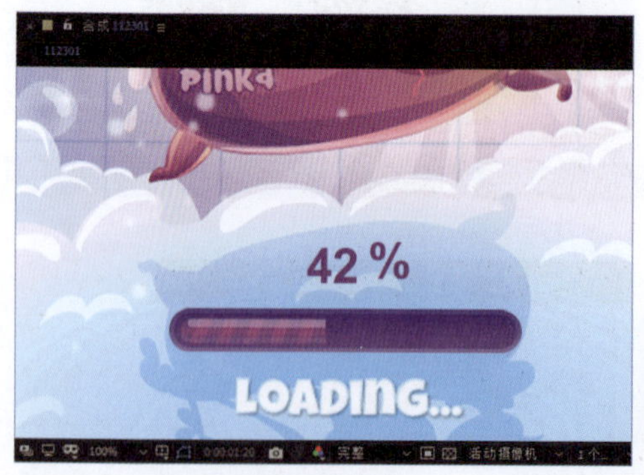

图11-18 制作进度数字动画

STEP 05 完成该矩形进度条动画的制作，单击“预览”面板中的“播放/停止”按钮▶，可以在“合成”窗口中预览动画效果，如图 11-19 所示。

图11-19 预览矩形进度条动画效果

11.3 图标动画

图标设计反映了人们对于事物的普遍理解，同时也展示了社会、人文等多种内容。精美的图标是一个好的移动界面设计的基础。无论何种行业，用户都比较喜欢美观的产品，美观的产品通常会为用户留下良好的第一印象。出色的动态图标设计，能够更加出色地诠释该图标的功能。

11.3.1 图标的概念

图标在广义上是指具有指代意义的图形符号，具有高度浓缩并快速传达信息、便于记忆的特性；狭义上是指应用于计算机软件上的图形符号。其中，操作系统桌面图标是软件或者操作快捷方式的标识，移动界面中的图标是功能标识。

图标在移动界面设计中无处不在，是移动界面设计中非常关键的部分。随着科技的发展和社会的进步，以及人们对美、时尚、趣味和质感的不断追求，图标设计呈现出百花齐放的局面，越来越多精致、新颖、富有创造力和人性化的图标涌入浏览者的视野。图11-20所示为精美的图标设计示例。

通过为简约的图形添加微渐变和微投影来构成图标，并且一系列图标都保持了统一的设计风格。

图11-20 精美的图标设计

图标设计是方寸艺术，应该着重考虑视觉冲击力，需要在很小的范围内表现出应用或者功能的内涵。图标设计不仅需要追求精美、质感，更重要的是具有良好的可用性。近年来，随着人们对美的认知逐渐发生改变，越来越多的设计开始向简约、精致方向发展，在移动端图标设计中，通过简单的图形和合理的色彩搭配构成简约的图标，给人以简约、清晰、实用、一目了然的感觉。图11-21所示为精美的移动界面图标设计示例。

拟物化App图标，通过高光、阴影等表现出图标的质感，给人以较强的视觉冲击力。

扁平化App图标，通过基本图形和纯色来表现图标，突出图标主题，给人一种直观、大方的视觉感受。

图11-21 精美的移动界面图标设计

11.3.2 常见的图标动画的表现形式

现在越来越多的手机应用和Web应用都开始注重图标的交互动画的应用，如手机在充电过程中"电池"图标的动画效果，如图11-22所示，以及音乐播放软件中播放模式的改变等，如图11-23所示。恰到好处的交互动画可以给用户带来愉悦的交互体验。

图11-22 "电池"图标动画　　图11-23 播放模式图标动画

以往，图标的转换十分死板，近年来开始流行在切换图标时加入过渡动画，这种交互动画能够有效提高产品的用户体验。下面介绍图标动画常见的一些表现形式，便于用户在图标动画的设计过程中合理应用。

属性转换法

绝大多数图标动画都离不开属性的变化，这也是应用最普遍、最简单的一种图标动画表现方法。属性包括位置、大小、旋转、透明度、颜色等，如果能够恰当利用这些属性来制作图标的动画效果，可以产生令人眼前一亮的效果。

图11-24所示为一个"下载"图标动画，通过改变图形的位置和颜色属性表现出简单的动画效果，在动画中同时加入缓动，使动画的表现更加真实。

图11-24 "下载"图标动画

图11-25所示为一个"Wi-Fi网络"图标动画，通过图形的旋转属性使组成图形的形状围绕中心进行左右晃动，晃动的幅度从大到小，直到最终停止，同时加入缓动效果，使动画的表现更加真实。

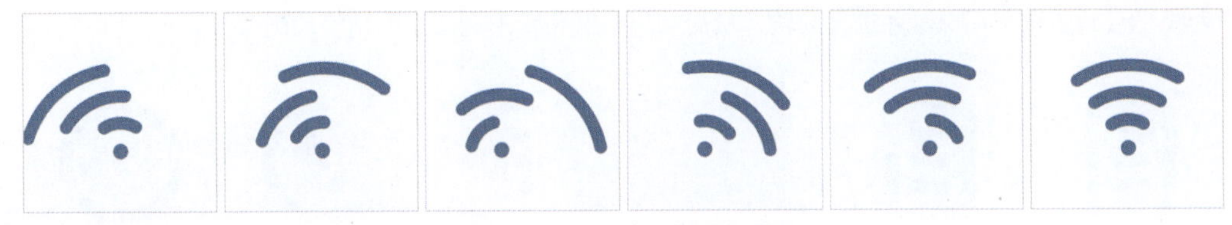

图11-25 “Wi-Fi网络”图标动画

路径重组法

路径重组法是指将组成图标的笔画路径在动画过程中进行重组，从而构成一个新的图标。采用路径重组法的图标动画，需要设计师能够仔细观察两个图标之间笔画的关系，是一种目前比较流行的图标动画表现方法。

图11-26所示为一个“菜单”图标与“返回”图标之间的交互切换动画，组成“菜单”图标的3条路径通过旋转、缩放等变化度成箭头形状的“返回”图标，与此同时进行整体的旋转，最终过渡到新的图标。

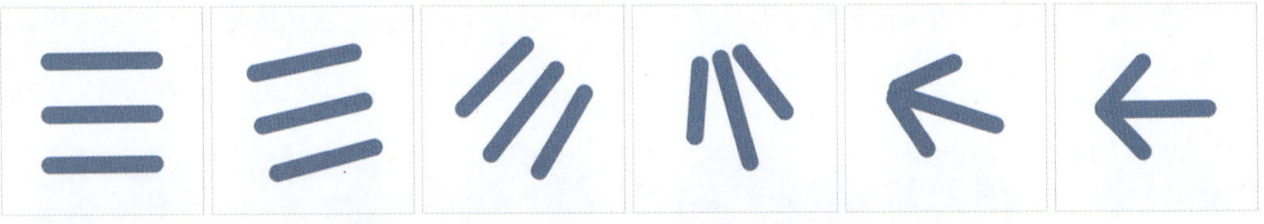

图11-26 “菜单”图标与“返回”图标切换动画

图11-27所示为一个“静音”图标切换动画，对正常状态下的两条路径进行变形处理，将这两条路径变形为交叉的两条直线并放置在图标的右上角，从而表示切换到静音状态。

图11-27 “静音”图标切换动画

点线面降级法

点线面降级法是指应用设计理念中的点、线、面理论，在动画表现过程中将面降级为线、将线降级为点，从而表现图标的切换过渡动画效果。

面与面进行转换时，可以使用线作为介质，一个面先转换为一根线，再通过这根线转换成另一个面。同理，线和线转换时，可以使用点作为介质，一根线先转换成一个点，再通过这个点转换成另一根线。

图11-28所示为一个播放顺序图标切换动画，“顺序播放”图标的路径由线收缩为一个点，然后在下方再添加一个点，两个点同时向外展开为线，从而切换到“随机播放”图标。

图11-28 播放顺序图标切换动画

图11-29所示为一个“更多”图标切换动画，“记事本”图标的路径由线收缩为点，然后由点展

开为线，直到变成圆环形，并进行旋转，从而实现从圆角矩形到圆形的切换动画效果。

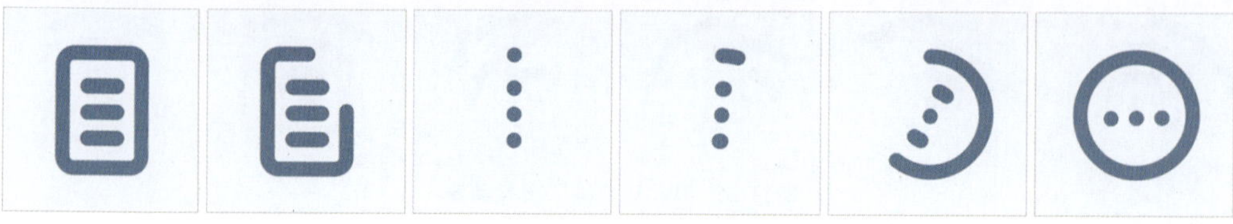

图11-29 “更多”图标切换动画

遮罩法

遮罩法也是图标动画中常用的一种表现方法，两个图形之间相互转换时，可以使用其中一个图形作为另一个图形的遮罩，也就是边界，当这个图形放大时，因为另一个图形作为边界的缘故，转换成另一个图形的形状。

图11-30所示为一个“时间”图标与“字符”图标之间的切换动画，“时间”图标中的指针图形越转越快，同时正圆形背景也逐渐放大，使用不可见的圆角矩形作为遮罩，当正圆形放大到一定程度时，被圆角矩形遮罩从而表现出圆角矩形背景，而时间指针图形也通过位置和旋转属性的变化构成新的图形。

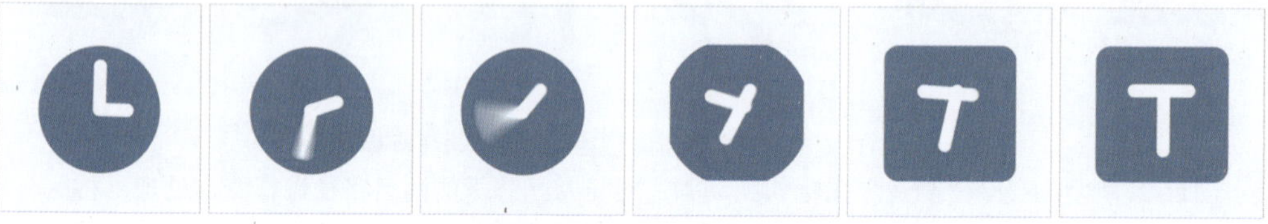

图11-30 “时间”图标与“字符”图标切换动画

分裂融合法

分裂融合法是指构成图标的图形笔画相互融合变形，从而切换为另外一个图标。分裂融合法尤其适用其中一个图标是一个整体，另一个图标由多个分离的部分组成的情况。

图11-31所示为一个“加载”图标与“播放”图标之间的切换动画，“加载”图标的3个小点变形为弧线段并围绕中心旋转再变形为3个小点，由3个小点相互融合变形过渡成一个三角形“播放”图标。

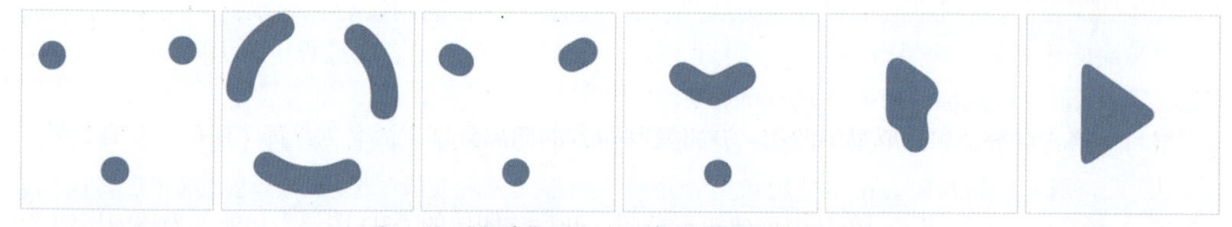

图11-31 “加载”图标与“播放”图标切换动画

图11-32所示为一个“正圆形”图标与“网格”图标之间的交互切换动画，一个正圆形开始缩小并逐渐按顺序分裂出4个圆角矩形，分裂完成后，正圆形效果过渡到由4个圆角矩形构成的“网格”图标。

图11-32 “正圆形”图标与“网格”图标切换动画

图标特性法

图标特性法是指根据所设计的图标在日常生活中的特征或者根据图标需要表达的实际意义，来设计图标的交互动画效果，这就要求设计师具有较强的观察能力和思维发散性。

图11-33所示为一个“删除”图标的动画效果，通过垃圾桶图形来表现该图标。在图标动画的设计过程中，通过垃圾桶的压缩及反弹，以及模拟在重力作用下反弹的盖子，使得该“删除”图标的表现非常生动。

图11-33 “删除”图标动画

11.3.3 应用案例——制作日历图标动画

素　材：第11章\素材\113301.jpg、113302.png
源文件：第11章\11-3-3.aep
技术要点：掌握日历翻转图标动画的制作

扫描观看视频

扫描下载素材

STEP 01 执行“合成 > 新建合成”命令，弹出“合成设置”对话框，新建合成，如图 11-34 所示。导入素材图像“113301.jpg”和“113302.png”，将素材图像分别拖入“时间轴”面板中，并输入相应的文字，效果如图 11-35 所示。

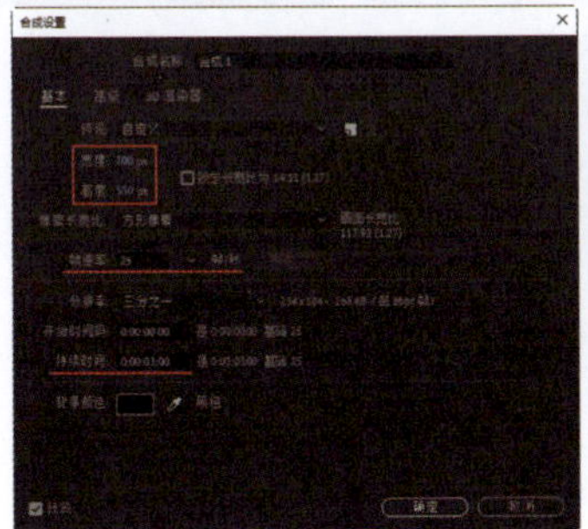
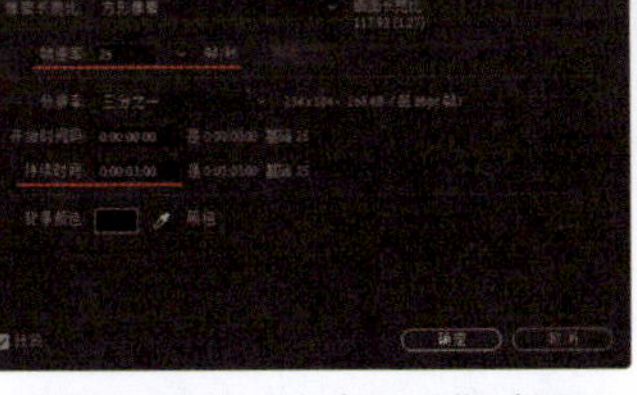

图11-34 设置“合成设置”选项

图11-35 拖入素材并输入文字

STEP 02 在“时间轴”面板中同时选中“113302.png”图层和文字图层，将其创建成一个名称为“底层”的预合成，将“底层”预合成复制两次，并将复制得到的图层分别重命名为“第 1 层”和“第 2 层”，如图 11-36 所示。

STEP 03 选择“第 1 层”图层，在其中创建矩形蒙版，开启该图层的“3D 图层”功能，为该图层的“X 轴旋转”属性插入关键帧，并制作该属性动画效果，如图 11-37 所示。

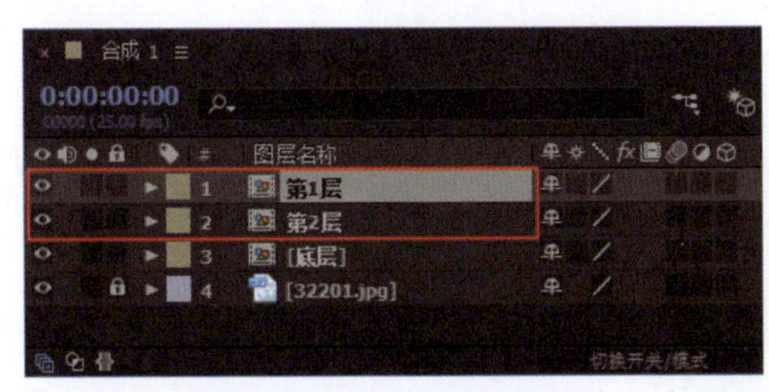

图11-36 创建并复制预合成

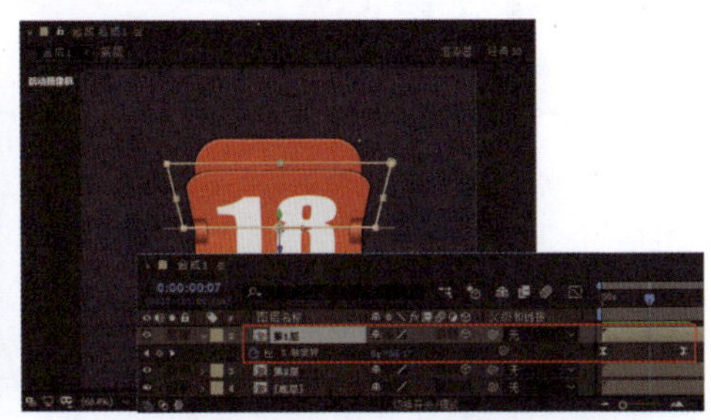

图11-37 制作“X轴旋转”属性动画

STEP 04 选择“第 2 层”图层，在其中创建矩形蒙版，开启该图层的“3D 图层”功能，为该图层的“X 轴旋转”属性插入关键帧，并制作该属性动画效果，如图 11-38 所示。

STEP 05 不要选择任何图层，使用“圆角矩形工具”，在“合成”窗口中绘制一个黑色的圆角矩形，对该圆角矩形的形状进行调整并降低不透明度，效果如图 11-39 所示。

图11-38 制作“X轴旋转”属性动画

图11-39 绘制圆角矩形并调整属性

STEP 06 完成日历图标翻转动画的制作，单击“预览”面板中的“播放/停止”按钮，可以在“合成”窗口中预览动画效果，如图 11-40 所示。

图11-40 预览日历图标动画效果

11.4 导航菜单动画

移动UI中导航菜单的表现形式多种多样，除了目前广泛使用的交互式侧边导航菜单，还有其他一些表现形式。合理的移动端导航菜单动画设计，不仅可以提高用户体验，还可以增强移动端应用的设计感。

11.4.1 交互导航菜单的优势

随着移动互联网的发展和普及，移动端的导航菜单与传统PC端的导航形式有着一定的区别，主要表现为移动端为了节省屏幕的显示空间，通常采用交互式动态导航菜单。默认情况下，在移动端界面中隐藏导航菜单，在有限的屏幕空间中充分展示界面内容；需要使用导航菜单时，再通过单击相应的图标来动态滑出导航菜单。常见的有侧边滑出菜单、顶部滑出菜单等形式，如图11-41所示。

侧边式导航又称为抽屉式导航，在移动端界面中常常与顶部或者底部标签导航结合使用。侧边式导航将部分信息内容隐藏，突出了界面中的核心内容。

图11-41 侧边滑出和顶部滑出导航菜单效果

交互式动态导航菜单能够给用户带来新鲜感和愉悦感，并且能够有效地增强用户的交互体验，但是设计交互式动态导航菜单时不能忽略其本身最主要的性质，即使用性。在设计交互式动态导航菜单时，需要尽可能地使用用户熟悉和了解的操作方法来表现导航菜单动画，从而使用户能够快速适应界面的操作。

11.4.2 交互导航菜单的设计要点

在设计移动端界面导航菜单时，最好能够按照移动操作系统所设定的规范进行，这样不仅使所设计出的导航菜单界面更加美观，而且能与操作系统协调一致，使用户能够根据平时对系统的操作经验，触类旁通地知晓该移动端应用的各项功能和简捷的操作方法，增强移动端应用的灵活性和可操作性。图11-42所示为常见的移动端导航菜单设计。

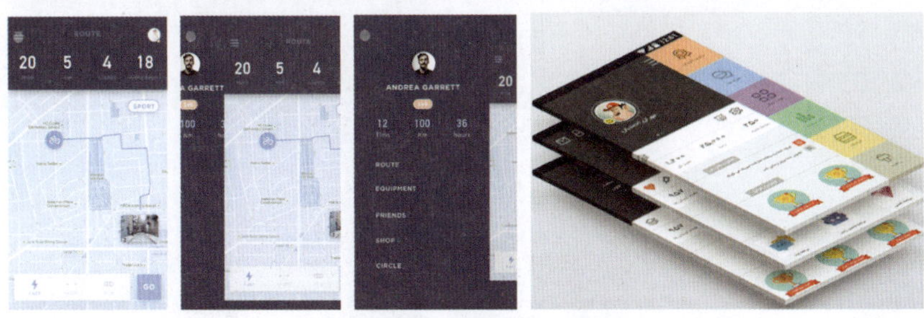

图11-42 常见的移动端导航菜单设计

不可操作的菜单项一般需要屏蔽、变灰

导航菜单中有些菜单项呈灰色形式，并使用虚线字符显示，表示这类命令当前不可用，也就是说，执行此命令的条件当前还不具备。

对当前使用的菜单命令进行标记

对于当前正在使用的菜单命令，可以使用改变背景色或者在菜单命令旁边添加勾号（√），从而区别显示当前选择和使用的命令，使菜单的应用更具有识别性。

对相关的命令使用分隔条进行分组

为了使用户能够在菜单中迅速找到需要执行的命令，可以对菜单中相关的一组命令用分隔条进行分组，从而使菜单界面更清晰、更易于操作。

应用动态和弹出式菜单

动态菜单是指在移动端应用运行过程中会伸缩的菜单，弹出式菜单的设计则可以有效地节约界面空间。通过动态菜单和弹出式菜单的设计和应用，可以更好地提高应用界面的灵活性和可操作性。

图11-43所示为一个移动应用的侧边导航菜单动画，当用户单击界面左上角的导航菜单图标时，隐藏的导航菜单会以交互动画的形式从左侧滑入界面中，并且该界面中的侧边导航菜单还采用了非常规的圆弧状设计，给人留下深刻印象。动态的表现方式使UI的交互性更加突出，有效提高了用户的交互体验。

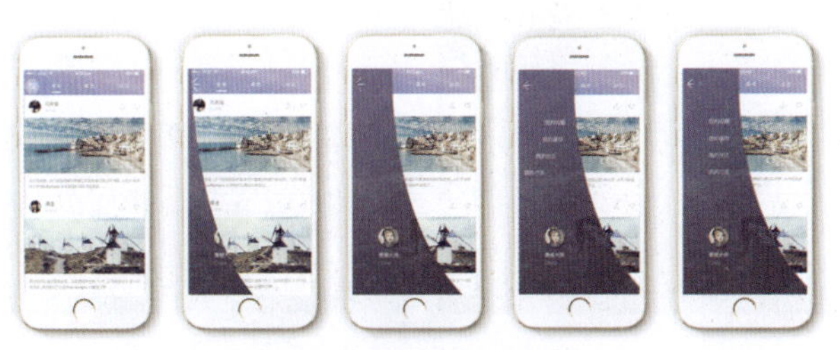

图11-43 侧边导航菜单动画

11.4.3 应用案例——制作侧滑交互导航菜单动画

素　材：第11章\素材\114301.psd
源文件：第11章\11-4-3.aep
技术要点：掌握侧滑交互导航菜单动画的制作

扫描观看视频　扫描下载素材

STEP 01 导入 PSD 格式素材文件“114301.psd”，自动创建合成。打开该合成，可以看到界面的效果和相关图层，如图 11-44 所示。选择“菜单背景”图层，使用“矩形工具”，在“合成”窗口中绘制一个与菜单背景相同大小的矩形蒙版，如图 11-45 所示。

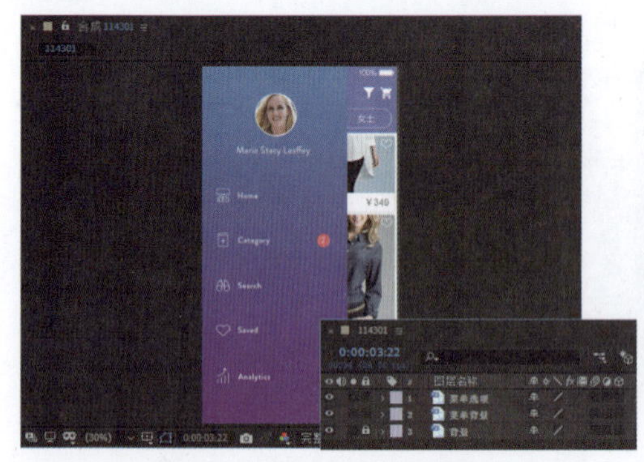
图11-44 合成效果及相关图层

图11-45 绘制矩形蒙版

STEP 02 为该图层下方“蒙版 1”选项中的“蒙版路径”属性插入关键帧，制作蒙版路径变形的动画效果，从而显示出菜单背景元素，如图 11-46 所示。

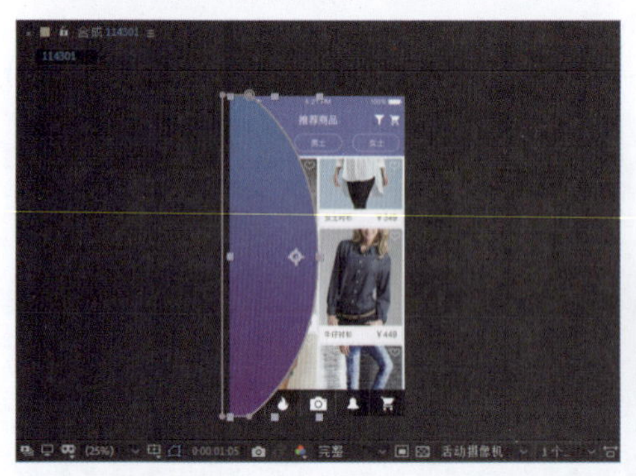
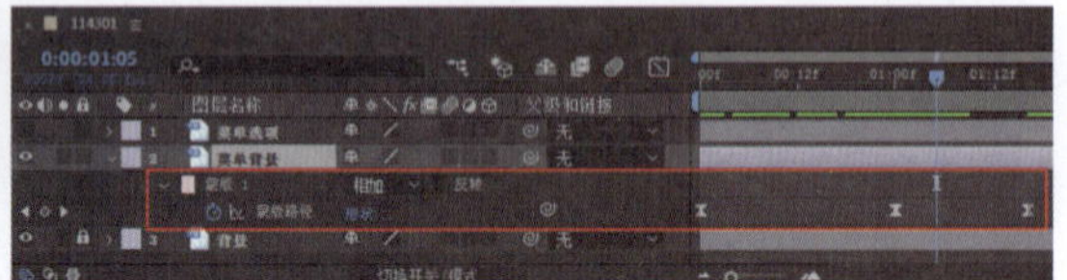
图11-46 制作蒙版路径变形动画效果

STEP 03 选择并显示“菜单选项”图层，为该图层的“位置”和“不透明度”属性插入关键帧，制作该图层中的元素从界面左侧入场的动画效果，如图 11-47 所示。

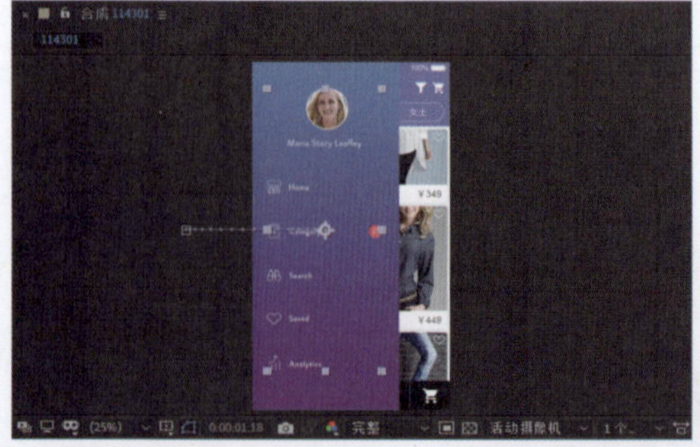
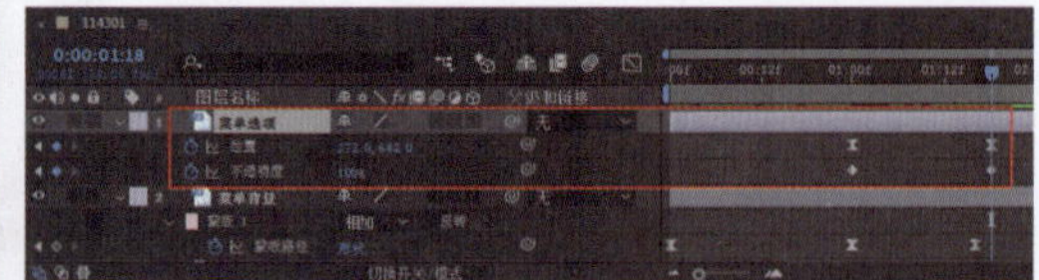
图11-47 制作菜单元素入场动画效果

STEP 04 在“背景”图层上方新建一个黑色的纯色图层，为该图层的“不透明度”属性插入关键帧，制作该图层的“不透明度”从0%至50%变化的动画效果，如图11-48所示。

图11-48 制作黑色不透明度变化的动画效果

STEP 05 完成侧滑交互导航菜单动画的制作，单击“预览”面板中的“播放/停止”按钮，可以在“合成”窗口中预览动画效果，如图11-49所示。

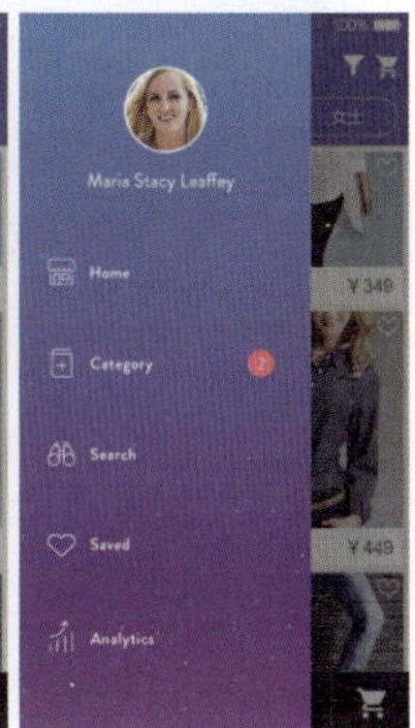

图11-49 预览侧滑交互导航菜单动画效果

11.5 界面转场动画

界面转场动画是移动端应用最多的动态效果之一，用于连接两个界面。虽然界面转场动画通常只有零点几秒的时间，却能够在一定程度上影响用户对于界面间逻辑的认知。通过合理的动画效果让用户能更清楚“我从哪里来”“现在在哪”“怎么回去”等一系列问题。

11.5.1 常见的UI转场动画形式

对于初次接触产品的用户而言，恰当的动画效果能够使产品界面间的逻辑关系与用户自身建立起来的认知模型相吻合，操作后的反馈符合用户的心理预期。在移动端应用中常见的界面切换动画形式主要分为以下4种。

弹出

弹出形式的动画大多应用于移动端的信息内容界面，用户将绝大部分注意力集中在内容信息本身上。当信息不完整或者展现形式上不符合要求时，可以临时调用工具对该界面内容进行添加、编辑等操作。用户在临时界面停留的时间比较短暂，只想快速操作后重新回到信息内容本身上面。图11-50所示为弹出形式的界面切换动画演示。

用户在该信息内容界面中进行操作时，如果需要临时调用相应的工具或者其他内容，则单击该界面右上角的加号按钮，相应的界面会从底部以弹出的形式出现。

图11-50 弹出形式的界面切换动画演示

图11-51所示为一个电影购票App界面，当用户单击界面底部的橙色购买按钮时，该按钮会变形为矩形块并以向上弹出的形式在界面的下半部分显示该电影的相关场次信息。用户可以单击选择相应的场次，同样会以弹出形式过渡到选择座位的界面中，整个界面的切换过渡流畅且自然。

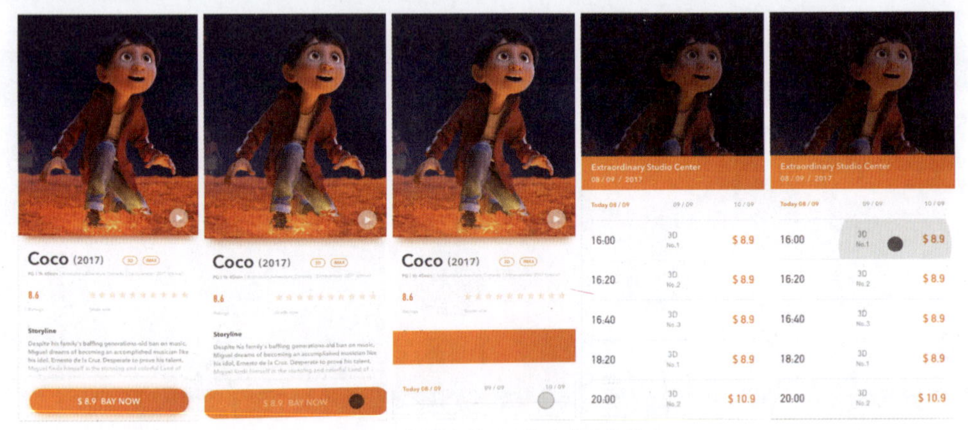

图11-51 电影购票App界面动画效果

还有一种情况类似于侧边导航菜单，这种动画效果并不完全属于页面间的转场切换，但是其使用场景非常相似。

当界面中的功能比较多时，就需要在界面中设计多个功能操作选项或者按钮，但是界面空间有限，不可能将这些选项和按钮全部显示在界面中，通常做法是通过界面中某个按钮来触发一系列的功能或者一系列的次要内容导航，同时主要的信息内容页面并不离开用户视线，始终提醒用户来到该界面的初衷。图11-52所示为侧边弹出形式的界面切换动画演示。

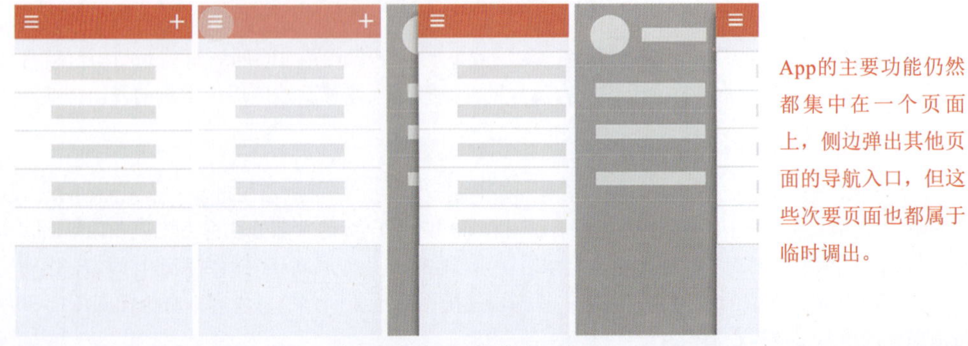

App的主要功能仍然都集中在一个页面上，侧边弹出其他页面的导航入口，但这些次要页面也都属于临时调出。

图11-52 侧边弹出形式的界面切换动画演示

图11-53所示为一个电影App界面设计，通过大幅的电影海报和少量的文字来突出其视觉表现效

果，通常会将相应的功能操作选项放置在侧边隐藏的导航菜单中，需要使用时可以通过单击界面中相应的按钮，从侧边弹出导航菜单选项。

图11-53 电影App界面动画效果

侧滑

当界面之间存在父子关系或者从属关系时，通常会在这两个界面之间使用侧滑转场动画效果。通常看到侧滑的界面切换效果，用户就会在头脑中形成不同层级间的关系。图11-54所示为侧滑形式的界面切换动画演示。

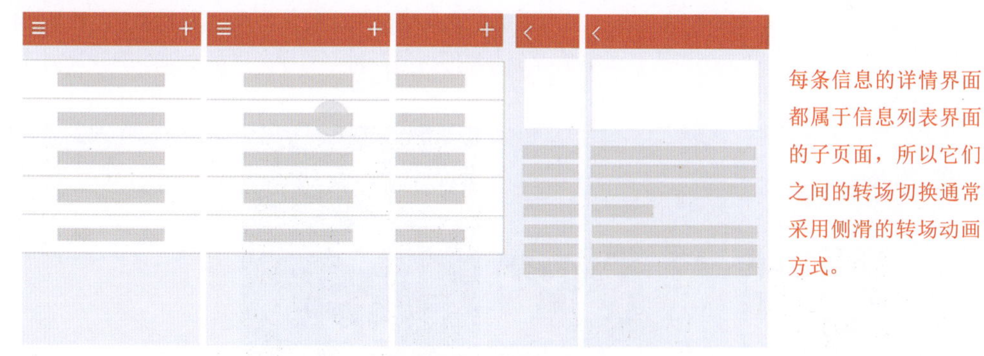

每条信息的详情界面都属于信息列表界面的子页面，所以它们之间的转场切换通常采用侧滑的转场动画方式。

图11-54 侧滑形式的界面切换动画演示

图11-55所示为侧滑界面动画设计，使用不同的功能图标与说明文字相结合来表现不同的内容分类。当用户在界面中单击某个分类的功能图标时，界面将通过侧滑的方式切换到所单击分类的信息内容列表界面中，并且该列表界面中的内容进入方式采用顺序入场的方式，给人以很强的动感，界面的切换转场效果十分流畅、自然。

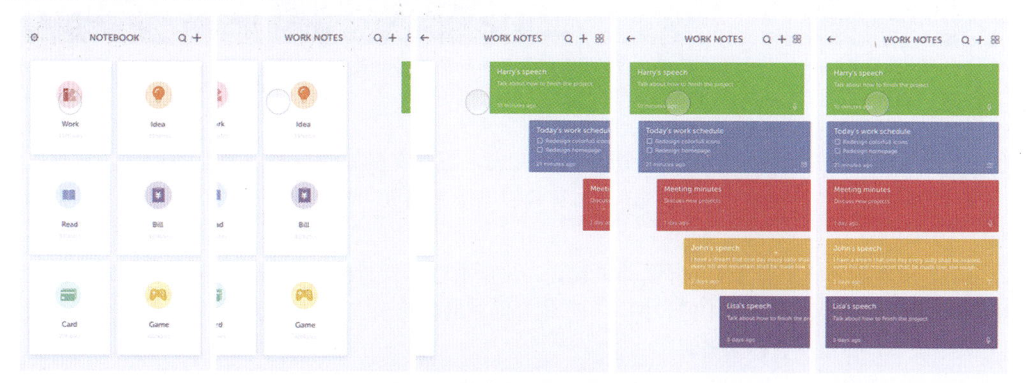

图11-55 侧滑界面的动画设计

渐变放大

在界面中排列很多同等级信息，就如同现实生活中在布告栏中贴满了信息、照片，用户有时需要近距离查看上面都有哪些内容，在快速浏览和具体查看之间轻松切换。渐变放大的界面切换动效与左右滑动切换的动效最大的区别是，前者大多用在张贴显示信息的界面中，后者主要用于罗列信息的列表界面中。在张贴信息的界面中左右切换进入详情界面总会给人一种不符合心理预期的感觉，违背了人们在物理世界中形成的认知习惯。图11-56所示为渐变放大形式的界面切换动画演示。

图11-56 渐变放大形式的界面切换动画演示

图11-57所示为一个电影列表界面，当用户单击某个电影图片后，将通过渐变放大的转场动画切换到该信息的详情界面中。在详情界面中单击左上角的返回按钮，同样会以渐变缩小的转场动画切换到电影列表界面。

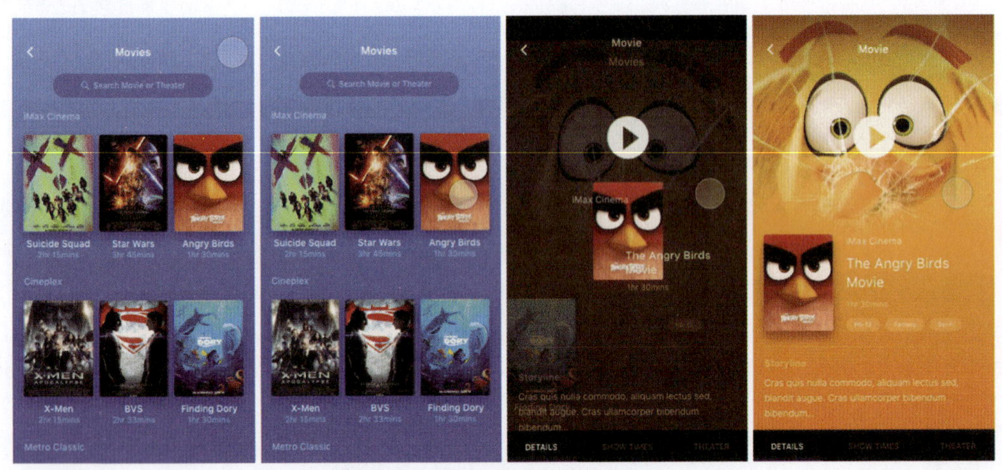

图11-57 电影列表界面切换动画效果

其他

除了以上介绍的几种常见的界面切换动画形式，还有许多其他形式的界面切换动画效果，它们大多数都是高度模仿现实世界的样式，如常见的电子书翻页动画效果就是模仿现实世界中的翻书效果。

图11-58所示为一个音乐App界面动画设计，将所有音乐专辑的封面图片模拟现实生活中图片卡的翻转切换动画效果，在动画中通过图片在三维空间中的翻转来实现图片的切换，与现实生活中的表现方式相统一，使用户更容易理解。

图11-58 音乐App界面动画效果

11.5.2 界面转场动画的设计规则

相比静态的界面，动态的界面转场切换更符合人们的自然认知体系，有效地降低了用户的认知负载。屏幕上元素的变化过程，前后界面的变化逻辑，以及层次结构之间的变化关系，都在动画效果的表现下变得更加清晰自然。

界面转场要自然

在现实生活中，事物通常不会突然出现或者突然消失，一般都会有一个转变的过程。默认情况下，界面状态的改变是直接且生硬的，这使得用户有时很难立刻理解。当界面中有两个甚至更多状态时，状态之间的变化使用过渡动画效果来表现，可以让用户明白它们是怎么来的，而非一个瞬间的过程。图11-59所示为自然流畅的转场动画设计演示。

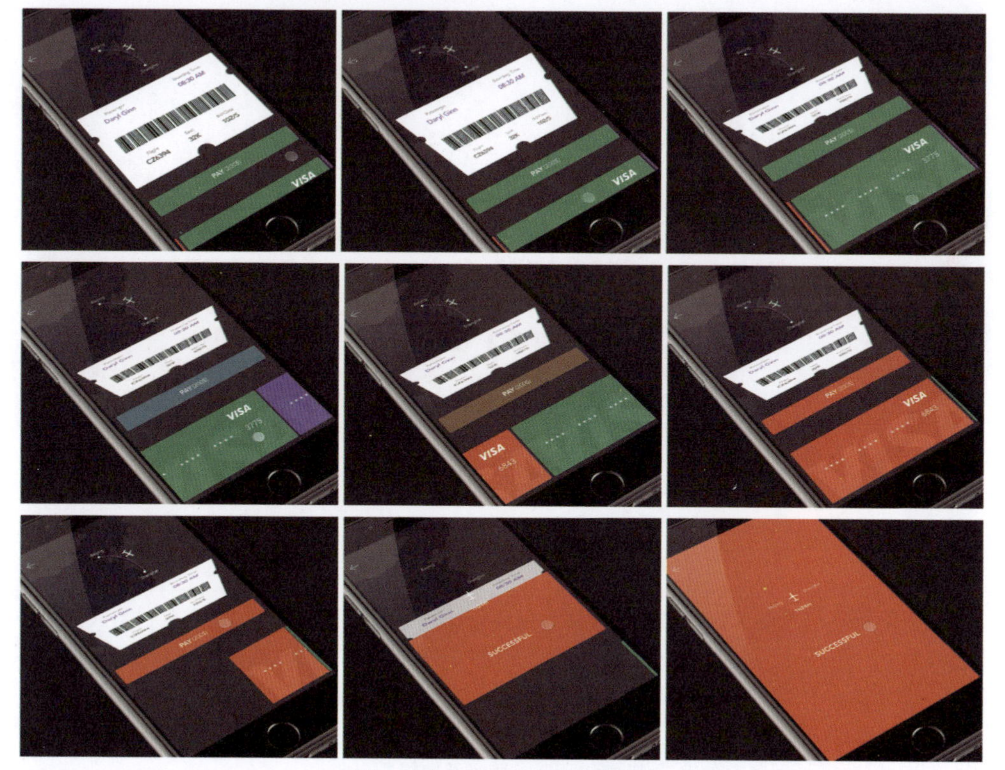

图11-59 自然流畅的转场动画设计

层次要分明

一个层次分明的界面切换动效通常能够清晰地展示界面状态的变化，吸引用户的注意力。这一点和人们的意识有关系，用户对焦点的关注和持续性都与此相关。良好的过渡动画效果有助于在正确的时间点将用户的注意力吸引到关键的内容上，而这取决于动画效果是否能够在正确的时间强调对的内容。图11-60所示为层次分明的转场动画设计。

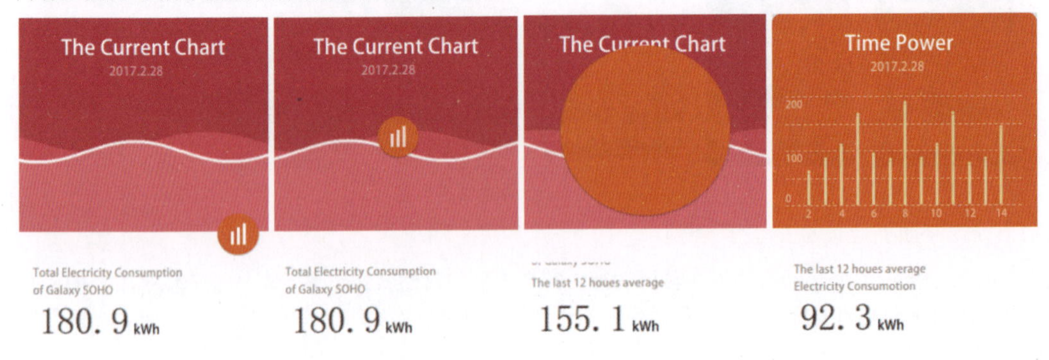

图11-60 层次分明的转场动画设计

界面转场切换要相互关联

既然在同一个应用中需要在不同功能界面间切换、过渡，自然就牵涉变化前后界面之间的关联。良好的切换过渡动效连接着新出现的界面元素，以及之前的交互与触发元素，这种关联逻辑让用户十分清楚变化的过程及界面中所发生的前后变化。图11-61所示为界面相互关联的转场动画设计。

图11-61 界面前后相互关联的转场动画设计

快速的过渡

在设计界面转场动画时，时间和速度是最需要设计师把握好的因素。快速准确、不显拖沓的动画不会浪费用户的时间，不会让人觉得移动应用程序的运行产生了延迟，不会令用户觉得烦躁。

当界面元素在不同状态之间切换时，运动过程应在让人看得清、容易理解的情况下尽量快，这才是最佳的状态。为了兼顾动效的效率、理解的便捷及用户体验，动效应该在用户触发之后的0.1s内开始，在0.3s内结束，这样不会浪费用户的时间，画面表现恰到好处。

清晰的动画效果

画面清晰是所有好的设计的共通点，对于界面转场动画来说也是如此。移动端的动画效果设计应该功能优先、以视觉传达为核心，过于复杂的动画效果除了有炫技之嫌，还会让用户难以理解，甚至在操作过程中失去方向感，这对于用户体验来说是不利的。注意，屏幕上的每一个变化都会让用户注意到，它们都会成为影响用户体验和用户决策的因素，不必要的动画会让用户感觉混乱。

动画应该避免一次呈现过多效果，尤其当动态效果同时存在多重、复杂的变化时，会自然地呈现出混乱的态势，“少即是多”的原则对于动态效果设计而言同样适用。如果某个动效的简化能够让整个UI更加清晰直观，那么这个修改方案就是成功的。当动画中同时包含形状、大小和位移变化时，一定要保持路径的清晰及变化的直观性。图11-62所示为清晰的转场动画设计。

图11-62 清晰的转场动画设计

11.5.3 应用案例——制作图片翻页动画

素　材：第11章\素材\115301.psd

源文件：第11章\11-5-3.aep

技术要点：掌握图片翻页动画的制作

扫描观看视频

扫描下载素材

STEP 01 导入PSD格式素材文件“115301.psd”，自动创建合成。打开该合成，可以看到界面的效果和相关图层，如图11-63所示。不要选择任何对象，使用“椭圆工具”在“合成”窗口中绘制一个正圆形，并降低其“不透明度”属性值，如图11-64所示。

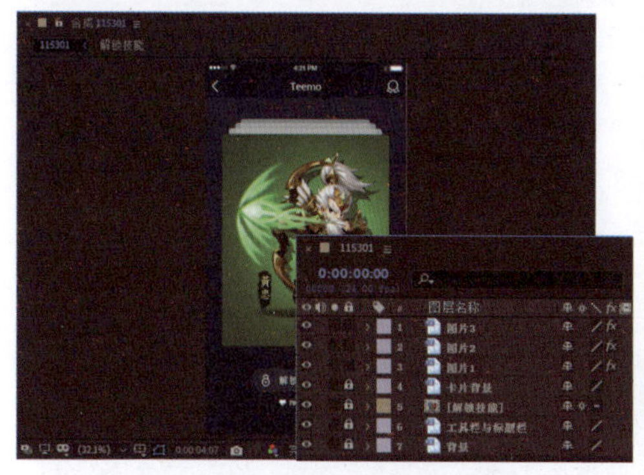

图11-63 合成效果及相关图层

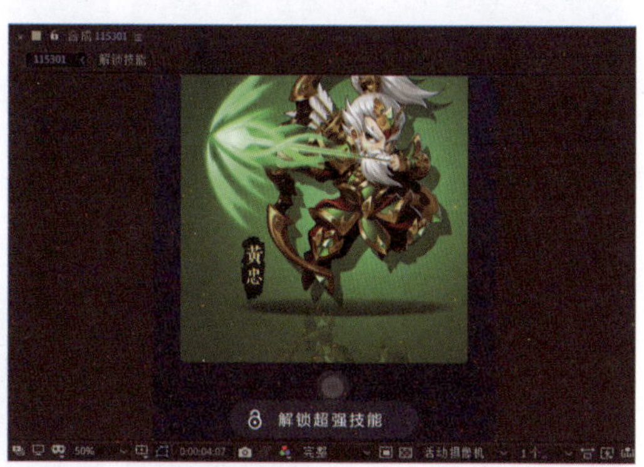

图11-64 绘制正圆形并降低不透明度

STEP 02 制作该正圆形的“位置”、“缩放”和“不透明度”属性变化的动画效果，从而模拟出光标在界面中进行滑动翻页的动作，如图11-65所示。

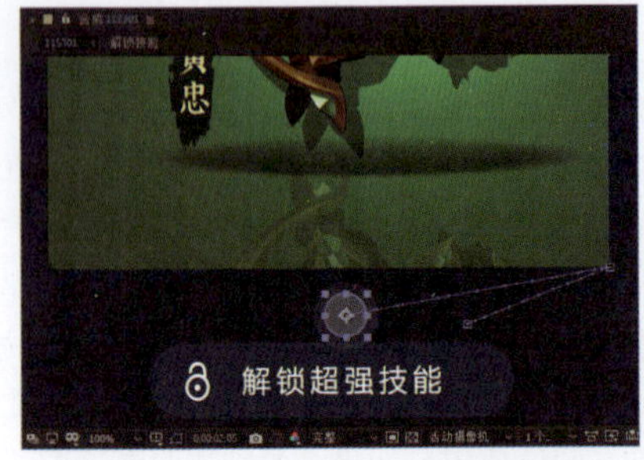

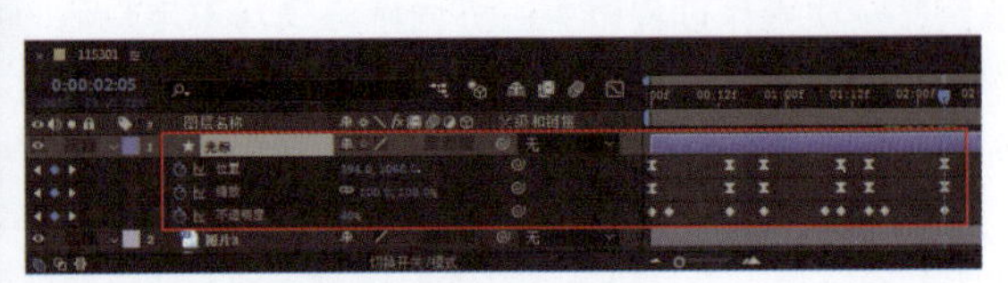

图11-65 制作“位置”、“缩放”和“不透明度”属性变化动画

STEP 03 选择“图片 3”图层，为该图层应用“CC Page Turn”效果，为“Fold Position”属性插入关键帧，通过调整翻页效果控制点的位置，制作翻页动画效果，如图 11-66 所示。

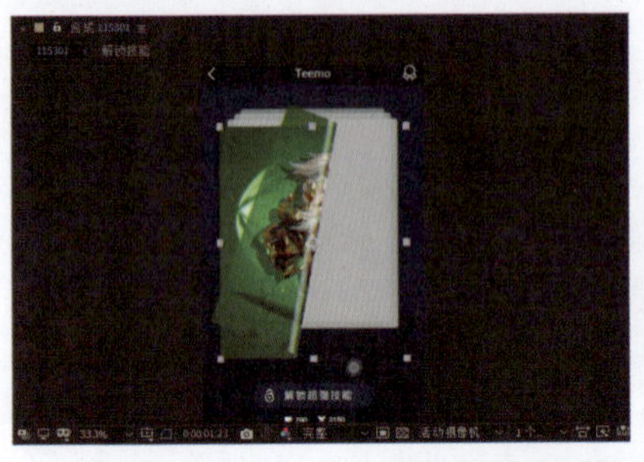

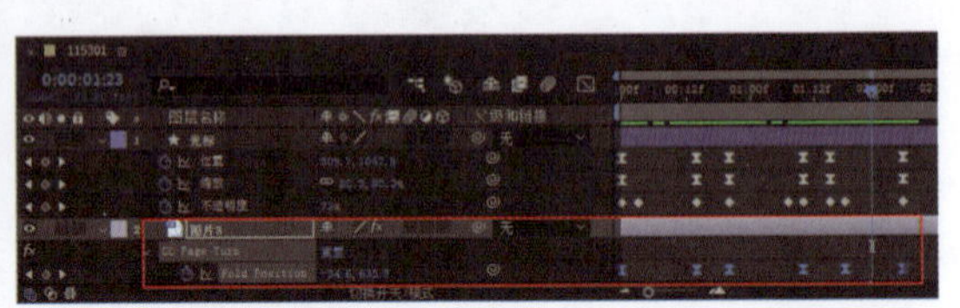

图11-66 应用“CC Page Turn”效果并制作翻页动画

STEP 04 选择“图片 2”图层，为该图层插入“缩放”和“不透明度”属性关键帧，当“图片 3”图层中的图片翻页之后，制作“图层 2”图层中的图片放大显示动画，如图 11-67 所示。

图11-67 制作图片放大显示动画效果

STEP 05 选择“光标”图层，通过复制并粘贴相应的属性关键帧，快速制作光标滑动动画效果。选择“图片 2”图层，为该图层应用“CC Page Turn”效果，为“Fold Position”属性插入关键帧，通过调整翻页效果控制点的位置，制作翻页动画效果，如图 11-68 所示。

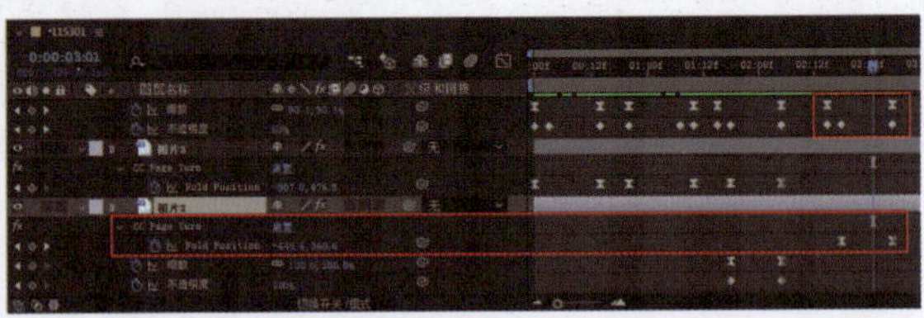

图11-68 应用“CC Page Turn”效果并制作翻页动画

STEP 06 使用相同的制作方法，制作其他图层中的图片翻页动画效果。至此，完成该图片翻页切换动画的制作，单击“预览”面板中的“播放/停止”按钮▶，可以在“合成”窗口中预览动画效果，如图 11-69 所示。

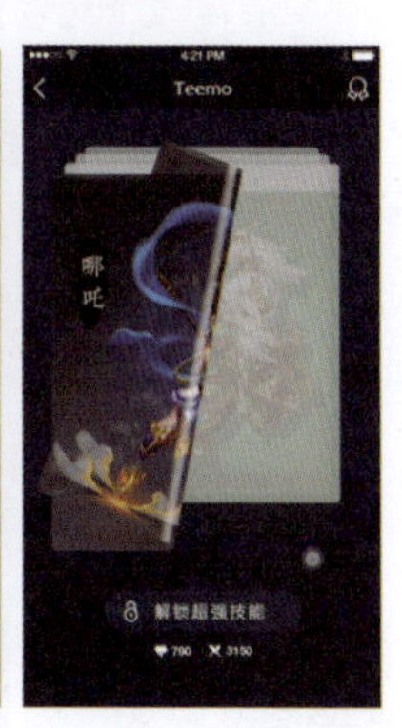

图11-69 预览图片翻页动画效果

11.6 UI交互动画设计规范

随着人们对UI交互动画的关注，可以发现UI动画设计同其他的UI设计分支一样，同样具备完整性和明确的目的性。伴随拟物化设计风潮的告一段落，UI设计更加自由随心，如今UI交互动画设计已经具备丰富的特性，炫酷灵活的特效已经成为UI设计中不可分割的一部分。

11.6.1 UI交互动画的作用

为了能够充分理解UI中的交互动画设计，必须首先了解交互动画在App中的定位和职责。

视觉反馈

对于任何用户界面而言，视觉反馈都是至关重要的。在物理世界中，人们与物体的交互是伴随着视觉反馈的。同样，人们期待从界面中得到一个类似的效果。UI需要为用户的操作提供视觉、听觉及触觉反馈，使用户感到他们在操控该界面，同时视觉反馈还有一个更简单的用途：它暗示着当前的应用程序运行正常。当一个按钮正在被放大或者一个被滑动的图片正在朝着正确的方向移动，那么很明显，当前的应用程正在运行着，正在回应着用户的操作。

图11-70所示为图书阅读App界面的设计，当用户单击界面中某个图书的封面图片时，该图书封面图片会在当前位置放大并结合翻页的动效切换到该图书的正文内容界面中，这种结合现实对象的动效表现方式在视觉上给用户以很好的反馈，使用户专注于当前的操作。

图11-70 视觉反馈动画效果

功能改变

这种交互动画效果展示出，当用户在界面中与某个元素交互时，这个元素是变化的。当需要在界面中表现一个元素功能如何变化时，这种动画效果是最好的选择。它经常与按钮、图标和其他小设计元素一起使用。

图11-71所示为音乐列表界面设计，每个音乐专辑图片的右下角都有一个红色的播放按钮，表现效果特别突出。当用户在界面中单击该红色播放按钮时，该按钮会变形为暂停按钮并移动至该专辑封面的下方，接着按钮背景的红色逐渐扩大，展开为一个矩形的音乐播放控制区域。这一系列动效设计很好地表现出了界面功能的变化，使其流畅地切换到新的操作功能。

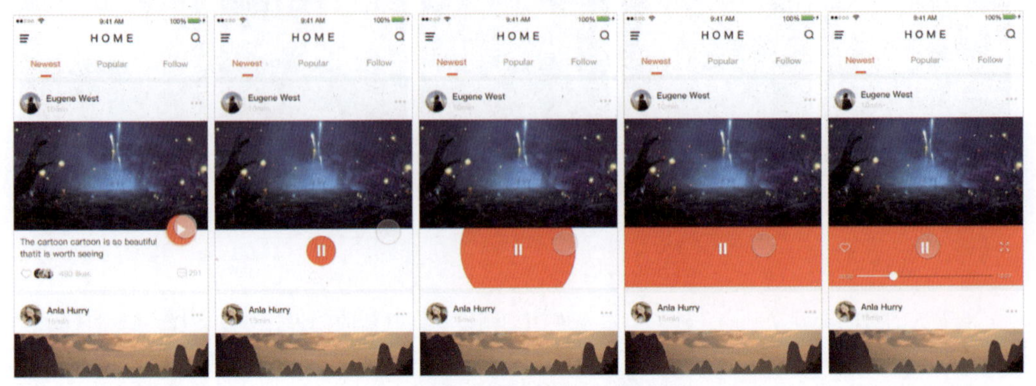

图11-71 界面中图标功能改变动画效果

扩展界面空间

大部分的移动应用程序都具有非常复杂的结构，所以设计师需要尽可能地简化移动应用程序的导航。对于这项任务来讲，交互动画的应用非常有帮助。如果所设计的交互动画展示出了元素被藏在哪里，那么用户下次找起来就会很容易。

图11-72所示为常见的交互菜单动画效果，默认情况下，为了节省界面空间，导航菜单被隐藏在界面以外，当用户单击相应的功能操作按钮时，才会以动画的形式在界面中展示导航菜单。

图11-72 交互菜单动画效果

元素的层次结构及其交互

交互动画能够完美地表现界面的某些部分，并阐明如何与它们进行交互。交互动画中的每个元素都有其目的和定位，例如，一个按钮可以激活弹出菜单，那么该菜单最好从按钮弹出而不是从屏幕侧面滑出来，这样就会展示用户单击该按钮的回应，有助于帮助用户理解这两个元素（按钮和弹出菜单）是有联系的。

图11-73所示为影视类App界面动画效果，使用电影海报作为界面的背景，在界面中上下滑动时，会以动感模糊的方式切换到另一个电影界面中。在界面中单击该电影名称部分，背景中的电影海报会自动向上收缩，电影名称信息也会向上移动至合适的位置，下方会通过三维翻转的方式显示该电

影的相关信息和最近的影院；单击最近的影院信息，界面信息内容向上移动，自动切换到最近的影院信息界面，显示该影院的地址、地图和相关场次，便于用户选择。整个界面结构清晰，动效表现流畅自然，界面的切换转场表现出清晰的信息层级结构。

图11-73 影视类App界面动画效果

界面中所添加的动画效果要能够表现出元素之间是如何联系的，这种层次结构和元素的交互对于一个直观的界面而言非常重要。

视觉提示

当某一款移动应用程序中的元素间有不可预估的交互模式时，可以通过加入合适的动画效果为用户提供视觉线索，在界面中加入动画效果可以有效起到暗示用户如何与界面元素进行交互的作用。

图11-74所示为产品介绍界面设计，该产品提供不同的颜色供选择，所以在界面中可以通过左右滑动来查看不同颜色的产品效果。并且在切换不同颜色的产品图片时，该界面的背景颜色也会同时发生变化，给用户带来很好的视觉体验。

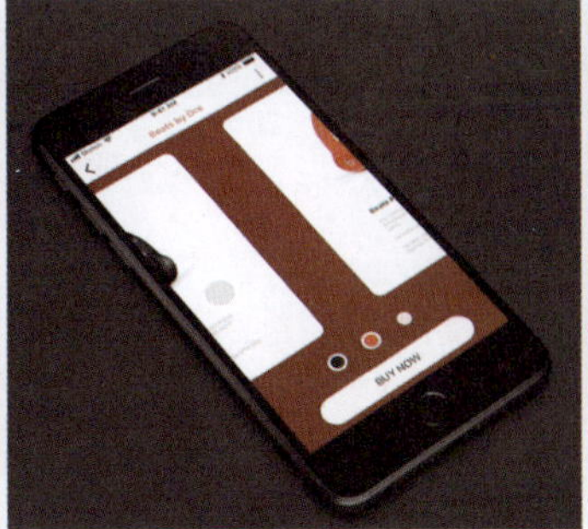
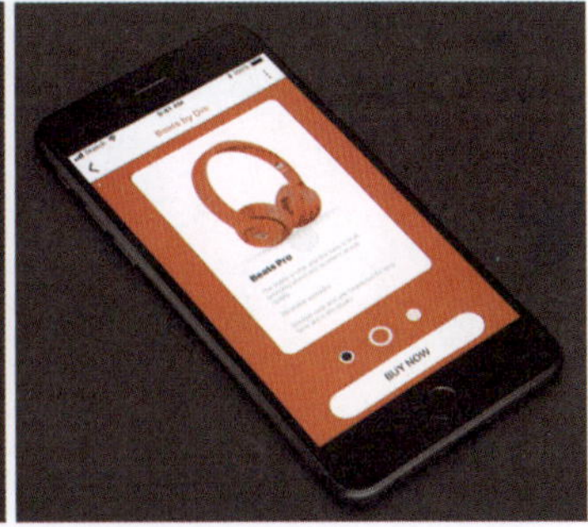

图11-74 产品介绍界面动画效果

系统状态

在应用程序的运行过程中，总会有几个进程在后台运行，如从服务器下载、进行后台计算等，在界面设计中需要让用户知道应用程序并没有停止运行或者崩溃，要告诉用户应用程序正在运行。此时通常会在界面中通过动画的形式来表现当前的应用程序运行状态，通过视觉符号展示的运行进度给用户一种控制感。

图11-75所示为音乐播放界面动画设计，在界面底部使用突出的蓝色设计了起伏的波形动效，从而表现出界面中音乐的播放状态，给人一种直观的感受。当用户在界面中单击歌词部分时，界面中的音乐播放控制部分会向上移动并逐渐变形为矩形形状，歌词部分放大并在界面中间显示，切换过程流畅、自然。通过动效的形式表现出当前的系统状态，给用户一种直观的视觉感受。

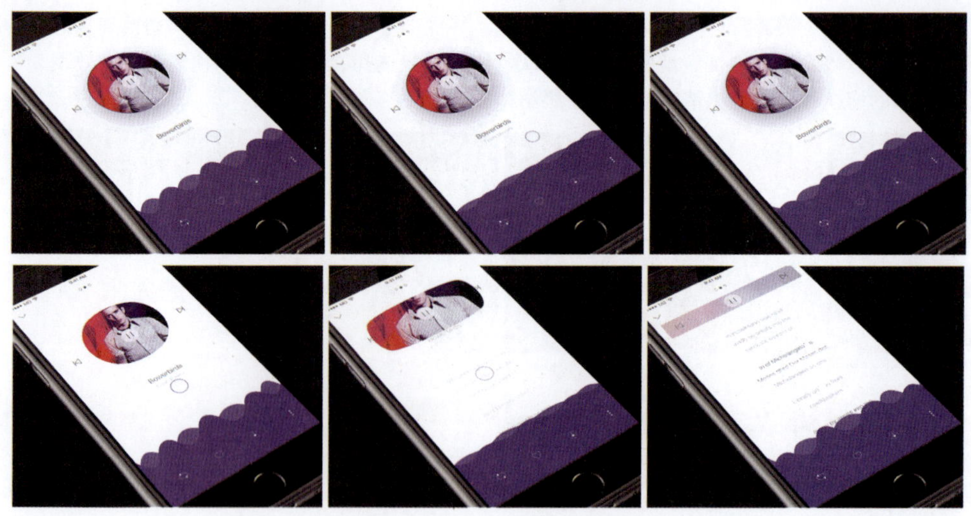

图11-75 音乐播放界面动画效果

富有趣味性的动画效果

富有趣味性的动画效果可以对界面起到画龙点睛的作用，独特的动画效果能够有效吸引用户的关注，与其他同类型的应用程序相区别，从而使该应用程序脱颖而出。独特而富有趣味性的动画效果可以有效提高应用程序的识别度。

图11-76所示为一个界面下拉刷新的动画效果，运用正在煮菜的锅的动画来表现界面刷新的过程，给人耳目一新的感觉。这个下拉刷新动画效果非常适合应用在餐饮类的应用程序中。

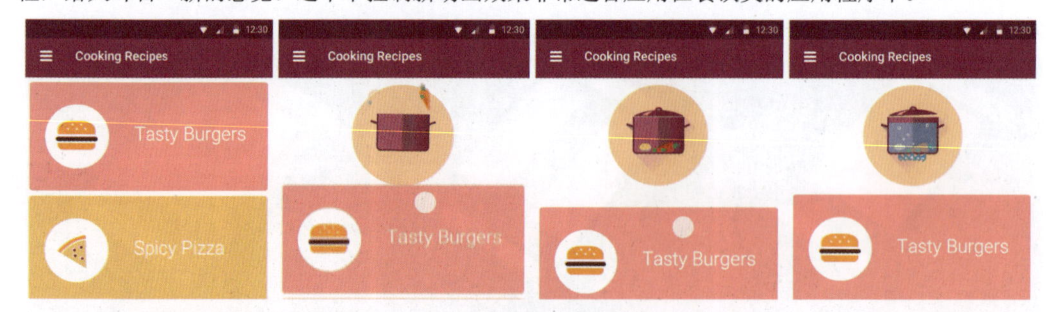

图11-76 下拉刷新动画效果

11.6.2 UI交互动画的设计要点

UI交互动画是新兴的设计领域的一个分支，如同其他设计一样，它也是有规律可循的。在开始动手设计制作各种交互动画之前，先来了解一下UI交互动画的设计要点。

富有个性

这是UI动画设计最基本的要求，动画设计就是要摆脱传统应用的静态设定，设计独特的动画效果，创造引人入胜的效果。

在确保UI风格一致的前提下，表达出App的鲜明个性，这就是UI动画设计“个性化”要做的事情。同时，还应该使动画效果的细节符合约定俗成的交互规则，这样动画就具备了“可预期性”。如此一来，UI动画设计便有助于强化用户的交互体验，保持移动应用的用户黏度。

图11-77所示的App登录界面设计富有个性，将登录表单和注册表单以选项卡相互叠加的形式设计在一个界面中，用户在界面中单击即可以动效的形式在登录表单和注册表单之间相互切换。提交登

录信息后，选项卡收缩为一个正圆形，该正圆形逐渐缩小再逐渐放大覆盖整个界面，从而切换到登录成功后的主界面中。这种富有个性的界面动效设计，能够给人留下深刻印象。

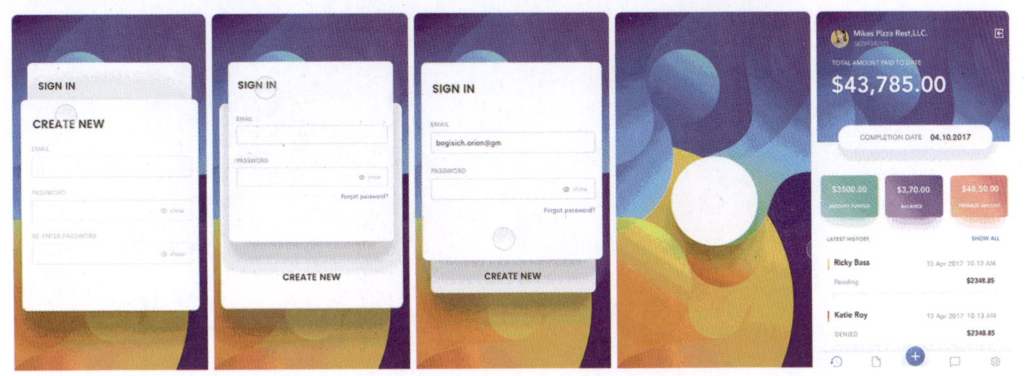

图11-77 富有个性的App登录界面动画设计

为用户提供操作导向

UI中的动画应该使用户轻松愉悦，设计师需要将屏幕看作一个物理空间，将UI元素看作物理实体，它们能在这个物理空间中打开、关闭，任意移动、完全展开或者聚焦为一点。动画应该随动作、移动而自然变化，为用户做出应有的引导，不论是在动作发生前、过程中还是动作完成以后。UI动画应该像导游一样，为用户指引方向，防止用户感到无聊，减少额外的图形化说明。

图11-78所示为一个工具图标弹出动画，使用了界面背景变暗和图标元素惯性弹出相结合的动画效果，从而有效地制造出界面的视觉焦点，使用户的注意力被吸引到弹出的彩色功能操作图标上，从而引导用户操作。

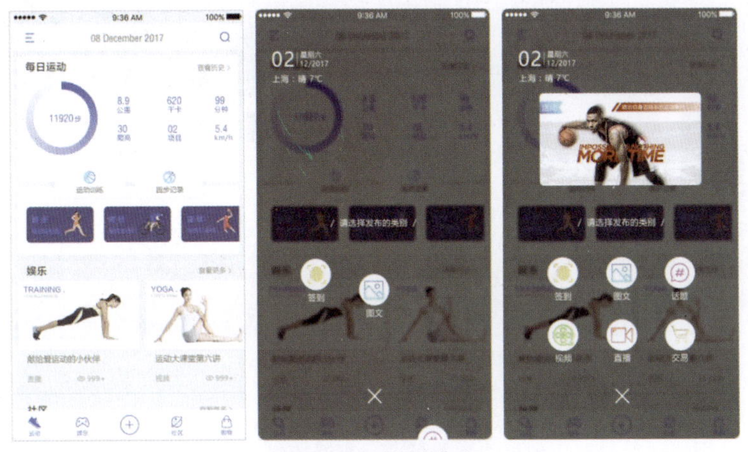

图11-78 工具图标弹出动画

为内容赋予动态背景

动画应该为内容赋予背景，通过背景来表现内容的物理状态和所处环境。在摆脱模拟物品细节和纹理的设计束缚后，UI设计甚至可以自由地表现与环境设定相矛盾的动态效果。为对象添加拉伸或者形变的效果，或者为列表添加俏皮的惯性滚动效果，都不失为增加UI用户体验的有效手段。

图11-79所示为一个运动鞋产品界面动画设计，以卡片的形式来设计产品的表现形式，并且在界面中可以采用左右滑动的方式来切换不同的产品。当滑动切换不同产品的显示时，整个界面的背景颜色也会发生相应的变化，从而有效地区分不同产品的表现，使界面的表现更加生动，更富有活力。

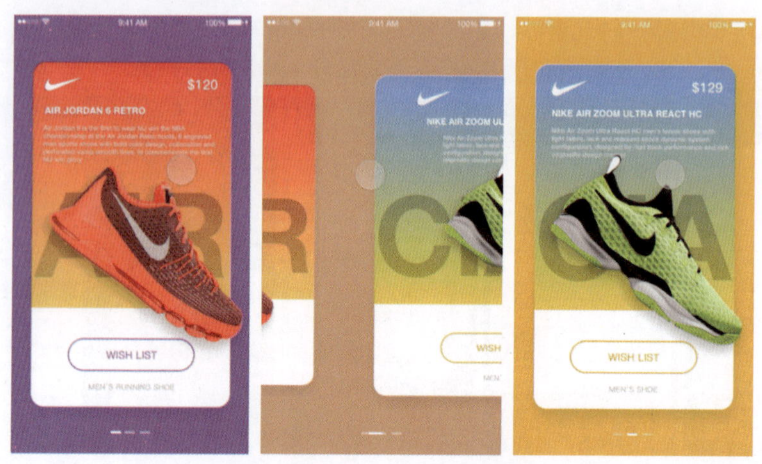

图11-79 运动鞋产品界面动画设计

引起用户共鸣

界面中所设计的动画应该具有直觉性和共鸣性。UI动画的目的是与用户互动并产生共鸣，而不是令用户困惑甚至感到意外。UI动画和用户操作之间的关系应该是互补的，两者共同促成交互完成。

图11-80所示为一个食品App界面动画设计，各种不同类型的食品都使用了不同的图片作为背景，当用户在界面中单击某个食品分类的图片后，在该食品分类的下方会逐渐展开一定的区域，用于显示该类型的食品列表。在该列表中用户可以左右滑动浏览更多的食品，表现效果非常直观，能够有效提升用户的操作体验。

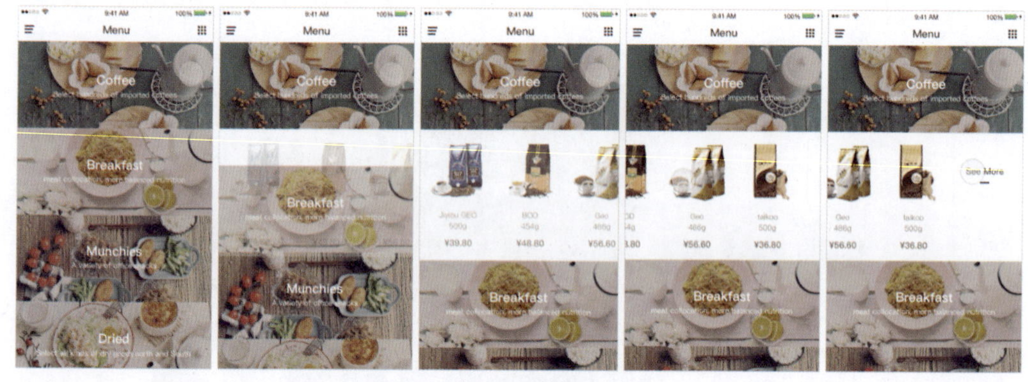

图11-80 食品App界面动画设计

提升用户情感体验

出色的UI动画能够唤起用户积极的情绪反应，平滑流畅的滚动能带来舒适感，而有效的动作执行往往能带来令人兴奋的愉悦和快感。

图11-81所示为一个音乐App界面动画设计，将音乐专辑设计成传统的黑胶唱片和唱片封套的形式，当用户需要听某一张专辑时，只需要在界面中单击该专辑，专辑唱片就会以动画形式从封套中滑出；再次单击该唱片，切换到该专辑的播放界面中，与此同时在界面中出现相关的其他功能操作按钮和播放进度条；单击“播放”按钮，黑胶唱片在界面中表现为转动的效果。平滑的切换过渡给用户带来流畅感，有效提升了用户体验。

图11-81 音乐App界面动画设计

11.6.3 应用案例——制作下雪天气界面动画

素　材：第11章\素材\116301.psd

源文件：第11章\11-6-3.aep

技术要点：掌握下雪天气界面动画的制作

扫描观看视频

扫描下载素材

STEP 01 导入 PSD 格式素材文件“116301.psd”，自动创建合成。打开该合成，可以看到界面的效果和相关图层，如图 11-82 所示。在“时间轴”面板中双击“当前天气”合成，进入该合成的编辑界面中，如图 11-83 所示。

图11-82 合成效果与相关图层

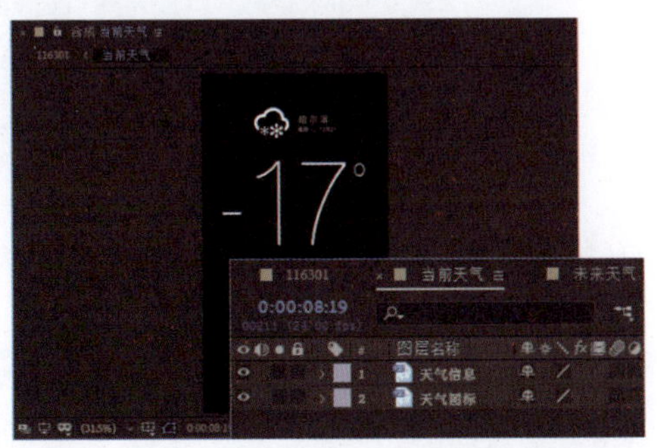

图11-83 进入“当前天气”合成的编辑状态

STEP 02 在“当前天气”合成中，制作“天气图标”图层中从上向下位置移动的动画效果，制作“天气信息”图层的“缩放”属性动画效果，如图 11-84 所示。

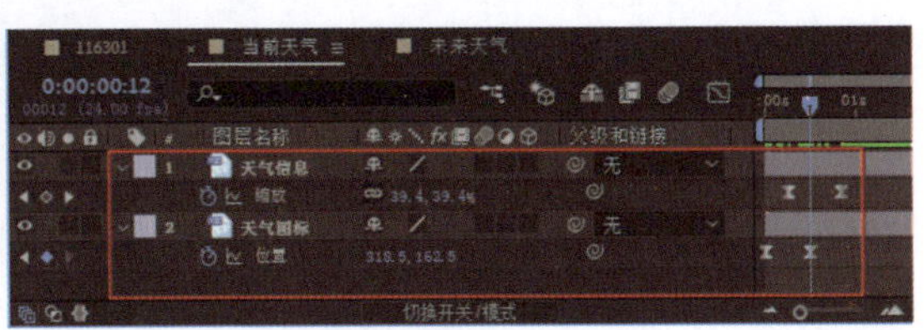

图11-84 制作“当前天气”合成中相应元素的动画效果

STEP 03 进入“未来天气”合成的编辑状态中，制作“信息背景”图层中的“不透明度”属性变化动画，制作其他图层中元素依次入场的动画效果，如图 11-85 所示。

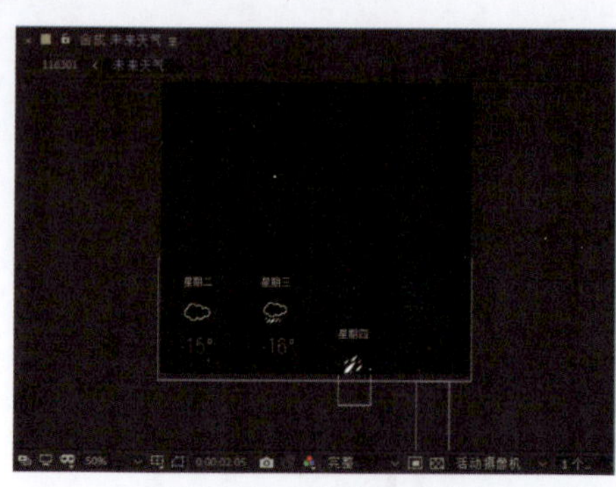
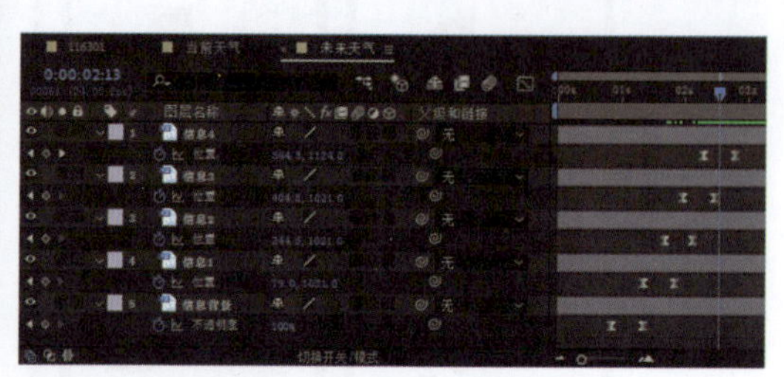

图11-85 制作“未来天气”合成中相应元素的动画效果

STEP 04 返回“116301”合成的编辑状态中，在“背景”图层上方新建白色的纯色图层，为该图层应用“CC Snowfall”效果，在“效果控件”面板中对相关选项进行设置，在“合成”窗口中可以看到下雪的动画效果，如图 11-86 所示。

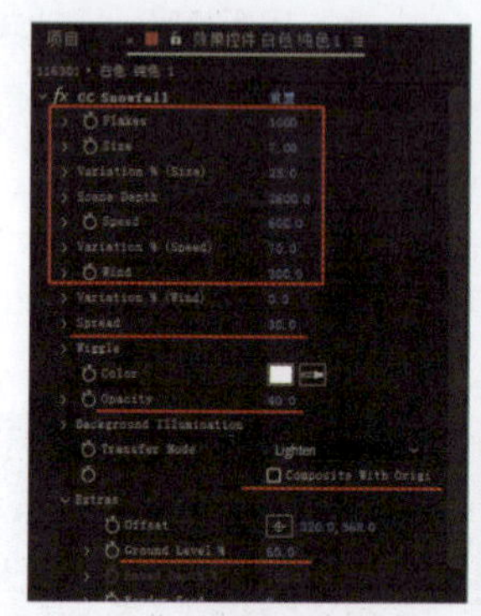

图11-86 应用“CC Snowfall”效果并对相关选项进行设置

STEP 05 完成该天气界面动效的制作，单击“预览”面板中的“播放/停止”按钮▶，可以在“合成”窗口中预览动画效果，如图 11-87 所示。

图11-87 预览下雪天气界面动画效果

11.7 解惑答疑

近些年，人们对产品的要求越来越高，不再仅仅喜欢那些功能好、实用、耐用的产品，而是转向产品给人的心理感觉，这就要求设计师在设计产品时能够提高产品的用户体验。提高体验的目的是带给用户一些舒适的、与众不同的或者意料之外的感觉。用户体验的提高使整个操作过程符合用户的基本逻辑，使交互操作过程更加顺理成章，而良好的用户体验则是用户在这个流程的操作过程中获得的便利和收获。

11.7.1 什么是UI设计

UI即User Interface（用户界面）的简称，UI设计是指对软件的人机交互、操作逻辑、界面美观3个方面的整体设计。好的UI设计不仅可以让软件变得有个性、有品味，还可以使用户的操作变得更加舒服、简单、自由，充分体现出产品的定位和特点。UI设计包含的范畴比较广泛，包括软件UI设计、网站UI设计、游戏UI设计和移动设备UI设计等。

11.7.2 什么是UI交互动画

交互动画作为一种提高交互操作可用性的方法，越来越受到人们的重视，国内外各大企业都在自己的产品中加入了交互动画设计。

图11-88所示为一个社交类App界面动画设计，当用户在界面中滑动切换所显示的人物时，App会采用动画的方式表现交互效果，模拟现实世界中卡片翻转切换的动画效果，给用户带来较强的视觉动感，也为用户在App中的操作增添了乐趣。

图11-88 社交类App界面交互动画效果

为什么现在的产品越来越注重动效的设计？从人们对于产品元素的感知顺序中不难看出，人们对于产品的动态信息感知是最强的，其次是产品的颜色，最后才是产品的形状，如图11-89所示，也就是说用户对动态效果的感知要明显高于产品的界面设计。

图11-89 产品元素的感知顺序

适当的动画设计能够使用户更加了解交互。在产品的交互操作过程中恰当地加入精心设计的动画，能够向用户有效地传达当前的操作状态，增强用户对于直接操纵的感知，通过视觉化的方式向用户呈现操作结果。

11.8 总结扩展

UI中各种各样的交互动画非常多，但很多动画效果无非就是多种基础动画的组合，用户需要熟练地掌握After Effects中基础动画的制作和表现方法，并且在UI交互动画的制作过程中综合运用。

11.8.1 本章小结

本章详细向读者介绍了UI交互动画设计制作的相关知识，并带领读者完成了几个界面交互动画的制作。完成本章内容的学习后，希望读者能够掌握UI交互动画的制作方法和技巧，并能够举一反三，制作出更多精美的交互动画。

11.8.2 扩展练习——制作简单圆环加载动画

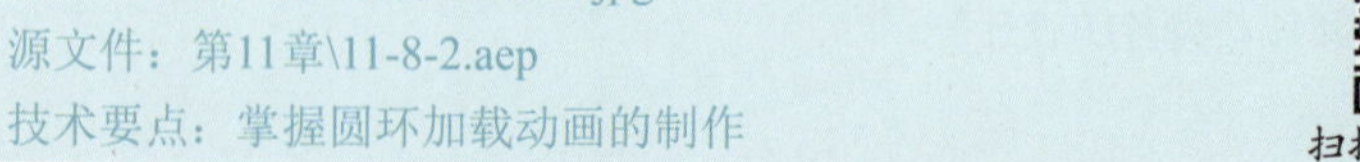

素　材：第11章\素材\118201.jpg
源文件：第11章\11-8-2.aep
技术要点：掌握圆环加载动画的制作

扫描观看视频

扫描下载素材

STEP 01 执行“合成 > 新建合成”命令，弹出“合成设置”对话框，新建合成，如图 11-90 所示。导入素材图像“118201.jpg”，将素材图像拖入“时间轴”面板中，使用“椭圆工具”，在“合成”窗口中绘制一个“描边”为线性渐变色的正圆环图形，效果如图 11-91 所示。

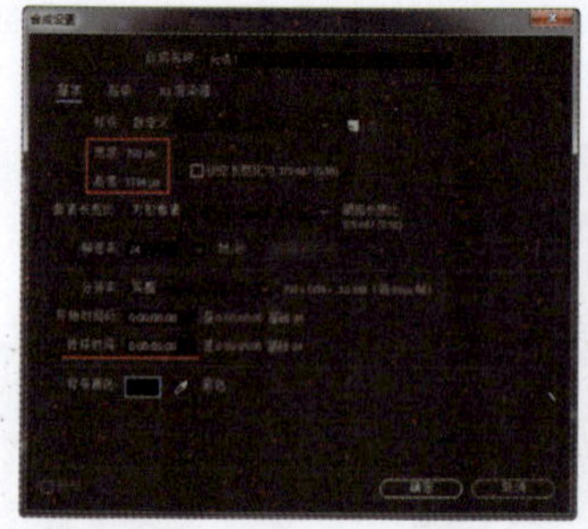

图11-90 “合成设置”对话框

图11-91 绘制正圆环图形

STEP 02 在“形状图层 1”下方的“内容”选项中添加“修剪路径”选项，为“开始”、“结束”和“偏移”属性插入关键帧，设置“开始”属性值为 60%，“结束”属性值为 50%，在“合成”窗口中可以看到圆环的效果，如图 11-92 所示。

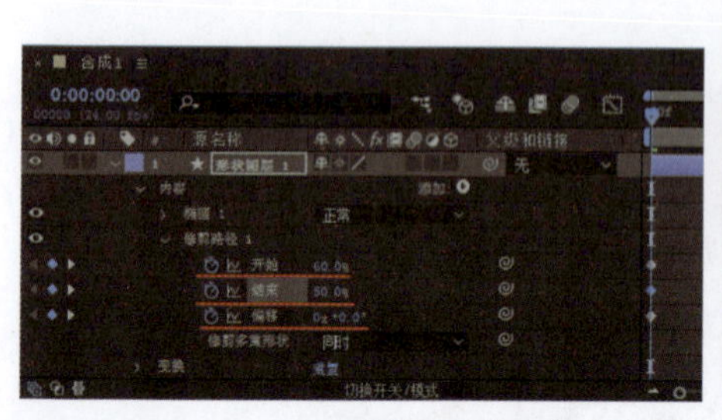

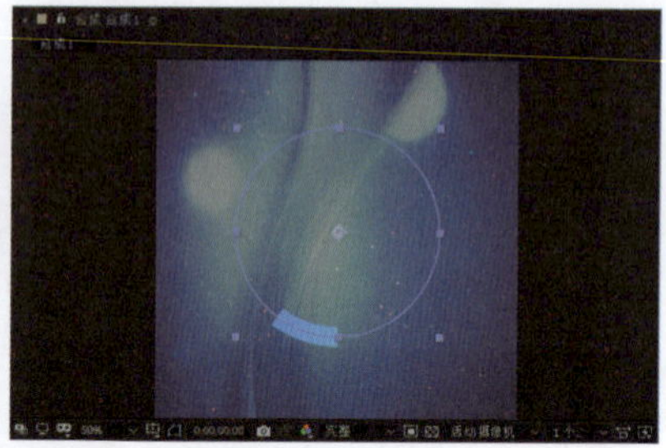

图11-92 插入相应的属性关键帧并设置属性值

STEP 03 设置“线段端点”属性为“圆头端点”，在不同的时间位置修改“开始”、“结束”和“偏移”属性值，从而制作出圆环旋转的动画效果，如图 11-93 所示。

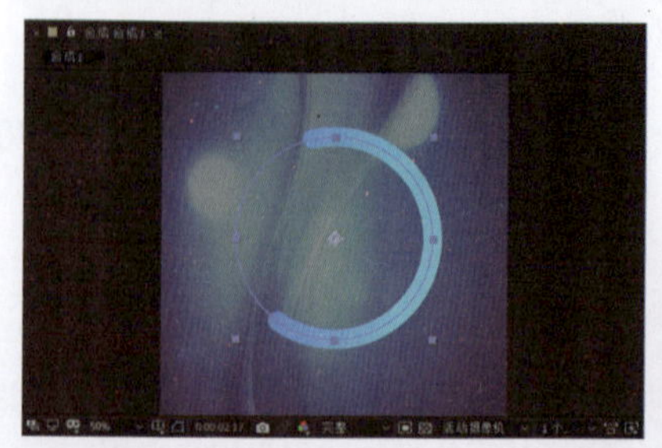

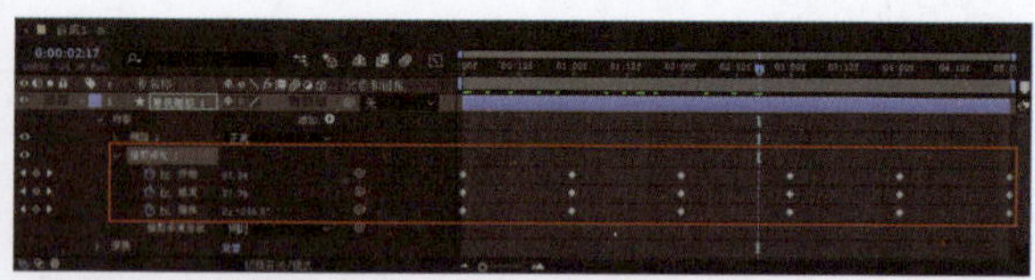

图11-93 制作圆环旋转的动画效果

STEP 04 使用“横排文字工具”，在“合成”窗口中单击并输入相应的文字，将每个字母分散放置在不同的图层中，依次制作每个字母向上跳动的动画效果，如图 11-94 所示。

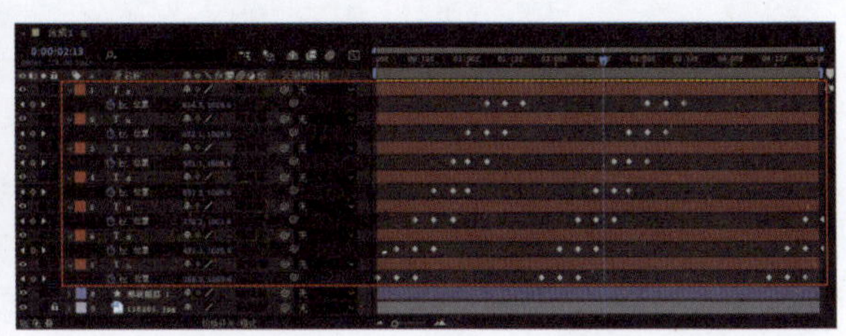

图11-94 依次制作文字向上跳动的动画效果

STEP 05 完成简单圆环加载动画的制作，单击“预览”面板中的“播放/停止”按钮▶，可以在“合成”窗口中预览动画效果，如图 11-95 所示。

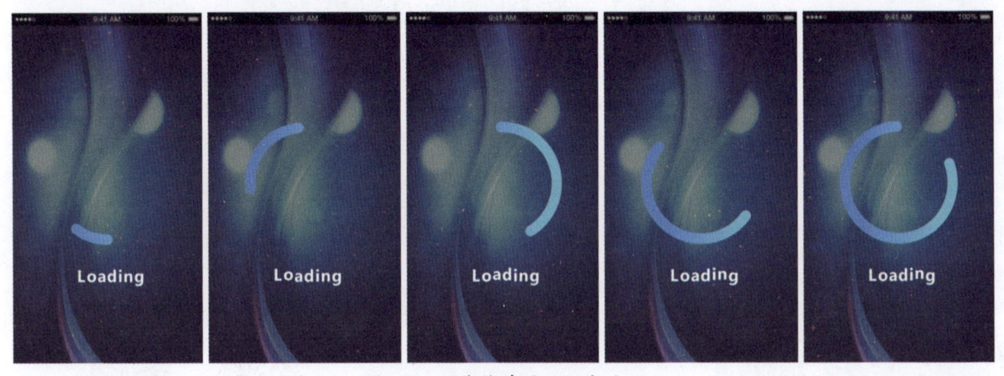

图11-95 预览简单圆环加载动画

第12章 短视频特效制作

After Effects中包含多种内置效果，并且可以通过安装外部插件来扩展效果，通过效果的综合应用能够实现很多富有创意的短视频特效。本章将通过多个短视频特效案例的制作，向读者介绍如何综合运用After Effects中的效果与关键帧动画相结合，实现个性化的短视频特效。

12.1 短视频特效制作案例

在After Effects中可以方便地对视频素材进行处理，通过为视频素材添加各种效果，可以实现许多视频表现特效，并且可以将视频与其他元素动画相结合，从而使视频的表现效果更加丰富和个性化。

12.1.1 应用案例——制作笔刷涂抹显示视频效果

素　材：第12章\素材\121101.jpg、121102.psd和121103.mp4

源文件：第12章\12-1-1.aep

技术要点：掌握视频遮罩的表现方法和技巧

扫描观看视频

扫描下载素材

STEP 01 在 After Effects 中新建一个空白的项目，导入分层素材文件“121102.psd”，弹出设置对话框，参数设置如图 12-1 所示。单击“确定”按钮，导入 PSD 素材并自动生成合成，修改该合成的“持续时间”为 27 秒，在“合成”窗口中打开该合成，在“时间轴”面板中可以看到该合成中相应的图层，如图 12-2 所示。

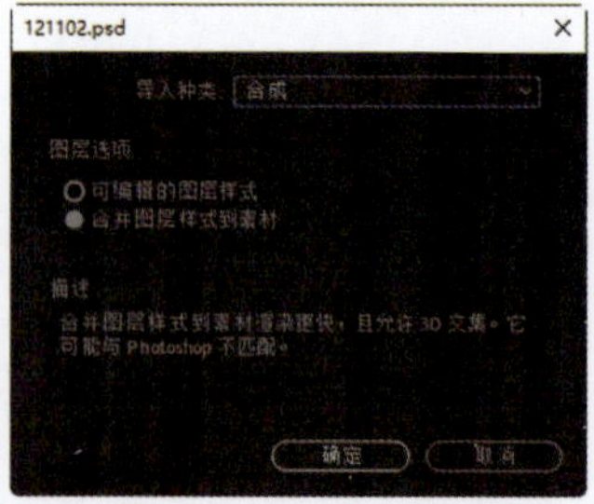

图12-1 导入设置对话框

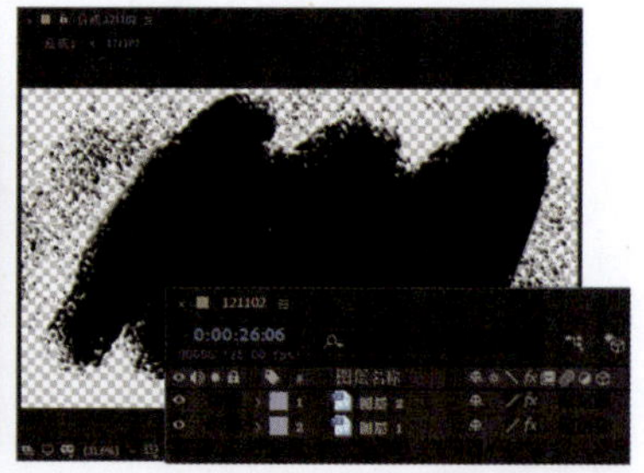

图12-2 “合成”窗口和“时间轴”面板

STEP 02 选择“图层 1”图层，使用“钢笔工具”，沿着笔刷运行的路径绘制路径，应用“描边”效果，并对“描边”效果的相关属性进行设置。插入“描边”属性的“起始”属性关键帧，并制作该关键帧的动画，从而实现笔刷图形的遮罩显示效果，如图 12-3 所示。

Learning Objectives

学习重点

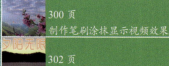

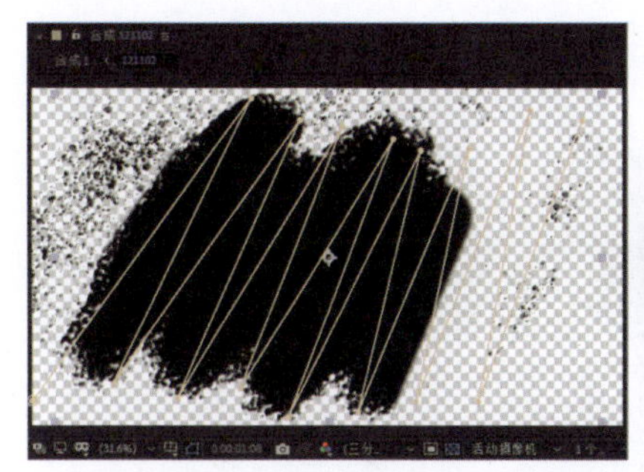

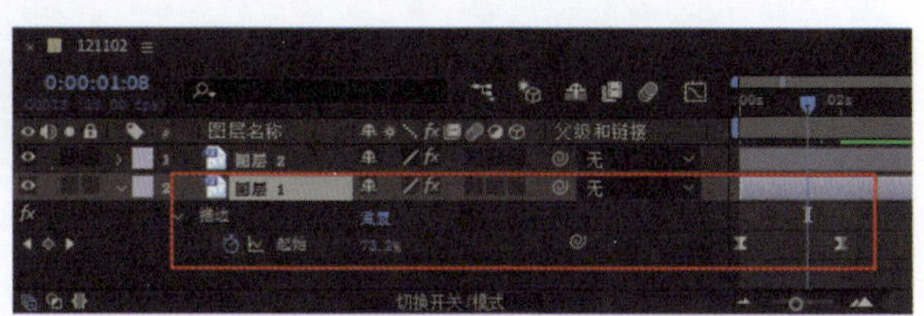

图12-3 制作“图层1”中笔刷图形遮罩显示动画效果

STEP 03 使用与“图层 1”相同的制作方法，制作出“图层 2”中笔刷图形遮罩显示的动画效果，如图 12-4 所示。

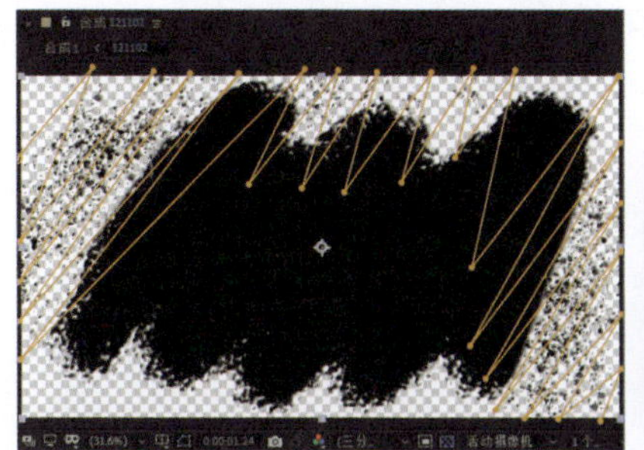

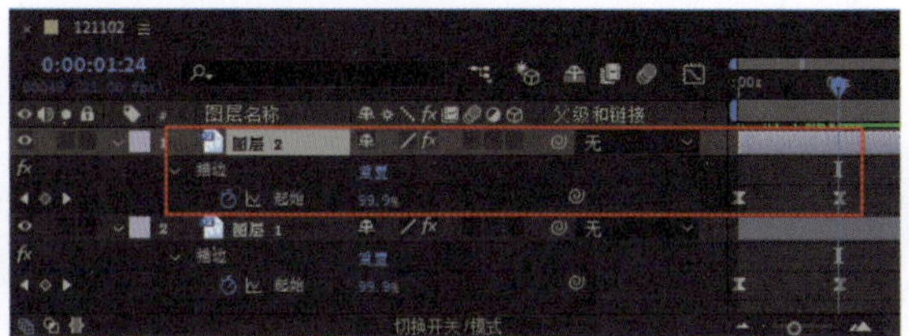

图12-4 制作“图层2”中笔刷图形遮罩显示动画效果

STEP 04 新建合成，导入“121101.jpg”和“121103.mp4”素材，并分别拖入“时间轴”面板中，如图 12-5 所示。将“121102”合成拖入“时间轴”面板中，设置“121103.mp4”图层的“TrkMat（轨道遮罩）”选项为“Alpha 遮罩 121102”，如图 12-6 所示。

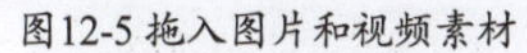

图12-5 拖入图片和视频素材

图12-6 拖入遮罩合成并设置“TrkMat”选项

STEP 05 新建调整图层，插入该图层的“缩放”和“旋转”属性关键帧，制作“缩放”和“旋转”属性关键帧动画，如图 12-7 所示。设置“121102”图层的“父级”为“调整图层 1”，如图 12-8 所示。

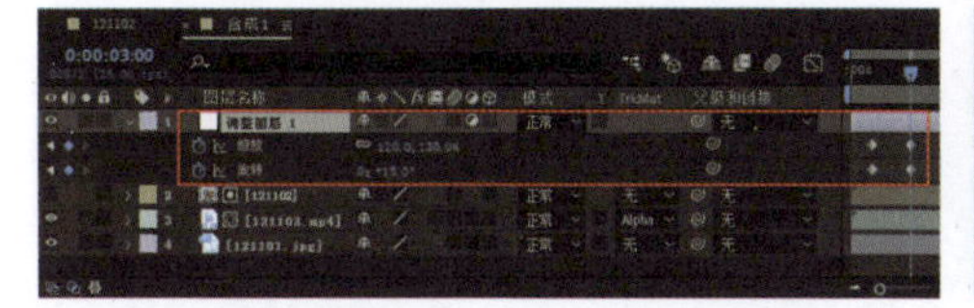

图12-7 制作“缩放”和“旋转”属性动画

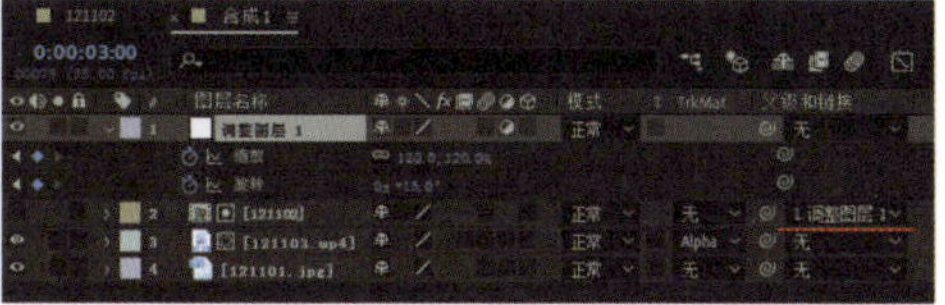

图12-8 设置图层的“父级”选项

STEP 06 完成笔刷涂抹显示视频动画效果的制作，单击“预览”面板中的“播放/停止”按钮▶，可以在“合成”窗口中预览视频动画，效果如图 12-9 所示。

图12-9 预览笔刷涂抹显示视频动画效果

12.1.2 应用案例——制作视频文字遮罩效果

素　材：第12章\素材\121201.mp4
源文件：第12章\12-1-2.aep
技术要点：掌握视频遮罩文字的处理方法

扫描观看视频

扫描下载素材

STEP 01 执行"合成>新建合成"命令，弹出"合成设置"对话框，参数设置如图12-10所示，单击"确定"按钮，新建合成。导入视频素材"121201.mp4"，将该视频素材拖入"时间轴"面板中，如图12-11所示。

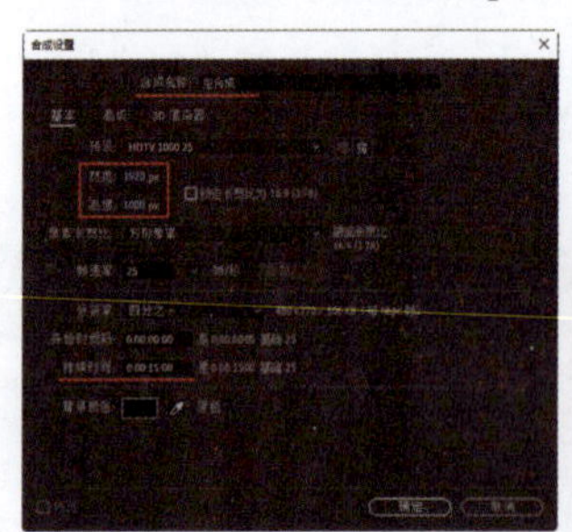
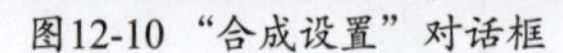

图12-10 "合成设置"对话框

图12-11 拖入视频素材

STEP 02 新建一个黑色的纯色图层，并在该图层上添加矩形蒙版，使视频画面上下保留黑边，如图12-12所示。复制视频图层，将复掉得到的图层重命名为"视频2"，使用"钢笔工具"，在"合成"窗口中沿着远处山峰绘制蒙版路径，如图12-13所示。

图12-12 新建纯色图层并添加蒙版

图12-13 绘制蒙版路径

STEP 03 不要选择任何对象，在"合成"窗口中单击并输入文字，调整文字图层至"视频2"图层下方，如图12-14所示。

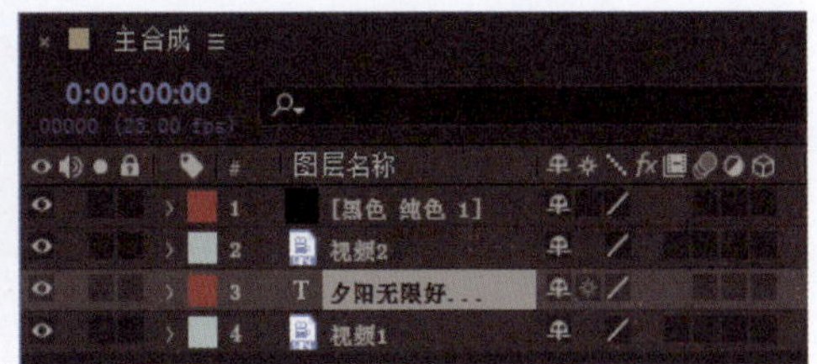

图12-14 输入文字并调整文字图层位置

STEP 04 同时选中“视频 1”和“视频 2”图层，按【P】键，显示“位置”属性，插入该属性关键帧，调整垂直位置遮盖文字，如图 12-15 所示。将“时间指示器”移至最后 10 秒位置，调整垂直位置显示文字，如图 12-16 所示。

图12-15 使视频遮盖文字

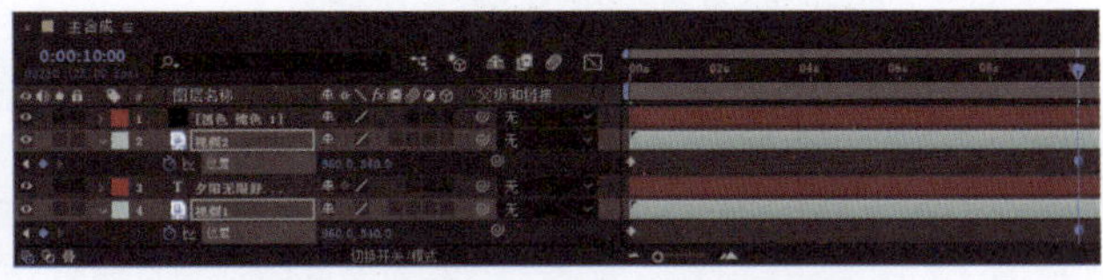

图12-16 制作视频垂直向下移动的动画

STEP 05 同时选中“视频 1”和“视频 2”图层中的关键帧，应用“缓动”效果，切换到图表编辑器状态，拖动方向线调整运动速度曲线，如图 12-17 所示。

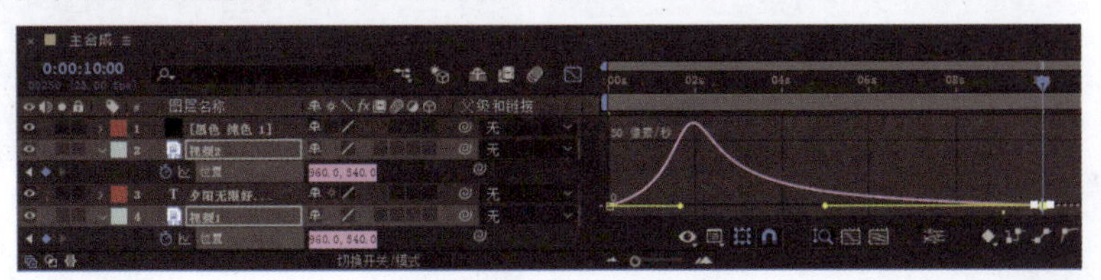

图12-17 调整运动速度曲线

STEP 06 完成视频文字遮罩动画效果的制作，单击“预览”面板中的“播放/停止”按钮▶，可以在“合成”窗口中预览视频动画，效果如图 12-18 所示。

图12-18 预览视频文字遮罩动画效果

12.1.3 应用案例——制作图片动态表现特效

素　材：第12章\素材\121301.mov、121302.jpg、121303.png

源文件：第12章\12-1-3.aep

技术要点：掌握遮罩功能的综合应用

扫描观看视频

扫描下载素材

STEP 01 执行“合成>新建合成”命令，弹出“合成设置”对话框，参数设置如图12-19所示，单击“确定”按钮，新建一个名为“变换”的合成。导入视频素材“121301.mov”，将该视频素材拖入“时间轴”面板中，如图12-20所示。

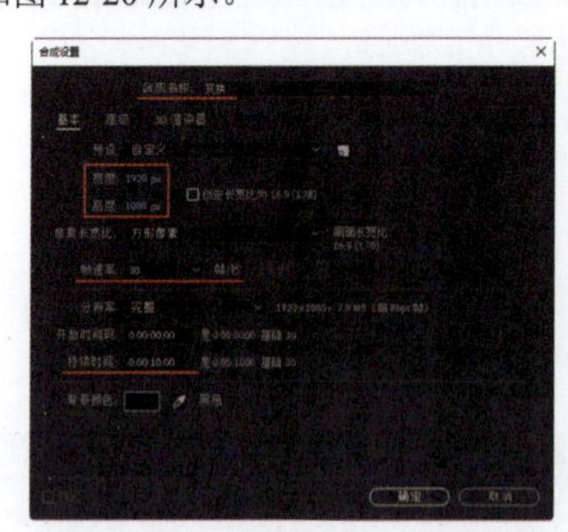

图12-19 “合成设置”对话框

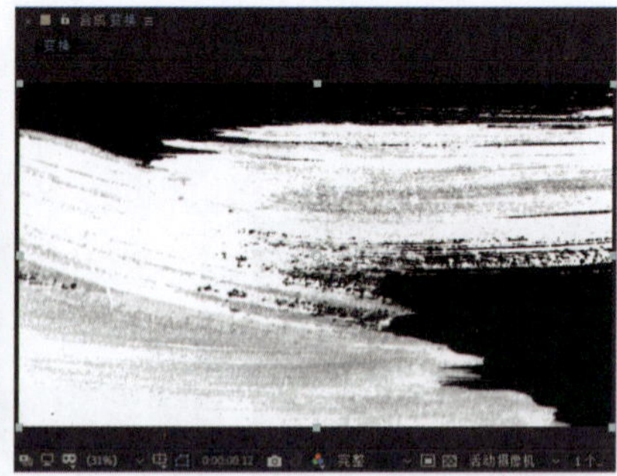

图12-20 拖入视频素材

STEP 02 新建一个名为“媒体”的合成，导入图片素材“121302.jpg”，将该图片素材拖入“时间轴”面板中，如图12-21所示。新建一个名为“主合成”的合成，导入图片素材“121303.png”，将该图片素材拖入“时间轴”面板中，如图12-22所示。

图12-21 新建合成并拖入图片素材

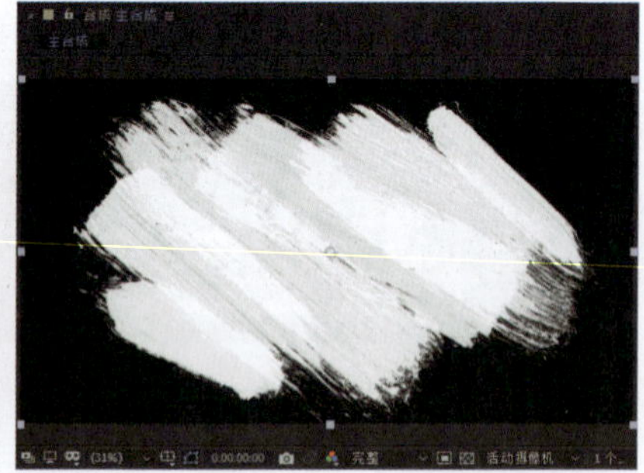

图12-22 新建合成并拖入图片素材

STEP 03 选择“121303.png”图层，为该图层应用“色调”和“简单阻塞工具”效果进行调整。将“变换”合成拖入“时间轴”面板中，设置“121303.png”图层的“TrkMat”选项为“亮度遮罩‘变换’”，并对该图层素材进行适当旋转，如图12-23所示。

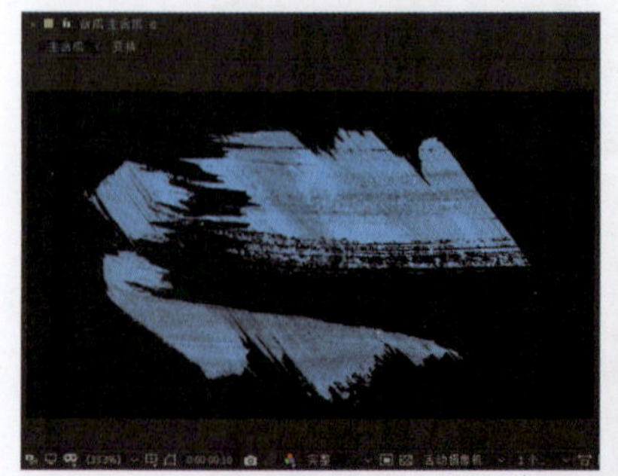

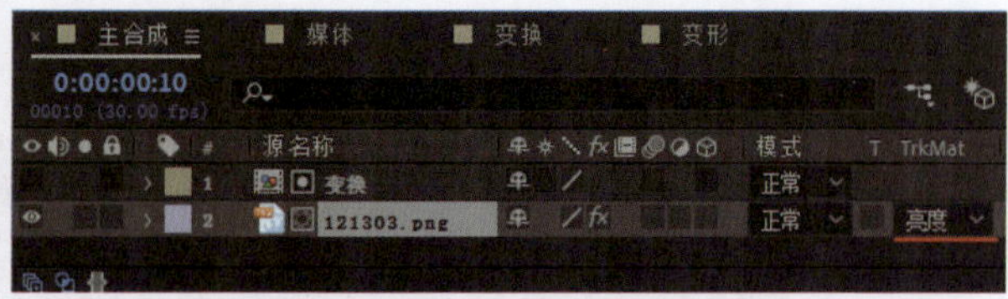

图12-23 设置“TrkMat”选项后的效果

STEP 04 同时复制两个图层，对复制得到的图像的效果和旋转角度进行调整。新建一个名为“背景”的纯色图层，将其放置在最底层，效果如图12-24所示。将“媒体”合成和“121303.png”素材分别拖入“时间轴”面板中，选择“媒体”图层，设置该图层的“TrkMat”选项为“Alpha遮罩‘121303.png’”，效果如图12-25所示。

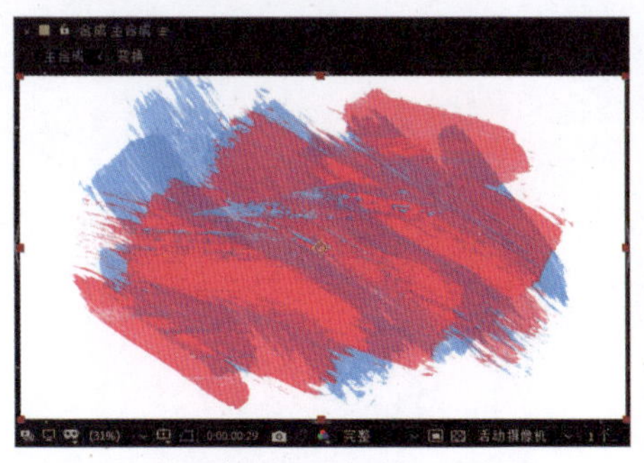

图12-24 复制图层并调整后的效果　　图12-25 图片遮罩显示效果

STEP 05 同时选中“媒体”和“121303.png”图层，将其创建成一个名为“媒体遮罩”预合成，将“变换”合成拖入“时间轴”面板中。选择“媒体遮罩”图层，设置该图层的“TrkMat（轨道遮罩）”选项为“亮度遮罩‘变换’”，如图12-26所示。

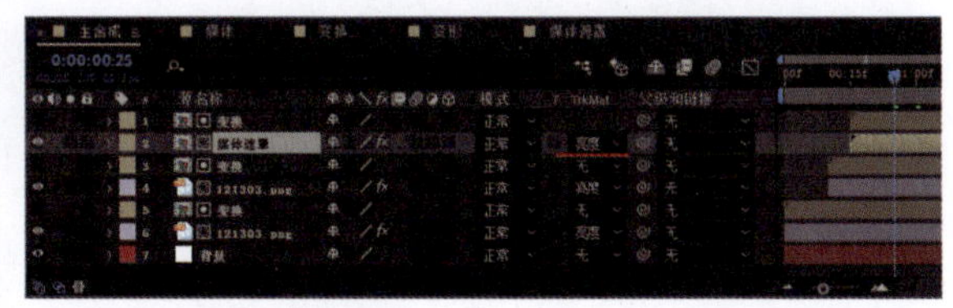

图12-26 设置“TrkMat”选项后的效果

STEP 06 为“媒体遮罩”图层应用“色调”效果，同时选中“媒体遮罩”和其上方的“变换”图层，按【Ctrl+D】组合键，复制当前选中的两个图层，将复制得到的“媒体遮罩”图层应用的“色调”效果删除，如图12-27所示。

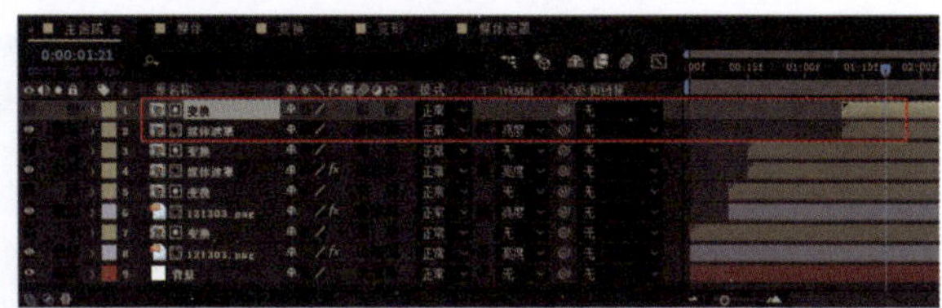

图12-27 复制图层并进行调整

STEP 07 使用相同的制作方法，可以制作出其他动画效果，并添加调整图层对动画整体色调进行调整。完成图片动态表现特效的制作，单击“预览”面板中的“播放/停止”按钮▶，可以在“合成”窗口中预览视频动画，效果如图12-28所示。

图12-28 预览图片动态表现特效动画

12.1.4 应用案例——制作墨迹转场视频效果

素　材：第12章\素材\121401.jpg、121402.mov、121403.mov、121404.jpg
源文件：第12章\12-1-4.aep
技术要点：掌握视频与图片遮罩结合使用的方法

扫描观看视频

扫描下载素材

STEP 01 执行“合成>新建合成”命令，弹出“合成设置”对话框，参数设置如图12-29所示，单击“确定”按钮，新建一个名为“素材01”的合成。导入图片素材“121401.jpg”，将该素材拖入“时间轴”面板中，设置“缩放”属性值为50%，如图12-30所示。

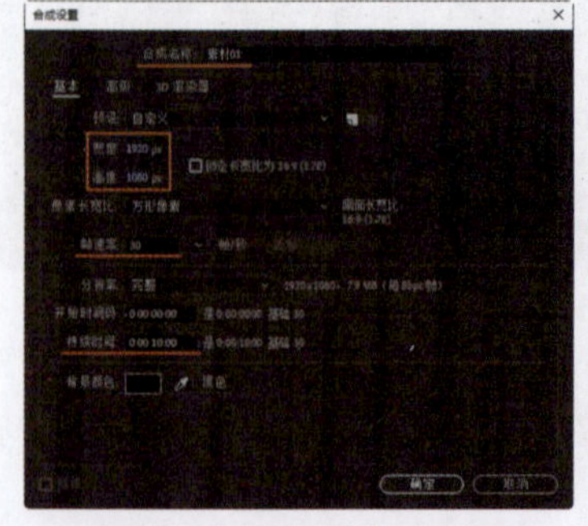

图12-29 “合成设置”对话框

图12-30 拖入图片素材并设置缩放属性

STEP 02 新建一个名为为“素材合成”的合成，将“素材01”合成拖入“时间轴”面板中，为该图层应用“光学补偿”效果，插入“缩放”属性关键帧和“光学补偿”效果中的“视场”关键帧，制作素材图片逐渐放大的动画效果，如图12-31所示。

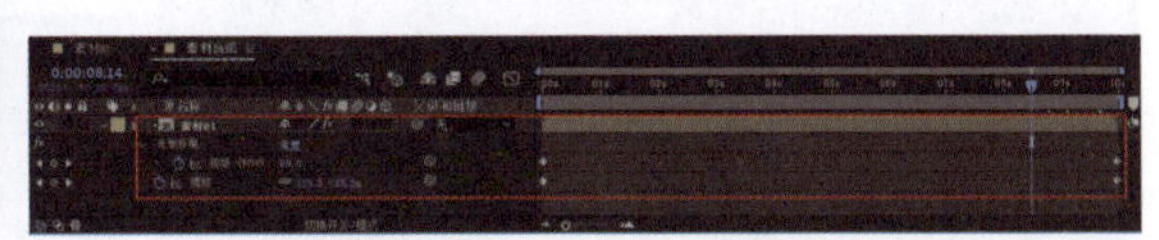

图12-31 制作素材图片逐渐放大的动画效果

“光学补偿”效果用于模拟摄像机的光学透视效果，可以使画面沿着指定点的水平、垂直对角线产生光学透视变形效果。

STEP 03 新建一个名为“主合成”的合成，将“素材合成”拖入“时间轴”面板中，导入两个视频素材“121402.mov”和“121403.mov”，将“121402.mov”拖入“时间轴”面板中，设置“素材合成”图层的“TrkMat”选项为“亮度反转遮罩”，如图12-32所示。

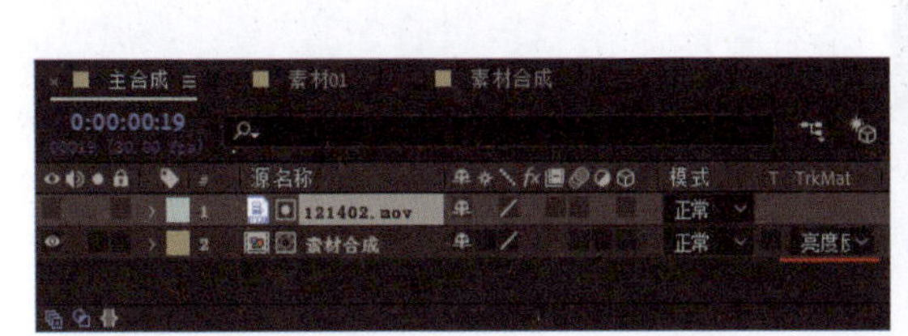

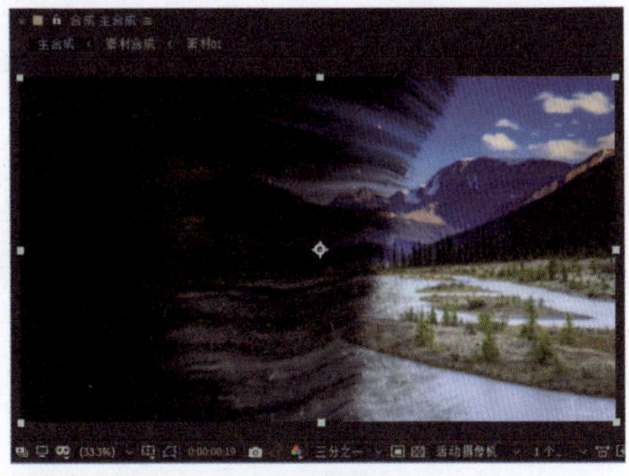

图12-32 设置“TrkMat”选项后的效果

STEP 04 选择“素材合成”图层，为该图层应用“色调”效果。新建调整图层，为该图层应用“卡通”效果，在“效果控件”面板中对“卡通”效果的相关选项进行设置，如图12-33所示。

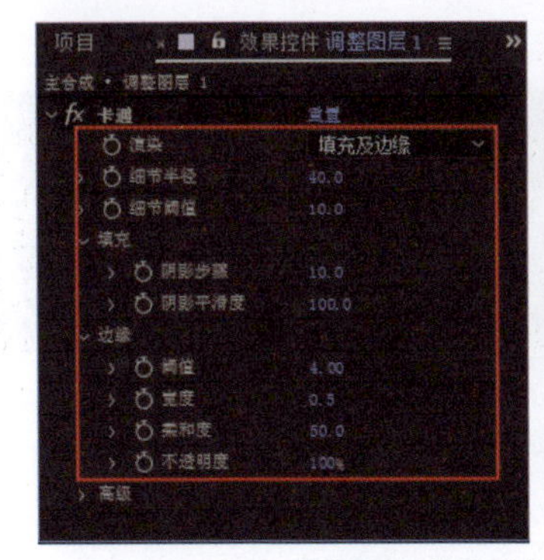

图12-33 应用“色调”和“卡通”效果并进行调整

STEP 05 新建白色的纯色图层，将其放置在所有图层下方，复制“素材合成”图层并移至所有图层下方，调整图层入点位置。拖入“121403.mov”视频素材，设置复制得到的“素材合成”图层的“TrkMat”选项为“亮度反转遮罩”，效果如图 12-34 所示。

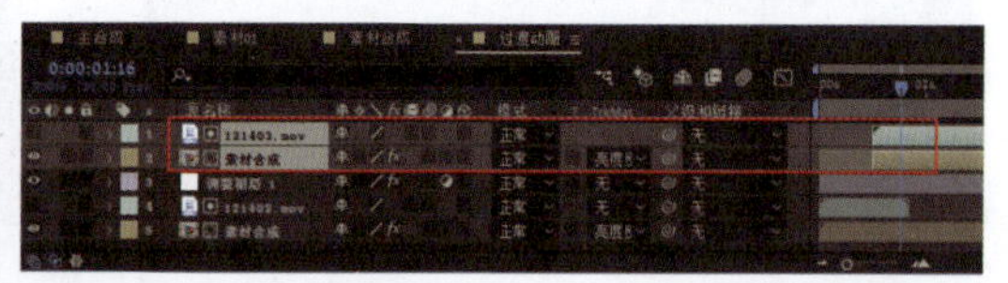

图12-34 制作视频遮罩素材显示动画效果

STEP 06 使用相同的制作方法，可以再次制作出视频遮罩素材显示的动画效果。新建调整图层，为调整图层应用“湍流置换”效果，如图 12-35 所示。

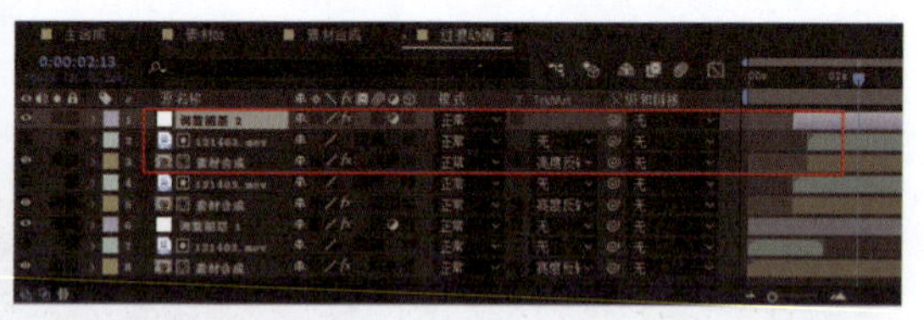

图12-35 制作视频遮罩素材显示动画效果

STEP 07 将除“背景”图层以外的所有图层创建成一个名为“过渡动画”的预合成，导入素材图像“121404.jpg”，将该素材图像拖入“时间轴”面板中，放在“过渡动画”图层下方，如图 12-36 所示。

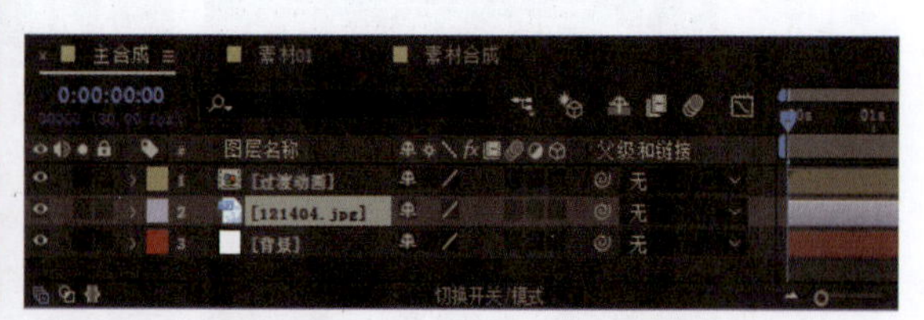

图12-36 创建预合成并拖入素材图像

STEP 08 完成墨迹转场视频效果的制作，单击“预览”面板中的“播放/停止”按钮▶，可以在“合成”窗口中预览视频动画，效果如图 12-37 所示。

图12-37 预览墨迹转场视频动画效果

12.1.5 应用案例——制作视频动感标题

素　材：第12章\素材\121501.mov、121502.mp4

源文件：第12章\12-1-5.aep

技术要点：掌握视频与文字动画的综合应用

扫描观看视频

扫描下载素材

STEP 01 执行“合成 > 新建合成”命令，弹出“合成设置”对话框，参数设置如图12-38所示，单击“确定”按钮，新建一个名为“文字”的合成。输入文字，为文字图层应用“变换”效果，设置“倾斜”属性值为－8，效果如图12-39所示。

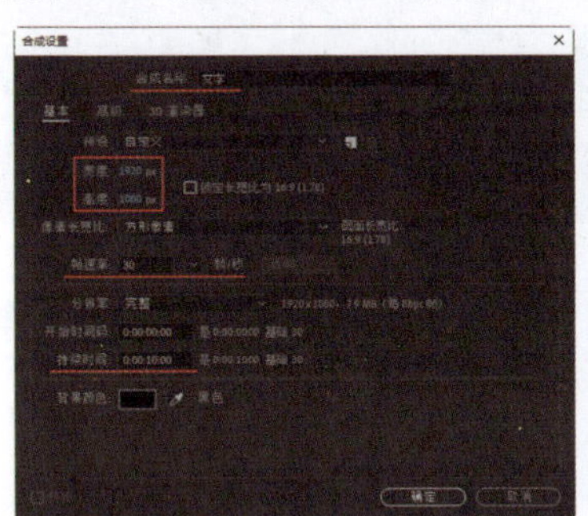

图12-38 “合成设置”对话框

图12-39 输入文字并进行调整

STEP 02 新建一个名为“遮罩图形”的合成，绘制白色矩形，并为该图层应用“湍流置换”效果，将该图层复制两次，制作矩形从不同方向入场的动画效果，如图12-40所示。

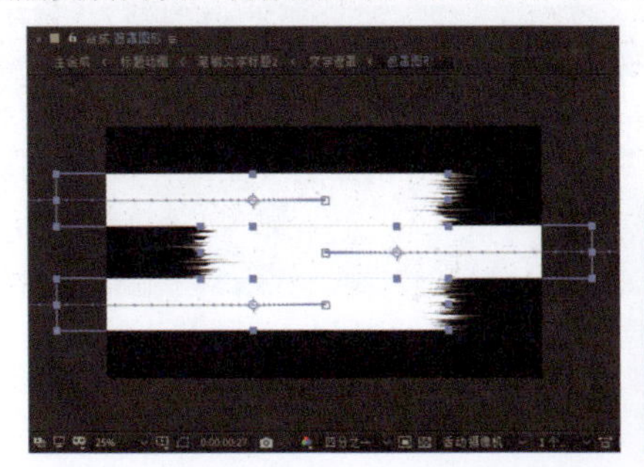

图12-40 制作图形从不同方向入场的动画效果

STEP 03 新建一个名为“标题动画”的合成，分别将“文字”和“遮罩图形”图层拖入“时间轴”面板中，设置“文字”图层的“TrkMat”选项为“Alpha 遮罩‘遮罩图形’”，制作文字遮罩动画，如图 12-41 所示。

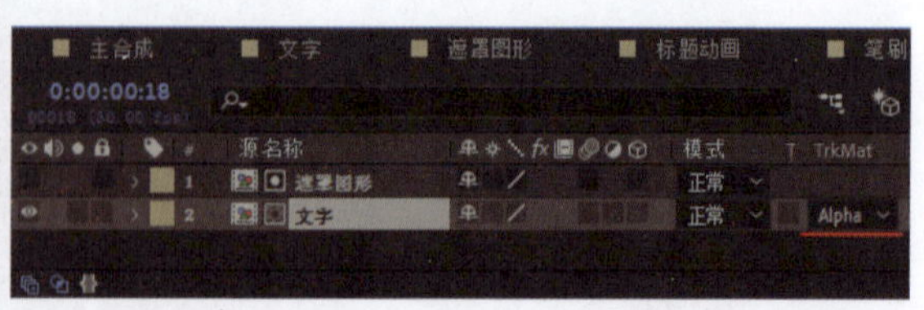

图12-41 设置“TrkMat”选项后的效果

STEP 04 将两个图层创建成一个名为“文字遮罩”的预合成，将视频素材“121501.mov”拖入“时间轴”面板中，选择“文字遮罩”图层，设置该图层的“TrkMat”选项为“Alpha 遮罩‘121501.mov’”，如图 12-42 所示。

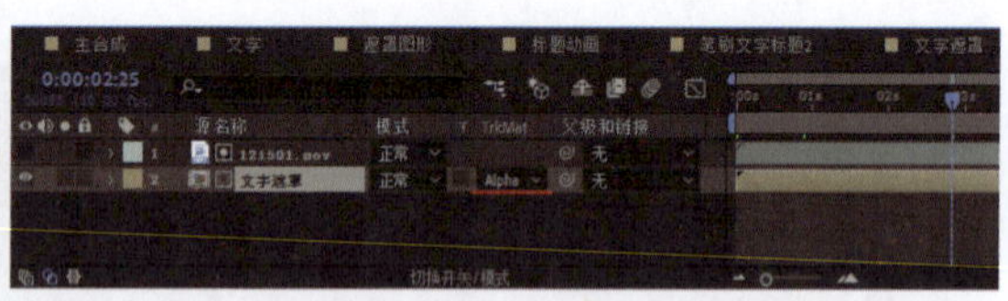

图12-42 设置“TrkMat”选项后的效果

STEP 05 将两个图层创建成一个名为“笔刷文字标题 1”的预合成，复制该合成得到“笔刷文字标题 2”，进入该合成，修改图层顺序。为“笔刷文字标题 2”图层应用“填充”效果，新建摄像机图层，并制作相应的动画效果，如图 12-43 所示。

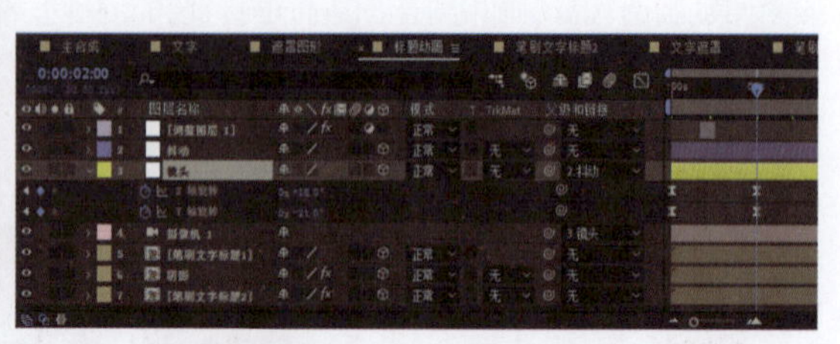

图12-43 制作标题文字动画效果

STEP 06 新建一个名为“主合成”的合成，分别将视频素材“121502.mp4”和“标题动画”拖入“时间轴”面板中，如图 12-44 所示。

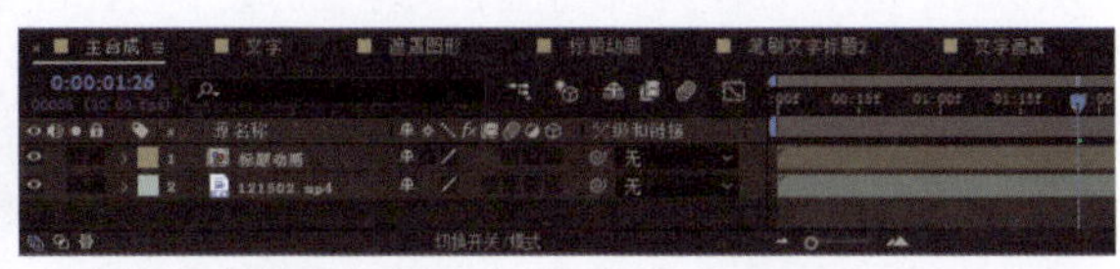

图12-44 拖入视频和制作好的合成

STEP 07 完成视频动感标题效果的制作，单击“预览”面板中的“播放/停止”按钮▶，可以在“合成”窗口中预览视频动画，效果如图 12-45 所示。

图12-45 预览视频动感标题动画效果

12.2 解惑答疑

视频素材的处理主要通过After Effects中的各种效果对视频素材的效果进行调整，并且还可以将视频与其他元素的动画相结合，从而丰富视频动画的表现形式。

12.2.1 为什么动画是运动的

人们的眼睛就像一个传感器，它能够使静态图像具有暂留效果。盯着一个高对比度的图像看一会儿，然后闭上眼睛，将会看到一个朦胧的图像，这种现象称为“视觉残留”，After Effects软件的名称就来源于这一现象。

动画的奥秘是有一系列相互关联的图像，并将它们快速移动，以至于人们的眼睛无法意识到它们与分离图像的区别。每秒至少播放24帧独立的静态图像，就能够获得连续运动的图像视觉效果。

12.2.2 什么是非线性编辑

非线性编辑是相对于线性编辑而言的，After Effects是一款非线性编辑软件。所谓非线性编辑，就是应用计算机图像技术，在计算机中对各种原始素材进行各种编辑操作而不影响其质量，并将最终结果输出到计算机硬盘、磁带或者录像机等记录设备上的一系列完整的工艺过程。

非线性编辑实际上就是非线性的数字视频编辑，它是利用以计算机为载体的数字技术设备完成传统制作工艺中需要十几套机器才能完成的影视后期编辑合成及其他特效的制作。由于原始素材被数字化地存储在计算机的硬盘上，信息存储的位置是并列平行的，与原始素材输入到计算机时的先后顺序无关，这样，就可以对存储在硬盘上的数字化音频素材进行随意的排列组合，并在完成编辑后方便、快捷地随意修改而不损害画面质量。

非线性编辑的原理是利用系统把输入的各种视频和音频信号进行从模拟到数字（A/D）的转换，并采用数字压缩技术把转换后的数字信息存入计算机的硬盘而不是录入磁带。这样，非线性编辑不用磁带而是利用硬盘作为存储媒介来记录视频和音频信息。由于计算机硬盘能满足任意内容的随机读取和存储，并能保证信息不受损失，这样就实现了视频和音频编辑的非线性。

12.3 总结扩展

在After Effects中制作视频动画效果，重点在于对各种基础动画和蒙版的综合运用，并且通过各种效果的应用，还能够实现许多富有创意的视频动画特效。

12.3.1 本章小结

本章通过多个短视频特效案例的制作，讲解了如何综合运用Aftet Effects中的关键帧动画与多种内置效果相结合，实现各种特殊的动态视频效果。通过对本章案例的制作与练习，希望读者能够掌握在After Effects中综合运用各种功能和效果制作视频动画特效的方法，并能够开拓思维，创造出更多富有创意的视频特效。

12.3.2 扩展练习——为视频添加摆动文字效果

素　材：第12章\素材\123201.mp4

源文件：第12章\12-3-2.aep

技术要点：掌握为文字添加属性实现文字随机摆动

扫描观看视频

扫描下载素材

STEP 01 导入视频素材“123201.mp4”，将视频素材拖入“时间轴”面板中，如图 12-46 所示。使用“横排文字工具”，在“合成”窗口中单击并输入相应的文字，如图 12-47 所示。

图12-46 导入并拖入视频素材

图12-47 输入文字

STEP 02 展开文字图层下方的“文本”选项，单击该选项右侧的“动画”按钮，分别添加“动画制作工具”选项中的“位置”和“旋转”属性，设置“位置”属性值为（0.0，30.0），“旋转”属性值为 10°，效果如图 12-48 所示。

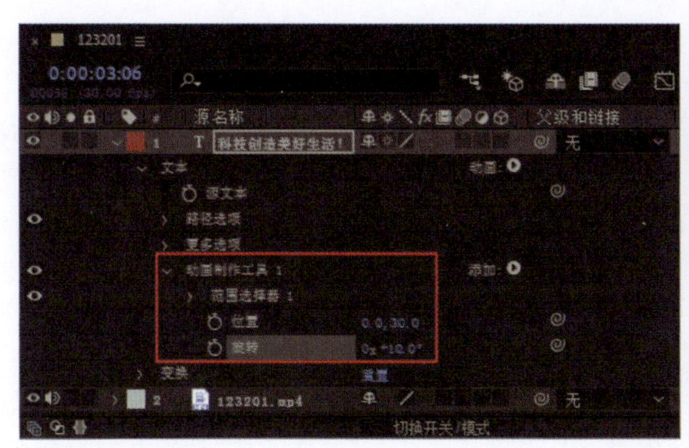

图12-48 添加“位置”和“旋转”属性并设置属性值

STEP 03 选择“动画制作工具 1”选项，单击该选项右侧的“添加”按钮，在打开的下拉列表框中选择“选择器 > 摆动”选项，添加“摆动选择器 1”选项，如图 12-49 所示。展开文字图层下方的“文本”选项下方的“更多选项”选项，设置“分组对齐”属性值为（30.0，80%），如图 12-50 所示。

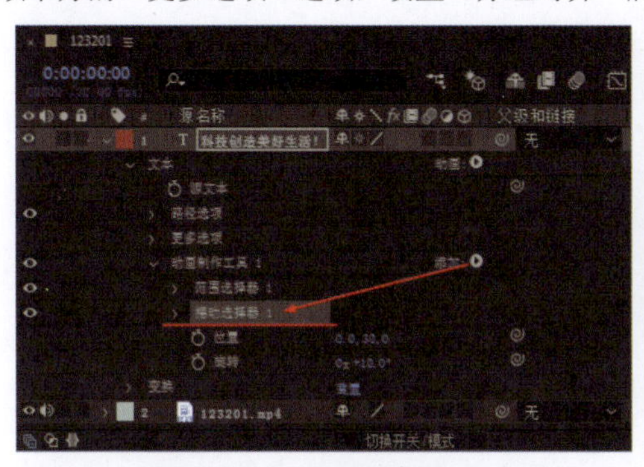

图12-49 添加“摆动选择器1”选项

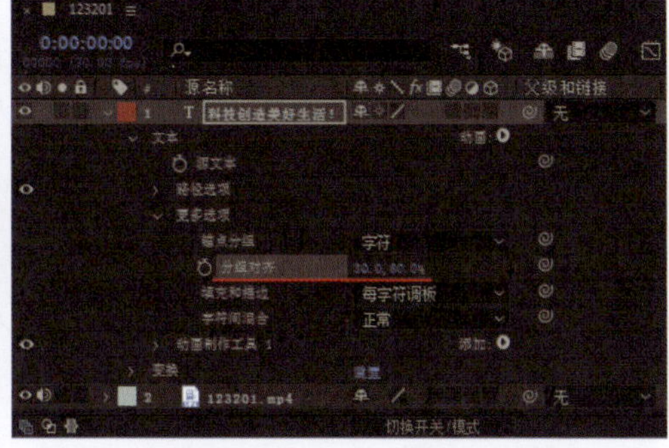

图12-50 设置“分组对齐”属性

STEP 04 完成摆动文字动画效果的制作，单击“预览”面板中的“播放/停止”按钮▶，可以在“合成”窗口中预览视频动画，效果如图 12-51 所示。

图12-51 预览为视频添加摆动文字动画效果